高等学校物理实验教学示范中心系列精

武汉大学"十四五"规划教材

# 大学物理实验（第二版）

主　编　林伟华

副主编　张文炳　邹　勇　江先阳

中国教育出版传媒集团

高等教育出版社·北京

内容提要

本书是武汉大学物理科学与技术学院的教师为大学物理实验课程编写的教材。全书共分六章,第一章介绍物理实验基础知识;第二章、第三章、第四章为基础物理实验(35个),包含了力学、热学、电磁学、光学方面的基础实验内容;第五章为综合性实验(29个),这类实验的内容涉及相关的综合知识或实验方法、技术,注重对学生的知识、能力、素质的综合性培养;第六章为设计性实验(16个),是在学生做了一定数量的基础实验,能对实验方法、实验仪器使用等方面做出恰当评价后,为培养学生自主进行科学实验的基本能力而设置的。这些实验中,既有经过长期教学实践、内容比较成熟的实验,又有自行研发的新实验,这有利于使学生在实验方法、实验技术方面得到训练,以及培养其个性发展和提高创新能力。

本书可作为高等学校理工科专业大学物理实验课程的教材或参考书,也可供其他专业学生和社会读者阅读。

**图书在版编目(CIP)数据**

大学物理实验 / 林伟华主编;张文炳,邹勇,江先阳副主编. -- 2版. -- 北京:高等教育出版社,2023.9
ISBN 978-7-04-060359-0

Ⅰ.①大… Ⅱ.①林… ②张… ③邹… ④江… Ⅲ.①物理学-实验-高等学校-教材 Ⅳ.①O4-33

中国国家版本馆 CIP 数据核字(2023)第 061015 号

DAXUE WULI SHIYAN

| | | | | |
|---|---|---|---|---|
| 策划编辑 汤雪杰 | 责任编辑 缪可可 | 封面设计 李小璐 | | 版式设计 马 云 |
| 责任绘图 邓 超 | 责任校对 高 歌 | 责任印制 朱 琦 | | |

| | | | |
|---|---|---|---|
| 出版发行 | 高等教育出版社 | 网　址 | http://www.hep.edu.cn |
| 社　址 | 北京市西城区德外大街 4 号 | | http://www.hep.com.cn |
| 邮政编码 | 100120 | 网上订购 | http://www.hepmall.com.cn |
| 印　刷 | 北京宏伟双华印刷有限公司 | | http://www.hepmall.com |
| 开　本 | 787 mm×1092 mm　1/16 | | http://www.hepmall.cn |
| 印　张 | 26.75 | 版　次 | 2017 年 11 月第 1 版 |
| 字　数 | 650 千字 | | 2023 年 9 月第 2 版 |
| 购书热线 | 010-58581118 | 印　次 | 2023 年 9 月第 1 次印刷 |
| 咨询电话 | 400-810-0598 | 定　价 | 49.50 元 |

# 第二版前言

大学物理实验是高等学校理、工、农、医等专业学生必修的基础课程,是大学生进入大学后接受实验方法和实验技能系统训练的开始,是培养学生的创新能力和实践能力、提高学生科学素质的极其重要的教学环节。

近年来,国家对高等教育高度重视,提出了"新工科、新医科、新农科、新文科"建设和"强基计划",在新时代全面振兴本科教育,打造高等教育"质量中国",同时加强对大学生的世界观、人生观、价值观的引领和培养。武汉大学物理科学与技术学院物理国家级实验教学示范中心(以下简称实验中心)在"激发兴趣、夯实基础、增强能力、探索创新"的教学理念引导下,紧跟时代步伐,围绕党的教育方针"培养什么样的人、如何培养人、为谁培养人",积极改革实验教学内容,大力引进新技术、新成果开设新实验,使基础实验在与时俱进中不断更新,取得了一定的成果。本书就是总结这些成果并吸收兄弟院校的宝贵经验而编写成的。

本书是在 2017 年出版的《大学物理实验》的基础上修订的,融合了实验中心近 5 年来的教学改革成果,部分实验项目有配套教学视频、虚拟仿真实验和科学轶事等内容,对第一版的实验项目进行了优化,同时新增了多个实验项目。与第一版相比,本书的内容和形式更为丰富、立体。全书共分为六章,第一章讲述了测量误差、不确定度和数据处理的基础知识,以及常用物理实验仪器和实验安全常识的介绍,所涉及的内容以本课程必须掌握的基本要求为主;第二章至第四章为基础物理实验(共选编了 35 个实验),包含了力学、热学、电磁学、光学方面的基础实验内容;第五章为综合性实验(共选编了 29 个实验),这类实验的内容涉及相关的综合知识或实验方法、技术,注重对学生的知识、能力、素质的综合性培养;第六章为设计性实验(共选编了 16 个实验),是在学生做了一定数量的基础实验,能对实验方法、实验仪器使用等方面做出恰当评价后,为培养学生自主进行科学实验的基本能力而设置的。这样分层次的安排,既保证了基本训练,又提高了物理实验的综合性和实用性,既能促使学生更积极地完成实验,又有利于学生的个性发展和创新能力的培养。

本书主要面向高校物理学相关专业及非物理学类的理、工、医等专业的学生,考虑到物理实验课的独立性和面向低年级学生的特点,对于基础实验(第二章至第四章),我们编写时力求将实验原理叙述清楚,计算公式推导完整,使学生在学习实验课程时能掌握理论依据;实验内容与实验步骤亦尽可能具体,以加强对学生基本实验技能和基本实验方法的指导和训练,对于某些实验有多种仪器时,教材中的实验步骤以某一种实验仪器为主进行编写,而其他仪器的操作步骤以附录的形式提供给学生;另外,大部分基础实验项目还提供了不确定度的计算步骤。一般来说,每个基础实验项目的课堂学习任务可在 3~4 学时内完成,部分实验有多个学习内容,教师可在安排时进行取舍,也可供学有余力的优秀学生选做。对于综合性实验(第五章)和设计性实验(第六章),我们编写时不要求格式统一,有的重点放在新概念、新思路或原理的阐述上,有的则不过分强调理论上的完整,而将主要内容放在实验方法和技巧的指导上,特别是设计性实验,有

I

的只提出研究对象、实验任务和基本要求,让学生查阅相关资料,自行设计实验方案,选择实验仪器,完成实验测试,以更多地发挥学生的主观能动性和创造性,同时为了便于学生学习,对于部分实验项目以附录的形式提供了辅助材料。综合性实验和设计性实验根据各实验项目内容的不同,一般可安排课内 4~16 学时完成,当然也允许有兴趣的学生利用课外开放时间进一步深入探索。全书的多数实验项目附有思考题和习题,以引导学生在预习时开展思考,实验后进一步分析讨论,巩固和开阔所学知识。

武汉大学物理科学与技术学院物理国家级实验教学示范中心历经几十年的教学实践,期间对物理实验室和大学物理实验项目进行多次调整、更新和扩充,才达到目前的规模和水平。实验教材也在不断更新,本书是在武汉大学马茂清教授主编的《物理实验教程》、潘守清教授主编的《大学物理实验》、周殿清教授主编的《基础物理实验》、李长真教授主编的《大学物理实验教程》以及林伟华教授级高工主编的《大学物理实验》的基础上,吸收我校近 5 年来物理实验教学改革的成果和兄弟院校实验教学的经验编写而成的。本书实际上是集体创作的结晶,它凝聚了实验中心全体教师和实验技术人员的智慧和辛勤劳动。参加本次编写工作的除主编外,有张文炳(第二章:实验 2.2、2.3、2.4、2.7、2.8,第五章:实验 5.1—5.10,第六章:实验 6.1—6.4)、江先阳(第三章:实验 3.5、3.7、3.8、3.9、3.13,第五章:实验 5.11—5.19,第六章:实验 6.5、6.6)、邹勇(第三章:实验 3.1、3.2、3.4、3.6、3.10、3.11、3.12,第五章:实验 5.20、5.21)、黄慧明(第四章:实验 4.3、4.4、4.5、4.9、4.11、4.12)、蔡光旭(第四章:实验 4.1、4.2、4.6、4.10,第五章:实验 5.29)、吴昊(第二章:实验 2.1、2.5、2.6、2.9 及教学视频的制作)、王晓峰(撰写实验的科学轶事)。全书由林伟华任主编并统稿。

本书在编写过程中征求了许多实验指导教师的意见,参考并吸收了兄弟院校的有关资料和经验;武汉大学本科生院、物理科学与技术学院的领导和许多资深教授对本书的编写给予了极大的支持和鼓励,本书入选了武汉大学"十四五"规划教材;高等教育出版社的编辑为本书的出版做了巨大的贡献。借此我们对他们表示诚挚的敬意和衷心的感谢!

由于编者水平有限,编写时间仓促,书中难免有疏漏之处,恳请读者和同行专家批评指正。

编　者
2022 年 6 月于武汉大学

# 目 录

# 绪　　论

　　物理学是自然科学的基础,物理学的每一次重大突破,不仅带来了物理学新领域、促进了新方向的发展,而且推动了化学、生物和医学等各学科向更深层次发展,并导致新的分支学科、交叉学科和新技术学科的产生;物理学的发展又是技术创新的重要源泉,每一次工程技术的新突破都离不开物理学的新发现;物理学的思想方法和取得的成就,改变了人类对宇宙和自然的认知和思维方式,彻底影响了人类社会.不可否认的是,物理学从本质上说是一门实验科学,物理概念的建立和物理规律的发现都以严格的实验事实为基础,并且不断受到实验的检验.在物理学发展和应用的过程中,人类积累了丰富的实验方法,设计制造出各种精密巧妙的仪器设备,从而使物理实验课程有了充实的实验内容.

　　实践证明,物理实验课程在培养学生独立从事科学技术工作的能力、理论联系实际的分析综合能力、思维和表达能力等方面均具有独特的优势.所以说,物理实验课程不仅仅是向学生传授知识和技能,更重要的是培养学生开拓性研究的能力.在物理实验的学习过程中,同学们要在学习物理实验的基本知识、基本方法、基本技能的基础上,注意培养创造性地从事科学实验的物理思维能力,养成良好的实验素质,如良好的观察习惯和正确记录数据的方法,以及对实验结果的分析与思考等.

## 一、物理实验课的教学目的

　　本课程重点是对学生进行物理实验理论、实验方法和实验技能等方面系统的基本训练.这种训练既为学生学习后续课程打下坚实和广泛的基础,更为今后参加科学研究、技术开发等培养长期受用的潜在能力和创新能力.

　　本课程拟在以下三个方面帮助学生成长.

　　1. 学习和掌握物理实验的基本知识、基本方法和基本技能.通过对实验现象的观察、分析和对物理量的测量,使学生能运用物理学原理和物理实验方法研究物理现象和规律,加深对物理学原理的理解.

　　2. 培养与提高学生的科学实验能力,其中包括:

　　自学能力:能够自行阅读教材或参考资料,正确理解实验内容.做好实验前的准备.

　　动手实践能力:能够借助教材和仪器说明书,正确调整和使用常用仪器.

　　思维判断能力:能够运用物理学理论,对实验现象进行初步的分析和判断.

　　书写表达能力:能够正确记录和处理实验数据、绘制图线.说明、分析实验结果,撰写规范的实验报告(或以科学论文的形式撰写报告).

　　简单的设计能力:能够根据课题要求,确定实验方法和条件,合理地选择仪器,拟定具体的实验程序,正确地完成实验任务.

　　3. 培养与提高学生的科学实验素质,使学生逐步养成理论联系实际、实事求是的科学态度,严谨踏实的工作作风,勇于探索、坚韧不拔的钻研精神和遵守纪律、团结协作、爱护公共资源的优良品德.

## 二、物理实验课的基本程序

大学物理实验课程是一门基础实验课,也是学生在教师指导下独立进行操作、测试的一项实践性活动.为了更好地遵循教学规律,循序渐进地实现物理实验课程的教学目的,本课程的基本程序分为以下三个主要环节.

1. 课前预习

课前认真阅读教材中有关内容(必要时还需查阅有关参考资料),在理解实验目的、实验原理的基础上,弄清楚要观察哪些现象,测量哪些物理量,要明确哪些是直接测量量,哪些是间接测量量,用什么方法和仪器来测定,在此基础上写出预习报告.预习报告内容包括:①实验目的(参考教材,并结合自己对实验的理解写);②实验原理(在充分理解教材内容之后,用自己的语言概括性地叙述实验的基本原理和测量方法,包括理论依据、公式推导、原理图、光路图等);③实验仪器(根据实验内容的需要列出本实验所需的仪器,并尽可能清楚地标明仪器型号等);④数据记录表格(根据测量数据的需要,可在原始数据记录单上先画制表格,待实验课测量时记录数据,经任课教师检查无误并签字后再抄写在实验报告相应的栏目内)等.

2. 课堂实习

课堂实习是实验课的重要环节,学生进入实验室后应按下列要求进行实验.

(1)听课.认真听取教师对本实验的讲解,特别注意实验的要求、重点、难点及注意事项等.

(2)熟悉仪器.对照仪器,仔细阅读有关仪器的使用说明和操作注意事项,并通过对仪器的了解进一步明确本实验的具体要求.

(3)仪器调节.在力学、热学实验中,一些仪器使用前往往需要调至水平或竖直状态,要注意测量仪器设备的零点,若某些仪器不能调零,则要记录仪器的初始值.在电磁学实验中,连接电路前,应考虑仪器设备的合理摆放,电路连接好后,还要注意把仪器调节到"安全待测状态",然后请教师检查,确定电路连接正确无误后方可接通电源进行实验.光学实验的仪器调节尤显重要,它决定了实验能否顺利进行和测量结果是否精确可靠,一定要细心调节仪器至所要求的工作状态.

(4)观察与测量.实验中必须仔细观察、积极思考、认真操作、防止急躁.要在实验所具备的客观条件(如温度压力、仪器精度)下,认真地、实事求是地进行测量.要初步学会分析实验,遇到问题时应冷静地分析和处理;仪器发生故障时,也要在教师指导下学习排除故障的方法;在实验中要有意识地培养独立工作的能力.

(5)记录数据.实验数据记录是计算结果和分析问题的依据,在实际工作中则是宝贵的资料.要把实验数据细心地记录在预习报告的数据表格内.记录时要用钢笔或圆珠笔,不要用铅笔.如果确实记错了,也不要涂改,应轻轻画上一道,在旁边写上正确值,使正误数据都能清晰可辨,以供在分析测量结果和误差时参考.切勿先将数据记录在草稿纸上,然后再誊写到原始记录单的表格内,这是一种不科学的习惯.此外,还应记录环境温度、湿度、气压等实验条件,仪器型号规格与编号及实验现象等.

总之,在课堂实习中希望同学们不要只会按照教材的实验步骤被动地做实验,而要在弄懂原理的基础上边思考边做实验;不应片面追求快速完成数据测量,而应注重分析实验现象和所遇到的问题;应独立完成实习而不是依赖他人完成实习,否则,将收效甚微.

3. 课后小结(撰写实验报告)

实验报告是学生工作成绩的总结,应在充分理解实验原理、分析实验现象的基础上撰写,既要全面又要简单明了,同时用语确切、字迹工整,图表美观、规范.这些都可作为学生工作能力的一种训练.实验报告内容如下.

(1)实验名称、实验者姓名、日期等.

(2)实验目的.参考教材及自己对实验的理解写.

(3)实验仪器.列出实验中所用的仪器、型号等.

(4)实验原理.用自己的语言概括性地叙述实验的基本原理和测量方法,包括理论依据、公式推导、原理图(光路图)等,不要抄书.

(5)实验内容.条理分明地概要说明实验的主要程序和步骤,观察到的实验现象,所用的测量方法,测量的物理量等.

(6)数据记录与处理.将正确的原始记录数据转记在实验报告上(原始记录单也要附在报告上,以便教师检查),该列表的要列表,该作图的要作图.数据处理时,按照有效数字的运算法则进行,并求出结果的不确定度,正确运用不确定度表示实验结果.

(7)结果及讨论.该部分要明确给出实验结果,并对结果进行讨论(如实验现象分析、误差来源分析、实验中存在问题讨论等),也可对实验本身的设计思想、实验仪器的改进等提出合理的建设性意见.

(8)课后习题.回答所布置的实验习题.

## 三、实验制度

为培养学生良好的实验素质和严谨的科学态度,保证实验顺利进行和进一步提高教学质量,特制定以下实验制度.

1. 实验前必须认真预习,写出预习报告,经教师检查同意方可进行实验.

2. 上课不准迟到、不准无故缺课.无正当理由迟到 15 分钟者实验要扣分;迟到超过 30 分钟者,教师有权取消其本次实验资格;无故缺席者本次实验为零分.

3. 必须严格按照实验要求和仪器操作规程,积极认真地进行实验,并做好相关实验记录.

4. 爱护仪器设备,不得随意从其他组乱拿仪器,不准擅自拆卸仪器;仪器发生故障应立即报告,不得自行处理;仪器如有损坏,照章赔偿.

5. 遵守课堂纪律,保证安静的实验环境.

6. 做完实验,经教师审查测量数据并签字后,学生应将仪器整理还原,将桌面和凳子收拾整齐,方可离开实验室.

7. 按时完成实验报告,并在实验后一周内交实验室.

# 第一章　物理实验基础知识

　　物理实验融汇了物理原理学习、仪器操作使用、数据测量、数据处理、误差分析以及对物理原理深入探讨等过程,每个过程都至关重要.针对每个物理实验会有相应的物理原理、实验仪器的介绍,而误差、不确定度及数据处理等相关知识不仅在每个物理实验中要用到,而且对于今后从事科学实验也是必须要了解和掌握的.本章前 4 节介绍测量误差、不确定度、有效数字处理、结果表达以及实验数据处理方法等方面的基本知识.其中误差、不确定度等内容涉及面较广,深入的讨论需要有丰富的实践经验和较多的数学知识,学生对相关内容有了一定了解后可结合具体实验再仔细阅读有关内容,通过实际运用逐步掌握.

　　在物理实验中,一些非电学量通常利用各种传感器转化为电学量,用电学方法进行测量,为了使学生能更有效地进行实验,提高学习效果,本章第 5 节将集中介绍常用的各类型实验仪器,第 6 节介绍实验安全常识,以期达到有效指导实验的目的.

　　通过本章的学习及今后的实验学习,希望达到如下要求.

　　1. 建立测量误差和不确定度的概念,正确估算不确定度,懂得如何正确完整地表达测量结果;

　　2. 了解系统误差对测量结果的影响,学习发现某些系统误差、减小系统误差以及削弱其影响的方法;

　　3. 了解计算结果的有效数字与不确定度的关系,掌握有效数字的运算规则;

　　4. 掌握列表法、作图法、逐差法和回归法等基本的数据处理方法;

　　5. 掌握一些常用物理实验仪器的使用知识和必要的实验安全知识.

## 第 1 节　测量与误差

　　物理实验以测量为基础,由于仪器、方法、条件、人员等因素的限制,对一物理量的测量不可能达到无限精确,也就是说在测量中误差是不可避免的,而掌握一定的测量误差基本知识,有助于在实验中能获得正确的测量值.

### 一、测量

　　所谓**测量**,是将预定的标准与未知量进行定量比较的过程.一切测量必定是在以多种物理因素为基础且可能对测得值产生一定影响的测量条件下进行,我们把观察者、测量对象、测量仪器、测量方法及测量条件统称为测量要素.进行测量时,观察者对确定的测量对象,必须选择适当的测量装置、仪器或设备,并运用正确的测量方法.为了使结果具有一定的意义,在测量过程中必须满足如下两个条件:

① 预定的标准必须是人们所公认的已知精确量;

② 用以进行这种定量比较的仪器设备和程序必须能被证明是正确的.

1. 测量的分类

根据测量方式、测量条件的不同,人们习惯把测量进行简单分类,如:直接测量和间接测量、等精度测量和非等精度测量等.在实际的测量中,根据需要人们还提出了比较、放大、补偿、模拟、转换等多种不同的测量方法.

(1) 直接测量和间接测量

**直接测量**是指无需将待测量与其他实测的量进行函数关系的辅助计算,而是与基准或标准直接进行比对,从而直接读出待测量是标准单位的倍数.例如,用米尺测量长度、用天平称质量、用秒表测定时间、用电流表测量电流、用电压表测量电压等都是直接测量.

为了进行统一的定量比较,国际计量组织对基本物理量的计量单位都做了明确规定(见表1.1.1),人们依据这些标准制成一定单位刻度的量具、仪器或仪表,以便直接读取待测量的数值.

表 1.1.1　国际单位制基本单位、辅助单位

| | 物理量 | 单位名称 | 单位符号 | 定义 |
|---|---|---|---|---|
| 基本单位 | 时间 | 秒 | s | 1 s 相当于 $^{133}$Cs 原子基态两个超精细能级之间跃迁所对应辐射的 9.192 631 770×10$^9$ 个周期的持续时间(1967 年国际计量大会). |
| | 长度 | 米 | m | 1 m 是光在真空中于(1/299 792 458)s 时间间隔内所经路程的长度(1983 年国际计量大会). |
| | 质量 | 千克 | kg | 1 kg 的定义是普朗克常量为 6.62 607 015×10$^{-34}$ J·s 时的质量单位.其原理是将移动质量为 1 kg 物体所需机械力换算成可用普朗克常量表达的电磁力,再通过质能转换公式算出质量.(2018 年 11 月 16 日,第 26 届国际计量大会通过,于 2019 年 5 月 20 日世界计量日起正式生效.). |
| | 温度 | 开[尔文] | K | 1 K 被定义为"对应玻耳兹曼常量为 1.380 649×10$^{-23}$ J·K$^{-1}$ 的热力学温度"(2018 年第 26 届国际计量大会). |
| | 电流 | 安[培] | A | 1 A 定义为"1 s 内(1/1.602 176 634)×10$^{19}$ 个电子移动所产生的电流".(2018 年第 26 届国际计量大会). |
| | 物质的量 | 摩[尔] | mol | 1 mol 将定义为"精确包含 6.022 140 76×10$^{23}$ 个原子或分子等基本单元的系统的物质的量"(2018 年第 26 届国际计量大会). |
| | 发光强度 | 坎[德拉] | cd | 1 cd 定义为频率为 5.40×10$^{14}$ Hz 的单色光在给定方向上的辐射强度为 1/683 W·sr$^{-1}$ 的发光强度. |
| 辅助单位 | 平面角 | 弧度 | rad | 1 rad 是圆内两条半径在圆周上所截弧长与半径相等时这两条半径之间的平面角. |
| | 立体角 | 球面度 | sr | 1 sr 定义为顶点位于球心,在球面上所截取的面积等于以球半径为边长的正方形的面积对应的立体角. |

在实际测量中,许多物理量没有直接测量的仪器,对于这些物理量,可以利用它与另外一些可直接测出的物理量之间的函数关系间接求取,这种测量称为**间接测量**.例如,测定某地的重力加速度 $g$,可以采用单摆装置,直接测得单摆摆长 $l$ 和单摆周期 $T$,利用单摆的周期公式求出 $g = 4\pi^2 l/T^2$,此 $g$ 即间接测量量.

应该指出,为了确定实验手段或方法的可行性,检验实验仪器或装置的稳定性、重复性,判断实验结果的可靠性,同时验证物理规律的正确性,对间接测量量,往往不仅应该在宏观条件基本相同的情况下进行多次重复测量,而且需要人为地改变环境条件、变更测量仪器、变换测量方法、重选实验参量乃至调换观测者,反复测量多次.

（2）等精度测量和非等精度测量

如果对某一物理量进行多次重复测量,而且每次测量的条件都相同(同一测量者、同一组仪器设备、同一种实验方法、温度和湿度等环境也相同),那么我们就没有任何依据可以判断某一次测量一定比其他次测量更准确,所以每次测量的精度只能认为是具有同等级别的,我们把这样进行的重复测量称为**等精度测量**.在诸多测量条件中,只要有一个条件发生了变化,这时所进行的测量,就称为**非等精度测量**.一般在进行多次重复测量时,要尽量保持等精度测量.

2. 读数规则

一切物理测量最终将转化为对某些物理量的直接测量.为了做好实验、获得可靠的测量数据,除了养成良好的读数习惯、尽量减少视差外,还应有正确的读数方法.由于仪器的可读度取决于采用模拟显示的仪表和观测者,所以,当对观测者提出正确的读数要求时,也应区别不同仪器,因此,对不同的仪器有如下不同的规则.

（1）对于一般线性刻度的仪器仪表(如连续式的),应估读至其分度值的十分之几.

例如,米尺,其分度值为 1 mm,读数时应估读至十分之几毫米.因为在生产此类仪器时,所允许实现的最小分度应略大于该仪器的不确定度,一般为 1~2 倍.另外,这种规定也容易被正常人眼的分辨能力所接受.此外,实际上它包括了对于那些刻度较密、指针又较粗或被测物与刻度容易造成视差的仪器可读至其分度值的 1/2 的规定,但又不排除可以对其估计得更仔细些.

（2）对于不确定度与分度值非常接近的仪器,不必进行估读.

例如,各类带有游标(或角游标)的仪器装置,是依靠判断两个刻度中哪条线对齐来进行读数的,这时记下对齐线的数值,不必进行更细的估读.

（3）对于非线性刻度的仪器仪表一般不要求估读.

例如,热电偶真空计的显示压力读数.

（4）对于示值不是连续变化而是以最小步长跳跃变化的仪表,读数时不可能进行估读.

例如,数字显示仪表,只能读出其显示器上显示的数字,当该仪表对某稳定的输入信号表现出不稳定的末位显示时,则表明该仪表的不确定度可能大于末位显示的 ±1,此时可记录一段时间间隔内的平均值.

应该指出,掌握上述读数规则十分重要,通过后面的讨论将会发现:仪器、仪表读数的末位即是读数误差所在的一位,它将直接关系到对测量结果不确定度的估计.

**二、物理量的真值**

在一定条件下,任何一个物理量的大小都是客观存在的,这个实实在在、不以人的意志为转移的客观量值,称为该物理量的**真值**(记为 $A_0$).一般来说,真值仅是一个理想的概念,只有定义严密时通过完善的测量才可能获得.但是,严格完善的测量难以做到,故真值就不能确定,测量只能无限趋近真值.由于真值的不可知性,在长期的实践和科学研究中归纳出以下几种情况作为物理量的**约定真值**(记为 $A$).

① 理论值:如理论设计值、理论公式计算值、公理值等.

② 计量约定值:国际计量大会规定的各种基本单位值、基本常量值(参看本书附录).

③ 标准器件值:标准器件相对于低一级或二级的仪表,前者可作为后者的相对标准值.

④ 算术平均值:指多次测量的平均值(当测量次数趋于无穷时,算术平均值趋于真值).

### 三、测量误差的定义及分类

在测量过程中,我们总希望能准确地测量出被测量.由于实验理论的近似性,实验仪器的灵敏度和分辨能力的局限性,实验环境的不稳定性和人的实验技能和判断能力的影响等,测量值与被测量的真值之间不可避免地存在着差异,我们把这种差异称为测量**误差**.设某物理量的测量值为 $x_i$,则测量误差定义为

$$\delta = x_i - A_0 \qquad (1.1.1)$$

上式所定义的测量误差反映了测量值偏离真值的大小和方向,因此又称 $\delta$ 为**绝对误差**.

绝对误差可以表示某一测量结果的优劣,但在比较不同测量结果时则不适用,例如,测量 10.000 m 的长度时相差 1 mm 与测量 1.000 m 的长度时相差 1 mm,两者的绝对误差相同,但明显前者的测量优于后者,这时用**相对误差**(记为 $E_\delta$),其定义式为

$$E_\delta = \frac{\delta}{A_0} \approx \frac{\delta}{\bar{x}} \qquad (1.1.2)$$

就能明显比较出两者测量质量的优劣.

实际上,误差存在于一切科学实验和测量过程的始终,在实验的设计、仪器本身精度、环境条件及数据处理中都可能存在误差.尽管一般不知道真值,因而也不能计算误差,但能通过分析误差产生的主要原因,减少或基本消除某些误差分量对测量结果的影响.对测量结果中未能消除的误差影响,要估计出它们的极限值或表征误差分布特征的参量,如标准偏差.为此,有必要进一步研究误差的性质、来源和分布特征.

习惯上,根据误差的性质和产生的原因将其分为**系统误差**和**随机误差**.对式(1.1.1)进行分析,不难看出 $\delta = (x_i - \bar{x}_\infty) + (\bar{x}_\infty - A_0)$,该式的前一项为随机误差,后一项为系统误差.

由于实验者使用仪器的方法不正确,粗心大意读错、记错、算错测量数据或实验条件突变等原因造成的明显地歪曲了测量结果的误差称为**粗大误差**(简称粗差).含有粗差的测量值称为**坏值**或**异常值**,正确的结果中应不包含坏值.在实验测量中要极力避免过失错误,在数据处理中要尽量剔除坏值.

### 四、系统误差

根据定义,**系统误差**为

$$\delta_s = \bar{x}_\infty - A_0 \qquad (1.1.3)$$

它是在一定条件下,对同一物理量进行多次重复测量中,保持恒定或以可预知方式变化(如递

增、递减、周期性变化等)的测量误差分量,简称**系差**,其具有确定性、规律性、可修正性等特点.式(1.1.3)中 $\bar{x}_\infty$ 为被测量 $x_i$ 无穷多次测量结果的算术平均值.由于 $A_0$ 的不可知性,以及无穷次测量无法实现,往往采用一个较实用的方法计算系统误差:

$$\delta_s = \bar{x}_{多次} - A \tag{1.1.4}$$

1. 系统误差的主要来源

(1)仪器误差

这种误差是由仪器的制造公差所致,如天平不严格等臂,米尺刻度不均匀,水银温度计毛细管内径不均匀、分光计读数装置的偏心差、放大器的非线性等,在仪器的规定使用条件内,这种属于仪器缺陷引起的系统误差在使用时可采用适当方法加以修正和消除.

仪器的规定使用条件是指外界影响因素对仪器的计量特性影响不大的一个允许范围.当在规定条件下使用仪器时,只引入仪器的基本误差.

(2)环境误差

它是指由于外部环境如温度、湿度、压强、光照、振动、洁净度、电源电压及频率、水平度、垂直度等与仪器要求的环境条件不一致,即不按照规定条件使用仪器导致新的测量误差(附加误差).

(3)理论或方法误差

它是由测量所依据的理论公式近似或实验条件达不到理论公式所规定的要求等引起的.例如,单摆的周期公式成立的条件是摆角趋于零,实际测量时却不能达到,在小角度下也只是一个近似公式,因此利用该公式测定重力加速度,则必定带来测量误差.又如,在测量空气比热容的实验中,要求其放气过程为准静态绝热过程,但实际上却不能达到该要求.再如,用伏安法测电阻时,不考虑电表内阻的影响等.

(4)人为误差

它是由实验者本身缺乏经验或生理、心理上的特点所致.例如,用停表计时,总是超前或滞后;对仪器读数时不能正视而总是习惯性偏向一方斜视;用温度计测温时未等温度稳定即开始读数等.

2. 系统误差分类

(1)按对系统误差的掌控程度可分为已定系差和未定系差.

① **已定系差**

它是指在一定的条件下,采用一定方法,误差取值的变化规律及其符号和绝对值都能确切掌握的系差分量.实验中应尽量消除已定系差,或对测量结果进行修正,得到修正结果.修正公式为

$$修正结果 = 测量值(或其平均值) - 已定系差 \tag{1.1.5}$$

如采用电流表内接法测量电阻,如果用电压 $U$ 除以电流 $I$ 得到电阻值 $R$,会产生数值为 $\delta_{sR}$ 的系差,而用 $R = U/I - \delta_{sR}$ 代替 $R = U/I$ 的简单算法,能基本消除电流表内阻的已定系差影响.预先调整仪表零点等操作能减小测得值的系差.

② **未定系差**

它是指不能确切掌握误差取值的变化规律及数值的系差分量,一般只能估计其限值或分布特征值.例如,仪表的基本允许误差主要属于未定系差.

(2)按系统误差表现规律可分为定值系差和变值系差.

① **定值系差**

这种误差在测量过程中其数值恒定不变.例如,千分尺未进行零点修正,天平砝码的标称值

不准确等.

② **变值系差**

这种误差在测量过程中呈现规律性变化,有的可能随时间而变,有的可能随位置而变.例如,分光计刻度盘中心与望远镜转轴中心不重合,由偏心差所造成的读数误差就是一种周期性变化的系差.

**3. 系统误差的发现及处理**

在许多情况下,系统误差常常表现得不明显,然而它却是影响测量结果准确度的主要因素,有些系统误差会给实验结果带来严重影响.由系差的特点及其来源不难看出,相同条件下的多次测量不能减弱或消除系差,但是它可能帮助人们发现那些由于外界影响因素而导致的系差.改变实验条件进行反复测量,然后根据测量结果和实践经验进行分析,不仅可以发现系差的存在,找到产生这种系差的原因,而且能尽量减弱乃至消除某些系差对测量结果的影响.因此,及时发现系统误差,设法修正、减弱或消除它对实验结果的影响,是实验误差分析的一个重要的内容.

(1)系统误差的发现方法

系统误差产生的原因很多,它来自各测量要素.因此,要发现系统误差,除应具备系统的理论知识外,还需要丰富的实践经验.认真推敲理论公式推导过程中所要求的条件,仔细分析测量方法或步骤的每一环节,校准测量仪器并检查仪器的使用条件以及全面考虑各物理因素可能对实验带来的影响,是发现系统误差的出发点.现将常用的几种发现系统误差的方法介绍如下.

① 数据分析法

当随机误差比较小时,将待测量多次测量的绝对误差按测量次序排列,观察其变化.若绝对误差不是随机变化而呈规律性变化,如线性增大或减小、周期性变化等,则测量中一定存在系统误差.

② 理论分析法

一方面,可分析理论公式所要求的条件与实际实验条件的差异.例如,在气垫导轨实验中,滑块在导轨上的运动受到周围空气及气垫层的黏性力的作用,这会导致滑块速度减小.如果实验中作为无摩擦的理想情况来处理,就会产生与摩擦力有关的系统误差.又如,用单摆法测重力加速度时使用的公式 $T = 2\pi\sqrt{l/g}$,理论要求摆角趋于零,摆球半径也趋于零,且不计空气阻力,而这在实际中均不能保证.

另一方面,可分析仪器所要求的使用条件与实际实验条件的差异.例如,测定杨氏模量时要求伸长仪竖直,而实际实验中样品伸长方向可能与重力作用方向之间有一倾角;又如,气压计在 0 ℃ 时方可读出准确的气压,而在实际实验时环境温度为 20 ℃,水银的密度及刻度尺均会发生变化.

③ 实验分析法

a. 可用标准仪器或准确度等级较高的仪器进行对比测量,能发现原仪器是否存在系统误差.

b. 采用不同方法测量同一物理量,将所有结果进行分析对比,若它们在随机误差允许的范围内不重合,则说明至少有一组测量中存在系统误差,如用单摆法、自由落体法和斜面法同测当地的重力加速度,用流体静力称衡法、比重瓶法或根据定义式测定同种物质在同一温度下的密度.

c. 有意识地改变实验参量的数值,可以发现某些系统误差,如改变摆角测周期,可以发现摆角大小对周期的影响,又如选择不同的初、末温,可以发现量热实验中系统与外界的热交换对实验带来的影响等.

d. 可在其他测量条件完全相同的情况下,不同实验人员进行实验对比,发现个人误差.

e. 改变仪器的测量初始位置可以发现仪器结构不对称产生的系统误差,如,改变初始位置进行测量,可发现尺子刻度不均匀而存在的系统误差(称为随机化法);采用左称和右称法可发现天平臂长不等而存在的系统误差(称为复称法);刻度盘转180°读数可以发现刻度盘偏心而存在的系统误差(称为对径测量法).

(2) 系统误差的修正和消除

由上面分析可知,系统误差产生的原因往往可知或可以掌握,一经查明应设法减弱或消除其影响.我们可以通过校准仪器,改进实验装置和实验方法或对测量结果进行理论上的修正,以尽可能减小或消除系统误差.对未能消除的系统误差,若它的符号和大小是确定的,则可对测量值加以修正;若它的符号和大小都是不确定的,则可设法减小其影响并估计出误差范围.

① 减弱或消除系统误差的影响

常用的降低系统误差影响的测量方法有交换法、替代法、抵消法、线性观测法、随机化方法等.

a. 交换法.在测量过程中对某些条件(如被测物的位置)进行交换,使产生系统误差的原因对测量结果起相反的作用,从而抵消某些系统误差.例如,为了消除天平不等臂长而产生的系统误差,可将被测物作交换测量;测定杨氏模量时,在增、减砝码过程中测伸长量的方法;从分光计刻度盘相隔180°的两处读数取平均来消除偏心差的对径测量方法等.

b. 替代法.保持其他测量条件不变,选择一个大小适当的已知量(通常是可调的标准量)替代被测量而不引起测量仪器示值的改变,则被测未知量等于这个已知量.由于在替代的两次测量中,测量仪器的状态和示值都相同,从而消除了测量过程带来的系统误差.例如,在做平衡电桥实验,用已知量替代被测量,使电桥重新达到平衡的测量方法,可消除桥臂带来的系统误差.

c. 抵消法.改变测量中的某些条件进行两次测量,使两次测量中的误差的大小相等、符号相反,取其平均值作为测量结果以消除系统误差.

d. 线性观测法.可消除与被测量成线性关系变化的线性系统误差.具体做法是每隔相等时间轮流测标准量和待测量,若两次测标准量 $b_1$ 和 $b_2$ 之间待测量 $x$,则其平均值 $b=(b_1+b_2)/2$ 应与待测量 $x$ 相对应.在仪器仪表的校准中经常采用线性观测法,这是因为许多系统误差都随时间而变化,且在短时间内均可认为是线性变化,即使按照复杂规律变化的误差,其一级近似也仍为线性误差.另外可用"半周期偶数测量法"消除按周期性变化的变值系统误差.

e. 随机化法.这种方法是改变实验条件测量多次,使被怀疑为引起系统误差的原因按随机方式变化,从而使该因素的作用由系统性转变为随机性,由此减少结果的系统误差.例如,我们怀疑米尺刻度不均匀,可以随机地改变起点而测量多次,然后按随机误差的理论处理数据以减小系统误差.

② 修正系统误差

当待测量为零时,仪器的示值 $\delta_{x_0}$ 称为**零点误差**,由该定义可知,当待测量输入后仪器示值为 $x'$ 时,测量值 $x$ 实际应为 $x=x'-\delta_{x_0}$.只要在测量前读出仪器的零点误差,即可由此式将其完全消除;或可用标准或准确度更高的仪器对实验仪器进行校准,得到修正值或校准曲线,并由此对测量值进行修正;另外,对由理论公式的近似造成的误差,可找出修正公式进行修正.如单摆实验中,由理论推导,考虑到摆角、摆球大小、摆球形状及空气阻力、浮力等因素的影响,可以确定出一个修正项来对近似公式进行修正.

③ 依据产生系统误差的原因,减小系统误差

如果能够找到产生系统误差的根源,无论是理论模型、实验仪器还是实验条件,我们都可以使其更完善,从而减小系统误差的影响.例如,采用更符合实际实验条件的理论公式;确保仪器装置满足规定的使用条件,使测量结果只含仪器装置的基本误差,而不引入附加误差等.

必须指出,任何对系统误差进行修正或消除的方法都是相对的.所谓消除系统误差的影响是指将其影响减小到小于随机误差的程度.

对于初学者来说,不可能一下子就把系统误差问题弄清楚.本书只要求初步建立系统误差的概念,并在某些实验中使用一些消除系统误差的方法.

## 五、随机误差及其分布特征

**随机误差**($\delta_r = x_i - \bar{x}_\infty$)是重复测量中以不可预知的方式变化的测量误差分量,具有随机性、服从统计规律等特点.

1. 随机误差的产生原因

(1)由测量过程中一些随机的未能控制的可变因素或不确定的因素所引起,如人的感官灵敏度以及仪器精密度的限制,使平衡点确定不准或估读数有起伏,或由于周围环境干扰而导致读数的微小变化,以及随测量而来的其他不可预测的随机因素的影响等.

(2)由于被测对象本身的不稳定性所引起,如加工零件或被测样品本身存在的微小差异,这时,被测量没有明确的定义值,这也是引起随机误差的一个原因.

2. 随机误差的分布特征

随机误差就个体而言是不确定的,其数值以不可预知的方式变化,导致重复测量中的分散性,但其总体(大量个体的总和)服从一定的统计规律,因此可以用统计方法估算其对测量结果的影响.随机误差的分布有多种,如正态分布(高斯分布)、平均分布等,不同的分布有不同形式的分布函数.理论和实践都证明,大多数随机误差服从正态分布规律.

下面简要介绍随机误差按正态分布的特点及其相关特性参量.

(1)正态分布规律

标准化的正态分布曲线如图 1.1.1 所示.图中横坐标 $x$ 表示某一物理量的测量值,纵坐标表示测量值的概率密度 $g(x)$,函数关系式为

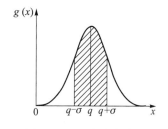

图 1.1.1　正态分布曲线

$$g(x) = \frac{1}{\sigma\sqrt{2\pi}} e^{-(x-q)^2/(2\sigma^2)} \tag{1.1.6}$$

式中 $q = \lim\limits_{n \to \infty} \dfrac{1}{n} \sum\limits_{i=1}^{n} x_i$ 称为**总体平均值**, $\sigma = \lim\limits_{n \to \infty} \sqrt{\dfrac{1}{n} \sum\limits_{i=1}^{n} (x_i - q)^2}$ 称为**正态分布的标准偏差**,是表征测量值分散性的一个重要参量.

从该曲线可看出,曲线峰值处的横坐标相应于测量次数 $n\to\infty$ 时的测量平均值,即总体平均值 $q$,横坐标上任一点 $x_i$ 到 $q$ 的距离 $x_i-q$ 即为测量值 $x_i$ 的随机误差分量.标准偏差 $\sigma$ 为曲线上拐点处的横坐标与 $q$ 之差.这条曲线是概率密度分布曲线.曲线与 $x$ 轴之间的面积为 1,可以用来表示随机误差在一定范围内的概率.例如,图中画斜线部分的面积就是随机误差在 $\pm\sigma$ 范围内的概率,即测量值落在 $[q-\sigma,q+\sigma]$ 区间内的概率 $P=\int_{q-\sigma}^{q+\sigma}g(x)\mathrm{d}x$,由定积分计算得出,其值为 68.3%.如将区间扩大 2 倍,则 $x$ 落在 $[q-2\sigma,q+2\sigma]$ 区间中的概率为 95.4%;$x$ 落在 $[q-3\sigma,q+3\sigma]$ 区间中的概率为 99.7%.当 $n\to\infty$ 时,测量标准差的绝对值大于 $3\sigma$ 的概率仅为 0.3%,对于有限次测量,这种可能性是微乎其微的.因此可以认为这是测量失误,或者说该测量值是"异常值",应予以剔除.在分析多次测量的数据时,这是很有用的 $3\sigma$ 判据.

由图 1.1.1 可知,服从正态分布的随机误差有如下特征.

① 单峰性:绝对值小的误差比绝对值大的误差出现的概率大;

② 对称性:绝对值相等的正、负误差出现的概率相等;

③ 有界性:绝对值很大的误差出现的概率近于零;

④ 抵偿性:随机误差的算术平均值随着测量次数的增加而减小,最后趋于零.

（2）算术平均值、残差、偏差和误差的关系

大多数随机误差具有抵偿性,因此,用多次测得值的算术平均值作为被测量的估值,能减少随机误差的影响.设对同一量重复测量了 $n$ 次（一般应使 $n\geqslant 6$）,测得值为 $x_i$,其测量的有限次算术平均值为

$$\bar{x}=\frac{1}{n}\sum_{i=1}^{n}x_i \tag{1.1.7}$$

如图 1.1.2 所示的误差分布曲线就很好地说明了残差、偏差和误差的关系.$A_0$ 是被测量的真值,$q$ 是总体平均值,$\bar{x}$ 是测量的有限次算术平均值,$x_i$ 是单次测量值.

**残差**:单次测量值 $x_i$ 与有限次测量的算术平均值 $\bar{x}$ 之差,即 $\Delta x_i=x_i-\bar{x}(i=1,2,\cdots,n)$.

**偏差**:单次测量值 $x_i$ 与总体平均值 $q$ 之差,即误差中的随机误差分量 $\delta_r$.

**误差**:单次测量值 $x_i$ 与被测量的真值 $A_0$ 之差.当系差为零时,偏差等于误差.

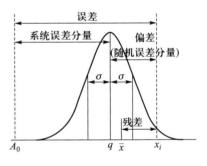

图 1.1.2　误差分布曲线

（3）总体标准偏差、实验标准偏差、平均值的实验标准偏差

① 总体标准偏差 $\sigma$

不考虑系差分量时,$\sigma$ 称为标准误差.理论上有

$$\sigma=\lim_{n\to\infty}\sqrt{\frac{1}{n}\sum_{i=1}^{n}(x_i-q)^2} \tag{1.1.8}$$

式中 $q$ 为 $n\to\infty$ 时的总体平均值,不考虑系差分量时,它就是真值.由于实验中不可能出现 $n\to\infty$,故 $q$ 是一个理想值,因此 $\sigma$ 也是一个理论值.所谓置信概率 $P$ 为 68.3% 也是一个理论值.

$\sigma$ 不是测量值中任何一个具体测量值的随机误差,其大小只说明在一定条件下等精度测量

列随机误差的概率分布情况.在该条件下,任一单次测量值的随机误差,一般都不等于 $\sigma$,但却认为这一系列测量中所有测量值都属于同一个标准偏差 $\sigma$ 的概率分布.在不同条件下,对同一被测量进行两个系列的等精度测量,其标准偏差 $\sigma$ 也不相同.

② 实验标准偏差($S$)

由于实验中的测量次数总是有限的,在大学物理实验中,通常取实验次数 $6 \leqslant n \leqslant 10$,因此我们实际应用的都是有限次测量值的标准偏差公式,即贝塞尔(Bessel)公式:

$$S = \sqrt{\frac{1}{n-1} \sum_{i=1}^{n} (x_i - \overline{x})^2} \tag{1.1.9}$$

$S$ 是基于有限次测量值计算出来的总体标准偏差 $\sigma$ 的最佳估计值,称为**实验标准差**.它表征随机误差引起测量值 $x_i$ 的分散性.$S$ 数值大表示测量值分散,随机误差的分布范围宽,精密度低,反之,随机误差的分布范围窄,精密度高.

③ 平均值的实验标准偏差($S_{ave}$)

如果在相同条件下,对同一量作多组重复的系列测量,则每一系列测量都有一个平均值.由于随机误差的存在,各个测量列的平均值也不相同.它们围绕着被测量的真值有一定的分散.此分散说明了平均值的不可靠性,而平均值的实验标准偏差 $S_{ave}$ 则是表征同一被测量的各个测量列平均值分散性的参量,可作为平均值不可靠性的评定标准.由误差理论可以证明:

$$S_{ave} = \frac{S}{\sqrt{n}} = \sqrt{\frac{1}{n(n-1)} \sum_{i=1}^{n} (x_i - \overline{x})^2} \tag{1.1.10}$$

即平均值的实验标准偏差 $S_{ave}$ 是单次测量列的实验标准偏差 $S$ 的 $1/\sqrt{n}$.我们可以这样来理解:由于平均值已经对单次测量的随机误差有一定的抵消,因而这些平均值就更接近真值,它们的随机误差分布离散就会小得多,所以平均值的实验标准偏差比单次测量列的实验标准偏差要小得多.

## 六、小结

本节我们讲述了测量及误差的概念,需要指出的是,在任何一次测量中,一般系统误差和随机误差是同时存在的,两者并不存在绝对的界限.在一定条件下,它们可以相互转化.例如,按一定基本尺寸制造的量块,存在制造误差,对某一具体量块而言,制造误差是一确定数值,可以认为是系统误差,但对一批量块而言,制造误差属于随机误差.又如测量对象的不均匀性(如小球直径、金属丝的直径等),既可以当成系统误差,又可当成随机误差.有时系统误差和随机误差混在一起难以严格加以区分.例如,测量者使用仪器时的估读误差往往既包含系统误差,又包含随机误差,前者是指测量者读数时总是有偏大或偏小的倾向,后者是指测量者每次读数时偏大或偏小的程度又互不相同.

由于系统误差和随机误差的性质不同,来源不同,所以处理方法也应不同,在精确测量时应该加以区分并分别处理.如果只是为了说明总误差的限度,就可以不严格加以区分,如许多不太精密的仪器,其最大允许误差(又称允差或允许误差极限)就是既包含系统误差又包含随机误差.系统误差对应测量的不准确度;随机误差对应测量的不精密度;测量结果的总误差则对应测量结果的不确定度.

科学轶事
之基本物理
量测量

# 第 2 节　测量不确定度

## 一、不确定度的引入

在第 1 节中,我们介绍了误差的概念、系统误差、随机误差以及它们的相关属性.根据误差的定义,由于真值一般不可能准确地知道,因而测量误差也不可能确切获知.因此,误差是一个理想的概念.

既然误差无法按其定义式精确求出,那么现实可行的办法就只能根据测量数据和测量条件进行推算(包括统计推算和其他推算),求得误差的估计值.显然,由于误差是未知的,因此不应再将任何一个确定的已知值称作误差.误差的估计值或数值指标应采用另一个专门名称——**测量不确定度**(uncertainty of measurement).

引入不确定度可以对测量结果的准确程度做出科学合理的评价.不确定度越小,表示测量结果与真值越靠近,测量结果越可靠,反之,则表示测量结果与真值的差别大,测量的质量低,测量结果的可靠性低.

## 二、不确定度的概念

不确定度(用 $u$ 表示)是表征测量数据和测量条件对被测量的真值所处的量值散布范围的评定,表示由于测量误差的存在而对被测量真值不能确定的程度.不确定度 $u$ 反映了可能存在的误差分布范围,即随机误差分量和未定系差分量的联合分布范围.它可近似理解为一定概率的误差限值,为误差分布基本宽度的一半.误差一般在 $\pm u$ 之间,在 $\pm u$ 之外的概率很小.

例如,在氢原子光谱实验中,测得 $H_\alpha$ 在 15 ℃ 的 $\lambda_{H_\alpha} = (656.24 \pm 0.06)$ nm,若测量不确定度为 0.06 nm 的置信概率是 95%,说明该波长真值在 656.18 ~ 656.30 nm 之间的概率为 95%,测量值 656.24 nm 的误差一般在 −0.06 ~ 0.06 nm.

## 三、扩展不确定度及测量结果的表达

由于测量过程中不可避免地会出现误差,伴随着测量结果总是存在一定的不确定度,因此一个没有标明不确定度的测量结果是没有科学价值的.

不确定度的评定方法是一个比较复杂的问题,其表示形式和合成方法也有多种类型(规范的不确定度表示形式有两种:合成标准不确定度和扩展不确定度),且还在不断研究和发展中.

在物理实验教学中,我们采用简化的、可能有一定近似性的不确定度评定方法.当然,这一方法借鉴了其他国家不确定度评定标准,也符合国家技术规范精神.在测量结果的报告中,结果表示的不确定度一律采用扩展不确定度.扩展不确定度也称报告不确定度.对于某个被测量 $x$ 的测量结果的表达式为

$$x = \bar{x} \pm u \tag{1.2.1}$$

其中 $\bar{x}$ 和 $u$ 分别为测量平均值和扩展不确定度(若置信概率为 95%),表示真值在区间 $[\bar{x}-u, \bar{x}+u]$ 内的可能性等于或大于 95%.在实验教学中,扩展不确定度简称为不确定度.

扩展不确定度从评定方法上分为两类：

① A 类分量 $u_A$，是多次重复测量时用统计学方法计算的分量，与随机误差相关；

② B 类分量 $u_B$，是用其他方法(非统计学方法)评定的分量，与未定系统误差相关.

由于决定不确定度的两种误差——随机误差和未定系统误差是两个互相独立而不相关的随机变量，其取值都具有随机性，因而它们之间具有相互抵偿性.因此不确定度利用这两类分量用方和根法合成，有

$$u = \sqrt{u_A^2 + u_B^2} \tag{1.2.2}$$

一般地说，$u_B$ 分量可能不只是单项，而是包含几项.也就是说，一个测量结果中可能同时存在几项不确定的系统误差，如果这些误差因素的来源不同而互不相关，则不确定度的表示式为

$$u = \sqrt{u_A^2 + \sum_j (u_{Bj})^2} \quad (j = 1, 2, \cdots) \tag{1.2.3}$$

为更直观地评价测量结果的准确度，常会用到相对不确定度 $u_r$，它是不确定度 $u$ 与测量平均值 $\bar{x}$ 之比，即

$$u_r = \frac{u}{\bar{x}} \times 100\% \tag{1.2.4}$$

### 四、直接测量量的不确定度估算

**1. A 类分量 $u_A$ 的计算**

在实际测量中，一般只能进行有限次测量，这时测量误差不完全服从正态分布，而服从 $t$ 分布(又称学生分布).设重复测量次数为 $n$，$u_A$ 由实验标准偏差 $S$ 乘以因子 $(t/\sqrt{n})$ 求得，即

$$u_A = \frac{t}{\sqrt{n}} S \tag{1.2.5}$$

式中，$S$ 由第 1 节的式(1.1.9)计算；$t$ 为在一定置信概率 $P$ 时，与测量次数 $n$ 有关的因子(称 $t$ 分布因子).测量次数 $n$ 确定后，置信概率为 $P = 95\%$ 时的因子 $t_{0.95}$ 及 $(t/\sqrt{n})$ 的值可由表 1.2.1 查得.

表 1.2.1　计算 A 类不确定度的因子表($P = 95\%$)

| 测量次数 $n$ | 2 | 3 | 4 | 5 | 6 | 7 | 8 | 9 | 10 | 15 | 20 | $\infty$ |
|---|---|---|---|---|---|---|---|---|---|---|---|---|
| $t_{0.95}$ | 12.7 | 4.30 | 3.18 | 2.78 | 2.57 | 2.45 | 2.36 | 2.31 | 2.26 | 2.14 | 2.09 | 1.96 |
| $t/\sqrt{n}$ | 8.98 | 2.48 | 1.59 | 1.24 | 1.05 | 0.93 | 0.84 | 0.77 | 0.72 | 0.55 | 0.47 | $1.96/\sqrt{n}$ |
| $t/\sqrt{n}$ 近似值 | 9.0 | 2.5 | 1.6 | 1.2 | \multicolumn{5} $5 < n \leqslant 10$，概率 $P \geqslant 95\%$ 时简化取 $t/\sqrt{n} \approx 1$ | | | | | $2.0/\sqrt{n}$ | | |

式(1.2.5)的导出过程比较复杂，它本来还要求随机误差满足一定的分布规律，但在要求不太高的测量和教学实验中，可直接使用式(1.2.5)求 $u_A$.

在物理实验中，测量次数 $6 \leqslant n \leqslant 10$ 时，因子 $t/\sqrt{n} \approx 1$，则 $u_A \approx S$，因此，A 类不确定度 $u_A$ 可近似取实验标准偏差 $S$ 的值.这是在限定条件下的简化处理，不具普遍性，一般情况下还是要用查表所得的因子值代入到式(1.2.5)计算 $u_A$.

2. B 类分量 $u_B$ 的估算

B 类分量 $u_B$ 的估算是测量不确定度评定中的难点.由于引起 $u_B$ 分量的误差成分与未定系差相对应,而未定系差可能存在于测量过程的各个环节中,因此 $u_B$ 分量通常也是多项的.在 $u_B$ 分量的估算中要不重复、不遗漏地详尽分析产生 B 类不确定度的来源,尤其是不遗漏那些对测量结果影响较大的或主要的不确定度来源,这有赖于实验者的学识和经验以及分析判断能力.

仪器生产厂家给出的仪器误差限值 $\Delta_{max}$ 或最大允差,实际上就是一种未定系差,因此,仪器误差是引起不确定度的一个基本来源.从物理实验教学的实际出发,我们只要求掌握由仪器误差引起的不确定度 $u_B$ 分量的估算方法.目前对于未定系差的概率分布,主要是根据经验资料的分析与判断来确定,大都采用两种分布假设:一种是正态分布;另一种是均匀分布.

根据所假设的某一概率分布,并已知其极限误差 $\Delta_{max}$,即可求得该分布的特征参量——近似标准偏差.近似标准偏差 $\xi$ 可按下式求得

$$\xi = \frac{\Delta_{max}}{k} = \frac{\Delta_{仪}}{k} \qquad (1.2.6)$$

式中,$\Delta_{仪}$ 为仪器误差限值,$k$ 称为置信系数(或置信因子),对于正态分布,$k=3$;对于均匀分布,$k=\sqrt{3}$.

必须指出,近似标准偏差 $\xi$ 与随机误差的标准偏差 $S$ 在获得方法上有重要区别.$S$ 是通过一系列实验测量数据用统计方法计算出来的,它是理论标准误差 $\sigma$ 的一个估计值.而 $\xi$ 不能按统计方法计算得出,而是根据某种假设的概率分布,并按式(1.2.6)求出.由于假设的分布总是实际分布的一种近似的估计,故近似标准偏差 $\xi$ 的获得方法在一定程度上带有主观判断的性质,而标准偏差 $S$ 却具有一定的客观性.

基于上述认识,在直接测量中,B 类分量 $u_B$ 可近似取仪器误差极值 $\Delta_{仪}$,即认为 $u_B$ 主要由仪器的误差特性决定,因此,我们可以进一步简化取

$$u_B = \Delta_{仪} \qquad (1.2.7)$$

教学中的仪器误差限值 $\Delta_{仪}$ 一般取仪表、器具的最大允差(或示值误差限、基本误差限)的绝对值.它们可参照国家标准规定的计量仪表、器具的准确度等级或允许误差范围得出,或由厂家的产品说明书给出,或由实验室结合具体情况给出 $\Delta_{仪}$ 的近似约定值.例如电表的误差可分为基本误差和附加误差.电表的附加误差在物理实验中考虑起来比较困难,故我们约定在实验教学中一般只取基本误差限,可按下式简化计算:

$$\Delta_{仪} = 量程 \times \rho\% \qquad (1.2.8)$$

式中,$\rho$ 为国家标准规定的准确度等级.

某些常用的量具和实验仪器的允差详见表 1.2.2.

表 1.2.2　某些常用的量具和实验仪器的允差

| 量具、仪器名称 | 量程 | 分度值 | 允差 |
|---|---|---|---|
| 钢板尺 | 150 mm | 1 mm | ±0.10 mm |
|  | 500 mm | 1 mm | ±0.15 mm |
|  | 1000 mm | 1 mm | ±0.20 mm |

| 量具、仪器名称 | 量程 | 分度值 | 允差 |
|---|---|---|---|
| 钢卷尺 | 1 m | 1 mm | ±0.8 mm |
| | 2 m | 1 mm | ±1.2 mm |
| 游标卡尺 | 125 mm | 0.02 mm | ±0.02 mm |
| | | 0.05 mm | ±0.05 mm |
| 螺旋测微器<br>（千分尺） | 0～25 mm | 0.01 mm | ±0.004 mm |
| 七级天平<br>（物理天平） | 500 g | 0.05 g | 综合误差：满量程 0.08 g<br>1/2 量程 1.0 mg<br>1/3 量程 0.7 mg |
| 三级天平<br>（分析天平） | 200 g | 0.1 mg | 综合误差：满量程 1.3 mg<br>1/2 量程 1.0 mg<br>1/3 量程 0.7 mg |
| 普通温度计<br>（水银或有机溶剂） | 0～100 ℃ | 1 ℃ | ±1 ℃ |
| 精密温度计（水银） | 0～100 ℃ | 0.1 ℃ | ±0.2 ℃ |
| 电表（0.5 级） | | | 0.5%×量程 |
| 电表（1.0 级） | | | 1.0%×量程 |
| 数字万用电表 | | | $\Delta = \pm(A\%u_x + B\%u_m)$，其中 $u_x$ 为测量指示值，$u_m$ 为满度值，$A$ 为误差的相对项系数，$B$ 为误差的固定项系数，$A$ 和 $B$ 对不同的测量功能有不同的数值. |

在实际操作中,对于米尺、螺旋测微器、刻度型温度计等的 $\Delta_\text{仪}$ 一般取其分度值的一半;对于游标卡尺、分光计等仪器,$\Delta_\text{仪}$ 取其标定的分度值.

3. 不确定度的合成

物理实验中直接测量的 B 类不确定度分量通常只考虑一项 $u_B$,因此直接测量结果的不确定度 $u$ 用下式计算:

$$u = \sqrt{u_A^2 + u_B^2} = \sqrt{\left(\frac{t}{\sqrt{n}}S\right)^2 + \Delta_\text{仪}^2} \tag{1.2.9}$$

当测量次数 $6 \leqslant n \leqslant 10$ 时,系数 $t/\sqrt{n} \approx 1$,则可简化为

$$u = \sqrt{S^2 + \Delta_\text{仪}^2} \tag{1.2.10}$$

4. 单次测量的不确定度

在单次测量中,不能用统计方法求标准偏差 $S$ 和不确定度 $u_A$,而测量的随机分布特征是客观存在的,不随测量次数的不同而变化.但是,在满足下列条件:①已知 $S$ 显著小于 $\Delta_\text{仪}/2$;②评定出的 $u_A$ 对最后结果的不确定度影响很小;③因条件限制而只测量一次,等情况下,不确定度可更为简单地取

$$u = \Delta_{仪} \tag{1.2.11}$$

应该强调的是,这只是一个很近似或粗略的估算方法,并不能由此得出结论"单次测量的不确定度小于多次测量的不确定度".

在特殊情况下,还可估计一个"误差限"作为 $u_B$,即作为单次测量的不确定度.例如,用 0.1 s 分度的秒表计时,由于人的感官灵敏度的限制与技术上的不熟练,造成"启动"和"停止"秒表的时间超过 0.1 s,这必然使测量误差限超出秒表的仪器误差限,这时可依实际情况估计一个误差限 $\Delta_g$,比如取 $\Delta_g$ 等于 0.2 s.又如,用钢卷尺测量比较长的距离时,不可能保证钢卷尺拉平拉直,则可依实际情况确定 $\Delta_g$ 为 5 mm 或更大.

5. 直接测量结果的表示

待估算出直接测量的不确定度,则可以把一个直接测量结果表示为

$$x = \bar{x} \pm u \ (单位) \tag{1.2.12}$$

$$u_r = \frac{u}{\bar{x}} \times 100\% \tag{1.2.13}$$

式中,若不计已定系差,被测量值 $x$ 可以取多次测量的算术平均值 $\bar{x}$;若只测了一次,$x$ 就取单次测量值.若已知已定系差,还需按第 1 节式(1.1.5)将测得值或其平均值减去已定系差,得到 $x$ 的值.

### 五、间接测量量的不确定度合成

实际上,很多物理量都是通过间接测量获得的.在间接测量中,待测量是由若干直接测量物理量通过函数关系运算而得到的.由于直接测量量存在误差和不确定度,显然,由直接被测量经过计算而得到的间接被测量也必然存在误差和不确定度,这叫作误差的传递或不确定度的传递.两者的传递公式不同,下面将分别讨论.

1. 误差的传递公式

设间接被测量为 $Z$,有 $k$ 个直接被测量,分别为 $x_1, x_2, \cdots, x_k$,它们之间的函数关系为

$$Z = f(x_1, x_2, \cdots, x_k) \tag{1.2.14}$$

式中,$x_1, x_2, \cdots, x_k$ 为彼此独立的直接被测量.函数 $f$ 的全微分表达式为

$$\mathrm{d}Z = \sum_{j=1}^{k} \frac{\partial f}{\partial x_j} \mathrm{d}x_j \tag{1.2.15}$$

由于各直接被测量的误差 $\Delta x_j$ 都是微小量,可以用来近似代替各微分量 $\mathrm{d}x_j$,故上式可写成

$$\Delta Z = \sum_{j=1}^{k} \frac{\partial f}{\partial x_j} \Delta x_j \tag{1.2.16}$$

上式为测量误差的一般传递公式,表明间接被测量的误差 $\Delta Z$ 是各直接被测量的误差 $\Delta x_j$ 与相应误差传递系数 $\frac{\partial f}{\partial x_j}$ 乘积的代数和.

2. 极限误差传递公式

在进行实验设计时,往往事先要进行误差估算,以便正确地选取测量仪器和测量方法.此外,有时我们实验中所用仪器准确度等级较低,仪器误差中已定系差占主要成分,且又未进行检定和修正.在这种情况下,通常用仪器误差限值 $\Delta_{仪}$ 来估计各直接被测量的误差范围,并用式(1.2.16)进行误差传递的估算.由于 $\Delta_{仪}$ 的符号并不确定,为谨慎起见,通常做最不利的情况考虑,将各项

取绝对值相加,即

$$\Delta Z = \sum_{j=1}^{k} \left| \frac{\partial f}{\partial x_j} \Delta x_j \right| \tag{1.2.17}$$

上式称为极限误差(或仪器误差)的传递公式,显然上述估算方法会夸大测量结果的误差,但在实验设计时常用这种方法对测量误差进行粗略估算.

3. 测量不确定度的传递公式

由测量误差的一般传递式(1.2.16),可得标准差 $S_Z$ 的方和根合成式,即

$$S_Z = \sqrt{\sum_{j=1}^{k} \left( \frac{\partial f}{\partial x_j} S_{x_j} \right)^2} \tag{1.2.18}$$

在各直接测量量 $x_j$ 的误差特性互相独立的前提下,标准差传递公式(1.2.18)在数学上是严密的.从上式出发,人们公认 $Z$ 的一种以标准差形式表示的不确定度,其合成(传递)公式形同式(1.2.18),考虑到基础物理实验课程的特殊性,我们采用与式(1.2.18)同形的扩展不确定度传递的近似公式,即

$$u_Z = \sqrt{\sum_{j=1}^{k} \left( \frac{\partial f}{\partial x_j} u_{x_j} \right)^2} \tag{1.2.19}$$

式中,$u_{x_j}$ 为各直接测量量 $x_j$ 的扩展不确定度.

在间接测量中,当函数 $f(x_j)$ 中各变量之间是和、差关系时,利用式(1.2.19)计算 $u_Z$ 是方便的,但当 $f(x_j)$ 中各量之间是积、商关系时,通常改用相对不确定度的合成(传递)公式

$$\frac{u_Z}{Z} = \sqrt{\sum_{j=1}^{k} \left( \frac{\partial \ln f}{\partial x_j} u_{x_j} \right)^2} \tag{1.2.20}$$

表 1.2.3 列出了一些常用函数的不确定度传递公式.

**表 1.2.3　常用函数的不确定度传递公式**

| 函数表达式 | 测量不确定度传递公式 |
|---|---|
| $Z = kx_1 \pm mx_2$ | $u_Z = \sqrt{\left( ku_{x_1} \right)^2 + \left( mu_{x_2} \right)^2}$ |
| $Z = Ax_1 x_2$ 或 $Z = A\dfrac{x_1}{x_2}$ | $\dfrac{u_Z}{Z} = \sqrt{\left( \dfrac{1}{x_1} u_{x_1} \right)^2 + \left( \dfrac{1}{x_2} u_{x_2} \right)^2}$ |
| $Z = A\dfrac{x_1^k x_2^m}{x_3^n}$ | $\dfrac{u_Z}{Z} = \sqrt{\left( \dfrac{k}{x_1} u_{x_1} \right)^2 + \left( \dfrac{m}{x_2} u_{x_2} \right)^2 + \left( \dfrac{n}{x_3} u_{x_3} \right)^2}$ |
| $Z = A\sin x$ | $u_Z = \left| A\cos x \right| u_x$ |
| $Z = A\ln x$ | $u_Z = \left| \dfrac{A}{x} \right| u_x$ |

注:表中 $k$、$m$、$n$、$A$ 等均为常量.

4. 间接测量量不确定度的评估与表示

计算间接测量结果不确定度有以下步骤.

① 求出各直接测量量的平均值以及 A、B 两类不确定度分量,再求出各直接测量量的不确定度 $u_{x_j}$,若假设一个直接测量量只用一种器具测量,由式(1.2.9)得 $u_{x_j} = \sqrt{\left(\dfrac{t}{\sqrt{n}}S_{x_j}\right)^2 + \Delta_{仪x_j}^2}$;

② 根据函数关系式,写出间接待测量量 $Z$ 的全微分表达式(1.2.15);

③ 用式(1.2.19)或式(1.2.20)计算 $Z$ 的不确定度 $u_Z$ 或相对不确定度 $\dfrac{u_Z}{Z}$.

注意:用式(1.2.20)求不确定度的方和根合成时,如果某一分量小于最大分量(或合成结果)的 1/5 到 1/6,就可将这一分量看成是可忽略的微小分量而删除.

间接测量结果的表示方法与直接测量结果类似,写成以下形式

$$Z = \overline{Z} \pm u_Z \tag{1.2.21}$$

$$u_r = \frac{u_Z}{\overline{Z}} \tag{1.2.22}$$

式中,$\overline{Z}$ 为间接测量量的最佳估值,由各直接测量量的最佳估值(平均值)代入函数关系式求得,即 $\overline{Z} = f(\overline{x}_1, \overline{x}_2, \cdots, \overline{x}_k)$.

下面通过一个简单的例子来说明不确定度计算的整个过程.

**例 1** 用游标精度为 0.002 cm 的游标卡尺测量空心圆柱的外径 $D_0$、内径 $D_1$ 和高度 $H$,所测数据如表 1.2.4 所示,求该空心圆柱的体积 $V$ 和不确定度 $u_V$.

**表 1.2.4  测量数据表**

| 序号 | $D_0$/cm | $D_1$/cm | $H$/cm | 序号 | $D_0$/cm | $D_1$/cm | $H$/cm |
|---|---|---|---|---|---|---|---|
| 1 | 6.004 | 4.002 | 8.096 | 6 | 6.000 | 4.006 | 8.098 |
| 2 | 6.002 | 4.000 | 8.092 | 7 | 6.006 | 4.002 | 8.094 |
| 3 | 6.006 | 4.004 | 8.094 | 8 | 6.004 | 4.000 | 8.096 |
| 4 | 6.000 | 4.000 | 8.096 | 9 | 6.000 | 4.000 | 8.094 |
| 5 | 6.006 | 4.002 | 8.096 | 10 | 6.000 | 4.004 | 8.094 |

**解**:(1) 基于测量数据计算出各直接测量量的平均值及实验标准偏差(即测量不确定度的 $S$ 分量),分别为

$$\overline{D_0} = \frac{1}{10}\sum_{i=1}^{10} D_{0i} = 6.002\,8 \text{ cm}; \quad S_{D_0} = \sqrt{\frac{\sum\limits_{i=1}^{10}(D_{0i} - \overline{D_0})^2}{10-1}} = 0.002\,7 \text{ cm}$$

$$\overline{D_1} = \frac{1}{10}\sum_{i=1}^{10} D_{1i} = 4.002\,0 \text{ cm}; \quad S_{D_1} = \sqrt{\frac{\sum\limits_{i=1}^{10}(D_{1i} - \overline{D_1})^2}{10-1}} = 0.002\,1 \text{ cm}$$

$$\overline{H} = \frac{1}{10}\sum_{i=1}^{10} H_i = 8.095\,0 \text{ cm}; \quad S_H = \sqrt{\frac{\sum\limits_{i=1}^{10}(H_i - \overline{H})^2}{10-1}} = 0.001\,7 \text{ cm}$$

（2）游标卡尺示值误差限为 0.02 mm, 可得 B 类不确定度分量为

$$u_B \approx \Delta_仪 = 0.002 \ \text{cm}$$

（3）计算各直接测量量的合成不确定度.

因测量次数为 10 次, 各直接测量量的不确定度的 $u_A$ 分量可近似取为 $S$, 因此可得

$$u_{D_0} = \sqrt{S_{D_0}^2 + u_B^2} = \sqrt{0.002 \ 7^2 + 0.002^2} \ \text{cm} = 0.003 \ 4 \ \text{cm} = 0.004 \ \text{cm}$$

$$u_{D_1} = \sqrt{S_{D_1}^2 + u_B^2} = \sqrt{0.002 \ 1^2 + 0.002^2} \ \text{cm} = 0.002 \ 9 \ \text{cm} = 0.003 \ \text{cm}$$

$$u_H = \sqrt{S_H^2 + u_B^2} = \sqrt{0.001 \ 7^2 + 0.002^2} \ \text{cm} = 0.002 \ 6 \ \text{cm} = 0.003 \ \text{cm}$$

（4）各直接测量量的结果表达式

$$D_0 = \overline{D_0} \pm u_{D_0} = (6.002 \ 8 \pm 0.004) \ \text{cm} = (6.003 \pm 0.004) \ \text{cm}$$

$$u_r(D_0) = \frac{u_{D_0}}{\overline{D_0}} \times 100\% = 0.067\%$$

$$D_1 = \overline{D_1} \pm u_{D_1} = (4.002 \ 0 \pm 0.003) \ \text{cm} = (4.002 \pm 0.003) \ \text{cm}$$

$$u_r(D_1) = \frac{u_{D_1}}{\overline{D_1}} \times 100\% = 0.075\%$$

$$H = \overline{H} \pm U_H = (8.095 \ 0 \pm 0.003) \ \text{cm} = (8.095 \pm 0.003) \ \text{cm}$$

$$u_r(H) = \frac{u_H}{\overline{H}} \times 100\% = 0.037\%$$

（5）空心圆柱体积为

$$\overline{V} = \frac{\pi}{4}(\overline{D_0}^2 - \overline{D_1}^2)H = \frac{3.141 \ 6}{4} \times (6.003^2 - 4.002^2) \times 8.095 \ \text{cm}^3 = 127.28 \ \text{cm}^3$$

（6）体积不确定度的合成.

根据间接测量结果不确定度合成公式（1.2.19）计算得

$$\frac{\partial V}{\partial D_0} = \frac{\pi}{2} D_0 H = \frac{1}{2} \times 3.141 \ 6 \times 6.003 \times 8.095 \ \text{cm}^2 = 76.33 \ \text{cm}^2$$

$$\frac{\partial V}{\partial D_1} = -\frac{\pi}{2} D_1 H = -\frac{1}{2} \times 3.141 \ 6 \times 4.002 \times 8.095 \ \text{cm}^2 = -50.89 \ \text{cm}^2$$

$$\frac{\partial V}{\partial H} = \frac{\pi}{4}(\overline{D_0}^2 - \overline{D_1}^2) = \frac{1}{4} \times 3.141 \ 6 \times (6.003^2 - 4.002^2) \ \text{cm}^2 = 15.72 \ \text{cm}^2$$

$$u_V = \sqrt{\left(\frac{\pi}{2} D_0 H\right)^2 u_{D_0}^2 + \left(\frac{\pi}{2} D_1 H\right)^2 u_{D_1}^2 + \left[\frac{\pi}{4}\left(\overline{D_0}^2 - \overline{D_1}^2\right)\right]^2 u_H^2}$$

$$= \sqrt{(76.33 \times 0.004)^2 + (50.89 \times 0.003)^2 + (15.72 \times 0.003)^2} \ \text{cm}^3$$

$$= 0.34 \ \text{cm}^3$$

$$\approx 0.4 \ \text{cm}^3$$

故空心圆柱体积的结果表达式为

$$V = (127.3 \pm 0.4) \ \text{cm}^3$$

$$u_r(V) = \frac{u_V}{\overline{V}} \times 100\% = \frac{0.4}{127.3} \times 100\% = 0.31\%$$

### 六、不确定度与误差的联系与区别

我们还是要再次阐明不确定度与误差的联系与区别.

#### 1. 两者的联系

不确定度和误差都是由测量过程的不完善引起的,而且不确定度的表示和评定体系是在现代误差理论的基础上建立和发展起来的.不确定度概念的引入,并不意味着"误差"一词被放弃使用.实际上,误差仍可用于定性地描述测量质量,没有必要将误差理论改为不确定度理论或将误差源改为不确定度源;不确定度则用于给出具体数值或进行定量运算、分析.在估算不确定度时,用到了描述误差分布的一些特征参量,因此两者不是割裂的,也不是对立的.在处理实验数据时,人们通常先作误差分析,修正已定系差,必要时谨慎地剔除高度异常值,然后再评定不确定度.

#### 2. 两者的区别

误差是一个理想的概念.根据传统的误差定义,因真值一般是未知的,则测量误差一般也是未知的,是不能准确得知的.因此,一般无法表示测量结果的误差."标准误差""极限误差"等词,也不是指具体的误差值,而是用来描述误差分布的数值特征,表征与一定置信概率相联系的误差分布范围.

不确定度则表示由于测量误差的存在而对被测量值不能确定的程度,反映了可能存在的误差分布范围,表征被测量的真值所处的量值范围的评定,所以不确定度能更准确地用于测量结果的表示.一定置信概率的不确定度是可以计算(或估算)出来的,其值永远为正值,而误差可为正,也可为负,也可能十分接近于零,而且一般是无法计算的.

某些术语,如误差合成和不确定度合成、误差分析和不确定度分析等可以并存,但应了解其中的区别;在叙述误差的分析方法、合成方法和误差传递的一般原理和公式时,可以保留原来的名称,而在具体计算和表示计算结果时,应改为不确定度.

总之,凡涉及具体数值的场合均应使用不确定度来代替误差,以避免出现将已知值赋予未知量的矛盾.

### 七、小结

本节我们讲述了测量不确定度的概念,以及不确定度的评定方法,还需要说明两点.

(1)由于不确定度本身只是一个估计值,因此,在一般情况下,表示最后结果的不确定度只取一位有效数字,最多不超过两位.在本实验课程中,不确定度 $u$ 一般取一位有效数字,相对不确定度 $u_r$ 一般取两位有效数字.

(2)在科学实验或工程技术中,有时不要求或不可能明确标明测量结果的不确定度,这时常用有效数字粗略表示测量的不确定度,即测量值有效数字的最后一位表示不确定度的所在位.因此,测量记录时要注意有效数字的位数,不能随意增减.

# 第 3 节　　物理实验有效数字的处理

前面两节,我们介绍了测量误差,以及不确定度的相关知识.我们知道,由于测量中不可避免地存在误差,直接测量的数值只能是一个具有某种不确定性的近似数,由此利用直接测量量计算求得的间接测量量也是一个近似数.测量不确定度决定了测量值的数值只能是有限位数,不能随意取舍,因此,在物理测量中,必须按照有效数字的表示方法和运算规则来正确计算和表达测量结果.

## 一、有效数字的定义

任何测量仪器总存在仪器误差,在仪器设计中应使仪器标尺和最小分度值与仪器误差的数值相适应,两者基本上保持在同一数量级.由于受到仪器误差的制约,在使用仪器对被测量进行测量读数时,只能读到仪器的最小分度值,然后在最小分度值以下还可再估读一位数字.从仪器刻度读出的最小分度值的整数部分是准确的数字,称为可靠数字;而在最小分度以下估读的末位数字,一般也就是仪器误差或相应的仪器不确定度所在的那一位数字,它具有不确定性,其估读会因人而异,通常称为可疑数字.据此,我们定义:测量结果中所有可靠数字加上末位的可疑数字统称为测量结果的有效数字.

有效数字具有以下基本特征.

1. 有效数字的位数与仪器精度(最小分度值)有关,也与被测量的大小有关.

对于同一被测量,如果使用不同精度的仪器进行测量,则测得的有效数字的位数是不同的.例如,用千分尺(最小分度值 0.01 mm,$\Delta_{仪} = 0.005$ mm)测量某物体的长度读数为 4.834 mm,其中前三位数字"483"是最小分度值的整数部分,是可靠数字,末位"4"是在最小分度值内估读的数字,为可疑数字,它与千分尺的 $\Delta_{仪}$ 在同一数位上,所以该测量值有四位有效数字.如果改用最小分度值(游标精度)为 0.02 mm 的游标尺来测量,其读数为 4.84 mm,测量值就只有三位有效数字.游标卡尺不需要估读,其末位数字"4"与游标卡尺的 $\Delta_{仪} = 0.02$ mm 是在同一数位上,为可疑数字.

有效数字的位数还与被测量本身的大小有关.若用同一仪器测量大小不同的被测量,其有效数字的位数不相同.被测量越大,测得结果的有效数字位数也就越多.

2. 有效数字的位数与小数点的位置无关,单位换算时有效数字的位数不应发生变化.

如在不同单位下重力加速度的三种表示 $980\ \text{cm} \cdot \text{s}^{-2}$、$9.80\ \text{m} \cdot \text{s}^{-2}$、$0.009\,80\ \text{km} \cdot \text{s}^{-2}$ 都是三位有效数字.因采用不同的单位,导致小数点的位置移动而使测量值的数值大小不同,但测量值的有效数字位数不能变.必须注意:用以表示小数点位置的"0"不是有效数字,而在数字中间或数字后面的"0"都是有效数字,不能随意增减.

## 二、有效数字与不确定度的关系

前面已讨论过,有效数字的末位是估读数字,存在不确定性.在我们规定不确定度的有效数字只取一位时,任何测量结果,其数值的最后一位应与不确定度所在的那一位对齐,如在本章第二节计算空心圆柱体积的例子中,$V=(127.3\pm0.4)\,\text{cm}^3$,测量值的末位"3"刚好与不确定度 0.4 的"4"对齐.如果写成 $V=(127.28\pm0.4)\,\text{cm}^3$ 就是错误的.

由于有效数字的最后一位是不确定度所在位,因此,有效数字或有效位数在一定程度上反映了测量值的不确定度(或误差限值).测量值的有效数字位数越多,测量的相对不确定度越小;有效数字位数越少,相对不确定度就越大.一般来说,两位有效数字对应于 $10^{-2}\sim10^{-1}$ 的相对不确定度;三位有效数字对应于 $10^{-3}\sim10^{-2}$ 的相对不确定度,依次类推.可见,有效数字可以粗略地反映测量结果的不确定度.

### 三、数值的科学表示法

由于单位选取不同,有时会出现测量值的数值很大或很小,而有效数字的位数又不多的情况,这时,数值大小与有效位数就可能发生矛盾.例如,"138 cm = 1.38 m",同为 3 位有效数字,是正确的,若写成"138 cm = 1 380 mm",有效数字由 3 位变成了 4 位,则是错误的.为了解决这个矛盾,通常采用科学表示法,即用有效数字乘以 10 的幂指数的形式来表示,如 138 cm = $1.38\times10^3$ mm,9.80 m · s$^{-2}$ = $9.80\times10^{-3}$ km · s$^{-2}$.又如,某人测得真空中的光速为 299 700 km · s$^{-1}$,不确定度为 300 km · s$^{-1}$,这个结果写成 $(299\,700\pm300)$ km · s$^{-1}$ 显然是不妥的,应写成 $(2.997\pm0.003)\times10^5$ km · s$^{-1}$,表示不确定度取一位,测量值的有效数字为四位,测量值的最后一位与不确定度对齐.

### 四、有效数字的运算规则

间接测量量是由直接测量量经过一定函数关系计算出来的,而各直接测量量的大小和有效数字位数一般都不相同,这就使计算过程变得繁琐,计算结果可能出现冗长的不合理的数字位数.此外,间接测量结果的不确定度也是由各直接测量结果的不确定度通过不确定度传递公式求出来的,计算中也会出现类似的情况.

为简化运算过程,在进行运算以前,需要对各直接测量量的有效数字进行适当地取舍和数值的进舍修约,这就必须建立并遵守一定的数值进舍规则和运算规则.但有一条基本原则:数字的修约、变换、运算不应增大测量值最后结果的不确定度.

1. 数值的舍入修约规则

测量值数值的舍入,首先要确定需要保留的有效数字和位数,保留数字的位数确定以后,后面多余的数字就应予以舍入修约,一般采用统计性的数字修约的偶数规则,即"四舍六入五凑偶"规则,具体表述如下:

① 拟舍弃数字的最左一位数字小于 5 时,则舍去,而所需保留的各位数字不变.

如保留四位有效数字:3.141 49→3.141;2.717 29→2.717;7.691 49→7.691.

② 拟舍弃数字的最左边一位数字大于 5 时,或者是 5 而其后所跟有非零的数字时,则高位进一,即所需保留部分的末位数字加 1.

如保留四位有效数字:6.378 501→6.379;7.691 62→7.692.

③ 拟舍弃数字的最左一位数字为 5,而后面无数字或皆为零时,若所需保留部分的末位数字为奇数则进一,为偶数或零则舍弃而不需进一,即"单进双不进".

如保留四位有效数字:4.514 50→4.514;3.215 50→3.216.

对于测量结果的不确定度的有效数字,本教材规定采用只进不舍的规则.在本章第二节的实例中,体积的不确定度计算结果为 $0.34\ cm^3$,结果表示 $u_V = 0.4\ cm^3$,就是采用进位法.

2. 有效数字的运算规则

在运算中,若遇到一些物理常量和纯数学数字,如 $\sqrt{2}$、$\pi$、$e$ 等,其有效位数是无限的,但它们应不影响运算结果的有效数字位数,在实际计算中可比其他量中有效数字位数最多的多取一位.

对于不同的运算,有不同的有效数字运算规则,下面分别讨论.

(1)加减法

设 $N = x+y+z$,若各分量标明不确定度,则运算过程如下.

① 先计算不确定度,在运算过程中不确定度可取两位,最后取一位;

② 计算 $N$,各分量位数取到与不确定度所在位相同或比不确定度所在位低一位;

③ 用不确定度决定最后结果的有效数字.

如果各分量没有标明不确定度,则以各分量中估计位最高的,即不确定度最大的分量为准,其他各分量在运算过程中保留到它下面一位,最后再与它对齐.

**例 1** 已知 $A = (1\ 080.145 \pm 0.008)\ cm$,$B = (9.5 \pm 0.6)\ cm$,$C = (14.36 \pm 0.08)\ cm$,求 $N = A+B-C$.

**解**:① $u_N = \sqrt{u_A^2 + u_B^2 + u_C^2} = \sqrt{0.008^2 + 0.6^2 + 0.08^2}\ cm = 0.61\ cm = 0.7\ cm$

② $N = (1\ 080.14 + 9.5 - 14.36)\ cm = 1\ 075.28\ cm$

③ 根据不确定度的结果决定有效数字,则 $N = (1\ 075.3 \pm 0.7)\ cm$

若 $A$、$B$、$C$ 未标明不确定度,因为 $B$ 的估计位最高,则以它为准,其他各分量比它多保留一位,可得 $N = 1\ 075.28\ cm$,最后与 $B$ 分量的最低位对其,结果为 $N = 1\ 075.3\ cm$.

(2)乘除法

设 $N = xyz$,若各分量标明不确定度,则运算过程如下.

① 以有效位数最少的分量为准,将各分量(包括常量)的有效数字取到比它多一位,计算 $N$,结果也暂时多保留一位;

② 计算不确定度;

③ 用不确定度决定最后结果的有效数字.

当测量数据没有给出不确定度时,计算结果的有效数字位数一般与各分量中有效数字位数最少者相同.

**例 2** 已知 $R = (8.375 \pm 0.004) \times 10^{-2}\ m$,$T = (1.24 \pm 0.01)\ s$,常量 $g = 9.794\ m \cdot s^{-2}$,求 $D = \frac{g}{4\pi^2} RT^2$.

**解**:① 分量中 $T$ 的有效数字最少,只有 3 位,以它为准,$R$、$g$、$\pi$ 都取 4 位,计算结果也暂留 4 位.

$$D = \frac{g}{4\pi^2} RT^2 = \frac{9.794 \times 8.375 \times (1.24)^2 \times 10^{-2}}{4 \times (3.142)^2}\ m^2 = 3.194 \times 10^{-2}\ m^2$$

② 计算不确定度,应用 $Z = A\dfrac{x_1^k x_2^m}{x_3^n}$ 类型函数的不确定度传递公式

$$\frac{u_Z}{Z} = \sqrt{\left(\frac{k}{x_1} u_{x_1}\right)^2 + \left(\frac{m}{x_2} u_{x_2}\right)^2 + \left(\frac{n}{x_3} u_{x_3}\right)^2}$$

则
$$u_{r(D)} = \frac{u_D}{D} = \sqrt{\left(\frac{1}{R}u_R\right)^2 + \left(\frac{2}{T}u_T\right)^2} = \sqrt{\left(\frac{0.004}{8.375}\right)^2 + \left(\frac{2\times0.01}{1.24}\right)^2} = 0.017$$

$$u_D = u_{r(D)} \cdot D = 0.017\times3.194\times10^{-2}\ \text{m}^2 = 0.054\times10^{-2}\ \text{m}^2 = 0.06\times10^{-2}\ \text{m}^2$$

③ 结果为 $D = (3.19\pm0.06)\times10^{-2}\ \text{m}^2$.

若 $R$、$T$ 未标明不确定度,因为 $T$ 的有效数字位数最少,只有 3 位,则结果 $D$ 的有效数字位数与 $T$ 看齐,只取 3 位.

（3）函数运算

对某一函数进行运算时,可以用微分方法求出该函数的误差公式,再将直接测量的不确定度代入公式,以确定函数的有效位数.若直接测量值没有标明不确定度,则在直接测量值的最后一位数取 1 作为不确定度代入公式.

**例 3** 已知 $x = 46°25'\pm3'$,求 $\sin x$.

**解**:对 $\sin x$ 求微分得其误差公式为

$$\Delta(\sin x) = \cos x \cdot \Delta x$$

将 $\Delta x$ 化为弧度代入得

$$\Delta(\sin x) = \cos 46°25'\times8.7\times10^{-4} = 6\times10^{-4}$$

因此,$\sin x$ 取 4 位有效数字,为 $0.724\ 4\pm0.000\ 6$.

**例 4** 已知 $x = 10.16\pm0.04$,求 $e^x$.

**解**:对 $e^x$ 求微分得其误差公式为

$$\Delta(e^x) = e^x \cdot \Delta x = e^{10.16}\times0.04 = 2\times10^3$$

因此,$e^x$ 取 2 位有效数字,为 $(2.6\pm0.2)\times10^4$.

**例 5** 已知 $x = 82.78$,求 $\ln x$.

**解**:对 $\ln x$ 求微分得其误差公式为

$$\Delta(\ln x) = \frac{\Delta x}{x}$$

由于直接测量值 $x$ 并没有标明不确定度,故在直接测量值的最后一位数上取 1 作为不确定度,即 $\Delta x = 0.01$,将 $x$、$\Delta x$ 代入上式得

$$\Delta(\ln x) = 2\times10^{-4}$$

则 $\ln x$ 的尾数应保留到小数点后 4 位,即 $\ln x = \ln 82.78 = 4.416\ 2$.可以看出,一般情况下,$x$ 的自然对数 $\ln x$,其尾数部分的位数与该数 $x$ 的有效数字位数相同.

### 五、小结

测量计算结果的有效数字位数的多少取决于测量,而不取决于运算过程.因此,在运算时,尤其是使用计算器时,不要随意扩大或减小有效数字位数,更不要认为结果的位数越多越好,要根据运算规则保留有效数字位数.

# 第 4 节　常用实验数据的处理方法

直接从仪器或量具上读出的、未经任何数学处理的数据称为实验测量的原始数据,它是

实验的宝贵资料,是获得实验结果的依据,正确、完整地记录原始数据是顺利完成实验的重要保证.但是,物理实验的目的不仅是对某一物理量进行测量,更重要的是找出各物理量之间的依赖关系和变化规律,以便确定它们的内在联系和函数关系,对实验数据进行科学的分析和处理是实现上述目的的重要手段.本节介绍几种实验数据记录和处理的方法:列表法、作图法、逐差法和回归法.

## 一、列表法

在记录数据时,把数据列成表格形式,既可以简单而明确地表示出有关物理量之间的对应关系,便于分析和发现数据的规律性,也有助于检验和发现实验中的问题.

列表的具体要求如下.

(1)表格设计合理,便于看出相关量之间的对应关系,便于分析数据之间的函数关系和数据处理.

(2)标题栏中写明代表各物理量的符号和单位,单位不要重复写在每个测量数据之后.若表内所有物理量单位一致,则可在表格上方统一标出表中单位,或注明所采用的单位值,表内数据一定要与该单位制相符.

(3)表中所列数据要正确反映测量结果的有效数字.

(4)实验室所给出的数据或查得的单项数据应列在表格的上部.

## 二、作图法

作图法是将一系列数据之间的关系或其变化情况用图线直观地表示出来,有简便、形象、直观等优点,具有如下功能.

① 可以研究各物理量之间的变化规律,找出对应的函数关系并求出经验公式;

② 如果图线是依据许多测量数据点描述出来的光滑曲线,则作图法有多次测量取其平均效果的作用;

③ 能简便地从图线上求出实验需要的某些结果,绘出仪器的校准曲线;

④ 利用内插法,在图线范围内,可以直接读出没有进行观测的对应于某变量 $x$ 的 $y$ 值;在一定条件下,利用外延法(或外推法)也可以从图线的延伸部分读出测量范围以外无法测量的点的值;

⑤ 由图线还可以帮助发现实验中个别的测量错误,并可以通过图线进行系统误差分析.

但作图法并不是建立在严格的统计理论基础之上的数据处理方法,此外还易受坐标纸等客观和人为的影响,它只是一种粗略的数据处理方法.尽管如此,作图法仍被视为一种重要而常用的数据处理方法.下面,我们介绍作图法的要求以及如何利用作图法求解数据.

1. 作图要求

(1)选用合适的坐标纸

应根据各物理量之间的函数性质合理选用坐标纸的类型.例如,函数关系为线性关系时选用直角坐标纸,为对数关系时可选用对数坐标纸.

(2)坐标轴的大小及坐标的比例

① 应根据测量数据的有效数字位数及测量结果的需要来确定.原则上,数据中的可靠数字

在图中也应是可靠的;数据中有误差的一位,即不确定度所在位,在图中应是估计的,即坐标中的最小格对应测量值可靠数字的最后一位.

② 以横轴代表自变量,纵轴代表因变量,并标明所代表的物理量名称(或符号)及单位.

③ 按简单和便于读数的原则选择图上的读数与测量值之间的比例,一般选用1∶1,1∶2,1∶5,2∶1等.用选好的比例,在坐标轴上等间距地、按图上所能读出的有效数字位数表示分度(坐标轴所代表的物理数值).

④ 为使图线布局合理,应当合理选取比例,使图线比较对称地充满整个图纸,而不是偏向一边.纵横两坐标轴的比例可以不同,坐标轴的起点也不一定从零开始.对于数据特别大或特别小的,则可以用数量级表示法,如×$10^n$ 或×$10^{-n}$,并放在坐标轴最大值的右边(或上方).

(3)标点与连线

根据测量数据,用削尖的铅笔在坐标纸上以"+""×"" • ""o ""△"等符号标出实验点.应使各测量数据对应的坐标准确地落在所标符号的中心.一条实验曲线用一种符号.当一张图纸上要画几条曲线时,各条曲线应分别用不同的符号标记,便于区别.

各实验点的连线不能随手画,而要用直尺或曲线板等作图工具,根据不同情况把点连成直线或光滑曲线.由于测量存在不确定度,因此,图线并不一定通过所有的点,而要求数据点均匀地分布在图线两旁.如果个别点偏离太大,应仔细分析后决定取舍或重新测定,连线要细而清晰,连线过粗会因作图带来附加误差.用来对仪表进行校准时使用的校准曲线要通过校准点连成折线.

(4)标注图名

作好实验图线后,应在图纸适当位置标明图线的名称,必要时在图名下方注明简要的实验条件.

2. 图解法求直线的斜率和截距

用作图法处理数据,当物理量之间为线性关系时,其图线为直线,通过求解直线的斜率和截距,可以方便地求得相关的间接测量物理量.

(1)直线斜率的求法

若图线类型为直线方程 $y = a + bx$,可在图线上任取两个相距较远的点,一般取在靠近直线两端的 $P_1(x_1, y_1)$ 和 $P_2(x_2, y_2)$,其坐标 $x$ 为整数,以减小误差(注意:不得用原始实验数据点,必须从图线上重新读取;也不能取两个相隔较近的点,以免降低了有效数字位数).可用一些特殊符号(如△)标定所取点 $P_1$、$P_2$,以区别原来的实验点.由两点式求出该直线的斜率,即

$$b = \frac{y_2 - y_1}{x_2 - x_1}$$

注意:在物理实验的坐标系中,纵坐标和横坐标代表不同的物理量,分度值与空间坐标不同,故不能用量取直线倾角求正切值的方法求斜率.

(2)直线截距的求法

一般情况下,如果横坐标 $x$ 的原点为零,直线延长线和坐标轴交点的纵坐标 $y$ 即为截距(即 $x = 0, y = a$).否则,在图线上再取一点 $P_3(x_3, y_3)$,利用点斜式求得截距为

$$a = y_3 - \frac{(y_2 - y_1)}{(x_2 - x_1)} x_3$$

28

利用描点作图求斜率和截距仅是粗略的方法,严格的方法应该用线性拟合最小二乘法(在本节后面部分将会介绍).

**例 1** 测得某二极管正向电压 $U$ 随温度 $T$ 的变化数据如表 1.4.1 所示,试用作图法求该二极管的温度系数 $\alpha( = \Delta U/\Delta T)$.

表 1.4.1

| $T/K$ | 110.0 | 125.0 | 140.0 | 155.0 | 170.0 | 185.0 | 200.0 | 215.0 | 230.0 | 245.0 |
|---|---|---|---|---|---|---|---|---|---|---|
| $U/mV$ | 775 | 730 | 690 | 645 | 610 | 565 | 503 | 467 | 418 | 379 |

**解:**(1) 选用比例合适的坐标纸.选用毫米分格的直角坐标纸,并根据原始数据的有效数字位数及图线的对称性,考虑所作图线大致占据的范围和应取得比例大小.

按所给数据,若 $T$ 和 $U$ 均取 1∶1,即横坐标 $T$∶1 mm = 1.0 K,纵坐标 $U$∶1 mm = 10 mV,则横坐标共需约 15 cm,而纵坐标约需 5 cm,这样作出的图线是狭长的.若 $T$ 取 1∶1,而 $U$ 用 2∶1,即 $U$∶1 mm = 5 mV,则图线既不损失有效数字,又比较匀称.

(2) 确定纵、横轴坐标名称,以整数进行标度并注明单位,然后将实验点逐点标在图线上,如图 1.4.1 所示的⊙点为实验测量数据.

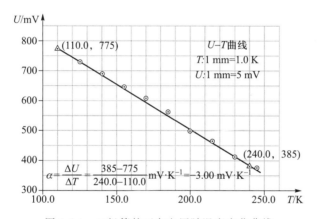

图 1.4.1　二极管的正向电压随温度变化曲线

(3) 通过数据点画出函数曲线,本例为直线,应使实验数据点均匀地分布在直线两边.

(4) 根据两点求斜率的方法求温度系数 $\alpha$.

在直线上选取便于读数的两点,并标出其坐标,如△点,特别注意这两点应保持合适的距离,以便使 $\Delta U$ 和 $\Delta T$ 都能保持原有的有效数字位数,从而使计算出的温度系数 $\alpha$ 保持应有的有效位数,求得

$$\alpha = \frac{\Delta U}{\Delta T} = \frac{385 - 775}{240.0 - 110.0} \text{ mV} \cdot \text{K}^{-1} = -3.00 \text{ mV} \cdot \text{K}^{-1}$$

(5) 标出图线名称:本例的图可简称为"$U$-$T$ 曲线".

3. 内插(或外延)图解法

在画出实验图线后,实际上就确定了两个物理量之间的函数关系.因此,如果知道了其中一个物理量的值,就可以从图线上找出另一个物理量相应的值(非经实测的).如果需要的值能直接

在图线上找到,这就是内插法,如果需要把图线延长后才能找到需要的值,则是外延法.

内插(或外延)法的基本步骤如下.

(1)根据已经知道的物理量的值,在相应的坐标轴上找到该值对应的点;

(2)用虚线作通过该点且与该点所在坐标轴垂直的线段,与图线相交于一点;

(3)用虚线作通过上述交点且与原虚线垂直的线段,与待求物理量所在的坐标轴交于一点,该点的坐标对应的值就是与前述已知物理量值所对应的另一个物理量的值;

(4)需要外延时,可以将实验所得图线向着本次实验数据范围以外的区域,按原有规律延伸并用虚线画出,以区别范围内的图线.

例如基于某一装置实验测量了波长 $\lambda(\in[\lambda_1,\lambda_2])$ 的偏向角 $\theta(\in[\theta_1,\theta_2])$,并根据测量数据绘出了波长 $\lambda$ 和偏向角 $\theta$ 的关系图线,如图 1.4.2 中的实线曲线,现在用同一装置在相同的条件下测出两条谱线的偏向角为 $\theta_3(\in[\theta_1,\theta_2])$,$\theta_4(\notin[\theta_1,\theta_2])$,要求用图解法求出这两条谱线的波长.

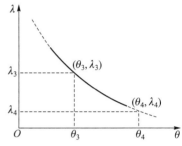

图 1.4.2　内插(外延)图解法

因 $\theta_3$ 在 $\theta_1\sim\theta_2$ 范围内,可用内插法求出对应的波长,如图 1.4.2 所示,先在图上的 $\theta$ 轴上找到 $\theta_3$ 这一点,再用前面介绍的方法作两条虚线,后一条虚线与 $\lambda$ 轴的交点对应的纵坐标就是 $\lambda_3$ 的值.在作图时,一般应将 $\theta_3$ 和 $\lambda_3$ 的值用括号标注在相应的点旁边.而 $\theta_4$ 不在 $\theta_1\sim\theta_2$ 范围内,则可用外延法获取对应的波长,根据 $\lambda_1\sim\lambda_2$ 范围内绘制的实线曲线,按一定规律向两边延展如图中虚线所示,并根据测量值 $\theta_4$,从图上可得出相应的 $\lambda_4$.

### 三、逐差法

逐差法是数据处理中的一种常用方法,本书中有多个实验要用到该方法.

1. 逐差法的运用条件

(1)函数 $y$ 与自变量 $x$ 成线性关系:$y=a_0+a_1x$,或已线性化的非线性函数等,上述函数形式均可通过逐差法检验函数关系,求出关系式中的系数,即物理量的值;

(2)要求人为地选择自变量 $x$ 使之做等间距变化.

2. 用逐差法处理数据的基本步骤

(1)在测量过程中,一般可先计算因变量 $y$ 的逐差项,用来检验线性变化的优劣,以便及时发现问题;

(2)按自变量 $x$ 等量增加测量偶数对数据 $(x_i,y_i)(i=1,2,\cdots,2n)$ 后,将数据对分成前后两组,然后按前后两组数据的对应序号求出 $n$ 个差值 $y_{n+j}-y_j(j=1,2,\cdots,n)$.

(3)求 $n$ 个 $y_{n+j}-y_j$ 的平均值与不确定度.必要时,也可求出线性方程的斜率及截距(求截距 $a$ 时,可将斜率 $b$ 代入方程 $y_i=a_i+bx_i$,得 $2n$ 个 $a_i$ 后取平均).

**例 2**　在用伸长法测量钢丝的杨氏模量实验中,钢丝在拉力作用下,用光杠杆及望远镜尺组系统测伸长量,数据列于表 1.4.2 中,试计算受力为 1 N 时,在望远镜中测得的金属丝的伸长量.

表 1.4.2  伸长法测钢丝杨氏模量的测量数据

| 序号 | 载荷 $m/kg$ | 伸长量 $L/mm$ | $\Delta L(=L_{i+1}-L_i)/mm$ | $\delta L_i(=L_{i+4}-L_i)/mm$ |
|------|------|------|------|------|
| 1 | 0.00 | 0 | | |
| 2 | 1.00 | 3.8 | 3.8 | 15.9 |
| 3 | 2.00 | 7.9 | 4.1 | |
| 4 | 3.00 | 11.8 | 3.9 | 16.0 |
| 5 | 4.00 | 15.9 | 4.1 | |
| 6 | 5.00 | 19.8 | 3.9 | 16.1 |
| 7 | 6.00 | 24.0 | 4.2 | |
| 8 | 7.00 | 27.7 | 3.7 | 15.9 |
| 平均值 | | | | 16.0 |

**解**:表中第四列 $\Delta L=L_{i+1}-L_i$ 是每增加 1 kg（9.8 N）砝码时金属丝的伸长量,其平均值为

$$\overline{\Delta L} = \frac{\sum_{i=1}^{7}(L_{i+1}-L_i)}{7} = \frac{L_8-L_1}{7}$$

可见,中间测量数据全部相消,只剩下首、尾两个数据,显然用这种方法处理数据是不合理的.

已知金属丝的伸长量与拉力成正比,实验用每次增加 9.8 N 的载荷来改变金属丝的受力状态,保证了伸长量等间距变化,因此可用逐差法处理数据.

$$\overline{\delta L} = \frac{\sum_{i=1}^{4}(L_{i+4}-L_i)}{4} = 16.0 \text{ mm}$$

$$\frac{\overline{\delta L}}{4 \times 9.8 \text{ N}} = 0.41 \text{ mm/N}$$

可见,用逐差法比较合理,因为它充分利用了所有的测量数据,可以提高结果的准确度.

## 四、回归法

作图法在数据处理中虽然是一种直观而便利的方法,但在图线的绘制过程中会引起附加误差,因此有时不如用函数解析形式表示出来更为明确和便利.人们通过实验数据求出经验公式,这个过程称为回归分析.它包括两类问题:第一类是函数关系已经确定,但式中的系数未知,在测量了 $n$ 对 $(x_i, y_i)$ 值后,要求确定系数的最佳估计值,以便将函数具体化;第二类问题是 $y$ 与 $x$ 之间的函数关系未知,需要从 $n$ 对 $(x_i, y_i)$ 测量数据中寻找出它们之间的函数关系式,即经验方程式.我们只讨论第一类问题中最简单的函数关系,即一元线性方程的回归(或称直线拟合)问题.

1. 一元线性回归

线性回归是一种以最小二乘法为基础的实验数据处理方法,最小二乘法是一种比较精确的曲线拟合方法,它的判据是:对等精密度测量,若存在一条最佳的拟合曲线,那么各测量值与这条

曲线上对应点之差的平方和应取极小值.下面简单介绍最小二乘法.

若已知函数的形式为

$$y = a_0 + a_1 x \tag{1.4.1}$$

由于自变量只有一个,即 $x$,故称为一元线性回归.

实验得到的数据,当 $x = x_1, x_2, x_3, \cdots, x_n$ 时,对应的 $y = y_1, y_2, y_3, \cdots, y_n$.在许多实验中,$x, y$ 两个物理量的测量总有一个物理量的测量精度比另一个高,我们把测量精度较高的物理量作为自变量 $x$,其误差可忽略不计,而把精度较低的物理量作为因变量 $y$.显然,如果从上述测量列中任取 $(x_i, y_i)$ 的两组数据就可得出一条直线,只不过这条直线的误差有可能很大.线性回归(直线拟合)的任务就是用数学分析的方法从这些观测到的数据中求出一个误差最小的最佳经验公式 $y = a_0 + a_1 x$.根据这一最佳经验公式作出的图线虽然不一定能通过每一个实验观测点,但是它以最接近这些实验点的方式平滑地穿过它们.因此,对应于每一个 $x_i$ 值,观测值 $y_i$ 和最佳经验公式的 $y$ 值之间存在一个偏差 $\delta_i$,我们称之为观测值 $y_i$ 的偏差,即

$$\delta_i = y_i - y = y_i - (a_0 + a_1 x_i) \tag{1.4.2}$$

$\delta_i$ 的大小和正负表示了实验观测点在回归法求得的直线两侧的分散程度.显然,$\delta_i$ 的值与 $a_0$、$a_1$ 的取值有关.为使偏差的正负和不抵消,且考虑所有实验值的影响,我们计算各偏差的平方和 $\sum_{i=1}^{n} \delta_i^2$ 的大小.如果 $a_0$、$a_1$ 的取值使 $\sum_{i=1}^{n} \delta_i^2$ 最小,$a_0$、$a_1$ 即为所求的值,则由 $a_0$、$a_1$ 所确定的经验公式就是最佳经验公式.这种方法称为最小二乘法.

为使 $\sum_{i=1}^{n} \delta_i^2 = \sum_{i=1}^{n} [y_i - (a_0 + a_1 x_i)]^2$ 最小,则其对 $a_0$、$a_1$ 的一阶偏导数应分别等于零,即

$$\begin{cases} \dfrac{\partial \sum_{i=1}^{n} \delta_i^2}{\partial a_0} = -2 \sum_{i=1}^{n} [y_i - (a_0 + a_1 x_i)] = 0 \\ \dfrac{\partial \sum_{i=1}^{n} \delta_i^2}{\partial a_1} = -2 \sum_{i=1}^{n} [x_i y_i - x_i(a_0 + a_1 x_i)] = 0 \end{cases} \tag{1.4.3}$$

令

$$\overline{x} = \frac{1}{n} \sum_{i=1}^{n} x_i, \quad \overline{y} = \frac{1}{n} \sum_{i=1}^{n} y_i, \quad \overline{x^2} = \frac{1}{n} \sum_{i=1}^{n} x_i^2, \quad \overline{xy} = \frac{1}{n} \sum_{i=1}^{n} x_i y_i$$

则一阶偏导方程整理得

$$\begin{cases} a_0 + a_1 \overline{x} = \overline{y} \\ a_0 \overline{x} + a_1 \overline{x^2} = \overline{xy} \end{cases} \tag{1.4.4}$$

方程组(1.4.4)的解为

$$a_1 = \frac{\overline{x}\,\overline{y} - \overline{xy}}{\overline{x}^2 - \overline{x^2}} \tag{1.4.5}$$

$$a_0 = \overline{y} - a_1 \overline{x} \tag{1.4.6}$$

不难证明,$\sum_{i}^{n} \delta_i^2$ 对 $a_0$、$a_1$ 的二阶偏导均大于零,故求得的 $a_0$、$a_1$ 使 $\sum_{i}^{n} \delta_i^2$ 为最小值.

将求得的 $a_0$、$a_1$ 值代入直线方程,就可得到最佳经验公式 $y = a_0 + a_1 x$.

上面介绍的用最小二乘原理求经验公式中常量 $a_0$、$a_1$ 的方法,是一种直线拟合法,它在科学实验中应用广泛.用这种方法计算的常量值 $a_0$、$a_1$ 是"最佳的",但并不是没有误差,它们的误差估计问题比较复杂,这里就不再介绍.

**2. 能化为线性回归的非线性回归**

非线性回归是一个复杂的问题,并无固定的解法,但若某些非线性函数经过适当变换后成为线性关系,仍可用线性回归法处理.

例如,指数函数 $y = ae^{bx}$(式中 $a$、$b$ 为常量)等式两边取对数可得 $\ln y = \ln a + bx$,令 $\ln y = y'$,$\ln a = b_0$,即得直线方程 $y' = b_0 + bx$,这样便可把指数函数的非线性回归问题转化为一元线性回归问题.

又如,对幂函数 $y = ax^b$ 来说,等式两边取对数,得 $\ln y = \ln a + b\ln x$,令 $\ln y = y'$,$\ln a = b_0$,$\ln x = x'$,则得直线方程 $y' = b_0 + bx'$,同样转化为一元线性回归问题.

由此可见,任何一个非线性函数只要能设法将其转化为线性函数,就可能用线性回归方法处理.

**3. 回归法合理性的检验**

用回归法处理同一组实验数据,不同的实验者可能取得不同的函数形式,从而得出不同的结果.为了检验所得结果是否合理,在待定常量确定后,还要与相关系数 $r$ 进行比较.对于一元线性回归,$r$ 定义为

$$r = \frac{\overline{xy} - \overline{x}\,\overline{y}}{\sqrt{(\overline{x^2} - \overline{x}^2)(\overline{y^2} - \overline{y}^2)}} \tag{1.4.7}$$

$r$ 值总是在 0 与 $\pm 1$ 之间.$|r|$ 值越接近 1,说明实验数据点越能密集分布在求得的直线的近旁,用线性函数进行回归比较合理;相反,如果 $|r|$ 远小于 1 而接近 0,则说明实验点对所求得的直线来说很分散,用线性函数回归不合适,$y$ 与 $x$ 完全不相关,必须用其他函数重新试探.

**例 3**　实验测得某铜棒的长度 $l$ 随温度变化的数据如表 1.4.3 所示,使用线性回归法求 $l$-$t$ 的经验公式,并求出 0 ℃时的铜棒长度 $l_0$ 和线膨胀系数 $\alpha$.

表 1.4.3

| $t$/℃ | 20 | 30 | 40 | 50 | 60 |
|---|---|---|---|---|---|
| $l$/mm | 1 000.36 | 1 000.53 | 1 000.74 | 1 000.91 | 1 001.06 |

**解:**(1)$t$ 为自变量,$l$ 为应变量,根据表中数据可得各物理量的数值为

$$\overline{t} = 40, \quad \overline{t^2} = 1\ 800, \quad \overline{l} = 1\ 000.72, \quad \overline{l^2} = 1\ 001\ 440.58, \quad \overline{tl} = 40\ 032.36$$

(2)由式(1.4.5)和式(1.4.6)求 $a_0$,$a_1$ 的数值,为

$$a_1 = \frac{\overline{t}\,\overline{l} - \overline{tl}}{\overline{t}^2 - \overline{t^2}} = \frac{40 \times 1\ 000.72 - 40\ 032.36}{1\ 600 - 1\ 800} = 0.017\ 8$$

$$a_0 = \overline{l} - a_1\overline{t} = 1\ 000.72 - 0.017\ 8 \times 40 = 1\ 000.008 \approx 1\ 000.01$$

故经验公式为

$$l = 1\,000.01 + 0.017\,8t$$

（3）根据(1.4.7)求相关系数

$$r = \frac{\overline{tl} - \overline{t}\,\overline{l}}{\sqrt{(\overline{t^2} - \overline{t}^2)(\overline{l^2} - \overline{l}^2)}} \approx 0.994$$

相关系数接近 1,故线性回归合理.

（4）将上述所得的经验公式与 $l = l_0 + \alpha l_0 t$ 相比较,得

$$l_0 = 1\,000.01 \text{ mm}$$

$$\alpha = 1.78 \times 10^{-5} \, ^\circ\text{C}^{-1}$$

# 第 5 节　常用物理实验仪器

## 一、长度测量仪器

毫米刻度尺、游标卡尺、螺旋测微器等是常见的长度测量仪器,实验者在中学阶段对它们有较多的接触,对其测量工作原理、读数方法、仪器误差等也有一定的熟悉程度,在此不再详述.下面介绍其他测量微小长度的量具——千分表、测微目镜、读数显微镜(后两者一般用于光学实验测量).

1. 千分表

千分表是一种通过齿轮或杠杆将一般的直线位移转换成指针的旋转运动,然后在刻度盘上进行读数的长度测量仪器,如图 1.5.1 所示.千分表的技术参量如下:

① 有效量程为 0~1 mm;

② 主指针为每圈 200 格,每格 0.001 mm;

③ 副指针为每格 0.2 mm,共分 5 格,总计 1 mm.

千分表的使用方法如下:

① 将表稳定可靠地固定在表座或表架上,并调

图 1.5.1　千分表

整表的测杆轴线垂直于被测平面;

② 测量前调零.调零时,先使测头与基准面接触,压测头使大指针旋转大于一圈,转动刻度盘使 0 线与大指针对齐,然后把测杆上端提起 1~2 mm 再放手使其落下,反复 2~3 次后检查指针是否仍与 0 线对齐,如不对齐则重调;

③ 用手轻抬测杆,将物件放入测头下测量;

④ 测量时,注意表的测量范围,不要使测头位移超出量程,以免损坏指示表.

2. 测微目镜

测微目镜一般作为光学精密计量仪器(如干涉显微镜、调焦望远镜、测微平行光管、各种测长仪等)的附件使用;也可以单独使用,直接测量非定域干涉条纹的宽度或由光学系统所成实像

的大小等.它的测量范围只有 0~8 mm,精度较高,其结构如图 1.5.2(a)所示.带有目镜的镜筒与本体盒相连,利用螺丝则可将接头套筒与另一带有物镜的镜筒相套接,以构成一台显微镜(如焦距仪的测量显微镜).靠近目镜焦平面的内侧,固定了一块毫米刻度的**玻璃标尺**.与该尺相距 0.1 mm 处平行地放置一块**分划板**,分划板由玻璃片制成,其上刻有十字叉丝和竖直双线,如图 1.5.2(b)所示.人眼贴近目镜观察时,可在明视距离处看到玻璃尺上放大的刻线像及与其相叠的叉丝像.因为分划板的框架与由读数鼓轮(或称为测微鼓轮)带动的丝杆通过弹簧相连,故当读数鼓轮旋转时,丝杆就会推动分划板在导轨内左右移动,这时目镜中的竖直双线和十字叉丝将沿垂直于目镜光轴的平面横向移动.读数鼓轮每转动一圈,竖线和十字叉丝移动 1 mm,由于鼓轮上又细分 100 小格,因此,每转过 1 小格,叉丝相应地移动 0.01 mm.测微目镜十字叉丝中心移动的距离,可从分划尺上的数值加鼓轮上的读数而得到.

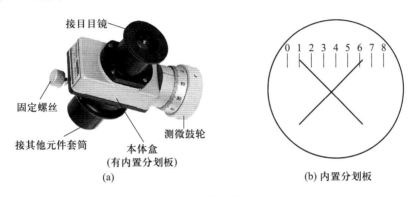

图 1.5.2　测微目镜结构图

使用测微目镜时应注意以下几点:

① 测量前先调节**接目目镜**与分划板的间距,清楚地看到十字叉丝.

② 调节整个目镜筒与被测实像的间距,使在视场中看到被测的像最清晰,并需仔细调节,直到被测像与叉丝像无视差,即两者处在同一平面,只有无视差的调焦,才能保证测量精度.

③ 松开测微目镜固定螺丝,旋转它,使其分划板移动方向与被测间隔方向一致,然后再固定好,同时还需确保被测实像最清晰.

④ 测量过程中,应缓慢转动鼓轮,且沿一个方向转动,中途不要反向.因为丝杆与螺母的螺纹间有空隙,称为**螺距差**.当反向旋转时,必须转过此间隙后分划板才能跟着丝杆螺旋移动,因此,若测量时旋过头,必须重测.

⑤ 要求叉丝中心不得移出刻度尺所示的刻度范围,如叉丝已达刻度尺一端,则不能再强行旋转测微鼓轮.

3. 读数显微镜

读数显微镜是用于精密测量长度的专业显微镜,由显微镜管、读数移动装置和光源反射镜组成.它的测量范围为 0~50 mm 或 0~180 mm,精度为 0.01 mm,通常具有几十倍的放大倍率,工作距离也比较大,因此读数显微镜的应用比测微目镜更广泛.

读数显微镜的型号较多,实验室目前常用的有两种类型:一种是显微镜管固定不动,通过载物平台的精密移动来进行测量,但此类显微镜的镜管不能水平放置,其用途受到一定限制;另一种是载物台固定不动,而是通过显微镜管的精密移动来进行测量,并且显微镜管既可竖直放置又可水平放置,应用范围更广(如 JXD 型、JCD3 型读数显微镜等).

JCD3 型读数显微镜的外形结构如图 1.5.3(a)所示.它由螺旋测微装置和显微镜两部分组成.测量前,将被测物体放在毛玻璃上,要求被测物表面与镜筒的光轴垂直.测量时,先调节目镜,清楚地看见视场中的十字叉丝;放松底座手轮,粗调工作距离(约 42 mm),再用调焦手轮进行微调,使像清晰;转动读数鼓轮,使显微镜中十字叉丝交点对准被测量线条的一端,即可在标尺和读数鼓轮上读数.读数标尺上有 0~50 mm 刻度线,每格为 1 mm;鼓轮每旋转一圈,显微镜筒移动 1 mm;鼓轮的圆角等分为 100 小格,每小格代表 0.01 mm,所以,读数时毫米以上部分由标尺读出,毫米以下部分由鼓轮读出,如图 1.5.3(b)所示,当前的刻度为 33.245 mm,最后一位"5"是估读.再旋转鼓轮使镜筒移动,让十字叉丝交点对准被测线条的另一端,又可进行第二次读数,两次读数之差即被测物体直线长度.

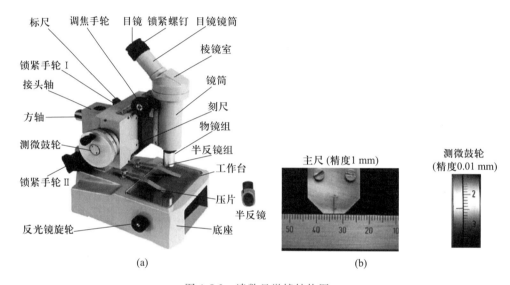

图 1.5.3　读数显微镜结构图

由于显微镜管或载物台的移动靠测微螺旋丝杆的推动,因此,读数显微镜和测微目镜一样也要防止**螺距差**,采用单向测量.测量时还必须调节,使显微镜或载物台的移动方向与被测量的方向一致.

## 二、质量测量仪器

目前实验中常用的质量称量仪器有:电子天平、物理天平、分析天平,本节仅介绍电子天平.

电子天平是利用电磁力平衡被称物体重力的一种电子设备,如图 1.5.4 所示,一般采用应变式传感器、电容式传感器、电磁平衡式传感器等传感方式,具有称量准确可靠、显示快速清晰等特点,并且具有自

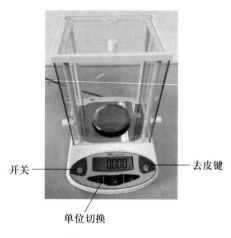

图 1.5.4　电子天平

动检测系统、简便的自动校准装置以及超载保护等装置.

电子天平操作步骤如下:

① 接通电源,按"ON"键,天平经历启动自检后正常启动;

② 利用单位切换键选择称量单位,天平一般提供克(g)、克拉(ct)及英磅(lb)三种单位显示,可进行切换;

③ 在秤盘上没有放置物品的情况下,按下"去皮"(即清零)键,电子天平显示"0.000",即可进行称重;

④ 再按住"ON"键,关闭天平.

### 三、电学元件

1. 电阻器

实验室常用的电阻器除了有固定阻值的定值电阻以外,还有电阻值可变的电阻器,主要有滑线变阻器和电阻箱.

(1)标准电阻器

标准电阻器是一种高精度的定值电阻,一般用温度系数低、稳定度高的锰铜合金丝(片)绕在黄铜或其他材料的骨架上,再套上铜制外壳.外壳与骨架通常焊在一起,把电阻丝密封起来,以减少大气中的湿度等因素的影响.电阻器绕成后需退火处理,以消除绕制过程中产生的应力,改善其稳定性.电阻器的引线经密封的陶瓷绝缘子引出,与装在面板上的端钮相接.标准电阻器通常做成四端钮式,如图1.5.5(a)所示,两电流端钮以两个粗端钮表示,而靠近两端内侧有两个较细的端钮,为电压测量端.

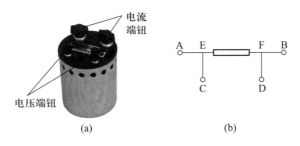

图 1.5.5　标准电阻器结构图

标准电阻器的符号如图1.5.5(b)所示,A、B为电流端(相对较粗),C、D为电压端(相对较细).使用时,从A、B两端流进电流,取C、D两端的电压进行测量.此时需使电压端不流过电流,这样C、D两端的电势就分别等于E、F两点的电势,而标准电阻器的电阻值就被定义为E、F两个结点之间的电阻值.这样,AE、CE、BF、DF四条引线的电阻的影响均被消除.

(2)滑线变阻器

滑线变阻器的结构如图1.5.6所示,电阻丝密绕在绝

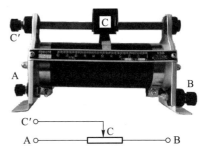

图 1.5.6　滑线变阻器结构图

缘瓷管上,电阻丝上涂有绝缘物,各圈电阻丝之间相互绝缘.电阻丝的两端与固定接线柱 A、B 相连,A、B 之间的电阻为总电阻.滑动接头 C 可以在电阻丝 AB 之间滑动,滑动接头与电阻丝接触处的绝缘物被磨掉,使滑动接头与电阻丝接通.滑动接头 C 通过金属棒与接线柱 C′相连,改变 C 的位置,就改变 AC 或 BC 间的电阻值.使用滑线变阻器,虽然不能准确地读出其电阻值的大小,但却能近似连续地改变电阻值.

滑动变阻器的规格:①全电阻,即 AB 间的全部电阻值;②额定电流,滑线变阻器允许通过的最大电流.

滑线变阻器有两种用法:

① 限流

如图 1.5.7(a)所示,A、B 两接线柱只使用一个,另一个空着不用.当滑动 C 时,改变 AC 间的电阻,从而改变回路总电阻,也就改变了回路的电流(在电源电压不变的情况下).因此滑线变阻器起到了限制(调节)线路电流的作用.

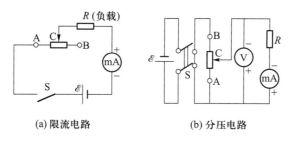

(a) 限流电路      (b) 分压电路

图 1.5.7 滑线变阻器使用方法

为了保证线路安全,在接通电源前,必须将 C 滑至 B 端,使 $R_{AC}$ 有最大值,回路电流最小,然后逐步减小 $R_{AC}$ 值,使电流增至所需要的数值.

② 分压

如图 1.5.7(b)所示,滑线变阻器的两端 A、B 分别与开关 S 的两接线柱相连,滑动接头 C 和一固定端 A 与用电部分连接.接通电源后,AB 两端电压 $U_{AB}$ 等于电源电压 $\mathscr{E}$.输出电压 $U_{AC}$ 是 $U_{AB}$ 的一部分,随着滑动接头 C 位置的改变,$U_{AC}$ 也在改变.当 C 滑至 A 时,输出电压 $U_{AC}=0$;当 C 滑至 B 时,$U_{AC}=U_{AB}$,输出电压最大.所以分压电路中输出电压可以调节为零,然后逐步增大 $U_{AC}$,直至满足线路的需要.

(3) 电阻箱

电阻箱外形如图 1.5.8(a)所示,它的内部有一套用锰铜线绕成的标准电阻器,按图 1.5.8(b)所示连接,旋转电阻箱上的旋钮,可以得到不同的电阻值.在图 1.5.8(a)中,每个旋钮的边缘都标有数字 0,1,2,…,9,各旋钮下方的面板上刻×0.1、×1、×10、…、×10 000 的字样,称为倍率.当每个旋钮上的数字旋到对准其所示倍率时,用倍率乘以旋钮上的数值并相加,即为实际使用的电阻值.如图 1.5.8(a)所示的电阻值为

$$R = (6×10\ 000+8×1\ 000+4×100+9×10+2×1+5×0.1)\Omega = 68\ 492.5\ \Omega$$

电阻箱的规格:

① 总电阻,即最大电阻,如图 1.5.8(a)所示的电阻箱总电阻为 99 999.9 Ω;

② 额定功率,指电阻箱每个电阻的功率额定值,一般电阻箱的额定功率为 0.25 W,可以由它

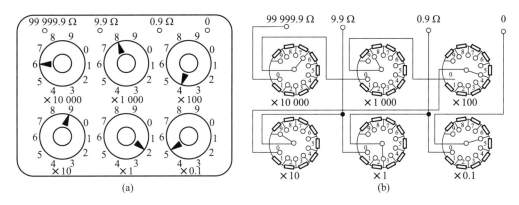

图 1.5.8　电阻箱

计算额定电流.例如,用 $100\ \Omega$ 挡的电阻时,允许的电流为

$$I = \sqrt{\frac{W}{R}} = \sqrt{\frac{0.25}{100}}\ \mathrm{A} = 0.05\ \mathrm{A}$$

各挡容许通过的电流值,如表 1.5.1 所示.

表 1.5.1

| 旋钮倍率 | ×0.1 | ×1 | ×10 | ×100 | ×1 000 | ×10 000 |
|---|---|---|---|---|---|---|
| 容许负载电流/A | 1.5 | 0.5 | 0.15 | 0.05 | 0.015 | 0.005 |

③ 电阻箱的等级

电阻箱根据其误差的大小分为若干个准确等级,一般分为 0.02、0.05、0.1、0.2 等,电阻箱的等级表示电阻值相对误差的百分数.例如,0.1 级表示,当电阻为 68 492.5 $\Omega$ 时,电阻箱误差为 68 492.5×0.1% $\Omega$ ≈68.5 $\Omega$.不同级别的电阻箱,规定允许的接触电阻标准亦不同,标称误差和接触电阻误差之和就是电阻箱的误差.电阻箱面板上方有 0、0.9 $\Omega$、9.9 $\Omega$、99 999.9 $\Omega$ 四个接线柱,0 与其余三个接线柱构成电阻箱的三种不同调整范围.使用时,可根据需要选择其中一种,如使用电阻小于 10 $\Omega$ 时,可选 0~9.9 $\Omega$ 两接线柱,这种接法可避免电阻箱其余部分的接触电阻对使用的影响.

2. 电感器和电容器

高精度可调的标准电感器和电容器也做成箱式结构,通过转动旋钮,选定相应的电感值和电容值.

#### 四、电学测量仪器

电表是电磁学实验中的最基本的仪器之一,下面就使用电表时要注意的问题简述如下.

1. 电表的符号

电表上有多种符号,分别用于表示其结构和工作原理(表 1.5.2)、用途(表 1.5.3)、测量电流种类(表 1.5.4)、级别(表 1.5.5)、使用放置方位(表 1.5.6)等,还有些符号表示该表的绝缘耐压强度等使用条件(表 1.5.7).使用者要根据这些符号,选择电表,按条件正确使用电表,减小利用电表测量的附加误差.

表 1.5.2　电表的结构和工作原理

| 符号 | 工作模式 | 符号 | 工作模式 | 符号 | 工作模式 |
|---|---|---|---|---|---|
|   | 磁电式 |   | 磁屏蔽电动式 | 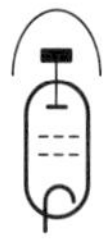  | 电子管式 |
|   | 电磁式 |   | 磁电整流式 |   | 热电式 |
|   | 电动式 |   | 感应式 |   | 静电式 |

表 1.5.3　电表的用途

| 符号 | 名称及用途 |
|---|---|
| Ⓥ | 电压表,测电压用 |
| Ⓐ | 电流表,测电流用 |
| Ⓦ | 瓦特计,测功率用 |

表 1.5.4　被测电流的种类

| 符号 | 电表测量类型 | 符号 | 电表测量类型 |
|---|---|---|---|
| — | 直流 | ～ | 交流 |
| ≅ | 交直流 | ≋ | 三相电流 |

表 1.5.5　电表的级别

| 符号 | 级别 | 符号 | 级别 | 符号 | 级别 | 符号 | 级别 |
|---|---|---|---|---|---|---|---|
| (0.1) | 0.1 级 | (0.2) | 0.2 级 | (0.5) | 0.5 级 | (1.0) | 1.0 级 |
| (1.5) | 1.5 级 | (2.5) | 2.5 级 | (5.0) | 5.0 级 | | |

表 1.5.6　电表使用放置方位

| ↑ 或 ⊥ | 竖直放置 |
|---|---|
| → 或 ⊓ | 水平放置 |
| ∠60° | 倾斜 60° 放置 |

表 1.5.7　其 他 符 号

| ⚡ 2 kV 或 ☆ | 表示绝缘耐压为 2 000 V |
|---|---|
| Ⓑ | 表示可以在 B 类条件下使用<br>B 类条件指:温度范围从 −20 ℃ 到 +50 ℃<br>相对湿度低于 80% |
| Ⅲ | 防御周围磁场影响的等级为Ⅲ级 |

2. 电表的误差与级别

(1) 电表测量误差产生的原因有以下两类:

① 仪器误差,由电表结构和制作上的不完善所引起.例如,轴承摩擦,分度不准,刻度尺划的不精密,游丝的变质等因素的影响,电表的指示与其值有误差.

② 附加误差,这是外界因素的变动对仪表读数产生影响而造成的.外界因素指的是温度、电场、磁场等.

当电表在正常情况下(符合仪表说明书上所要求的工作条件)运用时,不会有附加误差,因而测量可只考虑仪器误差.

(2) 电表的级别.

电表按准确度由高到低共分为七级,即 0.1、0.2、0.5、1.0、1.5、2.5、5.0 级(详见表 1.5.5).电表的级别值 $\gamma$ 这样确定:它略大于(或等于)刻度值中基本误差最大的那个值的绝对误差与测量值的百分比,即 $\gamma\% \geqslant \left| (\Delta N)_{max}/N_{max} \right|$.电表的基本误差是由电表本身的结构质量决定的,是在所规定的一系列周围环境和使用条件下测定出来的.如果电表不是在所规定的条件下使用,还要考虑附加误差.

(3) 可以根据仪表的级别确定电表的测量误差,并确定有效数字.

例如,0.5 级的电表其相对额定误差为 0.5%.它们之间的关系可表示如下:

$$相对额定误差 = 绝对误差/表的量程$$

$$仪器误差 = 量程 \times 仪表等级\%$$

例如,用量程为 15 V 的电压表进行测量时,表上指针的示数为 7.28 V,若表的等级为 0.5 级,读数结果应如何表示?

仪器误差 $\Delta_仪 = 量程 \times 仪表等级\% = 15 \times 0.5\%$ V $= 7.5\%$ V $\approx 0.08$ V(误差取一位有效数字)

$$相对误差 = \frac{\Delta_仪}{U} = \frac{0.08}{7.28} = 1.1\%$$

根据计算的仪器误差,故读数时,只需读到小数点后两位,以下位数的数值按有效数字的舍入规则处理.用有效数字记录的测量值,只能表明它的最后一位是欠准的(从总的位数可表明该量的测量大致准确度),但不能表示出最后一位不准的确切范围是多少.由于用镜面读数较准确,可忽略读数误差,因此,绝对误差只取仪器误差.故读数结果为 $U = (7.28\pm0.08)$ V.

3. 电表的选择和使用要点

由前面的讨论可知,电表的仪器误差不仅与表的级别有关,还与选用的量程有关,用相同级别的电表测量同一物理量,用小量程测量时其测量误差较小.在选用电表时,应根据被测量的性质、数值选择电表的类型、量程,并根据测量的精度要求,选电表的级别.

使用电表时,首先注意选取量程,从避免电表损坏出发,要选用大量程,但从减小测量误差出发,要选用小量程,这个表面上看似矛盾的问题只要按照电表正确的使用要点执行是可以解决的.电表基本使用要点:

① 首先要确保连线正确,电流表应与待测电路串联,电压表应与待测电路并联,直流电表应注意正负极,部分交流表应注意"共地"问题;

② 其次,在不太了解被测电学量的值以前,应该用最大的量程挡测试,当测出了大概值后,应选用稍大于待测值的那个量程挡再精确测量;

③ 还需注意按电表的规定方位放置电表,并检查、调整机械零点,以及读数时应避免斜视差.

4. 电表的读数方法

举例说明,设有一个直流毫安计,它的读数刻度共有 150 个小分格,它有 1.5 mA 和 7.5 mA 两个量程,如图 1.5.9(a)所示.现先后用这两个量程去测量同一个稳定的电流值,测量时其指针偏转情况分别如图 1.5.9(b)和(c)所示,应如何读数?

当用 1.5 mA 挡时,刻度盘每小分格为 0.01 mA,指针偏在 1.00 ~ 1.01 mA 的分格内,如图 1.5.9(b)所示,且估计处在该分格的 4/5 的位置,因此读数为

$$I = \left(1.00 + 0.01 \times \frac{4}{5}\right) \text{mA} = 1.008 \text{ mA}$$

当用 7.5 mA 挡时,刻度盘每小分格为 0.05 mA,指针偏在 1.00 ~ 1.05 mA 的分格内,如图 1.5.9(c)所示,且估计处在该分格的 1/5 的位置,因此读数为

$$I = \left(1.00 + 0.05 \times \frac{1}{5}\right) \text{mA} = 1.01 \text{ mA}$$

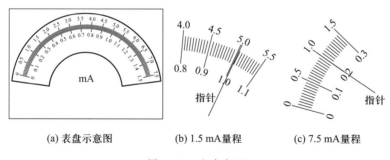

(a) 表盘示意图    (b) 1.5 mA 量程    (c) 7.5 mA 量程

图 1.5.9  电表盘面

下面主要介绍几种常用电学测量仪器.

1. 灵敏电流计

灵敏电流计的特征是指针零点在刻度中央,便于检测不同方向的直流电.灵敏电流计常在电桥和电势差计的电路中作为平衡指示器,即检测电路中有无电流,故又称检流计.

检流计的主要规格是:

① 电流计常量,即偏转一小格代表的电流值.如 AC-5/2 型指针检流计一般为 $10^{-6}$ 安/格;

② 内阻,AC-5/2 型指针检流计内阻一般不大于 50 Ω.

2. 直流电压表

直流电压表可以用来测量直流电路中两点之间的电压.根据电压大小的不同,可分为毫伏表

（mV）、电压表（V）等.电压表是由表头串联一个适当大的降压电阻而构成，如图 1.5.10 所示，它的主要规格是：

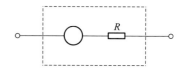

图 1.5.10　直流电压表

① 量程，即指针偏转满刻度时的电压值.例如，电压表量程为 0-7.5 V-15 V-30 V，表示该表有三个量程，第一个量程在加 7.5 V 电压时偏转满刻度，第二、第三量程在加上 15 V、30 V 电压时偏转满刻度.

② 内阻，即电表两端的电阻，同一电压表不同量程内阻不同.例如 0-7.5 V-15 V-30 V 电压表，三个量程的内阻分别为 1 500 Ω、3 000 Ω、6 000 Ω，但因为各量程的每伏欧姆数都是 200 Ω·V⁻¹，所以电压表内阻一般用 Ω·V⁻¹ 统一表示，可用下式计算某量程的内阻：

$$内阻 = 量程 \times 每伏欧姆数$$

3. 直流电流表

直流电流表可以用来测量直流电路的电流.根据电流大小的不同，可分为安培表（A）、毫安表（mA）和微安表（μA）等，电流表是在表头的两端并联一个适当的分流电阻而构成，如图 1.5.11 所示.它的主要规格是：

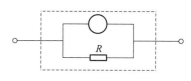

图 1.5.11　直流电流表

① 量程，即指针偏转满刻度时的电流值，安培表和毫安表一般都是多量程的；

② 内阻，一般安培表的内阻在 0.1 Ω 以下，毫安表、微安表的内阻分别为 100~200 Ω 和 1 000~2 000 Ω.

使用直流电流表和电压表应注意以下几点：

① 电表的零点调节（机械调零）.

② 电表的连接及正负极.直流电流表应串联在待测电路中，并且必须使电流从电流表的"+"极流入，"−"极流出.直流电压表应并联在待测电路中，并应使电压表的"+"极接高电势端，"−"极接低电势端.

③ 电表的量程.实验时应根据被测电流或电压的大小，选择合适的量程.

④ 视差问题.读数时应使视线垂直于电表的刻度盘，以免产生视差.

4. 数字电表

数字电表是一种新型的电测仪表，在测量原理、仪器结构和操作方法上都与指针式电表不同，数字电表具有准确度高、灵敏度高、测量速度快的优点.

数字电压表和电流表的主要规格是：量程、内阻和精确度.数字电压表内阻很高，一般在 MΩ 以上，要注意的是其内阻不能用统一的每伏欧姆数表示，说明书上会标明各量程的内阻.数字电流表具有内阻低的特点.

在使用数字电表时，应选合适的量程，使其略大于被测量，以减小测量值的相对误差.

5. 示波器

示波器是一种可直接显示、观察和测量电压波形及幅度、周期、频率以及相位差等信号参量的现代测量工具，常用的有模拟示波器和数字示波器.在实验 3.4 和实验 3.5 中，我们将详细介绍模拟示波器和数字示波器的工作原理及功能.

### 五、常用实验光源

光源的种类极其繁多,目前实验室中常用的光源多属于电光源,它是利用电能转化为光能的光源.电光源按其从电能到光能的转化形式来区分,大致可分为四类:热辐射光源、气体放电光源、固体发光光源以及激光器.

#### 1. 热辐射光源

热辐射光源是依靠电流通过物体,使物体温度升高而发光的光源,其光谱为连续谱,光谱成分和光强与物体加热的温度有关,较常见的是白炽灯.

白炽灯灯泡内一般充以惰性气体,当灯泡的钨丝两端加上适当的电压后,由于电流的热效应,钨丝受热至白炽而发光.若在钨丝灯泡内加入微量的碘或溴制成的碘钨灯或溴钨灯,从灯丝蒸发出来的钨与卤族元素反应形成卤钨化合物,当卤钨化合物扩散到炽热的灯丝周围时,又分解成卤族元素和钨,钨又重新沉积到灯丝上去,利用卤钨循环原理能更有效地抑制钨的蒸发,大大提高了发光效率,也延长了灯泡使用寿命.

根据不同的用途,白炽灯在制造上有不同的要求.例如,"仪器灯泡"对灯丝的形状及分布位置有较高的要求,对透明外壳也有一定的要求;而普通灯泡要求较低.实验室常用的白炽灯除照明灯泡、暗室用的有色灯泡、各种仪器灯泡外,还有小电珠(规格有 6.3 V、6~8 V 等,作白光光源或读数照明用)、金属卤素灯(如溴钨灯,常作为强光源使用)、钨带(丝)灯(常作为光强标准灯和光通量标准灯).

#### 2. 气体放电灯

气体放电灯是依靠电流通过气体(包括某些金属蒸气),使气体放电而发光的光源,用得较多的是辉光放电灯和弧光放电灯两类.它们的结构原理基本相同,一般由泡和电极组成,泡壳内充以某种气体,其基本发光原理:由热阴极或冷阴极发射电子并被外电场加速;高速运动的电子与气体原子碰撞时,电子的动能就转移给气体原子使其激发;当受激原子返回基态时,所吸收的能量又以辐射(发光)形式释放出来.源源不断的电子被电场加速,使发光过程不断地进行下去,根据所充气体的类别而发射其特有的原子光谱或分子光谱.下面介绍几种常用的气体放电灯.

(1)汞灯

汞灯又称水银灯,其发光物质是汞蒸气.它的放电状态是弧光放电.按照光源稳定工作时灯泡内所含汞蒸气气压的高低,可分为低压汞灯、高压汞灯和超高压汞灯三种,其中高压汞灯为光学实验常用光源.

高压汞灯的汞蒸气压一般从几个大气压到 25 个大气压(atm),其灯管结构如图 1.5.12(a)所示,在真空的圆柱形石英管的两端各有一个主电极,在一个主电极旁还有一辅助电极,辅助电极通过一只高值电阻与不相邻的主电极相接.主电极上涂有氧化物使其易于放出热电子.在石英管外还有一硬质玻璃外壳起保护作用.管内充有汞和少量辅助气体(如氖、氩等).当汞灯接入电路后,如图 1.5.12(b)所示,辅助电极与相邻主电极间有 220 V 的交流电压.由于此两电极距离很近,在强电场作用下,电极之间产生辉光放电,放电电流由电阻 $R$ 限制.辉光放电产生大量的带电粒子,在两主电极电场作用下产生高气压的弧光放电,当汞全部蒸发后才开始稳定,灯管正常发光.使用高压汞灯时,应根据灯管工作电流选用适当的限流器,以稳定工作电流.

高压汞灯在紫外线、可见光和红外线区域都有辐射.在高压汞灯的总辐射中约有 37% 是可见

图 1.5.12 汞灯泡及工作电路

光,其中一半以上集中在绿线 546.07 nm 和黄线 576.96 nm、579.07 nm,都接近视函数的最大值,表 1.5.8 为可见光范围内的主要光谱线.因此,高压汞灯是光学实验和光谱分析中比较理想的光源.

表 1.5.8　高压汞灯可见光区主要谱线的波长和相对强度

| 颜色 | 波长/nm | 相对强度 | 颜色 | 波长/nm | 相对强度 |
|---|---|---|---|---|---|
| 紫 | 404.66 | 强 | 黄 | 576.96 | 强 |
| | 407.78 | 强 | | 579.07 | 强 |
| 蓝 | 433.92 | 弱 | 橙 | 607.27 | 弱 |
| | 434.75 | 弱 | | 612.34 | 弱 |
| | 435.84 | 很强 | | 623.45 | 强 |
| 青 | 491.61 | 弱 | 红 | 671.64 | 弱 |
| | 496.03 | 弱 | | 690.75 | 弱 |
| 绿 | 546.07 | 很强 | | 708.19 | 弱 |

汞灯从启动到正常工作需要预热时间 5~10 min.高压汞灯熄灭后,因灯管仍然发烫,内部仍保持较高的汞蒸气压,要等灯管冷却汞蒸气压降低到一定程度后才能再次点燃,冷却过程亦需要 5~10 min.

低压汞灯的汞蒸气压通常在 1 atm 以下,辐射能量几乎集中在 253.7 nm 这一谱线上,它一般作紫外线光源使用.超高压汞灯,其汞蒸气压为 100~200 atm,主要发射波长为 546.1 nm (130 atm).

**注意:汞灯紫外线辐射较强,为防止眼睛受伤,不要直视**.

除了汞灯,还有利用其他金属(如钠、镉、铊、铯、钾)蒸气的弧光灯,其中钠光灯的光谱在可见光范围内有两条波长分别为 589.0 nm 和 589.6 nm 的强谱线,在很多仪器中,这两条谱线不易分开,把它作为单色光源使用,取它们的平均值 589.3 nm 作为单色波长;镉灯有一条很细锐的红色特征谱线 643.846 96 nm,曾作为波长的原始标准,现仍常作为定标用.

(2)氢灯、氦灯

氢灯、氦灯也是气体放电光源,放电时同时产生原子光谱和分子光谱,制作时根据需要采取措施突出其中一种.工作电流为几毫安,但管压降约几千伏(氢灯约 8 000 V,氦灯约 5 000 V),**使用时应防止触电**.

氢原子光谱的巴耳末系谱线集中在可见光波段,分别用 $H_\alpha$、$H_\beta$、$H_\gamma$、$H_\delta$ 表示,其波长值分别为 656.28 nm、486.13 nm、434.05 nm 和 410.17 nm.表 1.5.9 列出了氢灯的主要谱线和相对强度.

表 1.5.9　氢灯主要谱线的波长和相对强度

| 颜色 | 波长/nm | 相对强度 | 颜色 | 波长/nm | 相对强度 |
|---|---|---|---|---|---|
| 紫 | 388.86<br>402.62 | 强<br>弱 | 绿 | 492.19<br>501.57<br>504.77 | 弱<br>强<br>弱 |
| 蓝 | 438.79<br>447.15 | 弱<br>强 | 黄 | 587.56 | 很强 |
| 青 | 471.31 | 弱 | 红 | 667.81<br>706.52 | 强<br>强 |

### 3. 固体发光光源

这类光源主要指半导体发光二极管（LED），它是由 p 型和 n 型半导体组成的 pn 结二极管，其外形如图 1.5.13（a）所示.当在 pn 结上施加正向电压时，被注入的少数载流子穿过 pn 结，在 pn 结区形成大量电子、空穴的复合，复合时以热或光的形式辐射出光子，如图 1.5.13（b）所示光子的能量满足 $E_g = h\nu$，$E_g$ 为半导体材料的禁带宽度，$h$ 为普朗克常量（Planck constant），$\nu$ 为辐射光子频率.不同材料的 $E_g$ 不同，因而 $\nu$ 也会不同.一般在可见光区域采用

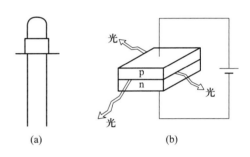

图 1.5.13　LED 结构示意图

GaP（发光波长为 550.0 nm）、GaAs$_{1-x}$P$_x$（波长 550~867 nm 随 $x$ 值变化可调）、SiC（波长 435 nm）等半导体材料；而 Ge、Si、GaAs 等辐射是在红外线区域.半导体灯常用作信号灯、显示灯（数码管）等，目前较多的实验利用白光 LED 作为光源.

### 4. 激光器

激光器是 20 世纪 60 年代出现的新型光源，其发光机理与前述的几种光源有本质上的区别.普通光源是自发辐射发光，激光器是受激辐射发光，这种光源具有方向性好（发散角很小）、单色性好、亮度高、空间相干性高等特点.因此，实验室常用它作为强的定向光源和单色光源.其中最常用的激光器是 He-Ne 激光器，它发出的激光波长为 632.8 nm.近几年小型半导体激光器也在实验室有较广应用，激光波长一般为 650 nm（红光）.

He-Ne 激光器由激光电源和 He-Ne 激光管两部分组成.He-Ne 激光管是一个气体放电管，如图 1.5.14（a）所示，管内充有氦、氖混合气体，两端用镀有多层介质膜的反射镜封固，构成谐振腔.光在两镜面间多次反射，形成持续振荡.有的激光管将反射镜安装在管外，以便于调节与更换.如果使放电管的窗口与管轴成布儒斯特角，如图 1.5.14（b）所示，则发出的光是线偏振光.

对于实验室所用的 220~300 mm 激光管，所需管压降为 2 000 V 左右.管子着火电压远高于工作电压，为 3 000~4 000 V.最佳工作电流为 4~5 mA，此时激光输出最大.

使用激光器时，正、负极不得接错，切断电源后，由于高压电路中有电容，若未使输出端短路放电，还会触电麻手.

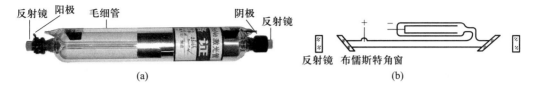

图 1.5.14　氦氖激光管

**注意:激光束具有很高的亮度,不能直视它,特别不能直视经过聚焦的激光束!**

### 六、常用光电探测器

光电探测器是利用一些物质受到光照射后,其电学性质发生变化的特点制成的光电器件.光电探测器可分为三类:①光电发射——外光电效应,如真空光电管、光电倍增管等;②光电导——内光电效应,如半导体光导管、光电二极管等;③光生伏特效应——内光电效应,如光电池.基于光电效应,目前还开发了 CCD(电荷耦合元件,charge-coupled device,详见实验 5.25)和 CMOS(complementary metal oxide semiconductor),两种半导体光探测器,它们易于集成制备,常用于线阵列和面阵列(图像)探测.

光电探测器的主要性能指标有:相对灵敏度、极限波长、极限灵敏度、线性响应光谱范围、响应时间等,应用中需根据实验要求查阅手册来选择合适的光电探测器.

#### 1. 光电管

光电管由装在抽成真空或充有惰性气体的玻璃管内的一对阴极和阳极制成.阴极表面涂有适当的光电发射材料,称为光阴极.当有一定波长的光照射阴极时,光阴极发射出电子,如果在两极间加上电压,则有光电流产生.图 1.5.15(a)为不透明光阴极光电管的典型电路,图 1.5.15(b)为半透明光阴极光电管的典型电路.

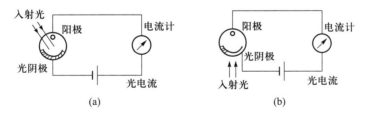

图 1.5.15　光电管

只要入射光波长满足 $h\nu>W$($W$ 为光阴极表面的电子逸出功)时,就有光电子逸出.现有光阴极材料的 $W$ 都在 1 eV 以上,相应的长波限在 1 200 nm 以下,因此,现在使用的光电管都只能探测波长小于 1 200 nm 的光.

对于真空光电管,光阴极发射的光电子数在很宽的入射光通量范围内与光通量成正比,说明线性范围较宽,可用于精密测量.真空光电管的响应时间一般在 $10^{-8}$ s 以下,可用于测量脉冲光.真空光电管的灵敏度比较低,因此,有些光电管中充以惰性气体,以增加光电流,提高灵敏度,但这样会使线性响应范围减少,光阴极灵敏度降低.

#### 2. 光电倍增管

光电倍增管是把微弱的入射光转换成光电子,并使光电子获得倍增的光电探测器,其结构如

图 1.5.16 所示,图中 K 是光阴极,$D_1$—$D_{10}$ 是二次发射极(倍增极,dynode,又称为打拿极),A 为阳极.当阴极被光照射时,逸出阳极的光电子被电场加速后打到 $D_1$ 上,在高速电子激发下,$D_1$ 产生二次电子发射,这些电子又被电场加速并打到 $D_2$ 上,激发出更多的二次电子,此过程一直继续到 $D_{10}$.最后,经倍增的光电子可达原来的数百万倍,被阳极收集而输出光电流.光电倍增管的阳极电流由串接在阳极上的电流计 G 读出,在线性区域内,阳极电流 $I_A$ 与光阴极接收的光通量成正比.

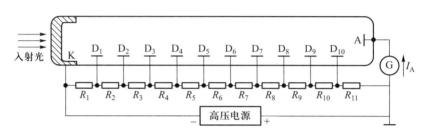

图 1.5.16　光电倍增管结构及使用电路图

光电倍增管的各极电压由电阻链分压获得.其工作电压的选取应保证光电倍增管工作在伏安特性曲线的线性区域内,一般总电压 $U_{AK}$ 为 900～2 000 V,极间电压 $U_D$ 为 80～150 V.高压电源的输出要足够稳定,才能保证各级间电压稳定,从而使测量准确.

由于光电倍增管的灵敏度高,微弱的光照能产生较大的电流,因此加上高压后,即使避免强光照射和杂散光影响,在完全黑暗处也有暗电流,使用时应加以注意.

3. 光电二极管(光敏二极管)

光电二极管是利用半导体的内光电效应制成的光电转换器件.根据材料和制造工艺的不同有多种型号,其中常用的有 2CU 形和 2DU 形.它们的光谱响应范围为 400.0～1 100.0 nm,灵敏度峰值波长为 800.0～900.0 nm.下面以 2DU1 为例说明光电二极管的结构和使用.

2DU1 型光电二极管的外形如图 1.5.17(a)所示,它有前极、后极和环极三根引出线.前极是光敏区(n 型区)的引线,后极为衬底(p 型区)的引线,环极的作用是减少光电管的暗电流和防止外界的干扰.光通过管壳上的光窗照射到光敏区.管子一般处在反向电压下工作,其电路图如图 1.5.17(b)所示.

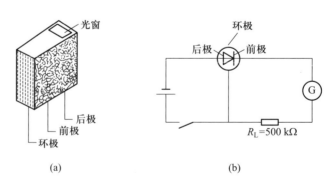

(a)　　　　　　　　　(b)

图 1.5.17　光电二极管结构及使用电路图

无光照时,光电二极管与一般二极管没有区别,反向电阻很大,量级可达 MΩ,因此电流很小.当外加电压增加时,电流也增加,逐渐趋向饱和.无光照时的反向饱和电流即为暗电流,接上环极后(环极接电源正极),因有负载电阻 $R_L$,使环极的电势比前极电势高,这样表面漏电流从环极流出而不经过前极,使前极暗电流可减小到 $1~\mu A$ 以下,从而提高了管子的稳定性.当光照射后,载流子数目增多,线路中的电流增大,形成光电流.

光电二极管的性能一般用它的伏安特性和光电特性来描述,如图 1.5.18 所示.由伏安特性可知,入射光能量一定时,光电流随外电压的增加而增加,并逐渐趋向饱和,特性曲线的形状与半导体三极管类似.从光电特性还可看出,饱和光电流和入射光能量成正比.光电特性是线性这一特点可以用于光强测量,只要读出光电流的相对强度,就可表示出光的相对强度.

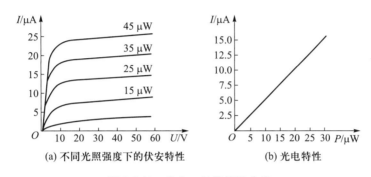

图 1.5.18　光电二极管特性曲线

4. 光导管(光敏电阻)

某些材料,如硫化镉、硒化镉等半导体,当光照射后,其电导率增加,因而电阻变小,且电阻的变化值与入射光通量成正比.因此,可利用光导管受光照后电阻的变化来测量入射光通量的大小,其电路如图 1.5.19 所示.

光电流与入射光通量有关,同时与工作电压成正比(在一定电压范围内).每种光导管都规定了允许最高的电压,一般为几十伏到几百伏.

一般光导管的响应时间在 $10^{-8} \sim 10^{-1}$ s,其灵敏度与响应时间成正比,而光谱灵敏度的分布与材料有关.硫化镉光导管的光谱灵敏度峰值波长在 510 nm 左右,硒化镉的峰值波长在 710 nm 左右,硫硒化镉光导管的峰值波长在两者之间.光导管的光谱灵敏度分布还与光导管的工作温度有关,工作温度低,分布曲线向长波移动,测量近红外线时,常用硫化铝、锑化铟等光导管以及锗、硅光敏二极管.

5. 光电池

光电池是利用半导体的内光电效应制成的一种光电转换器件.常用的有硅光电池和硒光电池.它们的最大特点是不需要外加工作电源.硒光电池在可见光谱范围内有较高的灵敏度,峰值波长在 540 nm 附近(绿、黄光区),它适用于测量可见光.如果硒光电池与适当的滤光片配合,则它的光谱灵敏度可与人眼接近.硅光电池的光谱灵敏度范围为 $400 \sim 1200$ nm,其峰值在 780 nm 附近(近红外区),但其性能比硒光电池稳定,使用时应根据需要选择.

硒光电池的结构如图 1.5.20 所示.硒受光照时,硒中形成电子-空穴对,电子被结电压吸入半透明金属膜,因而结电压降低,金属膜变成负电势,金属基板对透明金属膜层为正电势,这个电势差值与入射光通量有关,如果用导线接入电流计,就会产生光电流.

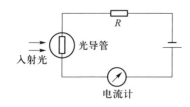

图 1.5.19　光导管使用电路图

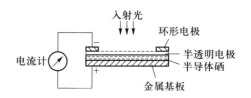

图 1.5.20　硒光电池结构及使用电路图

光电流的大小与入射光通量（或照度）有关（称为光电特性），也与入射光的光谱组成有关（称为光谱响应特性）.因此使用光电池时,应利用它光电特性中的线性区域,这就要求入射光通量较小,且外接负载电阻(如电流计内阻)阻值小.这样在检测中,光电池的性能才能稳定,有好的线性关系.

### 七、常用实验辅助设备

恒温水浴仪(图 1.5.21 所示)适用于精密直接加热和辅助加热.利用温控装置,设定温度,仪器自动将水加热到设定温度,并保持恒温;将其他装置与仪器上的循环水输入输出口通过软管相连,并开启循环水按钮,可对其他实验装置实现保持恒温作用.

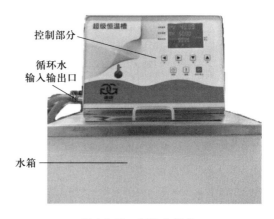

图 1.5.21　恒温水浴仪

## 第6节　物理实验安全常识

### 一、实验用电、用火的安全问题

物理实验难免要用到仪器,一般的仪器均由电驱动,实验的首要问题是保证实验的安全,即保证实验者不触电、仪器不受损坏.

1. 电源及其使用规则

电源是供给电能的设备,分交流、直流两种.实验用的交流电源是市电(50 Hz,220 V)或是经变压器变压的交流电.直流电源则多用直流稳压电源或干电池.电源的性能有四个主要指标:

（1）**额定电压**——电源维持正常工作时所能输出的最高电压;

（2）**额定电流**——电源维持正常工作时所能输出的最大电流;

（3）**输出阻抗**(对电池来说就是内阻)——对稳压电源来说,其值越小越好;

（4）**稳定性**——电源端电压的稳定程度.

这些性能指标是选择电源的主要依据.

如果负载电路和电源不相适配,电源会击穿烧坏负载或电源自身被烧坏.为避免这类事故,

使用电源时必须遵守三条基本原则:

(1) 电源和负载电路连接时,必须估算它们各自的电流、电压,以确保它们都小于其额定值;

(2) 绝对不能使电源两极短路;

(3) 使用电源时,电路检查无误后才能通电,使用结束后,应该先拆除电源,再拆电路.

## 2. 避免人触电的总原则

既要操作电,又要绝对避免触电,其总原则是:采取有效绝缘措施,杜绝所有引起触电的可能因素,使操作者身上流过的电流远小于 0.6 mA.比如,对通有 220 V 交流市电的电路,能关断电源进行检修的,则一定要关断电源后再检修,万不得已要带电检修的,则必须采取有效措施,使人与电绝缘,人与"地"绝缘.

在一般情况下,根据电压的大小可分成三种情况对待:

(1) 当电压<36 V 时,手触摸电,一般不会有触电感觉,在潮湿的环境下即使有触电的感觉也不会有生命危险,故 36 V 以下电压称为安全电压;

(2) 当电压高于 36 V 而在 380 V 以下时(实验室的交流市电单相 220 V,三相 380 V),必须按照上述避免触电的原则处理;

(3) 当电压高至上千伏时,绝对不能再简单地用绝缘措施去直接操作,而必须按专门的措施和规则工作,否则很容易发生触电,危及生命.万伏以上的电压,人靠近时都有可能引起"电击".

## 3. 防止电损坏仪器的原则

实验室里发生电损坏仪器事故,归根结底有两种类型:

(1) 不懂得或不注意仪器的额定电压、额定电流和额定功率,使用仪器时,误用在超过其额定值的电路中,因而导致仪器被损坏甚至烧毁.例如,误把额定交流电压为 110 V 的仪器接到 220 V 电源上;

(2) 有时尽管注意到用电仪器的额定值,但因连接的电路有误,接通电源时仪器便被损坏甚至烧毁.例如,误把万用表的安培挡当作电压表使用,从而导致指针被撞断甚至表内线圈被烧.

要防止电损坏仪器,必须懂得引起仪器损坏的原因,严格按安全规程进行实验.

## 4. 安全用电操作的几点规则

从历来的经验教训中,我们总结出以下几点主要安全操作规则:

(1) 接电路时,一定要等到最后才将电源与电路相连接;拆电路时,一定要先把电源从电路上拆开.

(2) 实验中改换电路或仪器时,必须先拆开或关断电源.

(3) 对可调电压电路,一般采取"边逐步升压边观察""一有意外立即断电"的方法,使电路和仪器处于安全工作状态.

(4) 对 36 V 以上至数百伏以内的电源电路或仪器,操作者要有可靠的绝缘措施,并养成每次只操作电路中一个点的习惯;

(5) 万一发生触电或损坏仪器事故,不要惊慌失措,应立即关断电源,查找原因.

由以上讨论可知,对待电既要不怕,又不能盲目地轻视,即应该在科学的基础上把怕转化为不怕.只有这样,才能大胆而安全地做好实验.

## 5. 实验室明火的用火安全

目前,大学物理实验中一般不会用到大明火火源,但极个别实验会用到酒精灯、电炉等.在用酒精灯时,要与火源保持一定距离,防止火苗上窜造成烫伤,女生还需切记将头发盘起.使用电炉时,切记用完后及时关闭电源.

### 二、光学仪器的使用维护规则及实验安全

光学仪器大多是精密仪器,核心部件是光学元件和经过精密加工的机械部分.光学元件大部分由(光学)玻璃制成,光学表面经过精细抛光,有些表面还镀有膜层,以达到一定的性能要求,因此极易损坏.光学仪器的机械部分一方面用来固定光学元件,另一方面可使光学系统按设计要求在一维、二维和三维空间移动或转动.这些机械部分加工精密,以保证仪器的高精度,因此也易于损坏,实验时必须严格遵守操作规程:

(1)必须在了解仪器性能和使用方法以后才能操作仪器.

(2)任何时候都不能用手触及元件的光学表面(光线在此表面反射或折射).如果需要用手拿某些光学元件时,只能拿非光学表面即磨砂面,如透镜的侧面边缘,棱镜的上下底面等.光学表面若有污痕或指印,必须在教师指导下,先用镜头毛刷轻轻拂扫或用洗耳球吹除灰尘,确认表面没有硬质颗粒后,再用洁净镜头纸或麂皮轻轻擦净.绝不准用手帕、衣服或其他纸片擦拭.若光学表面有严重的污物擦不净时,应由实验技术人员用乙醚、酒精等清洗.有些光学元件的镀膜面(如光栅等)不能擦拭或清洗,使用时要倍加注意爱护.

(3)任何光学元件都必须轻拿、轻放,勿使元件碰撞;放置时不要放在记录本或书本上,以免把光学元件扫落地面而损坏.

(4)机械部分的操作,要按仪器的有关操作规定和要求进行.操作时用力要轻,动作要慢,要全神贯注,不得随意旋转和拨动,以免造成仪器严重磨损而降低仪器精度或损坏.

(5)光学仪器装配精密,拆卸后很难保证仪器原有精度,因此严禁学生拆卸仪器.

(6)实验完成后,应将仪器整理好,光学元件(如透镜、棱镜、光栅等)应归还原处.

**在光学实验中使用激光器等强光源时,切记:激光束具有很高的亮度,不能直视它,特别不能直视经过聚焦的激光束!**

### 习 题

1. 了解不确定度与误差的区别与联系、直接测量结果与间接测量结果的表达.

2. 指出下列各量有几位有效数字.

(1) $T = 0.000\ 5$ s    (2) $L = 200.01$ cm    (3) $g = 9.801\ 230\ 6$ m/s$^2$    (4) $E = 6.626 \times 10^{26}$ J

3. 判断下列各式的正误,在括号内填写正确答案.

(1) $3.142 \times 3.06 = 9.614\ 52$ (    )

(2) $328.6 \div 15 = 21.907$ (    )

(3) $(38.4 + 4.256) \div 2.0 = 21.328$ (    )

(4) $(17.34 - 17.13) \times 14.28 = 2.998\ 8$ (    )

4. 根据测量不确定度和有效数字概念,判断以下测量结果表达式是否正确,并写出正确答案.

(1) $d = (10.430 \pm 0.3)$ cm

(2) $U = (1.915 \pm 0.05)$ V

(3) $L = (10.85 \pm 0.200)$ mm

(4) $m = (31\ 690 \pm 200)$ kg

（5）$R = (12345.6 \pm 4 \times 10)\ \Omega$

（6）$I = (5.354 \times 10^4 \pm 0.045 \times 10^3)\ \text{mA}$

（7）$L_1 = (10.0 \pm 0.095)\ \text{mm}$

5. 用一级千分尺（允差为 0.004 mm）测量一钢球直径 8 次，分别为 7.985 mm，7.896 mm，7.984 mm，7.986 mm，7.987 mm，7.985 mm，7.985 mm，7.986 mm.求钢球的直径和不确定度，并写出测量结果的完整表达式.

6. 金属的电阻与温度的关系为 $R = R_0(1 + \alpha T)$，式中 $R$ 表示温度为 $T$ 时的电阻，$R_0$ 表示 0 ℃时的电阻，$\alpha$ 是电阻的温度系数.实验测得 $R$ 和 $T$ 的数据如题表 1.1 所示，请分别用作图法和线性回归法求 $\alpha$ 和 $R_0$.

**题表 1.1**

| 次数 | 1 | 2 | 3 | 4 | 5 | 6 | 7 | 8 |
|------|------|------|------|------|------|------|------|------|
| $T/℃$ | 10.0 | 20.0 | 30.0 | 40.0 | 50.0 | 60.0 | 70.0 | 80.0 |
| $R/\Omega$ | 12.3 | 12.9 | 13.6 | 13.8 | 14.5 | 15.1 | 15.2 | 15.9 |

7. 物理实验中应注意哪些安全问题？

# 第二章　力学与热学实验

## 实验 2.1　弹簧振子的简谐振动

物体在与位移成正比的回复力作用下,在其平衡位置附近按正弦规律做往复运动,称为简谐振动,这是最简单且最基本的振动,一切复杂的振动都可以看作许多简谐振动的合成.弹簧振子在无阻尼条件下的运动可认为是简谐振动.本实验利用气垫导轨研究弹簧振子的简谐振动,并测量弹簧的有效质量.

### 【实验目的】

1. 测量弹簧振子的振动周期 $T$.
2. 测量弹簧组的等效弹性系数 $k$ 和有效质量 $m_0$.
3. 学习气垫导轨的使用方法.

### 【实验原理】

在水平的气垫导轨上,两根相同的弹簧系在一滑块的两边,使滑块做振动,如图 2.1.1 所示.如果滑块运动的阻力可以忽略不计,滑块的振动可以认为是简谐振动.

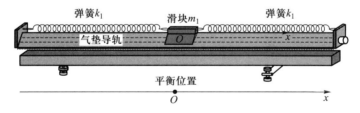

图 2.1.1　气垫导轨上的滑块与弹簧,处于平衡位置

设质量为 $m_1$ 的滑块处于平衡位置时弹簧的伸长量均为 $x_0$,弹簧的弹性系数均为 $k_1$,弹簧组的有效质量设为 $m_0$.取平衡时滑块中心所在处为坐标原点 $O$,水平向右为 $x$ 轴正方向,如图 2.1.1 所示.当滑块中心位于 $x$ 时,振动系统在水平方向只受到弹性力 $-k_1(x+x_0)$ 与 $-k_1(x-x_0)$ 的作用,对振动系统应用牛顿第二定律,有

$$-k_1(x+x_0)-k_1(x-x_0)=(m_1+m_0)\frac{\mathrm{d}^2x}{\mathrm{d}t^2}$$

即
$$\frac{\mathrm{d}^2 x}{\mathrm{d}t^2} + \frac{2k_1}{m_1 + m_0} x = 0$$

令
$$\omega_0 = \sqrt{\frac{2k_1}{m_1 + m_0}}$$

则有
$$\frac{\mathrm{d}^2 x}{\mathrm{d}t^2} + \omega_0^2 x = 0 \qquad (2.1.1)$$

方程(2.1.1)的解为
$$x = A\sin(\omega_0 t + \varphi_0) \qquad (2.1.2)$$

式(2.1.2)说明滑块做简谐振动.式中,$A$ 为振幅,$\varphi_0$ 为初相位,$\omega_0$ 为振动系统的固有角频率,这是一个由振动系统本身性质决定的量.$T$ 与 $\omega_0$ 之间的关系可由简谐振动的周期性得到,即

$$T = \frac{2\pi}{\omega_0} = 2\pi\sqrt{\frac{m_1 + m_0}{2k_1}} = 2\pi\sqrt{\frac{m}{k}} \qquad (2.1.3)$$

$m_1 + m_0 = m$,$m$ 称为振动系统的有效质量,$2k_1 = k$,$k$ 为弹簧组的等效弹性系数.实验中,可以通过增加砝码到滑块上来改变滑块的质量 $m_1$,并测出相应的振动周期 $T$,再由式(2.1.3)求出弹簧组的等效弹性系数 $\bar{k}$ 和有效质量 $\bar{m}_0$.

## 【实验仪器】

气垫导轨,气源,滑块,挡光板,砝码,弹簧,光电计时装置(含光电门、光电控制器和数字毫秒计)等(参见图 2.1.2),以及电子天平(详见第一章第 5 节).

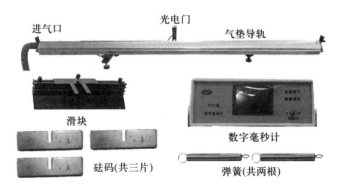

图 2.1.2　气垫导轨及附件示意图

气垫导轨是一种现代化的力学实验仪器,如图 2.1.2 所示,由导轨、滑块和光电计时装置等组成.它利用小型气源将压缩空气送入导轨内腔,再由导轨表面上的小孔喷出高速气流,在导轨表面与滑行器内表面之间形成很薄的气垫层,使滑行器悬浮其上.由于滑行器与轨面脱离接触而极大地减小了摩擦力,因而能在导轨上做近似无摩擦的直线运动.现在,气垫技术已得到广泛的应用.

（1）**导轨**是长度为 1.2～1.5 m 且固定于工字钢底座上的三角形中空铝管,在管上部相邻的

两个侧面上钻有两组等距的小孔,小孔直径为 0.4 mm 左右,导轨一端装有进气嘴,当压缩空气由进气嘴送入管腔后,就从小孔高速喷出.导轨上还装有调节水平用的底脚螺丝等附件.

（2）**滑块**由长约 15 cm 的角形铝材制成,其内表面与导轨的两个侧面精密吻合.当导轨上的小孔喷出高速气流时,滑块就悬浮在气垫层上,使得阻碍滑块运动的摩擦力被有效地削弱.

（3）**光电计时装置**由光电门、光电控制器和数字毫秒计组成.在导轨的侧面安装位置可以移动的光电门(它由光电二极管和小聚光灯组成).将光电二极管的两极通过导线和数字毫秒计的光控输入端相接,当光电门中的小聚光灯射向光电二极管的光被运动滑块上的挡光板遮挡时,光电控制器立即输出计时脉冲,数字毫秒计开始计时.

## 【实验内容及步骤】

1. 打开气源开关,导轨上有气流喷出,一般无需调整气流量大小.调节导轨水平,将滑块放到导轨上,如果滑块明显地朝某个方向移动,则说明导轨不够水平,需调节导轨底脚螺丝使其水平.

2. 使用电子天平称量滑块的质量 $m_1$、几片砝码的质量,以及弹簧的质量.

3. 将两个弹簧系在导轨和滑块上,使滑块在水平气垫导轨上做近似无摩擦的周期振动,将光电门置于气垫导轨中部附近,处于滑块上两个挡光片之间.

4. 打开毫秒计的电源开关,屏幕上显示周期选择 10 次,按"切换"键,改为 30 次,按"OK"键确定.

5. 将滑块从平衡位置拉至光电门左边某一位置(不要超过弹簧的弹性限度),然后放手让滑块振动,记录一个周期 $T_A$ 的值(要求 5 位有效数字),共测量 15 次(自行记录次数),然后按"停止"键停止测试,屏幕显示振子频率,按"Tap"键改为显示周期,按"切换"键可以翻页,其中前三次数据误差较大,不应使用,从后面选择 10 组数字填入表 2.1.1 中.记录数据完成后,按"返回"键回到周期选择页面.

6. 再将滑块从平衡位置拉至光电门右边某一位置(不要超过弹簧的弹性限度),然后放手让滑块振动,记录一个周期 $T_B$ 的值(要求 5 位有效数字),按步骤 5 的方法同样测量 15 次,取其中10 组数字填入表 2.1.1 中.

取 $T_A$ 和 $T_B$ 的平均值作为振动周期 $T$,与 $T$ 相应的振动系统的有效质量是 $m = m_1 + m_0$,式中 $m_1$ 就是滑块本身(未加砝码)的质量,$m_0$ 为弹簧组的有效质量.

7. 将一片砝码放在滑块上端,中心对齐保持左右对称,再按步骤 5 和 6 测量周期 $T$,相应的振动系统有效质量是 $m = m_2 + m_0$,式中 $m_2 = m_1 + $"1 片砝码的质量".

几片砝码的质量可能有少许差别,应避免混淆.

8. 同理,再分别测量与 $m = m_3 + m_0$ 及 $m = m_4 + m_0$ 相应的周期 $T$,式中,

$$m_3 = m_1 + \text{"2 片砝码的质量"}$$
$$m_4 = m_1 + \text{"3 片砝码的质量"}$$

9. 测量完毕应先取下滑块、砝码、弹簧等,再关闭气源,最后切断电源,整理好仪器.

10. 将弹簧的实际质量与有效质量进行比较.

## 【数据记录与处理】

1. 按要求记录数据于表 2.1.1

表 2.1.1

| $m_i/\text{g}$ | 周期 $T$ /s | | | | | | | | | | $m_{0i}/\text{g}$ |
|---|---|---|---|---|---|---|---|---|---|---|---|
| | | 1 | 2 | 3 | ... | 7 | 8 | 9 | 10 | $T_i = \dfrac{\overline{T_{iA}} + \overline{T_{iB}}}{2}$ | |
| $m_1 = $ ___ | $T_{1A}$ | | | | | | | | | $T_1 = $ ___ | $m_{01} = $ ___ |
| | $T_{1B}$ | | | | | | | | | | |
| $m_2 = $ ___ | $T_{2A}$ | | | | | | | | | $T_2 = $ ___ | $m_{02} = $ ___ |
| | $T_{2B}$ | | | | | | | | | | |
| $m_3 = $ ___ | $T_{3A}$ | | | | | | | | | $T_3 = $ ___ | $m_{03} = $ ___ |
| | $T_{3B}$ | | | | | | | | | | |
| $m_4 = $ ___ | $T_{4A}$ | | | | | | | | | $T_4 = $ ___ | $m_{04} = $ ___ |
| | $T_{4B}$ | | | | | | | | | | |

$\overline{k} = $ _____ ; $\overline{m}_0 = $ _____ .

2. 用逐差法处理数据
由式（2.1.3）得

$$T_i^2 = \frac{4\pi^2}{k}(m_i + m_0) \quad (i = 1,2,3,4) \tag{2.1.4}$$

则

$$T_3^2 - T_1^2 = \frac{4\pi^2}{k}(m_3 - m_1) \quad \Rightarrow \quad k_\alpha = \frac{4\pi^2}{T_3^2 - T_1^2}(m_3 - m_1)$$

$$T_4^2 - T_2^2 = \frac{4\pi^2}{k}(m_4 - m_2) \quad \Rightarrow \quad k_\beta = \frac{4\pi^2}{T_4^2 - T_2^2}(m_4 - m_2) \tag{2.1.5}$$

因而得弹簧组的等效弹性系数为

$$\overline{k} = \frac{k_\alpha + k_\beta}{2} \tag{2.1.6}$$

如果由式（2.1.5）得到的 $k_\alpha$ 和 $k_\beta$ 的数值基本一样（即两者之差不超过测量误差范围），说明式（2.1.3）中 $T$ 与 $m$ 的关系是成立的.将平均值 $\overline{k}$ 代入式（2.1.4），可得

$$m_{0i} = \frac{\overline{k} T_i^2}{4\pi^2} - m_i \quad (i = 1,2,3,4) \tag{2.1.7}$$

得弹簧组的有效质量为

$$\overline{m}_0 = \frac{1}{4}\sum_{i=1}^{4} m_{0i} \qquad\qquad (2.1.8)$$

3. 用作图法处理数据

由式(2.1.4)知,以 $T_i^2$ 为纵坐标,$m_i$ 为横坐标,作 $T_i^2$-$m_i$ 图,将得一直线,其斜率为 $\frac{4\pi^2}{k}$,截距为 $\frac{4\pi^2}{k}m_0$,就可求出 $k$ 和 $m_0$.

## 【预习思考题】

实验中,我们会发现滑块振动的振幅是不断减小的,那么为什么还可以认为滑块做简谐振动? 如何保证滑块做简谐振动?

## 【习题】

1. 理论推导简谐振动弹簧组的有效质量与实际质量比值? 将实验计算比值与理论值进行比较,并分析产生误差的原因.

2. 如图 2.1.3 所示,将质量分别为 $m_1$ 和 $m_2$ 的两滑块用一小弹簧(弹性系数为 $k$,不考虑弹簧质量)连接起来使之振动,滑块是否做简谐振动,振动周期和滑块质量及弹性系数有何关系?

本实验
附录文件

虚拟仿真
实验

图 2.1.3

# 实验 2.2　音叉的受迫振动

受迫振动引起的共振是自然界极为普遍的物理现象.人们也常利用共振为现代生活提供便利,收音机等利用电磁共振原理选择频道,乐器利用声波的共振提高音响效果,磁共振成像(MRI)则利用核内核磁共振原理提高医疗诊断技术等.然而,在制造和建筑工程中,一旦对共振稍有疏忽就会导致极大的损失.因此,对共振的研究具有重要的意义.表征受迫振动性质的是受迫振动的幅频和相频特性.本实验研究音叉在受迫振动中振幅与驱动力角频率之间的关系.

## 【实验目的】

1. 研究振动系统在受迫振动中的振幅与驱动力角频率之间的关系.

2. 在音叉增加阻尼的情况下,测量音叉共振频率及锐度,并对不同的阻尼情况进行对比.

3. 音叉双臂振动与对称双臂质量关系的测量,求音叉振动频率 $f$(即共振频率)与附在音叉双臂一定位置上相同物块质量 $m$ 的关系公式.

4. 通过测量共振频率的方法,测量一对附在音叉上的物块 $m_x$ 的未知质量.

## 【实验原理】

### 1. 受迫振动及共振

振动系统在周期性外力的持续作用下所产生的振动称为受迫振动,这种周期性外力称为驱动力(或策动力).设驱动力为 $F = F_m \cos \omega t$, $F_m$ 是驱动力的最大值,称为力幅;$\omega$ 为驱动力的角频率.由于系统还受到弹性力和阻力的作用,质量为 $m$ 的系统受迫振动的运动方程为

$$m \frac{\mathrm{d}^2 x}{\mathrm{d}t^2} = -kx - \gamma \frac{\mathrm{d}x}{\mathrm{d}t} + F_m \cos \omega t \qquad (2.2.1)$$

令

$$\omega_0^2 = \frac{k}{m}, \quad 2\beta = \frac{\gamma}{m}, \quad h = \frac{F_m}{m}$$

可将式(2.2.1)改写为

$$\frac{\mathrm{d}^2 x}{\mathrm{d}t^2} + 2\beta \frac{\mathrm{d}x}{\mathrm{d}t} + \omega_0^2 x = h \cos \omega t \qquad (2.2.2)$$

式中 $\omega_0$ 是振动系统的固有角频率、$\beta$ 称为阻尼系数.

振动系统的受迫振动在振动初期比较复杂,但经过一段时间后就达到稳定的振动状态,这一稳定的振动可由下式表示:

$$x = A \cos(\omega t + \varphi) \qquad (2.2.3)$$

这是一个等幅振动,其角频率就是驱动力的角频率.振幅为

$$A = \frac{h}{\left[ (\omega_0^2 - \omega^2)^2 + 4\beta^2 \omega^2 \right]^{1/2}} \qquad (2.2.4)$$

稳态受迫振动与驱动力的相位差为

$$\varphi = \arctan\left( -\frac{2\beta\omega}{\omega_0^2 - \omega^2} \right) \qquad (2.2.5)$$

由式(2.2.4)可知稳态受迫振动的振幅 $A$ 与驱动力的角频率 $\omega$ 有关,由 $\frac{\mathrm{d}A}{\mathrm{d}\omega} = 0$ 得到

$$\omega = \sqrt{\omega_0^2 - 2\beta^2} \qquad (2.2.6)$$

这表明:当驱动力的角频率 $\omega$ 满足式(2.2.6)时,振幅达到最大值 $A_r = \dfrac{h}{2\beta\sqrt{\omega_0^2 - \beta^2}}$ (称为共振振幅),这种现象称为共振,这一角频率称为共振角频率,记为 $\omega_r$.共振角频率除了与固有角频率有关外还与阻尼系数 $\beta$ 有关,当阻尼系数 $\beta$ 极小时,$\omega_r \approx \omega_0$.

由式(2.2.4)可看出,对同一振动系统,在不改变驱动力力幅 $F_m$ 的条件下,对任一确定的阻尼系数 $\beta$,振幅 $A$ 只随驱动力的角频率 $\omega$ 变化.因此,对一系列 $\omega$ 值可测得相应的一组 $A$ 值,从而绘制出该阻尼条件下的共振曲线.变换阻尼条件,就可绘制出不同阻尼条件下的位移共振曲线,

如图 2.2.1 所示.

2. 音叉的振动周期与质量的关系

从公式 (2.2.6) 得 $T = \dfrac{2\pi}{\omega} = \dfrac{2\pi}{\sqrt{\omega_0^2 - 2\beta^2}}$ 可知,在阻尼 $\beta$ 较小、可忽略的情况下有

$$T \approx \frac{2\pi}{\omega_0} = 2\pi\sqrt{\frac{m}{k}} \qquad (2.2.7)$$

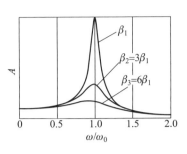

图 2.2.1　不同阻尼系数情况下的振幅与驱动力角频率的关系

这样我们可以通过改变质量 $m$,来改变音叉的共振频率.我们在一个标准基频为 $f$ 的音叉的两臂上对称等距开孔,可以知道这时的 $T$ 变小,共振频率 $f$ 变大;将两个相同质量的物块 $m_x$ 对称地加在两臂上,这时的 $T$ 变大,共振频率 $f$ 变小.从式 (2.2.7) 可知这时有

$$T^2 = \frac{4\pi^2}{k}(m_0 + m_x) \qquad (2.2.8)$$

其中 $k$ 为振子的弹性系数,为常量,它与音叉的力学属性有关.$m_0$ 为不加物块时的音叉振子的等效质量,$m_x$ 为每个振动臂增加的物块质量.

## 【实验仪器】

电磁激振系统(图 2.2.2 所示),示波器,低频信号发生器,毫伏表.

实验系统将一组电磁线圈置于钢质音叉臂的上下两侧,并靠近音叉臂.对驱动线圈施加交变电流,产生交变磁场,使音叉臂磁化,产生交变的驱动力.接收线圈靠近被磁化的音叉臂放置,可感应出音叉臂的振动信号.音叉振动的速度越快,测得的电压值越大.

图 2.2.2　电磁激振系统

## 【实验内容及步骤】

1. 仪器连接.用屏蔽导线将低频信号发生器的输出端分别与激振线圈的电压输入端、示波器的"X 轴输入"端连接;用屏蔽导线将感应线圈的信号输出端分别与示波器的"Y 轴输入"端、毫伏表的电压输入端连接.将屏蔽导线的芯线接正,屏蔽层接地.

2. 接通低频信号发生器、示波器、毫伏表的电源,预热 15 分钟左右,并置好各仪器的旋钮.

3. 测定位移共振频率 $f_r$ 和共振振幅 $A_r$.将低频信号发生器的频率由低到高缓慢调节,使毫伏表的指示数增加并达到最大,再仔细调节"频率微调",确定出毫伏表的最大读数,此时的频率就是共振频率,毫伏表最大的指示数就是共振振幅 $A_r$.

4. 测量位移共振频率 $f_r$ 附近的频率 $f$ 及相应的振幅 $A$.共振频率的每边测量 10 个点,在共振频率附近间隔 0.1 Hz 测量 5 个点,远离共振频率间隔 0.2 Hz 测量 5 个点,记录数据于表 2.2.1.

5. 将阻尼块靠近音叉臂,对音叉臂施加阻尼,测量在增加阻尼的情况下音叉的共振频率.改变

阻尼块的上下位置,测量音叉在不同阻尼时的曲线.将这些曲线与音叉不受阻尼时的曲线相比较.

6. 将不同质量物块(5 g、10 g、15 g)分别加到音叉双臂指定的位置上,并用螺丝旋紧.测出音叉双臂对称加相同质量物块时,相对应的共振频率.记录 $m$-$f_r$ 关系数据于表 2.2.2.

7. 作周期平方 $T^2$ 与质量 $m$ 的关系图,求出直线斜率和在 $m$ 轴上的截距 $m_0$,其数值就是音叉的等效振子质量.

8. 用另一对质量为 10 g 的物块作为未知质量物块,测出音叉的共振频率,计算出未知质量物块的质量 $m_X$,与实际值相比较,计算误差.

## 【数据记录与处理】

1. 记录数据

表 2.2.1

| $f$/Hz | $f_r$ | $f_r-0.1$ Hz | $f_r-0.2$ Hz | $f_r-0.3$ Hz | $f_r-0.4$ Hz | $f_r-0.5$ Hz | $f_r-0.7$ Hz | $f_r-0.9$ Hz | $f_r-1.1$ Hz | $f_r-1.3$ Hz | $f_r-1.5$ Hz |
|---|---|---|---|---|---|---|---|---|---|---|---|
| $A$/mm | | | | | | | | | | | |
| $f$/Hz | $f_r$ | $f_r+0.1$ Hz | $f_r+0.2$ Hz | $f_r+0.3$ Hz | $f_r+0.4$ Hz | $f_r+0.5$ Hz | $f_r+0.7$ Hz | $f_r+0.9$ Hz | $f_r+1.1$ Hz | $f_r+1.3$ Hz | $f_r+1.5$ Hz |
| $A$/mm | | | | | | | | | | | |

表 2.2.2

| $m$/g | 5 | 10 | 15 |
|---|---|---|---|
| $f_r$/Hz | | | |

2. 根据所测的三组数据,选择适当的坐标比例,用直角坐标纸在同一坐标上绘制出三条位移共振曲线,并标注图名及实验条件.

## 【注意事项】

1. 本实验所要绘制的三条位移共振曲线都要求有相同的驱动力力幅,因此,低频信号发生器的输出电压值一经确定,整个实验过程就要确保该电压值不变.

2. 为安全起见,信号源的输出绝对不许短路.

## 【预习思考题】

在实验过程中,每改变一次低频信号发生器的输出频率,读数前都要及时核对调整什么?

## 【习题】

1. 从绘制的三条位移共振曲线来看,在外力振幅不变的条件下,采取什么措施能有效降低振动系统的共振幅度? 有何实际价值?

本实验
附录文件

2. 举例说明共振现象在实际生活中的应用.

# 实验 2.3　用光杠杆装置测定钢丝的杨氏模量

杨氏模量是表征固体材料性质的一个重要物理量,用于描述材料在发生纵向弹性形变时抵抗形变的能力,是工程设计上选用材料时常需设计的重要参量之一.杨氏模量只与材料的性质和温度有关,而与几何形状无关.测量杨氏模量的方法很多,如拉伸法、弯曲法和振动法(动态法).本实验基于光杠杆装置利用拉伸法测定钢丝的杨氏模量.

## 【实验目的】

1. 用拉伸法测定钢丝的杨氏模量.
2. 学习并掌握光杠杆测微小伸长量的原理和方法.
3. 学习两种处理数据的方法:逐差法、图解法.

## 【实验原理】

1. 拉伸法测杨氏模量

任何固体在外力作用下都会发生形变,形变随外力撤除而消失的称为弹性形变.在弹性限度内,物体的形变遵从胡克定律,即物体的应力与应变成正比.

若钢丝原长为 $L$,横截面积为 $A$,沿长度方向受拉力 $F$ 后钢丝伸长量为 $\Delta L$,则应力为 $F/A$,应变为 $\Delta L/L$.胡克定律表明钢丝的应力与应变的比值是一个常量 $E$,即

$$E = \frac{FL}{A\Delta L} \tag{2.3.1}$$

式中,$E$ 为钢丝的杨氏模量,是仅由固体材料性质决定的量,与所受外力及材料的形状无关.设钢丝的直径为 $d$,则钢丝杨氏模量的计算公式为

$$E = \frac{4FL}{\pi d^2 \Delta L} \tag{2.3.2}$$

由于钢丝的伸长量 $\Delta L$ 很小,准确测定其值就是本实验的关键,因此,特利用光杠杆来测量 $\Delta L$,而采用一般方法测量 $F$、$L$ 和 $d$.

2. 光杠杆测微原理

光杠杆的结构如图 2.3.1 所示,光杠杆的三个脚尖 1、2 和 3 的连线构成等腰三角形,后脚尖 1 到两前脚尖 2、3 连线的距离为 $b$.实验时,将两前脚尖 2、3 置于固定平台 B 的沟槽内,后脚尖 1 置于圆柱体 C 上,如图 2.3.2 所示.当钢丝在砝码的重力作用下发生形

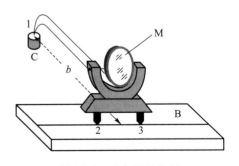

图 2.3.1　光杠杆结构图

变时,光杠杆的后脚尖 1 将随圆柱体 C 上下移动,平面反射镜 M 的仰角也随之改变.在平面反射镜前方有台望远镜和一竖直放置的标尺 S,如图 2.3.3 所示.经适当调节,从标尺 S 发出的光线经平面反射镜 M 反射,就能从物镜进入望远镜,在望远镜里形成清晰的标尺像,得到一个与望远镜十字叉丝中横线重合的标尺读数.当平面反射镜的仰角发生变化时,标尺读数也随之改变.

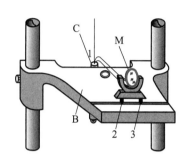

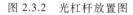

图 2.3.2　光杠杆放置图

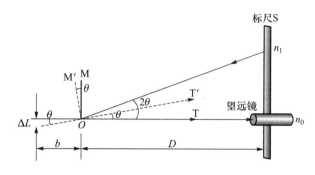

图 2.3.3　光杠杆测微原理图

光杠杆测量微小长度变化量的原理如图 2.3.3 所示,图中 $D$ 是光杠杆的两前脚尖连线中点到标尺 S 的距离,初始时钢丝受到预荷载 $m_0g$ 的作用已伸直($m_0$ 为框架、砝码托盘、挂钩及预加砝码的质量之和).若平面反射镜 M 的法线与望远镜光轴处于同一水平线,从望远镜中看到的十字叉丝中横线上标尺读数为 $n_0$.增加砝码后钢丝长度伸长 $\Delta L$,光杠杆的后脚尖 1 随圆柱体 C 下降 $\Delta L$,平面反射镜 M 随之转过 $\theta$ 角到 M′,其法线 T 也转过 $\theta$ 角到 T′.由光的反射定律可以证明:当平面反射镜转过 $\theta$ 角时,同一方向的反射光所对应的入射光的方向较原先的转过了 $2\theta$ 角.这时,只有从标尺 $n_1$ 处发出的光线才能经平面反射镜反射到望远镜并成像在十字叉丝中横线上,得到读数 $n_1$.

由图 2.3.3 的几何关系,并考虑到 $\theta$ 角很微小,则有

$$\theta \approx \tan\theta = \frac{\Delta L}{b} \tag{2.3.3}$$

$$2\theta \approx \tan 2\theta = \frac{n_1 - n_0}{D} = \frac{\Delta n}{D} \tag{2.3.4}$$

由式(2.3.3)和式(2.3.4)消去 $\theta$ 可得

$$\Delta L = \frac{b\Delta n}{2D} \tag{2.3.5}$$

$$或 \quad \frac{\Delta n}{\Delta L} = \frac{2D}{b} \tag{2.3.6}$$

式中,$2D/b$ 称作光杠杆装置的放大倍数.由于 $D$ 远大于 $b$,由式(2.3.6)可以看出 $\Delta n$ 也远大于 $\Delta L$.这样,就将测量微小长度变化量 $\Delta L$ 转换成了测量一个数值较大的标尺读数变化量 $\Delta n$,这就是光杠杆测微系统的放大原理.特别强调一下,式(2.3.5)或式(2.3.6)成立的条件是:$\theta$ 角必须很小,光杠杆的初始状态应是三个脚尖共在一水平面上且平面反射镜竖直放置,标尺也要竖直放置.在满足条件的前提下,只要测量出 $b$、$D$ 和 $\Delta n$ 就可由式(2.3.5)间接测出 $\Delta L$.将式(2.3.5)代入

式(2.3.2)得到本实验用的杨氏模量计算式

$$E = \frac{8FLD}{\pi d^2 b \Delta n}$$  (2.3.7)

【实验仪器】

光杠杆装置杨氏模量仪(图 2.3.4 所示),水准仪,螺旋测微器,钢卷尺,或 NKY-B$_1$ 型光杠杆杨氏模量仪(详见本实验附录文件).

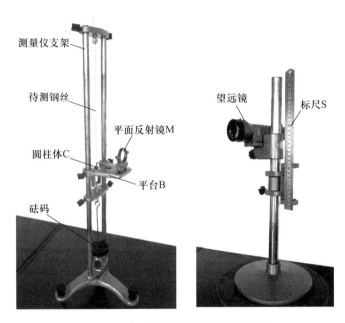

图 2.3.4 杨氏模量测定的仪器装置图

光杠杆法测定钢丝杨氏模量的仪器装置如图 2.3.4 所示,由测量仪支架、待测钢丝、平台 B、支有平面反射镜 M 的光杠杆、望远镜和标尺 S 构成.钢丝的上端固定于支架的顶端,下端紧紧卡在圆柱体 C 的螺旋夹头上.圆柱体 C 随着钢丝的缩短或伸长可上下移动.

望远镜由物镜、目镜、叉丝环、镜筒和套筒组成.十字叉丝固定在叉丝环上,十字叉丝的中横线作为读数水准线.使用时,先旋转目镜以改变目镜与叉丝的间距,使得十字叉丝刚好落在目镜的焦平面上,就能从目镜里看到清晰的十字叉丝像.然后调节物镜调焦手轮以改变物镜与十字叉丝的间距,使得十字叉丝也刚好落在物镜的焦平面上,这时物镜和目镜的两个焦平面恰好都重合于十字叉丝平面上.物镜使入射光聚焦(清晰地成像)在目镜的焦平面上,目镜则把物镜所成的像放大,从目镜里就可以同时看到清晰的十字叉丝和物像了,这就是望远镜的成像原理.

## 【实验内容及步骤】

### 1. 仪器调整

（1）将待测钢丝安装在支架上,钢丝上端一定要固定紧.调节支架底脚螺丝使平台 B 上的水准仪的气泡居中,以保证支架的两支柱和待测钢丝都处于竖直状态.

（2）在砝码托盘上放置 0.5 kg 的预加砝码把钢丝拉直,此时上、下夹头之间的钢丝长度就是钢丝的原长 $L$.

（3）将光杠杆置于平台 B 上,两前脚尖放在沟槽内,后脚尖放在圆柱体 C 上(放置时后脚不能与钢丝接触).再上下调整平台 B,使光杠杆三个脚尖共在一水平面上,并让平面反射镜 M 与平台 B 大致垂直.

（4）将望远镜标尺支架置于平面反射镜前方 1.5~2.0 m 处.调节望远镜倾斜螺钉使望远镜的光轴大致水平,并使望远镜光轴与光杠杆上的平面反射镜中心同高(此高度应便于观察及读数).竖直放置标尺,使标尺的零刻度线位于望远镜下方近处.

（5）使标尺清晰成像于望远镜的十字叉丝平面上,可按以下步骤进行:

① 仔细调节平面反射镜 M 的倾角,边左右移动望远镜标尺支架,边顺着望远镜筒外上边缘寻找平面反射镜所反射的下半段标尺像,也可用手握住下半段标尺(或用手机电筒照亮下半段标尺)来协助寻找.

② 旋转望远镜目镜,直到从目镜里能看到清晰的十字叉丝像为止.

③ 调节望远镜物镜调焦手轮,先使十字叉丝平面上呈现清晰的平面反射镜的圆形镜框像,再一边微微左右移动望远镜标尺支架,一边调节望远镜倾斜螺钉,使得圆形镜框像居中.然后调节望远镜物镜调焦手轮使十字叉丝平面上呈现清晰的下半段标尺像,并且无视差(即当眼睛上下移动时,十字叉丝与标尺像不会发生相对移动).

④ 适当调节标尺,使标尺刻线与十字叉丝中的横线平行或重合.

### 2. 测量

按上述步骤调整好仪器后,测量标尺读数的全过程都不许移动光杠杆测微系统.

（1）记下标尺的初始读数 $n_0$,之后是增加砝码拉伸钢丝的过程.每增加一个砝码(质量为 $m$)到托盘上,都要静置几分钟使其稳定,再依次记下望远镜里标尺读数 $n_1,n_2,\cdots,n_7$,填入表 2.3.1 中.为平衡应力起见,各砝码的缺口朝向要错开 180° 或 90° 放置.然后是减少砝码让钢丝恢复原长的过程.同样,每减少一个砝码,都要静置几分钟使其稳定,再依次记下望远镜里标尺读数 $n_7',n_6',\cdots,n_0'$,填入表 2.3.1 中.

（2）用钢卷尺测量钢丝原长 $L$.

（3）用钢卷尺测量平面反射镜到标尺的垂直距离 $D$,也可以分别读出十字叉丝平面最上方和最下方两横丝对准的标尺读数 $y_1$ 和 $y_2$,求出差值 $\Delta y=|y_1-y_2|$,则 $D=50\Delta y$.

（4）用光杠杆在平坦的纸面上轻压出三个脚尖的印迹,再用米尺测出后脚尖印迹与两前脚尖印迹连线的垂直距离 $b$,即光杠杆常量.

（5）先读出螺旋测微器的零点读数 $d_0$,再用螺旋测微器在钢丝的不同部位沿不同方向测量直径 6 次,记下 6 个测量值 $d'$,填入表 2.3.2 中.

## 【数据记录与处理】

### 1. 数据记录

表 2.3.1

| 测量次数 $i$ | 砝码质量/kg | 增砝码时 $n_i$/cm | 减砝码时 $n_i'$/cm | $\overline{n}_i\left(=\dfrac{n_i+n_i'}{2}\right)$/cm | $\Delta n_i\,(=\mid\overline{n}_{i+4}-\overline{n}_i\mid)$/cm | $\Delta n$ 的标准偏差 $S_{\Delta n}$/cm |
|---|---|---|---|---|---|---|
| 0 | $m_0$ | | | | $\Delta n_0 =$ _____ | |
| 1 | $m_0+m$ | | | | $\Delta n_1 =$ _____ | |
| 2 | $m_0+2m$ | | | | $\Delta n_2 =$ _____ | |
| 3 | $m_0+3m$ | | | | $\Delta n_3 =$ _____ | $S_{\Delta n}=\sqrt{\dfrac{\sum(\Delta n_i-\overline{\Delta n})^2}{4-1}}$ |
| 4 | $m_0+4m$ | | | | | |
| 5 | $m_0+5m$ | | | | 平均值 | $=$ _____ |
| 6 | $m_0+6m$ | | | | $\overline{\Delta n}=$ _____ | |
| 7 | $m_0+7m$ | | | | | |

表 2.3.2　　　　　　　　　　螺旋测微器零点读数 $d_0=$ ____ cm

| 测量次数 | 1 | 2 | 3 | 4 | 5 | 6 | |
|---|---|---|---|---|---|---|---|
| $d'$/cm | | | | | | | |
| 钢丝直径 $d(=d'-d_0)$/cm | | | | | | | 平均值 $\overline{d}=$ _____ |
| $d$ 的标准偏差 $S_d$/cm | $S_d=\sqrt{\dfrac{\sum(d-\overline{d})^2}{6-1}}=$ _____ | | | | | | |

### 2. 用逐差法计算 $\Delta n$ 的平均值 $\overline{\Delta n}$

将表 2.3.1 中的 8 个 $\overline{n}_i$ 分为两组：$\overline{n}_0$、$\overline{n}_1$、$\overline{n}_2$、$\overline{n}_3$ 和 $\overline{n}_4$、$\overline{n}_5$、$\overline{n}_6$、$\overline{n}_7$，则有

$$\overline{\Delta n}=\frac{1}{4}\sum_{i=0}^{3}(\overline{n}_{i+4}-\overline{n}_i)$$

$$=\frac{1}{4}\left[(\overline{n}_4-\overline{n}_0)+(\overline{n}_5-\overline{n}_1)+(\overline{n}_6-\overline{n}_2)+(\overline{n}_7-\overline{n}_3)\right]$$

$\overline{\Delta n}$ 就是 4 种不同初始荷载下再增加 $4m\,g$（$m$ 为单个砝码的质量，可以是 1 kg 或 0.5 kg）时，标尺读数变化量的平均值.这种数据处理方法称为逐差法.用逐差法进行数据处理有如下优点：

（1）根据误差理论，被测量本身的大小与结果的准确度有关，在观测条件不变时，各次标尺读数 $n_i$ 的测量误差 $\delta n_i$ 值变化不大，因而 $\dfrac{\delta n_0-\delta n_1}{n_1-n_0}$ 约为 $\dfrac{\delta n_0-\delta n_4}{n_4-n_0}$ 的 4 倍，故用逐差法可提高结果的准确度.

（2）测量中既希望进行多次测量，又希望增大$\overline{\Delta n}$以提高结果的准确度，同时还要受到荷载不能太大的限制.用逐差法计算$\overline{\Delta n}$,相当于在钢丝下加 4 个砝码时钢丝的伸长量的平均值,在一定程度上解决了荷载不能太大的困难.

### 3. 计算杨氏模量

| | | |
|---|---|---|
| 钢丝原长 | $(L \pm u_L)$ m | $u_L = \Delta_仪 = 5 \times 10^{-4}$ m |
| 光杠杆长度 | $(b \pm u_b)$ m | $u_b = \Delta_仪 = 5 \times 10^{-4}$ m |
| 镜面到标尺距离 | $(D \pm u_D)$ m | $u_D = \Delta_仪 = 5 \times 10^{-4}$ m |
| 标尺读数变化量 | $(\overline{\Delta n} \pm u_{\Delta n})$ m | $u_{\Delta n} = \sqrt{(1.6 S_{\Delta n})^2 + 2\Delta_仪^2}$ m |
| | | $\Delta_仪 = 5 \times 10^{-4}$ m |
| 钢丝直径 | $(\overline{d} \pm u_d)$ m | $u_d = \sqrt{S_d^2 + \Delta_{d仪}^2}$ m |
| | | $\Delta_{d仪} = 5 \times 10^{-6}$ m |
| 荷载 | $F = (4mg \pm u_F)$ N | $u_F = \Delta_{F仪}$ |

$\Delta_{F仪}$为单个砝码重量误差的 4 倍,由实验室给定.

杨氏模量　　　　　$$\overline{E} = \frac{8FLD}{\pi \overline{d}^2 b \overline{\Delta n}} = \underline{\qquad} \text{ N} \cdot \text{m}^{-2}$$

相对不确定度　　　$$\frac{u_E}{\overline{E}} = \sqrt{\left(\frac{u_F}{F}\right)^2 + \left(\frac{u_L}{L}\right)^2 + \left(\frac{u_D}{D}\right)^2 + \left(\frac{u_b}{b}\right)^2 + \left(\frac{u_{\Delta n}}{\overline{\Delta n}}\right)^2 + \left(\frac{2u_d}{\overline{d}}\right)^2} = \underline{\qquad}$$

不确定度　　　　　$$u_E = \overline{E} \cdot \frac{u_E}{\overline{E}} = \underline{\qquad} \text{ N} \cdot \text{m}^{-2}$$

杨氏模量　　　　　$$E = \overline{E} \pm u_E = \underline{\qquad} \text{ N} \cdot \text{m}^{-2}$$

$$u_r = \frac{u_E}{\overline{E}} \times 100\% = \underline{\qquad}\%$$

### 4. 用图示法处理数据
由式（2.3.7）可得

$$\Delta n = \frac{8LD}{\pi d^2 bE} F$$

式中,$F$ 为砝码重量的增量,$\Delta n$ 为 $F$ 所对应的标尺读数变化量的绝对值,显然,在其他条件不变的情况下,$\Delta n$ 正比于 $F$.鉴于我们的实际测量方法,对应于相同的 $F$,有分属于增重过程和减重过程的两个标尺读数变化量,因此用两者的平均值$\overline{\Delta n}$取代 $\Delta n$ 更为合理.

以 $F$ 为横坐标,$\overline{\Delta n}$ 为纵坐标,根据表 2.3.1 的测量数据可画出$\overline{\Delta n}$-$F$ 图线.从理论上来说,$\overline{\Delta n}$-$F$ 图线应为一条过原点的直线,直线的斜率为$\dfrac{\overline{\Delta n}}{F}$,如图 2.3.5 所示.在所画

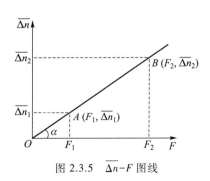

图 2.3.5　$\overline{\Delta n}$-$F$ 图线

直线上任取两点 $A(F_1, \overline{\Delta n_1})$ 与 $B(F_2, \overline{\Delta n_2})$，得直线的斜率

$$k = \tan \alpha = \frac{\overline{\Delta n_2} - \overline{\Delta n_1}}{F_2 - F_1}$$

结合式(2.3.7)得到钢丝的杨氏模量

$$E = \frac{8LD}{\pi d^2 b} \cdot \frac{F}{\overline{\Delta n}} = \frac{8LD}{\pi d^2 b} \cdot \frac{1}{k}$$

## 【预习思考题】

1. 光杠杆有什么优点？怎样提高光杠杆测量微小长度变化量的灵敏度？

2. 为了能在望远镜里看到清晰的标尺像，标尺零点、望远镜轴线及平面反射镜中心的高度之间应有怎样的关系？

3. 长度不同、粗细不同但材料相同的两根钢丝，在相同荷载下，钢丝的伸长量 $\Delta L$ 是否相同？杨氏模量 $E$ 是否相同？

## 【习题】

1. 本实验中各个长度量为什么要使用不同的仪器来测量？若采用同一量具钢卷尺来测量 $L$、$D$、$b$ 和 $d$，哪个测量值对杨氏模量的误差影响最大，为什么？

2. 用光杠杆法能否测量一块薄板的厚度？若能，应如何测量？如何用光杠杆装置来测量一微小角度 $\theta$？试推导其计算公式.

# 实验 2.4　用动态法测定杨氏模量

用拉伸法测定金属的杨氏模量属于静态法，一般适用于较大的尺寸和常温下的测量.由于拉伸时荷载大、加载速度慢以及存有弛豫过程，因此拉伸法的测量结果不能真实地反映材料内部结构的变化.不仅如此，该方法还不能测量材料在不同温度下的杨氏模量，也不能测量脆性材料(如玻璃、陶瓷等)的杨氏模量.而动态法(共振法)测量可以克服以上缺点，很具有实用价值，是国家标准指定的一种测量方法.

## 【实验目的】

1. 学习用动态法测定材料的杨氏模量.
2. 正确判别材料的共振峰值.
3. 学习用外延法处理数据.

## 【实验原理】

如图 2.4.1 所示,一根长棒(直径 $d$ 远小于长度 $L$)的轴线沿 $x$ 方向,该长棒横向振动位移满足如下方程

$$\frac{\partial^2 \eta}{\partial t^2} + \frac{EI\partial^4 \eta}{\rho S\partial x^4} = 0 \qquad (2.4.1)$$

式中,$\eta$ 为位于 $x$ 处的横截面在 $z$ 方向的位移,$S$ 和 $I$ 分别为该横截面的面积和惯量矩,$E$ 为该棒材料的杨氏模量,$\rho$ 为材料的质量密度.

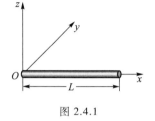

图 2.4.1

利用分离变量法求解方程,令 $\eta(x,t) = X(x)T(t)$ 代入式(2.4.1),则有

$$\frac{1}{X}\frac{\mathrm{d}^4 X}{\mathrm{d}x^4} = -\frac{\rho S}{EI} \cdot \frac{1}{T}\frac{\mathrm{d}^2 T}{\mathrm{d}t^2}$$

由于等式两边分别是两个相互独立变量 $x$ 和 $t$ 的函数,只有在它们都等于同一个常量时才有可能成立,若取此常量为 $k^4$,于是有

$$\frac{\mathrm{d}^4 X}{\mathrm{d}x^4} - k^4 X = 0, \qquad \frac{\mathrm{d}^2 T}{\mathrm{d}t^2} + \frac{k^4 EI}{\rho S}T = 0$$

设棒中各处的横截面都做横向简谐振动,这两个线性常微分方程的通解分别为

$$X(x) = B_1 \cosh kx + B_2 \sin hkx + B_3 \cos kx + B_4 \sin kx$$
$$T(t) = A\cos(\omega t + \varphi)$$

于是,方程(2.4.1)的通解为

$$\eta(x,t) = (B_1 \cosh kx + B_2 \sinh kx + B_3 \cos kx + B_4 \sin kx)A\cos(\omega t + \varphi) \qquad (2.4.2)$$

式中

$$\omega = \sqrt{\frac{k^4 EI}{\rho S}} \qquad (2.4.3)$$

式(2.4.3)称为频率公式,对具有任意形状的横截面和任意边界条件的试样都成立.只要由具体的边界条件定出常量 $k$,代入具体横截面的惯量矩 $I$,就可以得到该条件下的关系式.

对于用细丝悬挂起来的棒,当悬点在试样的节点(当棒处于共振状态时,位移恒为零的位置)附近,此时其边界条件为自由端横向作用力 $F$ 和弯矩 $M$ 均为零,即

$$F = \frac{\partial M}{\partial x} = 0, \qquad M = EJ\frac{\partial^2 \eta}{\partial x^2} = 0$$

故有

$$\left(\frac{\mathrm{d}^3 \eta}{\mathrm{d}x^3}\right)_{x=0} = 0, \quad \left(\frac{\mathrm{d}^3 \eta}{\mathrm{d}x^3}\right)_{x=L} = 0, \quad \left(\frac{\mathrm{d}^2 \eta}{\mathrm{d}x^2}\right)_{x=0} = 0, \quad \left(\frac{\mathrm{d}^2 \eta}{\mathrm{d}x^2}\right)_{x=L} = 0$$

将通解代入边界条件可得

$$\cos kL \cdot \cosh kL = 1 \qquad (2.4.4)$$

用数值解法求得本征值 $k$ 和 $L$ 应满足

$$k_n L = 0, \quad 4.730, \quad 7.853, \quad 10.996, \quad 14.137, \quad \cdots$$

由于 $k_0 L = 0$ 的根对应于静止状态,因此将 $k_1 L = 4.730$ 记作第一个根,相应的振动频率称为基振频率(基频),此时振幅分布如图2.4.2(a)曲线所示.第二个根 $k_2 L = 7.853$ 对应的振幅分布如图2.4.2(b)曲线所示.由图2.4.2(a)可见,试样在做基频振动时,存在两个节点,它们的位置距离一端面分别为 $0.224L$ 和 $0.776L$,将第一个本征值 $k_1 = 4.730/L$ 代入频率公式(2.4.3),可以得到该状态下自由振动的固有角频率

$$\omega_{基} = \left(\frac{4.730}{L}\right)^2 \sqrt{\frac{EI}{\rho S}}$$

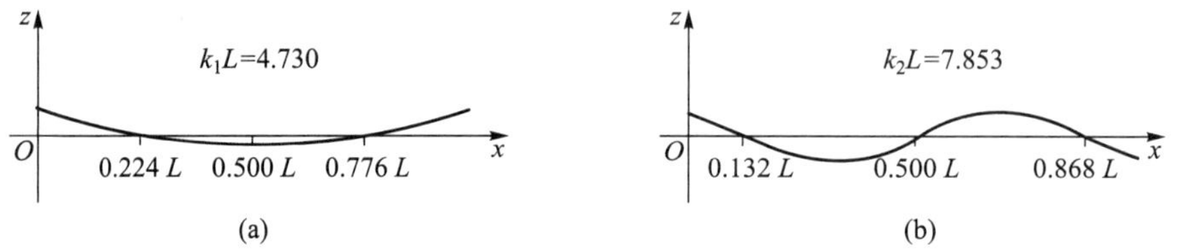

图 2.4.2　两端自由的横截面均匀的细棒在弯曲振动时前两阶振幅的分布

因此,杨氏模量为

$$E = 1.997\,8 \times 10^{-3} \frac{\rho S L^4}{I} \omega_{基}^2 = 7.887\,0 \times 10^{-2} \frac{m L^3}{I} f_{基}^2$$

对于直径为 $d$ 的圆棒,惯量矩为

$$I = \int_S z^2 \mathrm{d}S = \frac{\pi d^4}{64}$$

于是

$$E = 1.606\,7 \frac{m L^3}{d^4} f_{基}^2 \tag{2.4.5}$$

式(2.4.5)就是本实验的杨氏模量计算式,式中 $m$ 为棒的质量,$f_{基}$ 为试样共振基振频率.若试样的几何尺寸以 m 为单位,质量以 kg 为单位,频率以 Hz 为单位,则杨氏模量的单位为 $\mathrm{N \cdot m^{-2}}$.考虑到实际情况下 $E$ 还和试样的直径 $d$ 与长度 $L$ 之比有关,所以式(2.4.5)右边应乘以一个修正因子 $R$,则有

$$E = 1.606\,7R \frac{m L^3}{d^4} f_{基}^2 \tag{2.4.6}$$

当 $L \gg d$ 时,即细长圆棒,$R \approx 1$,$E$ 可由式(2.4.5)求出.当 $L \gg d$ 不成立时,圆棒的 $R$ 可查表2.4.1.

表 2.4.1　试样 $R$ 与 $d/L$ 的关系

| $d/L$ | 0.01 | 0.02 | 0.03 | 0.04 | 0.05 | 0.06 |
|---|---|---|---|---|---|---|
| $R$ | 1.001 | 1.002 | 1.005 | 1.008 | 1.014 | 1.019 |

注:该表适用于泊松比在 0.25~0.35 的材料.

机械振动由一悬丝传入,当外力频率达到共振角频率 $\omega_r$ 时,另一悬点处会达到最大振幅.共振频率与固有角频率之间的关系为

$$f_r = \frac{\omega_r}{2\pi} = \frac{1}{2\pi}\sqrt{\omega^2 - 2\beta^2}$$

式中,$\beta$ 为阻尼系数.对于一般的金属材料,因为 $\beta$ 的最大值只有 $\omega$ 的 1% 左右,因此可以用共振频率 $f_r$ 代替 $f_基$ 代入式(2.4.6)计算.

实验中,悬丝对试样的阻尼作用使得检测出的共振频率值会随悬点的位置而变化.理论上,测量试样的基频振动时,悬点应在节点处(即悬点距一端面 $0.224L$ 和 $0.776L$ 处),但实际上,这时棒的振动根本无法被激发(振幅为零,在示波器上只能看到一条水平直线).因此,欲激发棒的振动,悬点必须离开节点.故采用外延法来测量试样的基频,即通过测量节点周围点的振动频率,利用它们作图平滑至节点处,从图像上得到试样的基频.

## 【实验仪器】

功率函数信号发生器,激振器(激发换能器),拾振器(接收换能器),示波器,温控器,天平,游标卡尺,螺旋测微器,测试架等,如图 2.4.3 所示.

动态法测定杨氏模量接线示意图如图 2.4.3 所示,激振器将信号发生器产生的正弦电信号转换为机械振动,通过悬丝 1 传给试样(如细圆铜棒 1)使之做受迫振动.悬丝 2 又将试样的机械振动传给拾振器,拾振器却将机械振动转换为正弦电信号送至示波器,以便在示波器的荧光屏上观察这一正弦电信号的变化.当信号发

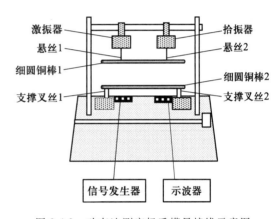

图 2.4.3 动态法测定杨氏模量接线示意图

生器输出的电信号频率与试样振动的基频一致时,试样会因共振产生振幅最大的振动,此时荧光屏显现的正弦电信号振幅也达最大.

以上介绍的是悬挂法测杨氏模量,还可以用支撑法测杨氏模量,方法类似.

## 【实验内容及步骤】

1. 测量试样的直径 $d$、长度 $L$、质量 $m$,将数据填入表 2.4.2.

2. 测量试样的基频.

(1)安装试样.对称悬挂(或支撑)细圆棒并保持水平,悬丝(或支撑叉丝)要与细圆棒垂直,选择适当的悬丝长度.

(2)连机.按图 2.4.3 连接线路.

(3)测量.

① 围绕节点每间隔 0.5 cm 测量一次共振频率.每次测量,都要调节信号发生器的"输出频率",使荧光屏上的真共振峰幅度达到极大,将数据填入表 2.4.3,此时信号发生器的输出频率即为该测点的共振频率.

② 真假共振峰的判断(鉴频)

激振器、拾振器及整个系统都有自己的共振频率,拾振器的输入伴随着许多次极大值,一定要仔细识别出真正的共振峰才能进行测量.判别真假共振峰常用的方法有如下两种:

峰宽判别法.真的共振峰的频率范围很窄,细微地改变信号发生器的输出频率,共振峰的幅度就会发生突变;而假的共振峰频率范围很宽.

幅度判别法.用手将试样托起(或用手捏住悬丝 1),如果是真的共振信号,则示波器上正弦信号周期不变,幅值却逐渐衰减.如果是干扰信号,则示波器上正弦信号幅值不变.

## 【数据记录与处理】

1. 数据记录

表 2.4.2

| 项目 | 长度 $L/cm$ | | | | | | 直径 $d/cm$ | | | | | | $m/g$ |
|---|---|---|---|---|---|---|---|---|---|---|---|---|---|
| 测量次序 | 1 | 2 | 3 | 4 | 5 | 6 | 1 | 2 | 3 | 4 | 5 | 6 | |
| 圆棒 | | | | | | | | | | | | | |

表 2.4.3

| 测量序号 | 1 | 2 | 3 | 4 | 5 | 6 | 7 | 8 |
|---|---|---|---|---|---|---|---|---|
| 悬点 $x/cm$ | | | | | | | | |
| $f/Hz$ | | | | | | | | |

2. 用坐标纸画出 $f\text{-}x$ 曲线,由曲线确定基频 $f_{基}$.
3. 计算试样的杨氏模量 $E$.
4. 计算

$$\frac{u_E}{\bar{E}} = \sqrt{\left(\frac{u_m}{m}\right)^2 + \left(3\,\frac{u_L}{L}\right)^2 + \left(2\,\frac{u_{f_{基}}}{f_{基}}\right)^2 + \left(4\,\frac{u_d}{d}\right)^2} = \underline{\hspace{4cm}}$$

$$u_E = \bar{E} \cdot \frac{u_E}{\bar{E}} = \underline{\hspace{4cm}}$$

最后,写出结果表达式

$$E = \bar{E} \pm u_E = \underline{\hspace{3cm}}$$

$$\frac{u_E}{\bar{E}} = \underline{\hspace{4cm}} \%$$

## 【注意事项】

1. 试样一定要保持清洁.

2. 悬挂试样时,悬丝必须将试样捆紧.测量时尽可能避免试样摆动.

3. 实验中拿放东西要轻缓,并保持安静,敲击桌面和大声讲话都将影响实验.

本实验
附录文件

## 【预习思考题】

1. 外延法测量有何特点? 使用时应注意什么?

2. 物体的固有频率和共振频率有什么不同? 它们之间有什么联系?

# 实验 2.5  声速的测定

声波是在弹性介质中传播的机械振动.气体和液体中传播的声波只能是纵波,而在固体中传播的声波很复杂,它包括纵波、横波、扭转波、弯曲波、表面波等.可闻声波的频率在 20~20 000 Hz 之间.频率低于 20 Hz 的声波称为次声波,高于 20 000 Hz 的称为超声波(具有波长短、易于定向发射等优点).通过对介质中声速的测定,可了解介质的特点,如气体温度的瞬时变化、液体的流速、固体材料的弹性模量等.利用超声波测量声速在声波定位、探伤和测距等方面有着广泛的应用,特别在石油工业中,常用超声波测井获取地层信息寻找石油.因此,声速的测定具有重要意义.测量声速的方法有很多,如利用超声光栅、多普勒效应测量声速等方法.本实验中采用驻波法和相位法测定超声波在气体中的传播速度.

## 【实验目的】

1. 学会用驻波法和相位法测定空气中的声速.

2. 了解压电陶瓷换能器的功能,熟悉信号源及数字示波器的使用.

3. 掌握用逐差法处理实验数据.

## 【实验原理】

由波动理论得知,声波的传播速度 $v$ 与声波频率 $f$ 和波长 $\lambda$ 之间的关系为

$$v = f\lambda \tag{2.5.1}$$

只要测出声波的频率和波长,就可以求出声速.

1. 驻波法测量声速原理

驻波法测声速的接线如图 2.5.1 所示.

$S_1$ 和 $S_2$ 是端面相互平行的结构性能完全相同的两只压电陶瓷超声换能器,$S_1$ 用作发射器,$S_2$ 用作接收器.当声速测定仪信号源输出的正弦电压接入 $S_1$ 时,$S_1$ 将此电信号转化为超声波信号从其端面发出,$S_2$ 接收到超声波信号后又将它转化为同频率的正弦电压,可将这正弦电压接入示波器的 Y 输入端进行观察.

由于 $S_1$ 与 $S_2$ 的端面相互平行,从 $S_1$ 端面发出的超声波和从 $S_2$ 端面反射的超声波在同一直

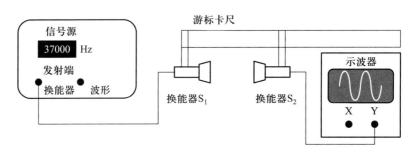

图 2.5.1　驻波法测声速接线示意图

线上沿相反方向传播,且是相干波.根据波的干涉原理,当 $S_1$、$S_2$ 两端面间距 $L$ 恰好等于超声波半波长 $\lambda/2$ 的整数倍时,即满足

$$L = L_n = n\frac{\lambda}{2} \quad (n = 1, 2, \cdots) \tag{2.5.2}$$

时,在 $S_1$、$S_2$ 之间的区域内将因干涉形成驻波.在 $S_2$ 端面处超声波发生反射时,由于超声波是从空气入射到固体表面,是从波疏介质射向波密介质,反射波在离开反射点时的振动方向,相对于入射波到达入射点时的振动相反.或者说,反射波相对于入射波相位突变 $\pi$,也就是相当于差了半个波长,这称为半波损失.由于半波损失的存在,反射点处形成波节,波节处介质的疏密变化最大,故声压最大,转化成的正弦电压振幅也最大,这时示波器荧光屏上就显现出振幅极大的正弦电压−时间关系曲线(正弦曲线).只要连续移动 $S_2$ 使 $L$ 连续增大(或连续减小),荧光屏上显现的正弦曲线振幅就周期性地变化着.每当 $L$ 满足式(2.5.2)时,振幅就达极大,记录下这些特殊位置对应的游标卡尺读数,相邻的两个读数之差就为超声波的半波长 $\lambda/2$.再读取声速测定仪信号源上显现的超声波频率 $f$,用式(2.5.1)可计算声速 $v$.

2. 相位法测量声速原理

相位法测声速的接线示意如图 2.5.2 所示.

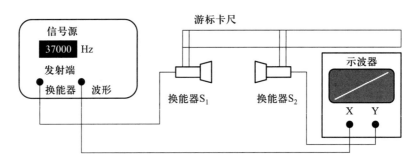

图 2.5.2　相位法测声速接线示意图

$S_1$ 发出的超声信号经空气传至 $S_2$,$S_2$ 接收的信号与 $S_1$ 发射的信号存在的相位差 $\Delta\varphi$ 与 $L$ 满足关系

$$\Delta\varphi = 2\pi\frac{L}{\lambda} \tag{2.5.3}$$

将 $S_1$ 的信号引入示波器的 X 输入,$S_2$ 的信号引入示波器的 Y 输入,对任一确定的间距 $L$,示波器荧光屏上将显现由频率相同、振动方向相垂直、相位差恒定的两振动合成的图形(李萨如图形).只要连续移动 $S_2$ 使 $L$ 连续增大(或连续减小),图形将连续地呈周期性地变化.当 $L$ 连续地增大使 $\Delta\varphi$ 依次为

$$\Delta\varphi = 0,\quad \frac{\pi}{6},\quad \frac{\pi}{3},\quad \frac{\pi}{2},\quad \frac{2\pi}{3},\quad \frac{5\pi}{6},\quad \pi,\quad \cdots$$

时,荧光屏上将依次显现图 2.5.3 所示的李萨如图形(原理可参见实验 3.4 示波器的原理及应用).

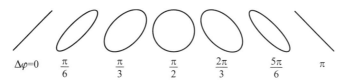

图 2.5.3　李萨如图形

相应于从 $\Delta\varphi = 0$ 变到 $\Delta\varphi = \pi$,荧光屏上的图形由"/"变到"\",$L$ 的增量是 $\Delta L = \lambda/2$;同理,图形由"\"变到"/",$\Delta L$ 也是 $\lambda/2$.因此,连续移动 $S_2$ 使 $L$ 连续增大(或连续减小),图形"\"和"/"将交替出现,记录下这些特殊位置相应的游标卡尺读数,相邻的两个读数之差即为超声波的半波长 $\lambda/2$.再由声速测定仪信号源的面板读取超声波的频率 $f$,由式(2.5.1)可计算声速 $v$.

## 【实验仪器】

声速测定仪、声速测定仪信号源,数字示波器(使用方法详见实验 3.5 数字示波器的应用),参见图 2.5.4.

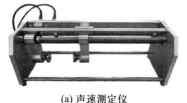

(a) 声速测定仪

(b) 声速测定信号源

(c) 数字示波器

图 2.5.4　声速测定实验装置

声速测定仪采用压电陶瓷换能器来实现声压和电压之间的转换,它主要由压电陶瓷环片、轻金属铝(为增加辐射面积而做成喇叭状)和重金属(如铁)组成.压电陶瓷片由多晶压电材料锆钛酸铅制成,在两个底面电极上加正弦交变电压,就能使其按正弦规律产生纵向伸缩而发出同频率的声波.反之,压电陶瓷片也可以在声压的作用下把声波信号转换为同频率的交变电压.

**【实验内容及步骤】**

1. 开机

（1）按动信号源背面开关,打开信号源.对 SVX-6 型信号源,开机后界面显示"EEEEE",此时按 kHz/μs 按钮,显示声波频率为 37 kHz.如果频率不是这个数值,可以按键调整.信号源的输出幅度一般无须调节.

（2）按动数字示波器左侧电源键和顶部电源键,打开数字示波器,待其自检完成后进入待机界面,按"运行/停止"按钮,使示波器显示输入信号.

（3）将接收换能器 $S_2$ 移近 $S_1$,以两端面的间距略大于 4 cm 作为起始位置(确保两端面不要相碰,否则易损坏换能器),并保证两端面相互平行.

（4）仪器线路已经接好,一般无需自行连接,如有线路问题,请咨询负责老师处理.

2. 驻波法测量空气中的声速

（1）调节示波器输入通道的"垂直位置"旋钮,使波形位置处于显示屏正中央.

（2）从起始位置开始,缓慢移动 $S_2$ 使之远离 $S_1$,观察示波器上的波形,达到振幅最大时停止移动;调节示波器输入通道的"伏/格"旋钮,使得波形显示为合适的大小.

（3）记录室温 $t_1$,填入表 2.5.1 中.

（4）边缓慢移动 $S_2$ 使之远离 $S_1$,边观察显示屏上正弦曲线幅值的变化,直至幅值又出现最大(这表明形成驻波了,且 $S_2$ 端面处正是波节),记录此时游标卡尺上的位置读数 $x_1$ 和声速测定仪信号源显示的频率 $f_1$.然后,继续缓慢移动 $S_2$ 使之远离 $S_1$,依次记录后 15 个形成驻波的位置读数 $x_n$ 及相应的频率 $f_n$,填入表 2.5.1 中.

（5）记录室温 $t_2$,填入表 2.5.1 中.

3. 相位法测量空气中的声速

若已完成以上实验内容"驻波法测量空气中的声速",则可直接进入以下内容.

（1）按示波器上的"显示"按钮,再按"H3"按钮,开通示波器"X-Y"功能,屏幕上显示李萨如图形.缓慢移动 $S_2$ 使之远离 $S_1$,屏幕上应会发生"直线—椭圆—直线"的图形变化.

（2）记录室温 $t_1$,填入表 2.5.1 中.

（3）移动 $S_2$ 使示波器荧光屏显现一正斜率直线"/"(或负斜率直线"\"),记录此时游标卡尺上的位置读数 $x_1$ 和声速测定仪信号源显现的频率 $f_1$;然后,继续缓慢移动 $S_2$ 使之远离 $S_1$,依次记录后 15 个出现直线"/"和"\"时的位置读数 $x_n$ 及相应的频率 $f_n$,填入表 2.5.1 中.

（4）记录室温 $t_2$,填入表 2.5.1 中.

（5）实验完成后将示波器配置从相位法改回驻波法,关闭所有仪器.

**【数据记录与处理】**

表 2.5.1

| 驻波法 $t_1 = \underline{\hspace{1cm}}$ ℃，$t_2 = \underline{\hspace{1cm}}$ ℃ | | | 相位法 $t_1 = \underline{\hspace{1cm}}$ ℃，$t_2 = \underline{\hspace{1cm}}$ ℃ | | |
|---|---|---|---|---|---|
| 序号 | $f_n$/Hz | $x_n$/cm | 序号 | $f_n$/Hz | $x_n$/cm |
| 1 | | | 1 | | |
| 2 | | | 2 | | |
| 3 | | | 3 | | |
| 4 | | | 4 | | |
| 5 | | | 5 | | |
| 6 | | | 6 | | |
| 7 | | | 7 | | |
| 8 | | | 8 | | |
| 9 | | | 9 | | |
| 10 | | | 10 | | |
| 11 | | | 11 | | |
| 12 | | | 12 | | |
| 13 | | | 13 | | |
| 14 | | | 14 | | |
| 15 | | | 15 | | |
| 16 | | | 16 | | |

驻波法和相位法测量空气中的声速数据处理均包括以下内容.

（1）计算 $\overline{f}$，用逐差法求 $\overline{\lambda}$.

令 $l_n = x_{n+8} - x_n$，则有 $\overline{l} = \dfrac{1}{8}\sum\limits_{n=1}^{8} l_n$，得 $\overline{\lambda} = \dfrac{1}{4}\overline{l}$.

（2）计算 $v_{测} = \overline{f}\,\overline{\lambda}$.

（3）声波在空气中传播速度的理论公式为

$$v_{理} = v_0 \sqrt{\frac{T}{T_0}} = v_0 \sqrt{\frac{\overline{t} + T_0}{T_0}} = v_0 \sqrt{1 + \frac{\overline{t}}{T_0}} \qquad (2.5.4)$$

式中，$v_0 = 331.45 \ \mathrm{m \cdot s^{-1}}$（0 ℃时的声速），$T_0 = 273.15 \ \mathrm{K}$.

因此有

$$v_{理} = 331.45 \sqrt{1 + \frac{\overline{t}}{273.15}} \ \mathrm{m \cdot s^{-1}} \qquad (2.5.5)$$

按式(2.5.6)计算 $v_{理}$,其中取 $\bar{t} = \dfrac{1}{2}(t_1 + t_2)$.

(4)计算相对误差:

$$E = \frac{|v_{测} - v_{理}|}{v_{理}} \times 100\%$$

(5)不确定度的计算:

游标卡尺的仪器误差: $\qquad \Delta_{x仪} = 0.02 \text{ mm}$

测 $l_i = x_{i+s} - x_i$ 的仪器误差: $\qquad \Delta_{i仪} = \sqrt{2}\,\Delta_{x仪} = 0.03 \text{ mm}$

$l$ 的实验标准偏差(方差): $\quad S_l = \sqrt{\sum_{i=1}^{8}(\bar{l} - l_i)^2 \Big/ (8 - 1)}$

$l$ 的不确定度:$u_l = \sqrt{\left(\dfrac{t}{\sqrt{n}}S_l\right)^2 + \Delta_{i仪}^2} = \sqrt{S_l^2 + \Delta_{i仪}^2}$ $\left(测量次数在 6\sim10 次,\dfrac{t}{\sqrt{n}} 因子可近似取 1\right)$

因为 $\lambda = l/4$,所以

$$u_\lambda = \frac{1}{4}u_l$$

信号源输出频率的仪器误差: $\qquad \Delta_{f仪} = 1 \text{ Hz}$

频率的方差: $\qquad S_f = \sqrt{\sum_{i=1}^{16}(\bar{f} - f_i)^2 \Big/ (16 - 1)}$

所以频率的不确定度: $\quad u_f = \sqrt{\left(\dfrac{t}{\sqrt{n}}S_f\right)^2 + \Delta_{f仪}^2} = \sqrt{(0.55 S_f)^2 + \Delta_{f仪}^2}$

由 $v = \lambda f, \bar{v} = \bar{\lambda}\,\bar{f}$,可得波速的相对不确定度为

$$u_r = \frac{u_v}{\bar{v}} = \sqrt{\left(\frac{u_\lambda}{\bar{\lambda}}\right)^2 + \left(\frac{u_f}{\bar{f}}\right)^2}$$

则 $u_v = u_r \bar{v}$.

结果表达式为 $\qquad v = \bar{v} \pm u_v$.

## 【预习思考题】

两列波在空间相遇时产生驻波的条件是什么?如果发射面 $S_1$ 与接收面 $S_2$ 不平行,结果会怎样?

本实验
附录文件

## 【习题】

1. 在本实验中采用的驻波法和相位法有何异同?

2. 相位法为什么选直线图形作为测量基准?图形从正斜率直线变到负斜率直线过程中相位改变了多少?

## 【拓展实验】

**用波动弹簧演示横波的半波损失、驻波现象**

1. 实验准备:两演示者各手持波动弹簧的一端,将弹簧置于地面并拉长数米.

2. 半波损失的演示:弹簧一端的演示者横向(垂直于弹簧方向)快速晃动到最大位置并回到初始位置,另一端固定.观察在固定端反射的现象.

3. 驻波的演示:两位演示者以相同频率、振幅各晃动弹簧的一端,观察波动弹簧上的波是如何传播的.

# 实验 2.6　用冷却法测量金属的比热容

物质的比热容是比较重要的物理参量,在研究物质结构、确定相变、鉴定物质纯度等方面起着重要的作用.用冷却法测量金属或液体的比热容,是热学中常用的方法.若已知标准样品在不同温度时的比热容,通过作冷却曲线即可测得各种金属在不同温度时的比热容.

## 【实验目的】

1. 掌握用冷却法测量金属的比热容.
2. 了解金属的冷却速率与环境之间的温差关系,以及进行测量的实验条件.

## 【实验原理】

单位质量的物质,其温度升高 1 K(或 1 ℃)所需的热量叫作该物质的比热容,其值随温度而变化.将质量为 $m_1$ 的金属样品加热后,放到较低温度的介质(如室温的空气)中,样品将会逐渐冷却,其单位时间的热量损失($\Delta Q/\Delta t$)与温度下降的速率成正比,于是得到下述关系式

$$\frac{\Delta Q}{\Delta t} = c_1 m_1 \left(\frac{\Delta\theta}{\Delta t}\right)_1 \tag{2.6.1}$$

式中,$c_1$ 是该金属样品在温度为 $\theta_1$ 时的比热容,$\left(\dfrac{\Delta\theta}{\Delta t}\right)_1$ 是金属样品在温度为 $\theta_1$ 时的温度下降速率,根据牛顿冷却定律有

$$\frac{\Delta Q}{\Delta t} = a_1 S_1 (\theta_1 - \theta_0)^{\beta} \tag{2.6.2}$$

式中:$a_1$ 为热交换系数,$S_1$ 为该样品外表面的面积,$\beta$ 为常量,$\theta_1$ 为金属样品的温度,$\theta_0$ 为周围介质的温度.由式(2.6.1)和式(2.6.2),可得

$$c_1 m_1 \left(\frac{\Delta\theta}{\Delta t}\right)_1 = a_1 S_1 (\theta_1 - \theta_0)^{\beta} \tag{2.6.3}$$

同理,对于其他金属有

$$c_2 m_2 \left(\frac{\Delta \theta}{\Delta t}\right)_2 = a_2 S_2 \left(\theta_2 - \theta_0\right)^\beta \tag{2.6.4}$$

式中:$m_2$ 和 $c_2$ 分别是另一种金属样品的质量和比热容.

由式(2.6.3)和式(2.6.4)可得

$$\frac{c_1 m_1 \left(\dfrac{\Delta \theta}{\Delta t}\right)_1}{c_2 m_2 \left(\dfrac{\Delta \theta}{\Delta t}\right)_2} = \frac{a_1 S_1 \left(\theta_1 - \theta_0\right)^\beta}{a_2 S_2 \left(\theta_2 - \theta_0\right)^\beta}$$

$$c_2 = c_1 \frac{m_1 \left(\dfrac{\Delta \theta}{\Delta t}\right)_1 a_2 S_2 \left(\theta_2 - \theta_0\right)^\beta}{m_2 \left(\dfrac{\Delta \theta}{\Delta t}\right)_2 a_1 S_1 \left(\theta_1 - \theta_0\right)^\beta} \tag{2.6.5}$$

当满足下述三个条件时:

(1) 两样品的形状尺寸都相同,即 $S_1 = S_2$,两样品的表面状况也相同(如涂层、色泽等),而周围介质(空气)的性质也不变,则有 $a_1 = a_2$;

(2) 当周围介质温度不变(即室温 $\theta_0$ 恒定而样品又处于相同温度 $\theta_1 = \theta_2$);

(3) 两样品降温区间相同,即 $\Delta \theta_1 = \Delta \theta_2$.

则式(2.6.5)可简化为

$$c_2 = c_1 \frac{m_1 \Delta t_2}{m_2 \Delta t_1} \tag{2.6.6}$$

实验中只要测出两样品的质量 $m_1$、$m_2$ 及两样品在相同降温区间内的降温时间 $\Delta t_1$、$\Delta t_2$,就可求出待测金属材料的比热容 $c_2$.已知标准样品 1(铜)在 100 ℃ 时的比热容为 $c_{\mathrm{Cu}} = 393 \ \mathrm{J} \cdot (\mathrm{kg} \cdot ℃)^{-1}$.

## 【实验仪器】

冷却法金属比热容测量仪如图 2.6.1 所示,实验样品是直径为 5 mm、长度为 60 mm 的小圆柱.操作杆可以左右移动,右前端是电阻温度计,其阻值可以由控制面板上的显示屏读出,对应换算为温度值.实验装置右部为加热器,在仪器内设有自动控制限温装置,可防止因长期不切断加热电源而引起温度不断升高.实验装置左部为降温室,可以使用风扇进行强制对流冷却.本实验可测量室温至 150 ℃ 各种温度下的金属比热容.

## 【实验内容及步骤】

### 测量铁和铝在温度为 100 ℃ 时的比热容

(1) 选取长度、直径、表面光洁度尽可能相同的三种金属样品(铜、铁、铝),用电子天平称出它们的质量.每个样品质量测试 8 次,填入表 2.6.1 中.再根据 $m_{\mathrm{Cu}} > m_{\mathrm{Fe}} > m_{\mathrm{Al}}$ 这一特点,把它们区别开来.

| (a) 实验装置图 | (b) 仪器控制面板 |

图 2.6.1

（2）打开仪器控制面板上的电源,打开风扇,风扇强制对流冷却可保证降温室温度一直维持在室温.

（3）打开装置降温室的盖子,将样品装到操作杆右端的电阻温度计上,适当旋转样品使其与操作杆固定连接,但不应固定过紧,以避免无法取下样品.

（4）关闭降温室的盖子,将操作杆向右推到底,使样品完全进入加热室.打开加热器,开始加热.观察显示屏上铂电阻的阻值,当电阻值超过 146.07 Ω 时,对应样品温度超过 120 ℃.此时立刻向左完全拉出操作杆,样品正对风扇,进行强制对流冷却.

（5）因热传导产生的延后性,显示的温度可能会继续上升一小段后才开始下降.当温度下降到 105 ℃（此时电阻值显示为 140.40 Ω）时开始计时;样品温度降低到 95 ℃（电阻值为 136.61 Ω）时停止计时,将时间记录在表 2.6.1 中.

（6）重复步骤（4）和（5）,共重复测量本样品降温时间 8 次并记录数据.

（7）测量 8 次后,待样品温度降低到 50 ℃（电阻值为 119.40 Ω）以下时,更换样品.按铁、铜、铝的次序,分别测量其降温时间并记录数据.

（8）实验完成后关闭仪器,将样品放回样品盒.

（9）进行数据处理,求出 $c_{Fe}$、$c_{Al}$ 及相应不确定度 $u_{c_{Fe}}$、$u_{c_{Al}}$.

## 【数据记录与处理】

表 2.6.1　数据记录表

| 次数 | 样品 Fe | | 样品 Cu | | 样品 Al | |
| --- | --- | --- | --- | --- | --- | --- |
| | $m/g$ | $\Delta t/s$ | $m/g$ | $\Delta t/s$ | $m/g$ | $\Delta t/s$ |
| 1 | | | | | | |
| 2 | | | | | | |
| … | | | | | | |
| … | | | | | | |
| 7 | | | | | | |

| 次数 | 样品 Fe | | 样品 Cu | | 样品 Al | |
|---|---|---|---|---|---|---|
| | $m/\text{g}$ | $\Delta t/\text{s}$ | $m/\text{g}$ | $\Delta t/\text{s}$ | $m/\text{g}$ | $\Delta t/\text{s}$ |
| 8 | | | | | | |
| | $\overline{m}_{\text{Fe}}=$ | $\overline{\Delta t}_{\text{Fe}}=$ | $\overline{\Delta m}_{\text{Cu}}=$ | $\overline{\Delta t}_{\text{Cu}}=$ | $\overline{\Delta m}_{\text{Al}}=$ | $\overline{\Delta t}_{\text{Al}}=$ |
| | $c_{\text{Fe}}=$ | | $c_{\text{Cu}}=$ | | $c_{\text{Al}}=$ | |

不确定度的计算.

电子天平的仪器误差:

$$\Delta_{m仪}=0.001\ \text{g}$$

金属质量测量的实验标准偏差(方差):

$$S_m=\sqrt{\sum_{i=1}^{8}\left(\overline{m}-m_i\right)^2\Big/(8-1)}$$

质量的不确定度:

$$u_m=\sqrt{\left(\frac{t}{\sqrt{n}}S_m\right)^2+\Delta_{m仪}^2}\quad\left(测量次数为6\sim10次,\frac{t}{\sqrt{n}}因子可近似取为1\right)$$

分别计算三种金属质量测量的不确定度 $u_{m_{\text{Fe}}}$、$u_{m_{\text{Cu}}}$ 和 $u_{m_{\text{Al}}}$.

秒表的仪器误差:
$$\Delta_{t仪}=0.01\ \text{s}$$

时间测量的方差:
$$S_{\Delta t}=\sqrt{\sum_{i=1}^{8}\left(\overline{\Delta t}-\Delta t_i\right)^2\Big/(8-1)}$$

不确定度:
$$u_{\Delta t}=\sqrt{\left(\frac{t}{\sqrt{n}}S_{\Delta t}\right)^2+\Delta_{t仪}^2}$$

分别计算三种金属降温时间测量的不确定度 $u_{\Delta t_{\text{Fe}}}$、$u_{\Delta t_{\text{Cu}}}$ 和 $u_{\Delta t_{\text{Al}}}$.

根据公式(2.6.6),可得待测样品比热容的相对不确定度为

$$u_r=\frac{u_2}{c_2}=\sqrt{\left(\frac{u_{m1}}{m_1}\right)^2+\left(\frac{u_{\Delta t2}}{\Delta t_2}\right)^2+\left(\frac{u_{m2}}{m_2}\right)^2+\left(\frac{u_{\Delta t1}}{\Delta t_1}\right)^2}\qquad(2.6.7)$$

则 $u_2=u_r\overline{c_2}$,结果表达为 $c_2=\overline{c_2}\pm u_2$.

根据要求,求出 $u_{c_{\text{Fe}}}$、$u_{c_{\text{Al}}}$,并写出完整的结果表达

$$c_{\text{Fe}}=\overline{c_{\text{Fe}}}+u_{c_{\text{Fe}}},\qquad c_{\text{Al}}=\overline{c_{\text{Al}}}+u_{c_{\text{Al}}}.$$

## 【注意事项】

1. 样品装到操作杆上时,应顺螺纹方向旋转几圈固定样品,但不应旋转得过紧.

2. 测量降温时间时,按"计时"或"暂停"按钮应迅速、准确,以减小人为计时误差.

3. 样品放在降温室内冷却时,须盖上盖子.

【预习思考题】

如果要测量三种金属的冷却规律,画出冷却曲线,应该如何设计实验?

【习题】

1. 本实验中的方法可以测量金属在任意温度时的比热容吗? 测量范围是什么?
2. 分析本实验中哪些因素会引起误差,测量时应怎样才能减小误差.

## 实验 2.7　金属线膨胀系数的测量

在工程结构的设计、机械和仪器的制造以及材料的加工等方面都要考虑物体"热胀冷缩"的特性,否则将影响结构的稳定性和仪表的精度,严重的还会造成工程的损毁、仪表的失灵以及加工焊接中的缺陷和失败等.本实验学习一种测量金属线膨胀系数的方法.

【实验目的】

学习测量金属线膨胀系数的一种方法.

【实验原理】

绝大多数物体都有"热胀冷缩"的性质,这是构成物体的分子热运动加剧或减弱造成的.固体受热后其长度的增加称为线膨胀.经验表明,在一定的温度范围内,原长为 $L$ 的物体受热后伸长量 $\Delta L$ 与其温度的增加量 $\Delta t$ 近似成正比,与原长 $L$ 也成正比,即

$$\Delta L = \alpha L \Delta t \tag{2.7.1}$$

式中,比例系数 $\alpha$ 称为固体的线膨胀系数(简称线胀系数).

大量实验表明,不同材料的线胀系数不同(参见表 2.7.1),塑料的线胀系数最大,金属次之,殷钢、熔凝石英的线胀系数很小.殷钢、石英的这一特性在许多精密测量中有较多的应用.

表 2.7.1　几种材料的线胀系数

| 材料 | 铜、铁、铝 | 普通玻璃、陶瓷 | 殷钢 | 熔凝石英 |
|---|---|---|---|---|
| 数量级 | $-10^{-5}\ ℃^{-1}$ | $-10^{-6}\ ℃^{-1}$ | $<2×10^{-6}\ ℃^{-1}$ | $10^{-7}\ ℃^{-1}$ |

此外,同一材料在不同温度区域的线胀系数也可能不同,例如,有些合金在相变温度附近会出现线胀量的突变.因此测定线胀系数也是了解材料性质的一种手段.一般地,在温度变化不大的范围内,线胀系数仍可认为是一常量.

为了测量线胀系数,我们将材料做成条状或杆状,由式(2.7.1)可知,若测量出温度为 $t_1$ 时的杆长 $L$、再测量出加热后温度为 $t_2$ 时杆相应的伸长量 $\Delta L$,则该材料在 $(t_1,t_2)$ 温区的线胀系数为

$$\alpha = \frac{\Delta L}{L(t_2 - t_1)} \tag{2.7.2}$$

其物理意义是:固体材料在 $(t_1,t_2)$ 温区内,温度每升高一度时的相对伸长量,单位为 $\text{℃}^{-1}$.

测量线胀系数的关键是测量伸长量 $\Delta L$,伸长量一般较微小,为了提高测量的准确度,可采用千分表(分度值为 0.001 mm)、读数显微镜,也可通过光杠杆放大法、光学干涉法来测量.本实验采用千分表来测量伸长量 $\Delta L$.

## 【实验仪器】

金属线膨胀系数测量实验装置,线膨胀系数测试实验仪(图 2.7.1),千分表.

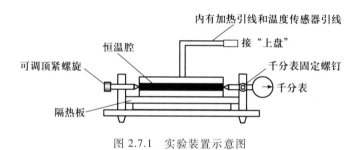

图 2.7.1　实验装置示意图

## 【实验内容及步骤】

1. 开机

(1)如图 2.7.1 所示,安装好实验装置,连接好电缆线,打开测试实验仪电源开关,通过升温、降温按键设定加热盘所需温度值,如 45 ℃.

(2)按确定键,观察加热盘温度的变化,直至加热盘温度恒定在设定温度(45 ℃).

2. 测量

当加热盘温度恒定在设定温度 45 ℃时,读出千分表数值 $L_1$,再每增加设定温度 7 ℃,直至 80 ℃,记录相应的千分表数值在表 2.7.2 中.

## 【数据记录与处理】

1. 按照实验要求记录数据

表 2.7.2　线胀系数测量数据表

| $t/\text{℃}$ | 45 | 52 | 59 | 66 | 73 | 80 |
|---|---|---|---|---|---|---|
| $L/\text{mm}$ | | | | | | |
| $\overline{\Delta L}/\text{mm}$ | | | | | | |

2. 用逐差法求出温度改变 7 ℃ 时金属棒的平均伸长量 $\overline{\Delta L}$，由式（2.7.2）求出金属棒在（45 ℃，80 ℃）温区内的线胀系数.

## 【注意事项】

1. 千分表安装时应适当固定（以表头无转动为准）且与被测物体接触良好（读数在 0.2~0.3 mm 处较为适宜）.
2. 因伸长量极小，仪器应避免振动.
3. 千分表测头需与实验样品保持在同一直线上.
4. 温度稳定和千分表稳定时读数.

## 【习题】

本实验
附录文件

1. 该实验的误差来源主要有哪些？
2. 如何利用逐差法来处理数据？
3. 利用千分表读数时应注意哪些问题？如何消除误差？

# 实验 2.8　热电偶温度计的标度

当温度改变时，物质的某些物理属性，如一定容积的气体的压强、金属导体的电阻、两种金属导体组成热电偶的热电动势等，都会发生变化.一般来说，任一物质的任一物理属性只要随温度的改变而发生单调、显著的变化，都可以选用作标准温度，即制作温度计.热电偶具有构造简单、适用温度范围广、使用方便以及响应速度快等优点，常用于高温、振动冲击大等恶劣环境以及微小结构测温场合.本实验学习对热电偶温度计进行标度.

## 【实验目的】

1. 了解热电偶和热电偶温度计.
2. 了解"铜-康铜"热电偶温度计的标度.
3. 测量本实验室中水的沸点.

## 【实验原理】

温度是表征热力学系统冷热程度的物理量，温度的数值表示法叫作温标.摄氏温标是一种常用的温标，摄氏温标规定冰点（指纯水和纯冰在一个标准大气压下达到平衡时的温度，而纯水中有空气溶解在内并达到饱和）为 0 ℃，沸点（指纯水和水蒸气在蒸气压为一个标准大气下达到平衡时的温度）为 100 ℃.

将两种不同成分的匀质导体形成回路盒,如图 2.8.1 所示,若接点"1"和"2"的温度不同,回路中将产生电动势,这个电动势就称为热电动势,这种现象称为热电效应(Seebeck effect,塞贝克效应),这两种不同的金属导体的组合就称为热电偶,或叫作温差电偶.热电势的大小与热电偶导体材质和两端温差有关,与热电偶导体的长度、直径等因素无关.热电偶温度计就是利用热电效应来测量温度的.

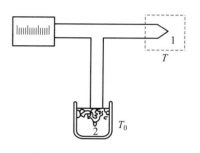

图 2.8.1　实验示意图

两种导体的材料固定以后,热电动势由接点的温度差所确定,即温差已知时,热电势随之确定,反之亦然.若我们把热电偶的一个接点放在已知温度为 $T_0$ 的恒温物质(如冰水或大气)中,另一点放在待测温度为 $T$ 的物质中(图 2.8.1),那么测量出热电动势 $\mathcal{E}$,$\mathcal{E}$ 就可以求出待测温度 $T$.

为了能够从测量热电动势 $\mathcal{E}$ 值中直接得出待测温度 $T$ 值,必须对所用的热电偶测定其热电动势 $\mathcal{E}$ 与温度 $T$ 的关系,这就是热电偶温度计的定标.本实验是对"铜-康铜"热电偶温度计的定标.热电偶具有结构简单,小巧、热容小、测温范围宽等优点,因此被广泛应用于生产和科学研究的测温和温度的自动控制中.

## 【实验仪器】

"铜-康铜"热电偶,恒温水浴,冰水瓶,电水壶,烧杯,毫伏表,水银温度计.

"铜-康铜"热电偶的一个接点(冷端)放在盛有冰和水的保温瓶中,使该接点维持在恒定的 0 ℃.另一接点(热端)放在恒温水浴的内筒中.恒温水浴升温由它的加热器来实现.沸水由电壶加热提供.

## 【实验内容及步骤】

1. 实验测定以下温度值下的热电势:
(1)水的冰点,即 0 ℃,热电偶的热端放在冰水瓶里.
(2)室温下水的温度,热电偶的热端放在室温水烧杯里.
(3)分别测出从 30.0 ℃ 到 75.0 ℃ 每隔 5.0 ℃ 的热电势,填入表 2.8.1 中,热电偶的热端放在加热恒温水浴里.
(4)水的沸点,热电偶的热端放在沸水里.
2. 实验过程
由于恒温水浴升温费时间,故应在实验开始就接通恒温水浴的电源,并加热.可参考以下步骤:
(1)接通恒温水浴的电源开关,指定升温到 30.0 ℃ 左右,令其升温.
(2)将"铜-康铜"热电偶接到毫伏表,热电偶的冷端和热端都放入冰水瓶中,与此同时,应检查冰水瓶内的水面上是否有冰块.如没有冰、应加冰.
(3)把热电偶的冷端留在冰瓶内,把热端取出放到未加热的盛水烧杯中.用水银温度计(注意用量程为 50 ℃ 的)测量水温,然后测量该温度下的热电动势 $\mathscr{E}$ 值.

(4)测量沸水的热电动势 $\mathscr{E}$ 值.

(5)再把热电偶的热端放在恒温水浴内筒中,分别 30.0 ℃ 到 75.0 ℃ 每隔 5.0 ℃ 相应的热电动势 $\mathscr{E}$ 值.

(6)测量完毕要切断仪器内部电源.

## 【数据记录与处理】

1. 根据实验内容记录数据,填入表 2.8.1.

表 2.8.1

| 温度 $T/℃$ | 30 | 35 | 40 | 45 | 50 | 55 | 60 | 65 | 70 | 75 |
|---|---|---|---|---|---|---|---|---|---|---|
| 热电动势 $\mathscr{E}/\text{mV}$ | | | | | | | | | | |

2. 作 $\mathscr{E}$-$T$ 曲线,并求出斜率.

3. 根据 $\mathscr{E}$-$T$ 曲线和沸点的电势确定本实验室水的沸点温度.

## 【注意事项】

1. 水银温度计有两支:量程分别为 0~50 ℃ 和 0~100 ℃,测量之前应根据所测的温度范围选用,选用不当会得不出读数或损坏温度计.

水的冰点和沸点都不用温度计测量.

由于玻璃水银温度计容易打碎,使用中应注意保护.

2. 测量过程中应使热电偶的热端尽量靠近水银温度计的水银泡,以减小水温不均匀引起的误差.

3. 开始测量时保温杯中的冰和水必须达到热平衡.

## 【预习思考题】

1. 何谓热电偶温度计的定标?只选用水的冰点和沸点来定标热电偶是否可行?为什么?

2. 为什么要将热电偶的冷端放置于冰水混合物中?将冷端放在空气中会产生何影响?

3. 如果测量温度 $T$ 的误差为 $\Delta T$,热电动势 $\mathscr{E}$ 的误差为 $\Delta\mathscr{E}$,那么,在以 $\mathscr{E}$ 为纵坐标,$T$ 为横坐标的坐标图上,应如何表示这一对测量结果 $(\mathscr{E}\pm\Delta\mathscr{E}, T\pm\Delta T)$?

4. 如何判断保温杯中冰和水了达到热平衡?

## 【习题】

1. 将测量结果用坐标纸绘制"铜-康铜"热电偶的 $\mathscr{E}$-$T$ 关系曲线.

本实验
附录文件

2. 测温物质应具有什么样的条件？热电偶符合这个条件吗？

# 实验 2.9　用拉脱法测液体的表面张力系数

　　液体表面的内层分子作用,使液面有绷紧且向液体内收缩的力,称为表面张力,液体的许多现象都与之有关,如毛细管现象、浸润现象、泡沫的形成等.表面张力系数可以表征液体表面的重要力学性质,它与液体的种类、温度及其所含杂质等因素有关.在工业生产中,如浮法选矿、液体的传输技术、化工生产线的设计等都要对液体的表面张力性质进行研究.

　　测定液体表面张力系数常用的方法有:拉脱法、毛细管升高法、液滴测重法和最大气泡压力法等.本实验采用拉脱法测定液体表面张力系数.

## 【实验目的】

1. 了解液体的表面特性.
2. 测定去离子水和肥皂水的表面张力系数.

## 【实验原理】

　　液体表面都有尽量缩小的趋势,这是由于液体存在着沿表面切线方向作用的表面张力.表面张力的大小可以用表面张力系数 $\alpha$ 来描述.假设在液面上取一长为 $l$ 的线段,则张力的作用在线段两边的液面的拉力为 $F_张$,且力的方向恒与线段垂直,大小与线段长度 $l$ 成正比,即

$$F_张 = \alpha l \tag{2.9.1}$$

比例系数 $\alpha$ 就是液体表面张力系数,它表示单位长度直线两边液面的相互拉力.实验表明,不同液体的 $\alpha$ 不同,温度越高,$\alpha$ 越小;所含杂质越多,$\alpha$ 越小.只要这些条件保持一定,$\alpha$ 就是一个常量.

　　对于某液体,只要测量 $F_张$ 和 $l$ 的大小,便可由式(2.9.1)算出该温度下的 $\alpha$ 值.采用国际单位制,则 $\alpha$ 的单位是 N/m.

　　本实验是用一"⊓"形金属丝浸入液体,然后从液面拉起一张薄膜(图2.9.1),由于薄膜前后有两个表面,故所受的拉力 $F$ 为(未考虑重力)

$$F = 2F_张 = 2\alpha l \tag{2.9.2}$$

$$\alpha = \frac{F}{2l} \tag{2.9.3}$$

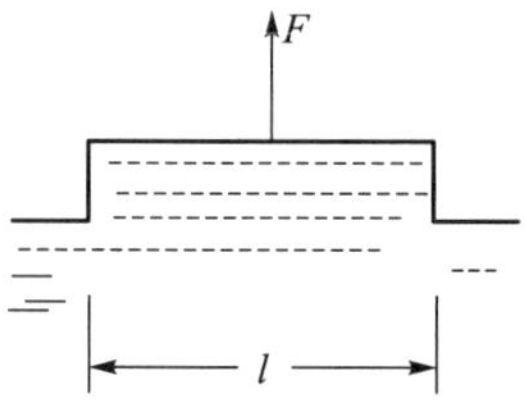

图 2.9.1

式中,$F$ 为将金属框拉脱出液面前所施的外力.由式(2.9.3)可知,如果测得 $F$ 和 $l$,就可以计算出表面张力系数 $\alpha$.实验中用焦利氏秤来测力 $F$,用游标卡尺来测长度 $l$.

焦利氏秤是根据弹簧的伸长量 $\Delta L$ 量度力 $F$ 的大小的,因为在弹性限度内,弹簧的伸长量与外力的关系遵守胡克定律,即弹簧的伸长量 $\Delta L$ 与外力 $F$ 成正比,即

$$F = k\Delta L \tag{2.9.4}$$

式中,$k$ 为弹簧的弹性系数,将式(2.9.4)代入式(2.9.3),有

$$\alpha = \frac{k\Delta L}{2l} \tag{2.9.5}$$

## 【实验仪器】

焦利氏秤,砝码,金属框,游标卡尺,酒精灯,温度计,镊子,玻璃皿,电子天平.

焦利氏秤的工作原理是把力的大小的测量转换为长度的测量,其装置如图 2.9.2 所示.在装有水平调节螺丝 2 的三脚底座 1 上,竖直装有套筒 4,套筒顶端有一个十分游标 5,套筒内是刻有毫米度尺的铜管尺 6,旋转手轮 3 可以使铜管在套筒中升降.螺钉 7 用来固定弹簧 8,弹簧下挂有指示镜 10,指示镜下挂有铝盘 12 和"冂"形金属丝 13,夹子 11 夹持玻璃套筒 9,夹子 16 夹持平台 15.平台的升降由旋钮 17 调节,平台上放有盛液体的玻璃皿 14.此外,还配有砝码盒和若干砝码.

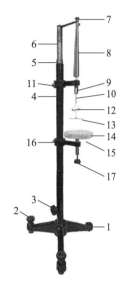

图 2.9.2　焦利氏秤
1—三脚底座;2—水平调节螺丝;3—旋转手轮;4—铜管套筒;5—十分游标;6—铜管尺;7—固定螺钉;8—弹簧;9—玻璃套筒;10—挂钩指示镜;11、16—夹子;12—铝盘;13—"冂"形金属丝;14—玻璃皿;15—平台;17—升降旋钮

## 【实验内容及步骤】

1. 准备仪器

按图 2.9.2 安装好仪器(玻璃皿暂不要放上去),调节三脚座上的水平螺丝,使套筒尽可能竖直,使指示镜上下振动时不与玻璃套筒壁发生碰撞为宜.

2. 测量弹簧的弹性系数

(1)使用电子天平测量每一个砝码的精确质量并记录.本实验中使用的砝码共 4 个,其中 2 个约 100 mg,分别记为 $m_{10}$ 和 $m_{20}$,1 个约 200 mg,记为 $m_{30}$,1 个约 500 mg,记为 $m_{40}$,4 个砝码可组合成 100～900 mg 不同的质量.

(2)在铝盘未加砝码之前,转动手轮和移动夹子 11,使指示镜和玻璃套筒上的刻度线对准(一经对准,不得再移动指示管的位置),记录焦利氏秤上端的游标读出钢管尺上的数值,并记录于表 2.9.1 中.

(3)在铝盘中放入质量为 $m_{10}$ 的砝码,慢慢转动手轮,再使指示镜和玻璃套筒上的刻度线对准(应在弹簧停止振动时观察),再读数并记录之.

(4)按照表 2.9.1 标出的砝码编号,再往铝盘中加入砝码,重复步骤(3).如此下去,直到有 10 个不同的质量为止.注意加入砝码顺序,使得第 6 次比第 1 次增加的质量为 $m_{40}$,第

7次比第2次增加的质量也为$m_{40}$,以此类推,后五次对比前五次每次差值都是$m_{40}$,以便使用逐差法.

（5）用逐差法求出弹性系数.

3. 测量水的表面张力

（1）用镊子夹棉花少许,蘸碱液擦玻璃皿,然后用清水冲洗干净,再盛去离子水,放置在平台上,水量应足够使得金属丝能完全浸没在水中.

（2）用镊子夹住"⊓"形金属丝在酒精灯上烧到呈暗红色,以此去掉油污,然后放在酒精中轻轻擦洗干净（注意安全使用酒精灯,先放气再点燃酒精灯）.

（3）将"⊓"形金属丝挂在铝盘下面（不能用手拿,要用镊子夹）,转动手轮使指示镜和玻璃套筒上的刻度线对准,记录游标读数（设此读数为$L_0$）.

（4）旋转平台的升降旋钮,使平台上升,把"⊓"形金属丝完全浸没于水中,然后再使平台下降,当"⊓"形金属丝受到液膜张力的作用时,必须用左手操纵平台缓缓下降,右手转动手轮,使弹簧上升,在拉膜的过程中始终保持指示镜与玻璃套筒上的刻线对准,直到薄膜被拉破为止,记录游标读数（设此读数为$L$）.

弹簧的伸长量$\Delta L' = L - L_0$,测量$\Delta L'$共5次,取平均值,数据记录在表2.9.2中.

（5）测量水温.

（6）用游标尺测量"⊓"形金属丝的宽度$l$,数据记录在表2.9.3中.

4. 测量肥皂水的表面张力（此部分内容为选做,具体步骤参照内容3）

【数据记录与处理】

1. 测量并计算弹簧的弹性系数$k$及$u_k$

（1）测量砝码质量

$$m_{10} = \underline{\qquad} mg, \quad m_{20} = \underline{\qquad} mg, \quad m_{30} = \underline{\qquad} mg, \quad m_{40} = \underline{\qquad} mg$$

（2）记录弹簧的伸长量并求弹性系数

表 2.9.1　测弹簧的弹性系数

| 次数 | 砝码组合 | 砝码质量 $m_i$/mg | 标尺读数 $L_i$/cm | $\Delta m_i ( = m_{i+5} - m_i )$/mg | $\Delta L_i ( = L_{i+5} - L_i )$/cm |
|---|---|---|---|---|---|
| 1 | 0 | | | | |
| 2 | $m_{10}$ | | | | |
| 3 | $m_{30}$ | | | | |
| 4 | $m_{10} + m_{30}$ | | | | |
| 5 | $m_{10} + m_{20} + m_{30}$ | | | | |

| 次数 | 砝码组合 | 砝码质量 $m_i/\mathrm{mg}$ | 标尺读数 $L_i/\mathrm{cm}$ | $\Delta m_i(=m_{i+5}-m_i)/\mathrm{mg}$ | $\Delta L_i(=L_{i+5}-L_i)/\mathrm{cm}$ |
|---|---|---|---|---|---|
| 6 | $m_{40}$ | | | | |
| 7 | $m_{10}+m_{40}$ | | | $\overline{\Delta m}=\dfrac{\sum \Delta m_i}{5}$ | $\overline{\Delta L}=\dfrac{\sum \Delta L_i}{5}$ |
| 8 | $m_{30}+m_{40}$ | | | $=\underline{\quad}\mathrm{mg}$ | $=\underline{\quad}\mathrm{cm}$ |
| 9 | $m_{10}+m_{30}+m_{40}$ | | | $\Delta m=\overline{\Delta m}\pm u_{\Delta m}$ | $\Delta L=\overline{\Delta L}\pm u_{\Delta L}$ |
| 10 | $m_{10}+m_{20}+m_{30}+m_{40}$ | | | $=\underline{\quad}\mathrm{mg}$ | $=\underline{\quad}\mathrm{cm}$ |

注意:表中质量单位是 mg,长度单位是 cm,最终 $k$ 的单位应为 N/m.

弹性系数:
$$\bar{k}=\frac{\overline{\Delta m}\cdot g}{\overline{\Delta l}}$$

质量的实验标准偏差(方差):
$$S_{\Delta m}=\sqrt{\frac{\sum(\overline{\Delta m}-\Delta m_i)^2}{5-1}}$$

质量的不确定度:
$$u_{\Delta m}=\sqrt{(1.24 S_{\Delta m})^2+2\times\Delta_{仪}^2}\quad(\Delta_{仪}=1\ \mathrm{mg})$$

$\Delta L$ 的方差:
$$S_{\Delta L}=\sqrt{\frac{\sum(\overline{\Delta L}-\Delta L_i)^2}{5-1}}$$

$\Delta L$ 的不确定度:
$$u_{\Delta l}=\sqrt{(1.24 S_{\Delta L})^2+2\times\Delta_{仪}^2}\quad(\Delta_{仪}=0.01\ \mathrm{cm})$$

$k$ 的相对不确定度:
$$u_{r-k}=\frac{u_k}{\bar{k}}=\sqrt{\left(\frac{u_{\Delta m}}{\overline{\Delta m}}\right)^2+\left(\frac{u_{\Delta L}}{\overline{\Delta L}}\right)^2}$$

$k$ 的不确定度:
$$u_k=u_{r-k}\cdot\bar{k}$$

结果表达:
$$k=\bar{k}\pm u_k$$

2. 测量水的表面张力

表 2.9.2　测量水的表面张力　　　　　　　　　　　　　　　　(单位:cm)

| 次数 | $L_0$ (没有表面张力) | $L$ (破膜) | $\Delta L'(=L-L_0)$ | |
|---|---|---|---|---|
| 1 | | | | $\overline{\Delta L'}=\underline{\quad}$ |
| 2 | | | | $S_{\Delta L'}=\sqrt{\dfrac{\sum(\overline{\Delta L'}-\Delta L_i')^2}{5-1}}=\underline{\quad}$ |
| 3 | | | | $u_{\Delta L'}=\sqrt{(1.24 S_{\Delta L'})^2+2\times0.01^2}=\underline{\quad}$ |
| 4 | | | | $\Delta L'=\overline{\Delta L'}\pm u_{\Delta L'}=\underline{\quad}$ |
| 5 | | | | |

3. 计算表面张力系数 $\alpha$ 值,并估算不确定度

（1）门形针长度

表 2.9.3

（单位:cm）

| 次数 | 1 | 2 | 3 | 4 | 5 | $\bar{l} =$ |
|------|---|---|---|---|---|-------------|
| $l_i$ | | | | | | $l = \bar{l} \pm u_l =$ |

$$S_l = \sqrt{\frac{\sum (\bar{l} - l_i)^2}{5-1}}, \quad u_l = \sqrt{(1.24 S_l)^2 + \Delta_{仪}^2} \quad (\Delta_{仪} = 0.002 \text{ cm})$$

（2）表面张力系数 $\alpha$ 值及不确定度

表面张力系数为

$$\bar{\alpha} = \frac{\bar{k} \cdot \overline{\Delta L'}}{2\bar{l}}$$

相对不确定度:
$$u_{r-\alpha} = \frac{u_\alpha}{\bar{\alpha}} = \sqrt{\left(\frac{u_k}{\bar{k}}\right)^2 + \left(\frac{u_{\Delta L'}}{\overline{\Delta L'}}\right)^2 + \left(\frac{u_l}{\bar{l}}\right)^2}$$

绝对不确定度:
$$u_\alpha = \bar{\alpha} \cdot u_{r-\alpha}$$

结果表达为

$$\alpha = \bar{\alpha} \pm u_\alpha$$

不同温度下与空气接触的水的表面张力系数可以参考表 2.9.4.

表 2.9.4　不同温度下与空气接触的水的表面张力系数

| 温度/℃ | $\alpha / 10^{-3}$ N·m$^{-1}$ | 温度/℃ | $\alpha / 10^{-3}$ N·m$^{-1}$ | 温度/℃ | $\alpha / 10^{-3}$ N·m$^{-1}$ | 温度/℃ | $\alpha / 10^{-3}$ N·m$^{-1}$ |
|--------|------|--------|------|--------|------|--------|------|
| 0 | 75.62 | 13 | 73.78 | 20 | 72.75 | 40 | 69.55 |
| 5 | 74.90 | 14 | 73.64 | 21 | 72.60 | 50 | 67.90 |
| 6 | 74.76 | 15 | 73.48 | 22 | 72.44 | 60 | 66.17 |
| 8 | 74.48 | 16 | 73.34 | 23 | 72.28 | 70 | 64.41 |
| 10 | 74.20 | 17 | 73.20 | 24 | 72.12 | 80 | 62.60 |
| 11 | 74.07 | 18 | 73.05 | 25 | 71.96 | 90 | 60.74 |
| 12 | 73.92 | 19 | 72.89 | 30 | 71.15 | 100 | 58.84 |

【注意事项】

1. 清洗后的玻璃皿和"冂"形金属丝不得再用手触及,将"冂"形金属丝烧红、清洗都必须用镊子进行,洗净后应立即用镊子挂到铝盘下.

2. 注意保持"冂"形金属丝的平直,不得弯曲、变形.

3. 测量表面张力时,操作应平稳、缓慢,不可在振动的情况下测量.

【预习思考题】

1. 将"按测量水的表面张力的步骤(3)来确定弹簧伸长量的初值 $L_0$"与"把'⊓'形金属丝框放在水中来确定初值 $L_0$"这两种情况相比较,弹簧受力有何区别?用哪种方法确定初值更为准确?试说明理由?

2. 试分析"⊓"形金属丝框从水中拉起的过程中弹簧受力的变化情况.然后再想一想,为什么要把破膜时弹簧受的力作为式(2.9.2)中的表面张力 $F$?

3. 如果金属丝框"⊓"是不规则的形状,如"⊓⊔⊓"型金属丝框,测量时应如何确定公式 $\alpha = \dfrac{k\Delta L}{2l}$ 中的 $l$ 值?

【习题】

如图 2.9.3 所示,将"⊓"形金属丝框从水中拉出时不是水平的,但实验者并未发现,他仍然用公式 $\alpha = \dfrac{k\Delta L}{2l}$ 来计算,请问他错在哪里?

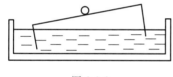

图 2.9.3

本实验
附录文件

虚拟仿真
实验

# 第三章　电磁学实验

## 实验 3.1　电表的改装与校正

实际应用的各种量程的毫安表、安培表和电压表都是根据各种测量的需要,将小量程的微安表(即表头)经并联或串联一定大小的电阻而改装成的.改装好的电表经过刻度校准,即将改装好的电表与一个精确的电表比较,从而确定电表刻度的误差.本实验学习对电表的改装和校正.

### 【实验目的】

1. 学会测量表头内阻的方法(半值法).
2. 掌握将微安表改装成较大量程的电流表和电压表的原理和方法.
3. 将一只微安表改装成一只两用表(即单量程的电压表和毫安表).
4. 学会校正电流表和电压表的方法.

### 【实验原理】

实验用的直流电流表是磁电式电表.它的构造特点是在固定的均匀辐射磁场内装有可转动的线圈,流过线圈电流的大小与线圈偏转角度成正比,故可用线圈的偏转角度来表征流过线圈电流的大小.它具有灵敏度高,功率消耗小,受磁场影响小,刻度均匀和读数方便等优点.

微安表只允许通过微小的电流,一般只能测量微小的电流和电压.若用它来测量较大的电流和电压,就必须进行改装,以扩大其量程.经过改装的微安表具有测量较大的电流和电压等多种用途.

1. 扩大微安表的电流测量量程

用于改装的微安表习惯上称为表头,使表针偏转到满刻度所需要的电流 $I_g$ 称为表头的量程(或称量限),该电流值越小,电表的灵敏度越高.表头内线圈的电阻 $R_g$ 称为表头的内阻.表头能够测量的电流是很小的,为了测量较大的电流,就需要扩大表头的量程.扩大量程的办法是在表头上并联一个适当的分流电阻 $R_s$,如图 3.1.1 所示,这样就使被测电流大部分从分流电阻流过,而表头仍然保持原来允许通过的最大电流 $I_g$.

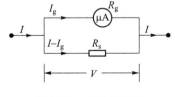

图 3.1.1　扩大微安表
电流测量量程

若表头改装后的量程为 $I$,根据欧姆定律得

$$(I-I_\text{g})R_\text{s}=I_\text{g}R_\text{g} \quad 或 \quad R_\text{s}=\frac{I_\text{g}R_\text{g}}{I-I_\text{g}}=\frac{R_\text{g}}{I/I_\text{g}-1}$$

设 $I/I_\text{g}=n_\text{i}$,称为电流量程的扩大倍数,上式变为

$$R_\text{s}=\frac{R_\text{g}}{n_\text{i}-1} \tag{3.1.1}$$

可见,将微安表的量程扩大 $n_\text{i}$ 倍,只需要在该表头上并联一个电阻值为 $\frac{1}{n_\text{i}-1}R_\text{g}$ 的分流电阻.

如将量程为 $I_\text{g}=500\ \mu\text{A}=0.5\ \text{mA}$,内阻 $R_\text{g}=100\ \Omega$ 的表头改成 $I=5\ \text{mA}$ 的毫安表,需并联一个多大的电阻? 可知该次改装的扩大倍数 $n_\text{i}=10$,由式(3.1.1)得需并联一个 $R_\text{s}=11.1\ \Omega$ 的电阻.

### 2. 微安表改装成电压表

微安表所能测量的电压是很低的.例如一个量程 $I_\text{g}=500\ \mu\text{A}$,内阻 $R_\text{g}=100\ \Omega$ 的微安表头能够测量的最高电压为 $I_\text{g}R_\text{g}=500\times10^{-6}\times100\ \text{V}=0.05\ \text{V}$,这显然不能满足实际需要.为了能够测量较高的电压,可在微安表上串联一个适当的分压电阻 $R_\text{H}$,如图 3.1.2 所示,这样就可以使被测电压大部分降落在串联的分压电阻上,而微安表仍保持原来的量程 $I_\text{g}R_\text{g}$.

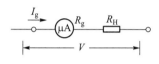

图 3.1.2 微安表改装成电压表

例如将量程为 $I_\text{g}$,内阻为 $R_\text{g}$ 的微安表改装成量程为 $V$ 的电压表.根据欧姆定律有

$$V=I_\text{g}(R_\text{g}+R_\text{H})$$

所以

$$R_\text{H}=\frac{V}{I_\text{g}}-R_\text{g} \tag{3.1.2}$$

而 $I_\text{g}=\frac{V_\text{g}}{R_\text{g}}$,并设 $\frac{V}{V_\text{g}}=n_\text{v}$,称为电压量程放大倍数,式(3.1.2)变为

$$R_\text{H}=\left(\frac{V}{V_\text{g}}-1\right)R_\text{g}=(n_\text{v}-1)R_\text{g} \tag{3.1.3}$$

即要将量程为 $I_\text{g}$,内阻为 $R_\text{g}$ 的微安表改成量程为 $V$ 的电压表,只需在表头上串联一个 $(n_\text{v}-1)R_\text{g}$ 的分压电阻.

如将量程 $I_\text{g}=500\ \mu\text{A}$,$R_\text{g}=100\ \Omega$ 的微安表改装成量程 $V=1.0\ \text{V}$ 的电压表,需串联一个多大的电阻? 该次改装的放大倍数 $n_\text{v}=\frac{V}{V_\text{g}}=\frac{1.0}{500\times10^{-6}\times100}=20$,由式(3.1.3)可得 $R_\text{H}=(n_\text{v}-1)R_\text{g}=(20-1)\times100\ \Omega=1\ 900\ \Omega$,即需串联一个 $1\ 900\ \Omega$ 的电阻.

### 3. 表头内阻的测定

表头内阻 $R_\text{g}$ 主要指表头线圈的电阻,它是电表改装的重要参量之一,必须事先测定好.由于表头允许通过的电流很小,其内阻 $R_\text{g}$ 通常采用半值法进行测量.实验电路如图 3.1.3 所示,适当调节滑线变阻器及电阻箱 $R'$,以改变 $AC$ 两点的电压,使通过表头的电流恰为 $I_\text{g}$.于是有

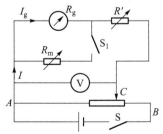

图 3.1.3 半值法测表头内阻

$$V_{AC} = I_g (R_g + R')$$
（3.1.4）

然后闭合开关 $S_1$，在保持 $AC$ 两点电压和 $R'$ 不变的情况下，调节电阻箱 $R_m$，使表头指针偏转满刻度的一半，此时流过表头的电流为 $I_g/2$，于是有

$$V_{AC} = I \left( R' + \frac{R_m R_g}{R_m + R_g} \right)$$
（3.1.5）

由于

$$\frac{1}{2} I_g R_g = I \frac{R_m R_g}{R_m + R_g}$$

则

$$\frac{1}{2} I_g = \frac{R_m}{R_m + R_g} I$$
（3.1.6）

由式（3.1.4）~式（3.1.6）解得

$$R_g = \frac{R' R_m}{R' - R_m}$$
（3.1.7）

可见，只要测出 $R'$ 和 $R_m$，就能计算出表头内阻 $R_g$ 的数值.

### 4. 电表的标称误差与校准曲线

标称误差指的是电表的读数和准确值的差异，它包括了电表在构造上各种不完善因素引起的误差，如转动部分在轴承里的摩擦；游丝的弹性不均匀；磁铁间隙中的磁场不均匀；表盘分度不准确等.由上述因素引起的误差常称为电表的基本误差或仪器误差.将电表与一标准电表同时测量一定的电流或电压，称为校准.两电表在各个刻度上读数的差值称为绝对误差.选取其中最大的绝对误差除以电表的量程，就是该电表的标称误差，即

$$标称误差 = \frac{最大绝对误差}{量程} \times 100\%$$
（3.1.8）

根据标称误差的大小把电表分为不同等级，称为电表的准确度等级.设电表的量程为 $A_m$，最大绝对误差为 $\Delta_m$，准确度等级为 $K$，则

$$K = \frac{\Delta_m}{A_m} \times 100$$
（3.1.9）

电表的准确度等级一般为 0.1、0.2、0.5、1.0、1.5、2.5、5.0 七级.例如，0.1 表示该表为 0.1 级，其标称误差不大于 0.1%，其余类推.如果电表经校准后，求得的标称误差没有恰好为上述值，根据误差取大不取小的原则，该表的级别应定低一级.如电表校准后求得的标称误差为 0.6%，则该表应定为 1.0 级.电表的等级常标在电表的表盘上.

用电表测量时，可根据所用电表的准确度级别计算测量的最大绝对误差，即

$$\Delta_m = (K\%) A_m$$
（3.1.10）

相对误差为

$$E_r = \frac{\Delta_m}{A} = \frac{K A_m}{A} \%$$
（3.1.11）

式中：$A$ 为电表测量时的指示值，对于选定的电表，其级别和量程是确定的，因而测量的绝对最大误差 $\Delta_m$ 也是固定的.这样用大量程的表测量小的量值就会产生相当大的相对误差，选用电表时

96

应注意.一般以使指针偏转 2/3 满刻度左右为好,否则不能达到应有的准确度.

长期使用的电表、经过修理后的电表或经改装的电表一般都要经过校准才能使用.常用校准电表的方法有直接比较法和直流补偿法两种.前者是让标准表与待校表同时测量电流或电压.用标准表的读数 $I_s$ 或 $V_s$ 及待校表的读数 $I_x$ 或 $V_x$ 作出校准曲线,如图 3.1.4 所示.以待校表的读数 $I_x$ 作横轴,标准表与待校表的读数差 $\Delta I_x$ 作纵轴.在一般情况下,把两个相邻的校准点

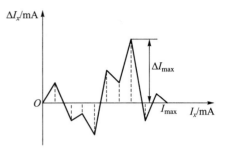

图 3.1.4　微安表校准曲线

之间近似视为线性关系来看待,即相邻校准点间以直线连接,故校准曲线一般以折线来表示.校准点间隔越小,其可靠程度就越好.校准曲线将随被校电表一起使用,被校仪表指示某一值,从校准曲线上就可查出它的实际数值为 $I_x+\Delta I_x$.由校准曲线找出最大误差 $\Delta_m$ 即可按式(3.1.9)算出被校电表的准确度等级 $K$.

## 【实验仪器】

待改装微安表,标准毫安表,电压表,滑线变阻器,标准电阻箱(详见第一章第 5 节),恒定电源,开关.

## 【实验内容及步骤】

1. 微安表头内阻的测定(选做)

(1) 按图 3.1.3 接好电路,将分压器(滑线电阻)的滑动接头 $C$ 移至 $A$ 点.由于表头内阻很小,为了防止烧坏电表,电阻箱电阻 $R'$ 可先选取 30 k$\Omega$ 左右.

(2) 接通电源,调节分压器和 $R'$,使电表指针达到满刻度.

(3) 在保持分压器输出电压和电阻 $R'$ 不变的条件下,闭合开关 $S_1$,调节 $R_m$ 使电表指针偏转到满刻度的一半,记下 $R'$ 和 $R_m$ 的值,由式(3.1.7)计算内阻值.

(4) 取不同的 $R'$(要求 $R'>30$ k$\Omega$),重复上述实验,共测三组数据记入表 3.1.1 中,求出 $R_g$ 的平均值.

2. 将一只微安表头改装成单量程的两用表(毫安表和电压表)并进行校准(必做)

(1) 将量程为 100 μA 的表头(或根据实验室给定表头量程)改装成一个电流量程 $I=10$ mA,电压量程 $V=5$ V 的两用表,按式(3.1.1)和式(3.1.3)分别计算分流电阻和分压电阻的理论值 $R_{s0}$ 和 $R_{H0}$(表头内阻 $R_g$ 如果不要求测定,由实验室给出,一般标在微安表面板上).

(2) 按图 3.1.5 接好线路(特别注意电源和仪表的

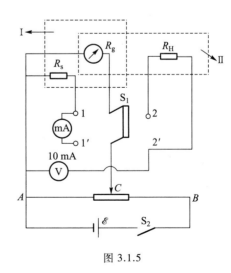

图 3.1.5

97

极性,标准电压表选择 5 V 挡,标准毫安表选择10 mA挡),$R_s$ 和 $R_H$ 均用电阻箱代替,取 $R_s = R_{s0}$,$R_H = R_{H0}$,同时使滑线变阻器的输出电压较小(即将 $C$ 移到 $A$ 点),然后请老师检查.

(3)闭合开关 $S_2$,将双刀双掷开关 $S_1$ 倒向 11′,则虚线方框图 I 为改装的毫安表.

① 调分压器.使标准毫安表示数 $I = 10$ mA,这时微安表头的指针应当偏转到最大刻度.如果指针不是刚好指在最大刻度(偏大或偏小),可调节 $R_s$ 及分压器使微安表头的指针恰好偏到最大刻度且标准毫安表示数 $I = 10$ mA,记下此时的 $R_s$ 值,这就是分流电阻的实验值.

② 毫安表校准.调节滑线变阻器,使表头示数逐渐减小(取整数读数),将对应的标准毫安表读数记入表 3.1.2 中.

(4)将双刀双掷开关倒向 22′,则虚线方框 II 为改装的电压表.

① 调分压器.使标准电压表示数为 $V = 5$ V,这时微安表头指针应偏转到最大刻度.如果不是刚好偏到最大刻度(偏大或偏小),可调节 $R_H$ 及分压器使微安表头的指针恰好偏到最大刻度且标准电压表示数为 $V = 5$ V,记下此时的 $R_H$ 值,此即分压电阻的实验值.

② 电压表校准(与毫安表校准步骤相同),并将对应的标准电压表的读数记入表 3.1.3 中.

**【数据记录与处理】**

1. 表头内阻的测定

表 3.1.1

| 测量次数 | 1 | 2 | 3 |
|---|---|---|---|
| $R'/\Omega$(要求 $R' > 30$ kΩ) | | | |
| $R_m/\Omega$ | | | |
| $R_g \left( = \dfrac{R' R_m}{R' - R_m} \right)/\Omega$ | | | |
| 平均值 $\overline{R}_g$ | | | |

2. 微安表的改装及校正,并分别计算出改装表的准确度等级

标准毫安表量程＿＿＿mA,标准电压表量程＿＿＿V.

待改装的表头内阻＿＿＿Ω,量程＿＿＿μA.

(1)改装成毫安表

量程＿＿＿mA　　　计算值 $R_{s0} = $ ＿＿＿Ω　　　实验值 $R_s = $ ＿＿＿Ω

表 3.1.2

| 改装表读数 $I_{改}$/mA | 10.00 | 8.00 | 6.00 | 4.00 | 2.00 | 1.00 |
|---|---|---|---|---|---|---|
| 标准表读数 $I_{标}$/mA | | | | | | |
| $\Delta I ( = I_{标} - I_{改})$/mA | | | | | | |
| 准确度等级 | | $K = \dfrac{\Delta_m}{A_m} \times 100 = $ ＿＿＿级 | | | | |

（2）改装成电压表

量程____V        计算值 $R_{H0} =$ ____Ω        实验值 $R_H =$ ____Ω

表 3.1.3

| 改装表读数 $V_改$/V | 5.00 | 4.00 | 3.00 | 2.00 | 1.00 | 0.50 |
|---|---|---|---|---|---|---|
| 标准表读数 $V_标$/V | | | | | | |
| $\Delta V( = V_标 - V_改)$/V | | | | | | |
| 准确度等级 | | | $K = \dfrac{\Delta_m}{A_m} \times 100 =$ ____级 | | | |

3. 用坐标纸绘出校正曲线 $\Delta I - I_改$ 和 $\Delta V - V_改$

## 【预习思考题】

1. 校正毫安表时,如果发现改装表的读数相对于标准表的读数偏高,试问要达到标准表的读数,此时改装表的分流电阻应调大还是调小? 校正电压表时,如发现改装表读数相对于标准表的读数偏低,试问要达到标准表的数值,此时改装表的分压电阻应调大还是调小?

2. 要测量 0.5 A 的电流,用下列哪个电流表测量误差最小?

（1）量程 $I_m = 3$ A,等级 $K = 1.0$ 级.

（2）量程 $I_m = 1.5$ A,等级 $K = 1.5$ 级.

（3）量程 $I_m = 1$ A,等级 $K = 2.5$ 级.

从结果的比较中可得出什么结论?

## 【习题】

1. 将量程 $I_g = 100$ μA,内阻 $R_g = 1.5$ kΩ 的表头改装成 $V = 150$ V 和 $300$ V 的双量程电压表,试画出改装电路(不必画校准电路),并计算分压电阻值.

2. 上题的表头如改装成 $I = 50$ mA 和 $500$ mA 的双量程电流表,试画出改装电路(不画校准电路),并计算分流电阻值.

# 实验 3.2　用直流电桥测电阻

电桥线路在测量技术中有着极其广泛的应用,利用桥式电路制成的电桥是一种用比较法进行测量的仪器,电桥可以测量电阻、电容、电感、频率、温度、压力等许多物理量,也广泛应用于近代工业生产的自动控制中.电桥有多种类型,根据用途不同,其性能和结构也各有特点,但它们有一个共同点,就是基本原理相同.惠斯通电桥(又称单臂直流电桥),它可以测量的电阻范围为 $10 \sim 10^6$ Ω;若要测量更大阻值的电阻,一般采用高电阻电桥或兆欧表;而要测量阻值较小的电阻,一般采用双臂直流电桥(开尔文电桥).本实验主要学习单臂直流电桥测量电阻的原理和方法.

## 【实验目的】

1. 了解惠斯通电桥测电阻的原理,掌握用惠斯通电桥测电阻的方法.
2. 了解直流电桥的灵敏度,学习合理选择实验条件,减小系统误差.
3. 了解直流电桥测电阻的不确定度来源.

## 【实验原理】

1. 惠斯通电桥的基本原理和平衡条件

如图 3.2.1 所示,电阻 $R_1$、$R_2$、$R_s$ 及 $R_x$ 组成电桥的四个桥臂,$C$、$D$ 两点间接有检流计将两点的电势直接进行比较,当两点电势相等时,检流计 G 中无电流通过,我们称电桥达到平衡.这时有 $I_1R_x = I_2R_1$,$I_1R_s = I_2R_2$,可得出电桥的平衡条件 $R_1/R_2 = R_x/R_s$.平衡时,若已知电阻 $R_1$、$R_2$、$R_s$,则可求得

$$R_x = \frac{R_1}{R_2}R_s \tag{3.2.1}$$

用惠斯通电桥测电阻 $R_x$ 时,首先要调节电桥的平衡.实验中 $R_1$、$R_2$ 及 $R_s$ 均可用电阻箱替代,都是可调的.但调平衡时最好先固定比率系数(或叫倍率)$k_r = R_1/R_2$,然后再调节 $R_s$ 直至平衡.电桥平衡公式(3.2.1)表明,电桥法测电阻的特点是将未知电阻与已知电阻比较,利用检流计示零保证满足平衡条件,所以对电源的稳定性要求不高.

单臂电桥中最简单而又直观的是板式电桥.图 3.2.2 所示是一种板式滑线电桥,$AB$ 是一均匀的电阻丝,固定在一米尺上,$D$ 点可在 $AB$ 上滑动,$CD$ 间接有检流计 G,$R_s$ 为标准电阻,$R_x$ 为待测电阻,$AB$ 端接有电池、保护开关 S,限流电阻 $R$($R$ 调节工作电流用),$D$ 把 $AB$ 分成 $AD$、$DB$ 两段电阻丝,对应长度为 $l_1$、$l_2$,它们组成比例臂.选定 $R_s$,调节 $D$ 点位置,使检流计电流为零,电桥达到平衡,$C$、$D$ 两点电势相等,有

$$R_x = \frac{l_1}{l_2}R_s \tag{3.2.2}$$

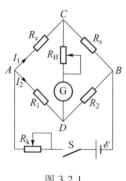

图 3.2.1

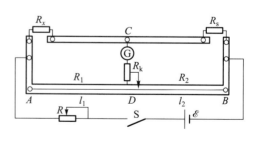

图 3.2.2 板式滑线电桥

## 2. 电桥灵敏度 S

式 (3.2.1) 是在电桥平衡的条件下推导出来的,电桥法测电阻是将被测电阻和已知电阻进行比较(比较法),因而测量精度取决于已知电阻.另外,电桥平衡与否是根据检流计的偏转来判断的,因此电桥测电阻的精度还和电桥偏转灵敏度有关.若将 $R_s$ 改变 $\Delta R_s$ 值,检流计的指针偏离平衡位置 $n$ 格,则电桥灵敏度 $S$ 的定义为

$$S = \frac{n}{\Delta R_s / R_s} = \frac{n R_s}{\Delta R_s} \tag{3.2.3}$$

实验中,利用式 (3.2.3) 可以测得电桥的灵敏度.其方法如下:调节电桥使其达到平衡,读取 $R_s$ 值.将 $R_s$ 改变 $\Delta R_s$,此时电桥失去平衡.检流计的读数为 $n$.将以上结果代入式 (3.2.3),即可求得电桥灵敏度 $S$.

电桥的灵敏度与哪些因素有关呢? 实验表明其与电桥电路各参量都有关系.如图 3.2.1 所示,电源电压越高,检流计的灵敏度越大;限流电阻 $R_H$ 的阻值越小,则电桥灵敏度越高;各桥臂电阻 $R_1$、$R_2$、$R_s$ 及 $R_x$ 的阻值越小,电桥的灵敏度越高;当阻值一定时,灵敏度还与桥臂的比值 $k_r = R_1/R_2$ 有关.

在设计电路时,应注意两个问题.其一是电桥的灵敏度要适当.若灵敏度太高,会使电桥难以调节平衡;若灵敏度太低,会使测量误差较大.其二是在测量各种中等阻值的电阻时,电桥灵敏度不要变化太大,为此必须在改变比率 $k_r$ 的同时,保持 $R_1+R_2$ 的阻值不变.

## 3. 电桥测量误差和不确定度分析

应用电桥测量电阻时,若进行多次测量,则总是要改变桥臂 $R_1$、$R_2$ 和 $R_s$ 的阻值,这样电桥灵敏度也必然随之改变,故所进行的多次测量将不是等精度测量.因此既不能求多次测量的算术平均值,也不能计算其随机误差.只能按单次测量分析和估算其测量误差和不确定度.

(1) 由电桥的灵敏阈所引起的不确定度分量 $u_s$

灵敏阈被定义为引起计量器具示值可觉察的最小变化的被测量(相对)改变量.当电桥平衡后改变 $R_x$ (或等效地改变 $R_s$)时,电流计却未见偏转,说明电桥不够"灵敏".我们可将电流计灵敏阈 (0.2 分度) 所对应的被测电阻的变化量 $\Delta R_x$ 称为电桥的灵敏阈,在电桥灵敏度定义公式 $S = n R_s/\Delta R_s$ 中.电流计偏转值 $n$ 取 0.2 分格时,对应的被测量变化 $\Delta R_x$ 为

$$\Delta R_x = \frac{0.2 R_x}{S} = u_s \tag{3.2.4}$$

因此,电桥实验中计算灵敏度的目的是求出灵敏阈.电桥的灵敏阈反映了平衡判断中可能包含的误差,其数值大小和电源以及电流计的参数有关,还和比率 $k_r$ 及 $R_s$ 的大小有关.$\Delta R_x$ 越大,电桥越不灵敏,要减小 $\Delta R_x$,可适当提高电源电压或更换更灵敏的电流计.

(2) 由桥臂电阻 $R_1$、$R_2$ 和 $R_s$ 的仪器误差引入的不确定度分量 $u_a$

在本实验中,桥臂电阻 $R_1$、$R_2$ 和 $R_s$ 分别用电阻箱充任,其仪器允许极限误差为

$$\Delta R = \pm (a\% R + b) \ \Omega \tag{3.2.5}$$

式中,$a$ 为确定度等级,$b$ 为系数,当 $a \geqslant 0.1$ 级时,$b = 0.005 \ \Omega$ (本实验中,$b$ 可省略不计).

因此,由电阻箱仪器误差引入的不确定度分量为

$$u_a = \Delta R = R_x \sqrt{\left(\frac{\Delta R_1}{R_1}\right)^2 + \left(\frac{\Delta R_2}{R_2}\right)^2 + \left(\frac{\Delta R_s}{R_s}\right)^2} \tag{3.2.6}$$

（3）导线电阻引起的不确定度

实验中电阻取值较大时可以不考虑导线电阻,这样,电阻 $R_x$ 测量结果的总不确定度为

$$u_{R_x} = \sqrt{u_a^2 + u_s^2} \qquad (3.2.7)$$

4. 有效数字的处理

用电桥测电阻时,电阻 $R_1$、$R_2$ 和 $R_s$ 的有效数字可按两种方法进行处理.其一是按误差式（3.2.4）计算误差 $\Delta R$.例如,$a = 0.1$,$R = 5\ 000.0$,代入式（3.2.4）中可得 $\Delta R \approx 5\ \Omega$,则 $R$ 有四位有效数字,即 $R = 5\ 000\ \Omega$,结果表达为 $R = (5\ 000 \pm 5)\ \Omega$.其二是按电桥的灵敏度估计有效数字.例如,$R_s = 2\ 345.62\ \Omega$,如果将其中的 0.6 改为 0.5 或 0.7,能够观察出检流计的指示有所变化.而如果将其中的 0.02 改为 0.01 或 0.03,观察不出检流计的指示有何变化,则 $R_s = 2\ 345.6\ \Omega$,$R_s$ 有 5 位有效数字,而如果将其中的 0.6 改为 0.5 或 0.7,观察检流计的指示仍无变化,则 $R_s = 2\ 346\ \Omega$,$R_s$ 有 4 位有效数字.最后实验结果的有效数字以不确定度来决定.这是处理最后结果的有效数字问题的依据.


【实验仪器】


直流稳压电源,待测电阻,滑线变阻器 $R_H$,指针式检流计,精度为 0.1 级的直流电阻箱,板式滑线电桥一套等.


【实验内容及步骤】


1. 利用直流电阻箱测电阻

（1）按图 3.2.1 接线.最小电阻为 0.01 Ω、0.1 Ω、0.1 Ω 的电阻箱分别作为 $R_s$、$R_1$ 和 $R_2$,滑线变阻器 $R_H$ 是用来保护检流计的,当电桥远离平衡时,$R_H$ 应取较大数值,当电桥接近平衡时,应使 $R_H$ 的阻值为零,这时电桥灵敏度较高.

（2）接好线后应检查一遍,然后把 $R_H$ 调到最大值,$R_1 = 100\ \Omega$、$R_2 = 100\ \Omega$,并检查检流计指针是否在零点,如果检流计指针不在零点则应把指针调到零点,把 $R_s$ 调节到 $R_x$ 的估算值范围内.

（3）开启电源和检流计开关,调节 $R_s$,将 $R_H$ 调到零,使通过检流计的电流为零,电桥达到平衡状态.$I_g = 0$,记录 $R_s$ 数据,并将 $R_1$、$R_2$ 和 $R_s$ 的数据代入式（3.2.1）,求得待测电阻 $R_x$.

（4）改变电阻 $R_s$（改变量 $\Delta R_s$）,使检流计偏转 5 格（$n = 5$）.调节 $R_s$,使 G 左偏转 5 格,记录 $R_{s左}$,再调节 $R_s$,使 G 右偏 5 格.记录 $R_{s右}$,第一组数据只测 $R_s$、$R_{s左}$、$R_{s右}$ 这三个数据,通过公式计算 $\overline{\Delta R_s}$（表 3.2.1）再代入式（3.2.2）,即 $S = \dfrac{n R_s}{\overline{\Delta R_s}}$,求得电桥灵敏度.

（5）以上是测量第一组数据的操作步骤,其余几组操作步骤和第一组相同,但应注意,测第二组数据时,应把检流计开关关上.调节 $R_H$ 到最大,$R_1 = 100\ \Omega$,$R_2 = 1\ 000\ \Omega$,$R_s$ 也要相应扩大倍数,再打开检流计开关进行测量.本实验共测四组数据,测第三组时的操作步骤类似第二组,但测第四组时应把 $R_H$ 调到最大,测量过程中 $R_H$ 保持不变,应注意与前三组的区别.

**2. 用板式电桥测电阻**

（1）按图 3.2.2 接好线路（实验中电阻 $R$ 可能略去；若检流计自带多个挡位，$R_k$ 也会略去）.

（2）暂时断开检流计，将检流计调零.实验用的检流计如图 3.2.3 所示，检流计工作电源开关在背面.

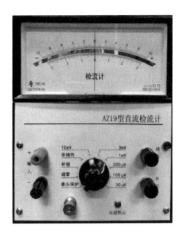

检流计的调零方法：将检流计中间旋钮调至调零挡，再调节调零旋钮，使指针为零；再将中间旋钮调至补偿挡，调节补偿旋钮，使指针再次指示为零.最后将中间旋钮调至 10 mV 挡.

（3）$R_s$ 最好选择与待测电阻接近的标准电阻.检流计 $C$ 点接好，滑动头 $D$ 点先不要按下.

（4）合上电源开关 $S$，按下滑动头 $D$，观察检流计 $G$ 的偏转情况.如偏转过大，应赶快松手，在偏转不太大的情况下，按下 $D$ 点，在电阻丝上滑动，找出平衡点.

图 3.2.3　检流计面板

（5）逐渐减小检流计挡位（一般最小挡位为 300 μV，视情况而定，也可以用 1 mV 挡位），找出更为准确的平衡点，记下 $l_1$，$l_2$，填入表格 3.2.2.

（6）改变 $R_s$ 的值，用同样的方法，测量 5 次，将记录的数据填入表格中.

（7）用同样的方法测量第二个电阻，取 5 组数据.

（8）根据上面的步骤测量两个电阻串联、并联之值.

（9）测完后，先断开滑动头与电阻丝的接触，再断开电源开关 $S$，取下所有连接线，整理仪器.

## 【数据记录与处理】

1. 利用直流电阻箱测电阻，数据记于表 3.2.1 中

表 3.2.1

| 序号 | 1 | 2 | 3 | 4 |
|---|---|---|---|---|
| $R_1/\Omega$ | 100 | 100 | 100 | 100 |
| $R_2/\Omega$ | 100 | 1 000 | 10 000 | 100 |
| $R_H/\Omega$ | 最大值→0 | 最大值→0 | 最大值→0 | 最大值 |
| $R_s/\Omega$ | | | | |
| $R_x = \dfrac{R_1}{R_2}R_s$ | | | | |
| $G_{左}/$格 | 5 | 5 | 5 | 5 |
| $R_{s左}/\Omega$ | | | | |
| $G_{右}/$格 | 5 | 5 | 5 | 5 |

| 序号 | 1 | 2 | 3 | 4 |
|---|---|---|---|---|
| $R_{s右}/\Omega$ | | | | |
| $\overline{\Delta R_s}=\dfrac{1}{2}(\Delta R_{s左}+\Delta R_{s右})/\Omega$  $\Delta R_{s左}=\lvert R_{s左}-R_s\rvert$ ; $\Delta R_{s右}=\lvert R_{s右}-R_s\rvert$ | | | | |
| $S=\dfrac{nR_s}{\overline{\Delta R_s}}(n=5)$ | | | | |
| $u_s=\dfrac{0.2R_x}{S}/\Omega$ | | | | |
| $u_a\left(=R_x\sqrt{\left(\dfrac{\Delta R_1}{R_1}\right)^2+\left(\dfrac{\Delta R_2}{R_2}\right)^2+\left(\dfrac{\Delta R_s}{R_s}\right)^2}\right)/\Omega$ | | | | |
| $u_{R_x}(=\sqrt{(u_s)^2+(u_a)^2})/\Omega$ | | | | |
| 实验结果表达式 $R_x'(=R_x\pm u_{R_x})/\Omega$ | | | | |

数据处理参看实验原理中"电桥测量误差和不确定度分析"部分.

2. 板式电桥测电阻

表 3.2.2

| $R_x'/\Omega$ | $R_x'-10\ \Omega$ | $R_x'-5\ \Omega$ | $R_x'$ | $R_x'+5\ \Omega$ | $R_x'+10\ \Omega$ |
|---|---|---|---|---|---|
| $l_1/\mathrm{cm}$ | | | | | |
| | | | | | |
| | | | | | |
| $\overline{l_1}/\mathrm{cm}$ | | | | | |
| $l_2/\mathrm{cm}$ | | | | | |
| $R_x/\Omega$ | | | | | |

注:表中 $R_x'$ 为待测电阻的估计值.

本实验
附录文件

虚拟仿真
实验

【预习思考题】

1. 实验中,开始时要求 $R_H$ 最大,最后又要求 $R_H\to 0$,为什么?

2. 惠斯通电桥测电阻系统误差产生的原因主要有哪三种?

3. 如何选择 $R_1$、$R_2$ 的比值,提高测量精度需要采取什么措施?

科学轶事之
惠斯通与
欧姆定律

【习题】

1. 图 3.2.1 中,若将对角线 $CD$ 与 $AB$ 间的接线对换(即 $CD$ 接电源,$AB$ 接检流计),能否测出 $R_x$? 试写出其计算式.

2. 从你的测量结果可以看出单臂电桥灵敏度与什么有关? 如何提高?

## 实验 3.3  用补偿法测量电压、电流和电阻

电压的测量一般用电压表来完成.由于电压表并联在测量电路中,有分流作用,会对原电路两端的电压产生影响,导致测量到的电压并不是原电路的电压.用电压表测量电源电动势时,由于电压表的引入,电源内部将有电流,而电源一般有内阻,内阻将导致电源有电压降,电压表的读数是电源的端电压,它小于电源的电动势.由此可知,要测量电源的电动势,必须让它无电流输出.

补偿法在物理实验中有广泛的应用,光学实验中为了避免因光程的不对称造成对实验的影响会引入光程补偿法,如迈克耳孙干涉仪中的补偿片就是这个目的;热学实验中,考虑到系统实际吸热和放热过程的不对称,有散热补偿法;电路实验中考虑电阻的温度效应,引入电阻的温度补偿,等等.电压补偿法是电磁测量中一种常用的精密测量方法,它可以精确地测量电动势、电势差和低电阻,是学生必须掌握的方法之一.

### 【实验目的】

1. 掌握电压补偿法的原理,了解其优缺点.
2. 掌握 UJ-31 型电势差计的原理、构造及使用方法.
3. 学会使用 UJ-31 型电势差计来校准微安表及测量其内阻.

### 【实验原理】

电势差计是精密测量中应用最广泛的仪器之一,不但能用来精确地测量电动势、电压、电流和电阻等,还可用来校准精密电表和直流电桥等直读式仪表,在非电参量(如温度、压力、位移和速度等)的电测法中也占有重要地位.UJ-31 型电势差计、滑线式电势差计或学生型电势差计 UJ-36 等都是根据补偿法原理而设计的仪器.

1. 补偿法原理

补偿法的电路原理图如图 3.3.1 所示,由 $\mathscr{E}_a$、S、$R_限$ 和 $R$ 组成的回路称为工作回路;由 $\mathscr{E}_s$ 或 $\mathscr{E}_x$ 与检流计 G 组成测量支路,与 $R$ 一起组成校准/测量回路.校准时,如图 3.3.1(a) 所示,校准回路上接上一个标准电动势 $\mathscr{E}_s(\mathscr{E}_s<\mathscr{E}_a)$,调节 $R$ 的滑点至 $C$ 处,再选择适当的 $R_限$,可使检流计 G 中无电流流过,此时有 $V_{AC}=\mathscr{E}_s$.测量时,如图 3.3.1(b) 所示,保持 $R_限$ 不变,即使工作回路电流保

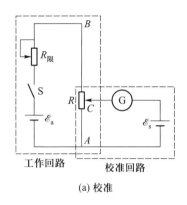
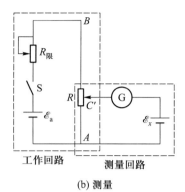

| (a) 校准 | (b) 测量 |

图 3.3.1　补偿法原理

持不变,将 $\mathscr{E}_s$ 换成待测元件,再调节 $R$,若调节到 $C'$ 位置使检流计无电流流过,则 $V_{AC'} = \mathscr{E}_x$.因此,有

$$IR_{AC} = V_{AC} = \mathscr{E}_s$$
$$IR_{AC'} = V_{AC'} = \mathscr{E}_x \quad \Longrightarrow \quad \frac{R_{AC}}{R_{AC'}} = \frac{\mathscr{E}_s}{\mathscr{E}_x}$$

即

$$\mathscr{E}_x = \frac{R_{AC'}}{R_{AC}} \mathscr{E}_s \tag{3.3.1}$$

被测电压 $\mathscr{E}_x$ 与补偿电压极性相反、大小相等,因而相互补偿(平衡),这种测量未知电压的方式称为补偿法.

测量支路中无电流流过,那么 $\mathscr{E}_x$ 就是它们的电动势,由此可知电压补偿法测量电动势或电压时比一般电表法更为准确.由图 3.3.1 可知,用补偿法测电动势时,需一个标准电池(标准电动势)作为标准比较.标准电池的电动势比较稳定,精度比较高.图中 $R_{限}$ 起调节工作电流的作用,工作电流越小,分压电阻上单位电阻上的电压降越小,表示测量精度越高.检流计 G 灵敏度越高,测量精度越高.

2. UJ–31 型电势差计基本原理

UJ–31 型电势差计,如图 3.3.2 所示,是一款箱式测量直流低电势差的仪器,量程分为 17 mV(最小分度 1 μV,倍率开关 $S_1$ 旋至×1)和 170 mV(最小分度 10 μV,倍率开关 $S_1$ 旋到×10)两挡.

图 3.3.3 是 UJ–31 型电势差计的原理简图.该电路共有 3 个回路组成:①工作回路,②校准回路,③测量回路.仪器使用时,先要对工作回路进行校准,再测量待测的元件电压.

(1)校准:为了使工作回路得到一个已知的标准工作电流 $I_0 = 10.000$ mA.将开关 S 合向“标准”处,$\mathscr{E}_s$ 为标准电动势,取值范围为 1.017 8 ~ 1.018 8 V,$R_N = 101.78$ Ω,$R_{PN}$ 是可调部分,为 10 个 0.01 Ω 的电阻,即($R_N + R_{PN}$)的调节范围为 101.78 ~ 101.88 Ω.实际操作中通过调节仪器面板上的温度补偿盘 $R_{PN}$ 旋钮,选择 $R_{PN}$ 电阻的大小,将电压值预调到标准电动势的数值.调节 $R_{限}$ 旋钮使检流计 G 指零,显然有

$$I_0 = \frac{\mathscr{E}_s}{R_N + R_{PN}} = 10.000 \text{ mA} \tag{3.3.2}$$

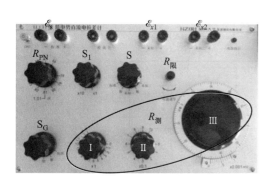

图 3.3.2　UJ-31 型电势差计控制面板

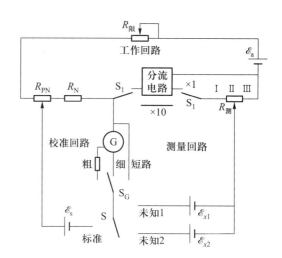

图 3.3.3　UJ-31 型电势差计的原理简图

（2）测量：将开关 S 合向"未知 1"或"未知 2"测量处，$\mathscr{E}_{x1}（\mathscr{E}_{x2}）$是未知待测电动势.保持 $I_0 = 10.000\ \text{mA}$，调节 $R_测$（由三个电阻组成，总阻值为 17 Ω）使检流计 G 指零，则有

$$\mathscr{E}_{x1} = I_0 R_测 \qquad \text{或} \qquad \mathscr{E}_{x2} = I_0 R_测 \qquad\qquad (3.3.3)$$

实际操作中只要在仪器面板上读出电压值再乘以所用的倍率即可.

UJ-31 型电势差计具有以下优点：

（1）电势差计是一电阻分压装置，它将被测电压 $\mathscr{E}_x$ 和标准电动势加以比较.$\mathscr{E}_x$ 的值仅取决于电阻比和标准电动势，因而能够达到较高的测量准确度.

（2）上述"校准"和"测量"两步骤中，检流计两次均指零，表明测量时电势差计既不从标准回路内的标准电动势源（通常用标准电池）中也不从测量回路中吸取电流.因此，电势差计不改变被测回路的原有状态及电压等参量，同时可避免测量回路导线电阻，标准电阻的内阻及被测回路等效内阻等对测量准确度的影响，这是补偿法测量准确度较高的另一个原因.

【实验仪器】

UJ-31 型直流电势差计 1 台，检流计 1 台，标准电池 1 个，待测微安表头 1 个，标准电阻 1 个（详见第一章第 5 节），直流电阻箱 1 个，甲电池（电压 1.5 V）1 个，开关 1 个，导线若干.

【实验内容及步骤】

本实验的主要内容是利用 UJ-31 型电势差计校准微安表表头，绘制校准曲线，并测量其内阻，实验原理图如图 3.3.4 所示.

1. 连接线路

按图 3.3.4 接好线路.图中，$\mathscr{E}_s$ 为标准电池，G 为检流计，$\mathscr{E}_0$ 为待测电路的电源（甲电池）；$R_调$ 为可调电阻箱，$R_s$ 为标准电阻（阻值为 100 Ω，0.01 级），μA 为待测微安表表头.UJ-31 型电势差

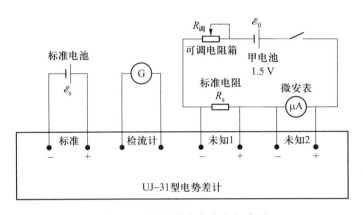

图 3.3.4　校准微安表表头电路图

计自带工作电源 $\mathscr{E}_a$.

**2. 检流计调零**

将 UJ-31 上的操作开关 S 置于"断"位置,将检流计调零.实验所用检流计控制面板如图 3.3.5 所示,检流计工作电源开关在背面.

检流计调零方法:将检流计中间旋钮调至调零挡,再调节调零旋钮,使指针为零;再将中间旋钮调至补偿挡,调节补偿旋钮,使指针再次指示为零.最后将中间旋钮调至 10 mV 挡.

**3. UJ-31 型电势差计的校准**

(1) 测量实验室的环境温度,计算标准电池的电动势,将温度补偿盘 $R_{PN}$ 置于此值.

在不同温度(0~40 ℃)时,标准电池的电动势 $\mathscr{E}_s(t)$ 应按下述公式修正:

图 3.3.5　检流计面板

$$\mathscr{E}_s(t) = \mathscr{E}_s(20) - 39.94 \times 10^{-6}(t-20) - 0.929 \times 10^{-6}(t-20)^2 + 0.009\ 0 \times 10^{-6}(t-20)^3$$

其中 $\mathscr{E}_s(20)$ 是 20 ℃时标准电池的电动势,其值应根据所用标准电池的型号确定(BC9 型饱和标准电池 20 ℃时的电动势为 1.018 6 V).

(2) 将 S 调至"标准",量程变换开关 $S_1$ 调至×10 挡.

(3) 旋转开关 $S_G$ 至"粗",调节工作电流调节电阻 $R_限$,使检流计指示为零.如果检流计指示摆动太大太快,应立即旋转开关 $S_G$ 至"断",以保护检流计.

(4) 逐步将检流计换为 3 mV 挡、1 mV 挡、300 μV 挡,直至 100 μV 挡,重复步骤(3).

(5) 旋转开关 $S_G$ 为"细"挡,逐步将检流计从 10 mV 换为 3 mV 挡、1 mV 挡、300 μV 挡,每一挡均要调节电阻 $R_限$ 使检流计指示为零,直至 100 μV 挡,检流计显示为零,表示已校准好 UJ-31 型电势差计,即工作电流已校准为 10.000 mA.

**注意**:UJ-31 型电势差计校准后,电流调节电阻 $R_限$ 不能再调节了.

**4. 测量微安表内阻并校准微安表**

(1) 保持温度补偿盘 $R_{PN}$ 不动,电流调节电阻 $R_限$ 不动,将 UJ-31 型电势差计上的操作开关 S 置于"断"位置,调节可调电阻箱将微安表电流调至 100 μA.

（2）将 $S_1$ 调到×1挡，S 调到"未知1"，检流计调到 10 mV 挡，旋转开关 $S_G$ 至"粗"，调节电阻盘 $R_{测}$（Ⅰ、Ⅱ、Ⅲ），使检流计指示为零.

（3）逐步将检流计换成 3 mV 挡、1 mV 挡、300 μV 挡，直至 100 μV 挡，调节Ⅰ、Ⅱ、Ⅲ使检流计指示为零.

（4）旋转开关 $S_G$ 至"细"，逐步将检流计从 10 mV 换为 3 mV 挡、1 mV 挡、300 μV 挡，每一挡均要调节Ⅰ、Ⅱ、Ⅲ三个电阻使检流计指示为零，直至 100 μV 挡，检流计显示为零，记下此时Ⅰ、Ⅱ、Ⅲ的读数.从而得到

$$V_{未知1} = (Ⅰ×1 + Ⅱ×0.1 + Ⅲ×0.001)×S_1 \text{ mV} \tag{3.3.4}$$

（5）将 S 拨到"未知2"，$S_1$ 拨到×10挡，按测未知1的方法测出未知2.

（6）依次将微安表电流调至 80 μA，60 μA，40 μA，20 μA，校准微安表，记录于表3.3.1.

（7）计算实际电流 $I_{实} = \dfrac{V_{未知1}}{R_s}$，和微安表内阻 $R_{μA} = \dfrac{V_{未知2}}{I_{实}}$.

（8）根据测量结果，绘制微安表表头校准曲线（横坐标为微安表读数 $I_{读}$，纵坐标为差值，以直线连接相邻两数据点）.

## 【数据记录与处理】

1. 记录实验数据

表 3.3.1　用 UJ-31 型电势差计校准微安表和测量其内阻

| 微安表读数 $I_{读}/μA$ | $V_{未知1}/mV$ | $V_{未知2}/mV$ | 通过微安表的实际电流 $I_{实}/μA$ | 差值 $(I_{实}-I_{读})/μA$ | 微安表内阻 $R_{μA}/Ω$ |
|---|---|---|---|---|---|
| 100 | | | | | |
| 80 | | | | | |
| 60 | | | | | |
| 40 | | | | | |
| 20 | | | | | |

2. 绘制微安表表头校准曲线，计算内阻平均值及实验标准偏差.

## 【预习思考题】

1. 为什么用电势差计可直接测电源的电动势？能否用电压表测电动势？若可测，写出测量方法.
2. 检流计始终无偏转可能是什么原因造成的？
3. 标准电阻应如何接入到电路中？

## 【习题】

1. 如图 3.3.1 所示，如果工作电源的电动势 $\mathscr{E}_a$ 比待测电动势 $\mathscr{E}_x$ 小，能否做实验？

虚拟仿真实验

109

本实验
附录文件

为什么?

2. 能否用 UJ-31 型电势差计来直接测量甲电池的电动势? 为什么?

3. 在校准 UJ-31 型电势差计的过程中,尽管电流调节电阻 $R_{限}$ 从最大值调到最小值,却仍然找不到平衡状态.试问:此故障有哪些可能的原因?

# 实验 3.4　示波器的原理及应用

示波器是用途极为广泛的一种通用现代测量工具,可直接显示和测量电压波形及幅度、周期、频率以及相位差等参量.一切能转换为电压的电学量(如电流、电阻等)和非电学量(如温度、压力、磁场、光强等),它们的动态过程均可用示波器来显示和测量.本实验主要学习示波器的使用,利用示波器观察电信号的波形,并对电信号的变化进行测量分析.

## 【实验目的】

1. 了解示波器的主要组成部分、工作原理及使用方法.
2. 正确使用示波器观察交变电压及其整流后的波形.
3. 掌握利用李萨如图形测频率的方法.
4. 熟悉示波器和信号发生器的面板功能.

## 【实验原理】

电子示波器是利用电子束的偏转来复现电信号的瞬时图像的一种电子测试仪器,它能将电信号随时间迅速变化的规律以可见光的形式显示出来,具有直观、灵敏、输入阻抗高等优点,是普通的电工测试仪表所无法胜任的.现代示波器的频率响应可从 0 至 $10^9$ Hz,可观察连续信号,也能捕捉到单个的快速脉冲信号并将其储存起来.示波器的种类和型号有很多,分类方法也多种多样,按功能分为普通示波器、存储示波器和数字示波器.随着科学技术的发展,示波器的功能还会不断地增加,各种新产品相继问世,但不管什么类型的示波器都是以普通示波器的基本原理为基础,若能掌握普通示波器的工作原理和使用方法,可触类旁通,为其他类型示波器的使用打下良好基础.本实验主要介绍普通示波器的工作原理和使用方法.

普通示波器主要由以下几个部分组成(如图 3.4.1 所示):示波管(也称阴极射线管,CRT)、垂直放大电路(Y 轴系统)、水平放大电路(X 轴系统)、扫描发生器、触发扫描同步电路和电源等.

(1) 示波管

示波管是示波器的核心部件,其基本结构如图 3.4.1 所示.外观是一个呈喇叭形的玻璃泡,里面抽成真空,内部装有电子枪和两对互相垂直的偏转板,喇叭口的球面壁上涂有荧光物质,构成荧光屏.

电子枪由灯丝 F、阴极 K、控制栅极 G、第一阳极 $A_1$ 和第二阳极 $A_2$ 构成.灯丝通电后加热阴极,使得阴极发射电子.栅极电压比阴极低,它们之间形成的电场对电子有阻碍作用,控制栅极电

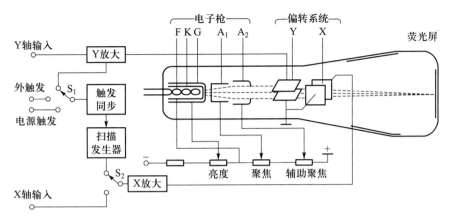

图 3.4.1 示波管结构示意图

F—灯丝;K—阴极;G—控制栅栏;A₁—第一阳极;A₂—第二阳极;X—水平偏转板;Y—垂直偏转板

压,可以控制到达荧光屏上电子的数目,也就是控制示波器上光点的亮度.阳极电势比阴极高很多,它们之间形成的电场对电子有加速作用,使得阴极发射的电子以很高的速度到达荧光屏上,激发荧光屏产生荧光.第一阳极和第二阳极间形成聚焦电场,调节第一阳极和第二阳极之间的电压,可以使不同方向发射的电子会聚于荧光屏上一点,称为聚焦.

在示波器内,有两对互相垂直放置的平行电极板:Y 偏转板和 X 偏转板.偏转板上不加电压时,阴极发射的电子沿水平方向到达荧光屏的中心.偏转板上加一电压信号,由于受到电场力的作用,电子到达荧光屏上将发生偏转,电子在 $x$ 方向的偏转位移与加在 X 偏转板上的电压成正比,$y$ 方向的偏转位移与加在 Y 偏转板上的电压成正比.光点在光屏上的运动轨迹实质上是光点同时参与了垂直方向和水平方向合成运动规律的结果.

（2）垂直放大系统、水平放大系统

一般示波器的垂直与水平偏转板的灵敏度不高（0.1～1 mm/V）,当加在偏转板上的信号电压较小时,电子束不能发生足够的偏转,以致使屏上光点位移很小.为了在屏上得到便于观察的图形,需要预先把小的输入信号经过放大后再加到偏转板上,因此示波器设置了垂直、水平放大电路,信号在输入偏转板前,先通过放大电路再加到两对偏转板上.调节水平、垂直放大电路,分别改变图形在 $x$ 方向、$y$ 方向上的大小,以便得到合适的观测图形.

（3）示波器显示信号波形的原理

若在 Y 偏转板上加一随时间周期性变化的待测电压信号,X 偏转板上不加电压,则光点在竖直方向上来回振动,其位移与 Y 偏转板上的电压成正比,当信号频率较高时,屏上出现一条竖直亮线,无法观测到待测信号波形.要想在屏上观测到待测信号波形,就要求光点在 $y$ 方向的振动能在 $x$ 方向均匀展开,这就要求在 X 偏转板上加一随时间作周期性线性变化的扫描电压.如图 3.4.2 所示,也称锯齿波电压.若在 X 偏转板上加锯齿波电压,光点在 $x$ 方向自左至右做匀速

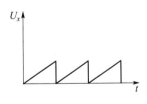

图 3.4.2 扫描电压信号

直线运动,当电压达到最大时,光点在 $x$ 方向达到最大,完成一次 $x$ 方向的扫描,下一时刻光点又回到起始扫描位置,开始下一次自左至右的扫描,如此周而复始地在 $x$ 方向上做匀速运动.

待测信号加在 Y 偏转板上,锯齿波信号加在 X 偏转板上,光点同时参与了 $y$ 方向、$x$ 方向的运动,光点在屏上的运动轨迹为 $y$ 方向、$x$ 方向振动的合成,其中某一时刻光点在 $y$ 方向的位移与待测信号的电压成正比,$x$ 方向的位移与锯齿波信号的电压成正比,因此描绘光点在屏上的运动轨迹时,可以用待测信号电压、锯齿波信号电压分别代表光点在 $y$ 方向、$x$ 方向的偏转位移.以待测信号为正弦波为例,示波器显示信号波形的原理如图 3.4.3 所示.

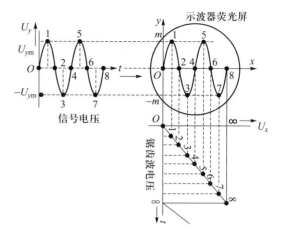

图 3.4.3　示波器显示波形原理

如图 3.4.3 所示,假设加在 Y 偏转板上的信号是正弦电压,X 偏转板上加的是锯齿波电压,且 $T_x = 2T_y(f_y = 2f_x)$,则在 $t_0$ 时刻,$U_x = U_y = 0$,光点在荧光屏上的 0 点(也称起扫点);在 $t_0 \sim t_1(t_1 = T_y/4)$ 期间,$U_x$ 由 $U_{x0}$ 上升到 $U_{x1}$,光点沿水平方向运动到 $x_1$ 点;同时,$U_y$ 随时间变化到 $U_{ym}$,光点沿 $y$ 方向运动到 $y_m$,二者的合成运动至 1 点.同理,在 $t_1 \rightarrow t_2 \rightarrow t_3 \rightarrow \cdots \rightarrow t_8$ 期间,荧光屏上的光点将顺序运动到 2、3、$\cdots$、8 点,在 $t_8$ 时刻,$U_x$ 由 $U_{x8}$ 突变为 $U_{x0}$,而 $U_y$ 不变,则光点由点 8 跳回到原起扫点 0(光点这样一个往复运动过程就称为一次扫描),从 $t_8$ 时刻开始,$U_y$ 继续按其原规律变化,而 $U_x$ 重新由 $U_{x0}$ 上升到 $U_{x1}$、$U_{x2}$、$\cdots$、$U_{x8}$,反映到荧光屏上就是光点又重复上一次的扫描.

这样,我们只要保证一次扫描的起扫点重合,且让重复扫描的频率高于人眼的分辨率(约 25 Hz),荧光屏上就会看到一个稳定的波形.

示波器的 Y 轴系统用来放大 Y 轴输入信号的幅度,以供给 Y 偏转板一个合适的工作电压.调节它的增益,可以改变单位输入电压所引起的光点在 $y$ 方向上的偏转距离(即 Y 轴灵敏度 S).

X 轴系统的主要作用是产生一个随时间线性变化的锯齿波电压(又称扫描电压),经放大后加到 X 偏转板,形成一条时间轴线.调节扫描电压的斜率($\Delta U_x/\Delta t$),可以改变单位时间内光点在 $x$ 方向上的偏转距离.X 轴系统的另一作用是作为 X 外输入信号的放大器,以得到适当的幅度(电压)送到 X 偏转板,与 Y 轴信号垂直合成.

由上所述可见:

(1)要想得到 Y 轴输入电压的波形,必须加上 $x$ 方向的扫描电压,把输入信号电压的垂直振动"展开"来.这个展开过程就称为扫描.如果扫描电压与时间成线性变化(锯齿波扫描),则称为线性扫描.线性扫描能把输入电压波形如实地描绘出来.如果 $x$ 方向电压为非锯齿波,则称为非线性扫描,扫描出来的图形将不是原来的波形.

(2)只有 Y 轴输入电压与 $x$ 方向扫描电压的周期严格相同,或者后者是前者的整数倍时,图形才会稳定(表示每次扫描起点相同),也就是说,构成稳定波形的条件是 $x$ 方向扫描电压的周期 $T_x$ 与输入 $y$ 方向电压的周期 $T_y$ 之比值为整数,即

$$\frac{T_x}{T_y} = n \quad (n = 1, 2, 3, \cdots) \tag{3.4.1}$$

这时示波器上显示 $n$ 个稳定波形,$n$ 代表完整波形的数目.然而,两个独立发生的电振荡频率在

技术上难以调节成准确的整数倍,克服的办法通常是用 Y 轴输入信号频率控制扫描发生器的频率,使扫描周期准确地等于输入信号周期或成整数倍.电路的这个控制作用,称为"整步"或"同步".上述用 Y 轴输入信号频率控制扫描电压频率实现的同步称为"内同步",用外加信号频率控制扫描发生器的频率而实现的同步则称为"外同步".

(3)如果 Y 轴输入电压加正弦信号,X 轴也加正弦扫描电压,则一般情况下光点的运动非常复杂.但只要两个交流电压的频率成整数比,光点便可描绘出李萨如(Lissajous)图形,这是两个相互垂直的简谐振动合成的运动图形.表 3.4.1 列出具有不同频率比(周期比)的李萨如图形.李萨如图形可用来由已知交流电压频率确定另一未知交流电压的频率,测量关系式如下

$$\frac{f_y}{f_x}=\frac{n_x}{n_y} \tag{3.4.2}$$

式(3.4.2)中,$f_y$ 为加在 Y 轴输入的待测频率,$f_x$ 为加在 X 轴输入的已知频率,$n_x$ 为李萨如图形在 $x$ 方向的切点数,$n_y$ 为李萨如图形在 $y$ 方向的切点数.

表 3.4.1　李萨如图形

| $\varphi_y-\varphi_x$ | 0 | $\frac{\pi}{4}$ | $\frac{\pi}{2}$ | $\frac{3\pi}{4}$ | $\pi$ | $\frac{5\pi}{4}$ | $\frac{3\pi}{2}$ | $\frac{7\pi}{4}$ |
|---|---|---|---|---|---|---|---|---|
| $f_x:f_y=1:1$ | 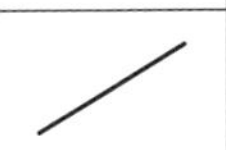 |  | 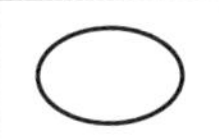 |  |  |  | 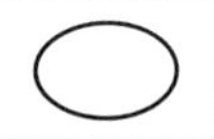 |  |
| $f_x:f_y=1:2$ | 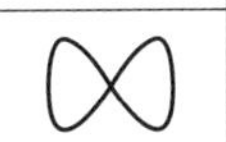 |  |  |  |  |  |  |  |
| $f_x:f_y=1:3$ | 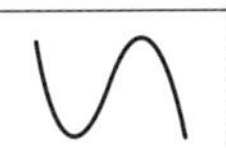 |  | 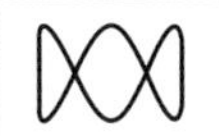 |  |  |  | 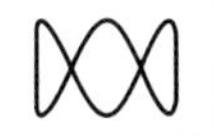 | 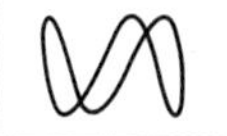 |
| $f_x:f_y=2:3$ | 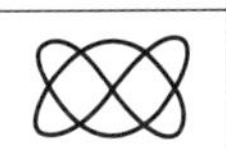 | 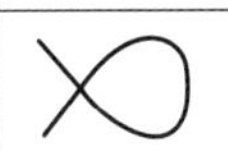 |  |  | 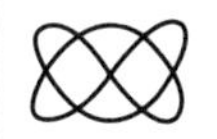 |  | 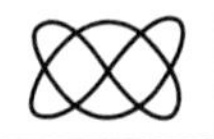 |  |

注:表中 $\varphi_x=0$.

## 【实验仪器】

示波器,功率函数信号发生器.

以固伟 GOS-620 型示波器为例介绍使用示波器各部分(旋钮、按键)的功能,其前面板图如图 3.4.4 所示.

① CAL——校正电压输出端

② INTEN——亮度调节旋钮

③ FOCUS——聚焦调节旋钮

④ TRACE ROTATION——扫描线水平调节孔

⑤ 电源指示灯

⑥ POWER——电源开关(按键式)

⑦ VOLTS/DIV——CH1 信号输入垂直衰减旋钮,范围为 5 mV/DIV ~5 V/DIV,共 10 挡

⑧ CH1(X)输入——CH1 信号输入端;在 X-Y 模式中,为 X 轴的信号输入端

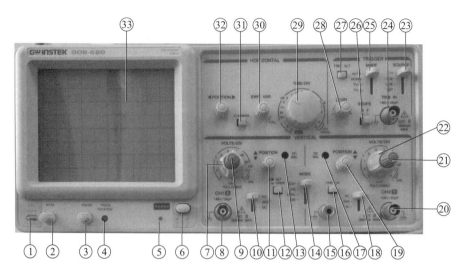

图 3.4.4　示波器前面板

⑨ VARIABLE——CH1 信号输入灵敏度微调控制,至少可调到显示值的 1/2.5.在 CAL 位置时,灵敏度即为挡位显示值.当此旋钮拉出时(×5 MAG 状态),垂直放大器灵敏度增加 5 倍

⑩ AC-GND-DC——CH1 信号的输入方式选择器

AC——输入信号为交流电,其直流成分被除去

GND——按下此键则隔离信号输入,并将垂直衰减器输入端接地,使之产生一个零电压参考信号

DC——输入信号包括直流成分,可观察直流信号

⑪ ⬍ POSITION——CH1 信号波形垂直位置调节旋钮

⑫ ALT/CHOP——当在双轨迹模式下,放开此键,则 CH1 和 CH2 以交替方式显示(一般使用用于较快速之水平扫描).当在双轨迹模式下,按下此键,则 CH1 和 CH2 以切割方式显示(一般使用用于较慢速之水平扫描)

⑬ DC BAL——CH1 信号的 DC 平衡调节孔

⑭ VERT MODE——CH1 和 CH2 垂直轴上的信号显示模式选择

CH1——显示 CH1 的输入信号

CH2——显示 CH2 的输入信号

DUAL——在双轨迹显示模式时,此时并可切换⑫ALT/CHOP 模式来显示两轨迹

ADD——显示 CH1 及 CH2 输入信号的合成波形(CH1+CH2);当 CH2 INV 键⑯为压下状态时,即可显示 CH1 及 CH2 的相减信号

⑮ GND——接地端

⑯ CH2 INV——按下此键,CH2 输入信号的极性反向

⑰ DC BAL——CH2 信号的 DC 平衡调节孔

⑱ AC-GND-DC——CH2 信号的输入方式选择器,功能与⑩相同

⑲ ⬍ POSITION——CH2 信号波形垂直位置调节旋钮

⑳ CH2 (Y) INPUT——CH2 信号输入端;在 X-Y 模式中,为 Y 轴的信号输入端

114

㉑ VARIABLE——CH2 信号输入灵敏度微调控制,功能与⑨相同

㉒ VOLTS/DIV——CH2 信号垂直输入衰减旋钮,范围为 5 mV/DIV ~5 V/DIV,共 10 挡

㉓ SOURCE——触发信号源选择

CH1——触发信号为 CH1 的输入信号

CH2——触发信号为 CH2 的输入信号

LINE——触发信号为商用电源的电压波形

EXT——触发信号为 EXT TRIG 上的输入信号

㉔ TRIG. IN——TRIG. IN 输入端子,可输入外部触发信号.欲用此端子时,须先将 SOURCE 选择器㉓置于 EXT 位置

㉕ TRIGGER MODE——扫描信号触发模式选择

AUTO——当有触发信号或触发信号的频率小于 25 Hz 时,扫描会自动产生

NORM——当没有触发信号时,扫描将处于预备状态,屏幕上不会显示任何轨迹.本功能主要用于观察 ≤ 25 Hz 的信号

TV-V——用于观测电视信号的垂直画面信号

TV-H——用于观测电视信号的水平画面信号

㉖ SLOPE——扫描触发信号斜率选择按键

+ ——凸起时为正斜率触发,当信号正向通过触发准位时进行触发

– ——压下时为负斜率触发,当信号负向通过触发准位时进行触发

㉗ TRIG. ALT——触发源交替设定键,当 VERT MODE 选择器⑭在 DUAL 或 ADD 位置,且 SOURCE 选择器㉓置于 CH1 或 CH2 位置时,按下此键,本仪器即会自动设定 CH1 与 CH2 的输入信号以交替方式轮流作为内部触发信号源

㉘ LEVEL——触发准位调整钮,旋转此钮以同步波形,并设定该波形的起始点.将旋钮向"+"方向旋转,触发准位会向上移;将旋钮向"–"方向旋转,则触发准位向下移

㉙ TIME/DIV——扫描时间选择钮,扫描范围从 0.2 μs/DIV 到 0.5 μs/DIV 共 20 个挡位

X-Y:设定为 X-Y 模式.CH1 变为 X 轴信号,CH2 变为 Y 轴信号,系统处于 X-Y 工作状态,可用于观察李萨如图形

㉚ SWP. VAR——扫描时间的可变控制旋钮,若按下 SWP. UNCAL 键⑲,并旋转此控制钮,扫描时间可延长至少为指示数值的 2.5 倍;该键若未压下时,则指示数值将被校准

㉛ ×10 MAG——按下此键,显示波形由屏幕中央向左右扩大 10 倍

㉜ ◀ POSITION ▶ ——波形水平位置的调节旋钮

㉝ CRT——荧光屏

## 【实验内容及步骤】

1. 示波器的基本调节

(1) 认识并熟悉示波器面板上各部分旋钮、按键的功能和作用.

(2) 在待测信号输入前,将示波器调至预工作状态,即在屏幕中间出现一条亮度适中的水平亮线,分以下几步操作:

① 开启电源开关,接通电源,电源指示灯亮.

② 电子管预热 1~2 min 后,荧光屏中出现亮点,调节亮度旋钮使亮度适中(不可太亮,否则会伤害眼睛或损坏荧光屏).

③ 调节 Y 轴位移旋钮⑪或 X 位移旋钮㉜,使亮点居中,再调节扫描范围旋钮㉙,使亮点成一直线.

④ 开启信号发生器的电源开关(线已连好的情况下),示波器荧光屏上可出现正弦波形,若波形不稳定,适当调节触发信号调节旋钮㉘,即可出现清晰、稳定的正弦波.

2. 观察和描绘正弦交变电压的波形

用信号发生器作为信号源,取输出电压为 15 V 或 5 V,频率为 50 Hz、5 kHz 或 1 kHz(具体数值由各实验室自定),其输出信号接入示波器 Y 轴输入端⑧或⑳,然后按"实验内容1"进行调节,使荧光屏上呈现清晰、稳定的正弦波形.在坐标纸上按 1∶1 比例描绘下来,并观测正弦波形的电压幅度,测其电压幅度、周期等,相关的数据可记录在表 3.4.2 中.

3. 测量信号的波形系数

利用示波器观察和测量信号,并推导出方波、正弦波、三角波三种型号的波形系数[即 $V_{P-P}$(信号峰峰值)与 $V_{RMS}$(信号有效值)的比值],填在表 3.4.3 中.

4. 观察李萨如图形并测信号频率

(1) 将两个信号源的输出信号分别接在 CH1 和 CH2 信号输入端上.

(2) 将㉙旋钮旋转至 X-Y 挡,使示波器处于 X-Y 工作状态下.

(3) 调节两个信号源的信号输出幅度,使出现的李萨如图形限制在屏幕范围内.

(4) 接入到 CH1(X 轴)的信号源作为标准信号源,接入 CH2(Y 轴)的信号源设为待测信号源.在测频过程中主要调节标准信号源的频率,同时观察示波器屏幕中的图形变化.针对表 3.4.1 所示的李萨如图形特点将图形稳定在相应的频率点上.

(5) 本实验要求仔细调节出 $f_x$∶$f_y$ = 1∶1、1∶2、1∶3、2∶3 的较稳定的李萨如图形.

(6) 把相应观察结果填入表 3.4.4 中.

5. 观察和描绘单相交流信号整流后的波形(选做)

分别将整流电路箱输出的各信号接入示波器的 CH2(Y 轴)输入端和接地端,荧光屏上即可分别显示出各种整流后的波形.整流电路及波形如图 3.4.5 所示.

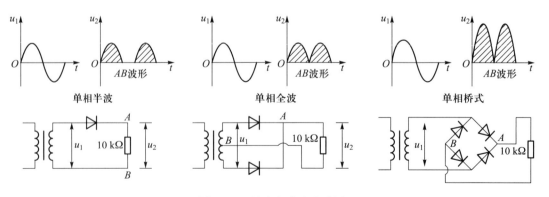

图 3.4.5　整流电路及波形图

## 【数据记录与处理】

按实验要求记录数据并做处理.

表 3.4.2

| 信号源显示的频率 $f$/Hz | 信号源显示的电压/V | 测量的 $V_{P-P}$(峰-峰值电压) | | | | 测量的周期 $T$ 和频率 $f$ | | | |
|---|---|---|---|---|---|---|---|---|---|
| | | Volts/Div | Div | 衰减比 | $V_{P-P}$/V | Time/Div | Div | $T$/ms | $f$/Hz |
| 500 | | | | | | | | | |
| 1 500 | | | | | | | | | |

注:$V_{P-P}$ = (Volts/Div)×Div×探针衰减比,$T$ = (Time/Div)×Div,$f$ = 1/$T$.

表 3.4.3

| 被测信号 | 信号源显示的电压/V | 信号源显示的频率 $f$/Hz | Volts/Div | Div | Time/Div | Div | 实测电压大小 | 实测频率 | 波形系数 $V_{P-P}/V_{RMS}$ |
|---|---|---|---|---|---|---|---|---|---|
| 方波 | | | | | | | | | |
| 正弦波 | | | | | | | | | |
| 三角波 | | | | | | | . | | |

表 3.4.4

| $f_x : f_y$ | 1 : 1 | 1 : 2 | 1 : 3 | 2 : 3 |
|---|---|---|---|---|
| 观察到图形 | | | | |
| 已知 $f_x$ 频率/Hz | | | | |
| 水平切点数 $n_x$ | | | | |
| 垂直切点数 $n_y$ | | | | |
| 计算 $f_y \left( = \dfrac{n_x}{n_y} f_x \right)$/Hz | | | | |
| 信号源读出的 $f_y'$/Hz | | | | |
| $E = \dfrac{\lvert f_y - f_y' \rvert}{f_y}$ | | | | |

## 【预习思考题】

1. 示波器由哪几项主要部分组成? 它们的作用是什么?

2. 用示波器观察正弦波,在荧光屏上出现下列现象,试予以解释:①屏上出现一个亮点;

②屏上呈现一竖直亮线;③屏上呈现一水平亮线;④图形不稳定,需调节哪几个旋钮?

**【习题】**

1. 欲用示波器显示电压随时间变化的波形图时,被显示电压应由_____两端钮输入示波器,通过 Y 通道加在示波管的两_____偏转板间;_____偏转板间应加_____形电压;经过_____和_____两步调节便可在屏上显示波形图.当用示波器显示李萨如图形时,应把两个_____信号分别输入到示波器,并经各自通道_____到达两偏转板间;在频率关系满足条件时,便可在屏上显示_____的李萨如图形.

2. 假设示波器的信号 $Y = 0.05$ cm·$mV^{-1}$,现欲显示一个峰值为 40 mV 的余弦电压的波形,其波形的峰–峰值长度共是多少?如果被显示的电压有效值为 30 mV,其波形图的峰–峰值高度又是多少?

3. 示波器的偏转灵敏度远比示波管的偏转灵敏度高,为什么?

# 实验 3.5　数字示波器的应用

数字示波器是信号测量分析的重要工具,学习其使用方法并学会其应用对于电路分析、信号测量、科学研究具有重要意义.

**【实验目的】**

1. 了解数字示波器具有的功能.
2. 学习示波器的使用.
3. 对若干信号进行测量和分析.

**【实验原理】**

顾名思义,示波器就是将某种信号以一种可以识别的方式显示出来.作为数字示波器,达到这个功能一般是通过采用电路的形式实现.从功能上讲,一般需要支持对若干类型(例如方波、三角波、正弦波等)信号的高质量显示和度量.具体度量指标包括幅度、频率、作为对比的多通道、指标显示等,并需要支持一定的范围(例如频率范围、幅度范围等),还需要支持自检.类似于一张白纸,上面如果要作画,需要准备各种不同的颜料,需要规划好尺寸,示波器作为信号的测量工具,也需要能够实现多种信号的测量和显示.例如为了支持不同的幅度,除了电路从功能上需要能够支持测量以外,还提供了尺度选择挡位,以便显示.

RIGOL DS1102E 的面板如图 3.5.1 所示,读者可以结合功能按钮思考在原理上如何支持,该款数字示波器的用户手册详见附录文件.

示波器屏幕显示如图 3.5.2 所示.

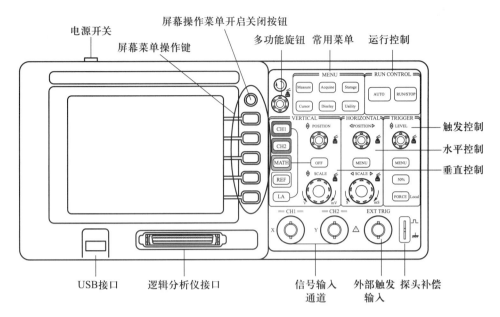

图 3.5.1　RIGOL DS1102E 的面板

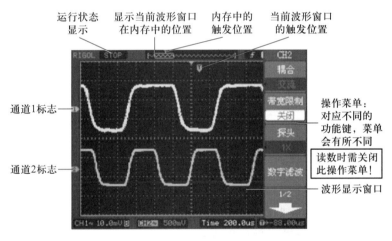

图 3.5.2　示波器显示屏幕

## 【实验仪器】

数字信号发生器,数字示波器(例如 RIGOL DS1102E,详见本实验附录文件),BNC 连接线.

## 【实验内容及步骤】

1. 功能检查

目的:做一次快速功能检查,以核实示波器运行是否正常,并将示波器调整到出厂设置.步骤

119

如下:

（1）接通电源.接通电源后,仪器将执行所有自检项目,自检通过后出现开机画面.

（2）在常用菜单区按下 Storage 按钮,用菜单操作键从顶部菜单框中选择:存储类型→出厂设置.

（3）示波器接入探头(注意屏幕上需要选择对应的通道显示).

① 用示波器探头将信号接入通道 1(CH1),并将数字探头上的开关设定为 ×1.

② 设定示波器**探头菜单**衰减系数(默认的探头菜单衰减系数设定值为×1).此衰减系数**必须**与数字探头(针)上的衰减系数保持一致.

设置示波器**探头菜单**衰减系数的方法如下:按 CH1 功能键显示通道 1 的操作菜单,应用与探头项目平行的菜单操作键,选择与您使用的探头(或探针)**同比例的衰减系数**.如图 3.5.3 和图 3.5.4所示(图中设定为:×10).

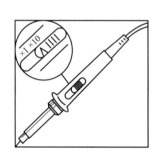

图 3.5.3　设定探头(或探针)上的衰减系数

图 3.5.4　设定菜单中探头的系数

③ 把探头的探针和接地夹接到探头补偿器的连接器上,如图 3.5.5 所示.

④ 按 AUTO(自动设置)按钮.几秒钟内,可看到频率为 1 kHz 方波.

**若显示非方波信号,则需用非金属质地的改锥调整探头(或探针)上的可变电容器进行探头补偿,直到显示方波信号为止.注意:这项操作需在教师的指导下进行.**

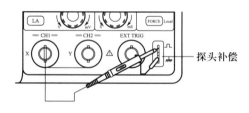

图 3.5.5　探头补偿连接

⑤ 以同样的方法检查通道 2(CH2).

按屏幕菜单开启关闭按钮 ON/OFF,或再次按下 CH1 功能按钮以关闭 CH1,按 CH2 功能按钮以打开 CH2,重复步骤 ②~④.

**特别注意**:本实验中另一种用于连接信号源和示波器的 BNC 连接线只有×1 挡衰减系数,所以功能检查完成后需要将通道 1 和通道 2 **探头菜单**中的衰减系数均设为×1.

2. 利用数字示波器的 Measure 功能测量并记录电压的波形参量

在示波器的 MENU 控制区中,按下 Measure 自动测量功能按键,系统将显示自动测量操作菜单(在显示屏的右侧),如图 3.5.6 所示.本示波器可自动测量 10 种电压参量和 12 种时间参量.显示屏下方一次只能显示 3 个测量值,当显示新的测量值时,先前的测量值将依次从屏幕右下方向左移出,且最新测量值会被屏幕操作菜单遮盖.可按 ON/OFF 按钮开启或关闭屏幕操作菜单,也可按下全部测量,一次性显示所有波形参量,按需记录.按表 3.5.1 要求测量数据.

| 功能菜单 | 显示 | 说明 |
|---|---|---|
| 信源选择 | CH1 CH2 | 设置被测信号的输入通道 |
| 电压测量 | | 选择测量电压参量 |
| 时间测量 | | 选择测量时间参量 |
| 清除测量 | | 清除测量结果 |
| 全部测量 | 关闭 打开 | 关闭全部测量显示 打开全部测量显示 |

图 3.5.6 自动模式测量菜单及功能说明

表 3.5.1 数字示波器 Measure 测量的数据记录表

| 信号源显示的频率/Hz | 信号源显示的电压有效值 $V_{RMS}$/V | 电压测量/V | | | | 周期、频率测量 | | |
|---|---|---|---|---|---|---|---|---|
| | | 峰−峰值 $V_{P-P}$/V | 幅值 $V_{AMP}$/V | 有效值 $V_{RMS}$/V | 波形系数 $V_{P-P}/V_{RMS}$ | 频率 $f$/Hz | 周期 $T$/s | 正占空比 +duty |
| 正弦波 500 | 2 | | | | | | | |
| 方波 1 500 | 2 | | | | | | | |
| 三角波 2 000 | 2 | | | | | | | |

注:其中方波的波形系数可用 $V_{AMP}/V_{RMS}$.

3. 和自动测量对比,手动测量信号

(1)打开信号源的电源开关,将信号源的输出端连接到示波器的 CH1 或 CH2 输入端上.

(2)调节信号源,使输出电压的方均根值(即有效值)$V_{RMS}$ = 2 V,频率 $f$ = 500 Hz 的正弦波信号.

(3)按下示波器"运行控制"区中的 AUTO 按钮.

此时,示波器将自动设置垂直控制(电压倍率 V/Div)、水平控制(时基 s/Div,相当于扫描速度)和触发控制,并在几秒内将信号波形显示于屏幕上.

如需要,也可手动调整这些控制(水平 SCALE、垂直 SCALE、触发 LEVEL)使波形显示达到适合读取的形式.电压倍率 V/Div 和时基 s/Div 参量显示在屏幕的最下方.

(4)按下 RUN/STOP 按钮——停止波形采样(按钮呈红色).若按钮呈绿色,表示正在进行波形参量采样.

(5)将测量得到的测量结果记录在表 3.5.2 中.

(6)改变信号源的输出,使输出电压为 $V_{RMS}$(方均根值)= 2 V,频率为 1 500 Hz 的方波信号.重复步骤(3)~(5).

(7)改变信号源的输出,使输出电压为 $V_{RMS}$(方均根值)= 2 V,频率为 2 000 Hz 的三角波信号.重复步骤(3)~(5).

表 3.5.2　用数字示波器手动模式测量的数据记录表

| 被测信号 | 信号源显示的频率/Hz | 信号源显示的有效值电压 $V_{RMS}$/V | 电压测量/V | | | | 周期、频率测量 | | | |
|---|---|---|---|---|---|---|---|---|---|---|
| | | | V/Div（伏/格） | Div（格） | $V_{P-P}$（V） | 波形系数 $V_{P-P}/V_{RMS}$ | 扫描速度 s/Div（秒/格） | Div（格） | 周期 $T$/s | 频率 $f$/Hz |
| 正弦波 | 500 | 2 | | | | | | | | |
| 方波 | 1 500 | 2 | | | | | | | | |
| 三角波 | 2 000 | 2 | | | | | | | | |

注：电压 Div（格）——波形在 $y$ 方向上所占格子数（估读到最小格的 1/10）；

　　周期 Div（格）——波形的一个周期在 $x$ 方向上所占的格子数（估读到最小格的 1/10）.

4. 用"光标测量"中的手动模式测量并记录电压的波形参量

（1）调节信号源，使之输出电压的方均根值 $V_{RMS}$ = 2 V，频率 $f$ = 500 Hz 的正弦波信号，并将它输出到示波器的 CH1 或 CH2 输入端.

（2）按下示波器"运行控制"区中的 AUTO 按钮.稍等几秒，波形就显示于屏幕上.

按下 RUN/STOP 按钮——停止（呈红色）波形采样.若按键呈绿色，则正在进行波形采样.

（3）选择手动测量模式.

按键顺序为：运行控制区中的 Cursors→光标模式→手动，进入如图 3.5.7 所示的设置菜单.

| 功能菜单 | 设定 | 说明 |
|---|---|---|
| 光标模式 | 手动 | 手动调整光标间距以测量X或Y参数 |
| 光标类型 | X<br>Y | 光标显示为垂直线，测量时间值<br>光标显示为水平线，测量电压值 |
| 信源选择 | CH1<br>CH2<br>MATH<br>LA | 选择被测信号的输入通道<br>（LA只适用于DS1000D系列） |
| CurA | / | 设置光标A有效，调整光标A位置 |
| CurB | / | 设置光标B有效，调整光标B位置 |

图 3.5.7　"光标测量"中的手动模式测量菜单及功能说明

（4）选择被测信号通道：按键操作顺序为：信源选择→CH1 或 CH2 .

（5）若需要，可转动垂直 SCALE 和水平 SCALE 旋钮，分别改变垂直控制（电压倍率 V/Div）和水平控制（时基 s/Div），使待测波形的大小处于最佳观测状态.

（6）若需要，可转动水平 POSITION 和垂直 POSITION 旋钮改变信号在波形窗口中的位置.

（7）选择光标类型：根据需要测量的参数分别选择 X 或 Y 光标.按键操作顺序为：光标类型→X 或 Y .

（8）选择光标（CurA 或 CurB）→转动多功能旋钮，使相应的光标上下（或左右）移动，以调整光标间的距离.

（9）测量并按表 3.5.3 记录实验数据.

两个 X 射线标(CurA、CurB)为两条竖直虚线,用于测量时间.

(注意当信源选择→MATH→FFT 时,X 射线标将用于测量频率);

两个 Y 光标(CurA、CurB)为两条水平虚线,用于测量电压.

表 3.5.3　用数字示波器"光标测量"中的手动模式测量的数据记录表

| 被测信号 | 信号源显示的频率/Hz | 信号源显示的有效值电压 $V_{RMS}$/V | 电压测量/V | | 周期、频率测量 | |
|---|---|---|---|---|---|---|
| | | | $V_{P-P}$/V | 波形系数 $V_{P-P}/V_{RMS}$ | 周期 $T$/s | 频率 $f$/Hz |
| 正弦波 | 500 | 2 | | | | |
| 方波 | 1 500 | 2 | | | | |
| 三角波 | 2 000 | 2 | | | | |

(10)按表 3.5.3 的要求,改变信号源的输出信号类型和频率(注意频率和幅度不要太大),重复步骤(2)~(9).

5. 观察并记录李萨如图形

(1)将信号源的两个输出信号分别接在示波器的 CH1 和 CH2 信号输入端上[注:将 10 kHz 的正弦信号(作为已知频率的信号)接到 CH1 上].

(2)按下 AUTO(自动设置)按钮.

(3)分别调整 CH1 和 CH2 的垂直 SCALE 旋钮,使两路信号显示的幅值大致相等.

(4)按下**水平控制区域**的 MENU 菜单按钮,调出水平控制菜单(图 3.5.8).

| 功能菜单 | 设定 | 说明 |
|---|---|---|
| 延迟扫描 | 打开关闭 | 进入 Delayed 波形延迟扫描关闭延迟扫描 |
| 时基 | Y—T X—Y Roll | Y—T 方式显示垂直电压与水平时间的相对关系 X—Y 方式在水平轴上显示通道1幅值,在垂直轴上显示通道2幅值 Roll 方式下示波器从屏幕右侧到左侧滚动更新波形采样点 |
| 采样率 | / | 显示系统采样率 |
| 触发位移 | / | 调整触发位置至中心零点 |

图 3.5.8　水平系统($X$ 偏转板)菜单及功能说明

(5)按下时基菜单框按钮,选择 X-Y,示波器将显示李萨如图形.

此方式下通道 1 的信号(固定频率 10 000 Hz)接到 X 轴上,通道 2 的信号(频率可调)接到 Y 轴上.

(6)先按 CH1 或 CH2,再转动垂直控制区中 POSITION 旋钮,可改变图形在屏幕中的位置.

(7)改变输入到 CH2 端口上的信号源的频率以及 CH1 和 CH2 的相位差,观察示波器屏幕上图形的变化[Owon AG2052F 数字信号源(面板如图 3.5.9 所示)相位差的调节方法:按 Utility→U 输出设置→相位差打开→输入相位差].

(8)把观察结果填入数据记录表 3.5.4.

图 3.5.9　Owon AG2052F 数字信号源面板

表 3.5.4　观察李萨如图形数据记录表格

| $f_x:f_y$ | 1：1 | | | 1：2 | | | 2：3 | | |
|---|---|---|---|---|---|---|---|---|---|
| 相位差 | 0 | $\dfrac{\pi}{3}$ | $\dfrac{\pi}{2}$ | 0 | $\dfrac{\pi}{3}$ | $\dfrac{\pi}{2}$ | 0 | $\dfrac{\pi}{3}$ | $\dfrac{\pi}{2}$ |
| 观察到的波形 | | | | | | | | | |
| 已知频率 $f_x$/Hz | 10 000 | | | 10 000 | | | 10 000 | | |
| 水平切点数 $n_x$ | | | | | | | | | |
| 垂直切点数 $n_y$ | | | | | | | | | |
| 计算 $f_y\left(=\dfrac{n_x}{n_y}f_x\right)$/Hz | | | | | | | | | |
| 信号源实际显示的频率 $f'_y$/Hz | | | | | | | | | |

（9）改变 CH2 的输入频率，依次调出并记录 $f_x:f_y=1:1$、$1:2$、$2:3$，相位差分别为 0、$\dfrac{\pi}{3}$、$\dfrac{\pi}{2}$ 时的李萨如图形.

6. 拍频观察（选做）

数学运算（MATH）功能是显示 CH1、CH2 通道波形相加、相减、相乘以及 FFT 运算的结果，数学运算的结果同样可以通过栅格或游标进行测量.拍频现象是由两个同方向不同频率的简谐振动的合成.

（1）利用信号源，产生两路正弦信号，一路（10 000 Hz 正弦波）接到 CH1 通道，设为 A 信号，另一路（10 500 Hz 正弦波）接到 CH2 通道，设为 B 信号.

（2）在垂直控制区中，按下 MATH 按钮，显示数学运算菜单，如图 3.5.10 所示.

（3）选择：操作→A+B.

（4）按下运行控制区的 AUTO 按钮，即可观察到拍频现象.建议关掉 A 和 B 显示，仅显示 A+B，结果显示拍现象，如图 3.5.11 所示.

（5）将显示结果存储至 U 盘上.

| 功能菜单 | | 设定 | 说明 |
|---|---|---|---|
| 操作 | | A+B | 信源A波形与信源B波形相加 |
| | | A−B | 信源A波形减去信源B波形 |
| | | A×B | 信源A波形与信源B波形相乘 |
| | | FFT | FFT数学运算 |
| 信源A | | CH1 | 设定信源A为CH1通道波形 |
| | | CH2 | 设定信源A为CH2通道波形 |
| 信源B | | CH1 | 设定信源B为CH1通道波形 |
| | | CH2 | 设定信源B为CH2通道波形 |
| 反相 | | 打开 | 打开波形反相功能 |
| | | 关闭 | 关闭波形反相功能 |

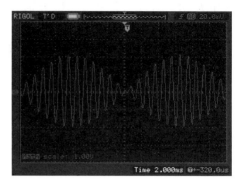

图 3.5.10　数学运算菜单及功能说明　　　　图 3.5.11　示波器显示的拍现象

## 【习题】

1. 示波器如果同时显示两路信号,两路信号的电压倍率是否必须一致? 时基也是否必须一致? 如果可以不一致,哪个应该大一些?

2. 数学解析 $V_{\text{P-P}}/V_{\text{RMS}}$ 比值和信号类型之间的关系.

本实验
附录文件

# 实验 3.6　交流电路的谐振

交流电路的谐振效应有很多用途,既可用于测量电感、电容和频率,又可用于选频、滤波、调谐放大以及频率补偿等.本实验主要观察和测量 $RLC$ 电路的谐振现象.

## 【实验目的】

1. 观察交流电路的谐振现象,了解串并联谐振电路产生谐振的条件及特征.
2. 测量串并联谐振电路的特性曲线 $I\text{–}f$.
3. 掌握串并联谐振电路品质因数 $Q$ 的测量方法及其物理意义.

## 【实验原理】

1. $RLC$ 串联谐振电路分析

在如图 3.6.1 所示的 $RLC$ 串联电路中,若接入稳压、输出频率连续可调的正弦交流信号源,则可研究该电路的特性.

$RLC$ 的串联总复阻抗为

$$\tilde{Z} = R + \mathrm{j}\omega L + \frac{1}{\mathrm{j}\omega C} \qquad (3.6.1)$$

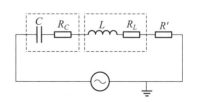

图 3.6.1　$RLC$ 串联电路

式中 $R = R' + R_L + R_C$，其中 $R_L$、$R_C$ 分别为电感器、电容器的串联等效损耗电阻（一般较小，可忽略不计），$R'$ 为电阻箱的阻值.

设 $\tilde{U}$ 为正弦交流电源端电压的复数有效值，则回路电流的有效值复数值应为

$$\tilde{I} = \frac{\tilde{U}}{\tilde{Z}} \tag{3.6.2}$$

那么，$\tilde{I}$ 的模为

$$I = \frac{U}{\sqrt{R^2 + \left( \omega L - \dfrac{1}{\omega C} \right)^2}} \tag{3.6.3}$$

$\tilde{U}$ 与 $\tilde{I}$ 的相位差为

$$\varphi = \varphi_u - \varphi_i = \arctan \frac{\omega L - \dfrac{1}{\omega C}}{R} \tag{3.6.4}$$

（1）$I$-$f$ 曲线和 $\varphi$-$\omega$ 曲线

由式（3.6.3）可知，当 $U$ 值保持一定时，$I$ 值随频率 $f(=\omega/2\pi)$ 变化而变化，如图 3.6.2 所示，该 $I$-$f$ 曲线称为 $RLC$ 的幅频特性曲线或谐振曲线.类似地，把式（3.6.4）的 $\varphi$-$\omega$ 关系曲线称为相频特性曲线，如图 3.6.3 所示.

由式（3.6.4）及图 3.6.3 可知，当角频率很小时，容抗大于感抗，整个电路呈电容性，总电压相位落后于电流相位；当角频率很大时，感抗大于容抗，整个电路呈电感性，总电压相位超前电流相位.

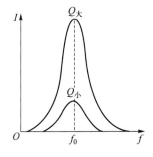

图 3.6.2　$RLC$ 串联幅频特性曲线

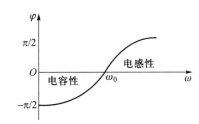

图 3.6.3　$RLC$ 串联相频特性曲线

（2）串联谐振及特性

当角频率取某一特定值时，容抗和感抗将相互抵消，整个电路呈电阻性，电路总阻抗模为最小值，回路电流出现最大值，电压、电流相位一致.此时满足

$$\omega L - \frac{1}{\omega C} = 0 \tag{3.6.5}$$

我们把电路的这种状态称为串联谐振（电源信号的 $\omega$ 与电路的 $L$、$C$ 值三者正好"和谐"），由式（3.6.5）可得

$$\omega = \frac{1}{\sqrt{LC}} \tag{3.6.6}$$

126

把此时的 $\omega$ 记为 $\omega_0$,则谐振频率

$$f_0 = \frac{\omega_0}{2\pi} = \frac{1}{2\pi\sqrt{LC}} \tag{3.6.7}$$

串联电路谐振时,有下列特性:

① 电路总阻抗最小,$Z_{\min} = R$.

② 电流最大,$I_{\max} = U/R$.

（3）谐振电路的 $Q$ 值和各元件上的电压

谐振电路的 $Q$ 值(也称品质因数)定义为电路中任一电抗元件的谐振电抗与总电阻的比值,即

$$Q = \frac{\omega_0 L}{R} = \frac{(\omega_0 C)^{-1}}{R} = \frac{1}{R}\sqrt{\frac{L}{C}} \tag{3.6.8}$$

$Q$ 值反映了谐振电路的固有性质.当电阻、电容和电感确定后,电路的品质因数就确定了.电路发生谐振时,电阻器、电感器、电容器上的电压分别为

$$U_{R'} = I_{\max} R' = \frac{U}{R} R' \tag{3.6.9}$$

$$U_{L,R_L} = I_{\max}\sqrt{R_L^2 + (\omega_0 L)^2} \approx I_{\max}\omega_0 L = \frac{U}{R}\omega_0 L = QU \tag{3.6.10}$$

$$U_{C,R_C} = I_{\max}\sqrt{R_C^2 + (\omega_0 C)^{-2}} \approx I_{\max}(\omega_0 C)^{-1} = \frac{U}{R}(\omega_0 C)^{-1} = QU \tag{3.6.11}$$

通常 $Q \gg 1$,因此 $U_{L,R_L} = U_{C,R_C} \gg U$,可见谐振时电路有电压放大功能,故称串联谐振为电压谐振.

（4）$Q$ 值的意义和提高 $Q$ 值的途径

$Q$ 值有三个方面的意义:

① 表明谐振时电抗器件上的电压为总电压的倍数,如式(3.6.10)和式(3.6.11).

② 表明谐振电路允许不同频率信号通过时选择性的好坏程度(图 3.6.4).

谐振电路在无线电技术中最重要的应用是选择信号.例如,各广播电台以不同频率的电磁波向空间发射自己的信号,收音机的调谐旋钮与谐振电路的可变电容器相连,改变电容,就可改变电路的谐振频率.当电路的谐振频率与某个电台的发射频率一致时,我们收到它的信号就最强,其他发射频率与电路的谐振频率相差较远的电台就收听不到.

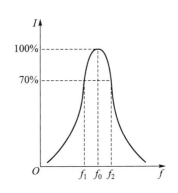

图 3.6.4　$RLC$ 串联谐振 $Q$ 值意义

为了定量地说明频率选择性的好坏程度,将在谐振峰两边电流值等于最大值约 70% 的两点所对应的频率之差定义为通频带宽度,它的大小等于其边缘频率 $f_1$、$f_2$ 之差 $\Delta f$:$\Delta f = f_2 - f_1$.通频带宽度反比于谐振电路的品质因数且满足

$$f_2 - f_1 = \frac{f_0}{Q} \tag{3.6.12}$$

由此关系知,要使谐振电路的选择性好,即减小通频带宽度,就得增大 $Q$ 值.

③ 表明谐振电路储蓄能量的效率.$Q$ 值大,储蓄能量的效率高.

由式(3.6.8)可知,提高 $Q$ 值有三种途径.

2. $RLC$ 并联电路的谐振分析

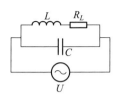

图 3.6.5　$RLC$ 并联谐振电路

如图 3.6.5 所示的电感电容并联谐振电路(设电容器的损耗电阻可忽略,$R_L$ 是电感器的串联等效损耗电阻),其谐振电路总阻抗的复数值的倒数为

$$\frac{1}{\tilde{Z}}=\frac{1}{R_L+\mathrm{j}\omega L}+\frac{1}{\dfrac{1}{\mathrm{j}\omega C}} \tag{3.6.13}$$

可得

$$\tilde{Z}=\frac{(R_L+\mathrm{j}\omega L)\dfrac{1}{\mathrm{j}\omega C}}{R_L+\mathrm{j}\omega L+\dfrac{1}{\mathrm{j}\omega C}} \tag{3.6.14}$$

(1) $Z$-$f$ 曲线和 $\varphi$-$\omega$ 曲线

因为有应用价值的谐振电路都要求 $Q=\omega_0 L/R_L\gg1$,所以在谐振频率 $f_0$ 附近应有 $\omega L\gg R_L$,故式(3.6.13)可近似为

$$\tilde{Z}\approx\frac{\dfrac{L}{C}}{R_L+\mathrm{j}\left(\omega L-\dfrac{1}{\omega C}\right)} \tag{3.6.15}$$

于是 $\tilde{Z}$ 的模及相位角分别为

$$Z\approx\frac{\dfrac{L}{C}}{\sqrt{R_L^2+\left(\omega L-\dfrac{1}{\omega C}\right)^2}} \tag{3.6.16}$$

$$\varphi=-\arctan\frac{\omega L-\dfrac{1}{\omega C}}{R_L} \tag{3.6.17}$$

比较式(3.6.16)和式(3.6.3)可知,在谐振频率 $f_0$ 附近,并联谐振电路的阻抗模随 $f$ 变化的函数曲线形状和串联谐振电路的 $I$-$f$ 曲线很相似.比较式(3.6.17)、式(3.6.4)可知,并联和串联两者的 $\varphi$-$\omega$ 曲线也很相似,彼此间只有一个正负号的差别,因而两曲线以横轴 $\omega$ 为对称轴对称分布.

(2) 并联谐振及特性

同串联谐振一样,当并联电路的总阻抗呈现纯电阻(即电抗为零,$\varphi=0$)时,电路状态称为并联谐振.并联谐振电路有如下特性.

① 谐振频率和 $Q$ 值

由式(3.6.16)、式(3.6.17)知,当

128

$$\omega L - \frac{1}{\omega C} = 0$$

时,出现并联谐振.

由此可知,同样的 $L$、$C$ 所组成的串联电路和并联电路,其并联谐振频率近似等于串联谐振频率.

并联谐振的准确谐振频率可以从式(3.6.14)导出

$$\tilde{Z} = \frac{L}{R_L C} \cdot \frac{1 - \mathrm{j}\dfrac{R_L}{\omega L}}{1 + \mathrm{j}\left(\dfrac{\omega L}{R_L} - \dfrac{1}{\omega R_L C}\right)} \tag{3.6.18}$$

只有 $\tilde{Z}$ 是实数时才产生谐振,于是可得

$$\omega_0' = \sqrt{\frac{1}{LC} - \frac{R_L^2}{L^2}} \tag{3.6.19}$$

$\omega_0'$ 与串联谐振角频率 $\omega_0$ 间的关系为

$$\omega_0' = \omega_0 \sqrt{1 - \frac{1}{Q^2}} \tag{3.6.20}$$

式(3.6.20)中 $Q$ 的定义和串联谐振时的一样,其值表达式也一样.

从式(3.6.20)可以分析 $\omega_0'$ 与 $\omega_0$ 近似相等的程度.例如,当 $Q = 10$ 时,算得 $\omega_0'$ 较 $\omega_0$ 约低 0.5%.

对并联谐振,亦有 $f_2 - f_1 = \dfrac{f_0}{Q}$.

② $RLC$ 并联谐振时总阻抗有极大值

$$\tilde{Z} = \frac{L}{R_L C} = Q^2 R_L \tag{3.6.21}$$

③ 在 $U$ 一定的条件下,谐振时总电流是极小值.这时,它与分支电流的关系为

$$QI = I_L = I_C \tag{3.6.22}$$

故并联谐振又可称为电流谐振.


【实验仪器】

功率函数信号发生器,交流毫伏表 1 台,(交)直流电阻箱,标准电感箱,标准电容箱.


【实验内容及步骤】

1. $RLC$ 串联电路的实验内容

按图 3.6.1 接线,注意测量时,由于交流毫伏表的测量端中有一端为地端,所以需要注意交流毫伏表与信号发生器共地,以便准确测量.

（1）测 $R' = 30.00\ \Omega$ 时的 $I$-$f$ 曲线

通过测已知电阻 $R'$ 上的电压 $U_{R'}$ 的方法来测量 $I$,此时交流毫伏表、信号发生器和电阻 $R'$ 均

需要共地,如图 3.6.6 所示.

由于信号发生器 ⊘ 的输出阻抗(内阻抗)不能忽略,其输出端电压随其负载阻抗值的变化而变化,因此,每次选好一个 $f$ 值时,都必须调信号发生器的输出调节旋钮,使输出端电压 $U$ 保持不变,取 $U_{P-P} = 8.5$ V($U_{P-P}$ 称为峰–峰值,对应电压的有效值 $U_{RMS}$ 为 3.0 V).

具体步骤如下:

第一步,寻找并测出 $f_0$ 及其对应的 $(U_{R'})_{max}$ 值.

a. 取 $L = 0.080$ H,$C = 0.003$ 2 μF,并计算出 $f_0$ 的理论值 $f_{0t}$.

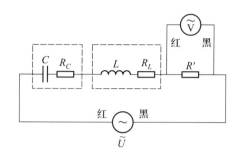

图 3.6.6　测 $R'$ 电压共地接法

b. 分析图 3.6.4,获取寻找 $f_0$ 的实验方法.

① 在远离 $f_0$ 处,当增大 $f$ 时,若 $U_{R'}$ 跟着增大,则 $f_0$ 应在此 $f$ 值继续增大的方向;若 $U_{R'}$ 随着减小,则 $f_0$ 应在此 $f$ 值减小的方向.

② 在 $f_1 < f_0 < f_2$ 区间内,变化 $f$ 会使 $U_{R'}$ 增大直至 $U_{R'}$ 出现极大值(采用毫伏表的自动测量挡监测)时,对应的谐振频率为实验值 $f_{0s}$,此时调节 $U_{P-P}$,使 $U_{P-P} = 8.5$ V 或 $U_{RMS} = 3.0$ V,然后测出相应 $(U_{R'})_{max}$ 的值.

第二步,测量 $f_1$ 和 $f_2$ 的实验值[其 $U_{R'} = (U_{R'})_{max}/\sqrt{2} = 0.71 (U_{R'})_{max}$],同时保持 $U_{P-P} = 8.5$ V.

第三步,测绘 $I$–$f$ 曲线.在 $f_{0s}$ 两边非均匀取点,以能够准确拟合真实变化曲线为原则,靠近谐振频率处取点稠密,远离时稀疏,测出对应的 $U_{R'}$ 值.

第四步,计算 $I(I = U_{R'}/R')$ 并用坐标纸作出 $I$–$f$ 实验曲线.

(2)观测 $Q$ 值与 $R$ 值的关系

① 在 $R' = 0$ Ω 的条件下仿照上述方法测量 $U_C$,计算 $Q$ 值.

此时将交流毫伏表改接为测 $U_C$ 的位置(注意交流毫伏表、信号发生器、电容共地,如图 3.6.7 所示.调节信号源频率 $f$,保持 $U_{P-P} = 8.5$ V,当电容上电压出现最大值,即为 $(U_C)_{max}$ 时,记录此值,此时信号源频率记为 $f_{0C}$.(注:理论上电容器上电压量最大值的频率与电路的谐振频率是有区别的,但此时因电路的纯电阻很

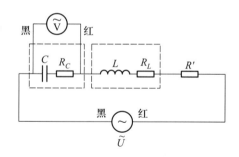

图 3.6.7　测 $C$ 电压共地接法

小,两者几乎相等.)并利用式(3.6.11)算出 $Q$ 值(注意,交流毫伏表测的值为有效值).

② 保持信号频率为 $f_{0C}$,在 $R' = 30$ Ω 的条件下测 $(U_C)_{max}$,计算 $Q$ 值.

③ 保持信号频率为 $f_{0C}$,在 $R' = 130$ Ω 的条件下测 $(U_C)_{max}$,计算 $Q$ 值.

④ 保持信号频率为 $f_{0C}$,找出使 $Q \leqslant 1$ 的 $R'$ 值的范围.

(3)观测 $f_0$、$Q$ 与 $C$ 的关系

$L$ 值不变,$R' = 30.00$ Ω 的条件下将 $C$ 值增大 1 倍,即 $C = 0.006$ 4 μF,然后测出相应的 $(U_C)_{max}$、$f_{0C}$、$Q$ 值,并与内容 2 测得的相应值相比较.

2. $RLC$ 并联电路的实验内容

所用电路如图 3.6.8 所示.图中,$R' = 5$ 000.00 Ω 是专为测量 $I$–$f$ 曲线的 $I$ 值而设置的.

（1）测绘 $I\text{-}f$ 曲线，其具体方法步骤自行思考.测量时，信号发生器的输出电压 $U_{\text{P-P}}$ 应保持不变.取 $U_{\text{P-P}} = 8.5$ V，谐振时 $U'$ 出现极小值.

（2）测量 $Q$ 值

由于 $Q \approx \dfrac{I_C}{I} = \dfrac{U/(\omega_0 C)^{-1}}{U'_{\min}/R'} = \dfrac{\omega_0 C R' U}{U'_{\min}}$，故调节 $f$（即调节 $\omega$）使 $R'$ 上的电压 $U'$ 正好为极小值 $U'_{\min}$ 时（此时 $\omega = \omega_0$），代入各值便可算出 $Q$ 值.

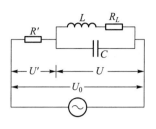

图 3.6.8  $RLC$ 并联谐振实验电路

## 【数据记录与处理】

1. 按需要测量串联谐振电路的 $I\text{-}f$ 曲线，数据记录于表 3.6.1.

表 3.6.1

$f_{0t} = $ _____ ，$f_{0s} = $ _____ ，$(U_{R'})_{\max} = $ _____ ，$f_1 = $ _____ ，$f_2 = $ _____ .

| $f_{0s}$/kHz | $f_{0s}$−5.0 kHz | $f_{0s}$−2.5 kHz | $f_{0s}$−1.0 kHz | $f_{0s}$−0.5 kHz | $f_{0s}$−0.25 kHz | $f_{0s}$−0.1 kHz |
|---|---|---|---|---|---|---|
| $U_{R'}$/V | | | | | | |
| $I$/mA | | | | | | |
| $f_{0s}$/kHz | $f_{0s}$+0.1 kHz | $f_{0s}$+0.25 kHz | $f_{0s}$+0.5 kHz | $f_{0s}$+1.0 kHz | $f_{0s}$+2.5 kHz | $f_{0s}$+5.0 kHz |
| $U_{R'}$/V | | | | | | |
| $I$/mA | | | | | | |

注：表格可根据实际测量的数据量修改.

2. 串联谐振时 $Q$ 值与 $R$ 值的关系，填写表 3.6.2.

表 3.6.2

| $R'$/Ω | 0 | 30 | 130 | |
|---|---|---|---|---|
| $(U_C)_{\max}$/V | | | | |
| $f_{0C}$/Hz | | | | |
| $Q$ | | | | 1 |

分析 $Q$ 值随谐振电路参数的变化趋势.

3. 并联谐振

自行设计数据表格.

## 【预习思考题】

1. 串联谐振电路中 $L = 0.10$ H，$C = 25.0$ pF，$R = 10.00$ Ω，（1）求谐振频率；（2）如总电压为

本实验
附录文件

虚拟仿真
实验

5 V,求谐振时电感元件上的电压.

2. 在串联谐振电路中,谐振时的总阻抗等于电阻,从而使总电压和电阻上的电压相等.这是否说,电容和电感上此时没有电压呢?实验操作中应该注意什么?

【习题】

1. 串联谐振实验寻找 $f_0$ 的过程中,当减小 $f$ 时,若 $U_{R'}$ 值跟着减小,那么 $f_0$ 比现在的频率大还是小?

2. 叙述并解释当信号源频率高于或低于电路的谐振频率时,$RLC$ 串联电路和并联电路各呈现什么性质(电容性还是电感性).

# 实验 3.7   $RLC$ 串联电路的测量与分析

$RLC$ 串联电路有着非常广泛的应用,因此对其测量和分析非常重要.

## 【实验目的】

1. 测量并具体地理解电路中的电阻器 $R$、电感器 $L$、电容器 $C$ 及其组合上的信号相位差 $\varphi$ 和阻抗 $Z$ 值.

2. 验证余弦交流电路中"总电压有效值(合矢量)等于各分电压有效值(分矢量)之和".

3. 学会用示波器测量电路的物理量,从而测量电感器的 $L$、$R_L$ 和电容器的 $C$、$R_C$.

4. 实验确定总电路的电功率 $P_s$ 与各部分电路的分功率 $P_i$ 间的关系.

## 【实验原理】

1. 阻抗之模和辐角

(1) 阻抗模的计算

根据交流电的欧姆定律,可得阻抗的复数式

$$\tilde{Z} = \frac{\tilde{U}}{\tilde{I}} \tag{3.7.1}$$

阻抗模为

$$Z = \frac{U}{I}$$

对于被测的三个元件,其具体式分别为

$$R = \frac{U_R}{I} \tag{3.7.2a}$$

$$Z_L = \frac{U_L}{I} \qquad\qquad (3.7.2b)$$

$$Z_C = \frac{U_C}{I} \qquad\qquad (3.7.2c)$$

（2）阻抗辐角的计算

若某一元件上的电压为 $U$，通过该元件的电流为 $I$，则元件消耗的功率（平均功率）$P$ 应由下式决定：$P = UI\cos\varphi$，式中的 $\varphi$ 称为该元件阻抗的辐角（对于直流电而言 $\varphi = 0$），也称为该元件上的电压电流间的相位差.由上式得

$$\varphi = \arccos\left(\frac{P}{IU}\right)$$

对被测的三个元件：

$$\varphi_R = \arccos\left(\frac{P_R}{IU_R}\right) \qquad\qquad (3.7.3a)$$

$$\varphi_L = \arccos\left(\frac{P_L}{IU_L}\right) \qquad\qquad (3.7.3b)$$

$$\varphi_C = -\arccos\left(\frac{P_C}{IU_C}\right) \qquad\qquad (3.7.3c)$$

我们知道，对于理想的纯 $R$、$L$、$C$ 元件，其 $\varphi$ 分别为 $0$、$\frac{\pi}{2}$、$-\frac{\pi}{2}$.然而，由于实际的电感器、电容器不可能是真正单纯的 $L$、$C$，因此，即使在 $50.0$ Hz 的低频情况下，它们的阻抗特性也离 $L$、$C$ 的理想特性较远.只有像电灯泡这样的短电阻丝，此况下其特性才几乎和纯电阻相同.

2. 电感 $L$、电容 $C$ 及有功电阻值 $R_L$、$R_C$ 的计算

（1）电感 $L$、$R_L$ 的计算式

有损耗的电感器可等效看成电感 $L$ 和电阻 $R_L$ 的组合体.这里把它看成 $L$ 和 $R_L$ 的串联体.$R_L$ 称为有功电阻（损耗电阻），它可由电功率损耗式算出，即 $P = I^2 R_L$，得

$$R_L = \frac{P}{I^2} \qquad\qquad (3.7.4a)$$

对于视为串联体的电感器，其阻抗为 $Z_L = \sqrt{R_L^2 + (\omega L)^2}$，解得 $L = \frac{1}{\omega}\sqrt{Z_L^2 - R_L^2}$，将式（3.7.2b）、式（3.7.4a）代入，得

$$L = \frac{1}{\omega}\sqrt{\left(\frac{U_L}{I}\right)^2 - \left(\frac{P}{I^2}\right)^2} \qquad\qquad (3.7.4b)$$

（2）电容 $C$、$R_C$ 的计算式

实际电容器可看成 $C$ 和 $R_C$ 的串联，同样可得

$$R_C = \frac{P}{I^2} \qquad\qquad (3.7.4c)$$

$$C = \frac{1}{\omega \sqrt{\left( \dfrac{U_C}{I} \right)^2 - \left( \dfrac{P}{I^2} \right)^2}} \tag{3.7.4d}$$

3. 总电压的有效值(和矢量)等于各分电压有效值的矢量和

(1) 理论推导

在激励信号是正弦信号或者余弦信号的情况下,可设串联电路中的瞬时电流为

$$i = \sqrt{2} I \cos \omega t$$

那么,纯电阻 $R'( = R + R_L + R_C)$ 以及纯 $L$、$C$ 上的电压瞬时值分别为

$$u_{R'} = \sqrt{2} U_{R'} \cos \omega t = \sqrt{2} R' I \cos \omega t \tag{3.7.5a}$$

$$u_L = \sqrt{2} U_L \cos \left( \omega t + \frac{\pi}{2} \right) = \sqrt{2} \omega L I \cos \left( \omega t + \frac{\pi}{2} \right) \tag{3.7.5b}$$

$$u_C = \sqrt{2} U_C \cos \left( \omega t - \frac{\pi}{2} \right) = \sqrt{2} \frac{1}{\omega C} I \cos \left( \omega t - \frac{\pi}{2} \right) \tag{3.7.5c}$$

以上各式中的 $I$、$U_C$、$U_L$、$U_{R'}$ 均为有效值.串联总电压的瞬时值为

$$u = u_{R'} + u_L + u_C = \sqrt{2} U_{R'} \cos \omega t + \sqrt{2} U_L \cos \left( \omega t + \frac{\pi}{2} \right) + \sqrt{2} U_C \cos \left( \omega t - \frac{\pi}{2} \right)$$

上式经计算可得

$$u = \sqrt{2} \sqrt{U_{R'}^2 + ( U_L - U_C )^2} \cos ( \omega t + \varphi )$$

又因为应有

$$u = \sqrt{2} U \cos ( \omega t + \varphi ) \tag{3.7.5d}$$

比较上面两式可得

$$U = \sqrt{U_{R'}^2 + ( U_L - U_C )^2} = \sqrt{R'^2 + \left( \omega L - \frac{1}{\omega C} \right)^2} I \tag{3.7.5e}$$

计算可得出

$$\varphi = \arctan \frac{\omega L - \dfrac{1}{\omega C}}{R'} \tag{3.7.6}$$

若在复数平面上用矢量图解法,则上述各量的关系则应如图 3.7.1 所示.

式(3.7.5e)和图 3.7.1 都表明:串联总电压 $u$ 的有效值 $U$(合矢量)等于各分电压 $u_{R'}$、$u_L$、$u_C$ 的有效值 $U_{R'}$、$U_L$、$U_C$(分矢量)之矢量和.

(2) 实验验证

一方面将测得的 $\tilde{U}_R$、$\tilde{U}_L$、$\tilde{U}_C$ 值用矢量图画在复数平面上,并用求矢量和的方法求出它们的总电压 $\tilde{U}_T$,如图 3.7.2 所示;另一方面,把测得的 $U$ 也画在该坐标上(图中未画出),将两者进行比较.若它们的模之差以及 $\varphi$ 之差属于测量误差范围之内,则实验证明了"总电压的有效值等于各分电压的有效值矢量和"是正确的.

应该指出:上面采用的 $\tilde{U}_R$、$\tilde{U}_L$、$\tilde{U}_C$ 的矢量和理论上讨论的 $\tilde{U}_{R'}$、$\tilde{U}_L$、$\tilde{U}_C$ 之矢量在实质上是相同的.

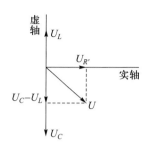
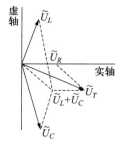

图 3.7.1　串联电路上的电压相位关系　　　图 3.7.2　实际电路中各个等效电阻上的电压关系


## 【实验仪器】

信号源,数字示波器,可变电阻箱,电感器,电容器,连接线.


## 【实验内容及步骤】

1. $RLC$ 串联电路的测量分析.
（1）连接线路,测量各个元件上的电压和相位,注意共地情况.
（2）记录各个元件上的电压大小和相位.
（3）分析这些物理量之间的关系.
2. $RL$ 串联电路的测量分析,实验步骤同上相仿.
3. $LC$ 串联电路的测量分析,实验步骤同上相仿.


## 【数据记录与处理】

依据测得的数据,对电压矢量和的规律进行验证,分析各个元件的理想和实际特性之间的差异.
1. $RLC$ 串联电路的测量分析,将数据记入表 3.7.1.

表 **3.7.1**

| 测量电路 | $R$ | $L$ | $C$ | $R+L+C$ |
|---|---|---|---|---|
| $U/V$ | | | | |
| $\varphi$ | | | | |

2. $RL$ 串联电路的测量分析,将数据记入表 3.7.2.

表 **3.7.2**

| 测量电路 | $R$ | $L$ | $R+L$ |
|---|---|---|---|
| $U/V$ | | | |
| $\varphi$ | | | |

3. LC 串联电路的测量分析,将数据记入表 3.7.3.

表 3.7.3

| 测量电路 | L | C | L+C |
|---|---|---|---|
| U/V | | | |
| φ | | | |

### 【预习思考题】

1. 如果不注意共地情况,能够准确测得各个元件上的电压值和辐角吗?
2. 如何准确地测量辐角?
3. 思考采用示波器测量时的局限和优点.

### 【习题】

1. 测得的实际的电感器、电容器的特性(指阻抗模和辐角)与理想的电感器、电容器的特性有什么差别?
2. 余弦交流电信号的总电压的有效值与各分电压的有效值的关系同直流电路的相应关系相比有何不同? 为什么会有这种差别?

# 实验 3.8  $RLC$ 电路的稳态特性

电路常利用电阻、电感、电容元件进行不同组合来改变输出与输入信号之间的相位差,或实现放大、振荡、选频、滤波等功能.因此,研究 RLC 电路及稳态和瞬态过程,在物理学、工程技术上都很有意义.本实验着重研究 RC、RL 和 RLC 电路的稳态特性.

### 【实验目的】

1. 通过观测、分析 RLC 串联电路的相频和幅频特性,理解并学会应用此特性.
2. 进一步学习使用示波器进行相位差的测量.

### 【实验原理】

通过理论学习和实验 3.7,我们学习到电容和电感在交流电路中的容抗和感抗与频率有关,因而在交流电路中各元件上的电压和电流都会随信号频率的变化而发生变化,且回路中的总电流和总电压的相位差也和信号频率有关.电流、电压的幅度与频率间的关系称为幅频特性;电流和电压间、各元件上的电压和电源电压间的相位差与信号频率关系称为相频特性.本实验研究的

是 *RLC* 串联电路的稳态特性.所谓电路稳态就是该电路在接通正弦交流激励信号一段时间(一般为电路的时间常量的 5~10 倍)以后,电路中的电流 $i$ 和元件上的电压($U_R$、$U_C$、$U_L$)已经变化到信号激励条件下幅值稳定的一种状态.

1. *RC* 串联电路

在图 3.8.1 的 *RC* 串联电路中,*RC* 总阻抗为 $\tilde{Z} = R - \dfrac{\mathrm{j}}{\omega C}$,其模为 $Z = |\tilde{Z}| = \sqrt{R^2 + \left(\dfrac{1}{\omega C}\right)^2}$,其辐角为

$$\varphi = \varphi_U - \varphi_I = \arctan\left(-\frac{\dfrac{1}{\omega C}}{R}\right) = -\arctan\frac{1}{\omega CR} \tag{3.8.1}$$

根据交流欧姆定律,电阻上的电压为

$$U_R = IR \tag{3.8.2}$$

电容上的电压为

$$U_C = \frac{I}{\omega C} \tag{3.8.3}$$

总电压为

$$U = I\sqrt{R^2 + \left(\frac{1}{\omega C}\right)^2} \tag{3.8.4}$$

图 3.8.2 给出了上述电压、电流(有效值)的矢量关系.

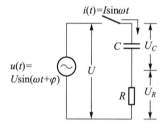
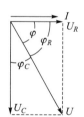

图 3.8.1　*RC* 串联电路　　　　图 3.8.2　*RC* 串联电路电压和电流关系

从式(3.8.4)中解出 $I$,然后分别代入式(3.8.2)、式(3.8.3)得

$$U_R = \frac{U}{\sqrt{1 + (\omega CR)^{-2}}} \tag{3.8.5}$$

$$U_C = \frac{U}{\sqrt{1 + (\omega CR)^2}} \tag{3.8.6}$$

*RC* 串联电路有如下特性.

(1)幅频特性

根据式(3.8.5)和式(3.8.6)两式所得的幅频特性曲线如图 3.8.3 所示.利用 $U_R$-$\omega$ 幅频曲线所表明的幅频特性可组成高通滤波器.相应地,$U_C$-$\omega$ 是低通滤波器的幅频特性.

(2)相频特性

由图 3.8.2 和式(3.8.1)可知,电阻上的输出电压 $U_R$ 与输入电压 $U$ 之间的相位差 $\varphi_R$($=-\varphi$)

与角频率 $\omega$ 有关.当 $\omega$ 很低时, $\varphi_R \rightarrow +\pi/2$;当 $\omega$ 很高时, $\varphi_R \rightarrow 0$,其关系曲线如图 3.8.4 所示.由图 3.8.2 还可知: $\varphi_C = |\varphi| - \pi/2$. $\varphi_C - \omega$ 曲线如图 3.8.4 所示.利用相频特性可组成相移电路.

（3）等幅频率（截止频率）

由式（3.8.2）和式（3.8.3）可知,当 $R = 1/(\omega C)$ 时, $U_R = U_C$,我们把此时的频率记为 $f_{U_R = U_C}$,且 $f_{U_R = U_C} = \omega_{U_R = U_C}/(2\pi) = 1/(2\pi RC)$.由式（3.8.1）、式（3.8.5）和式（3.8.6）可知,在此频率时有 $\varphi_R \rightarrow +\pi/4$, $\varphi_C \rightarrow -\pi/4$, $U_R = U_C = U/\sqrt{2} = 0.707U$,通常把 $0.707U$ 作为能通过滤波器的电压的最低值,由此可知高通滤波器的等幅频率是能通过的高频的下界频,低通滤波器的等幅频率是能通过的低频的上界频（见图 3.8.3）,等幅频率又常称为截止频率.

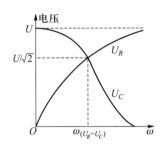

图 3.8.3　$RC$ 串联电路的幅频特性

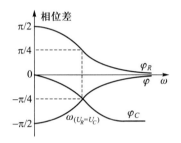

图 3.8.4　$RC$ 串联电路的相频特性

2. $RL$ 串联电路

如图 3.8.5 所示的 $RL$ 串联电路中 $RL$ 的总阻抗为 $\tilde{Z} = R + \mathrm{j}\omega L$,其模为 $Z = |\tilde{Z}| = \sqrt{R^2 + (\omega L)^2}$,其辐角为

$$\varphi = \arctan \frac{\omega L}{R} \tag{3.8.7}$$

类似地,对此电路中的电阻、电感端电压以及总电压相应有

$$U_R = IR \tag{3.8.8}$$

$$U_L = I\omega L \tag{3.8.9}$$

$$U = I\sqrt{R^2 + (\omega L)^2} \tag{3.8.10}$$

与 $RC$ 串联电路推导过程相同,可得到图 3.8.6 为上述的电压、电流矢量关系图,相应的电压为

$$U_R = \frac{U}{\sqrt{1 + (\omega L/R)^2}} \tag{3.8.11}$$

$$U_L = \frac{U}{\sqrt{1 + [R/(\omega L)]^2}} \tag{3.8.12}$$

$RL$ 串联电路有如下特性.

（1）幅频特性

由式（3.8.11）和式（3.8.12）两式得到的幅频特性曲线如图 3.8.7 所示,利用此幅频特性可以组成各种滤波器.

（2）相频特性

因为 $\varphi_R = -\varphi$, $\varphi - \omega$ 曲线如图 3.8.8 所示.

138

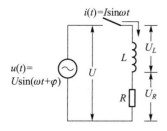

图 3.8.5 *RL* 串联电路

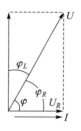

图 3.8.6 *RL* 串联电路的电压和电流关系

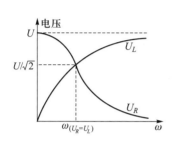

图 3.8.7 *RL* 串联电路的幅频特性

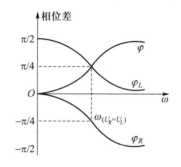

图 3.8.8 *RL* 串联电路的相频特性

（3）等幅频率（截止频率）

使 $U_R = U_L$ 的频率 $f_{U_R=U_L}$ 的值为 $f_{U_R=U_L} = \omega_{U_R=U_L}/2\pi = R/(2\pi L)$.

3. *RLC* 串联电路的相频特性

*RLC* 串联电路如图 3.8.9 所示,此电路的部分特性我们在实验 3.7 中研究过.这里大家可以研究其相频特性.其总阻抗为

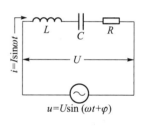

图 3.8.9 *RLC* 串联电路

$$\tilde{Z} = R + j\left(\omega L - \frac{1}{\omega C}\right)$$

模值为

$$Z = \sqrt{R^2 + \left(\omega L - \frac{1}{\omega C}\right)^2}$$

辐角为

$$\varphi = \arctan \frac{\omega L - \dfrac{1}{\omega C}}{R} \tag{3.8.13}$$

$R$ 上的电压为

$$U_R = IR = \frac{U}{Z}R = \frac{UR}{\sqrt{R^2 + \left(\omega L - \dfrac{1}{\omega C}\right)^2}} = \frac{1}{\sqrt{1 + \left(\dfrac{\omega L - \dfrac{1}{\omega C}}{R}\right)^2}} \tag{3.8.14}$$

式(3.8.13)表明的相频特性曲线如图 3.8.10 所示.在 $\omega < \omega_0$ 的范围内,$\varphi < 0$,此时整个电路呈

电容性;在 $\omega>\omega_0$ 的范围内, $\varphi>0$ ,此时整个电路呈电感性;在 $\omega=\omega_0$ 时, $\varphi=0$ ,此时整个电路呈纯电阻性.

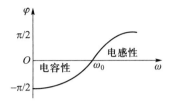

图 3.8.10 *RLC* 串联电路
相频特性

## 【实验仪器】

信号发生器,数字示波器,电感,电容器,交流电阻箱等.

## 【实验内容及步骤】

1. 测量并绘制 *RC* 串联电路的幅频、相频曲线.

选择合适的电路和电容器(例如 $R=200\ \Omega$ , $C=0.47\ \mu\mathrm{F}$ ),连接成待测电路,注意共地问题.图 3.8.11 给出了一个实例.接入该电路的信号源是信号发生器,信号发生器输出的正弦电压值和频率均可调节,并由仪器指示出来.示波器有两种用途:①同时显示 $U$ 、 $U_R$ 两个电压的波形,②显示 $U$ 、 $U_R$ 的李萨如图形.两种用途均可测 $U$ 与 $U_R$ 之间的相位差.

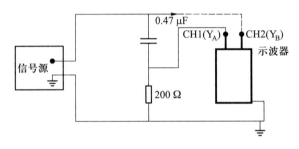

图 3.8.11　电压测量图

具体步骤:

第一步:按照图 3.8.11 接好电路,连接电路时应注意交流共地问题.将仪器调至安全待测状态.然后接通各仪器的电源进行预热.

第二步:调节信号源的 $f=500\ \mathrm{Hz}$ , $U=3.0V_{\mathrm{RMS}}=8.5V_{\mathrm{P-P}}$ ,可用示波器校准.

第三步:从示波器的李萨如图形上读出 $x$ 轴与图形相交的水平距离 $2x_0$ 和图形在 $x$ 轴上的投影 $2X$ ,以及各对应测量电压的峰-峰值.

第四步:仿照第二、第三步,依次测出不同 $f$ 值条件下的 $U_R$ 、 $U_C$ 和 $\varphi$ 值.

2. 测量并绘制 *RL* 串联的幅频、相频曲线.

该部分内容实验步骤与内容 1 相仿.

3. 测量并绘制 *RLC* 串联电路的相频曲线.

该部分内容实验步骤与内容 1 相仿.

## 【数据记录与处理】

1. 列出测量表格(思考测量的物理量,计算的物理量),绘制 *RC* 串联电路的幅频、相频曲线.

2. $RL$ 串联电路的幅频、相频曲线测量自行处理.

3. $RLC$ 串联电路的幅频、相频曲线测量自行处理.

## 【预习思考题】

1. 在只改变信号频率 $f$、不改变电压情况下,元件上电压有效值是否改变? 为什么?

2. 在保持 $U \equiv 3.0 V_{RMS}$ 的条件下,使 $f$ 从 500 Hz 增至 5 000 Hz,$U_R$、$U_C$、$2x_0/2X$ 值如何变化?

## 【习题】

1. 算出实验内容 $RC$ 幅频、相频中各 $f$ 对应的 $U_R$、$U_C$(其中 $U = 3.0 V_{RMS}$),并在同一坐标纸上描出理论的和实验的幅频曲线,并比较之.

2. 算出所测各 $f$ 相对应的 $\varphi$ 的理论值,分别描绘出理论和实验的相频曲线,并加以比较.

3. 若取 $R = 200\ \Omega$,$C = 0.47\ \mu F$:(1)画出此 $RC$ 串联低通滤波器电路图(表明输入电压、输出电压);(2)算出此滤波器的截止频率 $f_{U_R = U_C}$ 值;(3)画出此 $f$ 值时的 $U$、$U_R$、$U_C$ 的矢量关系图;(4)求出此 $f$ 值时的电压传输比(输出电压/输入电压)值;(5)写出此滤波器的通频范围.

4. 在上题中,滤波器在上界频时输出电压的相位落后输入电压的相位多少? 在通频带范围内,频率由低至高变化时,相应的这种相移值的变化范围如何?

## 【附录文件】

### 利用示波器测量相位差

示波器是测量相位差比较理想的仪器,用它测量相位差有两种方法.

1. 比较法(双踪示波法)

将 $u_R(t)$ 输入 CH1、$u(t)$ 输入 CH2,调节示波器有关旋钮,使 $u_R(t)$、$u(t)$ 出现如图 3.8.12 所示的周期波形图.

因为 $\omega = \dfrac{2\pi}{T} = \dfrac{\varphi}{\Delta T}$,故 $\varphi = \dfrac{\Delta T}{T} 2\pi$.其中的 $T$ 和 $\Delta T$ 分别对应

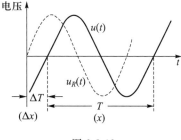

图 3.8.12

于荧光屏上横轴方向的长度 $x$、$\Delta x$,故上式变为 $\varphi = \dfrac{\Delta x}{x} 2\pi$,由图读出 $x$、$\Delta x$,便可算出 $\varphi$.

当 $u_R(t)$、$u(t)$ 的波形如图 3.8.12 所示时,$u(t)$ 落后于 $u_R(t)$,此时算出的 $\varphi$ 应取负号.若 $u(t)$ 超前于 $u_R(t)$,则 $\varphi$ 应取正号.

为了便于观测并使 $\varphi$ 的测量误差较小,一般以调出 1 个或 2 个周期的波形图为宜.

2. 李萨如(Lissajous)图法

将 $u_R(t)$ 信号作为垂直信号输入示波器的 CH1、将 $u(t)$ 作为水平信号输入示波器的 CH2,则

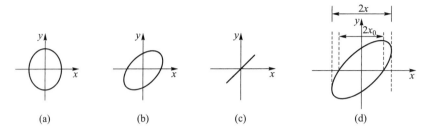

图 3.8.13　同频信号不同相位差 $\varphi$ 时的李萨如图

在荧光屏上得到如图 3.8.13 中的某一种图形,这些是两个相互垂直的同频率的正弦振荡的合成图形,称为李萨如图形.下面推导用李萨如图形测量相位差 $\varphi$ 的原理公式.我们知道,在两个互相垂直的方向上的振荡波形分别为

$$y = Y\sin \omega t \tag{3.8.15}$$
$$x = X\sin(\omega t + \varphi) \tag{3.8.16}$$

当 $y=0$ 时,由式(3.8.15)得 $\omega t = 0$,此时式(3.8.16)变为 $x = x_0 = X\sin \varphi$,因此得到 $\sin \varphi = \dfrac{x_0}{X} = \dfrac{2x_0}{2X}$,由此推导出用李萨如图形测量相位差 $\varphi$ 的公式

$$\varphi = \arcsin \frac{2x_0}{2X} \tag{3.8.17}$$

本实验
附录文件

例如图 3.8.13(a)中 $\varphi = \pm\dfrac{\pi}{2}$,(c)中 $\varphi = 0$.

　　**注意**:李萨如图形法只适合测 10 kHz 以下的信号间的相位差,频率再高时,示波器的水平放大器的相移值与垂直放大器的相移值相差过大,会造成测量误差较大.

# 实验 3.9　*RLC* 电路的暂态特性

　　在阶跃电压信号激励下,*RLC* 电路由一个平衡态跳变到另一个平衡态,这一转变过程称为暂态过程.在此期间电路中的电流及电容、电感上的电压呈现出规律性的变化,称为暂态特性.暂态过程的研究不仅牵涉到物理学的许多领域,还在电子技术中的电路分析、信号系统中有广泛的应用.*RLC* 电路的暂态特性在实际工作中也十分重要,例如在脉冲电路中经常遇到元件的开关特性和电容充放电的问题,在电子技术中常利用暂态特性来改善波形.本实验主要研究 *RC*、*RL* 及 *RLC* 电路的暂态特性.

## 【实验目的】

　　1. 观测 *RC*、*RL* 及 *RLC* 电路的暂(瞬)态过程,加深对电容、电感特性的认识和对电路时间常量 $RC$、$L/R$、$2L/R$ 的理解.

2. 分别观测 *RLC* 串联电路的三种阻尼暂态过程,掌握其形成和转化条件.

3. 学会用数字存储示波器观测暂态过程.

## 【实验原理】

电压信号由一个值跳变到另一个值时称为阶跃电压,如图 3.9.1 所示.电路在阶跃电压的激励下,从开始发生变化到变为另一种稳定状态的过渡过程称为暂态过程,这一过程主要由电容、电感的特性所决定.

1. *RC* 串联电路的暂态过程

*RC* 串联电路的暂态过程可以分为充电过程和放电过程,首先研究充电过程.

图 3.9.2 为研究 *RC* 暂态过程的电路.当开关 S 接到"1"点时,电源 $\mathscr{E}$ 通过电阻 $R$ 对电容器 $C$ 充电,电容器 $C$ 上的电荷 $q$ 满足如下方程

$$R\frac{\mathrm{d}q}{\mathrm{d}t}+\frac{q}{C}=\mathscr{E} \tag{3.9.1}$$

考虑初始条件 $t=0$ 时,$q=0$,便得到它的解为

$$q=C\mathscr{E}(1-\mathrm{e}^{-\frac{t}{RC}}) \tag{3.9.2}$$

因而有

$$u_C=\frac{q}{C}=\mathscr{E}(1-\mathrm{e}^{-\frac{t}{RC}}) \tag{3.9.3}$$

$$i=\frac{\mathrm{d}q}{\mathrm{d}t}=\frac{\mathscr{E}}{R}\mathrm{e}^{-\frac{t}{RC}} \tag{3.9.4}$$

$$u_R=Ri=\mathscr{E}\mathrm{e}^{-\frac{t}{RC}} \tag{3.9.5}$$

其中 $RC=\tau$ 称为电路的时间常量.充电和放电的快慢由 $\tau$ 决定.由式(3.9.3)可得,当 $t=\tau$ 时,$u_C=0.632\mathscr{E}$.

充电过程的 $u_C(t)$ 曲线如图 3.9.3 所示,由图可见:$\tau$ 越大,充电过程越慢.当电容器上的电压增大到 $\mathscr{E}$ 时,电路即达到了稳定状态.此后若将图 3.9.2 中的开关 S 由"1"点迅速转接到"2"点,则电容器 $C$ 将通过 $R$ 放电,此放电过程的微分方程为

$$R\frac{\mathrm{d}q}{\mathrm{d}t}+\frac{q}{C}=0 \tag{3.9.6}$$

考虑初始条件 $t=0$ 时,$q=C\mathscr{E}$,于是得到它的解为

$$q=C\mathscr{E}\mathrm{e}^{-\frac{t}{RC}} \tag{3.9.7}$$

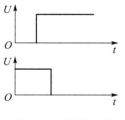

图 3.9.1　阶跃电压

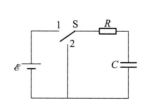

图 3.9.2　*RC* 暂态过程演示电路

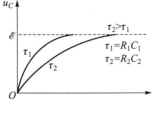

图 3.9.3　充电过程

因而有

$$u_C = \frac{q}{C} = \mathscr{E} e^{-\frac{t}{RC}} \tag{3.9.8}$$

$$i = \frac{dq}{dt} = -\frac{\mathscr{E}}{R} e^{-\frac{t}{RC}} \tag{3.9.9}$$

$$u_R = Ri = -\mathscr{E} e^{-\frac{t}{RC}} \tag{3.9.10}$$

其中 $i$ 与 $u_R$ 两等式右边的负号表示放电电流方向与充电电流方向相反.由以上各式可知放电过程也是按指数形式变化的.当 $t = \tau$ 时,$u_C = 0.368\mathscr{E}.u_C$ 随 $t$ 的变化关系如图 3.9.4 所示.

2. $RL$ 电路的暂态过程

$RL$ 电路的暂态过程分为电流增长和衰减两个过程.图 3.9.5 就是实现这两个过程的电路图.当开关 S 接到"1"时,电路为电流增长过程.设 $t$ 时刻的电流为 $i$,电感 $L$ 上的感生电动势为 $\mathscr{E} = -L\frac{di}{dt}$,则有电路方程

$$L\frac{di}{dt} + Ri = \mathscr{E} \tag{3.9.11}$$

由于 $L$ 的影响,电流不能突变.因此初始条件为 $t = 0$ 时,$i = 0$.于是方程的解为

$$i = \frac{\mathscr{E}}{R}(1 - e^{-\frac{R}{L}t}) \tag{3.9.12}$$

因而有

$$u_R = Ri = \mathscr{E}(1 - e^{-\frac{R}{L}t}) \tag{3.9.13}$$

$$u_L = L\frac{di}{dt} = \mathscr{E} e^{-\frac{R}{L}t} \tag{3.9.14}$$

式中 $L/R = \tau$ 称为电路时间常量.

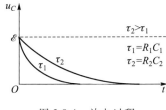

图 3.9.4　放电过程

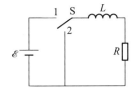

图 3.9.5　$RL$ 暂态过程演示电路

当电流 $i$ 增长到最大值 $i_m = \mathscr{E}/R$ 时,电路进入稳定状态.此时若将开关 S 由"1"迅速接到"2",则为电流衰减过程,其电路方程为

$$L\frac{di}{dt} + Ri = 0 \tag{3.9.15}$$

考虑初始条件 $t = 0$ 时,$i = \frac{\mathscr{E}}{R}$,得到它的解为

$$i = \frac{\mathscr{E}}{R} e^{-\frac{R}{L}t} \tag{3.9.16}$$

因而有

$$u_R = Ri = \mathscr{E}e^{-\frac{R}{L}t} \tag{3.9.17}$$

$$u_L = L\frac{\mathrm{d}i}{\mathrm{d}t} = -\mathscr{E}e^{-\frac{R}{L}t} \tag{3.9.18}$$

式(3.9.18)右边的负号表示电流衰减时,$L$ 上的感生电动势与电流的方向相反,其时间常量仍为 $\tau = L/R$.

若将 $RL$ 电路与 $RC$ 电路的解作比较,可以看出:两者的电流、电压都同样按指数规律变化.观察 $RL$ 电路中 $R$ 上的电压 $u_R$ 的变化,就像观测 $RC$ 电路的 $u_C$ 变化一样,此时 $u_R$ 反映了 $L$ 所储存的能量状态.

3. $RLC$ 串联电路的暂态过程

研究 $RLC$ 串联电路的暂态过程可用图 3.9.6 所示的电路,它分为充电过程和放电过程.为讨论方便,首先分析放电过程.

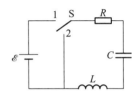

图 3.9.6 $RLC$ 串联暂态过程演示电路

设开关 S 已接在"1"并使电路达到稳定状态,此时电容器的电压 $u_C = \mathscr{E}$.现将开关 S 迅速由"1"转到"2",电容器 C 将通过 $L$ 和 $R$ 放电,其方程为

$$L\frac{\mathrm{d}^2q}{\mathrm{d}t^2} + R\frac{\mathrm{d}q}{\mathrm{d}t} + \frac{q}{C} = 0 \tag{3.9.19}$$

式中 $\dfrac{\mathrm{d}^2q}{\mathrm{d}t^2} = \dfrac{\mathrm{d}i}{\mathrm{d}t}$ 是电流随时间的变化率,它的初始条件为 $t = 0$ 时,$q = C\mathscr{E}$,$i = \dfrac{\mathrm{d}q}{\mathrm{d}t}\bigg|_{t=0} = 0$,此方程的求解可分以下三种情况讨论.

(1)当 $R^2 < 4L/C$ 时,方程(3.9.19)的解为

$$q(t) = C\mathscr{E}e^{-\frac{t}{\tau}}\cos(\omega t + \varphi) \tag{3.9.20}$$

其图形如图 3.9.7 中的曲线 I.图中振幅衰减的时间常量 $\dfrac{2L}{R} = \tau$,振荡的角频率为

$$\omega = \frac{1}{\sqrt{LC}}\sqrt{1 - \frac{R^2C}{4L}} \tag{3.9.21}$$

此解表明电路中电容器放电所余的瞬间电荷量 $q$ 以**欠阻尼**振荡暂态过程趋于稳态(即 $q = 0$).

(2)当 $R^2 > 4L/C$ 时,此方程的解为

$$q(t) = C\mathscr{E}e^{-\frac{t}{\tau}}\mathrm{ch}(\omega t + \varphi) \tag{3.9.22}$$

式中

$$\tau = \frac{2L}{R}, \quad \omega = \frac{1}{\sqrt{LC}}\sqrt{\frac{R^2C}{4L} - 1} \tag{3.9.23}$$

由于双曲余弦函数与余弦函数具有完全不同的性质,因而尽管式(3.9.22)与式(3.9.20)在形式上相同,但式(3.9.22)中的 $\tau$ 和 $\omega$ 不能再理解为时间常量和角频率.式(3.9.22)的图形如图 3.9.7中的曲线 II,为**过阻尼**暂态过程.

(3)当 $R^2 = 4L/C$ 时,方程的解为

$$q(t) = C\mathscr{E}e^{-\frac{t}{\tau}}\left(1 + \frac{t}{\tau}\right) \tag{3.9.24}$$

其曲线如图 3.9.7 中的 Ⅲ.它是欠阻尼和过阻尼间的**临界阻尼**的暂态过程.此时的电阻值 $R = 2\sqrt{L/C} = R_{\text{CP}}$ 称为临界电阻.

$RLC$ 串联电路的充电暂态过程可由图 3.9.6 中开关 S 从"2"转接到"1"来实现,充电暂态过程的方程应为

$$L\frac{\mathrm{d}^2 q}{\mathrm{d}t^2} + R\frac{\mathrm{d}q}{\mathrm{d}t} + \frac{q}{C} = \mathscr{E} \tag{3.9.25}$$

和放电过程相比,其解仅差一个常量,相应的三种充电暂态过程曲线如图 3.9.8 所示,其中 $q_0 = C\mathscr{E}$.

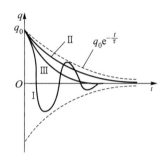
图 3.9.7　典型电路响应

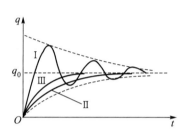
图 3.9.8　充电暂态响应

由上述讨论可知,$RLC$ 电路在充、放电过程中究竟以三种可能的暂态过程中的哪一种暂态过程趋于稳定态,完全由此电路具体的 $R$ 和 $2\sqrt{L/C}$ 之值决定.

实验时,观测 $u_C$,用以代替 $q$.

4. 观测暂态过程的方法(以 $RC$ 电路为例)

本实验所研究的电路,其参量的暂态过程非常短暂,用手扳开关 S 记停表时间和读电压表数值这样的普通操作方法是无法观测的,因此常借用示波器来观测,其电路、仪器连接如图 3.9.9 所示.

图 3.9.9 中,$R$ 和 $C$ 串联构成待测电路.信号发生器输出方波信号电压 $u_1$,相当于图 3.9.2 中的 $\mathscr{E}$ 和周期性的转换开关 S;$u_2(u_C)$ 的暂态过程波形由示波器显示出来.

图 3.9.10 是 $u_1$、$u_2$ 的波形图.现以 $u_1$ 的第一个方波($abcd$)为例来说明过程的实现.$u_1$ 包含两个阶跃:上升阶跃 $ab$,它对应的时刻为 $t_1$,$t_2$ 为下降阶跃时刻($cd$).在 $u_1$ 上升阶跃的作用下,产生了 $u_2$ 的上升暂态过程,此过程经历了 $t_1$ 至 $t_1'$ 时间,这是电路的充电暂态过程.$t_1'$ 至 $t_2$ 是电路的稳态期.同样分析可得,$t_2$ 至 $t_2'$ 是电路的放电暂态过程,$t_2'$ 至 $t_3$ 是电路的稳态期.

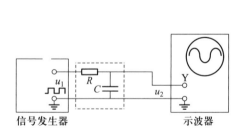
图 3.9.9　暂态过程测量电路

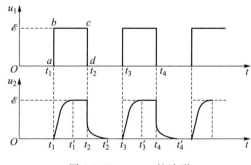
图 3.9.10　$u_1$、$u_2$ 的波形

示波器不但能显示 $u_1$、$u_2$ 波形,而且能测出有关的时间间隔.需要注意的是,为了有效观测到完整的过程,示波器的时间尺度要合适,实际激励信号的频率尽量低.

## 【实验仪器】

低频信号发生器(使用其中方波信号),示波器,电感器,电容器及交流电阻箱.

## 【实验内容及步骤】

1. 观察 RC 电路的 $u_C$ 和 $\tau$.

(1) 连接电路,并把仪器调整到安全待测态,设置 $R = 6\ 000\ \Omega$,$C = 0.015\ \mu F$;然后接通电源,方波 $f = 500\ Hz$,$\mathscr{E} = 3V_{P\text{-}P}$.

(2) 用示波器观察 $u_1$、$u_2$ 的波形图(显示的方波个数以少为好).将 $u_1$ 接在 CH1 上,$u_2$ 接在 CH2 上.

(3) 改变 $R$、$C$ 值,观察波形的变化规律.

(4) 依据测量数据,用最小二乘法求出 $\tau$ 值.把 $R$、$C$ 值及其 $\tau$ 的理论值、实际值均按测量精度列于自行设计的记录表格中.

2. 观察 RL 电路的 $u_R$ 并测量 $\tau$.

$L$ 是一个电感值约为 0.1 H 的电感,$R$ 在 $(6 \sim 9) \times 10^2\ \Omega$ 内取值.过程仿照实验内容 1.

3. 观测 RLC 串联电路的三种阻尼暂态过程.

自行设计并实验电路.

(1) 连接好电路,并把仪器置于安全待测态.其中 $R$ 在 $2.0 \times 10^2\ \Omega \sim 1.02 \times 10^4\ \Omega$ 范围内取值,$C = 0.015\ \mu F$,$L = 0.1\ H$,然后接通信号源.

(2) 粗略观察 $R$ 在 $2.0 \times 10^2\ \Omega \sim 1.02 \times 10^4\ \Omega$ 内变化时,$u_C$ 的暂态过程随之变化的情况.然后调节出临界阻尼暂态过程,按判断临界阻尼过程的精度,记下临界电阻值 $R_{CP}$,并与理论值 $R_{Ct}$ 相比较.

(3) 测出 $R = 200\ \Omega$,$C = 0.015\ \mu F$,$L = 0.1\ H$ 时的欠阻尼振荡周期 $T_P$,并与其理论值 $T_t$ 相比较$\left(\text{由示波器观察在方波的半个周期 } T/2 \text{ 内衰减振荡的次数 } N,\text{则振荡周期 } T_P = \dfrac{T}{2N}\right)$.

(4) 测出欠阻尼振荡的 $\tau_P$,并与理论值 $\tau_t$ 相比较.

在估算 $T_t$ 和 $\tau_t$ 时,RLC 的总电阻

$$R_S = R + R_i + R_C + R_L$$

式中:$R_i = 1.4 \times 10^2\ \Omega$ 为信号源内阻,$R_L$ 在 $L$ 上已标出,$R_C$ 可忽略.把以上观测的条件和结果科学地归纳,列成表格,并记录下来.

(5) 分别粗略观察 $R$、$C$ 值的变化对欠阻尼振荡 $u_C$ 波形的影响,并分析之.

(6) 利用示波器的存储功能,将所有实验波形记录下来并附在实验报告中.

【预习思考题】

1. 在 $RC$ 电路中,当 $\tau$ 比方波的半个周期大很多或小很多时(相差几十倍以上)各有什么现象?

2. 在 $RLC$ 的实验电路中,在仅把 $R$ 由 200 Ω 逐步加至 $1.02\times10^4$ Ω 的过程中,$u_C$ 暂态过程按顺序如何变换? 相应的波形是怎样的?

3. $u_C$ 的临界阻尼暂态过程的波形,与欠阻尼、过阻尼有何差异? 我们采用什么方法可使 $u_C$ 逼近临界阻尼暂态过程?

4. 分别改变 $R$、$C$ 值,它对 $RLC$ 电路的欠阻尼振荡的 $\omega$ 和 $\tau$ 各产生什么影响?

【习题】

1. 在一个直流电源供电,只有 $R$、$L$、$C$ 三元件任意组合的电路中,如果电流的暂态出现低频振荡,则电路中必然存在着_____(元件),该_____与_____共同产生_____振荡,该振荡持续时间较长,_____的值一定很小.

2. 在图 3.9.11 所示的方波电路中,若负载电路先后为四种情况,其对应的波形为 $i_a$、$i_b$、$i_c$、$i_d$,试分析这四种负载各对应是 $R$、$L$、$C$ 中的哪一个或者哪两个、三个串联?

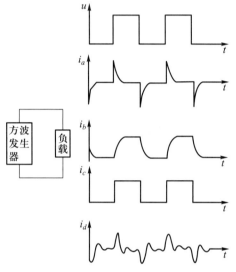

图 3.9.11　电路响应和电路

# 实验 3.10　用电磁感应法测交变磁场

在国防、工业、科研等方面都会遇到测量磁场的问题,实际中有多种测量磁场的方法,如冲击电流计法、电磁感应法、磁天平法、霍耳效应法、核磁共振法等,本实验利用电磁感应法测磁场,该方法具有原理简单、方法简便、灵敏度高等优点.

## 【实验目的】

1. 了解用电磁感应法测交变磁场的原理和一般方法.

2. 测量载流圆形线圈和亥姆霍兹线圈的轴线上的磁场分布.

3. 了解载流圆形线圈(或亥姆霍兹线圈)的径向磁场分布情况.

4. 研究探测线圈平面的法线与载流圆形线圈(或亥姆霍兹线圈)的轴线成不同夹角时所产生的感应电动势的值的变化规律.

## 【实验原理】

1. 载流圆形线圈和亥姆霍兹线圈的磁场

（1）载流圆形线圈中心轴线上的磁场分布

一半径为 $R$，通以电流为 $I$ 的圆线圈，由毕奥－萨伐尔定律及叠加原理可以求出圆形线圈轴线上任一点 $P$ 的磁感应强度 $B$，其方向沿线圈轴线方向，而大小为

$$B = \frac{\mu_0 N_0 I R^2}{2\left(R^2 + x^2\right)^{3/2}} \qquad (3.10.1)$$

式（3.10.1）中，$N_0$ 为圆线圈的匝数，$x$ 为轴线上 $P$ 点到圆心 $O'$ 的距离，磁场的分布如图 3.10.1 所示.

以 FB201 型交变磁场实验仪为例，其仪器参数为 $N_0 = 400$ 匝，$I = 0.300$ A，$R = 0.106$ m，$\mu_0 = 4\pi \times 10^{-7}$ H·m$^{-1}$，圆心 $O'(x = 0)$ 处，可算得磁感应强度为 $B = 0.710\ 8 \times 10^{-3}$ T，$B_m = \sqrt{2}\,B = 1.005 \times 10^{-3}$ T（$B$ 是有效值，$B_m$ 是峰值）.

（2）亥姆霍兹（Helmholtz）线圈中心轴线上的磁场分布

两个相同的圆形线圈彼此平行且共轴，通以同方向电流 $I$.理论计算表明，两线圈间的距离等于线圈半径 $R$ 时，两线圈的合磁场在两线圈圆心连线上及附近较大范围内是均匀的，这对线圈称为亥姆霍兹线圈，如图 3.10.2 所示.这种均匀磁场在科学实验中应用十分广泛，例如，显像管中的行、场偏转线圈就是根据实际情况经过适当变形的亥姆霍兹线圈.

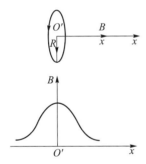

图 3.10.1 载流圆线圈磁场分布图

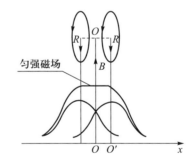

图 3.10.2 亥姆霍兹线圈磁场分布

2. 用电磁感应法测磁场的原理

设均匀交变磁场为（由通交变电流的线圈产生）

$$B = B_m \sin \omega t \qquad (3.10.2)$$

磁场中一探测线圈的磁通量为

$$\Phi = NSB_m \cos \theta \sin \omega t \qquad (3.10.3)$$

式中：$N$ 为探测线圈的匝数，$S$ 为该线圈的截面积，$\theta$ 为磁感应强度 $\boldsymbol{B}$ 与线圈法线方向夹角，如图 3.10.3 所示.线圈产生的感应电动势为

$$\mathscr{E} = -\frac{\mathrm{d}\Phi}{\mathrm{d}t} = NS\omega B_m \cos \theta \cos \omega t = -\mathscr{E}_m \cos \omega t \qquad (3.10.4)$$

式中 $\mathscr{E}_m = NS\omega B_m \cos \theta$ 是线圈法线和磁场成 $\theta$ 角时，感应电动势的幅值.当 $\theta = 0$，$\mathscr{E}_m = NS\omega B_m$，这时

感应电动势的幅值最大.如果用数字式毫伏表测量此时线圈的电动势,则毫伏表的示值(有效值) $U$ 应为 $\mathscr{E}_{\mathrm{m}}/\sqrt{2}$ ,则

$$B_{\mathrm{m}} = \frac{\mathscr{E}_{\mathrm{m}}}{NS\omega} = \frac{\sqrt{2}\,U}{NS\omega} \tag{3.10.5}$$

由式(3.10.5)可算出 $B_{\mathrm{m}}$ 来.

3. 探测线圈的设计

实验中由于磁场的不均匀性,探测线圈又不可能做得很小,否则会影响测量灵敏度.一般设计的线圈长度 $L$ 和外径 $D$ 有 $L = 2D/3$ 的关系,线圈的内径 $d$ 与外径 $D$ 有 $d \leqslant D/3$ 的关系(以 FB201 型交变磁场实验仪为例,其 $D = 0.012$ m, $N = 800$ 匝的线圈),如图 3.10.4 所示.线圈在磁场中的等效面积,经过理论计算,可用下式表示

$$S = \frac{13}{108}\pi D^2 \tag{3.10.6}$$

这样的线圈测得的平均磁感应强度可以近似看成是线圈中心点的磁感应强度.

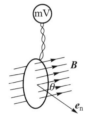

图 3.10.3　磁场中的探测线圈

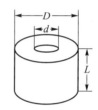

图 3.10.4　探测线圈设计图

FB201 型交变磁场实验仪的励磁电流由专用的交变磁场测试仪提供,该仪器输出的交变电流的频率 $f$ 可以在 20~200 Hz 之间连续调节,如选择 $f = 50$ Hz,则 $\omega = 2\pi f = 100\pi$ rad·s$^{-1}$,将 $D$、$N$ 及 $\omega$ 值代入式(3.10.5)得

$$B_{\mathrm{m}} = 0.103U \times 10^{-3} \text{ T} \tag{3.10.7}$$

## 【实验仪器】

FB201-Ⅰ型交变磁场实验仪(图 3.10.5 左),FB201-Ⅱ型交变磁场测试仪(图 3.10.5 右)或 DH4501 型磁场测量与描绘实验仪(详见本实验附录文件).

FB201-Ⅰ型交变磁场实验仪由圆电流线圈、感应线圈等组成.探测线圈三维可调,它用机械连杆器连接,可做横向、径向连续调节,还可做360°旋转.

FB201-Ⅱ型交变磁场测试仪由信号产生、信号放大、电源、信号频率、电流显示电路等组成.激励信号的频率、输出强度连续可调,可以研究不同激励频率、不同强度、感应线圈上产生不同感应电动势的情况.激励信号的频率、输出强度、探测线圈的感应电压都采用数显表显示.

图 3.10.5　FB201-Ⅰ型交变磁场实验仪和 FB201-Ⅱ型交变磁场测试仪

## 【实验内容及步骤】

1. 基于 FB201-Ⅰ型交变磁场实验仪和 FB201-Ⅱ型交变磁场测试仪

（1）测量圆电流线圈轴线上磁场的分布

按图 3.10.6 接好电路.将频率调至 50 Hz,再调节交变磁场实验仪的输出功率,使励磁电流有效值为 $I=0.300$ A,以圆电流线圈中心为坐标原点,每隔 10.0 mm 测一个 $U$ 值,测量过程中注意保持励磁电流值不变,并保证探测线圈法线方向与圆电流线圈轴线的夹角为 0°(从理论上可知,如果转动探测线圈,当 $\theta=0°$ 和 $\theta=180°$ 时应该得到两个相同的 $U$ 值,但实际测量时,这两个值往往不相等,这时就应该分别测出这两个值,然后取其平均值作为对应点的磁场强度).因此在实际操作中,可以把探测线圈从 $\theta=0°$ 转到 $\theta=180°$,测量一组数据对比一下,正、反方向的测量误差如果不大于 2%,则只做一个方向的数据即可,否则,应分别按正、反方向测量,再求算平均值作为测量结果.数据记录于表 3.10.1.

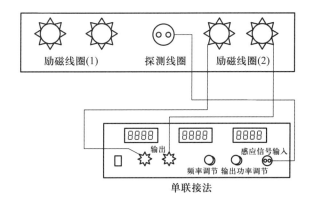

图 3.10.6　测量圆电流线圈轴线上磁场接线图

（2）测量亥姆霍兹线圈轴线上磁场的分布

在单个励磁线圈测量完毕后,先切断电源(以免连接错误,导致短路),再按图 3.10.7 接好电路(串联结法).把交变磁场实验仪的两组线圈串联起来(注意极性不要接反),接到交变磁场测试仪的输出端钮.将频率调至 50 Hz,再调节交变磁场测试仪的输出功率,使励磁电流有效值仍为 $I=0.300$ A.以两个圆线圈轴线上的中心点为坐标原点,每隔 10.0 mm 测一个 $U$ 值,数据记录于表 3.10.2.

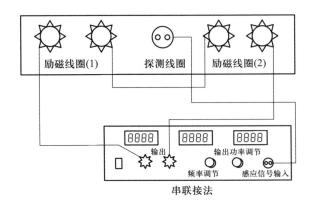

图 3.10.7　测量亥姆霍兹线圈轴线上磁场接线图

（3）测量亥姆霍兹线圈沿径向的磁场分布

探测线圈调到两个圆线圈轴线的中心点,固定探测线圈法线方向与圆电流轴线的夹角为 0°,将频率调至 50 Hz,再调节交变磁场测试仪的输出功率,使励磁电流有效值仍为 $I=0.300$ A.转动探测线圈径向移动手轮,每移动 10.0 mm 测量一个数据,按正、负方测到边缘为止,记录数据于表 3.10.3 并作出磁场分布曲线图.

（4）验证公式

$\mathscr{E}_m = NS\omega B_m \cos\theta$,当 $NS\omega B_m$ 不变时,$\mathscr{E}_m$ 与 $\cos\theta$ 成正比.把探测线圈调到两个圆线圈轴线的中心点,将频率调至 50 Hz,再调节交变磁场测试仪的输出功率,使励磁电流有效值仍为 $I=0.300$ A.让探测线圈法线方向与圆电流轴线的夹角从 0° 开始,逐步旋转到 ±90°,每改变 10° 测一组数据,记录数据于表 3.10.4.

（5）研究励磁电流频率改变对磁感应强度的影响

把探测线圈固定在两个圆线圈轴线的中心点,其法线方向与圆电流轴线的夹角为 0°（注:亦可选取其他位置或其他方向）,并保持不变.使励磁电流有效值为 $I=0.100$ A.调节磁场测试仪输出电流频率,在 30~150 Hz 范围内,每次频率改变 10 Hz,逐次测量感应电动势的数值并记录.注意:电流频率的改变会使励磁电流的有效值发生改变,每次测量都应该在励磁电流有效值为 $I=0.100$ A 时进行,记录数据于表 3.10.5.

（6）测量两线圈距离不同位置时的磁场分布

测试架左边的线圈固定不动,在进行两线圈距离为 $R/2$ 和 $2R$ 实验时,先放松右边线圈内侧的两紧定螺钉,此时线圈的中心刻线应对着 $R/2$ 和 $2R$ 处,然后拧紧紧定螺钉,可开始测量,数据记录于表 3.10.6.

2. 基于 DH4501 型磁场测量与描绘实验仪

本部分实验仪的仪器介绍和实验内容详看本实验的附录文件.


【数据记录与处理】

1. 基于 FB201-Ⅰ型交变磁场实验仪和 FB201-Ⅱ型交变磁场测试仪

（1）圆电流线圈轴线上磁场分布的测量数据记录.

注意坐标原点设在圆心处.要求列表记录,表格中包括测点位置,数字式毫伏表读数以 $U$ 换算得到的 $B_m$ 值,并在表格中表示出各测点对应的理论值 $B_{理}$,在同一坐标纸上画出实验曲线与理论曲线.

表 3.10.1 圆电流线圈轴线上磁场分布的测量数据记录

| 轴向距离 $x/10^{-3}$ m | 0.0 | 10.0 | 20.0 | 30.0 | ... | 100.0 |
|---|---|---|---|---|---|---|
| $U/\mathrm{mV}$ | | | | | | |
| $B_m\ (=0.103U\times10^{-3})/\mathrm{T}$ | | | | | | |
| $B_{理}\left(=\dfrac{\sqrt{2}\mu_0 N_0 I R^2}{2\ (R^2+x^2)^{3/2}}\right)/\mathrm{T}$ | | | | | | |

(2)亥姆霍兹线圈轴线上的磁场分布的测量数据记录.

注意坐标原点设在两个线圈圆心连线的中点 $O$ 处,在方格坐标纸上画出实验曲线.

表 3.10.2 亥姆霍兹线圈轴线上的磁场分布的测量数据记录

| 轴向距离 $x/10^{-3}$ m | −100.0 | −90.0 | ...... | 80.0 | 90.0 | 100.0 |
|---|---|---|---|---|---|---|
| $U/\mathrm{mV}$ | | | | | | |
| $B_m\ (=0.103U\times10^{-3})/\mathrm{T}$ | | | | | | |

(3)测量亥姆霍兹线圈沿径向的磁场分布.

表 3.10.3 测量亥姆霍兹线圈沿径向的磁场分布

| 径向距离 $x/10^{-3}$ m | −50.0 | −40.0 | ...... | 30.0 | 40.0 | 50.0 |
|---|---|---|---|---|---|---|
| $U/\mathrm{mV}$ | | | | | | |
| $B_m\ (=0.103U\times10^{-3})/\mathrm{T}$ | | | | | | |

(4)验证公式 $\mathscr{E}_m=NS\omega B_m\cos\theta$,以 $\cos\theta$ 为横坐标,以磁感应强度 $B_m$ 为纵坐标作图.

表 3.10.4 探测线圈法线与磁场方向不同夹角的数据记录

| 探测线圈转角 $\theta/°$ | 0.0 | 10.0 | 20.0 | 30.0 | ... | 90.0 |
|---|---|---|---|---|---|---|
| $U/\mathrm{mV}$ | | | | | | |
| $B_m\ (=0.103U\times10^{-3})/\mathrm{T}$ | | | | | | |

(5)励磁电流频率改变对磁场的影响.以频率为横坐标,磁感应强度 $B_m$ 为纵坐标作图,并对实验结果进行讨论.

表 3.10.5 励磁电流频率变化对磁场的影响的数据记录

| 励磁电流频率 $f/\mathrm{Hz}$ | 30 | 40 | 50 | 60 | ... | 150 |
|---|---|---|---|---|---|---|
| $U/\mathrm{mV}$ | | | | | | |
| $B_m\left(=0.103U\times10^{-3}\times\dfrac{50}{f}\right)/\mathrm{T}$ | | | | | | |

*（6）改变两个线圈间距为 $d=R/2$ 和 $d=2R$，测量轴线上的磁场分布（以两线圈圆心连线中心为坐标原点）.

表 3.10.6　改变两圆线圈间距后轴线上磁场分布数据记录

| 轴向距离 $x/10^{-3}$ m | −100.0 | −90.0 | … | 80.0 | 90.0 | 100.0 |
|---|---|---|---|---|---|---|
| $U_1/\mathrm{mV}\,(d=2R)$ | | | | | | |
| $B_{m1}\,(=0.103U_1\times10^{-3})/\mathrm{T}$ | | | | | | |
| $U_2/\mathrm{mV}\,(d=R/2)$ | | | | | | |
| $B_{m2}\,(=0.103U_2\times10^{-3})/\mathrm{T}$ | | | | | | |

2. 基于 DH4501 型磁场测量与描绘实验仪

本部分实验数据记录表格详看本实验的附录文件.

【预习思考题】

1. 单线圈轴线上磁场的分布规律如何？亥姆霍兹线圈是怎样组成的？其基本条件有哪些？它的磁场分布特点又怎样？
2. 探测线圈放入磁场后，不同方向上毫伏表指示值不同，哪个方向最大？如何测准 $U_{\max}$ 值？指示值最小表示什么？
3. 分析圆电流磁场分布的理论值与实验值的误差的产生原因？
4. 思考选取什么样的测量条件能够更好地验证物理规律.

本实验
附录文件

【习题】

1. 探测线圈放入磁场后，不同方向上毫伏表指示值不同，哪个方向最大？如何测准 $U$ 值？指示值最小表示什么？
2. 如果亥姆霍兹线圈的两个线圈通以相反的电流，其磁场分布又将如何？

# 实验 3.11　霍 耳 效 应

将金属或半导体薄片置于磁场中，若在垂直磁场方向上通以电流，则在垂直磁场方向和电流方向上产生电场，这种效应是 1879 年美国霍普金斯大学研究生霍耳（E.H.Hall）在研究载流导体在磁场中受力时发现的电磁现象，称为霍耳效应.霍耳效应不仅存在于金属导体和半导体中，同时也存在于导电流体（如等离子体）中，半导体的霍耳效应比金属导体的霍耳效应强得多.

霍耳效应在科学实验和工程技术中有着广泛的应用，利用霍耳效应可以测定半导体材料中载流子数密度、迁移率等重要参量，也可以判断半导体材料的导电类型，是研究半导体材料的重要手段;根据霍耳效应制成的传感器已广泛应用于非电荷量的电测量(磁场、位移、转速等的测量)、自动控制和信息处理等方面;在导电流体中的霍耳效应也是目前研究中的磁流体发电的理论基础;此外,利用霍耳效应还可以制成磁读头、磁罗盘和单向传递信息的隔离器.

近年来,霍耳效应得到了重要发展,1980 年,德国物理学家冯·克利青(K.von Klitzing)在极低温度和极强磁场下发现了量子霍耳效应.在凝聚态物理领域,量子霍耳效应研究是一个非常重要的研究方向.冯·克利青因发现了整数量子霍耳效应,获得 1985 年诺贝尔物理学奖.物理学家霍斯特·斯特默、崔琦和罗伯特·劳克林在更强磁场下研究量子霍耳效应时发现了分数量子霍耳效应,获得了 1998 的诺贝尔物理学奖.科学家安德烈·海姆和康斯坦丁·诺沃肖洛夫发现了石墨烯中的半整数量子霍耳效应,于 2010 年获得了诺贝尔物理学奖.

量子反常霍耳效应不同于量子霍耳效应,它不依赖于强磁场而由材料本身的自发磁化产生.在零磁场中就可以实现量子霍耳态,更容易应用到人们日常所需的电子器件中.自 1988 年开始,就不断有理论物理学家提出各种方案,然而在实验上没有取得任何进展.2013 年,由清华大学薛其坤院士领衔、清华大学物理系和中科院物理研究所组成的实验团队从实验上首次观测到量子反常霍耳效应.美国《科学》杂志于 2013 年 3 月 14 日在线发表这一研究成果.

## 【实验目的】

1. 了解用霍耳效应测量磁场的原理和方法.
2. 学习用对称变换测量法消除伴随霍耳效应产生的副效应.
3. 测绘磁体的磁感强度分布,并和理论值进行对比,以检验实验的精度和巩固理论知识.

## 【实验原理】

1. 霍耳效应及相关参量的测量原理

霍耳效应从本质上讲是运动的带电粒子在磁场中受到洛伦兹力作用而引起的.

如图 3.11.1 所示,一厚度为 $d$ 的 n 型半导体薄片,在 $x$ 方向通以电流 $I_s$,$y$ 方向加磁场 $B$,其内部做定向运动的载流子(电子)受到洛伦兹力 $F_m$ 的作用而发生偏转,其结果是沿 $z$ 轴正方向出现负电荷的聚积,而在 $z$ 轴负方向出现正电荷的聚积.由于这种电荷的聚积将建立起一个内电场,称为霍耳电场 $E_H$,使电子在受到洛伦兹力 $F_m$ 作用的同时还受到与此反向的电场力 $F_e$ 的作用.当二力大小相等时,电子聚积达到动态平衡.这时在垂直于电流和磁场的 $z$ 轴方向上形成一横向电势差 $U_H$,即在 $A$ 和 $A'$ 两端有稳定的电动势 $U_H$ 输出,这个现象称为霍耳效应,$U_H$ 称为霍耳电动势.可以证明 $U_H$ 与电流 $I_s$ 和磁场 $B$ 的乘积成正比,和半导体薄片的厚度 $d$ 成反比,即

$$U_H = \frac{I_s B}{ned} = R_H \frac{I_s B}{d} \tag{3.11.1}$$

式中 $e$、$n$ 分别为载流子的电荷量和数密度,$R_H = \dfrac{1}{ne}$ 为比例常量,称为霍耳系数,其值取决于半导体材料的特性.

所谓霍耳器件就是利用上述霍耳效应制成的电磁转换元件,它能将磁信息转化为电信息,通

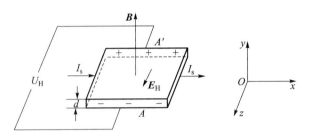

图 3.11.1　产生霍耳电压示意图

过仪器、仪表测量出来,现已广泛用于非电荷量测量、自动控制和信息处理等各个领域.对于成品的霍耳器件,其 $R_{\mathrm{H}}$ 和 $d$ 已定,因此在实用上将式(3.11.1)写成

$$U_{\mathrm{H}} = K_{\mathrm{H}} I_s B \tag{3.11.2}$$

式(3.11.2)中 $K_{\mathrm{H}} = R_{\mathrm{H}} / d$, $K_{\mathrm{H}}$ 称为霍耳器件的灵敏度(其值由制作厂家给出),它表示该器件在单位工作电流和单位磁感强度下输出的霍耳电压.式(3.11.2)中的单位取 $I_s$ 为 mA, $U_{\mathrm{H}}$ 为 mV, $K_{\mathrm{H}}$ 的单位为 $\mathrm{mV \cdot mA^{-1} \cdot T^{-1}}$.

(1)测量未知磁场.

根据式(3.11.2),若 $K_{\mathrm{H}}$ 已知,而 $I_s$ 由实验测出,所以只要测出 $U_{\mathrm{H}}$ 就可以求得未知磁感强度 $B$.

(2)测量载流子数密度 $n$.

根据 $R_{\mathrm{H}} = \dfrac{1}{ne}$,在已知霍耳器件厚度,在给定磁场强度下,可测出 $R_{\mathrm{H}}$,则可求出 $n$.

(3)求载流子迁移率 $\mu$.

电导率 $\sigma$ 与载流子数密度 $n$,以及迁移率 $\mu$ 之间有如下关系

$$\sigma = ne\mu \tag{3.11.3}$$

即 $\mu = |R_{\mathrm{H}}| \sigma$,测出 $\sigma$ 值即可求出 $\mu$.

2. 霍耳效应的副效应

在磁场中的霍耳元件,在产生霍耳电压 $U_{\mathrm{H}}$ 的同时,还伴有四种副效应,副效应产生的电压叠加在霍耳电压上,造成系统误差,如图 3.11.2 所示.

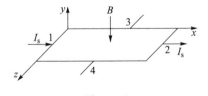

图 3.11.2

(1)埃廷斯豪森(Ettingshausen)效应引起的电势差 $U_{\mathrm{E}}$.

由于电子实际上并非以同一速度 $v$ 沿 $x$ 轴负方向运动,速度大的电子回转半径大,能较快地到达接点 3 的侧面,从而导致 3 侧面较 4 侧面集中较多高能量的电子,3、4 侧面出现温差,产生温差电动势 $U_{\mathrm{E}}$.容易理解 $U_{\mathrm{E}}$ 的正负与 $I_s$ 和 $\boldsymbol{B}$ 的方向有关.

(2)能斯特(Nernst)效应引起的电势差 $U_{\mathrm{N}}$.

焊点 1、2 间的接触电阻可能不同,通电发热程度不同,故 1、2 两点间的温度可能不同,于是引起热扩散电流.与霍耳效应类似,该热流也会在 3、4 点间形成电势差 $U_{\mathrm{N}}$.若只考虑接触电阻的差异,则 $U_{\mathrm{N}}$ 的方向仅与 $\boldsymbol{B}$ 的方向有关.

(3)里吉-勒迪克(Righi-Leduc)效应产生的电势差 $U_{\mathrm{R}}$.

能斯特效应中的热扩散电流的载流子由于速度不同,一样具有埃廷斯豪森效应,又会在 3、4 点间形成温差电动势 $U_R$. $U_R$ 的正负仅与 $B$ 的方向有关,而与 $I_s$ 的方向无关.

（4）不等电势效应引起的电势差 $U_0$.

由于制造上的困难及材料的不均匀性,3、4 两点实际上不可能在同一条等势线上.因此,即使未加磁场,当 $I_s$ 流过时,3、4 两点也会出现电势差 $U_0$. $U_0$ 的正负只与电流 $I_s$ 的方向有关,而与 $B$ 的方向无关.

综上所述,在确定的磁场 $B$ 和电流 $I_s$ 下,实际测出的电压是霍耳效应电压与副效应产生的附加电压的代数和.人们可以通过对称测量方法,即改变 $I_s$ 和磁场 $B$ 的方向加以消除和减小副效应的影响.在规定了电流 $I_s$ 和磁场 $B$ 的正、反方向后,可以测量出由下列四组不同方向的 $I_s$ 和 $B$ 组合的电压,即

$$+B, \quad +I_s: \quad U_1 = U_H + U_E + U_N + U_R + U_0$$
$$-B, \quad +I_s: \quad U_2 = -U_H - U_E - U_N - U_R + U_0$$
$$-B, \quad -I_s: \quad U_3 = U_H + U_E - U_N - U_R - U_0$$
$$+B, \quad -I_s: \quad U_4 = -U_H - U_E + U_N + U_R - U_0$$

然后求 $U_1$、$U_2$、$U_3$ 和 $U_4$ 的代数平均值得

$$U_H = \frac{1}{4}(U_1 - U_2 + U_3 - U_4) - U_E \tag{3.11.4}$$

通过上述测量方法,虽然不能消除所有的副效应,但考虑到 $U_E$ 较小,引入的误差不大,可以忽略不计,因此霍耳效应电压 $U_H$ 可近似为

$$U_H = \frac{1}{4}(U_1 - U_2 + U_3 - U_4) \tag{3.11.5}$$

3. $U_H$ 的测量方法

应该说明,由于霍耳器件中存在多种副效应,以至于实验测得的 $A$ 和 $A'$ 两电极之间的电压并不等于真实的 $U_H$ 值,而是包含着各种副效应所引起的附加电压,因此必须设法消除.根据副效应产生的机理可知,采用电流和磁场换向的对称测量法,基本上能够把副效应的影响从测量的结果中消除.具体的做法是保持 $I_s$ 和 $B$（即 $I_m$,称为励磁电流）的大小不变,并在设定电流和磁场的正反方向后,依次测量下列四组不同方向的 $I_s$ 和 $B$ 组合的 $A$ 和 $A'$ 两点之间的电压 $U_1$、$U_2$、$U_3$ 和 $U_4$,即

$$+I_s \quad +B \quad U_1$$
$$-I_s \quad +B \quad U_2$$
$$-I_s \quad -B \quad U_3$$
$$+I_s \quad -B \quad U_4$$

然后求上述四组 $U_1$、$U_2$、$U_3$ 和 $U_4$ 的代数平均值,即式（3.11.5）或

$$U_H = \frac{1}{4}(|U_1| + |U_2| + |U_3| + |U_4|) \tag{3.11.6}$$

通过对称测量法求出的 $U_H$,虽然还存在个别无法消除的副效应,但其引入的误差甚小,可以忽略不计.

式(3.11.2)和式(3.11.5)就是本实验用来测量磁感强度的依据.

4. 载流长直螺线管内的磁感应强度

螺线管是由绕在圆柱面上的导线构成的.对于密绕的螺线管可以看成是一列有共同轴线的圆形线圈的并排组合,因此一个载流长直螺线管轴线上某点的磁感应强度,可以从对各圆形电流在轴线上在该点所产生的磁感强度进行积分得到.对于一有限长的螺线管,在距离两端等远的中心点,磁感应强度为最大,且有

$$B_{中心} = \frac{\mu_0 N I_m}{\sqrt{L^2 + D^2}} \tag{3.11.7}$$

螺线管轴线上两端面上的磁感应强度为

$$B_{端} = \frac{1}{2} B_{中心} = \frac{1}{2} \frac{\mu_0 N I_m}{\sqrt{L^2 + D^2}} \tag{3.11.8}$$

式(3.11.7)、式(3.11.8)两式中,$\mu_0$ 是真空中磁导率,$\mu_0 = 4\pi \times 10^{-7}$ H·m$^{-1}$,$I_m$ 为线圈的励磁电流,$L$ 为螺线管的长度,$D$ 为螺线管的平均直径.

若 $L \gg D$,有

$$B_{中心} = n \mu_0 I_m, \quad B_{端} = \frac{1}{2} B_{中心} = \frac{1}{2} n \mu_0 I_m \tag{3.11.9}$$

式中,$n$ 为螺线管单位长度的线圈匝数.

由理论和实验可知,长直螺线管的磁感应线分布如图3.11.3 所示,其内腔中部的磁感应线是平行于轴线的直线系,渐近两端口时,这些直线变为从两端口离散的曲线.说明其内部的磁场是均匀的,仅在靠近两端口处,才呈现明显的不均匀性.根据理论计算[见式(3.11.9)],长直螺线管一端的磁感应强度为内腔中部的磁感应强度的二分之一.

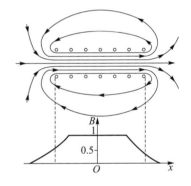

图 3.11.3　载流长直螺线管的磁感应线分布

## 【实验仪器】

FB400 型霍耳效应实验仪（图 3.11.4 左边）及 JK-50 型电压测量仪（图 3.11.4 右边）或 DH4512D 型霍耳实验仪（详见本实验附录文件）.

FB400 型霍耳效应实验仪包括长直螺线管（长 $L = 28.0$ cm,匝数 $N = 2\,780$）、霍耳器件和测距尺（霍耳器件在推拉铝管的中间）、霍耳器件工作电流 $I_s$ 和螺线管励磁电流 $I_m$ 的输入并兼作电流换向的开关以及霍耳电压和信号输出开关.

测量仪功能为

（1）提供霍耳器件的工作电流 $I_s$,输出电流 0～10 mA,连续可调.

（2）提供螺线管的励磁电流 $I_m$,输出电流 0～1 A,连续可调.

（3）供测量霍耳电压用的 $3\frac{1}{2}$ 位 LED 数字毫伏表（为提高霍耳电压测量值的稳定和精度,也可外接数字电压表）.

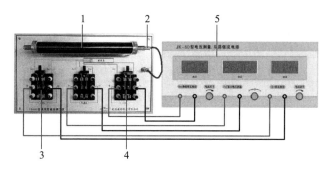

图 3.11.4 FB400 型霍耳效应实验仪(左)及 JK-50 型电压测量仪(右)

1—螺线管线圈;2—推拉铝管;3—工作电流 $I_s$ 换向开关;4—励磁电流 $I_m$ 换向开关;5—JK-50 型电压测量仪前面板

## 【实验内容及步骤】

1. 基于 FB400 型霍耳效应实验仪

(1) 霍耳器件输出特性测量

① 要求正确无误地接上测量仪和实验台之间相对应的 $I_s$、$I_m$ 和 $U_H$ 各组连线(即三根红线和三根黑线),经指导老师检查后方可开启测试仪的电源(电源开关在测量仪的对面处,图 3.11.4 中未画出).必须强调指出,绝不允许将励磁电流 $I_m$ 误接到霍耳器件上,否则一旦通电,霍耳器件即遭损坏.

螺线管结构:实际绕线部位长度为 28 cm,线圈两端各有长度 3 cm 固定块(带红线),固定块红线到螺线管中心距离 17 cm;霍耳元件安装在推拉铝管轴线中心 17 cm 刻度处;因此铝管插入螺线管其刻度尺的 0 cm 对准固定块上红线,霍耳元件正好位于螺线管轴线中心.

② 拉动推拉铝管使其刻度尺的 0 cm 对准固定块上红线,即霍耳器件位于螺线管的中心位置.

③ 测绘 $U_H$-$I_s$ 曲线.取 $I_m = 0.500$ A,依次调节 $I_s$ 等于 1.00 mA,1.50 mA,2.00 mA,$\cdots$,5.00 mA.按原理所述的 $I_s$ 和 $B$(即 $I_m$)换向对称测量法,对上述各 $I_s$ 值,测出相应的 $U_1$、$U_2$、$U_3$ 和 $U_4$,并填入表 3.11.1 中.由式(3.11.5)或式(3.11.6)计算 $U_H$,以 $I_s$ 为横坐标,$U_H$ 为纵坐标作 $U_H$-$I_s$ 曲线.

表 3.11.1

$I_m = 0.500$ A

| $I_s$/mA | $U_1$/mV | $U_2$/mV | $U_3$/mV | $U_4$/mV | $U_H\left(=\dfrac{U_1-U_2+U_3-U_4}{4}\right)$/mV |
|---|---|---|---|---|---|
| | $+I_m,+I_s$ | $-I_m,+I_s$ | $-I_m,-I_s$ | $+I_m,-I_s$ | |
| 1.00 | | | | | |
| 1.50 | | | | | |
| 2.00 | | | | | |
| 2.50 | | | | | |
| 3.00 | | | | | |

| $I_s/\text{mA}$ | $U_1/\text{mV}$ | $U_2/\text{mV}$ | $U_3/\text{mV}$ | $U_4/\text{mV}$ | $U_H\left(=\dfrac{U_1-U_2+U_3-U_4}{4}\right)/\text{mV}$ |
|---|---|---|---|---|---|
| | $+I_m,+I_s$ | $-I_m,+I_s$ | $-I_m,-I_s$ | $+I_m,-I_s$ | |
| 3.50 | | | | | |
| 4.00 | | | | | |
| 4.50 | | | | | |
| 5.00 | | | | | |

④ 测绘 $U_H$-$I_m$ 曲线.令 $I_s=5.00\text{ mA}$,$I_m$ 依次取 0.100 A、0.150 A、0.200 A、0.250 A、0.300 A、0.350 A、0.400 A、0.450 A,按上述的换向对称测量法,测出相应的 $U_1$、$U_2$、$U_3$ 和 $U_4$ 填入表 3.11.2,由式(3.11.5)或式(3.11.6)计算 $U_H$,以 $I_m$ 为横坐标,$U_H$ 为纵坐标作 $U_H$-$I_m$ 曲线.

表 3.11.2    $I_s=5.00\text{ mA}$

| $I_m/\text{A}$ | $U_1/\text{mV}$ | $U_2/\text{mV}$ | $U_3/\text{mV}$ | $U_4/\text{mV}$ | $U_H\left(=\dfrac{U_1-U_2+U_3-U_4}{4}\right)/\text{mV}$ |
|---|---|---|---|---|---|
| | $+I_m,+I_s$ | $-I_m,+I_s$ | $-I_m,-I_s$ | $+I_m,-I_s$ | |
| 0.100 | | | | | |
| 0.150 | | | | | |
| 0.200 | | | | | |
| 0.250 | | | | | |
| 0.300 | | | | | |
| 0.350 | | | | | |
| 0.400 | | | | | |
| 0.450 | | | | | |

（2）测绘螺线管轴线上磁感强度的分布

① 取 $I_s=5.00\text{ mA}$,$I_m=0.500\text{ A}$.

② 以相距螺线管两端等远的中心位置为坐标原点,调节探杆支架旋钮,使标尺依次停在距离原点分别为 0.00 cm、3.00 cm、6.00 cm、9.00 cm、12.00 cm、13.00 cm、14.00 cm 等读数处,按对称测量法测出各相应位置的 $U_1$、$U_2$、$U_3$ 和 $U_4$,填入表 3.11.3. 由式(3.11.5)或式(3.11.6)计算 $U_H$(仪器上坐标对应点分别为 14.00 cm、11.00 cm、8.00 cm、5.00 cm、2.00 cm、1.00 cm、0.00 cm).

③ 作 $U_H$-$x$ 曲线,验证螺线管端口磁感强度为中心位置磁感强度的二分之一.

④ 将螺线管中部的 $U_H$ 值代入式(3.11.2)中计算 $B$,并与理论值比较,求出相对误差($K_H$ 值与螺线管的线圈匝数均标在实验装置上或者由实验室提供,每台仪器 $K_H$ 值不同,匝数相同).

**2. 基于 DH4512D 型霍耳效应实验仪**

DH4512D 型霍耳效应实验仪的仪器介绍和实验内容详见本实验附录文件.

| 探杆离中心位置 $x/\text{cm}$ | $U_1/\text{mV}$ $+I_\text{m},+I_\text{s}$ | $U_2/\text{mV}$ $-I_\text{m},+I_\text{s}$ | $U_3/\text{mV}$ $-I_\text{m},-I_\text{s}$ | $U_4/\text{mV}$ $+I_\text{m},-I_\text{s}$ | $U_\text{H}\left(=\dfrac{U_1-U_2+U_3-U_4}{4}\right)\bigg/\text{mV}$ |
|---|---|---|---|---|---|
| 0 | | | | | |
| 3.00 | | | | | |
| 6.00 | | | | | |
| 9.00 | | | | | |
| 12.00 | | | | | |
| 13.00 | | | | | |
| 14.00 | | | | | |

表 3.11.3　　　　　　　　　　　　　　　　$I_\text{s}=5.00\ \text{mA}$，$I_\text{m}=0.500\ \text{A}$

【预习思考题】

1. 如何判断霍耳元件是 n 型还是 p 型半导体材料?
2. 怎样减小或消除实验中附加电压所产生的影响?
3. 测试中应该如何选择励磁电流、工作电流或测量范围?

【习题】

1. 若磁感应强度方向于霍耳器件平面(如图 3.11.1 的 $xOz$ 平面)不完全正交,按 $B=\dfrac{U_\text{H}}{K_\text{H}I_\text{s}}$ 算出的磁感强度比实际值大还是小?

本实验
附录文件

2. 在霍耳器件中,如果工作电流 $I_\text{s}$ 换向,载流子(电子)的运动轨道将怎样弯曲? 如果磁场的方向反转,等势线又怎样弯曲.

## 实验 3.12　弗兰克-赫兹实验——氩原子第一激发电势的测定

20 世纪初,人类对原子光谱的研究逐步深入. 1911 年,卢瑟福( Ernest Rutherford )提出原子的有核模型后,人们发现它与经典的电磁理论有着深刻的矛盾.按照后者观点,原子应当是一个不稳定的系统,原子光谱应为连续光谱.但是事实告诉我们,原子是稳定的,原子光谱是有一定规律性的分立谱.面对这一矛盾,1913 年,丹麦物理学家玻尔( N. Bohr)提出了半经典半量子化的氢原子理论,用能量量子化——能级的概念,说明了原子光谱的规律性.该理论指出,原子处于稳定状态时不辐射能量,当原子从高能态(能量 $E_m$)向低能态(能量 $E_n$)跃迁时才辐射能量.辐射能量满足 $\Delta E=E_m-E_n$.对于外界提供的能量,只有满足原子跃迁到高能级的能级差,原子才能吸收能量并跃迁,否则不吸收能量.

1914 年,德国物理学家弗兰克( J. Franck)和赫兹( G. Hertz)在研究气体放电现象中的低能电子与原子间相互作用时,在充汞的放电管中,发现透过汞蒸气的电子流随电子的能量呈现有规律的周期性变化,能量间隔为 4.9 eV.同一年,使用石英制作的充汞管,拍摄到与能量 4.9 eV 相应的光谱线 253.7 nm 的发射光谱.对此,他们提出了原子中存在"临界电势"的概念.当电子能量低于与临界电势相应的临界能量时,电子与原子的碰撞是弹性的;而当电子能量达到这一临界能量时,碰撞过程由弹性转变为非弹性,电子把这份特定的能量转移给原子,使之受激;原子退激时,再以特定频率的光量子形式辐射出来.1920 年,弗兰克及其合作者对原先的装置做了改进,提高了分辨率,测得了亚稳能级和较高的激发能级,进一步证实了原子的内部能量是量子化的.弗兰克-赫兹(F-H)实验的结果为玻尔理论提供了直接证据.

F-H 实验与玻尔理论在物理学的发展史中起到了重要的作用.玻尔因氢原子理论获 1922 年诺贝尔物理学奖,而弗兰克与赫兹也于 1925 年获诺贝尔物理学奖.


## 【实验目的】

1. 通过测量氩原子第一激发电势,证实电子能级的存在,加深对原子结构的了解.
2. 了解 F-H 实验的设计思想和基本实验方法.
3. 掌握测量氩原子第一激发电势的方法.


## 【实验原理】

根据玻尔理论,原子只能较长久地停留在一些稳定状态(即定态),其中每一状态对应于一定的能量值,各定态的能量是分立的,原子只能吸收或辐射相当于两定态间能量差的能量.如果处于基态的原子要改变状态,所需要的能量不能少于原子从基态跃迁到第一激发态时所需要的能量.F-H 实验是通过具有一定能量的电子与原子碰撞,进行能量交换而实现原子从基态到高能态的跃迁.

电子与原子碰撞过程可以用以下方程表示

$$\frac{1}{2}m_e v^2 + \frac{1}{2}mv_m^2 = \frac{1}{2}m_e v'^2 + \frac{1}{2}mv'^2_m + \Delta E$$

其中 $m_e$ 和 $m$ 分别是电子质量和原子质量,$v$ 和 $v_m$ 分别是碰撞前电子和原子的速度,$v'$ 和 $v'_m$ 分别是碰撞后电子和原子的速度,$\Delta E$ 为内能项.因为 $m_e \ll m$,所以电子的动能可以转化为原子的内能.因为原子的内能是不连续的,当电子的动能小于原子的第一激发态与基态的能级差时,原子与电子发生弹性碰撞,$\Delta E = 0$;当电子的动能大于原子的第一激发态与基态的能级差时,电子的动能转化为原子的内能 $\Delta E = E_1 - E_0$,$E_1$ 为原子的第一激发态能量,$E_0$ 为原子的基态能量.

结合 F-H 实验管原理图(图 3.12.1 所示),介绍下 F-H 实验的测量原子第一激发电势的原理.$V_F$ 为灯丝加热电压,$V_{G_1}$ 为正向小电压,$V_{G_2}$ 为加速电压,$V_P$ 为减速电压.充氩气的 F-H 管中,电子由热阴极发出,阴极 K 和栅极 G$_1$ 之间的加速电压 $V_{G_1}$ 使电子加速,在板极 P 和栅极

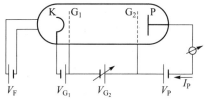

图 3.12.1　F-H 实验管原理图

$G_2$ 之间有减速电压 $V_P$.当电子通过栅极 $G_2$ 进入 $G_2P$ 空间时,如果能量大于 $eV_P$,就能到达极板形成电流 $I_P$.由于管中充有氩原子气体,电子前进的途中要与原子发生碰撞,有以下几种可能性.

（1）如果电子能量小于第一激发态与基态的能级差 $eU_1$（$U_1$ 为氩原子第一激发电势），它们之间的碰撞是弹性的,根据弹性碰撞前后系统动量和动能守恒原理不难推得电子损失的能量极小,电子能如期到达阳极.这样,从阴极发出的电子随着 $V_{G_2}$ 从零开始增加,极板上将有电流出现并增加.

（2）如果电子能量达到或超过第一激发态与基态的能级差 $eU_1$,电子与原子将发生非弹性碰撞,电子把能量 $eU_1$ 传给气体原子,如果非弹性碰撞发生在 $G_2$ 附近,损失了能量的电子将无法克服减速场 $V_P$ 到达极板,就会使 $I_P$—$V_{G_2}$ 曲线出现第一次下降.

（3）随着 $V_{G_2}$ 的增加,电子与原子发生非弹性碰撞的区域向阴极移动,经碰撞损失能量的电子在趋向阳极的途中又得到加速,又开始有足够的能量克服减速电压 $V_P$ 而到达阳极 P,$I_P$ 随着 $V_{G_2}$ 的增加又开始增加,而如果 $V_{G_2}$ 的增加使那些经历过非弹性碰撞的电子能量又达到 $eU_1$,则电子又将与原子发生非弹性碰撞造成 $I_P$ 的又一次下降.在 $V_{G_2}$ 较高的情况下,电子在趋向阳极的路途中会与电子发生多次非弹性碰撞,每当 $V_{G_2}$ 造成的最后一次非弹性碰撞区落在 $G_2$ 栅极附近就会使 $I_P$-$V_{G_2}$ 曲线出现下降.

$I_P$-$V_{G_2}$ 曲线如图 3.12.2 所示.对氩来说,曲线上相邻两峰（或谷）之间的 $V_{G_2}$ 之差,即为氩原子的第一激发电势.曲线的极大极小出现呈现明显的规律性,它是量子化能量被吸收的结果.原子只吸收特定能量而不是任意能量,这证明了氩原子能量状态的不连续性.

本实验就是要通过实际测量来证实原子能级的存在,并测出氩原子的第一激发电势（公认值为 $U_1 = 11.61$ V）.

原子处于激发态是不稳定的.在实验中被慢电子轰击到第一激发态的原子要跳回基态,进行这种反跃迁时,就应该有 $eU_1$ 的能量发射出来.反跃迁时,原子是以放出光量子的形式向外辐射能量.这种光辐射的波长为

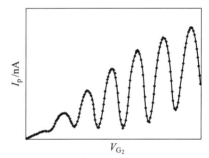

图 3.12.2 $I_P$—$V_{G_2}$ 曲线

$$eU_1 = h\nu = h\frac{c}{\lambda} \tag{3.12.1}$$

对于氩原子

$$\lambda = \frac{hc}{eU_1} = \frac{6.63 \times 10^{-34} \times 3.00 \times 10^8}{1.6 \times 10^{-19} \times 11.61} \text{m} = 1\ 071 \text{ Å}$$

如果弗兰克—赫兹管中充以其他元素,则可以得到它们的第一激发电势（表 3.12.1）.

表 3.12.1  几种元素的第一激发电势

| 元素 | 钠（Na） | 钾（K） | 锂（Li） | 镁（Mg） | 汞（Hg） | 氦（He） | 氖（Ne） |
|---|---|---|---|---|---|---|---|
| $U_1$/V | 2.12 | 1.63 | 1.84 | 3.2 | 4.9 | 21.2 | 18.6 |
| $\lambda$/Å | 5 898<br>5 896 | 7 664<br>7 699 | 6 756 | 3 885 | 2 537 | 584.3 | 640.2 |

【实验仪器】

FD-FH-1 型弗兰克-赫兹实验仪(图 3.12.3 所示) 或 ZKY-FH-2 型智能弗兰克-赫兹实验仪(详见本实验附录文件)及示波器.

1. FD-HZ-1 型 F-H 实验仪面板(图 3.12.3)与功能

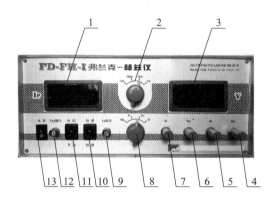

图 3.12.3 　FD-FH-1 型弗兰克-赫兹实验仪面板

1—$I_P$ 显示表头(表头示值×指示挡后为 $I_P$ 实际值);2—$I_P$ 微电流放大器量程选择开关,分 1 μA、100 nA、10 nA、1 nA 四挡;3—数字电压表头(与 8)相关,可以分别显示 $V_F$、$V_{G_1}$、$V_P$、$V_{G_2}$ 值,其中 $V_{G_2}$ 值为表头示值×10 V);4—$V_{G_2}$ 电压调节旋钮;5—$V_P$ 电压调节旋钮;6—$V_{G_1}$ 电压调节旋钮;7—$V_F$ 电压调节旋钮;8—电压示值选择开关,可以分别选择 $V_F$、$V_{G_1}$、$V_P$、$V_{G_2}$;9—$I_P$ 输出端口,接示波器 Y 端、X-Y 记录仪 Y 端或者微机接口的电流输入端;10—$V_{G_2}$ 扫描速率选择开关,"快速"挡供接示波器观察 $I_P \sim V_{G_2}$ 曲线或微机用,"慢速"挡供 X-Y 记录仪用;11—$V_{G_2}$ 扫描方式选择开关,"自动"挡供示波器,X-Y 记录仪或微机用,"手动"挡供手测记录数据使用;12—$V_{G_2}$ 输出端口,接示波器 X 端、X-Y 记录仪 X 端,或微机接口电压输入用;13—电源开关

2. F-H 实验管

F-H 管为实验仪的核心部件,F-H 管采用间热式阴极、双栅极和板极的四极形式,各极一般为圆筒状.这种 F-H 管内充氩气,玻璃封装.电性能及各电极与其他部件的连接示意图如图 3.12.1所示.

3. F-H 管电源组

提供 F-H 管各电极所需的工作电压.性能如下.

(1) 灯丝电压 $V_F$,直流 1~5 V,连续可调.

(2) 栅极 $G_1$—阴极间电压 $V_{G_1}$,直流 0~6 V,连续可调.

(3) 栅极 $G_2$—阴极间电压 $V_{G_2}$,直流 0~95 V,连续可调.

4. 扫描电源和微电流放大器

扫描电源提供可调直流电压或输出锯齿波电压作为 F-H 管电子加速电压.直流电压供手动测量,锯齿波电压供示波器显示,X-Y 记录仪和微机用.微电流放大器用来检测 F-H 管的板流 $I_P$.性能如下.

(1) 具有"手动"和"自动"两种扫描方式:"手动"输出直流电压,0~95 V,连续可调;"自动"

输出 0~95 V 锯齿波电压,扫描上限可以设定.

（2）扫描速率分"快速"和"慢速"两挡:"快速"是周期约为 20 次/s 锯齿波,供示波器和微机用;"慢速"是周期约为 0.5 次/s 的锯齿波,供 X-Y 记录仪用.

（3）微电流放大测量范围为 $10^{-9}$ A、$10^{-8}$ A、$10^{-7}$ A、$10^{-6}$ A 四挡.

5. F-H 实验值 $I_P$ 和 $V_{G_2}$ 分别用三位半数字表头显示.另设端口供示波器,X-Y 记录仪,及微机显示或者直接记录 $I_P \sim V_{G_2}$ 曲线的各种信息.

## 【实验内容及步骤】

1. 基于 FD-FH-1 型弗兰克-赫兹实验仪

（1）示波器演示法（选做）

① 连好主机后面板电源线,用 Q9 线将主机正面板上 "$V_{G_2}$ 输出" 与示波器上的"X 相"（供外触发使用）相连,"$I_P$ 输出" 与示波器"Y 相"相连;

② 将扫描开关置于"自动"挡,扫描速度开关置于"快速"挡,微电流放大器量程选择开关置于"10 nA";

③ 分别将"X""Y"电压调节旋钮调至"1 V"和"2 V","POSITION"调至"$x\text{-}y$","交直流"全部打到"DC";

④ 分别开启主机和示波器的电源开关,稍等片刻;

⑤ 分别调节 $V_{G_1}$、$V_P$、$V_F$ 电压（可以先参考给出值）至合适值,将 $V_{G_2}$ 由小慢慢调大（以 F-H 管不击穿为界）,直至示波器上呈现充氩管稳定的 $I_P \sim V_{G_2}$ 曲线,观察原子能量的量子化情况.

（2）手动测量法

① 调节 $V_{G_2}$ 至最小,扫描开关置于"手动"挡,微电流放大器量程选择开关置于"10 nA",打开主机电源;

② 选取合适的实验条件,即置 $V_{G_1}$、$V_P$、$V_F$ 于适当值（主机上部厂家标定数值或由实验室提供）,用手动方式逐渐增大 $V_{G_2}$,同时观察 $I_P$ 变化.适当调整预置 $V_{G_1}$、$V_P$、$V_F$ 值,使 $V_{G_2}$ 由小到大能够出现 6 个以上峰值.

③ 每隔 1 V 记录一组数据（实验中应该在波峰和波谷位置周围多记录几组数据,以提高测量精度）,列出表格,分别由数字表头读取 $I_P$ 和 $V_{G_2}$ 值,作图可得 $I_P \sim V_{G_2}$ 曲线,注意示值和实际值关系.

例:$I_P$ 表头示值为"3.23",电流量程选择"10 nA"挡,则实际测量的 $I_P$ 电流值应该为"32.3 nA";$V_{G_2}$ 表头示值为"6.35",实际值应为"63.5 V".即 $I_P$ 电流值为表头示值×10 nA,$V_{G_2}$ 电压值为表头示值×10 V.

④ 由曲线的特征点求出充氩弗兰克-赫兹管中氩原子的第一激发电势.

2. 基于 ZKY-FH-2 智能弗兰克-赫兹实验仪

本部分实验仪器和实验内容步骤详见本实验附录文件.

## 【数据记录与处理】

1. 基于 FD-FH-1 型弗兰克-赫兹实验仪

（1）将所测数据列表（表格自行设计）.

（2）作 $I_P\text{-}V_{G_2}$ 关系曲线图.

（3）从 $I_P\text{-}V_{G_2}$ 关系曲线图或数据拟合中,可以得出峰(或谷)值(取前四个峰值和谷值,更高的峰或谷值由于有第二激发等原因舍弃),记录于表 3.12.2.

表 3.12.2

| 峰 | $V_{峰1}$ | $V_{峰2}$ | $V_{峰3}$ | $V_{峰4}$ |
|---|---|---|---|---|
| $V_{G_2}/\text{V}$ | | | | |
| 谷/V | $V_{谷1}$ | $V_{谷2}$ | $V_{谷3}$ | $V_{谷4}$ |
| $V_{G_2}/\text{V}$ | | | | |

（4）逐差法处理峰、谷值,可算出氩的第一激发电势.

$$\overline{E}_1 = \frac{V_{峰4}-V_{峰2}+V_{峰3}-V_{峰1}+V_{谷4}-V_{谷2}+V_{谷3}-V_{谷1}}{8}$$

$$\Delta_{E_{1A}} = \sqrt{\frac{\sum_{i=1}^{4}\left(E_{1i}-\overline{E}_1\right)^2}{3}}$$

$$\left(E_{1i}=\frac{V_{峰i+2}-V_{峰i}}{2}\text{和}E_{1i}=\frac{V_{谷i+2}-V_{谷i}}{2}\right)$$

$$\Delta_{E_{1B}} = \sqrt{\Delta_{仪}^2+\Delta_{仪}^2}=\sqrt{2}\times0.1\ \text{V}=0.14\ \text{V}$$

$$u_{E_1} = \sqrt{\Delta_{E_{1A}}^2+\Delta_{E_{1B}}^2}$$

$$E_1 = \overline{E}_1 \pm u_{E_1}$$

2. 基于 ZKY-FH-2 智能弗兰克-赫兹实验仪的数据处理由学生自行设计方案


【注意事项】

对于 FD-FH-1 型弗兰克-赫兹实验仪,需注意以下事项.

1. 仪器应该检查无误后才能接电源,开关电源前应先将各电位器逆时针旋转至最小值位置.

2. 灯丝电压 $V_F$ 不宜放得过大,一般在 2 V 左右,如电流偏小再适当增加.

3. 要防止 F-H 管击穿(电流急剧增大),如发生击穿应立即调低 $V_{G_2}$ 以免 F-H 管受损.

4. F-H 管为玻璃制品,不耐冲击应重点保护.

5. 实验完毕,应将各电位器逆时针旋转至最小值位置.


【预习思考题】

1. 第一峰位的位置电压与第一激发电势的关系.

2. 灯丝电压 $V_F$、控制栅电压 $V_{G_1}$ 和减速电压 $V_P$ 对 $I_P$-$V_{G_2}$ 曲线有何影响?

## 【习题】

本实验
附录文件

1. 为什么 $I_P$-$V_{G_2}$ 曲线出现极大值后不是突然下降,而是一个缓慢下降的过程?

2. 为什么 $I_P$-$V_{G_2}$ 曲线出现的极小值会随着 $V_{G_2}$ 的增加而上升?

3. $I_P$ 值有时为负值,如何解释它是正常的.

# 实验 3.13　磁阻传感器与地磁场测量

地磁场作为一种天然磁源,在军事、工业、医学等方面有着重要用途.地磁场的数值比较小,约 $10^{-5}$ T 量级,在直流磁场测量,特别是弱磁场测量中,往往需要知道其数值,并设法消除其影响.

## 【实验目的】

1. 采用新型坡莫合金磁阻传感器测定地磁场磁感应强度及地磁场磁感应强度的水平分量和垂直分量.

2. 测量地磁场的磁倾角,从而掌握磁阻传感器的特性及测量地磁场的一种重要方法.

## 【实验原理】

1. 地磁场

地磁场的强度和方向随地点(甚至随时间)而异.地磁场的北极、南极分别在地理南极、北极附近,彼此并不重合,如图 3.13.1 所示,而且两者间的偏差随时间不断地在缓慢变化.地磁轴与地球自转轴也并不重合,有 $11°$ 的交角.

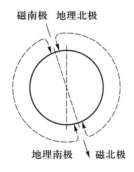

图 3.13.1　地球磁场示意图

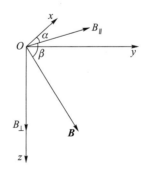

图 3.13.2　地球磁场矢量图

在一个不太大的范围内,地磁场基本上是均匀的,可用三个参量来表示地磁场的方向和大小(如图 3.13.2 所示).

（1）磁偏角 $\alpha$，地球表面任一点的地磁场矢量所在垂直平面（图 3.13.2 中 $B_{/\!/}$ 与 $z$ 构成的平面，称地磁子午面）与地理子午面（图 3.13.2 中 $x$、$z$ 构成的平面）之间的夹角.

（2）磁倾角 $\beta$，磁感应强度 $\boldsymbol{B}$ 与水平面（即图 3.13.2 的矢量 $\boldsymbol{B}$ 和 $Ox$ 与 $Oy$ 构成的平面）之间的夹角.

（3）水平分量 $B_{/\!/}$，地磁感应强度 $\boldsymbol{B}$ 在水平面上的投影.

2. 磁电阻传感器原理

物质在磁场中电阻率发生变化的现象称为磁阻效应.对于铁、钴、镍及其合金等磁性金属，当外加磁场平行于磁体内部磁化方向时，电阻几乎不随外加磁场变化；当外加磁场偏离金属的内部磁化方向时，此类金属的电阻减小，这就是强磁金属的各向异性磁阻效应.

HMC1021Z 型磁阻传感器是由长而薄的坡莫合金（铁镍合金）制成的一维磁阻微电路集成芯片（二维和三维磁阻传感器可以测量二维或三维磁场）.它利用通常的半导体工艺，将铁镍合金薄膜附着在硅片上，如图 3.13.3 所示.薄膜的电阻率 $\rho(\theta)$ 依赖于磁化强度 $\boldsymbol{M}$ 和电流 $I$ 方向间的夹角 $\theta$，满足以下关系式

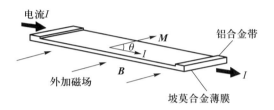

图 3.13.3　磁阻传感器的构造示意图

$$\rho(\theta) = \rho_\perp + (\rho_{/\!/} - \rho_\perp)\cos^2\theta \quad (3.13.1)$$

其中 $\rho_{/\!/}$、$\rho_\perp$ 分别是电流 $I$ 平行于 $\boldsymbol{M}$ 和垂直于 $\boldsymbol{M}$ 时的电阻率.当沿着铁镍合金带的长度方向通以一定的直流电流，而垂直于电流方向施加一个外界磁场时，合金带自身的阻值会生较大的变化，利用合金带阻值这一变化，可以测量磁场大小和方向.同时制作时还在硅片上设计了两条铝制电流带，一条是置位与复位带，用来置位或复位极性，解决传感器遇到强磁场感应时产生的磁畴饱和现象；另一条是偏置磁场带，用于产生一个偏置磁场，补偿环境磁场中的弱磁场部分（当外加磁场较弱时，磁阻相对变化值与磁感应强度成平方关系），使磁阻传感器输出显示线性关系.

磁阻传感器是一种单边封装的磁场传感器，它能测量与引脚平行方向的磁场.传感器由四条铁镍合金磁电阻组成一个非平衡电桥，非平衡电桥输出后接到一集成运算放大器上，将信号放大输出，如图 3.13.4 所示.图中由于适当配置的四个磁电阻电流方向不相同，当存在外界磁场时，引起电阻值变化有增有减，输出电压 $V_{\text{out}}$ 可以用下式表示

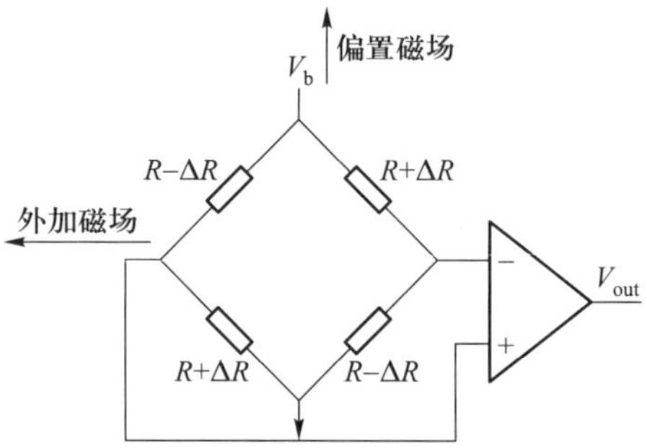

$$V_{\text{out}} = \left(\frac{\Delta R}{R}\right) \times V_{\text{b}} \quad (3.13.2)$$

图 3.13.4　磁阻传感器内的惠斯通电桥

对于一定的工作电压，如 $V_{\text{b}} = 5.00$ V，HMC1021Z 磁阻传感器输出电压 $V_{\text{out}}$ 与外界磁场的磁感应强度成正比关系，即

$$V_{\text{out}} = V_0 + KB \quad (3.13.3)$$

式（3.13.3）中，$K$ 为传感器的灵敏度，$B$ 为待测磁感应强度.$V_0$ 为外加磁场为零时传感器的输出量.

亥姆霍兹线圈提供弱磁场的标准磁场,其公共轴线中心点位置的磁感应强度为

$$B = \frac{\mu_0 NI}{R} \frac{8}{5^{3/2}} \tag{3.13.4}$$

式(3.13.4)中 $N$ 为线圈匝数, $I$ 为线圈流过的电流, $R$ 为亥姆霍兹线圈的平均半径, $\mu_0$ 为真空磁导率.

## 【实验仪器】

DH4515A 磁阻传感器与地磁场实验仪如图 3.13.5 所示,配有水平调节仪,便于水平位置的调节.其主要技术参量如下.

图 3.13.5　磁阻传感器与地磁场实验仪

(1) 磁阻传感器:工作电压最大值 12 V,典型值 5 V;灵敏度 50 V/T;量程-6.0~6.0 Gs.

(2) 数字式可调恒流源:4 位半 LED 显示,电流范围 0~300.0 mA;稳定度 ≥0.1%,连续可调.

(3) 亥姆霍兹线圈:有效半径 100 mm;单个线圈匝数 500 匝;两线圈中心间距 100 mm;温升不大于 10 ℃的最大负荷电流不小于 0.5 A.

(4) 角度盘:0~360°旋转,配有游标尺,精度为 0.1°.

(5) 直流电压表:4 位半,量程 200.00 mV,分辨率 0.001 mV.

实验仪器中的亥姆霍兹线圈的红色接线柱是接的内铜导线,黑色接线柱是外铜导线,可用右手定则判定磁场方向.

## 【实验内容及步骤】

1. 测量磁阻传感器的灵敏度 $K$

将亥姆霍兹线圈与直流电源连接好,如图 3.13.6 所示.

(1) 使磁阻传感器的引脚和磁感应强度的方向平行,即转盘刻度调节到 $\theta = 0°$.首先将转盘调至水平,再辅助调节底板上的螺丝使转盘至水平(用水准仪指示).

(2) 重复按下复位键 5 次以上,调节励磁电流到零,电压调零.

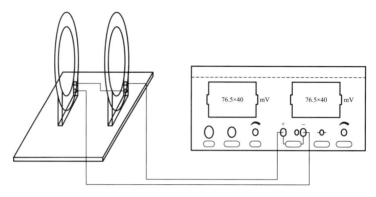

图 3.13.6　接线示意图

（3）依次调节励磁电流到 $10\,\text{mA},20\,\text{mA},\cdots$，将电流换向开关分别拨到正向和反向，记录下正向电压读数 $V_{正}$ 和反向电压读数 $V_{反}$．在读数前，至少重复按下复位键 5 次以上，待读数稳定不变之后读取．然后依据式（3.13.3），计算 $K$ 值，思考正反电压读数的作用.

2. 测量地磁场的磁感应强度 $B_{总}$，地磁场的水平分量 $B_{/\!/}$，地磁场的垂直分量 $B_{\perp}$ 和磁倾角 $\beta$

（1）将亥姆霍兹线圈与直流电源的连线拆去.

（2）首先将转盘调至水平，再辅助调节底板上的螺丝使转盘至水平.旋转转盘，分别记下传感器输出的最大电压 $V_1$ 和最小电压 $V_2$，计算出当地地磁场的水平分量 $B_{/\!/} \equiv \overline{V}/K = |V_1 - V_2|/2K$．

（3）把转盘刻度调节到 $\theta = 0°$，调节底板使磁阻传感器输出最大电压或最小电压（即将磁阻传感器的敏感轴方向调整到与当地地磁场的水平分量 $B_{/\!/}$ 方向一致，无夹角），同时调节底板上的螺丝使转盘保持水平.

（4）将转盘垂直，并保持装置沿着当地地磁场的水平分量 $B_{/\!/}$ 方向放置（即将转盘的方向在竖直方向转 $90°$），此时转盘面为地磁子午面方向，转动转盘角度，分别记下传感器输出最大电压和最小电压时转盘的指示值 $\beta_1$ 和 $\beta_2$，同时记录此最大读数 $V_1'$ 和最小读数 $V_2'$，并计算出当地地磁场的磁感应强度 $B_{总} \equiv \overline{V}_{总}/K = |V_1' - V_2'|/2K$．

（5）磁倾角 $\beta = (\beta_1 + \beta_2)/2$ 或由 $\cos \beta = B_{/\!/}/B_{总}$ 得出.

（6）地磁场的垂直分量 $B_{\perp} = B_{总} \sin \beta$.

3. 磁场测量

用 DH4515A 型磁阻传感器测量通电单线圈产生的磁场分布，并与理论值进行比较.

【数据记录与处理】

依据实验内容，设计数据表格，进行测量和对结果进行分析.

【预习思考题】

1. 磁阻传感器的基本工作原理是怎样的？

2. 线圈装置中心区域,即与磁阻传感器相连的转动盘,其方位在实验中该如何调整?

3. 该实验中附带的水平仪起什么作用? 如何调整?

4. 仪器电源面板上分别有一调零旋钮和输出旋钮各起什么作用?

## 【习题】

1. 在测量地磁场时,如有一枚铁钉处于磁阻传感器周围,则对测量结果将产生什么影响?

2. 为何坡莫合金磁阻传感器遇到较强磁场时,其灵敏度会降低? 用什么方法来恢复其原来的灵敏度?

3. 实验中,如何测出地磁场的倾角?

本实验
附录文件

我国一些
城市的
地磁参量

# 第四章 光 学 实 验

## 实验 4.1 薄透镜焦距的测定及应用

透镜是光学仪器中最基本的光学元件,而焦距是透镜的重要参量之一,透镜的成像位置及性质(大小、虚实)等均与其有关.实际工作中,常常需要测定不同透镜的焦距以供选择.测焦距有多种方法,应根据不同的透镜、不同的精度要求和具体的实验条件选择合适的方法.本实验仅介绍几种常用方法,并利用透镜成像性质测量微小物体.

### 【实验目的】

1. 学习光具座上各元件的共轴调节方法.
2. 掌握测定薄透镜焦距的几种基本方法.
3. 掌握清晰成像的基本方法.
4. 初步学会在光学系统的中减小球差和色差的方法.
5. 掌握测微目镜的使用方法.

### 【实验原理】

透镜分为两类,一类是凸透镜(或称正透镜或会聚透镜),对光线起会聚作用,焦距越短,会聚本领越大;另一类是凹透镜(或称负透镜或发散透镜),对光线起发散作用,焦距越短,发散本领越大.

1. 焦距测量原理和方法

在近轴光线的条件下,透镜置于空气中,透镜成像的高斯公式为

$$\frac{1}{s'} - \frac{1}{s} = \frac{1}{f'} \tag{4.1.1}$$

式中 $s'$ 为像距, $s$ 为物距, $f'$ 为第二焦距.对薄透镜,因透镜的厚度比球面半径小得多,因此透镜的两个主平面与透镜的中心面可看作重合的. $s$、$s'$、$f'$ 皆可视为物、像、焦点与透镜中心(即光心)的距离.

对于式(4.1.1)中的各物理量的符号,我们规定:以薄透镜中心为原点,若物理量的方向与光的传播方向一致,则为正,反之为负.运算时,已知量需添加符号,未知量则根据求得结果中的符号判断其物理意义.

测定薄透镜焦距有多种方法,它们均可以由式(4.1.1)导出,至于选用什么方法和仪器,应根据测量所要求的精度来确定.

（1）凸透镜焦距的测量

① 物距-像距法测凸透镜焦距

如图4.1.1所示,当实物AB经凸透镜成实像A′B′于白屏上时,通过测定$s$、$s'$,利用式(4.1.1)即可求出透镜的焦距$f'$.

**注意:**根据各物理量的符号规则,若用式(4.1.1)计算焦距,此时$s$应为负值,$s'$应为正值.

② 贝塞尔法(又称透镜二次成像法)测凸透镜焦距

如图4.1.2所示,AB为物,L为待测透镜,H为白屏,若物与屏之间的距离$D>4f'$,且当$D$保持不变时,移动透镜,则必然在屏上两次成像,当物距为$s_1$时,得放大像,当物距为$s_2$时,得缩小像.透镜在两次成像之间的位移为$\Delta$,根据光线可逆性原理可得

$$-s_1 = s_2', \quad -s_2 = s_1'$$

则

$$D - \Delta = -s_1 + s_2' = -2s_1 = 2s_2'$$

$$-s_1 = s_2' = \frac{D-\Delta}{2}$$

而

$$s_1' = D - (-s_1) = D - \frac{D-\Delta}{2} = \frac{D+\Delta}{2}$$

将此结果代入式(4.1.1)后整理得

$$f' = \frac{D^2 - \Delta^2}{4D} \tag{4.1.2}$$

上式表明,只要测出$\Delta$和$D$值,就可算出$f'$.因为用这种方法可以不考虑透镜本身的厚度,因此,这种方法得到的焦距值较为准确.

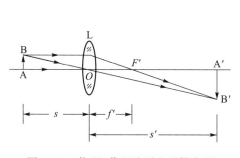

图 4.1.1　物距-像距法测凸透镜焦距

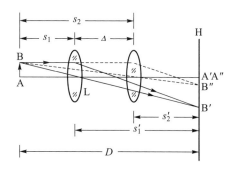

图 4.1.2　贝塞尔法测凸透镜焦距

③ 用自准直法测凸透镜焦距

如图4.1.3所示,L为待测凸透镜,平面反射镜M置于透镜后方的一适当距离处.若物体AB正好位于透镜的前焦面处,那么物体上各点发出的光束经透镜折射后成为不同方向的平行光,然后被反射镜反射回来,再经透镜折射后,成一与原物大小相同、倒立的实像A′B′,且与原物在同

一平面,即成像于该透镜的前焦面上,此时物与透镜光心的距离就是透镜的焦距,其数值可直接由光具座导轨标尺读出.这种方法利用调节实验装置本身使之产生平行光以达到调焦的目的,故称为自准直法.它不仅用于测透镜焦距,还常常用于光学仪器的调节,如平行光管的调节和分光计中望远镜的调节等.

（2）凹透镜焦距的测量

① 物距-像距法测凹透镜焦距

如图 4.1.4 所示,凸透镜 $L_1$ 将实物 A 成实像于 B(记为 $x_1$),把被测凹透镜 $L_2$ 插入 $L_1$ 与实像 B 之间(记为 $x_0$),然后调整 $L_2$ 与 B 的距离,使光线的会聚点向右移至 B′(记为 $x_2$),即虚物 B(对 $L_2$ 而言)经 $L_2$ 成一实像于 B′,测定物距 $s(x_1-x_0)$、像距 $s'(x_2-x_0)$,代入式(4.1.1)即可求出凹透镜的焦距 $f'$.

**注意**:此时利用式(4.1.1)计算焦距时 $s$ 和 $s'$ 的符号?

② 用望远镜测定凹透镜焦距

如图 4.1.4 所示,若 B 点刚好处于凹透镜 $L_2$ 的主焦点上,则 B′ 点将移到无穷远处,即光线经 $L_2$ 折射后,将变成平行光射出.利用望远镜(望远镜已预先聚焦无穷远)观察,可清楚地看到 B 点的像,则 B 点至 $L_2$ 的距离即为凹透镜焦距 $f'$.

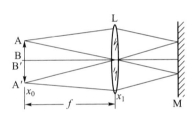

图 4.1.3　自准直法测凸透镜焦距

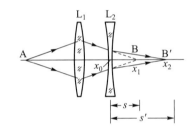

图 4.1.4　物距-像距法测凹透镜焦距

2. 透镜成像的应用——利用透镜测量细丝直径

光学测量系统中的成像质量对测量的准确性影响极大.成像清晰是光学测量中最重要的基本要求,光学系统中的球差和色差是影响成像质量的两个重要因素.

当透镜孔径较大时,由光轴上一物点发出的光束经球面折射后不再交于一点,这种现象叫球面像差,简称球差.理论计算表明,凸透镜的球差是正的,凹透镜的球差是负的,所以把凸、凹两个透镜粘合起来,组成一个复合透镜,可使某个高度 $h$ 上的球差完全抵消.在考虑到透镜有一定厚度时,此方法不能同时在任何高度上消除球差,但可使剩余球差减到比单透镜小得多的程度.

不同波长的光,颜色各不相同,其通过透镜时的折射率也各不相同,这样物方一个点,在像方则可能形成一个色斑.色差一般有位置色差,放大率色差.位置色差使像在任何位置观察,都带有色斑或晕环,使像模糊不清,而放大率色差使像带有彩色边缘.

由图 4.1.1 所示,很明显,物的高度 AB = A′B′/M,A′B′ 为像的高度,M 为系统放大率 $M=s'/(-s)$,测出细丝像的宽度和系统的放大率 M 就可以求出细丝的真实宽度.

实验中用发散性高的毛玻璃形成均匀照明的光源,用复合透镜消除球差,用红色或绿色干涉滤光片达到消除色差,最终增加细丝成像的对比度和清晰度.

3. 光学元件的共轴调节

为了避免不必要的像差和读数准确,需要对光学系统进行共轴调节,使各透镜的光轴重合且与光具座的导轨严格平行,物面中心处在光轴上,且物面、屏面垂直于光轴.此外,照明光束也应大体沿光轴方向.共轴调节的具体方法如下.

（1）粗调

把光源、物、透镜、白屏等元件放置于光具座上,并使它们尽量靠拢,用眼睛观察、调节各元件的上下、左右位置,使各元件的中心大致在与导轨平行的同一条直线上,并使物平面、透镜面和屏平面三者相互平行且垂直于光具座的导轨.

（2）细调

点亮光源,利用透镜二次成像法(见图 4.1.2)来判断是否共轴,并进一步调至共轴.若物的中心偏离透镜的光轴,则移动透镜两次成像所得的大像和小像的中心将不重合,如图 4.1.5 所示.就垂直方向而言,如果大像的中心 $P'$ 高于小像的中心 $P''$,说明此时透镜位置偏高(或物偏低),这时应将透镜降低(或将物升高).反之,如果 $P'$ 低于 $P''$,便应将透镜升高(或将物降低).

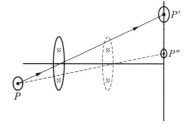

图 4.1.5

调节时,以小像中心为目标,调节透镜(或物)的上下位置,逐渐使大像中心 $P'$ 靠近小像中心 $P''$,直至 $P'$ 与 $P''$ 完全重合.同理,调节透镜的左右(即横向)位置,使 $P'$ 与 $P''$ 两者中心重合.

如果系统中有两个以上的透镜,则应先调节只含一个透镜在内的系统共轴,然后再加入另一个透镜,调节该透镜与原系统共轴.(此时,是否还需要调节大、小像的中心重合?)

## 【实验仪器】

光具座(或光学平台),光具架,元件夹持器,待测凸透镜(凹透镜),复合凸透镜,平面反射镜,望远镜,物(刻有十字线的毛玻璃),细铜丝,像屏,测微目镜(使用方法详见第一章第 6 节),光源,干涉滤光片等.

## 【实验内容及步骤】

1. 用物距-像距法测凸透镜的焦距

（1）将光源、物、待测透镜、屏等放置于光具座(或光学平台)上,调节各元件使之共轴(步骤详见实验原理的共轴调节).为了使物照明均匀,光源应加毛玻璃(实验中的物体是毛玻璃上的十字叉丝).

（2）通过调节物体、透镜、接收屏的位置,在屏上获得清晰的成像.采用等精度测量法固定物体与透镜的位置,调节屏的位置,使屏上呈 6 次清晰成像,分别记录每次成像时屏的位置,记录数据于表 4.1.1.

2. 用贝塞尔法测凸透镜的焦距.

亦采用等精度测量法,固定物与屏之间的距离(略大于 $4f$),往复移动透镜并仔细观察,至像清晰时读数,重复测量 6 次,按表 4.1.2 记录数据.

3. 用自准直法测凸透镜的焦距(选做)

取下光屏,换上平面反射镜,并使平面镜与系统共轴,移动透镜,改变物与透镜之间的距离,直至物屏上出现清晰的且与物等大的像为止,记下此时物距,即为透镜的焦距.重复测量 6 次,求其平均值.

4. 用物距-像距法求凹透镜的焦距

(1) 按图 4.1.4 所示,使物经凸透镜 $L_1$ 成一清晰小像于 B 处的屏上,记录此时屏的位置 $x_1$ (注意:屏的位置应是多次测量的平均值).

(2) 保持物与 $L_1$ 之间的距离不变,在 $L_1$ 与屏之间插入凹透镜 $L_2$,调节 $L_2$ 与系统共轴.

(3) 移动 $L_2$ 至靠近屏的位置,再右移屏至 B′ 处找到清晰像.记录此时 $L_2$ 的位置 $x_0$ 及屏的位置 $x_2$,由 $x_1$、$x_2$、$x_0$ 的值计算 $s$、$s'$,代入公式(4.1.1)求出凹透镜的焦距 $f'$.可采用等精度测量法,保持 $L_1$ 不动,移动 $L_2$ 至不同的位置(或采用非等精度测量法,保持 $L_1$、$L_2$ 的位置不动,移动屏的位置),重复测量 6 次,数据记于表 4.1.3.

5. 用望远镜法测凹透镜的焦距(选做)

取下光屏,换上望远镜,用望远镜法测凹透镜的焦距,重复测量 6 次,求其平均值.

6. 细丝直径测定(选做)

(1) 将光源、干涉滤光片、细丝物屏、复合透镜、测微目镜等放置于光具座(或光学平台)上,调节各元件使之共轴.为了使物照明均匀,光源前应加毛玻璃.

(2) 利用透镜二次成像法来判断是否共轴,并进一步调至共轴.

(3) 调节光具座上复合透镜和测微目镜的位置,使像距是物距的两倍以上.用复合透镜在测微目镜中成一清晰的细丝放大像,用测微目镜测出细丝像的宽度,重复测量 6 次.

(4) 读出物屏位置、复合透镜成大像和小像的位置,计算系统的放大率 $M$,并计算细丝的真实宽度(自行设计表格记录数据).

## 【数据记录与处理】

1. 物距-像距法测凸透镜焦距

表 4.1.1　物距-像距法测凸透镜焦距数据表

| 测量序号 $N$ | 1 | 2 | 3 | 4 | 5 | 6 | 平均 |
|---|---|---|---|---|---|---|---|
| 物屏位置 $x_A$/cm | | | | | | | |
| 透镜位置 $x_0$/cm | | | | | | | |
| 像屏位置 $x_{A'}$/cm | | | | | | | |
| $s$/cm | $\lvert x_0 - x_A \rvert =$ | | | | | | |
| $s'$/cm | $\lvert x_0 - x_{A'} \rvert =$ | | | | | | |

注:此表格适用于等精度测量法,若采用非等精度测量法可根据实际情况进行修改.

计算不确定度.

176

首先分别计算物屏位置 $x_A$、透镜位置 $x_0$、像屏位置 $x_{A'}$ 的实验标准偏差 $S_{x_A}$、$S_{x_0}$、$S_{x_{A'}}$，则物距、像距的不确定度为测量次数为 $6$，$t_n$ 系数近似取 $1$

$$u_s = \sqrt{(S_{x_A})^2 + \Delta_{仪}^2 + (S_{x_0})^2 + \Delta_{仪}^2}, \quad u_{s'} = \sqrt{(S_{x_0})^2 + \Delta_{仪}^2 + (S_{x_{A'}})^2 + \Delta_{仪}^2}$$

若物屏位置 $x_A$、透镜位置 $x_0$ 保持不变，则可化简为

$$u_s = \sqrt{2\Delta_{仪}^2}, \quad u_{s'} = \sqrt{(S_{x_{A'}})^2 + 2\Delta_{仪}^2} \quad (均取 \ \Delta_{仪} = 0.05 \ \text{cm})$$

根据 $f' = \dfrac{ss'}{s-s'}$，有

$$\frac{\partial f'}{\partial s} = \frac{-s'^2}{(s-s')^2}, \quad \frac{\partial f'}{\partial s'} = \frac{s^2}{(s-s')^2}$$

$f'$ 的不确定度为

$$u_{f'} = \sqrt{\left(\frac{\partial f'}{\partial s}\right)^2 u_s^2 + \left(\frac{\partial f'}{\partial s'}\right)^2 u_{s'}^2} = \sqrt{\left(\frac{s'}{s-s'}\right)^4 u_s^2 + \left(\frac{s}{s-s'}\right)^4 u_{s'}^2}$$

结果表达式为：$f' = \overline{f'} \pm u_{f'} = $ _____ ，$\quad u_r = \dfrac{u_{f'}}{\overline{f'}} \times 100\% = $ _____ .

2. 贝塞尔法测凸透镜焦距

表 4.1.2　贝塞尔法测凸透镜焦距数据表

物屏位置 $x_A = $ _____ $\pm 0.05 \ \text{cm}$，像屏位置 $x_{A'} = $ _____ $\pm 0.05 \ \text{cm}$，$D = $ _____ $\pm 0.08 \ \text{cm}$

| 测量序号 $N$ | 1 | 2 | 3 | 4 | 5 | 6 | 平均 |
|---|---|---|---|---|---|---|---|
| 成大像透镜位置 $x_1/\text{cm}$ | | | | | | | |
| 成小像透镜位置 $x_2/\text{cm}$ | | | | | | | |
| $\Delta\,(= \|x_2 - x_1\|)/\text{cm}$ | | | | | | | |

注：表格为参考表格，可根据实际情况进行修改．

计算不确定度．

因为物屏、像屏的位置保持不变，所以 $D$ 的测量不确定度可简化为

$$u_D = \sqrt{2\Delta_{仪}^2} \quad (取 \ \Delta_{仪} = 0.05 \ \text{cm})$$

计算 $\Delta$ 的不确定度，首先求出 $x_1$、$x_2$ 各自的实验标准偏差 $S_{x_1}$、$S_{x_2}$，则

$$u_\Delta = \sqrt{(S_{x_1})^2 + (S_{x_2})^2 + 2\Delta_{仪}^2}$$

由 $f' = \dfrac{D^2 - \Delta^2}{4D}$，得

$$\frac{\partial f'}{\partial D} = \frac{D^2 + \Delta^2}{4D^2}, \quad \frac{\partial f'}{\partial \Delta} = -\frac{\Delta}{2D}$$

$f'$ 的不确定度：

$$u_{f'} = \sqrt{\left(\frac{\partial f'}{\partial D}\right)^2 u_D^2 + \left(\frac{\partial f'}{\partial \Delta}\right)^2 u_\Delta^2} = \sqrt{\left(\frac{D^2 + \Delta^2}{4D^2}\right)^2 u_D^2 + \left(\frac{\Delta}{2D}\right)^2 u_\Delta^2}$$

结果表达式为：$f' = \overline{f'} \pm u_{f'} = $ _____ ，$\quad u_r = \dfrac{u_{f'}}{\overline{f'}} \times 100\% = $ _____ .

### 3. 物距-像距法测凹透镜焦距

**表 4.1.3 物距-像距法测凹透镜焦距数据表**

凸透镜成像像屏位置 $x_1 =$ _____ cm

| 测量序号 $N$ | 1 | 2 | 3 | 4 | 5 | 6 | 平均 |
|---|---|---|---|---|---|---|---|
| 凸透镜成像屏位置 $x_1/\text{cm}$ | | | | | | | |
| 凹透镜位置 $x_0/\text{cm}$ | | | | | | | |
| 像屏最终位置 $x_2/\text{cm}$ | | | | | | | |
| $s(=\lvert x_1-x_0\rvert)/\text{cm}$ | | | | | | | |
| $s'(=\lvert x_2-x_0\rvert)/\text{cm}$ | | | | | | | |

注:此表格适用于等精度测量法,非等精度测量可根据实际情况进行修改.

计算不确定度.

首先分别计算 $x_1$、$x_0$、$x_2$ 的实验标准偏差 $S_{x_1}$、$S_{x_0}$、$S_{x_2}$,则物距、像距的不确定度为

$$u_s=\sqrt{\left(S_{x_1}\right)^2+\Delta_{\text{仪}}^2+\left(S_{x_0}\right)^2+\Delta_{\text{仪}}^2}\ ,\quad u_{s'}=\sqrt{\left(S_{x_0}\right)^2+\Delta_{\text{仪}}^2+\left(S_{x_2}\right)^2+\Delta_{\text{仪}}^2}$$

因凹透镜位置 $x_0$ 保持不变,则可化简为

$$u_s=\sqrt{\left(S_{x_1}\right)^2+2\Delta_{\text{仪}}^2}\ ,\quad u_{s'}=\sqrt{\left(S_{x_2}\right)^2+2\Delta_{\text{仪}}^2}\quad(\text{均取}\ \Delta_{\text{仪}}=0.05\ \text{cm})$$

$f'$ 的不确定度:

$$u_{f'}=\sqrt{\left(\frac{s'}{s-s'}\right)^4 u_s^2+\left(\frac{s}{s-s'}\right)^4 u_{s'}^2}$$

结果表达式为:$f'=\overline{f'}\pm u_{f'}=$ _____ , $\quad u_{\text{r}}=\dfrac{u_{f'}}{f'}\times100\%=$ _____

## 【预习思考题】

虚拟仿真
实验

本实验
附录文件

中国古代
光学

1. 已知一凸透镜的焦距为 $f$,要用此透镜成一物体放大的像,物体应放在离透镜中心多远的地方? 成缩小的像时,物体又应放在多远的地方?

2. 为什么实验中要用白屏作像屏? 可否用黑屏、透明平玻璃、毛玻璃屏? 为什么?

3. 为什么在光源前加毛玻璃? 为什么用单色光更好些?

4. 用贝塞尔法测凸透镜焦距时,为什么 $D$ 应略大于 $4f$?

## 【习题】

1. 为什么要调节光学系统共轴? 调节共轴有哪些要求? 怎样调节?

2. 用自准法能测量凹透镜的焦距吗? 若能,请画出原理光路图.

3. 如果凸透镜的焦距大于光具座的长度,试设计一个实验,在光具座上能测定它的焦距.

4. 光学成像有几种像差? 单色像差有几种? 色差有几种?

5. 如何消除球差和色差?

# 实验 4.2 显　微　镜

　　显微镜和望远镜都是常用的助视光学仪器.显微镜主要用来帮助人眼观察近处的微小物体,而望远镜则主要帮助人眼观察远处的物体.它们的作用均在于增大被观察物体对人眼的张角,起着视角放大的作用.通过本实验可以了解并掌握显微镜的构造原理,进一步熟悉透镜成像规律,有助于加强对光学仪器的调整和使用的训练.

## 【实验目的】

　　1. 熟悉显微镜的构造及原理.

　　2. 掌握显微镜的正确使用方法和放大率的测定,学会用生物显微镜测量微小长度.

　　3. 验证显微镜的分辨本领和物镜数值孔径的关系,进一步理解分辨本领和数值孔径的含义.

## 【实验原理】

　　图 4.2.1 是显微镜的原理光路图,它由两个透镜组(即物镜和目镜)组成.被观察的物体 AB 放在物镜 $L_0$ 物方焦点 $F_0$ 外侧附近,它经物镜成倒立实像 A′B′于目镜 $L_E$ 物方焦点 $F_E$ 的内侧,再经目镜成放大虚像 A″B″于人眼的明视距离处.实际使用的显微镜,它的物镜和目镜都是经精确校正的复合透镜组.为了突出其基本原理,在图中仅以薄透镜表示.

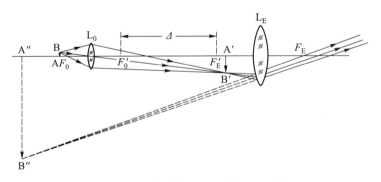

图 4.2.1　显微镜结构及工作原理示意图

　　1. 显微镜的视角放大率 $M$

　　理论计算可得显微镜的放大率 $M$ 为

$$M = M_0 \cdot M_E = -\frac{\Delta}{f_0'} \cdot \frac{s_0}{f_E'} \tag{4.2.1}$$

式中:$M_0$ 是物镜的横向放大率,$M_E$ 是目镜的视角放大率,$f_0'$ 和 $f_E'$ 分别是物镜和目镜的第二焦距,$\Delta$ 称为显微镜的光学筒长($\Delta$ 为 $F_0'$ 和 $F_E$ 之间的距离,通常为 17 cm 和 19 cm),$s_0$ = 25 cm,为正常人眼的明视距离,式中负号表示像是倒立的.式(4.2.1)表明,物镜、目镜的焦距越短,光学筒长越大,显微镜的放大倍率越高.通常将物镜、目镜的放大率和光学筒长的值标在镜头上,以供选用.

测定放大率的方法是:

(1)测定显微镜的放大率 $M$.在垂直于显微镜光轴方向距离目镜 25 cm 处置一毫米尺(1 mm 分格),在物镜前置一微尺(0.01 mm 分格),使显微镜对微尺调焦,然后用一只眼睛直接看毫米尺,另一只眼睛通过显微镜观察微尺的像,经过多次观察,当微尺的放大像正好落在毫米尺上,又无视差时,若微尺上的 $n$ 个分格恰好等于毫米尺上的 $N$ 个分格,则显微镜的放大率为

$$M = -\frac{N}{n} \times 100 \tag{4.2.2}$$

(2)测定显微镜物镜的横向放大率 $M_0$.用测微目镜代替显微镜的原配套目镜,在物镜前放一微尺,使显微镜对微尺调焦.设微尺上的 $L$ 长度经物镜放大后的像长为 $L'$,用测微目镜测出 $L'$,则物镜的放大率为

$$M_0 = -\frac{L'}{L} \tag{4.2.3}$$

若 $M_0$、$L'$ 已知,则可利用上式求出 $L$,即可利用显微镜来测量微小长度.

2. 显微镜的分辨本领

显微镜的分辨本领是用最小分辨距离 $\delta_y$(即刚能分辨时两物点之间的距离)来表示.它是指显微镜的物镜区分微小细节的能力,对于像差校正完善的物镜,由衍射理论和瑞利判据可以导出

$$\delta_y = \frac{0.61\lambda}{n\sin\theta} \tag{4.2.4}$$

式中:$\lambda$ 为光的波长,$n$ 为物方折射率,$\theta$ 为轴上物点对物镜入射孔径的半张角.通常把 $n\sin\theta$ 称为数值孔径,用符号 N.A. 表示,其具体数值常标在镜头上.


【实验仪器】

生物显微镜(图 4.2.2 所示),毫米尺,标准微尺,生物样品,光栅,测微目镜,一组不同孔径的小孔光阑,2 号鉴别率板,高度尺(可夹持光阑,其高度可调).鉴别率板条纹宽度及最小分辨角可参考该实验最后的表 4.2.1.

常用的生物显微镜的外形结构如图 4.2.2 所示,它由三部分组成.

1. 照明系统.由反射镜 1、可变光阑 2 和聚光镜 3 组成.反射镜将外来光线导入聚光镜,并由聚光镜会聚,以照亮被测物.

2. 载物台 5:台上装有样品夹 4,可用它前后、左右移动样品,移动距离可由标尺读出.

3. 显微镜筒:镜筒两端装有物镜 6 和目镜 8,目镜和物镜均为复杂的透镜组.将原来目镜顺镜筒拔出,可更换不同放大率的目镜.物镜装在转换器 7 上,转动转换器可更换不同放大率的物镜.显微镜通常配有不同放大率的物镜和目镜各一套.常用目镜

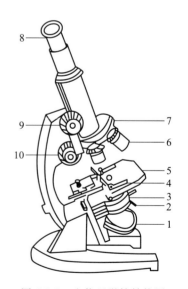

图 4.2.2　生物显微镜结构图

的放大率分别为 5×、10×、15×(或 12.5×).物镜放大率为 10×、40×、100×(或 8×、45×、100×).由目镜和物镜的相互组合,可以得到不同的放大率.

转动手轮 9,显微镜镜筒可上下移动,用于**粗调调焦**;转动手轮 10,镜筒可上下缓慢移动,用于**微调调焦**.

显微镜的调焦必须遵照下列操作规程.

(1) 需要使用高倍物镜时,先用低倍物镜进行观察调节.因为高倍物镜的景深小,视场小而暗,不易找到被观察物的像,故先用低倍物镜观察,当观察到较清晰的像后,再更换高倍物镜观察.

(2) 显微镜的工作距离很小,特别是高倍观察时,工作距离常在零点几毫米左右.调焦时一不小心,就会使物镜与样品接触而受到挤压,造成损坏.为此规定:粗调调焦时,**先从显微镜旁监视,转动粗调手轮,使物镜镜头慢慢靠近样品而不接触;然后从目镜中观察,并缓慢转动粗调手轮使物镜与样品离开,当视场中刚出现物体像的轮廓时,再改用微调手轮调到像最清晰为止.**

(3) 转动微调手轮时,若有限制感觉则应反向转动使用.否则,会使微调失灵而损坏仪器.

## 【实验内容及步骤】

1. 测定显微镜的放大率和用显微镜测定微小长度

(1) 显微镜的使用和放大率的测定

① 将各倍率的物镜装于物镜转换器上,选择适当倍率的目镜插入显微镜镜筒中.

② 将生物样品置于载物台上夹住.调节反射镜、可变光阑及聚光镜,使视场均匀,亮度适当.

③ 先用低倍物镜对物进行调焦,先粗调后微调,直至目镜视场中观察到清晰的像.调节样品移至视场中心进行观察.

④ 转动转换器,换用高倍物镜观察,调节微调手轮,直到观察到的像最清晰.

⑤ 取下生物样品,换上标准微尺(微尺全长 1 mm,分格值为 0.01 mm),测定显微镜的放大率 $M$.

(2) 测量微小长度

① 将显微镜上原有目镜顺镜筒拔出,换上测微目镜,选用放大倍率为 10× 的物镜.调好照明系统,然后使显微镜对标准微尺调焦.

② 测定物镜的横向放大倍数 $M_0$.先调节测微目镜中刻度与微尺刻度相平行;再用测微目镜测量微尺上的 $n$ 格(0.01 mm/格)经物镜放大后的像的大小,设为 $L'$(mm),那么物镜的横向放大倍数 $M_0 = 100L'/n$.可选用标准微尺上不同的 $n$ 值,重复测量 3 次,取其平均值.

③ 取下标准微尺,换上被测样品(如光栅).调焦后,测出被测样品经物镜放大后的像的大小(光栅像的刻线间距值)$y'$,再计算未知长度 $y = y'/M_0$.重复测量 3 次,取其平均值.

2. 验证显微镜的分辨本领与物镜数值孔径的关系

由式(4.2.4)可知,对于给定的 $\lambda$、$n$,显微镜的分辨本领或物镜数值孔径的测量,实际上是测定该物镜对轴上物点的张角 $2\theta$.常规的方法是采用数值孔径计测量.本实验采用在读数显微镜(详见第一章第 5 节)物镜前加限制光阑来测定最小分辨距离 $\delta_y$,验证显微镜分辨本领与物镜数值孔径的正比关系.

（1）测量显微镜在附加不同圆孔光阑时的最小分辨距离 $\delta_y$

① 把 2 号鉴别率板放在读数显微镜的载物台上,调节照明系统并调焦,使显微镜视场中出现清晰的鉴别率板像,并使图像在视场正中间.

② 将有一组不同直径的小孔光阑的铜片固定在高度尺上,让其中一个小孔紧贴在物镜前,调节它的前后、左右位置,使之与显微镜共轴(调节方法:先使光阑位置不动,调显微镜看清光阑,移动光阑,使圆孔中心与视场中心重合,再重新把显微镜调焦到鉴别率板上).记下此时光阑在高度尺上的位置 $Z_1$.

③ 从显微镜视场中寻找刚能被分辨出线条的方块,记下该组编号(一共有 25 组,每组有 4 个小方块,只要有一个方块看出线条就算该组能被分辨).从表 4.2.1 中查出该组编号所对应的线条间距值(表中刻纹宽度为 $a$,则线间距为 $2a$).这个数值便是显微镜加该光阑后的最小分辨距离 $\delta_y$.

④ 重复步骤②、③,依次测出附加不同光阑后显微镜的最小分辨距离.

（2）测物镜在附加光阑时的数值孔径(要求只测附加某一圆孔光阑时的 N.A.值)

① 测光阑到鉴别率板分划线所在平面的间距 $Z$.方法是:把鉴别率板移离载物台,将光阑(仍与高度尺相连)由高度 $Z_1$ 下降到鉴别率板的位置(此时可看清小孔光阑的像),记下此时光阑在高度尺上的位置 $Z_2$,那么,$Z = |Z_1 - Z_2|$.

② 用读数显微镜测量光阑圆孔的直径 $2R$.

③ 计算 $n\sin\theta$ 值.因为 $n=1$,$\theta$ 很小,所以 $n\sin\theta \approx n\tan\theta = R/Z$,代入所测得的 $R$、$Z$ 值计算出加该光阑时物镜的数值孔径.并利用公式(4.2.4)计算 $\delta_y$(取 $\overline{\lambda} = 550.0$ nm),与上面同一光阑所测得的结果进行比较.

## 【习题】

1. 显微镜的调焦应遵守什么规则?

2. 用生物显微镜测量未知长度时,用测微目镜代替原配套目镜,为什么要重新测量物镜的放大倍数?

表 4.2.1　鉴别率板条纹宽度及最小分辨角

| 鉴别率板号 | | 2 号 | | 3 号 | |
|---|---|---|---|---|---|
| 鉴别率板单元号 | 单元中每一组的条纹数 | 条纹宽度/μm | 当平行光管 $f=550$ 时鉴别率角值(秒) | 条纹宽度/μm | 当平行光管 $f=550$ 时鉴别率角值(秒) |
| 1 | 4 | 20.0 | 15.00″ | 40.0 | 30.00″ |
| 2 | 4 | 18.9 | 14.18″ | 37.8 | 28.35″ |
| 3 | 4 | 17.8 | 13.35″ | 35.6 | 26.70″ |
| 4 | 5 | 16.8 | 12.60″ | 33.6 | 25.20″ |
| 5 | 5 | 15.9 | 11.93″ | 31.7 | 23.78″ |
| 6 | 5 | 15.0 | 11.25″ | 30.0 | 25.50″ |

| 鉴别率板号 | | 2 号 | | 3 号 | |
|---|---|---|---|---|---|
| 鉴别率板单元号 | 单元中每一组的条纹数 | 条纹宽度/μm | 当平行光管 $f=550$ 时鉴别率角值(秒) | 条纹宽度/μm | 当平行光管 $f=550$ 时鉴别率角值(秒) |
| 7 | 6 | 14.1 | 10.58″ | 28.3 | 21.23″ |
| 8 | 6 | 13.3 | 9.98″ | 26.7 | 20.03″ |
| 9 | 6 | 12.6 | 9.45″ | 25.2 | 18.90″ |
| 10 | 7 | 11.9 | 8.93″ | 23.8 | 17.85″ |
| 11 | 7 | 11.2 | 8.40″ | 22.5 | 16.88″ |
| 12 | 8 | 10.6 | 7.95″ | 21.2 | 15.90″ |
| 13 | 8 | 10.0 | 7.50″ | 20.0 | 15.00″ |
| 14 | 9 | 9.4 | 7.05″ | 18.9 | 14.18″ |
| 15 | 9 | 8.9 | 6.68″ | 17.8 | 13.35″ |
| 16 | 10 | 8.4 | 6.30″ | 16.8 | 12.60″ |
| 17 | 11 | 7.9 | 5.93″ | 15.9 | 11.93″ |
| 18 | 11 | 7.5 | 5.63″ | 15.0 | 11.25″ |
| 19 | 12 | 7.1 | 5.33″ | 14.1 | 10.58″ |
| 20 | 13 | 6.7 | 5.03″ | 13.3 | 9.98″ |
| 21 | 14 | 6.3 | 4.73″ | 12.6 | 9.45″ |
| 22 | 14 | 5.9 | 4.43″ | 11.9 | 8.93″ |
| 23 | 15 | 5.6 | 4.20″ | 11.2 | 8.40″ |
| 24 | 16 | 5.3 | 3.98″ | 10.6 | 7.95″ |
| 25 | 17 | 5.0 | 3.75″ | 10.0 | 7.50″ |

# 实验 4.3　分光计的调节和使用

　　光在传播过程中发生的反射、折射、衍射、散射等现象都与角度有关,其中涉及的一些光学量,如折射率、光波长、色散率等,都可以通过直接测量有关的角度确定.因此,精确测量光线偏折的角度是非常重要的光学实验技术之一.

　　分光计是一种能精确测量出射光与入射光之间偏转角度的仪器,有时又称为光学分光测角仪,常用于测量介质的折射率、光波长、色散率及进行光谱观测等.分光计装置较精密,结构较复杂,调节要求也较高,对初学者来说会有一定难度,但学习调节和使用分光计可为今后使用精密光学仪器打下良好的基础.

【实验目的】

1. 熟悉分光计的结构和各部分的作用.
2. 掌握分光计的调节和使用方法.
3. 利用分光计测量三棱镜的顶角.

【实验原理】

1. 分光计调节的原理和基本要求

由刻度盘和游标盘所在的平面构成了读数平面,该平面是不可调的,在仪器出厂前已调节到与仪器主轴基本垂直;由调焦于无穷远的望远镜光轴绕仪器主轴旋转构成观察面,当望远镜光轴和仪器主轴垂直时,这个面是平面,否则将形成圆锥形曲面;由沿平行光管光轴方向射出的通过待测元件前后的光线共同决定的平面构成待测光路面,如果平行光管的光轴未调好,待测元件的状态未调好,则入射光线、出射光线以及光线在待测元件中走过的路径三者可能根本不在同一平面内.

在一般情况下,上述三个面是不平行的,甚至有些面根本就不是平面,在这种情况下测量数据将会引入误差.因此,在测量之前必须将观察面和待测光路面调成平面,并且与读数平面平行、共轴.由此,在利用分光计进行测量前,应调节分光计使其达到下列要求.

（1）望远镜能接收平行光,或称望远镜聚焦于无穷远,即远处的物体成像于望远镜物镜的焦平面上.

（2）平行光管能发射出平行光,即平行光管的狭缝处于平行光管物镜的焦平面上.

（3）望远镜和平行光管的光轴与分光计旋转主轴垂直.

注意:望远镜的调节是调整好分光计的关键,是完成其他调节的基础.

2. 测量三棱镜的顶角

测量三棱镜顶角的方法有反射法和自准直法.

（1）反射法

如图 4.3.1 所示,三棱镜的棱边 $A$ 正对平行光管,平行光管发射出的平行光由顶角方向射入,分别入射在两光学面 $AB$ 和 $AC$ 上,并分别被反射,形成两束反射光.由反射定律和几何关系可得两束反射光线之间的夹角 $\varphi$ 和顶角 $\alpha$ 的关系为

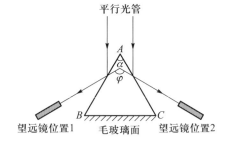

图 4.3.1　反射法光路图

$$\alpha = \frac{\varphi}{2}$$

用望远镜分别测出两束反射光的方位角,若望远镜在位置 1 时,两游标读数分别为 $\theta_1$、$\theta_2$;在位置 2 时,两游标的读数分别 $\theta_1'$、$\theta_2'$($\theta_1$、$\theta_1'$ 为望远镜在位置 1 和位置 2 时第一个游标的两次读数,$\theta_2$、$\theta_2'$ 为望远镜在位置 1 和位置 2 时第二个游标的两次读数),则有

$$\varphi = \frac{1}{2}(\varphi_1 + \varphi_2) = \frac{1}{2}\big[\,|\,\theta_1' - \theta_1\,| + |\,\theta_2' - \theta_2\,|\,\big]$$

顶角为

$$\alpha = \frac{\varphi}{2} = \frac{1}{4} \left[ \, | \, \theta_1' - \theta_1 \, | + | \, \theta_2' - \theta_2 \, | \, \right] \qquad (4.3.1)$$

（2）自准直法

在本实验的仪器介绍中,已经简单介绍了利用自准直法调节望远镜聚焦于无穷远,下面介绍用自准直法测量顶角.如图 4.3.2 所示,利用调焦于无穷远的望远镜自身产生平行光,固定载物台,转动望远镜,先使棱镜 AB 面反射的"十"字像与分划板上的上十字叉丝重合（即望远镜光轴与三棱镜 AB 面垂直）,记下刻度盘对称游标的方位角读数 $\theta_1$、$\theta_2$.然后再转动望远镜使 AC 面反射的"十"字像与上十字叉丝重合（即望远镜光轴与 AC 面垂直）,记下读数 $\theta_1'$、$\theta_2'$,两次读数相减即得顶角 $\alpha$ 的补角 $\varphi$,即有

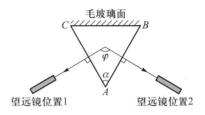

图 4.3.2　自准直法光路图

$$\varphi = \frac{1}{2} (\varphi_1 + \varphi_2) = \frac{1}{2} \left[ \, | \, \theta_1' - \theta_1 \, | + | \, \theta_2' - \theta_2 \, | \, \right]$$

则三棱镜的顶角

$$\alpha = 180° - \varphi = 180° - \frac{1}{2} \left[ \, | \, \theta_1' - \theta_1 \, | + | \, \theta_2' - \theta_2 \, | \, \right] \qquad (4.3.2)$$

（自准直法的上述步骤中采用固定载物台,转动望远镜的方式,实际操作中也可采用固定望远镜,转动载物台的方式测量.）

【实验仪器】

分光计（如图 4.3.3 所示）,双面平面反射镜,三棱镜,钠光灯（或汞灯）.

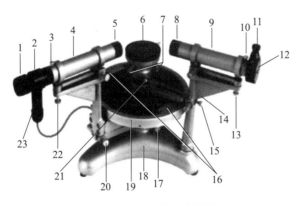

图 4.3.3　JJY 型分光计结构图

1—目镜调节手轮;2—阿贝式自准直目镜;3—望远镜目镜锁紧螺丝;4—望远镜;5—望远镜物镜;6—载物台;7—载物台倾斜度调节螺丝;8—平行光管汇聚透镜;9—平行光管;10—平行光管狭缝锁紧螺丝;11—狭缝宽度调节螺丝;12—狭缝;13—平行光管倾斜度调节螺丝;14—游标盘微调螺丝;15—游标盘制动螺丝;16—游标盘上两个游标;17—望远镜镜制动螺丝;17′—望远镜与刻度盘锁紧螺丝（在仪器的另一侧,图中未显示,与螺丝 17 相对位置）;18—底座;19—刻度盘;20—望远镜微调螺丝;21—载物台锁紧螺丝;22—望远镜倾斜度调节螺丝;23—内置小灯

185

测量光线的偏转角,实际上是确定光线的传播方位.只有平行光才具有确定的方位,也只有调焦于无穷远的望远镜才能判定平行光的传播方位.因此,分光计应包括产生平行光的平行光管、望远镜和角度刻度盘三个主要部分.为了减少测量误差,保证测量角度精度,应调节分光计的有关部件,使入射光线和出射光线所组成的平面平行于刻度盘平面.这就是分光计结构和调节的物理基础.

实验室常用的 JJY 型分光计结构如图 4.3.3 所示,主要的五个部件为:底座(18)、平行光管(8、9、12)、自准直望远镜(1、2、4、5、23)、载物台(6、7)和读数装置(16、19).不同型号分光计的结构和光学原理基本相同.

下面简单地介绍这五个主要部件的作用和工作原理.

1. 底座

JJY 型分光计下部是一个三角底座,底座中心有一竖轴,称为分光计的公共轴或旋转主轴.轴上装有可绕轴旋转的望远镜,载物台和读数系统.底座上还固定有一立柱,立柱上安装有平行光管.

2. 望远镜

望远镜是用来接收平行光以确定光线的方向的.阿贝式自准直望远镜由目镜系统和物镜组成,其结构如图 4.3.4(a)所示.为了调节和测量,物镜和目镜之间还装有分划板(置于目镜筒内).目镜可以在目镜筒内移动以改变目镜和分划板间的距离,另外,目镜筒可以在物镜筒内移动,以改变分划板和物镜间的距离.分划板上刻有如图 4.3.4(b)所示双十字叉丝(上十字叉丝又称为调节用叉丝,下十字叉丝又称为测量用叉丝),分划板下方与一块 45° 全反射小棱镜的直角面相贴,直角面上涂有不透明薄膜,薄膜上刻有一个“十”形透光的窗口.光线从小棱镜的另一直角边入射,从 45° 反射面反射到分划板上,透光部分便形成一个在分划板上的明亮的十字窗.

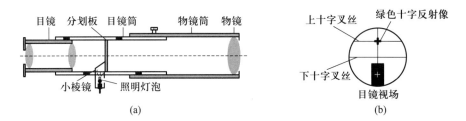

图 4.3.4　望远镜系统及其视场

调节目镜,使目镜视场中出现清晰的双十字叉丝.在物镜前方放置一平面镜,然后移动目镜筒,使分划板位于物镜焦平面上,那么从棱镜“十”字口发出的光(一般的分光计中照明灯泡发出的是绿光)经物镜后成为平行光射向前方平面镜,其反射光又经物镜成像于分划板上.这时,从目镜中可以看到清晰的双十字叉丝和明亮的绿“十”字像.此时望远镜已调焦至无穷远,适合观察平行光了.这种调节望远镜使之适于观察平行光的方法称为自准直法,这种望远镜称为自准直望远镜.如果平面镜的法线与望远镜光轴方向一致,则绿色“十”字像将与分划板上的上十字叉丝重合,如图 4.3.4(b)所示.

当调节螺丝(17)将望远镜的位置固定时,可通过调节螺丝(20)对其进行转动微调.

3. 平行光管

平行光管的作用是产生平行光.平行光管由狭缝和透镜组成,会聚透镜装在管的一端,另一端是带有狭缝的圆筒.狭缝宽度可以根据需要调节,透镜与狭缝间的距离可以通过在管内滑动狭缝圆筒来改变,当狭缝移动到透镜焦平面上时,由狭缝经过透镜出射的光为平行光.

4. 载物台

载物台用来放置平面镜、棱镜、光栅等光学元件.载物台可以绕中心轴转动,台面下三个螺丝可调节台面的高度和水平.通过旋松锁紧螺丝(21),然后升降平台,可以大幅度调整平台高度.

5. 读数系统

读数系统由可绕仪器公共轴转动的刻度盘和游标盘组成.刻度盘可通过调节锁紧螺丝(17′)与望远镜相连,能随望远镜一起绕仪器公共轴转动.刻度盘圆周被分为 720 等份,分度值为 30′.游标的角宽度为 14.5°,等分为 30 格,分度值为 29′,因此游标精度为 1′.在游标盘上相隔 180°的方位设有两个角游标.角游标的读数方法与游标卡尺相似.读数时,以游标零线为准,读出刻度盘上的度值和分值,再读出与刻度盘上刻线刚好重合的游标上刻线的分值,两者之和即为读数值.如图 4.3.5 所示的位置应读作 22°39′.

当调节螺丝(15)将游标盘的位置固定时,可通过调节螺丝(14)对游标盘进行转动微调.

每次读数时都应分别读出两个游标的读数值,然后进行处理,这样可消除因刻度盘圆心和仪器主轴的轴心不重合所引起的偏心误差.如图 4.3.6 所示,刻度盘圆心和仪器主轴的轴心分别为 $O'$ 和 $O$,望远镜实际转角为 $\varphi$,由于偏心,从刻度盘上读出的角度是 $\varphi_1$ 和 $\varphi_2$,由几何关系可得

$$\varphi = \frac{1}{2}(\varphi_1 + \varphi_2)$$

即

$$\varphi = \frac{1}{2}\left[\,|\,\theta_1' - \theta_1\,| + |\,\theta_2' - \theta_2\,|\,\right] \tag{4.3.3}$$

式中,$\theta_1$、$\theta_2$ 分别为望远镜在初始位置时游标 1 和游标 2 的读数,$\theta_1'$、$\theta_2'$ 分别为望远镜转过 $\varphi$ 角后游标 1 和游标 2 的读数.

图 4.3.5　角游标的读法

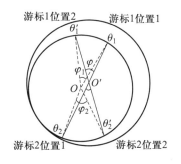

图 4.3.6

## 【实验内容及步骤】

1. 分光计的调节

（1）准备工作

调节前,先对照实物和图 4.3.3 熟悉仪器各部分的结构和使用方法,了解各个调节螺丝的作

用.然后接通分光计电源,通过目镜确认小灯已照亮全反射小棱镜.调节分光计时要先粗调再细调.

（2）目测粗调

① 转动载物台上层（黑色小台面）,使台面上三条径向刻痕与三只载物台调节螺丝（7）一一对齐（实验过程中保持对齐不变）,见图4.3.7,并调节这三只螺丝使载物平台各方向均匀等距,且上下层间距为2 mm左右;

② 调节望远镜倾斜螺丝（22）使望远镜光轴尽量垂直于分光计旋转主轴;

③ 调节平行光管倾斜螺丝（13）使平行光管光轴尽量垂直于分光计旋转主轴.

目测粗调很重要,是细调的前提,可减少细调的盲目性,是细调顺利成功的保证.

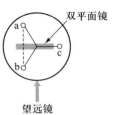

图 4.3.7　平面镜在载物台上的位置1

（3）调节望远镜聚焦无穷远

① 目镜调焦:从望远镜目镜中观察分划板,转动调节手轮（1）,使分划板黑色双十字叉丝成像清晰且无视差.

② 物镜调焦（自准直法）:手持双面平面反射镜使其一面紧贴望远镜物镜筒,从目镜中观察反射绿色"十"字亮像,前后移动目镜筒,直至反射"十"字像清晰且无视差（反射"十"字亮像的位置可任意）.此时望远镜已聚焦于无穷远.

（4）调节望远镜光轴与分光计旋转主轴垂直

① 在望远镜视场里寻找反射绿色"十"字像

松开载物平台锁紧螺丝（21）,转动载物平台（下层）,使载物平台调节螺丝任意两个的连线（可命名a-b）与望远镜的光轴平行,将双面平面镜放置于载物平台中央并使其镜面垂直于该连线,如图4.3.7所示,使镜面大致垂直于望远镜的光轴.之后再分两步进行调节.

首先在望远镜视场中寻找第一个反射"十"字像,若看不到,可稍微水平转动望远镜,或微调望远镜倾斜螺丝（22）,直至看到一个反射"十"字像并使其居中.然后将载物平台（下层）旋转180°,使双平面镜的另一镜面垂直地对准望远镜,同时在望远镜视场中寻找第二个反射"十"字像,直至找到.

若看不到第二个反射"十"字像,则要转回到第一个反射"十"字像位置,并调节望远镜的倾斜螺丝（22）使第一个反射"十"字像移动到视场的最顶端或最底端,然后再进行上述第二步,直至两面都能看到反射"十"字像.

② 用半近调节法调节望远镜的光轴与分光计旋转主轴垂直

在两面都能找到反射"十"字像的情况下,使双平面镜的一镜面对准望远镜,从望远镜中观察该面的反射"十"字像,估计出反射"十"字像中心与分划板的上十字叉丝横丝间的距离,先调节望远镜倾斜螺丝（22）使该距离减小一半,再调节载物平台调节螺丝a（或b）使反射"十"字像与上十字叉丝重合,如图4.3.4（b）所示,这种方法称为半近调节法（也称各半调节法、逐渐趋近法）.然后,将载物平台（下层）旋转180°,使双平面镜的另一镜面对准望远镜,从望远镜中观察此镜面的反射"十"字像,也用半近调节法使之与上十字叉丝重合.反复几次,直至由双面平面反射镜两个面反射得到的"十"字像都与上十字叉丝重合.

（5）调节载物平台与分光计旋转主轴垂直

将双平面镜绕竖直轴旋转90°,如图4.3.8所示,再转动载物平台下层使双平面镜镜面垂直于望远镜并观察反射"十"字像,仅调节螺丝c,使反射"十"字像与分划板上十字叉丝重合.

注意:本步骤的调节可暂不做,因为在后面的测量过程中需要根据实验的具体要求来调节载物台以使被测物的状态达到相应的要求.

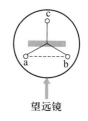

图4.3.8　平面镜在载物台上的位置2

（6）平行光管的调节

① 使平行光管产生平行光.

将平行光管对准光源,从望远镜目镜观察平行光管内的狭缝,松开平行光管狭缝套筒固定螺丝(10),转动狭缝套筒使狭缝像与望远镜分划板十字叉丝横丝平行(水平),前后移动狭缝套筒直至从望远镜里能看到清晰的狭缝像且与分划板叉丝间无视差,然后旋紧螺丝(10).

② 使平行光管光轴与仪器转轴垂直.

先调节狭缝宽度调节螺丝(11)使狭缝像宽度为0.5~1 mm,再调节平行光管倾斜调节螺丝(13)使得狭缝像与分划板下十字叉丝横丝重合.

③ 松开平行光管狭缝套筒固定螺丝(10),将狭缝套筒旋转90°,使狭缝像竖直且与分划板叉丝竖丝平行,然后旋紧螺丝(10).

至此,分光计已调整到正常使用状态.

2. 测量三棱镜顶角

（1）准备工作

① 确认刻度盘已与望远镜固连在一起,否则,拧紧游标盘下方右(或左)侧的望远镜与刻度盘间紧固螺丝(17′).

② 确认载物台是否与游标盘固定在一起,否则,拧紧载物平台与游标盘间紧固螺丝(21).

（2）测量三棱镜顶角

① 将三棱镜按图4.3.9(a)所示放置在载物台上,使其三个面分别与载物台调平螺丝的连线平行.此时,当调节螺丝b时,只改变AC光学面法线的方向而不影响AB光学面,同理,当调节螺丝c时,只改变AB面法线的方向而不影响AC面.转动载物台,在望远镜中找到AB面反射回来的绿"十"字像,调节螺丝c,使反射"十"字像与分划板上十字叉丝重合.然后找到AC面反射回来的绿"十"字像,调节螺丝b,使反射"十"字像与分划板上十字叉丝重合.重复上述步骤几次,直到两个光学面反射的"十"字像均与上十字叉丝重合,此时三棱镜的AB面、AC面均与望远镜光轴垂直(注意:三棱镜反射的绿色"十"字像的强度比平面镜反射的要弱一些).

请思考:若三棱镜按照图4.3.9(b)的方式放置,该如何调节a、b、c三个螺丝使得AB面、AC面与望远镜光轴垂直.

(a) 三棱镜在载物台上的位置1

(b) 三棱镜在载物台上的位置2

图 4.3.9

② 任选反射法、自准直法测量三棱镜顶角,要求多次测量,并完整表示测量结果.

3. 调节和测量时的注意事项

（1）不要用手触摸双面反射镜的镜面、三棱镜的棱角及光学面.

（2）在实际测量时,刻度盘与望远镜要连在一起（通过调节锁紧螺丝（17′）可实现）;根据实际情况需要,或将望远镜的位置固定,或将游标盘的位置固定,两者中必须有一个的位置固定,否则测量有误.

（3）每次读数时,要记录下两个游标的数值.

（4）用反射法测量三棱镜顶角时,将待测三棱镜如图4.3.10所示放在载物台上,使棱镜的折射棱（图中 A 棱）正对平行光管,并处于载物台的中心位置稍偏向平行光管一侧,以使平行光管发出的光可同时照射在折射棱两边的光学面 AB 和 AC 面上,且反射光沿载物台圆形台面的半径方向,方便用望远镜观察.

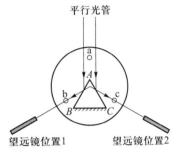

图 4.3.10　反射法测三棱镜
顶角示意图

（5）转动望远镜时,如果角游标零线越过了刻度盘 0 点位置,则应按下式计算望远镜转过的角度 $\varphi_i = 360° - |\theta_i' - \theta_i|$,式中 $i = 1$ 或 2.

## 【数据记录与处理】

按表 4.3.1 记录数据,并做相应处理.

表 4.3.1　　　　　　　　　　　　　　　　　　　　　　　　　　　单位:°

| 序号 | AB 面 | | AC 面 | | $\varphi_1$ | $\varphi_2$ | $\varphi$ | $\alpha$ | $\bar{\alpha}$ |
|---|---|---|---|---|---|---|---|---|---|
| | $\theta_1$ | $\theta_2$ | $\theta_1'$ | $\theta_2'$ | | | | | |
| 1 | | | | | | | | | |
| 2 | | | | | | | | | |
| 3 | | | | | | | | | |
| 4 | | | | | | | | | |
| 5 | | | | | | | | | |

**注意:**反射法用公式（4.3.1）计算顶角,自准直法用公式（4.3.2）计算顶角.

## 【预习思考题】

1. 已调好的分光计应处于何种状态? 为什么要处于这种状态?

2. 用自准直法将望远镜调焦到无穷远的主要步骤是什么? 怎样判断望远镜已调焦到无穷远?

3. 利用双面反射镜调节望远镜光轴与仪器主轴垂直时,为什么要将载物台转动 180°,使双面反射镜两面反射回来的"十"字像均与目镜分划板的上十字叉丝重合? 只调一面行吗?

## 【习题】

1. 分光计由哪几部分组成？各部分分别起什么作用？

2. 分光计的读数装置为何采用双游标？

3. 调节望远镜光轴与仪器主轴垂直时,当载物台转过 180° 前后,由双面反射镜两面依次反射回来的"十"字像处于下列两种不同的情况:

（1）一个位于上十字叉丝的上方,一个位于上十字叉丝的下方,且两者与叉丝的距离相等;

（2）两个"十"字像均位于视场中同一位置但不与上十字叉丝重合.

试问,在以上这两种情况下,

（1）望远镜光轴与仪器主轴是否垂直？平面镜的镜面法线与仪器主轴是否垂直？

（2）如何调节才能使两个"十"字像均与上十字叉丝重合？

科学轶事之<br>夫琅禾费

# 实验 4.4 等厚干涉及其应用

等厚干涉是非平行薄膜产生的一种薄膜干涉现象,利用这种干涉效应可以检验工件表面的平整度、球面度、光洁度,测量光波长和微小形变,精确测量长度和角度,以及研究工件内应力的分布等.本实验将观察和学习利用两种典型的等厚干涉现象——牛顿环和劈尖干涉.

## 【实验目的】

1. 观察光的等厚干涉现象,加深对干涉原理的理解.
2. 用牛顿环测透镜的曲率半径.
3. 用劈尖干涉测细丝直径.
4. 掌握读数显微镜的使用方法.

## 【实验原理】

平行光照射到厚度不均匀的透明薄膜上,经薄膜上下表面反射产生的两束反射光在膜表面处相遇发生干涉.薄膜厚度相等处产生的两束反射光具有相同的相位差,形成同一级干涉条纹,因而称为等厚干涉.牛顿环、劈尖干涉都是典型的等厚干涉,它们在光学测量中有着重要的应用.

1. 牛顿环

牛顿环器件由一块曲率半径很大的平凸透镜叠放在一块光学平板玻璃上构成,其结构如图 4.4.1 所示.在平凸透镜的凸面和平板玻璃之间形成的是一层从中心向外厚度递增的空气薄膜,当平行单色光由上往下垂直照射到牛顿环器件上时,由空气膜的上下表面反射的两束光在平凸透镜的凸面处相遇发生干涉.在离中心距离相等处,空气膜厚度相等,膜的上下表面反射的两束光的光程差相等,对应同一级条纹,属于等厚干涉,其干涉图样是以接触点为中心的一组明暗相间、内疏外密的同心圆环,称为牛顿环,如图 4.4.2 所示.

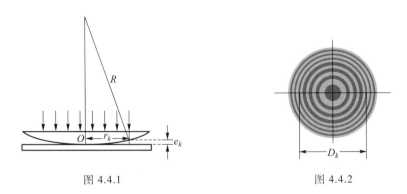

图 4.4.1                                         图 4.4.2

当透镜凸面的曲率半径很大时,空气膜厚度为 $e$ 处的两束反射光在相遇时几何路程差为该处空气膜厚度的两倍,即 $2e$,又由于两次反射中有一次是从光疏介质入射到光密介质,存在半波损失,所以两束反射光相遇时的总光程差为

$$\Delta = 2e + \frac{\lambda}{2} \tag{4.4.1}$$

根据干涉条件,当光程差为半波长奇数倍时干涉相消,即暗条纹处有

$$\Delta = 2e_k + \frac{\lambda}{2} = (2k+1)\frac{\lambda}{2}, \quad k = 0, 1, 2, 3, \cdots \tag{4.4.2}$$

式中 $e_k$ 为第 $k$ 个暗环处空气膜的厚度.由式(4.4.2)可见,透镜与平板玻璃接触处 $e=0$,故为一个暗点.由于空气膜的厚度从中心接触点到边缘逐渐增加,这样交替地满足明纹和暗纹条件,所有厚度相同的各点,处在一同心圆环上,所以干涉图样为一簇明暗相间的圆环.

如图 4.4.1 所示,由几何关系可得,第 $k$ 个暗环的半径 $r_k$ 和空气膜厚度 $e_k$ 的关系为

$$r_k^2 = R^2 - (R - e_k)^2 = 2Re_k - e_k^2 \tag{4.4.3}$$

式中 $R$ 为透镜凸面的曲率半径.因为 $R \gg e_k$,所以可略去 $e_k^2$,即有

$$e_k = \frac{r_k^2}{2R} \tag{4.4.4}$$

由式(4.4.2)和式(4.4.4)可得

$$r_k^2 = kR\lambda, \quad k = 0, 1, 2, 3, \cdots \tag{4.4.5}$$

显然,若已知入射单色光的波长 $\lambda$,只要测出 $k$ 级暗环的半径 $r_k$,由式(4.4.5)就可以计算出透镜凸面的曲率半径 $R$.

由于玻璃的弹性形变,平凸透镜和平板玻璃接触处并不是一个理想的几何点,从而无法准确地确定出干涉环的中心和级次.因此,在实际测量中,常选取测量离中心较远的第 $m$ 级暗环和第 $n$ 级暗环的直径 $D_m$ 及 $D_n$,并将式(4.4.5)变形为

$$R = \frac{r_m^2 - r_n^2}{(m-n)\lambda} = \frac{D_m^2 - D_n^2}{4(m-n)\lambda} \tag{4.4.6}$$

进行数据处理.显然,只要测出 $D_m^2-D_n^2$ 及级数差 $m-n$,就可计算出 $R$,而不必确定环的具体级数及中心位置.

2. 劈尖干涉

如图 4.4.3 所示,把两片平板玻璃上下叠合,其中一端放入一薄片或细丝,则两玻璃片之间形成的楔形空气薄膜称为空气劈尖.两玻璃片的交线称为棱边,平行于棱边的直线处空气膜的厚度相等.

当平行单色光垂直照射劈尖时,在劈尖的上下表面反射的两束反射光在劈尖上表面处相遇发生干涉,形成一组与棱边平行的明暗相间的等厚干涉直条纹,如图 4.4.4 所示.

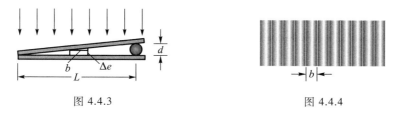

图 4.4.3                    图 4.4.4

劈尖空气膜厚度为 $e$ 处的两束反射光相遇时的总光程差为

$$\Delta = 2e+\frac{\lambda}{2} \tag{4.4.7}$$

由暗纹条件,第 $k$ 级暗条纹处有

$$\Delta = 2e_k+\frac{\lambda}{2} = (2k+1)\frac{\lambda}{2}, \quad k=0,1,2,3,\cdots \tag{4.4.8}$$

可得,第 $k$ 级暗纹处劈尖空气膜的厚度 $e_k$ 为

$$e_k = k\frac{\lambda}{2}$$

则有,任意两条相邻暗纹所对应的劈尖空气膜的厚度差为

$$\Delta e = e_{k+1}-e_k = (k+1)\frac{\lambda}{2}-k\frac{\lambda}{2} = \frac{\lambda}{2}$$

由三角形相似有 $\dfrac{d}{\Delta e} = \dfrac{L}{b}$,可得细丝直径 $d$ 为

$$d = \frac{\lambda}{2b}L \tag{4.4.9}$$

式中 $b$ 为相邻暗纹的间距.

显然,若已知入射单色光的波长 $\lambda$ 和劈尖棱边到细丝的距离 $L$,只要用读数显微镜测出相邻暗纹的间距 $b$,由式(4.4.9)就可以计算出细丝的直径 $d$.

## 【实验仪器】

读数显微镜(使用方法详见第一章第 5 节),钠光灯(波长 589.3 nm),牛顿环器件,劈尖器件.

## 【实验内容及步骤】

1. 利用牛顿环测平凸透镜的曲率半径

（1）恰当调节牛顿环器件的三个调节螺钉,直至在阳光或灯光下肉眼可见细小的环形干涉条纹位于牛顿环器件的中心.

（2）转动测微鼓轮使显微镜镜筒平移至标尺的中部位置,将牛顿环放置在显微镜工作台面上,使其中心（干涉条纹区）对准镜筒中央.点亮钠光灯,让钠黄光水平照射半反镜,调节半反镜使得其反射光束垂直入射在牛顿环器件上,经牛顿环器件反射后在显微镜视场中呈现一片均匀明亮的黄色（注意:在实验中不用显微镜的大反射镜,以免干涉条纹对比度降低）.

（3）调节显微镜目镜直至看到清晰的十字叉丝,然后在目镜筒中转动目镜,使十字叉丝的横线与显微镜镜筒左右移动方向平行.

（4）缓缓转动调焦手轮,使显微镜筒下移接近半反镜表面,然后使显微镜筒由下而上移动进行调焦,直至从目镜视场中清楚地看到圆环形干涉条纹,且叉丝与条纹间无视差为止;然后再移动牛顿环装置,使十字叉丝交点与牛顿环中心大致重合.

（5）转动读数显微镜测微鼓轮,同时在目镜中观察,使十字叉丝由牛顿环中央缓慢向一侧移动至第 30 环处后再退回至第 25 环处,自第 25 环开始单方向移动十字叉丝,每移动一环,记下相应的直径端位置读数直到第 10 环（其中第 19,18,17,16 环读数不用记录）,然后继续单方向移动,穿过中心暗斑,从另一侧第 10 环处开始记录每一环的直径端位置读数直至第 25 环（其中第 16,17,18,19 环读数不用记录）.将所测数据记入表 4.4.1 中.

（6）重复步骤（5）,再测 1 次.

2. 用劈尖测细丝直径

（1）从读数显微镜工作台上取下牛顿环,换上劈尖器件.

（2）对显微镜调焦,直至从目镜中看到清晰的平行干涉条纹.

（3）调整劈尖在工作台上的位置,使干涉条纹与十字叉丝的纵线平行.

（4）单方向转动测微鼓轮,在劈尖中部条纹清晰处,当十字叉丝的纵线与某一级暗条纹重合时开始记下位置读数,然后依次记下 6 个间隔 20 个条纹间距的位置读数,记入表 4.4.2 中.

## 【数据记录与处理】

1. 牛顿环实验

表 4.4.1　牛顿环实验记录表格

| 环数 | 读数 $x$/mm | | 直径 | 环数 | 读数 $x$/mm | | 直径 | $(D_m^2 - D_n^2)_i$/mm² |
|---|---|---|---|---|---|---|---|---|
| | 左 | 右 | $D_m$/mm | | 左 | 右 | $D_n$/mm | |
| 25 | | | | 15 | | | | |
| 24 | | | | 14 | | | | |
| 23 | | | | 13 | | | | |

| 环数 | 读数 $x/\text{mm}$ | | 直径 | 环数 | 读数 $x/\text{mm}$ | | 直径 | $(D_m^2 - D_n^2)_i/\text{mm}^2$ |
|---|---|---|---|---|---|---|---|---|
| | 左 | 右 | $D_m/\text{mm}$ | | 左 | 右 | $D_n/\text{mm}$ | |
| 22 | | | | 12 | | | | |
| 21 | | | | 11 | | | | |
| 20 | | | | 10 | | | | |
| | | | | | | | $\overline{D_m^2 - D_n^2} = $ _____ $\text{mm}^2$ | |

计算曲率半径 $R$ 和不确定度

$$\overline{R} = \frac{\overline{D_m^2 - D_n^2}}{4(m-n)\lambda}$$

令 $D_m^2 - D_n^2 = M$,则有

$$S_M = \sqrt{\frac{\sum_{i=1}^{\rho}(M_i - \overline{M})^2}{\rho - 1}} \quad (\rho \text{ 为 } M \text{ 值的个数})$$

$$u_M = \sqrt{S_M^2 + \Delta_M^2} \quad (\Delta_M = 0.1 \text{ mm}^2)$$

$$\frac{u_R}{\overline{R}} = \sqrt{\left(\frac{u_\lambda}{\overline{\lambda}}\right)^2 + \left(\frac{u_M}{\overline{M}}\right)^2} \quad (\overline{\lambda} = 589.3 \text{ nm}, u_\lambda = 0.3 \text{ nm})$$

$$u_R = \frac{u_R}{\overline{R}} \cdot \overline{R} = \underline{\quad\quad}, \quad R = \overline{R} \pm u_R = \underline{\quad\quad}, \quad u_{\text{r-}R} = \frac{u_R}{\overline{R}} \times 100\% = \underline{\quad\quad}$$

2. 劈尖干涉实验

表 4.4.2　劈尖实验记录表格

| 序数 | 位置读数 $x_i/\text{mm}$ | 位置读数 $x_{i+20}/\text{mm}$ | $(x_{i+20} - x_i)/\text{mm}$ | $b_i/\text{mm}$ |
|---|---|---|---|---|
| 1 | | | | |
| 2 | | | | |
| 3 | | | | |
| 4 | | | | |
| 5 | | | | |
| 6 | | | | |

计算细丝直径

$$\overline{b} = \frac{1}{20} \times \frac{1}{3 \times 3} \sum_{i=1}^{3}(x_{i+3} - x_i)$$

$$\overline{d} = \frac{\lambda}{2\overline{b}}L$$

(思考:$d$ 的不确定度 $u_d$ 如何计算?)

【注意事项】

1. 实验中应注意调整显微镜本身及镜筒高度,调节光源位置,使其尽量靠近读数显微镜,保证有足够的光强,以得到较清晰明亮的干涉图样.

2. 为了避免测微鼓轮"空转"以及螺距差引起测量误差,在每次测量中,读数显微镜的测微鼓轮只能向一个方向转动,中途不能反转.

3. 实验中,读数显微镜底座中的大反光镜不需使用,应反转向内,避免有光向上反射至牛顿环内,影响观察和测量.

【预习思考题】

1. 牛顿环是怎样形成的?

2. 为什么不直接用公式 $r_k^2 = kR\lambda$ 计算 $R$?

3. 当劈尖尖角变小时,干涉条纹有什么变化?

【习题】

1. 为什么实验中观察到的牛顿环条纹离中心越远处条纹越密?若用曲率半径很大的平凹透镜叠在标准平面上(凹面朝向标准平面),如图 4.4.5 所示,观察到的条纹是如何分布的?

2. 用牛顿环测球面的曲率半径时,能否用测量弦长来代替测量圆环直径?试作图说明.

虚拟仿真
实验

本实验
附录文件

图 4.4.5

【拓展实验】

1. 测量手机屏幕单个像素的宽度

自行设计实验步骤,利用读数显微镜测量手机屏幕像素宽度,注意测量中如何避免螺距差(回程差)的影响.读数显微镜下的手机屏幕如图 4.4.6 所示.可以将测量的结果与估算结果进行对比,通常手机分辨率为 1 920×1 080,而手机的宽度通常在 6~7 cm,因此估算结果为 60 μm 左右.

2. 白光干涉条纹的观测

将钠灯换为手机闪光灯,在目镜中观察的同时微调手机闪光灯高度,直至出现清晰的彩色(白光)干涉条纹,读数显微镜下的白光干涉条纹如图 4.4.7 所示.

3. 透射光干涉条纹的观测

仍用钠灯照明,打开读数显微镜底部反光镜,将光源高度下移至与反光镜大致平齐后微调光源高度,直至目镜中出现较清晰的干涉条纹,注意此时干涉条纹中心应为亮斑,同时条纹可见度远低于反射光干涉条纹可见度.读数显微镜下的钠黄光干涉条纹如图 4.4.8 所示.

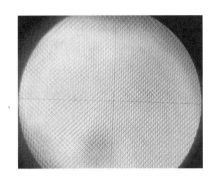

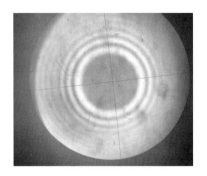

图 4.4.6　读数显微镜下的
手机屏幕

图 4.4.7　读数显微镜下的
白光干涉条纹(反射)

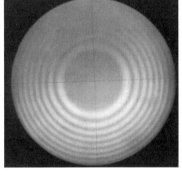

图 4.4.8　读数显微镜下的钠黄光干涉条纹(透射)、钠黄光干涉条纹(反射)

科学轶事之
牛顿与牛顿环

# 实验 4.5　迈克耳孙干涉仪

迈克耳孙干涉仪(Michelson interferometer)是利用分振幅法产生相干双光束而实现干涉的仪器,利用它可以测量光波波长、微小长度变化等,利用迈克耳孙干涉仪的原理研制的各种精密仪器已被广泛用于长度计量和光学平面质量检测等领域.迈克耳孙和莫雷于 1887 年利用干涉仪进行的著名实验——迈克耳孙-莫雷(Michelson-Morley)实验,证实了以太不存在,干涉仪的发明人迈克耳孙于 1907 年获得了美国的第一个诺贝尔物理学奖.近年来,在引力波探测方面,激光干涉引力波天文台(Laser Interferometer Gravitational-Wave Observatory,LIGO)等诸多地面激光干涉引力波探测器的基本原理就是通过迈克耳孙干涉仪来测量由引力波引起的激光的光程变化,并于 2015 年 9 月 14 日首次探测到了来自双黑洞合并的引力波信号.雷纳·韦斯(Rainer Weiss)、基普·索恩(Kip Stephen Thorne)、巴里·巴里什(Barry Clark Barish)三位科学家因 LIGO 探测器和引力波探测获 2017 年诺贝尔物理学奖.本实验学习调节和使用迈克耳孙干涉仪.

## 【实验目的】

1. 了解迈克耳孙干涉仪的原理和结构,掌握其调节方法.
2. 学习用迈克耳孙干涉仪观察等倾干涉、等厚干涉、白光干涉及非定域干涉现象.
3. 学会用迈克耳孙干涉仪测量光波波长.

## 【实验原理】

迈克耳孙干涉仪是利用分振幅的方法产生相干双光束来实现干涉的,其工作原理如图 4.5.3 所示.光源 S 发出的一束光经分光板 $G_1$ 的半反射半透射膜,分成振幅几乎相等的两束光 1 和 2.反射光束 1 经平面反射镜 $M_1$(动镜)反射后返回分光板并再次分束,其中一束光 1′到达观察点 E 处;透射光束 2 经平面反射镜 $M_2$ 反射后也返回分光板并再次分束,其中一束光 2′也射向观察点 E 处.两束光 1′和 2′为相干光,在空间相遇时发生干涉,因此 E 处可观察到干涉图样.$G_2$ 为补偿板,其材料和厚度与分光板 $G_1$ 完全相同并平行于分光板放置,其作用是补偿光束 2′的光程,使光束 1′和 2′在玻璃中的光程完全相同,以消除玻璃色散的影响,这对观察白光干涉很有必要.

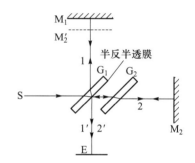

图 4.5.1 迈克耳孙干涉仪光学原理图

图 4.5.1 中,$M_2'$ 是反射镜 $M_2$ 被 $G_1$ 的半反半透膜反射所成的虚像.从 E 处观察时,两相干光 1′和 2′像是分别从 $M_1$ 和 $M_2'$ 反射而来,自 $M_1$、$M_2$ 的反射相当于自 $M_1$、$M_2'$ 的反射,因此在迈克耳孙干涉仪中产生的干涉相当于 $M_1$ 与 $M_2'$ 之间空气薄膜所产生的干涉.当 $M_1$ 和 $M_2'$ 严格平行时,空气膜厚度均匀,可以观察到由一系列同心圆环组成的等倾干涉条纹.当 $M_1$ 和 $M_2'$ 之间有微小夹角,且 $M_2'$ 与 $M_1$ 足够靠近时,空气膜可看作夹角恒定的空气劈尖,所发生的干涉为等厚干涉,可以观察到一系列近似平行,宽度相同的等厚干涉条纹.

迈克耳孙干涉仪产生干涉的条件及干涉条纹特点不仅与 $M_1$、$M_2$ 的相对位置有关,而且与所用光源有关.

1. 扩展光源照明——定域干涉条纹

(1) 等倾干涉条纹

如图 4.5.2 所示,当 $M_1$ 和 $M_2'$ 互相平行,并用扩展光源(如钠光灯)照明时,对入射倾角 $\theta$ 相同的各光束,它们由上、下两个表面反射形成的两束光互相平行,其光程差均为

$$\delta = AB + BC - AD = 2d\cos\theta$$

此时在 E 处,用人眼直接观察,或放一汇聚透镜并在其焦平面用观察屏观察,都可以观察到由一系列同心圆环组成的干涉

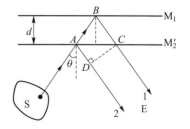

图 4.5.2 等倾干涉光路图

条纹,每一个圆环各自对应一恒定的倾角 $\theta$,所以称为等倾干涉条纹.等倾干涉条纹定域于无穷远.

等倾干涉中出现明条纹的位置为

$$2d\cos\theta = k\lambda \tag{4.5.1}$$

显然,$d$ 一定时,入射倾角 $\theta$ 越小,光程差越大,条纹级次 $k$ 越高,半径越小.当 $\theta = 0$ 时光程差最大,即圆心处的干涉级次最高,此时有光程差 $\delta = 2d$.当移动 $M_1$ 使 $d$ 增加时,圆心处的干涉条纹级次越来越高,可看到圆环从中心一个个冒出来;反之当 $d$ 减小时,圆环向中心一个个缩进去.$d$ 每改变 $\lambda/2$,圆心就冒出或缩进一条条纹.

(2)测量光波波长

若 $M_1$ 移动距离为 $\Delta d$,冒出或缩进的条纹数为 $\Delta k$,则有 $\Delta d = \Delta k \dfrac{\lambda}{2}$.所以测出冒出或缩进的条纹数 $\Delta k$ 和 $M_1$ 移动的距离 $\Delta d$,就可测得所用光波的波长

$$\lambda = \frac{2\Delta d}{\Delta k} \tag{4.5.2}$$

等倾干涉条纹随着 $d$ 的增大越来越密,$d$ 足够大后,观察者就分辨不清这些干涉条纹了,所以在观察和测量时,$d$ 应尽量小些,即 $M_1$ 和 $M_2$ 与 $G_1$ 的距离相差不大.此外,等倾干涉圆环分布是中心疏,边缘密,与牛顿环的分布相似,但原理不同.

(3)双线结构光谱的波长差测定

若入射光为理想的单色光,则移动 $M_1$ 时,视场中的干涉条纹总是清晰可见的,可见度最大,但实际上任何谱线都有一定的线宽,许多看似单色的谱线实际上是由波长十分接近的双线或多重线组成的.理论上已经证明:单色线宽使条纹可见度随光程差增加而单调下降,双线结构使条纹可见度随光程差作周期性变化.

设光源中含有两个相近的波长 $\lambda_1$ 和 $\lambda_2$(如钠黄光),当 $M_1$ 与 $M_2'$ 相距为 $d_1$ 时,在条纹视场中心,如果波长为 $\lambda_1$ 的光形成的第 $k_1$ 级亮纹恰好与波长为 $\lambda_2$ 的光形成的第 $(k_1+n)$ 级暗纹重合,即

$$2d_1 = k_1\lambda_1 = \left(k_1 + n + \frac{1}{2}\right)\lambda_2$$

则此时条纹的可见度为零(若两种波长的光强不相等,则可见度最小但不为零),视场中心被均匀照明.

按原方向移动 $M_1$ 至相邻的下一个可见度为零的位置,设此时 $M_1$ 与 $M_2'$ 相距为 $d_2$,则有

$$2d_2 = k_2\lambda_1 = \left(k_2 + n + 1 + \frac{1}{2}\right)\lambda_2$$

令 $\overline{\lambda}^2 \approx \lambda_1\lambda_2$,$\Delta\lambda = |\lambda_2 - \lambda_1|$,$\Delta d = |d_2 - d_1|$,解上面两方程得

$$\Delta\lambda \approx \frac{\overline{\lambda}^2}{2\Delta d} \tag{4.5.3}$$

式中,$\overline{\lambda}$ 为 $\lambda_1$ 和 $\lambda_2$ 的平均值,$\Delta d$ 为视场中心相继两次出现可见度为零时 $M_1$ 移动的距离.利用式(4.5.3)即可计算双线的波长差.

(4)等厚干涉条纹

如图 4.5.3 所示,若 $M_1$ 和 $M_2'$ 之间有微小夹角,且 $M_2'$ 与 $M_1$ 足够靠近,当用扩展光源照明时,被

$M_1$、$M_2'$反射的两束光在镜面附近相遇发生干涉,出现等厚干涉条纹.等厚干涉条纹定域在镜面附近.

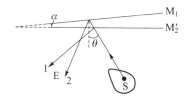

当 $M_1$ 和 $M_2'$ 之间夹角很小时,经 $M_1$、$M_2'$ 反射的两束光,其光程差仍可近似表示为

$$\delta = 2d\cos\theta$$

在入射角 $\theta$ 不大的情况下有

$$\delta = 2d\cos\theta \approx 2d\left(1 - \frac{\theta^2}{2}\right)$$

图 4.5.3　等厚干涉光路图

出现亮条纹位置为

$$2d\left(1 - \frac{\theta^2}{2}\right) = k\lambda \qquad (4.5.4)$$

在 $M_1$ 和 $M_2'$ 交线附近,$d\theta^2$ 可以忽略,光程差主要决定于空气膜的厚度,厚度相同的地方对应同一级干涉条纹,因此称为等厚干涉,其干涉条纹为平行于两镜面交线的等间距的直条纹.远离两镜面交线处,$d\theta^2$ 不能忽略,由于同一级条纹上光程差相等,为使 $\delta = 2d(1-\theta^2/2) = k\lambda$,必须用增大 $d$ 来补偿由于 $\theta$ 的增大而引起的光程差的减小,所以干涉条纹在 $\theta$ 逐渐增大的地方要向 $d$ 增大的方向移动,使得干涉条纹逐渐变成弧形,且凸向两镜面交线的方向.

当 $M_2'$ 和 $M_1$ 之间夹角很小,且 $M_2'$ 与 $M_1$ 足够靠近时,若用白光作光源,则可看到几条彩色的等厚干涉条纹.

2. 点光源照明——非定域干涉条纹

如图 4.5.4 所示,He-Ne 激光器发出的激光经短焦距透镜会聚后形成一个相干性很好的点光源 S,其发出的光经分光板分光后,由 $M_1$、$M_2$ 反射后产生的干涉现象等效于两个相干的虚光源 $S_1$、$S_2$ 发出的光产生的干涉.虚光源 $S_1$ 是光源 S 先后经分光板和反射镜 $M_1$ 反射成的像,虚光源 $S_2$ 是光源 S 先后经反射镜 $M_2$ 和分光板成的像.虚光源 $S_1$ 和 $S_2$ 发出相干球面波,只要观察屏 E 在两列球面波的重叠区域内,都能看到干涉条纹,因此称之为非定域干涉.如果把屏垂直于 $S_1$ 和 $S_2$ 的连线放置,则我们可以看到一组同心圆形条纹,圆心就是 $S_1$ 和 $S_2$ 连线与屏的交点.

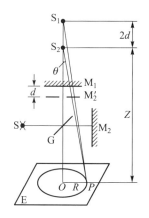

虚光源 $S_1$、$S_2$ 间的距离为 $M_1$ 和 $M_2'$ 间距离 $d$ 的两倍,虚光源 $S_1$、$S_2$ 到屏上任意点 $P$ 的光程差为

图 4.5.4　点光源产生的
非定域干涉

$$\delta = S_1 P - S_2 P$$
$$= \sqrt{(Z+2d)^2 + R^2} - \sqrt{Z^2 + R^2}$$

由于 $Z \gg d$,将上式按级数展开,并略去高阶无穷小项,可得

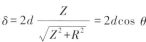

$$\delta = 2d\frac{Z}{\sqrt{Z^2+R^2}} = 2d\cos\theta$$

式中,$\theta$ 为 $S_2$ 到 $P$ 点的光线与观察屏 E 的法线之间的夹角.

当

200

$$\delta = 2d\cos\theta = \begin{cases} k\lambda, & \text{明纹} \\ (2k+1)\dfrac{\lambda}{2}, & \text{暗纹} \end{cases} \tag{4.5.5}$$

可见当 $d$ 一定时,$\theta$ 相同的场点,两列光波的光程差相等,所以在垂直于 $S_1$ 和 $S_2$ 连线的观察屏上,干涉图样是一组同心圆环.

当 $d$ 一定时,$\theta$ 越小光程差越大,当 $\theta = 0$ 时,光程差最大,即圆心处的干涉级次最高.非定域干涉和等倾干涉一样,当 $d$ 增加时,可看到圆环条纹从中心一个个冒出;反之当 $d$ 减小,条纹向中心一个个缩进.$d$ 每改变 $\lambda/2$ 距离,圆心就冒出或缩进一条条纹.测出冒出或缩进的条纹数 $\Delta k$ 和 $M_1$ 移动的距离 $\Delta d$,则同样可用式(4.5.2)计算所测光波的波长.

## 【实验仪器】

迈克耳孙干涉仪,He-Ne 激光器,钠光灯,小孔光阑,扩束镜,白光光源.常用的迈克耳孙干涉仪结构如图 4.5.5 所示.

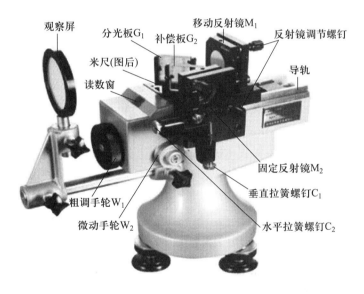

图 4.5.5 迈克耳孙干涉仪结构图

迈克耳孙干涉仪主要由四个高品质的光学镜片(移动反射镜 $M_1$、固定反射镜 $M_2$、分光板 $G_1$、补偿板 $G_2$)和安装在底座上的一套精密的机械传动系统组成.分光板的作用是将入射光束分为反射和透射两束,补偿板则用于补偿光在分光板玻璃中的光程.移动反射镜(动镜)与固定反射镜后各有两只微调螺钉,用以调节反射平面镜的方位.固定反射镜的方位还可利用水平拉簧螺钉 $C_2$ 和垂直拉簧螺钉 $C_1$ 微调.当旋动粗调手轮 $W_1$ 或微动手轮 $W_2$ 时,移动反射镜的位置可沿平行导轨方向做微小移动.通过三个读数装置来确定移动反射镜的位置,如图 4.5.6 所示,主尺附在导轨侧面,最小分度为 1 mm.转动粗调手轮 $W_1$ 一周,读数窗口里的圆盘标尺也转动一周,动镜沿主尺移动 1 mm,圆盘标尺一周分为 100 等份,其转动 1 小格,相当于动镜移动 0.01 mm.微动手轮 $W_2$ 转动一周,圆盘标尺转动 1 小格,微动手轮一周的刻度也等分为 100 小格,其移动 1 小格对应圆盘标尺移动的 1/100 小格,对应动镜移动 0.000 1 mm,因此,它的每小格读数为 0.000 1 mm,读数时估读一位,这样最小读数可估计到 0.000 01 mm 量级.图 4.5.6 中的所示当前读数为 33.492 46 mm.

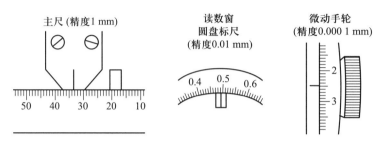

图 4.5.6    迈克耳孙干涉仪读数系统

**注意:**仪器的光学部件均显露在外部,要加倍爱护,不得用手触摸或擦拭任何光学表面,调节时动作要缓慢.

## 【实验内容及步骤】

1. 定域干涉实验

(1) 观察扩展光源的等倾干涉条纹并测量钠光波长

① 调节 $M_1$、$M_2$ 后面的调节螺钉,使其松紧适当.调节两个微调拉簧螺钉($C_1$、$C_2$)使其处于适中位置,留有双向调节余量.

② 调节钠光灯使其窗口与分光板 $G_1$ 及 $M_2$ 等高,且窗口中心与分光板及 $M_2$ 中心的连线大致与 $M_2$ 垂直.点亮钠光灯.

③ 转动粗调手轮,使 $M_1$ 和 $M_2$ 两反射镜距离分光板 $G_1$ 的半反膜中心的距离大致相等(将 $M_1$ 调整到实验室给定位置).

④ 用眼睛透过 $G_1$ 直视 $M_1$,可看到两组十字像,调节 $M_2$ 后面的调节螺钉,使两组十字像重合,此时将可看到明暗相间的圆形干涉条纹,若干涉条纹模糊,可轻轻转动粗调手轮.在实验室给定位置附近改变 $M_1$ 位置,直至干涉条纹变得清晰.

⑤ 仔细调节 $M_2$ 的 2 个拉簧螺钉,将干涉环中心调到视场中央,且当眼睛左右、上下微微移动时干涉环不发生冒出或缩进现象,只是圆心随眼平动,则这时观察到的干涉条纹就是严格的等倾干涉条纹.

⑥ 同方向分别转动粗调手轮和微动手轮,直到出现干涉条纹的冒出或缩进现象,然后进行调零.调零过程是:将微动手轮 $W_2$ 沿某一方向(如顺时针方向)旋至零,同时注意观察读数窗刻度轮旋转方向;保持刻度轮旋转方向不变,转动粗调手轮 $W_1$,让读数窗口基准线对准某一刻度,然后沿原方向将微动手轮 $W_2$ 旋转一周至零,若此时读数窗口基准线对准下一刻度,则调零完毕,否则要重新调零.

⑦ 始终沿原调零方向,细心转动微动手轮 $W_2$,观察并记录干涉条纹中心每冒出或缩进 50 个干涉圆环时 $M_1$ 的位置 $d$(注意每次读数时条纹中心的状态应相同),连续记录 10 次,数据记录

可参考表 4.5.1.

⑧ 由关系式 $\lambda = 2\Delta d / \Delta k$,计算钠黄光的波长.

（2）测量钠黄光双线结构的波长差

在做实验内容（1）的过程中,转动手轮改变 $M_1$ 的位置时,一方面可以观察到视场中心冒出或缩进条纹,另一方面,可观察到整个视场的干涉条纹可见度（对比度）在发生周期性变化,这个可见度的周期性变化就是由钠黄光双线结构引起的,只要将这个周期测量出来,利用式（4.5.3）便可计算钠黄光双线的波长差.

测量时,转动微调手轮 $W_2$ 缓慢移动 $M_1$,使条纹从中心冒出,同时观察视场中条纹可见度的变化,当判断出可见度最小,记下 $M_1$ 的位置 $d_1$,再沿原方向继续移动 $M_1$,直到可见度又最小,记下 $M_1$ 的位置 $d_2$,继续操作,沿同一方向连续测量 6 个可见度最小时 $M_1$ 的位置,再用逐差法处理数据,求 $\Delta d$ 的平均值,利用式（4.5.3）计算钠黄光双线的波长差 $\Delta\lambda$,数据记录可参考表 4.5.2.若在调节等倾干涉条纹时未测量钠黄光波长,则取 $\overline{\lambda} = 589.3$ nm.

**注意**:在开始测量之前的调节过程中要学会判断何为条纹可见度最小,在测量前仍要先调零.

（3）观察等厚干涉和白光干涉条纹

① 在等倾干涉基础上,转动微动手轮,移动 $M_1$ 的位置,使干涉条纹由细密变粗疏,直到视场范围内只剩下 2~3 条干涉条纹时,说明 $M_1$ 与 $M_2'$ 接近重合.细心调节水平与垂直拉簧螺钉,使 $M_2'$ 与 $M_1$ 有一微小夹角,视场中便出现等厚干涉条纹.转动微动手轮,移动 $M_1$,观察和记录条纹的形状、特点.

② 在干涉条纹为等厚直条纹时,改用白炽光源照明,细心缓慢地旋转微动手轮,当 $M_1$ 与 $M_2'$ 中心相交时,在 $M_1$ 与 $M_2'$ 的交线附近就会出现几条以中央条纹为中心的对称的彩色直条纹,记录观察到的条纹形状和颜色分布,以及此时 $M_1$ 的位置.

**2. 非定域干涉实验**

观察点光源非定域干涉现象,并测量激光波长.

（1）转动粗调手轮,使 $M_1$ 和 $M_2$ 两反射镜距离分光板 $G_1$ 的半反膜中心的距离大致相等（将 $M_1$ 调整到实验室给定位置）.

（2）将激光器激光出射孔处的短焦距透镜（扩束镜）移到一边,调整激光器高度、方位等,使激光束水平通过分光板 $G_1$ 中部,且分光得到的两束光分别照射在两反射镜中部,分别调节 $M_1$ 和 $M_2$ 后面的调节螺钉,使两反射镜反射产生的最亮光点进入激光出射孔.

（3）调节 $M_2$ 后的调节螺钉,使放置在 E 处并与光路垂直的观察屏上的两个最亮光点重合.

（4）将扩束镜移回激光出射孔前,使扩束激光照亮分光板,旋转调节扩束镜位置使光斑大小合适,此时屏上一般会出现干涉条纹.

（5）轻轻调节调节 $M_2$ 的两个微调拉簧螺钉,使圆形干涉条纹处于观察屏中心且对称性更好.

（6）分别转动粗调手轮和微动手轮,观察干涉条纹的变化.

（7）同方向分别转动粗调手轮和微动手轮,直到出现干涉条纹的冒出或缩进现象,然后进行调零.

（8）始终沿原调零方向,细心转动微动手轮,观察并记录每冒出或缩进 50 个干涉环时 $M_1$

镜的位置 $d$(注意每次读数时条纹中心的状态应相同),连续记录 10 次,数据记录可参考表 4.5.1.

(9) 由关系式 $\lambda = \dfrac{2\Delta d}{\Delta k}$,计算 He-Ne 激光器输出激光的波长.

## 【数据记录与处理】

1. 光波波长的测量

表 4.5.1

| 次数 | 位置读数 $d_0$/mm | 位置读数 $d$/mm | $\Delta d (= \mid d - d_0 \mid)$/mm |
|---|---|---|---|
| 1 | | | |
| 2 | | | |
| 3 | | | |
| 4 | | | |
| 5 | | | |
| 6 | | | |
| 7 | | | |
| 8 | | | |
| 9 | | | |
| 10 | | | |
| | | | $\overline{\Delta d}$ = _____ mm |

计算光波波长 $\qquad\qquad \overline{\lambda} = \dfrac{2\overline{\Delta d}}{\Delta k}$

计算波长不确定度 $\qquad S_{\Delta d} = \sqrt{\dfrac{\sum\limits_{i=1}^{n} \left( \overline{\Delta d} - \Delta d_i \right)^2}{n-1}}$

$$u_{\Delta d} = \sqrt{S_{\Delta d}^2 + u^2} \quad (其中\ u = \sqrt{2}\Delta_{仪},\ \Delta_{仪} = 5 \times 10^{-5}\ \text{mm})$$

$$u_\lambda = \dfrac{2}{\Delta k} u_{\Delta d}$$

结果表示 $\qquad \lambda = \overline{\lambda} \pm u_\lambda =$ _____ ; $\quad u_{r-\lambda} = \dfrac{u_\lambda}{\overline{\lambda}} \times 100\% =$ _____

2. 钠光双线结构波长差的测量

表 4.5.2

| 位置 $d_i$/mm | | $\Delta d[=(d_{i+3}-d_i)/3]$/mm | $\overline{\Delta d}$/mm | $\Delta\lambda$/nm |
|---|---|---|---|---|
| $d_1$ | | | | |
| $d_2$ | | | | |
| $d_3$ | | | | |
| $d_4$ | | | | |
| $d_5$ | | | | |
| $d_6$ | | | | |

## 【注意事项】

1. 干涉仪是非常精密的光学仪器,在调节和测量过程中,一定要非常耐心和细心,转动手轮时要缓慢,调节反射镜时,螺钉及拉簧螺丝松紧要适度.切勿用手触摸光学元件的光学表面.

2. 测量之前应先调整零点.

3. 微调手轮有很大的反向空程(大约 20 圈),这会产生"空转误差"(所谓"空转误差",是指如果沿与原来调零时鼓轮的转动方向相反的方向转动鼓轮,则在一段时间内,微动手轮虽然在转动,但读数窗口并未计数,因为此时反向后蜗轮与蜗杆的齿并未啮合靠紧).为了消除"空转误差",测量时应始终向一个方向旋转,如果需要反向测量,则需先消除"空转误差",并重新调整零点后方可进行读数.

4. 为了防止引进螺距差,每次测量时必须沿同一方向转动手轮,中途不能倒退.

5. 激光伤眼,不要用眼睛直视未扩束的激光.

## 【预习思考题】

1. 为什么没有补偿板 $G_2$ 就得不到白光干涉条纹?

2. 是否所有圆形干涉条纹都是等倾干涉条纹?举例说明.

3. 在本实验中得到的圆形干涉条纹的疏密有何规律?

本实验
附录文件

## 【习题】

1. 分析缩圈或冒圈产生的原因.

2. 实验中怎样判断干涉条纹是不是严格的等倾条纹?

3. 测量中为什么手轮和鼓轮要同方向调零,而且测量中要一直沿同一方向转动而不能倒转?如何对 $M_1$ 位置进行读数?

4. 怎样判断 $M_1$ 与 $M_2'$ 是否重合,或 $M_1$ 在 $M_2'$ 之前还是之后?(靠近分光板 $G_1$ 为前,远离 $G_1$ 为后.)

科学轶事之
迈克耳孙

# 实验 4.6  用双棱镜测定光波波长

自从 1802 年英国科学家托马斯·杨（Thomas Young）用双缝做了光的干涉实验后，光的波动说开始被许多学者接受，但仍有不少反对意见.有人认为杨氏条纹不是干涉所致，而是双缝的边缘效应.二十多年后，法国科学家菲涅耳（Fresnel）做了几个新实验，令人信服地证明了光的干涉现象的存在，这些新实验之一就是他在 1826 年进行的双棱镜实验.该实验不借助光的衍射而形成分波前干涉，用毫米级的测量得到了纳米级的精度，其物理思想、实验方法与测量技巧至今仍然值得我们学习.

## 【实验目的】

1. 观察双棱镜产生的干涉现象，进一步理解产生干涉的条件.
2. 熟悉干涉装置的光路调节技术，进一步掌握在光具座上多元件的等高共轴调节方法.
3. 学会用菲涅耳双棱镜测定光波波长.

## 【实验原理】

菲涅耳双棱镜由两个折射角很小（小于 1°）的直角棱镜组成，且两个棱镜的底边连在一起（实际上是在一块玻璃上，将其上表面加工成两块楔形板而成），用它可实现分波前干涉.通过对其产生的干涉条纹间距等长度量（毫米量级）的测量，可推算出光波波长.

如图 4.6.1 所示，双棱镜 AB 的棱脊（即两直角棱镜底边的交线）与狭缝 S 的长度方向平行，H 为观察屏，且三者都与纸面垂直放置.由单色光源 M 发出的光，经透镜 $L_1$ 会聚于狭缝 S 上，由 S 出射的光束投射到双棱镜上，经折射后形成两束光，好像是从两虚光源 $S_1$ 和 $S_2$ 发出的.由于这两束光满足相干条件，故在两束光相互重叠的区域（图中画斜线的区域）内产生干涉，可在观察屏 H 上看到明暗交替的、与狭缝平行的、等间距的直线条纹.中心 $O$ 处因两束光的程差为零而形成中央亮纹，其余的各级条纹则分别排列在零级的两侧.

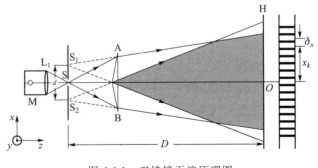

图 4.6.1  双棱镜干涉原理图

设两虚光源 $S_1$ 和 $S_2$ 间的距离为 $d$,虚光源平面中心到屏的中心之间的距离为 $D$;又设屏 H 上第 $k$($k$ 为整数)级亮纹与中心 $O$ 相距为 $x_k$,因为 $x_k < D$,$d \ll D$,故 $x_k$ 由下式决定

$$x_k = \frac{D}{d} k\lambda$$

而暗纹的位置 $x_k'$ 则由下式决定

$$x_k' = \frac{D}{d}\left(k + \frac{1}{2}\right)\lambda$$

任何两条相邻的亮纹(或暗纹)之间的距离为

$$\delta x = x_{k+1} - x_k = x_{k+1}{}' - x_k' = \frac{D\lambda}{d}$$

故

$$\lambda = \frac{d}{D}\delta x \tag{4.6.1}$$

上式表明,只要测出 $d$、$D$ 和 $\delta x$,即可算出光波波长 $\lambda$.

本实验在光具座上进行.$\delta x$ 的大小由测微目镜来测量;$d$、$D$ 的值可用凸透镜二次成像法求得.

如图 4.6.2 所示,在双棱镜和观察屏(测微目镜的叉丝面)之间插入一焦距为 $f_2$ 的凸透镜 $L_2$,当 $D > 4f_2$ 时,移动 $L_2$ 使虚光源 $S_1$、$S_2$ 两次成像于屏上,一次成放大实像 $S_1'$、$S_2'$[如图 4.6.2(a)],间距为 $d'$,一次为缩小实像 $S_1''$、$S_2''$[如图 4.6.2(b)],间距为 $d''$.用测微目镜分别测出 $d'$、$d''$ 后用下式就可算出 $d$ 值:

$$d = \sqrt{d'd''} \tag{4.6.2}$$

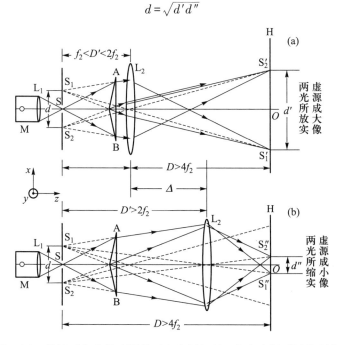

图 4.6.2　利用两次成像法测量两虚光源间距 $d$ 和虚光源到屏的距离 $D$

若透镜 $L_2$ 两次成像所移动的距离为 $\Delta$[图 4.6.2(a)、(b)中透镜两次移动的间距],焦距为 $f_2$,则虚光源平面到屏之间的距离 $D$ 为

$$D = 2f_2 + \sqrt{4f_2^2 + \Delta^2} \qquad (4.6.3)$$

## 【实验仪器】

光具座,白光光源,单色光源(或干涉滤光片),可调单狭缝,菲涅耳双棱镜,测微目镜,凸透镜,白屏.

## 【实验内容及步骤】

1. 双棱镜干涉装置的共轴调节与干涉现象的观察

为了获得清晰的干涉条纹,保证有关物理量的测量精度,实验装置应调节到下述状态:

(1) 光具座上各元件等高共轴.

(2) 双棱镜的棱脊严格平行于狭缝,且狭缝宽度适当,以获得清晰的干涉条纹.

具体调节方法如下:

(1) 将白光源 M(白炽灯前已装有透镜 $L_1$)、狭缝 S、双棱镜 AB 按图 4.6.1 所示依次放置于光具座上.用目测法粗调各元件使其中心等高,且使中心线平行于光具座,双棱镜的底面与中心线垂直.

(2) 点亮光源,调节光源的角度,使其光轴平行于光具座,并使其均匀照亮狭缝.调节双棱镜或狭缝,使由狭缝射出的光束能对称地照射在双棱镜棱脊的两侧.

(3) 在双棱镜的后面(并靠近双棱镜)放一白屏,从屏上光斑中可找到一条亮光带(此光带就是两相干光束的交叠区).以测微目镜代替白屏,调节目镜的上下和左右位置,使其光带进入目镜视场.

(4) 调出白光干涉条纹.通过测微目镜观察,调节狭缝宽度,并微调狭缝的方位使其与双棱镜的棱脊平行直到出现清晰的彩色干涉条纹.转动目镜读数鼓轮,使叉丝交点对准零级条纹,设此时目镜在光具座上的位置为 Ⅰ.

(5) 沿光具座后移测微目镜(保证干涉条纹不移出目镜视场),使之处于另一位置 Ⅱ,调节双棱镜的左右位置,使零级条纹仍对准目镜叉丝交点;再使目镜移至位置 Ⅰ,转动目镜读数鼓轮,用叉丝交点对准零级条纹……,如此反复调节,直到测微目镜沿光具座前后移动时,零级条纹始终与叉丝交点对准.

(6) 在光源 M 后插入干涉滤光片,在双棱镜和测微目镜之间放置透镜 $L_2$(见图 4.6.2),并使 $D$ 稍大于 $4f_2$,调节 $L_2$,使之与系统共轴.此外,要求狭缝与双棱镜之间的距离既要满足两虚光源能经 $L_2$ 成大像于测微目镜中,也要满足干涉条纹宽度适当.

至此,整个实验装置已调好,在以后的测量过程中,单缝、双棱镜和测微目镜的位置不再变动.

调节过程中应注意观察下列现象:

(1) 双棱镜的棱脊与狭缝平行和不平行时,干涉现象有何变化.

(2) 干涉条纹的宽度随哪些因素变化.

(3) 改变狭缝宽度,干涉条纹的可见度如何变化.

（4）用白光光源或单色光源照明时，干涉现象有何不同.

记录以上观察结果，并予以解释.

2. 测定未知光波波长

（1）测量 $d$、$D$

在上述光路已调好的基础上，其他元件不动，只沿光具座移动透镜 $L_2$ 的位置，使 $L_2$ 在位置 $z_1$ 成虚光源的放大像、位置 $z_2$ 成虚光源的缩小像于测微目镜的叉丝平面，用测微目镜分别测出放大像间距 $d'$ 和缩小像间距 $d''$，各测 5 次，记于表 4.6.1 中，取平均值.并通过光具座导轨刻度尺读出 $z_1$、$z_2$，记于表 4.6.2 中，则 $\Delta = |z_1 - z_2|$.利用式（4.6.2）、式（4.6.3）计算 $d$ 和 $D$.

（2）测量 $\delta x$

取下透镜 $L_2$，用测微目镜测出相隔较远的两条暗纹之间的距离，再除以所经过的条纹数目（比如说 $n = 10$ 条），即得到相邻条纹的间距 $\delta x$，记于表 4.6.3 中，重复测量 5 次，取其平均值.

以上测量应注意测微目镜的正确使用，注意测微目镜叉丝的移动方向应与干涉条纹的取向及虚光源两光缝像的取向垂直，并沿一个方向转动测微目镜鼓轮，以避免引入螺距隙差.

（3）将 $\delta x$、$d$、$D$ 值代入式（4.6.1），求出待测光波波长 $\lambda$.

## 【数据记录与处理】

表 4.6.1　虚光源间距 $d$ 数据表　　　　　　　　　　　　　　　　　单位：mm

| 测量序号 | 大像间距 $d' = \|S_2' - S_1'\|$ | | | 小像间距 $d'' = \|S_2'' - S_1''\|$ | | | $d = \sqrt{d'd''}$ |
|---|---|---|---|---|---|---|---|
| | 读数 $S_1'$ | 读数 $S_2'$ | $d'$ | 读数 $S_1''$ | 读数 $S_2''$ | $d''$ | |
| 1 | | | | | | | |
| 2 | | | | | | | |
| 3 | | | | | | | |
| 4 | | | | | | | |
| 5 | | | | | | | |

$\overline{d} =$ _____ mm.

表 4.6.2　虚光源至目镜分划板间距 $D$ 数据表　　　$f_2 =$ _____ mm，单位：mm

| 测量序号 | 成大像 $L_2$ 位置 读数 $z_1$ | 成小像 $L_2$ 位置 读数 $z_2$ | $\Delta\ (= \|z_2 - z_1\|)$ | $D$ |
|---|---|---|---|---|
| 1 | | | | |
| 2 | | | | |
| 3 | | | | |
| 4 | | | | |
| 5 | | | | |

$\overline{D} =$ _____ mm.

| 测量序号 | 第1个条纹位置<br>读数 $x_1$ | 第 $n+1$ 个条纹位置<br>读数 $x_2$ | $n\delta x (= \mid x_2 - x_1 \mid)$ | $\delta x$ |
|---|---|---|---|---|
| 1 | | | | |
| 2 | | | | |
| 3 | | | | |
| 4 | | | | |
| 5 | | | | |

表 4.6.3　条纹间距 δ$x$ 数据表　　　　　　　　　　$n =$ _____ , 单位 : mm

$\overline{\delta x} =$ _____ mm.

## 【预习思考题】

1. 双棱镜是怎样实现双光束干涉的?

2. 是否在空间的任何位置都能观察到双棱镜产生的干涉条纹? 如果不是, 干涉条纹只存在哪个区域?

3. 如果狭缝和双棱镜的棱脊并不平行, 还能观察到干涉条纹吗? 为什么?

4. 双棱镜干涉装置的共轴调节中, 为什么要用白光而不用单色光?

## 【习题】

本实验
附录文件

1. 干涉条纹的间距与哪些因素有关? 当单缝和双棱镜的距离加大时, 条纹的间距是变小还是变大?

2. 本实验对辅助透镜 $L_2$ 的焦距大小有没有要求? 为什么?

3. 用本实验测光波波长, 哪个量的测量误差对实验结果影响最大? 应采取哪些措施来减小误差?

# 实验 4.7　法布里-珀罗干涉仪

法布里-珀罗干涉仪 (Fabry-Perot interferometry, 简称 F-P 干涉仪) 是一种应用多光束干涉原理制成的高分辨率光谱仪器. 它具有很高的分辨本领和集光本领, 因此, 常用于分析光谱的超精细结构, 研究塞曼效应 (Zeeman effect) 和物质的受激布里渊散射 (stimulated Brillouin scattering), 精确测定光波波长和波长差, 以及激光选模等工作.

## 【实验目的】

1. 了解 F-P 干涉仪的结构、原理及基本特性.

2. 学习 F-P 干涉仪的调节方法和技术.

3. 利用 F-P 干涉仪进行光学测量.

## 【实验原理】

1. F-P 干涉仪的基本结构及工作原理

F-P 干涉仪主要由平行放置的两块平面玻璃板构成(图 4.7.1),两块玻璃板 $G_1$、$G_2$ 相对的内表面具有极高的平行度(一般要求表面上各处距理想平面的误差不得超过 $\lambda/40$),两内表面上各自镀有反射率很高的金属膜层或多层介质膜.为了避开 $G_1$、$G_2$ 的未镀膜外表面上反射光产生的干扰,两块板都做成稍微有点楔形(楔角一般约为 $5'\sim30'$).使用时可利用每块板外套压圈上的三个螺钉(图中未画出),将两块板相对的内表面调成相互平行,在两内表面间形成一平行平面空气层.若两板内表面的间距是固定的,则称为 F-P 标准具;若 $G_1$、$G_2$ 的间距可变,则称为 F-P 干涉仪.

本实验的 F-P 干涉仪由迈克耳孙干涉仪改装而成,如图 4.7.2 所示.$G_2$ 位置固定,$G_1$ 位置可动(转动粗调或微调手轮,可使 $G_1$ 沿精密导轨前后移动),以改变 $G_1$、$G_2$ 内表面的间距.$G_2$ 右侧还有两个微调螺丝,以微调 $G_2$ 的方位.

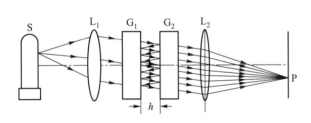

图 4.7.1　F-P 干涉仪原理图

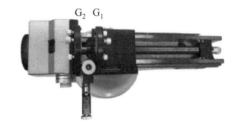

图 4.7.2　F-P 干涉仪实物图

如图 4.7.1 所示,单色的扩展光源位于透镜 $L_1$ 的物方焦平面上,光源上某点 S 发出的光经 $L_1$ 后成为平行光,它以小角度入射到板上,在两板镀层平面间来回多次反射和透射,分别形成一系列反射光束(图中未画出)及透射光束,这一系列相互平行并有一定光程差的透射光束经透镜 $L_2$ 会聚,在 $L_2$ 的像方焦平面上发生多光束干涉.

在透射的诸光束中,相邻两光束的光程差为

$$\Delta = 2nh\cos i' \qquad (4.7.1)$$

相应的相位差为

$$\delta = 4\pi nh\cos i'/\lambda \qquad (4.7.2)$$

式中,$h$ 为 $G_1$、$G_2$ 镀层平面的间距,$n$ 为两镀层平面间物质的折射率(一般为空气,$n=1$),$i'$ 为在两镀层平面间反射光与平面法线的夹角.

当相邻两光束的光程差为波长的整数倍

$$\Delta = 2nh\cos i' = k\lambda \qquad (4.7.3)$$

时产生干涉极大值(亮纹),这些条纹的形状与迈克耳孙干涉仪产生的等倾干涉条纹相似,也是同心圆环,每个亮纹各对应一定的倾角 $i'$.但由于迈克耳孙干涉仪是两光束干涉,而 F-P 干涉仪是多光束干涉,所以后者的亮纹较前者细锐.条纹细锐的程度常用半值角宽度来衡量.第 $k$ 级亮

纹的半值角宽度为

$$\Delta i_k = \frac{\lambda}{2\pi nh\sin i_k}\frac{1-R}{\sqrt{R}} \tag{4.7.4}$$

式中,$R$ 为两板内表面反射膜的反射率.由式(4.7.4)可见,反射率 $R$ 越接近 1,两板内表面间距 $h$ 越大,$\Delta i_k$ 就越小,亮纹就越细锐.

2. F-P 干涉仪的基本特性

F-P 干涉仪 $G_1$、$G_2$ 镀层的反射率 $R$ 很高,亮纹非常细锐,而且当 $G_1$、$G_2$ 间距 $h$ 较大时,角色散大,分辨本领高.但自由光谱区 $\Delta\lambda_F$ 小,表明 F-P 干涉仪的研究对象只能在很窄的光谱范围内,此时应采用滤光器或其他分光仪器作为前置滤波,以便把分离出来的较窄波段的光投射到 F-P 干涉仪上.使用 F-P 干涉仪时应先估计光源的单色性是否在仪器的自由光谱范围之内.F-P 干涉仪的基本特性可参考表 4.7.1.

表 4.7.1

| 角色散率 | 表示单位波长差的两谱线分开的角距离 | $D_\lambda = \dfrac{\mathrm{d}i'}{\mathrm{d}\lambda} = -\dfrac{1}{\lambda\tan i'}$ |
|---|---|---|
| 自由光谱范围($\Delta\lambda_F$) | 表示入射光的波长在 $\lambda_0$ 到 $\lambda_0+\Delta\lambda$ 范围内,所产生的干涉圆环不发生越级重叠时,所允许的最大波长范围 | $\Delta\lambda_F = \dfrac{\lambda^2}{2nh}$ |
| 色分辨本领 | $\Delta\lambda$ 是两个刚刚能被分开的细圆条纹的波长差,常称 $\Delta\lambda$ 为该仪器可分辨的最小波长差 | $A = \dfrac{\lambda}{\Delta\lambda} = \dfrac{2\pi h\sqrt{R}}{\lambda(1-R)}$ |

3. 用 F-P 干涉仪测量光波波长

若待测光源中包含有两个波长十分接近的光谱成分,其值分别为 $\lambda$ 和 $\lambda+\Delta\lambda$,且 $\Delta\lambda \leqslant \Delta\lambda_F$,则处于 F-P 干涉仪的自由光谱范围内.用焦距为 $f$ 的消色差透镜,将 F-P 干涉仪的干涉条纹成像于 $L_2$ 的后焦面上(图 4.7.1 所示),获得一组同心圆环,每个亮环对应一定的倾角 $i'$,干涉亮环的直径 $D$ 和倾角 $i'$ 有如下关系

$$\cos i' = \frac{f}{\sqrt{f^2+(D/2)^2}} \approx 1-\frac{D^2}{8f^2} \tag{4.7.5}$$

将式(4.7.5)代入式(4.7.3),当 $n=1$ 时,可得

$$k\lambda = 2h\left(1-\frac{D^2}{8f^2}\right) \tag{4.7.6}$$

令 $D_k$、$D_{k-1}$ 表示对应于波长为 $\lambda$ 的第 $k$ 级和 $k-1$ 级的环直径,由式(4.7.6)得 $k\lambda = 2h[1-D_k^2/(8f^2)]$ 和 $(k-1)\lambda = 2h[1-D_{k-1}^2/(8f^2)]$,两式相减得

$$\lambda = \frac{h(D_{k-1}^2 - D_k^2)}{4f^2} \tag{4.7.7}$$

因此,若 F-P 干涉仪的间距 $h$ 和透镜焦距 $f$ 已知,则只要测得该波长相邻级次两干涉圆环的直径平方差 $D_{k-1}^2 - D_k^2$ 即可求得波长 $\lambda$.

4. 波长差测量

若令 $D_n$ 和 $D_n'$ 表示对应于波长为 $\lambda$ 和 $\lambda+\Delta\lambda$ 的同一级(级数为 $k_n$)干涉环的直径,由式(4.7.6)

可得 $\lambda=(2h/k_n)[1-D_n^2/(8f^2)]$ 和 $\lambda+\Delta\lambda=(2h/k_n)[1-D_n'^2/(8f^2)]$,两式相减得

$$\Delta\lambda=\frac{2h}{k_n}\left(\frac{D_n^2-D_n'^2}{8f^2}\right) \quad\quad\quad (4.7.8)$$

在我们的实验条件下,$k_n$ 是一个很大的数,且测量时只测中心附近若干环的直径,故 $k_n$ 变化不大,可近似用中心亮环的级数代替,故有 $2h=k_n\lambda$,将其代入式(4.7.8),得

$$\Delta\lambda=\lambda\left(\frac{D_n^2-D_n'^2}{8f^2}\right) \quad\quad\quad (4.7.9)$$

若 F–P 干涉仪的间隔 $h$ 已知,则将式(4.7.7)代入式(4.7.9)得

$$\Delta\lambda=\frac{\lambda^2}{2h}\left(\frac{D_n^2-D_n'^2}{D_{k-1}^2-D_k^2}\right) \quad\quad\quad (4.7.10)$$

式中,$(D_n^2-D_n'^2)$ 为不同波长但同一干涉级次所对应的干涉环的直径平方差,$(D_{k-1}^2-D_k^2)$ 是同一波长相邻两级次干涉圆环的直径平方差.

## 【实验仪器】

F–P 干涉仪(图 4.7.2 所示),钠光灯,汞灯,准直透镜 $L_1$($f_1$:7.5 cm),消色差透镜 $L_2$($f$ 未知),干涉滤光片(绿色,中心波长:546.1 nm),读数显微镜,望远镜等.

## 【实验内容及步骤】

1. 调节 F–P 干涉仪获得等倾干涉条纹

首先以钠光灯扩展光源照明 F–P 干涉仪,取 $G_1$、$G_2$ 两内表面间距 $h$ 约为 5 mm.在 $G_1$ 前立一小针(或直接以钠灯为参考物),用眼睛接受透射光,通过 F–P 干涉仪观察小针经 F–P 干涉仪多次反射后形成的一系列像.仔细调节 $G_1$、$G_2$ 外套压圈上的 6 个螺钉,使所有针像完全重合,这时可看到干涉条纹(大多数情况下为弧形的等厚干涉条纹),再慢慢调节 6 个螺钉,使之变为同心圆环的等倾干涉条纹.之后,再仔细调节 $G_2$ 右侧的 2 个微调螺丝,使干涉环呈圆形且清晰,直到眼睛上下,左右移动时各圆的大小基本不变,且圆环整体随眼移动.

再在钠光灯和干涉仪间加入透镜 $L_1$,使灯大致位于 $L_1$ 的焦平面上,将小针移出光路,用望远镜观察等倾干涉条纹,调节 $G_2$ 的 2 个微调螺丝,在望远镜中看到清晰的干涉圆环.

2. 观察钠黄光双线的精细结构并测量钠黄光的波长差

(1)仍用钠光灯作光源,首先观察干涉亮环的细锐程度,将观察到的干涉图样与用迈克耳孙干涉仪产生的等倾干涉条纹进行比较,分析条纹细锐度与什么因素有关.

(2)再仔细观察是否有两套同心亮圆环,这可以说明钠黄双线是否被分开了.然后顺时针缓慢移动粗调手轮,改变 $G_1$、$G_2$ 的间距,观察两套同心亮环间相对移动的情况,试加以解释.

提示:当 $k_1\lambda_1=(k_2+1/2)\lambda_2$ 时,一套圆环位于另一套圆环的中间位置;而当 $k_1\lambda_1=k_2\lambda_2$ 时,只有一套同心圆环.

（3）顺时针缓慢移动粗调手轮,改变 $G_1$、$G_2$ 的间距,观察干涉条纹的间距、条纹的细锐度与 $h$ 的关系.

（4）根据由第（2）步所观察到的现象,设计一种测量钠黄双线波长差的方法,然后测量出结果,并与迈克耳孙干涉仪测量钠黄双线波长差的方法进行分析比较.

3. 用 F-P 干涉仪测量光波波长

用 F-P 干涉仪测定汞灯加滤光片（546.1 nm）后的光波波长.实验提供汞灯、钠光灯、干涉滤光片、消色差透镜、读数显微镜.因实验仪器的 $h$（本仪器只能测出 $h$ 的变化量）和消色差透镜（图 4.7.1 中的 $L_2$）的焦距 $f$ 未知,自行设计实验方案.

4. 测量 F-P 标准具的间距 $h$（选做）

实验室有一旧标准具,其标签上的参量 $R=80\%$,而 $h$ 已模糊不清,请设计一实验方案,测量此标准具的间距 $h$,实验室提供钠光灯、消色差透镜、读数显微镜.

【习题】

1. 为什么 F-P 干涉仪的分辨本领和测量精度比迈克耳孙干涉仪的高?

2. F-P 干涉仪中,设反射率 $R=80\%$,当 $G_1$、$G_2$ 的间距 $h=2$ mm 时,试估算钠黄双线能否被分开.若能分开,那么被分开的钠黄双线的两套亮环发生越级重叠了吗?

# 实验 4.8　单缝衍射

## 【实验目的】

1. 观察单缝的夫琅禾费衍射现象及其随单缝宽度变化的规律,加深对光的衍射理论的理解.
2. 学习光强分布的光电测量方法.
3. 利用衍射图像测定单缝的宽度.
4. 观察其他几何图形的夫琅禾费衍射现象.

## 【实验原理】

夫琅禾费衍射是平行光的衍射,即要求光源及接收屏到衍射屏的距离都是无限远（或相当于无限远）.实验中可借助两个凸透镜来实现.如图 4.8.1 所示,位于透镜 $L_1$ 的前焦平面上的单色狭缝光源 S,经透镜 $L_1$ 后变成平行光,垂直照射在单缝 D 上,通过单缝 D 衍射后,在透镜 $L_2$ 的后焦平面上呈现出单缝的衍射图像,它是一组平行于狭缝的明暗

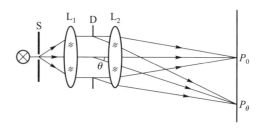

图 4.8.1　单缝夫琅禾费衍射示意图

相间的条纹.与光轴平行的衍射光束会聚于屏上 $P_0$ 处,是中央亮纹的中心,其光强设为 $I_0$;与光轴成 $\theta$ 角的衍射光束则会聚于 $P_\theta$ 处,可以证明

$$I_\theta = I_0 \left( \frac{\sin u}{u} \right)^2 \tag{4.8.1}$$

式中,$u = \pi a \sin \theta / \lambda$,$a$ 为狭缝宽度,$\lambda$ 为单色光波长.由式(4.8.1)可得

(1) 当 $u = 0$(即 $\theta = 0$)时,$I_\theta = I_0$,衍射光强有最大值.此光强对应于屏上 $P_0$ 点,称为主极大.$I_0$ 的大小取决于光源的亮度,并和缝宽 $a$ 的平方成正比.

(2) 当 $u = k\pi (k = \pm 1, \pm 2, \pm 3, \cdots)$,即 $\sin \theta = k\lambda / a$ 时,$I_\theta = 0$,衍射光强有极小值,对应于屏上暗纹.由于 $\theta$ 值实际上很小,因此可近似地认为暗条纹所对应的衍射角为 $\theta \approx k\lambda / a$.显然,主极大两侧暗纹之间的角宽度 $\Delta \theta_1 = 2\lambda / a$,而其他相邻暗纹之间的角宽度 $\Delta \theta_2 = \lambda / a$,即中央亮纹的角宽度为其他亮纹的角宽度的两倍.

(3) 除中央主极大外,两相邻暗纹之间都有一个次极大,由式(4.8.1)可以求得这些次极大出现在 $\sin \theta = \pm 1.43 \frac{\lambda}{a}, \pm 2.46 \frac{\lambda}{a}, \pm 3.47 \frac{\lambda}{a}, \pm 4.48 \frac{\lambda}{a}, \cdots$ 处,其相对光强依次为 $I_\theta / I_0 = 0.047, 0.017, 0.008, 0.005, \cdots$.夫琅禾费衍射光强分布曲线如图 4.8.2 所示.

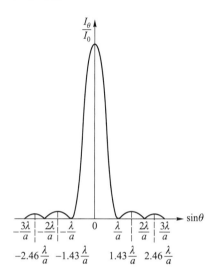

图 4.8.2　单狭缝夫琅禾费衍射光强分布图

## 【实验仪器】

光具座,半导体激光器(波长为 650 nm,功率可调),单狭缝(宽度可调),其他几何结构衍射屏,光电探测器(带进光小孔),光电检流计(在使用时要注意选择合适的量程,并调零),读数显微镜.

## 【实验内容及步骤】

本实验以半导体激光器为光源,利用激光光束具有良好的方向性,光束细锐,能量集中的特点,加之一般衍射狭缝的宽度很小,故图 4.8.1 中所示的准直透镜 $L_1$ 可省略不用;如果将观察屏放置在距离单缝较远处,即 $Z$ 远大于 $a$,故聚焦透镜 $L_2$ 也可省略.实验中,使屏到单缝之间的距离 $Z$ 大于 1 m,单缝的宽度 $a$ 为 $0.1 \sim 0.3$ mm.实验装置如图 4.8.3 所示.

1. 测量单缝的夫琅禾费衍射光强分布

(1) 按图 4.8.3 所示在光具座上依次放置半导体激光器 S、单缝 D 和光电探测器 E.光电探测

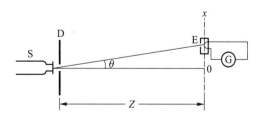

图 4.8.3　实验装置图

S—半导体激光器;D—宽度可调狭缝;

E—光电探测器;G—光电检流计

器 E 带有进光小孔,并装在一个横向测距的支架上,可以沿水平方向($x$ 方向)移动,即相当于改变衍射角 $\theta$,并使单缝到光电探测器的距离 $Z$ 大于 1 m.

（2）开启激光电源,使激光束垂直照射在单缝上,可先用白屏在光电探测器处观察衍射图样.调节狭缝成竖直状态,使衍射图样平行于 $x$ 方向展开,以保证光电探测器横向移动时,进光小孔不离开衍射花样.调节狭缝宽度和测距支架的位置,使光电探测器至少能完整地测量衍射花样的主极大和 ±1 级次极大.

（3）为使测量准确,应检查衍射花样的光强分布是否对称.方法是用光电探测器测量 ±1 级次极大的光电流(光电流大小与光强呈正比,实验中测量光电流来反映光强大小)是否相等,同时测量它们相对主极大的距离是否相等.如果不相等,可进一步微调狭缝的横向位置和缝宽(缝宽控制在 $0.1 \sim 0.3$ mm)等.

（4）测量光强分布(应在半导体激光器开启 10 分钟后测量,以保证光强稳定).旋转测距支架上的测微螺旋,使光电探测器的进光小孔从左到右(或从右到左)逐点扫描,每隔 0.5 mm 记录一次光电流值,并注意记录主极大、各级次极大和极小值(测量时,还应注意探测器的暗电流和周围杂散光所引起的光电流,因先测量这部分光电流值,以对测量数据作出修正).同时注意因有螺距差,需单向移动光电探测器.

（5）作光强分布曲线.根据测量数据,在坐标纸上作出相对光电流 $i/i_0$(在光电探测器线性条件下即为相对光强 $I/I_0$)与位置 $x$ 的关系曲线,即衍射光强分布曲线,并于理论结果进行比较(实验测量数据应尽量有多个衍射级次,计算单缝宽度时利用中心极大值同侧的极小级暗纹间距近似间距的特点来处理数据).

2. 计算单缝宽度

测量光电探测器与单缝的距离 $Z$,并根据上面的光强分布曲线求单缝宽度 $a$,并用读数显微镜直接测量单缝宽度 $a$,将两种测量结果进行比较.

3. 调节单缝宽度,观察衍射图样的变化,并重复步骤 1、2(实验中要至少测量 3 个不同的缝宽)

4. 观察其他几何图形的夫琅禾费衍射,并做相应的分析(选做)

5. 实验完毕后,将各仪器的电源断开

## 【注意事项】

不要正对着激光束观察.单向移动光电探测器.

## 【习题】

1. 什么叫夫琅禾费衍射? 用半导体激光器做光源的实验装置(图 4.8.3)是否满足夫琅禾费衍射条件,为什么?

2. 当缝宽增加一倍(或减半)时,衍射花样的光强和条纹宽度将会怎样改变?

# 实验 4.9　衍　射　光　栅

光栅和棱镜一样,是一种重要的分光元件,它可以把入射光中不同波长的光分开.利用光栅制成的单色仪和光谱仪已被广泛使用.光栅的种类有很多,按光是透射还是反射来分,可分为透射光栅和反射光栅(即闪耀光栅).最常见的光栅是由许多等宽、等间距的平行狭缝所组成的光学元件.例如在一块很平的玻璃上用金刚石刀或电子束刻出大量等宽、等距的平行刻痕,有刻痕处相当于毛玻璃,基本上不透光,无刻痕处相当于透光的狭缝,它就成了透射光栅.本实验基于透射型光栅学习和研究光栅的衍射特性.

## 【实验目的】

1. 了解光栅的基本特性.
2. 熟悉分光计的调节和使用方法.
3. 掌握利用光栅衍射测定光波波长(或光栅常量)的方法.

## 【实验原理】

1. 光栅的夫琅禾费衍射现象

本实验所用透射型光栅结构如图 4.9.1 所示,光栅透明部分常被称作狭缝,其宽度用 $a$ 表示,不透明部分的宽度用 $b$ 表示,相邻两狭缝之间的距离称为光栅常量,用 $d$ 表示,这种光栅称为朗奇光栅.

如图 4.9.2 所示,根据夫琅禾费衍射理论,当一束平行单色光垂直照射在光栅上时,通过每个狭缝的光都将发生衍射而向各个方向传播,这些衍射光是相干的,所有狭缝沿同一衍射方向的衍射光经透镜会聚,在透镜的焦平面上相遇并发生干涉.当衍射角 $\varphi$ 满足条件

$$d\sin\varphi = k\lambda \quad (k=0,\pm1,\pm2,\cdots) \tag{4.9.1}$$

则沿该衍射方向的衍射光相干加强,形成明条纹,称为光栅衍射主极大.

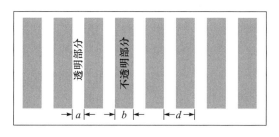

图 4.9.1　光栅结构示意图

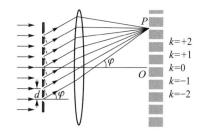

图 4.9.2　光栅夫琅禾费衍射示意图

式(4.9.1)称为光栅方程.式中 $\varphi$ 是衍射角(衍射光方向和入射光方向的夹角), $\lambda$ 是光波

波长,$k$ 是明条纹(主极大)的级数,$k=0$ 对应的明条纹称为光栅衍射的中央主极大,$k=1$、$2$、$\cdots$ 时的明条纹称为第 1 级、第 2 级、$\cdots$ 主极大.主极大位置的光强会随着衍射级次的增大而降低.

由式(4.9.1)可知,只要用分光计测出光栅衍射的第 $k$ 级主极大对应的衍射角 $\varphi_k$,若已知光栅常量 $d$,即可求得光波波长.若已知光波波长则可求得光栅常量.

由光栅方程可知,使用复色光照射光栅时,各衍射级次中不同波长成分的衍射角 $\varphi_k$ 不同,得到的衍射图将按波长的大小分开排列,从而实现分光,这称为光栅的色散.

如图 4.9.3 所示,利用分光计观察光栅衍射现象时,若从平行光管出射的含红、绿、蓝三色的白色平行光垂直入射到光栅上发生衍射,当通过望远镜在垂直于光栅方向观察衍射条纹时,在望远镜视场中看到的是一条明亮的白线,即为零级条纹;往左边(或右边)转动望远镜到一定角度附近,在视场中会依次看到蓝、绿、红三条谱线,此三条谱线即为 $k=-1$(或 $k=+1$)级的衍射条纹;继续沿同一方向转动望远镜到一定角度附近,在视场中会再次看到蓝、绿、红三条谱线,这三条谱线的强度比前面看到的谱线的强度有所减弱,此三条谱线即为 $k=-2$(或 $k=+2$)级的衍射条纹;再继续转动望远镜时还会有 $k=-3$(或 $k=+3$)级、$k=-4$(或 $k=+4$)级、$\cdots$ 衍射条纹,随着级次升高,条纹强度依次减弱.

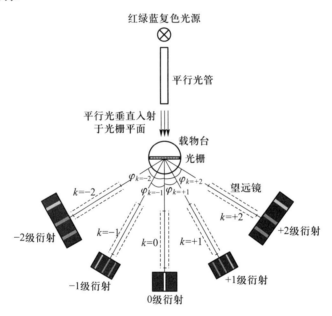

图 4.9.3 复色光入射时的衍射情况示意图

需要指出的是方程(4.9.1)仅限于光束垂直入射光栅的情况,若光束斜入射,则光栅方程为

$$d(\sin\varphi \pm \sin i) = k\lambda \quad (k=0,\pm1,\pm2\cdots) \qquad (4.9.2)$$

式中 $i$ 是入射光线与光栅法线的夹角;当入射光与衍射光在法线同侧时取正号,异侧时取负号.

2. 光栅色散的基本特性

光栅作为一种色散元件,其基本特性可用角色散率和分辨本领来表征.

(1) 角色散率

角色散率表征光栅将不同波长的谱线分开的程度.定义为波长相差 1 nm 的两条同一级谱线之间的角距离,即

$$D_{\varphi} = \frac{\mathrm{d}\varphi}{\mathrm{d}\lambda}$$

由光栅方程 $d\sin\varphi = k\lambda$,可得 $d\cos\varphi\mathrm{d}\varphi = k\mathrm{d}\lambda$,所以光栅的角色散率为

$$D_{\varphi} = \frac{\mathrm{d}\varphi}{\mathrm{d}\lambda} = \frac{k}{d\cos\varphi} \ \mathrm{rad}\cdot\mathrm{nm}^{-1} \qquad (4.9.3)$$

从式(4.9.3)可以看出,光栅常量 $d$ 越小,谱线级次 $k$ 越高,光栅的角色散率越大.

（2）分辨本领

光栅的分辨本领是指它对两个波长很近的谱线的分辨能力.因为谱线有一定的宽度,当两个波长很近的光同时照射光栅时,他们的谱线将有部分重叠.按照瑞利判据,当一个波长的主极大恰好与另一个波长的第一极小重合时,这两条谱线恰好能够被分辨.如果这两条谱线再靠近一些,将无法分辨.

光栅的分辨本领定义为 $\frac{\lambda}{\Delta\lambda}$,并用 $R$ 表示,由光栅方程和瑞利判据可得

$$R = \frac{\lambda}{\Delta\lambda} = kN \qquad (4.9.4)$$

式中 $N$ 为有效使用面积内的狭缝数.式(4.9.4)表明,有效使用面积内的狭缝数越多,光栅的分辨本领越大;在越高的谱线级次上,光栅的分辨本领越大.

由此可知,为了用光栅分开很靠近的谱线（如观察光谱线的精细结构）,则不仅要光栅缝很密、很多,而且入射光孔径要大,从而能把这些缝都照亮才行.

## 【实验仪器】

分光计（仪器使用参考实验 4.3）,平面反射镜,光源（钠光灯或高压汞灯）,光栅常量已知的光栅（300 线／mm,$d = 1/300$ mm,或 600 线／mm）一块,未知的光栅一块.

## 【实验内容及步骤】

本实验利用分光计的平行光管发出的平行光垂直照射光栅平面,利用分光计的望远镜观察各级衍射主极大,并测出相应的衍射角,进而确定光栅常量、光波波长等物理量.

1. 仪器调节

（1）调节分光计,使其达到正常工作状态（参看实验 4.3）.

（2）调节光栅平面与平行光管的光轴垂直,使平行光管发出的平行光垂直入射到光栅上,且衍射正负级次谱线等高.

具体调节步骤为

① 先用钠光灯或高压汞灯（根据实验室提供的光源而定）照亮平行光管狭缝,转动望远镜,使其分划板的十字叉丝竖丝位于狭缝像中央,并固定望远镜.

② 将载物台锁紧螺丝(21)拧紧,将载物台与游标盘固定在一起;将光栅按如图 4.9.4 所示放置在载物台上,使光栅平面垂直于载物台的两个调水平螺丝 ab 的连线,连同游标盘转动载物台,

使光栅平面大致垂直望远镜的光轴.在望远镜中观察由光栅平面反射回的十字像(为降低平行光管发出的光对视场的影响,可将平行光管挡住),调节载物台调节螺丝 a(或 b),使反射十字像和分划板的上十字叉丝重合,则光栅平面与望远镜光轴垂直,也与平行光管的光轴垂直.

③ 拧紧游标盘制动螺丝(15),固定游标盘,保持光栅平面与平行光管光轴垂直的状态.

④ 拧松望远镜制动螺丝(17),转动望远镜,观察+1 级和-1 级的衍射条纹是否等高,若等高,如图 4.9.5(b)所示,则跳过第⑤步执行后续实验;若不等高,如图 4.9.5(a)所示,则调节螺丝 c,使之等高.(谱线不等高对测量光栅常量会有怎样的影响?)

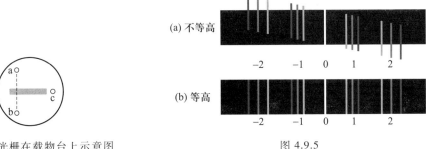

图 4.9.4　光栅在载物台上示意图　　　　　　　　图 4.9.5

⑤ 因为调节了螺丝 c,有可能使光栅平面绕分光计主轴发生微小的转动,因此需要检查之前调节好的光栅平面与平行光管光轴垂直的状态是否被破坏.若仍是垂直的,则开始后续的实验;若稍有不垂直,则按之前的步骤稍做调整,使光栅平面与平行光管光轴再次垂直,然后开始后续实验.

后续实验:若实验室提供的是钠光灯,则执行实验内容 2;若提供的是高压汞灯,则执行实验内容 3.

2. 测定钠黄光波长和未知光栅的光栅常量

(1) 测定钠黄光的波长

① 拧紧游标盘下方右(或左)侧的望远镜与刻度盘间锁紧螺丝(17′),将刻度盘与望远镜连在一起.

② 转动望远镜,将望远镜分划板竖直线移至左边第二级明条纹外,然后向右移至左边第二级明条纹处,利用望远镜微调螺丝(20)使分划板竖线与条纹中心重合,记录此时左、右游标读数 $\alpha_2$ 和 $\beta_2$,继续向右移动望远镜,依次记录左边第 1 级明纹方位角读数 $\alpha_1$ 和 $\beta_1$ 以及右边第 1、第 2 级明纹方位角读数 $\alpha'_1$、$\beta'_1$ 和 $\alpha'_2$、$\beta'_2$.方位角读数均填入表 4.9.1 中.转动望远镜时,如果游标零线越过了刻度盘 0 点,则方位角读数记录为游标读数加上 360°.

③ 重复步骤② 4 次.

④ 由下式计算各级明纹衍射角

$$\varphi_k = \frac{1}{2}\left[\frac{1}{2}|\alpha_k - \alpha'_k| + \frac{1}{2}|\beta_k - \beta'_k|\right]$$

式中 $k$ 取 1 时,得第 1 级衍射角 $\varphi_1$;$k$ 取 2 时,得第 2 级衍射角 $\varphi_2$.

⑤ 将测出的各级明纹衍射角数据代入式(4.9.1)中,计算钠黄光的波长.

⑥ 按数据处理部分要求完成数据处理.

220

（2）测定未知光栅的光栅常量

以钠黄光的波长（$\lambda = 589.3$ nm）为已知,测定所给光栅的光栅常量,并计算其不确定度.实验步骤及数据记录表格自行拟定.

3. 用汞灯作为光源测定光栅的光栅常量,测量汞灯光谱中两条黄线的波长,并计算光栅的角色散率和分辨本领

以汞灯光谱中的绿光波长 546.07 nm 作为已知量,测出绿光衍射条纹相应级次的衍射角,可求出光栅常量;再测出汞灯光谱中两条黄色谱线（靠近绿光的为黄 1,另一条为黄 2）相应级次的衍射角,即可分别求出这两条谱线的波长.具体步骤如下:

（1）拧紧游标盘下方右（或左）侧的望远镜与刻度盘间锁紧螺丝（17′）,将刻度盘与望远镜连在一起.

（2）转动望远镜,将望远镜分划板竖直线移至零级左边第一级黄色双线明条纹外,然后向右移至左边第一级黄 2 条纹处,利用望远镜微调螺丝（20）使分划板竖线与条纹中心重合,记录此时游标盘左、右窗读数 $\alpha_{1黄2}$、$\beta_{1黄2}$,继续向右移动望远镜,依次记录左边第 1 级黄 1、绿线方位角读数 $\alpha_{1黄1}$、$\beta_{1黄1}$ 和 $\alpha_{1绿}$、$\beta_{1绿}$ 以及零级右边第 1 级绿线、黄 1、黄 2 的方位角读数 $\alpha'_{1绿}$、$\beta'_{1绿}$,$\alpha'_{1黄1}$、$\beta'_{1黄1}$ 和 $\alpha'_{1黄2}$、$\beta'_{1黄2}$（最好将零级条纹的方位角读数 $\alpha_0$ 和 $\beta_0$ 也测量,便于检查错误）.方位角读数均填入表 4.9.2 中.转动望远镜时,如果游标零线越过了刻度盘 0 点,则方位角读数记录为游标读数加上 360°.重复测量 3 次.

（3）根据测量数据先计算各谱线 +1、-1 级衍射角,若两级的衍射角差别大于 10′,则不满足垂直入射条件,要求重新调节再测量;若小于 10′,则进行后续数据处理.

（4）计算光栅常量和两条黄线波长.

（5）利用两条黄线的波长和衍射角计算光栅角色散率和分辨本领.

## 【数据记录与处理】

1. 实验内容 2（以钠灯为光源）数据记录与处理

表 4.9.1 光栅衍射明纹角位置数据表

| 级数 $k$ | 测量次数 $i$ | 左侧条纹 | | 右侧条纹 | |
|---|---|---|---|---|---|
| | | 左游标读数 $\alpha_{ki}$ | 右游标读数 $\beta_{ki}$ | 左游标读数 $\alpha'_{ki}$ | 左游标读数 $\beta'_{ki}$ |
| 1 | 1 | | | | |
| | 2 | | | | |
| | 3 | | | | |
| | 4 | | | | |
| | 5 | | | | |
| | 平均值 | | | | |
| | 衍射角 $\varphi_1 =$ _____ | | | | |

| 级数 $k$ | 测量次数 $i$ | 左侧条纹 | | 右侧条纹 | |
|---|---|---|---|---|---|
| | | 左游标读数 $\alpha_{ki}$ | 右游标读数 $\beta_{ki}$ | 左游标读数 $\alpha'_{ki}$ | 左游标读数 $\beta'_{ki}$ |
| 2 | 1 | | | | |
| | 2 | | | | |
| | 3 | | | | |
| | 4 | | | | |
| | 5 | | | | |
| | 平均值 | | | | |
| | 衍射角 $\varphi_2 = $ _____ | | | | |

（1）求衍射角

$$\overline{\varphi}_1 = \frac{1}{2}\left[\frac{1}{2}|\overline{\alpha}_1 - \overline{\alpha}'_1| + \frac{1}{2}|\overline{\beta}_1 - \overline{\beta}'_1|\right] \quad （第1级衍射角）$$

$$\overline{\varphi}_2 = \frac{1}{2}\left[\frac{1}{2}|\overline{\alpha}_2 - \overline{\alpha}'_2| + \frac{1}{2}|\overline{\beta}_2 - \overline{\beta}'_2|\right] \quad （第2级衍射角）$$

（2）求波长

$$\overline{\lambda}_1 = \frac{d\sin\overline{\varphi}_1}{1}, \quad \overline{\lambda}_2 = \frac{d\sin\overline{\varphi}_2}{2}$$

$$\overline{\lambda} = \frac{\overline{\lambda}_1 + \overline{\lambda}_2}{2}$$

（3）计算不确定度

$$\Delta_{仪} = 1'$$

$$S_{\alpha_1} = \sqrt{\frac{\sum_{i=1}^{5}(\alpha_{1i} - \overline{\alpha}_1)^2}{5 - 1}}, \quad u_{\alpha_1} = \sqrt{S_{\alpha_1}^2 + \Delta_{仪}^2}$$

$$S_{\alpha'_1} = \sqrt{\frac{\sum_{i=1}^{5}(\alpha'_{1i} - \overline{\alpha}'_1)^2}{5 - 1}}, \quad u_{\alpha'_1} = \sqrt{S_{\alpha'_1}^2 + \Delta_{仪}^2}$$

$$S_{\beta_1} = \sqrt{\frac{\sum_{i=1}^{5}(\beta_{1i} - \overline{\beta}_1)^2}{5 - 1}}, \quad u_{\beta_1} = \sqrt{S_{\beta_1}^2 + \Delta_{仪}^2}$$

$$S_{\beta'_1} = \sqrt{\frac{\sum_{i=1}^{5}(\beta'_{1i} - \overline{\beta}'_1)^2}{5 - 1}}, \quad u_{\beta'_1} = \sqrt{S_{\beta'_1}^2 + \Delta_{仪}^2}$$

同理求出 $u_{\alpha_2}, u_{\alpha'_2}, u_{\beta_2}, u_{\beta'_2}$.

$$u_{\varphi_1} = \frac{1}{4}\sqrt{u_{\alpha_1}^2 + u_{\alpha_1'}^2 + u_{\beta_1}^2 + u_{\beta_1'}^2}, \qquad u_{\varphi_2} = \frac{1}{4}\sqrt{u_{\alpha_2}^2 + u_{\alpha_2'}^2 + u_{\beta_2}^2 + u_{\beta_2'}^2}$$

$$u_{\lambda_1} = d\cos\overline{\varphi}_1 u_{\varphi_1}, \qquad u_{\lambda_2} = d\cos\overline{\varphi}_2 u_{\varphi_2} \qquad （式中 u_{\varphi_1}、u_{\varphi_2} 为弧度值）$$

$$u_\lambda = \frac{1}{2}\sqrt{u_{\lambda_1}^2 + u_{\lambda_2}^2}$$

（4）结果表示

$$\lambda = \overline{\lambda} \pm u_\lambda, \qquad u_{r\text{-}\lambda} = \frac{u_\lambda}{\overline{\lambda}} \times 100\%$$

2. 实验内容 3（以汞灯为光源）数据记录与处理

表 4.9.2　　　　　　　零级读数 $\alpha_0 = $ _____ , $\beta_0 = $ _____

| | | 左边（−1 级） | | 右边（+1 级） | | −1 级衍射角 | +1 级衍射角 | 衍射角 |
| --- | --- | --- | --- | --- | --- | --- | --- | --- |
| | | $\alpha_1$ | $\beta_1$ | $\alpha_1'$ | $\beta_1'$ | $\varphi_{-1}$ | $\varphi_{+1}$ | $\varphi_1$ |
| 绿 | 1 | | | | | | | |
| | 2 | | | | | | | |
| | 3 | | | | | | | |
| 黄 1 | 1 | | | | | | | |
| | 2 | | | | | | | |
| | 3 | | | | | | | |
| 黄 2 | 1 | | | | | | | |
| | 2 | | | | | | | |
| | 3 | | | | | | | |

$\overline{\varphi}_{绿} = $ _____ ; $\overline{\varphi}_{黄1} = $ _____ ; $\overline{\varphi}_{黄2} = $ _____

$\overline{d} = $ _____ ; $\overline{\lambda}_{黄1} = $ _____ ; $\overline{\lambda}_{黄2} = $ _____

（1）计算衍射角

$$\varphi_{-1} = \frac{1}{2}(|\alpha_1 - \alpha_0| + |\beta_1 - \beta_0|)$$

$$\varphi_{+1} = \frac{1}{2}(|\alpha_1' - \alpha_0| + |\beta_1' - \beta_0|)$$

$$\varphi_1 = \frac{1}{2}(\varphi_{-1} + \varphi_{+1})$$

（2）计算光栅常量及波长

将绿光波长（已知 546.07 nm）和测量的绿光衍射角代入公式（4.9.1），取 $k=1$，计算光栅常量 $d$，再利用测量的两条黄光的衍射角分别计算它们的波长.

（3）计算光栅常量及波长的不确定度

$$S_\varphi = \sqrt{\frac{\sum(\overline{\varphi} - \varphi_i)^2}{3-1}}; \qquad u_\varphi = \sqrt{(2.5S_\varphi)^2 + 2\times(1')^2}; \qquad u_d = \frac{\lambda_{绿}\cos\varphi_{绿}}{\sin^2\varphi_{绿}}u_{\varphi_{绿}}$$

223

$$d = \bar{d} \pm u_d = \underline{\hspace{3cm}} ; \quad u_{r-d} = \frac{u_d}{\bar{d}} \times 100\% = \underline{\hspace{3cm}}$$

$$\begin{cases} \dfrac{\partial \lambda_{\text{黄}i}}{\partial d} = \sin \varphi_{\text{黄}i} \\[3mm] \dfrac{\partial \lambda_{\text{黄}i}}{\partial \varphi_{\text{黄}i}} = d\cos \varphi_{\text{黄}i} \end{cases} ; \quad u_{\lambda_{\text{黄}i}} = \sqrt{\left(\sin \varphi_{\text{黄}i} u_d\right)^2 + \left(d\cos \varphi_{\text{黄}i} u_{\varphi_{\text{黄}i}}\right)^2}$$

$$\lambda_{\text{黄}i} = \bar{\lambda}_{\text{黄}i} \pm u_{\lambda_{\text{黄}i}} = \underline{\hspace{3cm}} ; \quad u_{r-\lambda_{\text{黄}i}} = \frac{u_{\lambda_{\text{黄}i}}}{\bar{\lambda}_{\text{黄}i}} \times 100\% = \underline{\hspace{3cm}} \quad (i=1,2)$$

（4）角色散率

$$D_{\varphi} = \frac{\mathrm{d}\varphi}{\mathrm{d}\lambda} = \frac{\left|\varphi_{\text{黄}2} - \varphi_{\text{黄}1}\right|}{\left|\lambda_{\text{黄}2} - \lambda_{\text{黄}1}\right|} \quad (\text{一般情况下单位为 } \mathrm{rad \cdot nm^{-1}} \text{ 或 } \mathrm{rad \cdot m^{-1}})$$

分辨本领
$$R = \frac{\lambda}{\Delta\lambda} = \frac{\bar{\lambda}_{\text{黄}}}{\left|\lambda_{\text{黄}1} - \lambda_{\text{黄}2}\right|}$$

## 【预习思考题】

1. 光栅分光原理与棱镜分光原理有何不同？
2. 如果没有分光计，你能否用 He-Ne 激光、直尺测出光栅常量？设计测量方案.

虚拟仿真
实验

本实验
附录文件

## 【习题】

1. 应用式（4.9.1）要保证什么实验条件，实验中如何实现？

2. 仍然用本实验的分光计，换一个光栅常量相同但总刻线线目更多的光栅，能否提高该套装置的分辨本领？请说明理由.

3. 假设利用钠光（$\lambda = 589.3$ nm）垂直入射到每毫米 300 条刻痕的平面透射光栅上，理论上最多能看到第几级衍射光谱？实验中最多看到了第几级光谱？为什么？

4. 在保证平行光垂直于光栅平面入射的情况下：（1）若实验中观察到零级两边谱线不等高，对测量结果有无影响？（2）若发现光栅平面未通过仪器主轴，对测量结果有无影响？

# 实验 4.10   超 声 光 栅

当超声波在介质中传播时，超声波使介质产生弹性应力或应变，可使介质密度的空间分布出现疏密相间的周期性变化，导致介质的折射率相应变化.光束通过这种介质，就好像通过光栅一样，会产生衍射现象，这种现象称为超声致光衍射（亦称声光效应）.通常把这种载有超声的透明介质称为超声光栅.利用超声光栅可以测定超声波在介质中的传播速度.

## 【实验目的】

1. 了解超声致光衍射的原理.
2. 学会一种利用超声光栅测量超声波在液体中传播速度的方法.

## 【实验原理】

如图 4.10.1(a)所示,在透明介质中,有一束超声波沿 $Oz$ 方向传播,另一束平行光垂直于超声波传播方向($Oy$ 方向)入射到介质中,当光波从声束区出射时,就会产生衍射现象.

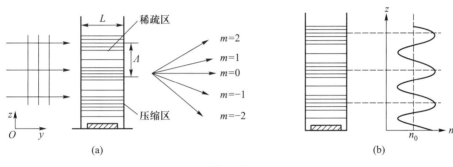

图 4.10.1

实际上由于声波是弹性纵波,它的存在会使介质(如纯水)密度 $\rho$ 在时间和空间上发生周期性变化[见图 4.10.1(a)],即

$$\rho(z,t) = \rho_0 + \Delta\rho\sin\left(\omega_s t - \frac{2\pi}{\Lambda}z\right) \tag{4.10.1}$$

式中,$z$ 是沿声波传播方向的空间坐标,$\rho$ 是 $t$ 时刻 $z$ 处的介质密度,$\rho_0$ 为没有超声波存在时的介质密度,$\omega_s$ 是超声波的角频率,$\Lambda$ 是超声波波长,$\Delta\rho$ 是密度变化的幅度.因此介质的折射率随之发生相应变化,即

$$n(z,t) = n_0 + \Delta n\sin\left(\omega_s t - \frac{2\pi}{\Lambda}z\right) \tag{4.10.2}$$

式中,$n_0$ 为平均折射率,$\Delta n$ 为折射率变化的幅度.考虑到光在液体中的传播速度($10^8\ \mathrm{m \cdot s^{-1}}$)远大于声波的传播速度($10^3\ \mathrm{m \cdot s^{-1}}$),可以认为在液体中,由超声波所形成的疏密周期性分布,在光波通过液体的这段时间内是不随时间改变的.因此,液体的折射率仅随位置 $z$ 而改变[见图4.10.1(b)],即

$$n(z) = n_0 - \Delta n\sin\left(\frac{2\pi}{\Lambda}z\right) \tag{4.10.3}$$

由于液体的折射率在空间有这样的周期分布,当光束沿垂直于声波方向通过液体后,光波波阵面上不同部位经历了不同的光程,波阵面上各点的相位由下式给出

$$\varphi = \varphi_0 + \Delta\varphi = \frac{\omega n_0 L}{c} - \frac{\omega L \Delta n}{c}\sin\left(\frac{2\pi}{\Lambda}z\right) \tag{4.10.4}$$

式中，$L$ 是声波宽度，$\omega$ 是光波角频率，$c$ 是光速.通过液体压缩区的光波波阵面将落后于通过稀疏区的波阵面.原来的平面波阵面变得折皱了，其折皱情况由 $n(z)$ 决定，如图 4.10.2 所示.可见载有超声波的液体可以看成一个相位光栅，光栅常量等于超声波波长.

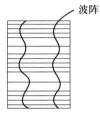

图 4.10.2

声光衍射可分为两类：

（1）当 $L \ll \Lambda^2/2\pi\lambda_0$（$\lambda_0$ 为真空中光波波长）时，会产生对称于零级的多级衍射，即拉曼-奈斯（Raman-Nath）衍射，它和平面光栅的衍射几乎无区别.满足下式的衍射光均在衍射角为 $\varphi$ 的方向上产生极大光强：

$$\sin\varphi = \frac{m\lambda_0}{\Lambda} \quad (m = 0, \pm 1, \pm 2, \cdots) \tag{4.10.5}$$

这种情况下，虽然声光衍射在现象上与平面光栅衍射区别很小，但物理本质上仍有区别：由于介质中的声波是一个行波，折射率不仅是空间的周期性函数，而且还是时间的周期性函数［见式（4.10.2）］，故衍射光的光频 $\omega$ 发生多普勒频移，成为 $\omega \pm m\omega_s$，其中 $m$ 为级次.当衍射光与声波传播方向成锐角时，取正号；成钝角时，取负号.利用这个效应可以观察光拍频.

（2）当 $L \gg \Lambda^2/2\pi\lambda_0$ 时，产生布拉格（Bragg）衍射，声光介质相当于一个体光栅，其衍射光强只集中在满足布拉格公式

$$\sin\varphi_B = m\lambda_0/2\Lambda \quad (m = 0, \pm 1)$$

的一级衍射方向，且 ±1 级不同时存在.由于布拉格衍射需要高频（几十兆赫兹）超声源，实验条件较为复杂，故本实验采用拉曼-奈斯衍射装置.

本实验的装置如图 4.10.3 所示.超声池是一个长方形玻璃液槽，液槽的两通光侧面（窗口）为平行平面.液槽内盛有待测液体（如水）.换能器为压电陶瓷晶片，晶片两面引线与液槽上盖的接线柱相连.当压电陶瓷晶片由 SC-I 型超声光栅仪输出的高频振荡信号驱动时，就会在液体中产生超声波.

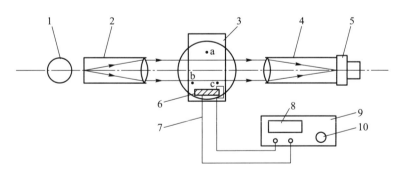

图 4.10.3　实验装置示意图

1—钠光灯；2—平行光管；3—超声池；4—望远镜（去掉目镜筒）；5—测微目镜；6—压电陶瓷晶片；

7—导线；8—频率显示窗；9—超声光栅仪；10—调频旋钮

超声池置于分光计的载物台上，使其通光侧面与平行光管光轴垂直.当钠光灯照亮平行光管狭缝时，由平行光管出射的平行光束垂直于超声波传播方向（$Oz$ 方向）投射到液槽上，自液槽窗口出射的光，经望远镜物镜（分光计望远镜物镜焦距 $f = 170.0$ mm）会聚在物镜的后焦面上.用测

微目镜观测由超声光栅产生的衍射条纹.若一级衍射条纹与零级衍射条纹的间距为 $x$,利用三角函数关系 $\sin\varphi \approx \dfrac{x}{f}(f \gg x)$,并由式(4.10.5)可得

$$\frac{x}{f} = \frac{\lambda_0}{\Lambda} \tag{4.10.6}$$

又超声波在介质中的传播速度为

$$v_s = f_s\Lambda \tag{4.10.7}$$

式中,$f_s$ 为超声频率,可由超声光栅仪频率窗读出.将式(4.10.6)代入式(4.10.7)可得

$$v_s = \frac{\lambda_0 f_s f}{x} \tag{4.10.8}$$

$f$、$\lambda_0$ 已知,用测微目镜测出衍射条纹间距 $x$,并读出共振频率 $f_s$,即可求出超声波在待测液体中的传播速度 $v_s$ 值.

## 【实验仪器】

超声光栅(超声池),超声光栅仪,分光计,测微目镜,汞灯等.

## 【实验内容及步骤】

1. 调整分光计到使用状态(参看实验4.3).

2. 将超声池用酒精清洗干净并吹干后,把待测液体倒入玻璃液槽中,液面高度以超出压电陶瓷晶片上边缘 1 cm 为好.

3. 置超声池于分光计载物台上,放置的方位与载物台下三个调平螺丝 a、b、c 的关系如图 4.10.3 所示.转动望远镜,使其正对平行光管,并使望远镜与平行光管共轴.利用自准直法,调节载物台下的调平螺丝,使超声池通光表面垂直于望远镜和平行光管光轴.

4. 取下望远镜目镜,换上测微目镜(连同换接套筒).调节测微目镜至能看清分划板十字刻线,再以平行光管出射的平行光为准,调节望远镜(利用换接套筒改变测微目镜与望远物镜距离)使平行光管的狭缝像清晰.

5. 开启超声光栅仪电源,从望远镜中可看到衍射光谱.调节频率调节旋钮,使电振荡频率与压电换能器固有频率共振.此时,衍射光谱级次会显著增多而且明亮.为使平行光束垂直于超声束传播方向,可微调载物台,使观察到的衍射光谱左右对称,级次谱线亮度一致.经过上述仔细调节,一般应观察到 ±3 级以上的衍射谱线.

6. 衍射条纹间距的测量.用测微目镜沿一个方向逐级测量其位置读数(例如,-3,-2,-1,0,+1,+2,+3),再用逐差法求出条纹间距 $x$ 的平均值.

7. 读出共振时频率计的读数 $f_s$,利用公式(4.10.8)求出超声波在待测液体中的传播速度 $v_s$.在同一频率 $f_s$ 下,对绿光(546.1 nm)、黄光(578.0 nm)重复上述步骤测量三次.

【注意事项】

1. 实验过程中要防止震动,也不要碰触连接超声池和高频电源的两条导线.因导线分布电容的变化会对输出电频率有微小影响.只有压电陶瓷片表面与对面的玻璃槽壁表面平行时才会形成较好的表面驻波,因而实验时应将超声池的上盖盖平.

2. 一般共振频率在 10 MHz 左右,本超声光栅仪信号源给出 8.5~12.5 MHz 的可调范围.在稳定共振时,数字频率计显示的频率值应是稳定的.要特别注意不要使频率长时间调在 12 MHz 以上,以免振荡线路过热.

3. 测量完毕应将超声池内待测液体倒出,不能长时间浸泡在液槽内.

4. 声波在液体中的传播与液体温度有关,要记录待测液体温度,并进行温度修正.超声波在 25 ℃ 水中的传播速度为 1 497 m·s$^{-1}$,如果水温在 75 ℃ 以下,温度每降低 1 ℃,声速降低 2.5 m·s$^{-1}$.

【习题】

1. 实验时可以发现,当超声频率 $f_s$ 升高时,衍射条纹间距 $x$ 增大,反之则减小,这是为什么?

本实验
附录文件

2. 由驻波理论知道,相邻波腹和相邻波节间的距离都等于半波长,为什么超声光栅的光栅常量等于超声波的波长呢?

3. 要实现拉曼-奈斯衍射,对超声频率和超声池的宽度(指沿光传播方向上的宽度)有何要求?

4. 超声光栅与平面衍射光栅有何异同?

# 实验 4.11　光 的 偏 振

光波是电磁波,在自由空间中,其电场和磁场矢量互相垂直,且均垂直于传播方向.通常用电矢量代表光矢量,在与传播方向垂直的平面内,光矢量可能有各式各样的振动状态,称为光的偏振态.对光偏振现象的研究,使人们对光的传播规律有了新的认识.近年来基于光的偏振性开发出的各种偏振光元器件和偏振光技术在现代科学技术中发挥了极其重要的作用.本实验学习几种偏振光的产生和检验方法.

【实验目的】

1. 观察光的偏振现象,了解偏振光的产生和检验方法.

2. 验证马吕斯定律.

3. 用光电转换技术测出椭圆偏振光的椭圆形状.

## 【实验原理】

### 1. 光的偏振

光的干涉和衍射现象揭示了光具有波动性,而光的偏振现象则证实了光波是横波.光的偏振现象在现代人的日常生活、娱乐活动和科学研究中都具有重要应用.

普通光源发出的光波没有偏振性,因为普通光源发出的光波是由大量分子或原子在同一时刻发出的独立的光波列所组成,各个波列的振动方向、振动频率和振动初相位都是随机、各不相同的.虽说各个独立的波列具有偏振性,但是由于各原子发光的随机性,导致了在与传播方向垂直的平面内光振动在各个方向上出现的概率均等、强度相同,且没有固定的相位差.具有这种性质的光称为自然光.普通光源发出的光都是自然光.

如果将自然光的光振动分别沿两个互相垂直的方向作正交分解,显然在这两个方向上振动的振幅相等,光能量各占自然光总能量的一半.为此我们可以用图 4.11.1(a)来表示自然光,图中小短线表示竖直方向的光振动,小圆点表示水平方向的光振动,短线和圆点的数量相等表示两个方向的光振动强度相同.

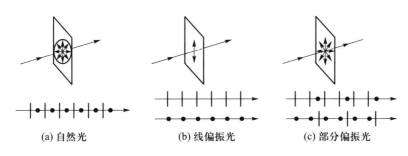

| (a) 自然光 | (b) 线偏振光 | (c) 部分偏振光 |

图 4.11.1　自然光、线偏振光及部分偏振光的图示

自然光经过折射、反射或吸收后,可能只保留某一方向上的光振动.如果光矢量始终沿某一方向振动,这样的光就称为线偏振光或完全偏振光.光矢量的振动方向和光的传播方向组成的平面称为振动面,由于线偏振光的光矢量始终在该平面内,所以线偏振光又称为平面偏振光.线偏振光的图示如图 4.11.1(b)所示.

如果在与光的传播方向垂直的振动平面内,各个方向的光振动都有,但振幅不同,在某个方向上光振动最强,在与之垂直的方向上光振动最弱,各个方向的光振动之间没有固定的相位关系,这种光称为部分偏振光,如图 4.11.1(c)所示.部分偏振光可以由自然光和线偏振光混合而成.

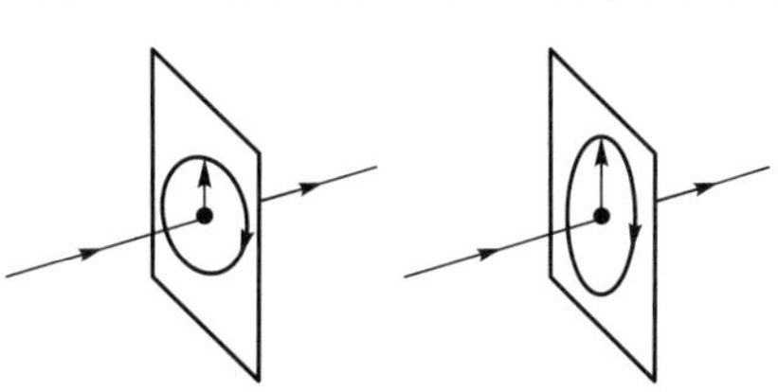

如果光在传播时,光矢量的振动方向以光线为轴线在不断地旋转,并且在与传播方向垂直的平面内,光矢量的端点所画出的轨迹是一个圆,这样的光称为圆偏振光;如果光矢量的端点画出的轨迹是一个椭圆,这样的光称为椭圆偏振光,如图 4.11.2 所示.

根据振动叠加原理可知,当一个质点同时参与两

(a) 圆偏振光　　(b) 椭圆偏振光

图 4.11.2　圆偏振光和椭圆偏振光

个振动频率相同、振动方向互相垂直的简谐振动时,该质点合运动的轨迹是一个椭圆.椭圆偏振光可以看成是由光振动面互相垂直、具有恒定相位差的两束线偏振光叠加而成,而线偏振光和圆偏振光是椭圆偏振光在一定条件下的特例.

#### 2. 起偏与检偏

从自然光获得偏振光的过程称为起偏,相应的光学元件称为起偏器,如图 4.11.3 中的偏振片 $P_1$.检验光波是不是线偏振光的过程称为检偏,所用的偏振片称为检偏器,如图 4.11.3 中的偏振片 $P_2$.

产生线偏振光常用的方法有如下几种.

（1）二向色性

某些天然或人造材料对不同振动方向的光振动具有选择性吸收的性质(二向色性).当自然光入射到由这种材料制作的光学元件上时,某个方向上的光振动被完全吸收而消失,只剩下与吸收方向垂直的光振动,于是从该元件透射出来的光就是线偏振光,这样的光学元件称为偏振片.偏振片允许透过的光振动方向称为偏振片的偏振化方向.

（2）反射起偏法

利用光的反射和折射也能产生线偏振光.一束自然光入射到各向同性介质(如玻璃)的表面上时,其反射光和折射光一般都是部分偏振光,且反射光和折射光的偏振度随入射角的变化而变化.当入射角为布儒斯特角 $i_B$ 时,反射光为线偏振光,其光矢量垂直于入射面,而折射光仍是部分偏振光,如图 4.11.4 所示,这一规律称为布儒斯特定律.

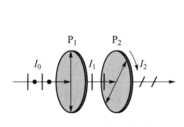

图 4.11.3　起偏和检偏

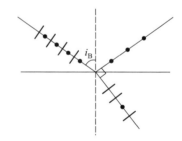

图 4.11.4　反射获得线偏振光

根据布儒斯特定律,当自然光以布儒斯特角 $i_B = \arctan n$ 的入射角从空气或真空入射至折射率为 $n$ 的介质(如玻璃)表面上时,其反射光为完全的线偏振光,振动面垂直于入射面,而透射光为部分偏振光.如果自然光以 $i_B$ 入射到一叠平行玻璃片堆上,则经过多次反射和折射,最后从玻璃片堆透射出来的光也接近于线偏振光,其光矢量平行于入射面.玻璃片数越多,透射光的偏振度越高.

（3）晶体双折射效应

利用晶体的双折射效应等也能产生线偏振光.当一束光入射到各向异性的透明晶体(如方解石)表面上时,在晶体内会有两束折射光,这称为双折射现象.在双折射产生的两束折射光中,遵守折射定律的一束光称为寻常光(o 光);不遵守折射定律的一束光称为非常光(e **光**),o 光和 e 光都是线偏振光.尼科耳棱镜就是利用方解石的双折射现象制成的偏振器.

#### 3. 马吕斯定律

1808 年,法国物理学家马吕斯(E. L. Malus)发现:在不考虑吸收和反射的条件下,一束强度

为 $I_1$ 的线偏振光垂直入射到偏振片上时,从偏振片透射出来的光的强度 $I_2$ 为

$$I_2 = I_1 \cos^2 \theta \qquad (4.11.1)$$

这称为马吕斯定律.式中 $\theta$ 是入射线偏振光的光振动方向与检偏器的偏振化方向之间的夹角.

图 4.11.3 表示自然光通过起偏器和检偏器的变化.当以光线传播方向为轴转动检偏器时,透射光的强度 $I_2$ 将发生周期性变化.当 $\theta = 0°$ 时,透射光的强度最大;当 $\theta = 90°$ 时,透射光的强度最小(称为消光);当 $0° < \theta < 90°$ 时,透射光的强度 $I_2$ 介于最大值和最小值之间.

根据光束通过偏振片后透射光的强度变化情况,可以区分线偏振光、自然光和部分偏振光.

4. 波片,椭圆偏振光与圆偏振光

实验表明,各向异性的晶体内有一个特定的方向,当光沿着该特定的方向传播时,不产生双折射现象.这个特定的方向叫作晶体的光轴,只有一个光轴方向的晶体,称为单轴晶体.

波片是光轴与晶体表面平行的单轴晶体薄片.如图 4.11.5 所示,一束单色平面偏振光垂直入射到波片表面后,在晶体内分解为振动方向与光轴方向平行的 e 光和与光轴方向垂直的 o 光,两者在晶体内的传播方向一致(同入射光方向),但传播速度和折射率不同,所以经过厚度为 $d$ 的波片后,两者会产生光程差,即

$$\delta = (n_o - n_e) d$$

对应的相位差为

$$\Delta \varphi = \frac{2\pi}{\lambda} \delta = \frac{2\pi}{\lambda} (n_o - n_e) d \qquad (4.11.2)$$

式中 $n_o$、$n_e$ 分别为 o 光和 e 光的主折射率,$\lambda$ 为光波在真空中的波长.若 $\delta = \pm (2k+1)\dfrac{\lambda}{4}$,$\Delta \varphi = \pm (2k+1)\dfrac{\pi}{2}$,对应的波片称为 1/4 波片;若 $\delta = \pm (2k+1)\dfrac{\lambda}{2}$,$\Delta \varphi = \pm (2k+1)\pi$,对应的波片称为 1/2 波片或半波片;若 $\delta = \pm k\lambda$,$\Delta \varphi = \pm 2k\pi$,对应的波片称为全波片.

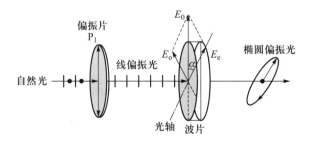

图 4.11.5　波片与椭圆偏振光

经过波片后,e 光和 o 光时的光振动可分别表示为

$$E_e = A_e \cos \omega t, \quad E_o = A_o \cos(\omega t + \Delta \varphi)$$

在不考虑反射和吸收时,式中 $A_e = A_0 \cos \alpha$,$A_o = A_0 \sin \alpha$,$A_0$ 为入射光振幅.这是两个相互垂直的同频率且具有恒定相位差的简谐振动,其合振动的方程为椭圆方程:

$$\frac{E_e^2}{A_e^2} + \frac{E_o^2}{A_o^2} - 2\frac{E_e E_o}{A_e A_o} \cos \Delta \varphi = \sin^2 \Delta \varphi$$

显然,当两振动的相位差 $\Delta\varphi=\pm(2k+1)\dfrac{\pi}{2}$ 时,合成的是长轴或短轴与光轴重合的正椭圆偏振光,若此时还有 $A_e=A_o$,则合成为圆偏振光;当 $\Delta\varphi=0$ 或 $k\pi$ 时,椭圆偏振光退化为线偏振光.

如果用极坐标表示椭圆方程,用 $E$ 表示与 $x$ 轴(取为沿光轴方向)夹角为 $\beta$ 方向的光矢量的大小,则方程为

$$E=\sqrt{\frac{A_e^2 A_o^2}{A_e^2\sin^2\beta+A_o^2\cos^2\beta}} \qquad (4.11.3)$$

在垂直于椭圆偏振光的传播方向上放置检偏器 $P_2$,其偏振化方向与 $x$ 轴夹角为 $\varphi$,如图 4.11.6 所示,则透射光的光强为

$$I=A_x^2\cos^2\varphi+A_y^2\sin^2\varphi$$

相应的光电流(或光功率,均正比于光强)为

$$i(\varphi)=i_x\cos^2\varphi+i_y\sin^2\varphi$$

由以上两式可看出

$$E\propto\sqrt{\frac{i_x i_y}{i(\varphi+90°)}}=\sqrt{\frac{i_x i_y}{i_x+i_y-i(\varphi)}} \qquad (4.11.4)$$

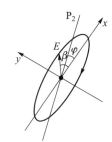

图 4.11.6  椭圆
偏振光与 $P_2$

当 $P_2$ 的偏振化方向沿椭圆的长轴或短轴时,透射光的光强 $I$ 有极值(即光电流有极值 $i_x,i_y$).当 $P_2$ 的偏振化方向与 $x$ 轴有夹角 $\varphi$ 时,测得对应的光电流 $i(\varphi)$,由式(4.11.4)得到对应的光矢量 $E$,即可确定出椭圆偏振光的椭圆形状.

5. 通过波片后光的偏振态的变化

平行光垂直入射到波片内,分解为 o 光和 e 光.透过波晶片时,二者之间产生一附加相位差 $\delta$.离开波晶片时合成光波的偏振性质,决定于 $\delta$ 及入射光的性质.

(1)入射光为自然光

自然光通过波晶片后仍为自然光.因为自然光的两个正交分量之间的相位差是无规则的,通过波晶片后,引入一恒定的相位差 $\delta$,其结果还是无规则的.

(2)入射光为线偏振光

① 如果入射线偏振光的光振动方向与波晶片光轴的夹角 $\alpha$ 为 0 或 $\dfrac{\pi}{2}$,则任何波晶片对它都不起作用,出射光仍然为原来的线偏振光.因为这时只有一个分量,谈不上振动的合成与偏振态的改变.

② 线偏振光通过 1/2 波片时,如果 $\alpha$ 不为 0 或 $\dfrac{\pi}{2}$,出射光仍为线偏振光,但其振动方向(绕着光传播方向)向光轴旋转了 $2\alpha$,即出射光和入射光的光矢量关于光轴对称.

③ 线偏振光通过 1/4 波片后,则可能产生线偏振光、圆偏振光和长轴与光轴垂直或平行的椭圆偏振光,这取决于入射线偏振光光振动方向与光轴间的夹角 $\alpha$.表 4.11.1 归纳了线偏振光、圆偏振光和椭圆偏振光经过 1/4 波片后的偏振态.表 4.11.2 归纳了线偏振光,圆偏振光和椭圆偏振光经过 1/2 波片后偏振态的变化.

表 4.11.1　偏振光经过 1/4 波片后偏振态的变化

| 入射光 | 1/4 波片 | 出射光 |
|---|---|---|
| 线偏振光 | $\alpha = 0$ 或 $\dfrac{\pi}{2}$ | 线偏振光 |
| | $\alpha = \dfrac{\pi}{4}$ | 圆偏振光 |
| | 其他位置 | 椭圆偏振光 |
| 圆偏振光 | 任何位置 | 线偏振光 |
| 椭圆偏振光 | 椭圆的长轴(或短轴)与光轴平行或垂直 | 线偏振光 |
| | 其他位置 | 椭圆偏振光 |

表 4.11.2　偏振光经过 1/2 波片后偏振态的变化

| 入射光 | 1/2 波片 | 出射光 |
|---|---|---|
| 线偏振光 | $\alpha = 0$ 或 $\dfrac{\pi}{2}$ | 线偏振光,光振动方向不变 |
| | 其他位置 | 线偏振光,光矢量旋转 $2\alpha$ 至光轴另一侧 |
| 圆偏振光 | 任何位置 | 圆偏振光,旋转方向反向 |
| 椭圆偏振光 | 任何位置 | 椭圆偏振光,旋转方向反向 |

6. 光的偏振态的检验

光的偏振态可以通过表 4.11.3 的方法来辨别.

表 4.11.3

| 第一步 | 令入射光通过偏振片 P$_1$,改变 P$_1$ 的透振方向,观察透射光强的变化 | | | |
|---|---|---|---|---|
| 观察到的现象 | 有消光 | 强度无变化 | | 强度有变化但无消光 |
| 结论 | 线偏振 | 自然光或圆偏振光 | | 部分偏振光或椭圆偏振光 |
| 第二步 | | a. 令入射光依次通过 1/4 波片和偏振片 P$_2$,改变 P$_2$ 的透振方向,观察透射光的强度变化 | | b. 同 a,只是 1/4 波片的光轴方向须与第一步中的偏振片 P$_1$ 产生强度极大或极小的透振方向重合 |
| 观察到的现象 | | 有消光 | 无消光 | 有消光 | 无消光 |
| 结论 | | 圆偏振 | 自然光 | 椭圆偏振 | 部分偏振 |

## 【实验仪器】

分光计,偏振片,波片,平行平面反射镜,钠光灯,偏振光实验仪(如图 4.11.7 所示,含光源、偏振片、波片、光电转换器、光功率计).

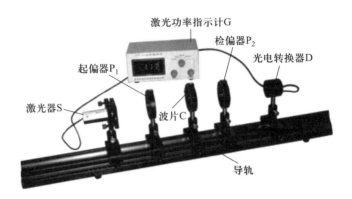

激光功率指示计G

检偏器P₂

光电转换器D

起偏器P₁

激光器S

波片C

导轨

图 4.11.7　偏振光实验仪


**【实验内容及步骤】**

1. 观察光的偏振现象(本部分内容利用分光计完成)

(1)用反射起偏的方法测量平面玻璃板的折射率

① 调节分光计至使用状态.

② 将待测平面玻璃板置于载物台上,调节载物台的倾斜度,使玻璃板的法线与分光计主轴垂直.

③ 用钠光灯照亮平行光管狭缝,使平行光管出射的光束射到玻璃板上,转动载物台以改变入射角,转动望远镜使反射光进入望远镜筒.将检偏器套在望远镜物镜前,并让检偏器透振方向垂直入射面,观察到狭缝像,旋转 90°,狭缝像变暗.若不出现消光,则还需改变入射角和转动望远镜,同时微调检偏器,找到消光位置.此时的入射角即为布儒斯特角 $i_B$.用叉丝竖线对准此时反射光的方位,记录分光计的读数 $\theta_1$、$\theta_2$.

④ 转动望远镜,使其正对平行光管,测出入射光的方位角 $\theta_1'$、$\theta_2'$,则望远镜转过的角度为

$$\varphi_B = \frac{1}{2} \left[ \ |\theta_1' - \theta_1| + |\theta_2' - \theta_2|\ \right] \tag{4.11.5}$$

入射角为

$$i_B = \frac{1}{2}(180° - \varphi_B) \tag{4.11.6}$$

⑤ 重复测量 5 次,求 $i_B$ 的平均值,将结果代入式 $i_B = \arctan n$ 计算玻璃的折射率.

(2)观察线偏振光通过 1/2 波片后的现象

① 将起偏器 $P_1$ 套在平行光管物镜前,检偏器 $P_2$ 套在望远镜物镜前.调节 $P_1$ 与 $P_2$ 至正交位置(即消光位置),将 1/2 波片置于载物台上,转动 1/2 波片 360°,能看到几次消光?为什么?

② 将 1/2 波片任意转动一角度,破坏消光现象.再将 $P_2$ 转动 360°,又能看到几次消光?

③ $P_1$、$P_2$ 仍保持正交,转动 1/2 波片至消光位置(此时 1/2 波片的慢轴或快轴与 $P_1$ 的透光方向平行),以此时 $P_1$ 和 1/2 波片位置对应角度 $\alpha = 0°$,保持 1/2 波片不动,将 $P_1$ 转至 $\alpha = 15°$,破坏消光.再沿与转 $P_1$ 相反的方向转 $P_2$ 至消光位置,记录 $P_2$ 所转过的角度 $\alpha'$.

④ 继续步骤③的实验,依次使 $\alpha = 30°$、$45°$、$60°$、$75°$、$90°$($\alpha$ 值是相对 $P_1$ 的起始位置而言),

转 $P_2$ 到消光位置,记录相应的角度 $\alpha'$.将结果填入表 4.11.4.

（3）用 1/4 波片产生椭圆偏振光和圆偏振光

① 取下 1/2 波片,将 1/4 波片置于正交的 $P_1$、$P_2$ 之间,转动 1/4 波片至消光位置.

② 依次将 1/4 波片从消光位置转过 15°、30°、45°、60°、75°、90°,再使 $P_2$ 转动 360°,观察光强的变化,根据观察结果画图或用文字说明透过 1/4 波片的出射光的偏振态,将结果填入表 4.11.5.

（4）圆偏振光和椭圆偏振光的检验

① 在正交的 $P_1$、$P_2$ 之间,使 1/4 波片由消光位置转过 45°,这时通过 1/4 波片后的出射光为圆偏振光.在 1/4 波片和 $P_2$ 之间再插入第二个 1/4 波片,使 $P_2$ 旋转 360°,观察和记录出射光强的变化,并加以解释.

② 取下 $P_1$ 和第一个 1/4 波片,让自然光直接入射到第二个 1/4 波片上,再使 $P_2$ 旋转 360°,观察光强的变化.

比较上述结果,你能得出什么结论?

③ 自行设计实验步骤,区别椭圆偏振光与部分偏振光.

2. 验证马吕斯定律,测椭圆偏振光(本部分内容利用图 4.11.7 偏振光实验仪完成)

（1）仪器调整

① 如图 4.11.7 所示,将激光器和光电转换器 D 分别放置在导轨两端,且激光器的出光孔和光电转换器的接收孔相对.(激光器使用过程中一定要注意安全,应顺着光的传播方向观察,避免激光束射入自己眼中,也要避免激光束射入同学的眼中.)

② 打开仪器电源,激光器发出红色激光.调节激光器和光电转换器 D 的底座及支架,使激光束平行导轨进入光电接收器 D 的光接收孔,并调整到光功率指示计读数值最大.

③ 将一个偏振片(作为 $P_1$)放置在导轨上靠近激光器一端,调节其底座及支架使激光束垂直通过其光学中心.转动偏振片 $P_1$,改变其偏振化方向,使光功率指示计读数值最大(若用的是 2 mW 测量挡位,则读数不要超过 2 mW).(后续实验操作中注意保持 $P_1$ 偏振化方向不变.)

（2）验证马吕斯定律

① 将另一个偏振片(作为 $P_2$)放置在偏振片 $P_1$ 和光电接收器 D 之间,调节其底座及支架使激光束垂直通过其中心.转动 $P_2$ 改变其偏振化方向直至光功率指示计读数值最小(此时 $P_2$ 与 $P_1$ 的偏振化方向垂直,理想情况下该读数值应为零,称为消光),调节光功率指示计上的调零旋钮使该最小读数值变为零.

② 转动 $P_2$ 直至光功率指示计读数值最大,此时 $P_2$ 与 $P_1$ 的偏振化方向之间的夹角 $\theta = 0°$,记下此时的光电流(用光功率指示计的读数值表示,其与对应光电流成比例),然后继续转动 $P_2$,取 $\Delta\theta = 10°$,增大夹角 $\theta$ 直至 $\theta = 360°$,依次测量并记录相应光电流 $i(\theta)$ 到表 4.11.6 中.

（3）测椭圆偏振光

① 当 $P_2$ 与 $P_1$ 的偏振化方向垂直(消光)时,将 1/4 波片 C 放到 $P_1$ 和 $P_2$ 之间,转动波片 C 直至再次出现消光,记下此时波片刻度盘的读数值 $c_0$ 及此时 $P_2$ 刻度盘的读数值 $p_{20}$.此时,波片 C 的光轴方向与 $P_1$ 的偏振化方向平行(或垂直),不管是平行还是垂直,按下面方法测出的都是所设定 $\alpha$ 值时的椭圆偏振光,如图 4.11.8 所示.

② 将波片 C 的顺时针转动 30°，即 $\alpha = 30°$.

③ 将 $P_2$ 逆时针旋转 60°，可将此时的 $P_2$ 刻度盘读数记为 $\varphi = 0°$，并将此时的光电流值记为 $i(0)$，然后顺时针转动 $P_2$，每转动 10° 记一次光电流，依次填入到表 4.11.7 中.

④ 转动 $P_2$ 一周，测出椭圆长轴处对应的极大光电流值 $i_{x1}$ 和 $i_{x2}$；短轴处对应的极小光电流值 $i_{y1}$ 和 $i_{y2}$，并填入到表 4.11.7 中.

⑤ 重复步骤①，再测 $\alpha = 50°$ 时的椭圆偏振光.（注意：此时要将 $P_2$ 逆时针旋转多少度后开始测量？）

（4）（选做）判断实验中所用 1/4 波片所产生 e 光和 o 光的实际相位差 $\Delta\varphi$

重复内容（3）的步骤①，再将波片顺时针转动 45°，测出此时的光功率为 $I_1$，此时有 $I_1 \propto \dfrac{A_0^2}{2}(1 - \cos\Delta\varphi)$；保持波片 C 不变，将 $P_2$ 的偏振化方向转到平行于 $P_1$ 的方向，再测出此时的光功率为 $I_2$，此时有 $I_2 \propto \dfrac{A_0^2}{2}(1 + \cos\Delta\varphi)$；根据 $I_1$、$I_2$ 与 $\Delta\varphi$ 的关系，求出 $\Delta\varphi$.

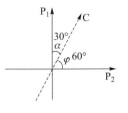

图 4.11.8

## 【数据记录与处理】

1. 观察光的偏振现象的数据记录

表 4.11.4

| $\alpha$ | $\alpha'$ | 线偏振光经 $\frac{1}{2}$ 波片后振动方向转过的角度 |
|---|---|---|
| 0° | | |
| 15° | | |
| 30° | | |
| 45° | | |
| 60° | | |
| 75° | | |
| 90° | | |

表 4.11.5

| 1/4 波片转动角度 | $P_2$ 旋转 360° 观察到的现象 | 出射光的偏振态 |
|---|---|---|
| 15° | | |
| 30° | | |
| 45° | | |
| 60° | | |
| 75° | | |
| 90° | | |

2. 验证马吕斯定律,测椭圆偏振光的数据记录及处理

（1）验证马吕斯定律,由表 4.11.6 数据在直角坐标纸中作 $i(\theta)-\theta$ 曲线.

表 4.11.6

| $\theta/(°)$ | 0 | 10 | 20 | 30 | 40 | … | 360 |
|---|---|---|---|---|---|---|---|
| $i(\theta)$ | | | | | | | |

（2）计算表 4.11.7 中光电流极值的平均值 $i_x=\dfrac{i_{x1}+i_{x2}}{2}$，$i_y=\dfrac{i_{y1}+i_{y2}}{2}$，再由式（4.11.4）计算 $E$，并填入表 4.11.7.

表 4.11.7

| $\alpha=30°$， | | $i_{x1}=$ _____， | $i_{x2}=$ _____， | $i_{y1}=$ _____， | | $i_{y2}=$ _____ |
|---|---|---|---|---|---|---|
| $\varphi/(°)$ | 0 | 10 | 20 | 30 | 40 | … | 360 |
| $i(\varphi)$ | | | | | | | |
| $E$ | | | | | | | |

3. 根据表 4.11.7 中的实验数据 $\varphi$（极角），$E$（极径），在极坐标纸上作出 $E-\varphi$ 关系曲线（椭圆图形），即如图 4.11.6 所示的椭圆偏振光的椭圆形状.

4. 作出 $\alpha=50°$ 时的椭圆偏振光的椭圆形状.

## 【预习思考题】

1. 如何利用光的反射、折射获得线偏振光?
2. 波片 C 的作用是什么? 1/4 波片和 1/2 波片有什么不同?
3. 怎样才能得到圆偏振光?

## 【习题】

1. 本实验为什么要用单色光源照明? 根据什么选择单色光源的波长? 若光波波长范围较宽,会给实验带来什么影响?

2. 怎样检测椭圆偏振光的形状? 当测出椭圆形状不对称时,试分析其原因.

3. 当偏振片正交放置时,光束不能通过正交偏振片（消光）.若在两偏振片之间加一波片,光束能否通过?

4. 椭圆偏振光和部分偏振光有什么区别?

虚拟仿真
实验

本实验
附录文件

# 实验 4.12 光 电 效 应

光电效应是指一定频率的光照射在金属表面时有电子从表面逸出的现象.光电效应实验对于认识光的本性及早期量子理论的发展,具有里程碑式的意义.1905 年,爱因斯坦(Albert Einstein)发表了量子论,提出光量子假说,成功解释了光电效应现象,并因此获得 1921 年的诺贝尔物理学奖.根据光电效应原理制成的光电管和光电倍增管等器件,由于能方便地将光信号转变为电信号,因而在科学研究和国防工业等许多领域获得了广泛的应用.

## 【实验目的】

1. 了解光电效应的规律,加深对光的量子性的认识和理解.
2. 测定普朗克常量.

## 【实验原理】

1. 光电效应现象的实验规律

如图 4.12.1 所示,在抽成真空的光电管内装有金属阴极 K 和阳极 A,当可见光或紫外线通过石英窗口照射到 K 的表面时,就有电子从该表面逸出,这种电子称为光电子.当光电子到达阳极 A 时,回路中就有电流,称为光电流.实验发现,**光电效应的规律如下:**

(1) **存在截止频率(或红限频率)**.对于给定的金属材料,入射光的频率必须大于或等于某一频率 $\nu_0$,才可以产生光电效应.频率 $\nu_0$ 称为光电效应的截止频率或红限频率.实验表明,只要入射光的频率高于红限频率,即使光强很弱也能产生光电效应;而当入射光的频率低于红限频率时,无论多强的光都无法使电子从金属表面逸出.此外,红限频率与入射光强无关,只与金属材料有关,每种金属都有自己特定的红限频率.

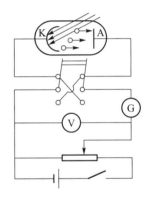

图 4.12.1 光电效应实验原理图

(2) **饱和光电流的大小与入射光的强度成正比**.当入射光频率(大于红限频率)和强度一定时,光电流 $I$ 和光电管两端的加速电压 $U_{AK}$ 的关系如图 4.12.2 所示.光电流的大小随加速电压的增加而增大,当加速电压增加到一定值时,光电流达到饱和.当入射光频率一定时,饱和光电流 $I_m$ 与入射光的强度 $P$ 成正比.

(3) **光电子的最大初动能与入射光的频率成正比**.由图 4.12.2 可知,当加速电压 $U_{AK}$ 减小到零时,光电流 $I$ 不等于零.只有加上一定的反向电势差 $-U_a$,才能使光电流为零.人们将光电流恰好为零时,所加的反向电势差的大小 $U_a$ 称为**截止电压**或**遏止电势差**.截止电压的存在,说明逸出的光电子有最大初动能 $E_{k,max}$,且

$$E_{k,max} = \frac{1}{2}mv_m^2 = eU_a \qquad (4.12.1)$$

实验表明,对于给定的金属材料,光电子的最大初动能 $E_{k,max}$ 或截止电压 $U_a$ 的大小只与入射光频率成线性关系,与光强无关,如图 4.12.3 所示.其数学表达式为

$$\frac{1}{2}mv_m^2 = eU_a = eK\nu - eU_0 \qquad (4.12.2)$$

式中 $K$ 为一常量,$eU_0$ 为红限频率 $\nu_0$ 对应能量.

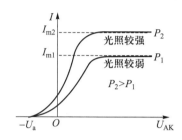

图 4.12.2　同一频率不同光强时的
光电管伏安特性曲线

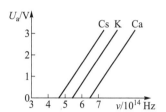

图 4.12.3　截止电压与入射光
频率的关系图

（4）**光电效应具有瞬时性**.若入射光的频率大于红限频率,即使光强很弱,入射光一开始照射,立刻就能产生光电效应,实际延迟时间不超过 $10^{-9}$ s.

经典电磁理论在解释上述光电效应的实验规律时遇到了极大的困难,实验规律中的第（1）、（3）、（4）点用经典电磁理论完全无法解释.在光电效应中,光电子要从金属表面逸出需要克服阻力而做功,其最小值称为逸出功.根据经典电磁理论,光是电磁波,电磁波的能量决定于它的强度,与电磁波的频率无关.电子从具有一定强度的光波中吸收能量而逸出,其初动能应与光强有关而与频率无关,因此不应该存在红限频率.不论什么频率的光,只要光足够强,总可以连续供给电子足够的能量而使其逸出,而且光强越大,逸出光电子的初动能也越大.此外,根据经典理论,光强越弱,电子从连续光波中吸收并累积到逸出所需能量的时间越长,对很弱的光要想使电子获得足够的能量逸出,必须有一个能量积累的过程而不可能瞬时产生光电子.光的经典电磁理论无法解释光电效应的实验规律.

2. 光电效应现象的光量子论解释

1905 年,爱因斯坦为了解释光电效应的实验规律,在普朗克能量量子假说的基础上大胆地提出了光子理论.他认为,普朗克的理论只考虑了辐射体上谐振子的能量量子化,即谐振子发射或吸收的能量是量子化的.他进一步认为空腔中辐射场的能量本身也是量子化的,也就是说**光在空间传播时具有粒子性**,光的能量并不像波动理论所认为的分散在空间,而是集中在一些叫作光量子（简称光子）的粒子上,一束光就是一群以光速 $c$ 运动着的光子流.一个频率为 $\nu$ 的光子能量为

$$\varepsilon = h\nu \qquad (4.12.3)$$

只与光的频率有关,而与光的强度无关.光的强度（即平均能流密度）为 $I = \overline{S} = nh\nu$,式中 $n$ 是单位时间内、通过与光的传播方向垂直的单位面积的光子数.

根据爱因斯坦的光量子理论,射向金属表面的光,实质上就是具有能量 $\varepsilon = h\nu$ 的光子流.如

果照射光的频率过低,则光子流中每个光子能量较小,当它照射到金属表面时,电子吸收了这个光子的能量后,它所拥有的能量仍然小于电子脱离金属表面所需要的逸出功,电子就不能逸出金属表面,因而不能产生光电效应.如果照射光的频率较高,则每个光子的能量就较大,电子吸收光子的能量后,就能够克服阻力逸出金属表面,产生光电效应.根据能量守恒定律,逸出电子的初动能、入射光子的能量和逸出功之间的关系可以表示为

$$\frac{1}{2}mv_{\mathrm{m}}^2 = h\nu - A \tag{4.12.4}$$

式中 $A$ 就是金属的逸出功, $\nu$ 是入射光子的频率, $h$ 是普朗克常量.式(4.12.4)就是著名的爱因斯坦光电效应方程.

利用爱因斯坦的光子理论及其光电效应方程可以成功地解释光电效应的实验规律:

(1) 对于给定的金属材料,存在发射光电子所需的最小频率即红限频率 $\nu_0$,其值满足 $h\nu_0 = A$.当入射光频率 $\nu < \nu_0$ 时,电子不能逸出,不产生光电效应.红限频率及红限波长分别为

$$\nu_0 = \frac{A}{h}, \quad \lambda_0 = \frac{c}{\nu_0} = \frac{hc}{A} \tag{4.12.5}$$

它们只决定于金属的逸出功.

(2) 根据光子理论,频率 $\nu$ 一定时,光强越大,则单位时间到达金属表面的光子数就越多,发生光电效应时单位时间被激发而逸出的光电子数也就越多,故饱和光电流与光强成正比.

(3) 光电效应方程表明光电子的最大初动能和入射光的频率之间成线性关系,与光强无关.

(4) 光子与电子发生作用时,电子一次性地吸收一个光子能量 $\varepsilon = h\nu$,不需要时间积累,故光电效应是瞬时效应.

由式(4.12.1)和式(4.12.4)有

$$U_{\mathrm{a}} = \frac{h}{e}\nu - \frac{A}{e} \tag{4.12.6}$$

此式表明截止电压 $U_{\mathrm{a}}$ 与 $\nu$ 间存在线性关系,其斜率等于 $h/e$,因而只要测出不同频率入射光对应的截止电压,求出直线斜率,就可算出普朗克常量 $h$.

3. 普朗克常量的测量

测量普朗克常量 $h$ 的关键是正确地测出截止电压 $U_{\mathrm{a}}$,但实际中的光电管制作工艺等原因给准确测定截止电压带来了一定的困难.暗电流、本底电流和反向电流是影响测量结果的主要因素.

(1) 光电管在没有受到光照时,也会产生电流,此时的电流称为暗电流.它由阴极在常温下的热电子发射形成的热电流和封闭在暗盒里的光电管在外加电压下因管子阴极和阳极间绝缘电阻漏电而产生的漏电流两部分组成.

(2) 本底电流是周围杂散光进入光电管所致.

(3) 反向电流是由于制作光电管时阳极上往往溅有阴极材料,所以当光照射到阳极和杂散光漫射到阳极时,阳极上往往有光电子发射.此外,阴极发射的光电子也可能被阳极的表面反射.当阳极 A 为负电势,阴极 K 为正电势时,对阴极 K 上发射的光电子而言起减速作用,而对阳极 A 发射或反射的光电子而言却起了加速作用,使阳极 A 发射出的光电子也到达阴极 K,形成反向电流.

由于上述原因,实测的光电流实际上是阴极光电流、暗电流、本底电流和反向电流之和,实测的光电管伏安特性曲线较理想曲线(阴极光电流曲线)下移,如图4.12.4实线所示.理论上,测出各频率的光照射下阴极电流为零时对应的 $U_{AK}$,其绝对值即该频率的截止电压,然而实际上由于上述暗电流、本底电流、阳极反向电流及极间接触电势差的影响,实测电流并非阴极电流,实测电流为零时对应的 $U_{AK}$ 也并非截止电压.

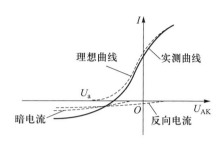

图 4.12.4 光电流曲线分析

## 【实验仪器】

ZKY-GD-3 光电效应实验仪[图 4.12.5(a)所示].

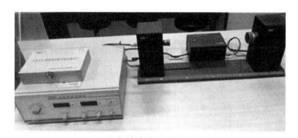

(a) 光电效应实验仪实物图

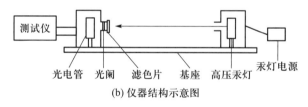

(b) 仪器结构示意图

图 4.12.5 光电效应实验仪器

实验仪由高压汞灯及电源、滤色片、光阑、光电管、测试仪(含光电管电源和微电流放大器)构成,仪器结构如图 4.12.5(b)所示.

1. 光电管:阳极为镍圈,阴极为银-氧-钾(Ag-O-K),光谱响应范围 320~700 nm,暗电流: $I \leqslant 2 \times 10^{-12}$ A$(-2$ V$\leqslant U_{AK} \leqslant 0$ V).光电管安装在暗盒中,暗盒窗口可安装光阑和滤色片.

2. 光阑:3 片,直径 2 mm、4 mm、8 mm.

3. 滤色片:5 片,透射波长 365.0 nm、404.7 nm、435.8 nm、546.1 nm、577.0 nm.

4. 高压汞灯:可用谱线 365.0 nm、404.7 nm、435.8 nm、546.1 nm、577.0 nm、579.0 nm.

5. 测试仪由光电管工作电源和微电流放大器两部分组成.光电管工作电源:2 挡,$-2$~$0$ V,$-2$~$+30$ V,三位半数显,稳定度$\leqslant$0.1%;微电流放大器用于测定光电流:6 挡电流量程,$10^{-8}$~$10^{-13}$ A,分辨率 $10^{-13}$ A,三位半数字显示,稳定度$\leqslant$0.2%,测试仪的调节面板如图 4.12.6 所示.

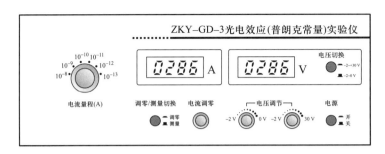

图 4.12.6　测试仪的调节面板图

## 【实验内容及步骤】

1. 测试前准备

（1）盖上汞灯及光电管暗盒的遮光盖,调整光电管与汞灯距离为 40 cm,并保持不变,将实验仪及汞灯电源接通,预热 20 分钟.(**注意:汞灯一旦开启,不要随意关闭**)

（2）将电压按键选择为 $-2 \sim 0$ V 挡,将电流量程选择在 $10^{-13}$ A 挡,进行测试前调零.调零时,将调零/测量切换开关切换到调零挡位,旋转电流调零旋钮使电流表指示为"000".调节好后,将调零/测量切换开关切换到测量挡位,就可以进行实验了(注意:每次调换电流量程后,都应按照上面的调零方法重新调零).

（3）调整光路:先取下光电管暗盒光入射孔上的遮光盖,将直径为 4 mm 的光阑及波长为 365.0 nm 的滤光片插入光入射孔,再取下汞灯暗盒上的遮光盖,将汞灯暗盒光输出口对准光电管暗盒光输入口.

注意:实验中更换光阑、滤光片时须先将汞灯暗盒的遮光盖盖上,换毕后再取下遮光盖,继续实验.严禁让汞灯发出的光不经过滤光片直接射入光电管.仪器暂不使用时,应盖上光电管暗盒遮光盖,使光电管暗盒内处于完全遮光状态.

2. 用零电流法测定普朗克常量 $h$

本实验仪器采用了新型光电管,其阳极反向电流、暗电流都很小,又由于级间接触电势差 $\Delta U$ 与频率无关,对 $U_a$-$\nu$ 直线的斜率无影响.因而可直接将各谱线照射下测得的光电流为零时的电压 $U_{AK}$ 作为截止电压 $U_a$,这种方法称为零电流法.

确认电压选择按键置于 $-2$ V$\sim 0$ 挡,电流量程选择在 $10^{-13}$ A 挡,并重新调零.确认直径为 4 mm 的光阑及波长为 365.0 nm 的滤光片装在光电管暗盒光输入口上,取下汞灯暗盒的遮光盖.此时电压表显示 $U_{AK}$ 的值,单位为伏;电流表显示与 $U_{AK}$ 对应的电流值 $I$,单位为所选择的电流量程.从大到小缓慢调节电压 $U_{AK}$,当光电流 $I$ 减小到零时,此时测试仪显示的电压值即可认为是该入射光频率对应的截止电压.重复测量 4 次,将截止电压值填入表 4.12.1 中.

依次换上透射波长为 404.7 nm、435.8 nm、546.1 nm、577.0 nm 的滤色片,重复上述测量步骤.

3. 测光电管的伏安特性曲线

将电压选择按键置于 $-2 \sim +30$ V 挡,电流量程选择在合适的挡位(建议选择为 $10^{-12}$ A 或 $10^{-11}$ A 挡,以电流表读数有 3 位有效数字为准).盖上汞灯及光电管暗盒上的遮光盖,按照前面的调零方法调零.

将直径为 4 mm 的光阑及波长为 435.8 nm 的滤光片装在光电管暗盒光输入口上,取下汞灯暗盒的遮光盖,缓慢调节电压旋钮,令输出电压值由 $-2$ V 缓慢增加,首先记录电流从零到非零点所对应的电压值(**截止电压值**),再记录输出电压为 0.5 V 整数倍时的各个电流值,直到输出电压增加到 2.0 V,2.0 V 以上每增加 3.0 V 测量对应的电流值.

换上直径为 2 mm 的光阑,重复上述测量步骤.数据填入表 4.12.2 中.

换上波长为 546.1 nm 的滤光片,重复上述测量步骤.数据填入表 4.12.3 中.

4. 验证光电管的饱和光电流与入射光强的正比关系

取 $U_{AK}$ 为 28.0 V,电流量程选择在合适的挡位(建议选择为 $10^{-11}$ A 挡),盖上汞灯及光电管暗盒的遮光盖,按照前面的调零方法调零.在同一谱线、同一入射距离下,记录光阑直径分别为 2 mm、4 mm、8 mm 时对应的电流值于表 4.12.4 中,由于照到光电管上的光强与光阑面积成正比,由表 4.12.4 中的数据验证光电管的饱和光电流与入射光强的正比关系.

5. 用补偿法测定普朗克常量 $h$(选做内容)

补偿法是调节电压 $U_{AK}$ 使电流为零后,保持 $U_{AK}$ 不变,盖上汞灯暗盒的遮光盖,此时测得的电流 $I_1$ 为电压接近截止电压时的暗电流和杂散光产生的本底电流.移去汞灯暗盒的遮光盖,让汞灯重新照射光电管,调节电压 $U_{AK}$ 使电流值至 $I_1$,将此时对应的电压 $U_{AK}$ 作为截止电压 $U_a$.这种方法可补偿暗电流和本底电流对测量结果的影响.

用补偿法测定普朗克常量 $h$ 时实验数据的获取及处理方法与零电流法相同.

## 【数据记录与处理】

1. 根据实验要求按表格记录数据

表 4.12.1  $U_a - \nu$ 关系 （光阑孔径 $\phi = 4$ mm）

| 波长 $\lambda$/nm | | 365.0 | 404.7 | 435.8 | 546.1 | 577.0 |
|---|---|---|---|---|---|---|
| 频率 $\nu/10^{14}$ Hz | | 8.214 | 7.408 | 6.879 | 5.490 | 5.196 |
| 截止电压 $U_a$/V | 1 | | | | | |
| | 2 | | | | | |
| | 3 | | | | | |
| | 4 | | | | | |
| $\overline{U}_a$/V | | | | | | |

表 4.12.2  $I - U_{AK}$ 关系

| $\lambda = 435.8$ nm | $U_{AK}$/V | | | | | | | | | |
|---|---|---|---|---|---|---|---|---|---|---|
| $\phi = 4$ mm | $I/10^{-11}$ A | 0.0 | | | | | | | | |
| $\lambda = 435.8$ nm | $U_{AK}$/V | | | | | | | | | |
| $\phi = 2$ mm | $I/10^{-11}$ A | 0.0 | | | | | | | | |

243

表 4.12.3  $I$–$U_{AK}$ 关系

| $\lambda = 546.1$ nm | $U_{AK}$/V | | | | | | | | | | |
|---|---|---|---|---|---|---|---|---|---|---|---|
| $\phi = 4$ mm | $I/10^{-11}$ A | 0.0 | | | | | | | | | |
| $\lambda = 546.1$ nm | $U_{AK}$/V | | | | | | | | | | |
| $\phi = 2$ mm | $I/10^{-11}$ A | 0.0 | | | | | | | | | |

表 4.12.4  $I_m$–$P$ 关系    $U_{AK} = 28.0$ V

| $\phi$/mm | | 2 | 4 | 8 |
|---|---|---|---|---|
| $\lambda = 435.8$ nm | $I/10^{-11}$ A | | | |
| $\lambda = 546.1$ nm | $I/10^{-11}$ A | | | |

2. 数据处理

（1）用线性回归法求直线 $U_a$–$\nu$ 的斜率 $k$

根据线性回归理论，$U_a$–$\nu$ 直线的斜率 $k$ 的最佳拟合值为

$$k = \frac{\overline{\nu \cdot U_a} - \overline{\nu} \cdot \overline{U_a}}{\overline{\nu^2} - \overline{\nu}^2}$$

式中，$\overline{\nu} = \frac{1}{n}\sum_{i=1}^{n}\nu_i$ 为频率 $\nu$ 的平均值，$\overline{\nu^2} = \frac{1}{n}\sum_{i=1}^{n}\nu_i^2$ 为表示频率 $\nu$ 的平方的平均值，$\overline{U_a} = \frac{1}{n}\sum_{i=1}^{n}U_{ai}$

为截止电压 $U_a$ 的平均值，$\overline{\nu \cdot U_a} = \frac{1}{n}\sum_{i=1}^{n}\nu_i \cdot U_{ai}$ 为频率 $\nu$ 和对应的截止电压 $U_a$ 的乘积的平均值.

求出直线斜率 $k$ 后，可由 $h = ek$ 求出普朗克常量 $h$，进而得到其相对误差 $E = \frac{h-h_0}{h_0}$. 式中，$e = 1.602 \times 10^{-19}$ C，$h_0 = 6.626 \times 10^{-34}$ J·S.

（2）用表 4.12.1 数据在坐标纸上作 $U_a$–$\nu$ 直线，求出该直线斜率 $k$，并由 $h = ek$ 求出普朗克常量 $h$.

（3）用表 4.12.2 数据在坐标纸上作 $I$–$U_{AK}$ 关系曲线.

本实验
附录文件

【习题】

1. 当加在光电管两端的电压为零时，光电流不为零，这是为什么？

2. 光电管一般都用逸出功小的金属做阴极，用逸出功大的金属做阳极，为什么？

3. 如何消除暗电流和本底电流对截止电压的影响？

# 实验 4.13  液晶电光效应及其应用

1888 年，奥地利植物学家莱尼茨尔（Reinitzer）在做有机物溶解实验时，在一定的温度范围内

观察到液晶.液晶是介于液体与晶体之间的一种物质状态.一般的液体内部分子排列是无序的,而液晶既具有液体的流动性,其分子又按一定规律有序排列,使它呈现晶体的各向异性.当光通过液晶时,会产生偏振面旋转、双折射等效应.

液晶分子是含有极性基团的极性分子,在电场作用下,偶极子会按电场方向取向,导致分子原有的排列方式发生变化,液晶的光学性质也随之发生改变,这种因外电场引起的液晶光学性质的改变称为液晶的电光效应.1961 年,美国无线电公司的海美尔(Heimeier)发现了液晶的一系列电光效应,并制成了显示器件.从 20 世纪 70 年代开始,日本的公司将液晶与集成电路技术结合,制成了一系列的液晶显示器件,并在这一领域保持领先地位.液晶显示器件由于具有驱动电压低(一般为几伏)、功耗极小、体积小、寿命长、环保无辐射等优点,在当今各种显示器件的竞争中有独领风骚之势.本实验研究液晶的电光效应及应用.

## 【实验目的】

1. 在掌握液晶光开关的基本工作原理的基础上,测量液晶光开关的电光特性曲线,并由电光特性曲线得到液晶的阈值电压和关断电压.

2. 测量驱动电压周期变化时,液晶光开关的时间响应曲线,并由时间响应曲线得到液晶的上升时间和下降时间.

3. 测量由液晶光开关矩阵所构成的液晶显示器的视角特性以及在不同视角下的对比度,了解液晶光开关的工作条件.

4. 了解液晶光开关构成图像矩阵的方法,学习和掌握这种矩阵所组成的液晶显示器构成文字和图形的显示模式,从而了解一般液晶显示器件的工作原理.

5. 了解计算机控制液晶显示原理,实现液晶的定态图形显示和动画显示.

## 【实验原理】

1. 液晶光开关的工作原理

液晶的种类很多,按液晶相变形成的原因可将液晶分为热致液晶(由于温度变化而导致液晶相变)和溶致液晶(由于溶液浓度变化而导致液晶相变).目前用于显示器件的都是热致液晶,它的特性随温度的改变而发生变化.热致液晶可分为近晶相、向列相和胆甾相三种类型,下面以常用的 TN(扭曲向列)型液晶为例,说明其工作原理.

TN 型光开关的结构如图 4.13.1 所示.在两块玻璃板之间夹有正性向列相液晶,液晶分子的形状如同火柴一样,为棍状.棍的长度为十几埃,直径为 $4\sim6$ Å,液晶层厚度一般为 $5\sim8$ μm.玻璃板的内表面涂有透明电极,电极的表面预先作了定向处理(可用软绒布朝一个方向摩擦,也可在电极表面涂取向剂).这样,液晶分子在透明电极表面就会躺倒在摩擦所形成的微沟槽里;电极表面的液晶分子按一定方向排列,且上下电极上的定向方向相互垂直.上下电极之间的液晶分子因范德瓦耳斯力的作用,趋向于平行排列.然而由于上下电极上液晶的定向方向相互垂直,所以从俯视方向看,液晶分子从上电极的沿 $-45°$ 方向排列逐步地、均匀地扭曲到下电极的沿 $+45°$ 方向排列,整个排列扭曲了 $90°$,如图 4.13.1(a)所示.

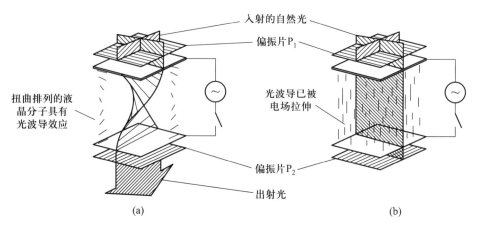

入射的自然光

偏振片 $P_1$

扭曲排列的液
晶分子具有
光波导效应

光波导已被
电场拉伸

偏振片 $P_2$

出射光

(a)                                    (b)

图 4.13.1　液晶光开关的工作原理

　　理论和实验都证明,上述均匀扭曲排列起来的结构具有类似光波导的性质,即偏振光从上电极表面透过扭曲排列起来的液晶传播到下电极表面时,偏振方向会旋转 90°.取两张偏振片贴在玻璃的两面,偏振片 $P_1$ 的透光轴与上电极的定向方向相同,偏振片 $P_2$ 的透光轴与下电极的定向方向相同,于是偏振片 $P_1$ 和偏振片 $P_2$ 的透光轴相互正交.在未加驱动电压的情况下,来自光源的自然光经过偏振片 $P_1$ 后只剩下平行于透光轴的线偏振光,该线偏振光到达输出面时,其偏振面旋转了 90°.这时光的偏振面与偏振片 $P_2$ 的透光轴平行,因而有光通过,如图 4.13.1(a)所示.

　　在施加足够电压的情况下(一般为 1～2 V),在静电场的作用下,除了基片附近的液晶分子被基片"锚定"以外,其他液晶分子趋于平行于电场方向排列.于是原来的扭曲结构被破坏,成了均匀结构,如图 4.13.1(b)所示.从偏振片 $P_1$ 透射出来的光的偏振方向在液晶中传播时不再旋转,保持原来的偏振方向到达下电极.这时光的偏振方向与偏振片 $P_2$ 正交,因而光被关断.

　　由于上述光开关在没有电场的情况下让光透过,加上电场的时候光被关断,因此叫作常通型光开关,又叫作常白模式.若偏振片 $P_1$ 和偏振片 $P_2$ 的透光轴相互平行,则构成常黑模式.

　　2. 液晶光开关的电光特性

　　图 4.13.2 为光线垂直液晶面入射时实验所用液晶盒相对透射率(以不加电场时的透过率为 100%)与外加电压的关系.由图 4.13.2 可见,对于常白模式的液晶,其透过率随外加电压的升高而逐渐降低,在一定电压下达到最低点,此后略有变化.根据此电光特性曲线图可得出液晶的阈值电压(透过率为 90% 时的驱动电压)和关断电压(透过率为 10% 时的驱动电压).

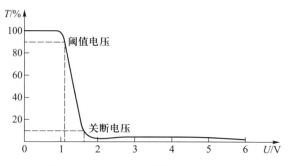

图 4.13.2　液晶光开关的电光特性曲线

液晶的电光特性曲线越陡,即阈值电压与关断电压的差值越小,由液晶开关单元构成的显示器件允许的驱动路数就越多.TN 型液晶最多允许 16 路驱动,故常用于数码显示.在电脑、电视等需要高分辨率的显示器件中,常采用 STN(超扭曲向列)型液晶,以改善电光特性曲线的陡度,增加驱动路数.

3. 液晶光开关的时间响应特性

加上(或去掉)驱动电压能使液晶的开关状态发生变化,是因为液晶的分子排序发生了改变,这种重新排序需要一定的时间,反映在时间响应曲线上,用上升时间 $\tau_r$(透过率由 10% 升到 90% 所需时间)和下降时间 $\tau_d$(透过率由 90% 降到 10% 所需时间)描述.给液晶开关加上一个如图 4.13.3(a)所示的周期性变化的电压,就可以得到液晶的时间响应曲线,上升时间和下降时间如图 4.13.3(b)所示.液晶的响应时间越短,显示动态图像的效果越好,这是液晶显示器的重要指标.早期的液晶显示器在这方面逊色于其他显示器,现在通过结构方面的技术改进,已达到很好的效果.

4. 液晶光开关的视角特性

液晶光开关的视角特性表示对比度与视角的关系.对比度定义为光开关打开和关断时透射光的强度之比,对比度大于 5 时,可以获得满意的图像,对比度小于 2 时,图像就模糊不清了.

图 4.13.4 表示了某种液晶视角特性的理论计算结果.图 4.13.4 中,用与原点的距离表示垂直视角(入射光线方向与液晶屏法线方向的夹角)的大小.图中 3 个同心圆分别表示垂直视角为 $30°$、$60°$ 和 $90°$.

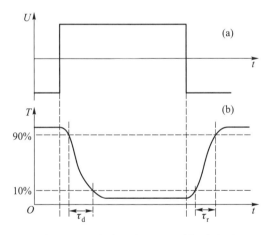

图 4.13.3　液晶驱动电压和时间响应图

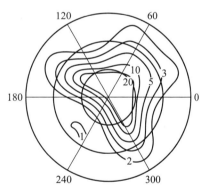

图 4.13.4　液晶的视角特性

$90°$ 同心圆外面标注的数字表示水平视角(入射光线在液晶屏上的投影与 $0°$ 方向之间的夹角)的大小.图 4.13.4 中的闭合曲线为不同对比度时的等对比度曲线.

由图 4.13.4 可以看出,液晶的对比度与垂直和水平视角都有关,而且具有非对称性.若我们把具有图 4.13.4 所示视角特性的液晶开关逆时针旋转,以 $220°$ 方向向下,并由多个显示开关组成液晶显示屏,则该液晶显示屏的左右视角特性对称,在左、右和俯视 3 个方向,垂直视角接近 $60°$ 时对比度为 5,观看效果较好.在仰视方向对比度随着垂直视角的加大迅速降低,观看效果差.

5. 液晶光开关构成图像显示矩阵的方法

液晶显示器通过对外界光线的开关控制来完成信息显示任务,为非主动发光型显示,其最大的优点在于能耗极低.正因为如此,液晶显示器在便携式装置的显示方面,例如在电子表、万用表、手机、笔记本电脑等装置中具有不可代替地位.下面我们来看看如何利用液晶光开关来实现图形和图像显示任务.

矩阵显示方式,是把图 4.13.5(a)所示的横条形状的透明电极做在一块玻璃片上,叫作行驱动电极,简称行电极(常用 $X_i$ 表示),而把竖条形状的电极做在另一块玻璃片上,叫作列驱动电极,简称列电极(常用 $S_i$ 表示).把这两块玻璃片面对面组合起来,把液晶灌注在这两片玻璃之间构成液晶盒.为了画面简洁,通常将横条形状和竖条形状的 ITO 电极抽象为横线和竖线,分别代表扫描电极和信号电极,如图 4.13.5(b)所示.

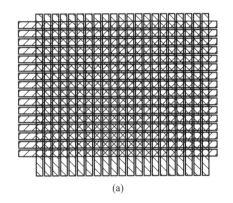
(a)

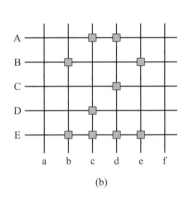
(b)

图 4.13.5　液晶光开关组成的矩阵式图形显示器

矩阵型显示器的工作方式为扫描方式.显示原理可依以下的简化说明作一介绍.

欲显示图 4.13.5(b)的有方块的像素,首先在第 A 行加上高电平,其余行加上低电平,同时在列电极的对应电极 c、d 上加上低电平,于是 A 行的那些带有方块的像素就被显示出来了.然后第 B 行加上高电平,其余行加上低电平,同时在列电极的对应电极 b、e 上加上低电平,因而 B 行的那些带有方块的像素被显示出来了.然后是第 C 行、第 D 行……,以此类推,最后显示出一整场的图像.这种工作方式称为扫描方式.

这种分时间扫描每一行的方式是平板显示器的共同的寻址方式,依这种方式,可以让每一个液晶光开关按照其上的电压的幅值让外界光关断或通过,从而显示出任意文字、图形和图像.

## 【实验仪器】

液晶光开关电光特性综合实验仪(图 4.13.6 所示),液晶板(图 4.13.7 所示),数字示波器.

本实验所用仪器为液晶光开关电光特性综合实验仪,其外部结构如图 4.13.6 所示.实验所用液晶板如图 4.13.7 所示.下面简单介绍实验仪各个按钮的功能.

**模式转换:**切换液晶的静态和动态(图像显示)两种工作模式.在静态时,所有的液晶单元所加电压相同,在(动态)图像显示时,每个单元所加的电压由开关矩阵控制.同时,当开关处于静态时,打开发射器,当开关处于动态时,关闭发射器.

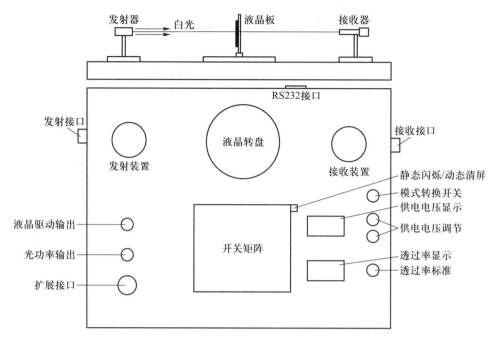

图 4.13.6　液晶光开关电光特性综合实验仪功能键示意图

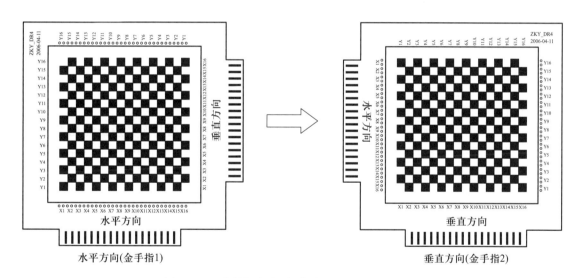

图 4.13.7　液晶板方向(视角为正视液晶屏凸起面)

**静态闪烁/动态清屏:**当仪器工作在静态的时候,此开关可以切换到闪烁和静止两种方式;当仪器工作在动态的时候,此开关可以清除液晶屏幕因按动开关矩阵而产生的斑点.

**供电电压显示:**显示加在液晶板上的电压,范围在 0.00~7.60 V.

**供电电压调节:**改变加在液晶板上的电压,调节范围在 0~7.6 V.其中单击+按键(或-按键)可以增大(或减小)0.01 V.一直按住+按键(或-按键)2 秒以上可以快速增大(或减小)供电电压.

**透过率显示**:显示光透过液晶板后光强的相对百分比.

**透过率校准**:在接收器处于最大接收状态的时候(即供电电压为 0 V 时),如果显示值大于250,则按住该键 3 秒可以将透过率校准为 100%;如果供电电压不为 0,或显示小于 250,则该按键无效,不能校准透过率.

**液晶驱动输出**:接存储示波器,显示液晶的驱动电压;

**光功率输出**:接存储示波器,显示液晶的时间响应曲线,可以根据此曲线得到液晶响应时间的上升时间和下降时间.

**扩展接口**:连接 LCDEO 信号适配器的接口,通过信号适配器可以使用普通示波器观测液晶光开关特性的响应时间曲线.

**发射器**:为仪器提供较强的光源.

**液晶板**:本实验仪器的测量样品.

**接收器**:将透过液晶板的光强信号转换为电压输入到透过率显示表.

**开关矩阵**:此为 16×16 的按键矩阵,用于液晶的显示功能实验.

**液晶转盘**:承载液晶板一起转动,用于液晶的视角特性实验.

**电源开关**:仪器的总电源开关.

**RS232 接口**:只有微机型实验仪才可以使用 RS232 接口,用于和计算机的串口进行通信,通过配套的软件,可以实现将软件设计的文字或图形送到液晶片上显示出来的功能.必须注意的是,只有当液晶实验仪模式开关处于动态的时候才能和计算机软件通信.具体操作见本实验附录文件.


## 【实验内容及步骤】

1. 安装液晶板及仪器检测

将液晶板金手指 1(如图 4.13.7 所示)插入转盘上的插槽,**液晶凸起面必须正对光源发射方向(否则实验记录的数据为错误数据)**.打开电源开关,点亮光源,使光源预热 10 分钟左右.

在正式进行实验前,首先需要检查仪器的初始状态,看发射器光线是否垂直入射到接收器,在静态、0 V 供电电压条件下,透过率显示经校准后是否为 100%.如果显示正确,则可以开始实验,如果不正确,则应将仪器调整好再进行实验.

注意:①在调节透过率为 100% 时,如果透过率显示不稳定,则可能是光源预热时间不够,或光路没有对准,需要仔细检查,调节好光路;②在静态、0 度、0 V 供电电压条件下,透过率显示大于 250 时,按住透过率校准按键 3 秒以上,透过率可校准为 100%;③在校准透过率为 100% 前,必须将液晶供电电压显示调到 0.00 V 或透过率显示大于 250,否则无法校准透过率为 100%.在实验中,电压为 0.00 V 时,不要长时间按住透过率校准按钮,否则透过率显示将进入非工作状态,这样测试的数据为错误数据,需要重新进行实验数据记录.

2. 液晶光开关的电光特性测量

将模式转换开关置于**静态模式**,将透过率显示校准为 100%,按表 4.13.1 的数据改变电压,使得电压值从 0 V 变化到 6 V,记录相应电压下的透过率数值.重复 3 次并计算相应电压下透过率的平均值,依据实验数据绘制电光特性曲线,可以得出阈值电压和关断电压.

表 4.13.1　液晶光开关的电光特性测量

| U/V | | 0 | 0.5 | 0.8 | 1.0 | 1.2 | 1.4 | 1.6 | 1.8 | 2.0 | 2.2 | 2.4 | 3.0 | 4.0 | 5.0 | 6.0 |
|---|---|---|---|---|---|---|---|---|---|---|---|---|---|---|---|---|---|
| T/% | 1 | | | | | | | | | | | | | | | |
| | 2 | | | | | | | | | | | | | | | |
| | 3 | | | | | | | | | | | | | | | |
| | 平均 | | | | | | | | | | | | | | | |

3. 液晶光开关的时间响应特性测量

将模式转换开关置于**静态模式**,透过率显示调到 100%,然后将液晶供电电压调到 2.20 V.在液晶**静态闪烁**状态下,用存储示波器观察此光开关的时间响应特性曲线,可以根据此曲线得到液晶的上升时间 $\tau_r$ 和下降时间 $\tau_d$.

4. 液晶光开关的视角特性测量

(1) 水平方向的视角特性测量

将模式转换开关置于静态模式.首先将透过率显示调到 100%,然后再进行实验.

确定当前液晶板为金手指 1 插入的插槽(如图 4.13.7 所示).在供电电压为 0 V 时,按照表 4.13.2 所列举的角度调节液晶屏与入射激光的角度,在每一角度下测量光强透过率最大值 $T_{max}$.然后将供电电压设置为 2.20 V,再次调节液晶屏角度,测量光强透过率最小值 $T_{min}$,并计算其对比度.以角度为横坐标,对比度为纵坐标,绘制水平方向对比度随入射光入射角而变化的曲线.

(2) 垂直方向的视角特性测量

关断总电源后,取下液晶显示屏(**务必断开总电源后,再进行插取,否则将会损坏液晶板**),将液晶板旋转 90°,将金手指 2(垂直方向)插入转盘插槽(如图 4.13.7 所示).重新通电,将模式转换开关置于静态模式.按照与(1)相同的方法和步骤,可测量垂直方向的视角特性,并记录入表 4.13.2 中.以角度为横坐标,对比度为纵坐标,绘制水平方向对比度随入射光入射角而变化的曲线.

表 4.13.2　液晶光开关的视角特性测量

| 角度/(°) | | −75 | −70 | …… | −10 | −5 | 0 | 5 | 10 | …… | 70 | 75 |
|---|---|---|---|---|---|---|---|---|---|---|---|---|
| 水平方向视角特性 | $T_{max}/\%$ | | | | | | | | | | | |
| | $T_{min}/\%$ | | | | | | | | | | | |
| | $T_{max}/T_{min}$ | | | | | | | | | | | |
| 垂直方向视角特性 | $T_{max}/\%$ | | | | | | | | | | | |
| | $T_{min}/\%$ | | | | | | | | | | | |
| | $T_{max}/T_{min}$ | | | | | | | | | | | |

5. 液晶显示器的显示原理

将模式转换开关置于动态(图像显示)模式.液晶供电电压调到 5 V 左右.

此时矩阵开关板上的每个按键位置对应一个液晶光开关像素.初始时各像素都处于开通状态,按 1 次矩阵开光板上的某一按键,可改变相应液晶像素的通断状态,所以可以利用晶格输入关断(或点亮)对应的像素,使暗像素(或点亮像素)组合成一个字符或文字.以此体会液晶显示器件组成图像和文字的工作原理.矩阵开关板右上角的按键为清屏键,用以清除已输入在显示屏上的图形.

　　6. 利用计算机控制液晶显示(选做)

　　具体操作步骤详见本实验附录文件.

　　7. 实验完成后,关闭电源开关,取下液晶板妥善保存

本实验
附录文件

# 第五章 综合性实验

## 实验 5.1 转动惯量的测定

转动惯量是刚体转动中惯性大小的量度.它取决于刚体的总质量、质量分布、形状大小和转轴位置.对于形状简单、质量均匀分布的刚体,可以通过数学方法计算出它绕特定转轴的转动惯量,但对于形状比较复杂或质量分布不均匀的刚体,用数学方法计算其转动惯量是非常困难的,因而大多采用实验方法来测定.

转动惯量的测定,在涉及刚体转动的航空、航天、航海、军工等工程技术和科学研究中具有十分重要的意义.测定转动惯量常采用扭摆法或恒力矩转动法,本实验采用恒力矩转动法测定转动惯量.

### 【实验目的】

1. 用恒力矩转动法测定刚体转动惯量.
2. 测量刚体的转动惯量随其质量,质量分布及转轴不同而改变的情况,验证平行轴定理.

### 【实验原理】

1. 恒力矩转动法测定转动惯量

根据刚体的定轴转动定律:

$$M = J\beta \tag{5.1.1}$$

只要测定刚体转动时所受的总合外力矩 $M$ 及该力矩作用下刚体转动的角加速度 $\beta$,则可计算出该刚体的转动惯量 $J$.

设以某初始角速度转动的空实验台转动惯量为 $J_1$,未加砝码时,在摩擦阻力矩 $M_\mu$ 的作用下,实验台将以角加速度 $\beta_1$ 做匀减速运动,即

$$-M_\mu = J_1\beta_1 \tag{5.1.2}$$

将质量为 $m$ 的砝码用细线绕在半径为 $R$ 的实验台塔轮上,并让砝码下落,系统在恒外力作用下将做匀加速运动.若砝码的加速度为 $a$,则细线所受张力为 $F_T = m(g-a)$,其中,$g$ 为重力加速度.若此时实验台的角加速度为 $\beta_2$,则有 $a = R\beta_2$.细线施加给实验台的力矩为 $F_T R = m(g-R\beta_2)R$,此时有

$$m(g-R\beta_2)R - M_\mu = J_1\beta_2 \tag{5.1.3}$$

将式(5.1.2)、式(5.1.3)两式联立消去 $M_\mu$ 后,可得

$$J_1 = \frac{mR(g-R\beta_2)}{\beta_2-\beta_1} \tag{5.1.4}$$

同理,若在实验台上加上被测物体后系统的转动惯量为 $J_2$,加砝码前后的角加速度分别为 $\beta_3$ 与 $\beta_4$,则有

$$J_2 = \frac{mR(g-R\beta_4)}{\beta_4-\beta_3} \tag{5.1.5}$$

由转动惯量的叠加原理可知,被测试物体的转动惯量 $J_3$ 为

$$J_3 = J_2 - J_1 \tag{5.1.6}$$

测得 $R$、$m$ 及 $\beta_1$、$\beta_2$、$\beta_3$、$\beta_4$,由式(5.1.4)、式(5.1.5)、式(5.1.6)即可计算被测试物体的转动惯量.

2. 角加速度 $\beta$ 的测量

实验中采用智能计时计数器计录遮挡次数和相应的时间.固定在载物台圆周边缘相差 $\pi$ 角的两遮光细棒,每转动半圈遮挡一次固定在底座上的光电门,即产生一个计数光电脉冲,计数器计下遮挡次数 $k$ 和相应的时间 $t$.若从第一次挡光($k=0$,$t=0$)开始计次、计时,且初始角速度为 $\omega_0$,则对于匀变速运动中测量得到的任意两组数据($k_m$,$t_m$)、($k_n$,$t_n$),相应的角位移 $\theta_m$、$\theta_n$ 分别为

$$\theta_m = k_m\pi = \omega_0 t_m + \frac{1}{2}\beta t_m^2 \tag{5.1.7}$$

$$\theta_n = k_n\pi = \omega_0 t_n + \frac{1}{2}\beta t_n^2 \tag{5.1.8}$$

从式(5.1.7)、式(5.1.8)两式中消去 $\omega_0$,可得

$$\beta = \frac{2\pi(k_n t_m - k_m t_n)}{t_n^2 t_m - t_m^2 t_n} \tag{5.1.9}$$

由式(5.1.9)即可计算角加速度 $\beta$.

3. 平行轴定理

理论分析表明,质量为 $m$ 的物体围绕通过质心 $O$ 的转轴转动时的转动惯量 $J_0$ 最小.当转轴平行移动距离 $d$ 后,绕新转轴转动的转动惯量为

$$J = J_0 + md^2 \tag{5.1.10}$$

## 【实验仪器】

本实验的转动惯量实验仪如图 5.1.1 所示,绕线塔轮通过特制的轴承安装在主轴上,使转动时的摩擦力矩很小.塔轮半径为 15 mm、20 mm、25 mm、30 mm 和 35 mm 共 5 挡,可与砝码托及 5 个砝码组合(砝码及砝码托的质量请自行称量),产生大小不同的力矩.载物台用螺钉与塔轮连接在一起,随塔轮转动.随仪器配的被测试样有 1 个圆盘、1 个圆环、两个圆柱;试样上标有几何尺寸及质量,便于将转动惯量的测试值与理论计算值比较.圆柱试样可插入载物台上的不同孔,这些孔到中心的距离分别为 45 mm、60 mm、75 mm、90 mm 和 105 mm(如图 5.1.2 所示),便于验证平行轴定理.铝制小滑轮的转动惯量与实验台相比可忽略不计.一只光电门用作测量,一只备用,可

通过智能计时计数器上的按钮方便的切换.

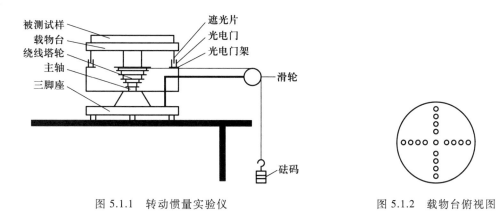

图 5.1.1　转动惯量实验仪　　　　　　图 5.1.2　载物台俯视图

## 【实验内容及步骤】

1. 实验准备

将仪器调平.将滑轮支架固定在实验台面边缘,调整滑轮高度及方位,使滑轮槽与选取的绕线塔轮槽等高,且其方位相互垂直,如图 5.1.1 所示.并且用数据线将智能计时计数器中的 A 或 B 通道与转动惯量实验仪的其中一个光电门相连.

2. 测量并计算实验台的转动惯量 $J_1$

（1）测量 $\beta_1$.

（2）测量 $\beta_2$.

3. 测量并计算实验台放上试样后的转动惯量 $J_2$,计算试样的转动惯量 $J_3$ 并与理论值比较

4. 验证平行轴定理

# 实验 5.2　弦　振　动

任何一个物理量随时间的周期性变化都可以叫作振动.振动的传播称为波动,简称波,如机械波、电磁波等.各种形式的波有许多共同的特征和规律,如都具有一定的传播速度,都伴随着能量的传播,都能产生反射、折射、干涉和衍射等现象.波的传播具有独立性,几列波的叠加可以产生许多独特的现象,驻波就是一例.

## 【实验目的】

1. 了解波在弦线上的传播及驻波形成的条件.

2. 测量弦线的共振频率与波腹数的关系.

3. 测量弦线的共振频率与弦长的关系.

4. 测量弦线的共振频率、传播速度与张力的关系.

5. 测量弦线的共振频率、传播速度与线密度的关系.

【实验原理】

1. 驻波的形成和特点

在同一介质中的两列频率相同、振动方向相同,而且振幅也相同的简谐波,在同一直线上沿相反方向传播时就叠加形成驻波.

设有两个振幅相同、频率相同的简谐波在同一直线上沿相反方向传播,它们的表达式分别为

$$y_1 = A\cos\left[2\pi\left(ft - \frac{x}{\lambda}\right)\right] \tag{5.2.1}$$

$$y_2 = A\cos\left[2\pi\left(ft + \frac{x}{\lambda}\right)\right] \tag{5.2.2}$$

式中 $A$、$f$、$\lambda$ 分别为简谐波的振幅、频率、波长,$x$ 为质元的坐标位置,$t$ 为时间.两列波合成得

$$y = y_1 + y_2 = 2A\cos\left(\frac{2\pi}{\lambda}x\right) \cdot \cos(2\pi ft) \tag{5.2.3}$$

此式即驻波的表达式.式中 $\cos(2\pi ft)$ 表示简谐振动,而 $\left|2A\cos\left(\frac{2\pi}{\lambda}x\right)\right|$ 便是简谐振动的振幅.该式不满足 $y(t+\Delta t, x+u\Delta t) = y(t,x)$,所以它不表示行波,只表示各质元都在做简谐振动.各点的振动频率相同,即原来的波的频率,但各质元的振幅随位置的不同而不同.振幅最大处称为波腹,对应于使 $\left|\cos\left(\frac{2\pi}{\lambda}x\right)\right| = 1$,即 $\frac{2\pi}{\lambda}x = n\pi$ 的各质元.故波腹的位置为

$$x = n\frac{\lambda}{2} \quad (n = 0, \pm 1, \pm 2, \cdots) \tag{5.2.4}$$

振幅为零处称为波节,对应于使 $\left|\cos\left(\frac{2\pi}{\lambda}x\right)\right| = 0$,即 $\frac{2\pi}{\lambda}x = (2n+1)\frac{\pi}{2}$ 的各质元.故波节的位置为

$$x = (2n+1)\frac{\lambda}{4} \quad (n = 0, \pm 1, \pm 2, \cdots) \tag{5.2.5}$$

由式(5.2.4)、式(5.2.5)可算出相邻两个波节和相邻两个波腹之间的距离都是 $\lambda/2$.这一点为我们提供了一种测定行波波长的方法,即只要测出相邻两波节或波腹之间的距离就可以确定原来两列行波的波长 $\lambda$.

式(5.2.3)中的振动因子为 $\cos(2\pi ft)$,但不能认为驻波中各质元的振动的相位都是相同的.因为当位置 $x$ 的值不同时,系数 $2A\cos\left(\frac{2\pi}{\lambda}x\right)$ 有正有负.把相邻两个波节之间的质元叫作一段,则 $2A\cos\left(\frac{2\pi}{\lambda}x\right)$ 的值对于同一段内的质元有相同的符号,对于分别在相邻两段内的两质元

256

则符号相反.这种符号的相同或相反表明,在驻波中,同一段内的质元的振动同相,而相邻两段中的各质元的振动反相.因此,驻波实际上就是分段振动现象.在驻波中,没有振动状态或相位的传播,也没有能量的传播,因此称为驻波.(实际上,在一段有限长的弦线中,沿长度方向传播的入射波和反射波的振幅是很难完全相等的,在弦线的端点,入射波的能量将有一部分变成透射波的能量,所以反射波的能量比入射波的小,反射波的振幅也比入射波小,但这种相向进行的两个振幅不同的相干波的叠加,也称为驻波.)

图 5.2.1 表示驻波形成的物理过程,其中虚线表示向右传播的波,振幅较小的实线表示向左传播的波,振幅较大的实线表示合成振动.图中可看出波腹(L)和波节(N)的位置,以及各时刻各质元的分位移和合位移.

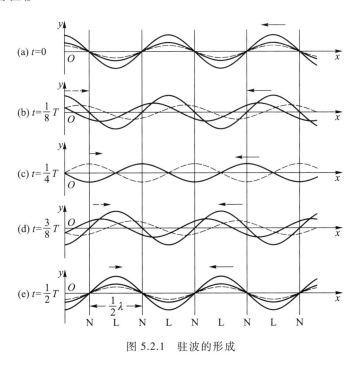

图 5.2.1　驻波的形成

## 2. 弦上的驻波

将一根弦线的两端用一定的张力固定在相距 $L$ 的两点间,当拨动弦线时,弦线中产生来回的波,它们就形成了驻波.但并非所有波长的波都能形成驻波.由于弦线两个端点固定不动,所以这两点必须是波节,因此驻波的波长必须满足下列条件:

$$L = n \frac{\lambda}{2} \quad (n = 1, 2, 3, \cdots) \tag{5.2.6}$$

以 $\lambda_n$ 表示与某一 $n$ 值对应的波长($n$ 表示波腹的个数,称为波腹数),由上式可得允许的波长为

$$\lambda_n = \frac{2L}{n} \quad (n = 1, 2, 3, \cdots) \tag{5.2.7}$$

这表明在弦线上形成驻波的波长值是不连续的,或者用现代物理的语言说,波长是量子化的.由关系式 $f = u / \lambda$ 可知,频率也是量子化的,相应的可能频率为

$$f_n = n\frac{u}{2L} \quad (n = 1, 2, 3, \cdots) \tag{5.2.8}$$

其中,$u = \sqrt{F/\rho_l}$ 为弦线上的波速,$F$ 为弦线上的张力,$\rho_l$ 为弦线的线密度.上式中的频率称为弦振动的本征频率,一个频率对应于一种可能的振动方式.频率由式(5.2.8)决定的振动方式,称为弦线振动的简正模式,其中最低频率 $f_1$ 称为基频,其他较高频率 $f_2, f_3, \cdots$ 都是基频的整数倍,它们以其对基频的倍数而称为二次,三次⋯⋯谐频.

简正模式的频率称为系统的固有频率.如上所述,一个驻波系统有许多个固有频率.这和弹簧振子只有一个固有频率不同.

当外界驱动源以某一频率激起系统振动时,如果这一频率与系统的某个简正模式的频率相同(或相近),就会激起强驻波.这种现象称为共振,对应的频率称为共振频率.利用弦振动演示驻波时,观察到的就是驻波共振现象.系统究竟按哪种模式振动,取决于初始条件.一般情况下,一个驻波系统的振动,是它的各种简正模式的叠加.

## 【实验仪器】

弦振动实验装置(含导轨、弦线等),信号源,数字拉力计,示波器.

弦振动实验装置主要包含以下部件:导轨组件、劈尖、电磁线圈感应器、弦线等,各部件在实验装置中的相对位置如图 5.2.2 所示.

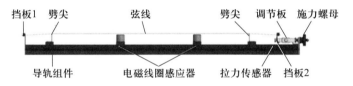

图 5.2.2　仪器装置示意图

拉力传感器和施力螺母经穿过挡板 2 的螺栓连接,挡板 2 固定在导轨组件的一端,挡板 2 上印有张力增大和减小的方向标识.弦线两端用调节板和挡板 1 卡住,调节板固定在可移动的拉力传感器上,挡板 1 固定在导轨组件的另一端,这样弦线上的张力可通过施力螺母控制拉力传感器的移动来进行调节.两个劈尖和两个全同电磁线圈感应器均安装在滑块上,滑块可沿导轨做一维移动,并可通过锁紧螺钉将其位置固定.导轨组件上有标尺(量程 1 000 mm,分度值 1 mm),滑块上有定位刻线.

两个劈尖的作用是抬高弦线中部相对两端的高度,使波仅在两劈尖之间来回传播.

两个电磁线圈感应器,分别接信号源和示波器,前者称为驱动传感器,后者称为接收传感器.驱动传感器将来自信号源的变化的电信号转换为同频率变化的空间磁场,弦线受磁场作用而同频率振动,该振动沿弦线传播形成波,在弦线上的另一处(即接收传感器所在位置),因弦线上的一小段弦在此区域振动而扰动了该处的空间磁场,接收传感器将此变化的磁场信号转换为电信号送入示波器供观测.

**【实验内容及步骤】**

1. 将劈尖、电磁线圈感应器按图 5.2.2 所示相对位置置于导轨上,滑块含刻度线一侧应与标尺同侧.拉力传感器连接数字拉力计,驱动传感器连接信号源,接收传感器连接示波器,均开机通电预热至少 10 min.将信号源设置为输出正弦波形.按下数字拉力计上的清零按钮,将示数清零.

2. 观察不同简正模式下驻波的形状

缓慢增大信号源的频率,观察示波器屏幕中的波形变化.适当调节示波器的通道增益,以观察到合适的波形大小.直到示波器接收到的波形稳定同时振幅接近或达到最大值.这时示波器上显示的信号的频率就是共振频率,该频率与信号源输出的信号频率(即驱动频率)相同或相近.此时人眼仔细观察两劈尖之间的弦线,应当有驻波波形形如"◁▷".此时观察到的驻波频率即为基频 $f_1$,波腹数 $n = 1$.继续增大频率,直到示波器接收到的波形稳定同时振幅达到最大值,观察整根弦线,应当有驻波波形形如"◁▷◁▷".此时观察到的驻波频率即为二次谐频 $f_2$,波腹数 $n = 2$.类似地,继续增大频率,直到示波器接收到的波形稳定同时振幅达到最大值,观察整根弦线,可以依次观察到形如"◁▷◁▷◁▷""◁▷◁▷◁▷◁▷""◁▷◁▷◁▷◁▷◁▷"的三次、四次、五次谐频的驻波波形,对应的波腹数 $n$ 分别为 3、4、5.

3. 测量弦线的共振频率与波腹数的关系

弦长 $L$ 取 60~70 cm 内某值.驱动传感器距离一劈尖约 10 cm,接收传感器置于偏离两劈尖的中心位置约 5 cm.在挡板 1 和调节板上装一根弦线(线密度为 $\rho_l$),并调节弦线张力 $F$,使该张力大小在 0.5~0.9 倍最大张力范围内,既使弦线充分张紧,又不超出最大张力.信号源的频率调至最小,适当调节信号幅度(推荐 $5V_{\text{p-p}}$,细弦用大的信号幅度,粗弦用小的信号幅度),同时调节示波器垂直增益为 5 mV/div,水平增益为 2 ms/div,打开带宽限制功能.记录不同波腹数对应的共振频率 $f$.

4. 测量弦线的共振频率与弦长的关系

改变两劈尖之间的距离(即弦长 $L$).驱动传感器距离一劈尖约 10 cm,接收传感器置于两劈尖的中心位置约 5 cm,记录波腹数 $n = 1$ 时各弦长对应的共振频率.

5. 测量弦线的共振频率、传播速度与张力的关系

改变弦线所受张力,记录不同拉力作用下对应的共振频率.

6. 测量弦线的共振频率、传播速度与线密度的关系

更换弦线,记录不同弦线对应的共振频率.


# 实验 5.3　用双光栅测量微弱振动位移


精密测量在自动化控制的领域里一直扮演着重要的角色,其中光电测量因为有较好的精密性与准确性,加上轻巧、无噪声等优点,在测量的应用上常被采用.作为一种把机械位移信号转换为光电信号的手段,光栅式位移测量技术在长度与角度的数字化测量、运动比较测量、数控机床、应力分析等领域得到了广泛的应用.

多普勒频移物理特性的应用也非常广泛,如医学上的超声诊断仪、海水各层深度的海流速度和方向的测量、卫星导航定位系统、乐器的调音等.

双光栅微弱振动实验仪在力学实验项目中用作音叉振动分析、微振幅(位移)测量和光拍研究等.

## 【实验目的】

1. 了解利用光的多普勒频移形成光拍的原理并用于测量光拍拍频.
2. 学会精确测量微弱振动位移的一种方法.
3. 应用双光栅微弱振动实验仪测量音叉振动的微振幅.

## 【实验原理】

1. 位移光栅的多普勒频移

多普勒效应是指光源、接收器、传播介质或中间反射器之间的相对运动所引起的接收器接收到的光波频率与光源频率的变化,由此产生的频率变化称为多普勒频移.

由于介质对光传播有不同的相位延迟作用,对于两束相同的单色光,若初始时刻相位相同,但在不同折射率的介质中传播,经过相同的几何路径,出射时两光的相位则不相同.对于相位光栅,当激光平面波垂直入射时,由于相位光栅上不同的光密和光疏介质部分对光波的相位延迟作用,使入射的平面波变成出射时的摺曲波阵面,如图 5.3.1 所示.

激光平面波垂直入射光栅,由于光栅上每条缝自身的衍射和每条缝之间的干涉,通过光栅后光的强度出现周期性的变化.在远场,我们可以用大家熟知的光栅衍射方程来表示主极大位置:

$$d\sin\theta = \pm k\lambda \quad (k = 0, 1, 2, \cdots) \tag{5.3.1}$$

式中,整数 $k$ 为主极大级数,$d$ 为光栅常量,$\theta$ 为衍射角,$\lambda$ 为光波波长.

如果光栅在 $y$ 方向以速度 $v$ 移动,则从光栅出射的光的波阵面也以速度 $v$ 在 $y$ 方向移动.因此在不同时刻,对应于同一级的衍射光束,它从光栅出射时,在 $y$ 方向也有一个 $vt$ 的位移量,如图 5.3.2 所示.

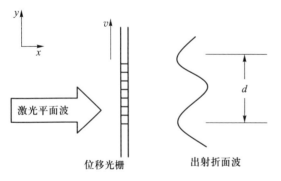

图 5.3.1  出射的摺曲波阵面

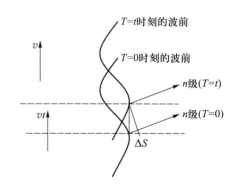

图 5.3.2  衍射光线在 $y$ 方向上的位移

这个位移量对应于出射光波相位的变化量为 $\Delta\varphi(t)$,即

$$\Delta\varphi(t) = \frac{2\pi}{\lambda}\Delta S = \frac{2\pi}{\lambda}vt\sin\theta \qquad (5.3.2)$$

把式(5.3.1)代入式(5.3.2)得

$$\Delta\varphi(t) = \frac{2\pi}{\lambda}vt\frac{k\lambda}{d} = k2\pi\frac{v}{d}t = k\omega_d t \qquad (5.3.3)$$

式中,$\omega_d = 2\pi\dfrac{v}{d}$.

若激光从一静止的光栅出射时,光波电矢量方程为 $E = E_0\cos\omega_0 t$,而激光从相应移动光栅出射时,光波电矢量方程则为

$$E = E_0\cos[(\omega_0 t + \Delta\varphi(t)] = E_0\cos[(\omega_0 + k\omega_d)t] \qquad (5.3.4)$$

显然可见,移动的相位光栅 $k$ 级衍射光波,相对于静止的相位光栅有一个 $\omega_a = \omega_0 + k\omega_d$ 的多普勒频移,如图 5.3.3 所示.

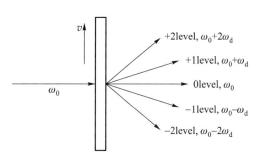

图 5.3.3 位移光栅的多普勒频率

### 2. 光拍的获得与检测

光频率很高,为了在光频 $\omega_0$ 中检测出多普勒频移量,必须采用"拍"的方法,即要把已频移的和未频移的光束互相平行叠加,以形成光拍.由于拍频较低,容易测得,通过拍频即可检测出多普勒频移量.

本实验形成光拍的方法是采用两片完全相同的光栅平行紧贴,光栅 B 静止,光栅 A 可相对移动.激光通过双光栅后所形成的衍射光,即为两个以上光束的平行叠加,其形成的第 $k$ 级衍射光波的多普勒频移如图 5.3.4 所示.

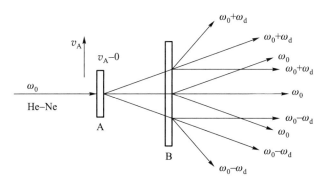

图 5.3.4 $k$ 级衍射光波的多普勒频移

光栅 A 按速度 $v_A$ 移动,起频移作用,而光栅 B 静止不动,只起衍射作用,故通过双光栅后射出的衍射光包含了两种以上频率不同而方向平行的光束.由于双光栅紧贴,激光束具有一定宽度,故该光束能平行叠加,这样直接而又简单地形成了光拍,如图 5.3.5 所示.

当激光经过双光栅所形成的衍射光叠加成光拍信号并进入光电检测器后,其输出电流可由下述关系求得

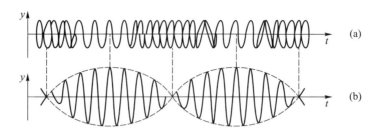

图 5.3.5　频差较小的二列光波叠加形成"拍"

光束 1：
$$E_1 = E_{10}\cos(\omega_0 t + \varphi_1)$$

光束 2：
$$E_2 = E_{20}\cos[(\omega_0 + \omega_d)t + \varphi_2]$$

光电流：
$$
\begin{aligned}
I &= \xi(E_1 + E_2)^2 \\
&= \xi\{E_{10}^2\cos^2(\omega_0 t + \varphi_1) + E_{20}^2\cos^2[(\omega_0 + \omega_d)t + \varphi_2] \\
&\quad + E_{10}E_{20}\cos[(\omega_0 + \omega_d - \omega_0)t + (\varphi_2 - \varphi_1)] \\
&\quad + E_{10}E_{20}\cos[(\omega_0 + \omega_d + \omega_0)t + (\varphi_2 + \varphi_1)]\}
\end{aligned}
\tag{5.3.5}
$$

其中 $\xi$ 为光电转换常量.

因光波频率 $\omega_0$ 甚高,在式(5.3.5)的第一、第二、第四项中,光电检测器无法反应,式(5.3.5)的第三项即为拍频信号,因为频率较低,光电检测器能作出相应的响应.其光电流为
$$i_S = \xi\{E_{10}E_{20}\cos[(\omega_0 + \omega_d - \omega_0)t + (\varphi_2 - \varphi_1)]\} = \xi\{E_{10}E_{20}\cos[\omega_d t + (\varphi_2 - \varphi_1)]\}$$
拍频 $f_{拍}$ 即为
$$f_{拍} = \frac{\omega_d}{2\pi} = \frac{v_A}{d} = v_A n_\theta \tag{5.3.6}$$
其中 $n_\theta = 1/d$ 为光栅密度,本实验 $n_\theta = 1/d = 100$ 条/mm.

3. 微弱振动位移量的检测

从式(5.3.6)可知,$f_{拍}$ 与光频率 $\omega_0$ 无关,且当光栅密度 $n_\theta$ 为常量时,只正比于光栅移动速度 $v_A$,如果把光栅粘在音叉上,则 $v_A$ 是周期性变化的.因此光拍信号频率 $f_{拍}$ 也是随时间而变化的,微弱振动的位移振幅为
$$A = \frac{1}{2}\int_0^{T/2}v(t)\,\mathrm{d}t = \frac{1}{2}\int_0^{T/2}\frac{f_{拍}(t)}{n_\theta}\,\mathrm{d}t = \frac{1}{2n_\theta}\int_0^{T/2}f_{拍}(t)\,\mathrm{d}t \tag{5.3.7}$$

式中 $T$ 为音叉振动周期,$\int_0^{T/2}f_{拍}(t)\,\mathrm{d}t$ 表示 $T/2$ 时间内的拍频波的个数.因此,只要测得拍频波的波数,就可得到较弱振动的位移振幅.拍频波形如图 5.3.6 所示.

波形数由完整波形数、波的首数、波的尾数三部分组成.根据示波器上的显示计算,波形的分数部分为不是一个完整波形的首数及尾数.在波群的两端,可按反正弦函数折算波形的分数部分,即波形数 = 整数波形数 + 波的首数和尾数中满 1/2、1/4 或 3/4 个波形分数部分 + $\dfrac{\sin^{-1}a}{360°}$ + $\dfrac{\sin^{-1}b}{360°}$.式中 $a$、$b$ 为波群的首、尾幅度和该处完整波形的振幅之比.波群指 $T/2$ 内的波形,分数波形数若满 1/2 个波形为 0.5,满 1/4 个波形为 0.25,满 3/4 个波形为 0.75.

如图 5.3.7 所示,在 $T/2$ 内,整数波形数为 4,尾数分数部分已满 1/4 波形,$b = (H-h)/H =$ $(1-0.6)/1 = 0.4$.因此,波形数 $= 4+0.25+\dfrac{\sin^{-1} 0.4}{360°} = 4.25+\dfrac{23.6°}{360°} = 4.25+0.07 = 4.32$.

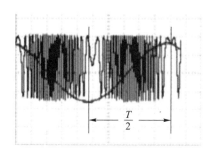

图 5.3.6  示波器显示拍频波形

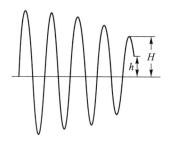

图 5.3.7  计算波形数

## 【实验仪器】

半导体激光器,音叉,信号发生器,静光栅带精密二维光学调节架,示波器,实验平台如图 5.3.8 所示.

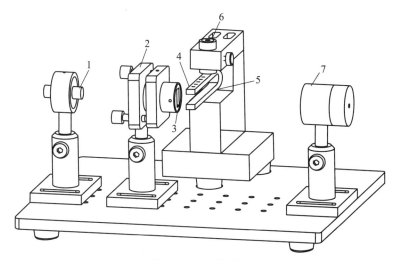

图 5.3.8  实验平台

1—半导体激光器;2—静光栅调节架;3—静光栅;4—动光栅;5—音叉;
6—音叉驱动器;7—光电传感器

## 【实验内容及步骤】

1. 将示波器的 CH1 通道接至测试仪面板上的输出 I;示波器的 CH2 通道接同步输出,选择此通道为触发源;音叉驱动器接主输出;光电传感器接信号输入,注意不要将光电传感器接错,以免损坏传感器.

2. 几何光路调整.

实验平台上的激光器接半导体激光电源,将激光器、静光栅、动光栅摆在一条直线上.打开半导体激光电源,让激光穿越静、动光栅后形成一竖排衍射光斑,使中间的最亮光斑进入光电传感器,调节静光栅和动光栅的相对位置,使两光栅尽可能平行.

3. 音叉谐振调节.

先调整好实验平台上音叉和激振换能器的间距,一般 0.3 mm 为宜,可使用塞尺辅助调节.打开测试仪电源,调节正弦波输出频率至 500 Hz 附近,幅度调节至最大,使音叉谐振.调节时可用手轻轻地按音叉顶部感受振动强弱,或听振动声音,找出调节方向.若音叉谐振太强烈,可调小驱动信号幅度,使振动减弱,在示波器上看到的 $T/2$ 内光拍的波数为 15 个左右(拍频波的幅度和质量与激光光斑、静动光栅平行度、光电传感器位置都有关系需耐心调节).记录此时音叉振动频率、屏上完整波的个数、不足一个完整波形的首数和尾数值以及对应该处完整波形的振幅值.

4. 测出外力驱动音叉时的谐振曲线.

在音叉谐振点附近,调节驱动信号频率,测出音叉的振动频率与对应的音叉振幅大小,频率间隔可以取 0.1 Hz,选 8 个点,分别测出对应的波的个数,由式(5.3.7),计算出各自的振幅 $A$.

5. 保持驱动信号输出幅度不变,将软管放入音叉上的小孔从而改变音叉的有效质量,调节驱动信号频率,研究谐振曲线的变化趋势.

6. 实验仪面板上的输出 II 是为了用耳机听拍频信号.

## 【数据记录与处理】

1. 求出音叉谐振时光拍信号的平均频率.
2. 求出音叉在谐振点时作微弱振动的位移振幅.
3. 在坐标纸上画出音叉的频率—振幅曲线.
4. 作出不同有效质量音叉的谐波曲线,定性讨论其变化趋势.

## 实验 5.4 利用保罗机械阱探究囚禁粒子的动力学特性

离子阱是研究量子理论重要的实验装置.利用多极电势构成三维势阱,将离子稳定地囚禁在几乎与外界隔离的空间几何构型中的实验方法,称为离子囚禁技术.离子阱技术因其优良的特性和先进的功能,逐渐形成了一片新型广阔的研究领域,如量子信息、量子计算逻辑门、离子阱频标、大规模光谱测量等研究中具有广泛的应用.对于囚禁粒子的动力学特性及其稳定条件是离子阱研究基础,但四极离子阱结构复杂,不宜直观地了解其中的各种运动过程及离子的稳定性分析.保罗机械阱利用粒子在可旋转的对称马鞍面上的运动模拟粒子离子在势阱中的运动规律.

## 【实验目的】

1. 探究保罗机械阱的稳定条件.
2. 结合保罗机械阱理解四极离子阱的工作机制.

## 【实验原理】

如图 5.4.1 所示,在静止的马鞍面中我们取鞍点作为坐标原点,建立直角坐标系,容易得到马鞍面中重力势场为

$$U(x_0,y_0) = \frac{mgh_0}{r_0^2}(x_0^2 - y_0^2) \qquad (5.4.1)$$

其中 $h_0$ 为鞍点到马鞍面最高点的垂直距离,$r_0$ 为对称马鞍面的投影面半径.在快速旋转的情况下,为了简化粒子的运动方程,我们利用赝势法来等效替代,即将在旋转马鞍面上运动的粒子等效代替为一个在旋转的马鞍形重力势场中运动的粒子,通过对上式乘以旋转矩阵我们得到

图 5.4.1　实验仪器组成图

$$U(x,y) = \frac{mgh_0}{r_0^2}(x^2-y^2)\cos(2\Omega t) + 2xy\sin(2\Omega t) \qquad (5.4.2)$$

对上式的 $x$、$y$ 求偏导数,并引入量纲为 1 的参数

$$\tau = t\Omega \qquad (5.4.3)$$

$$q = \frac{gh_0}{r_0^2\Omega^2} \qquad (5.4.4)$$

得到偏微分方程组

$$m\frac{\partial^2 x}{\partial \tau^2} + 2q[-x\cos(2\tau) - y\sin(2\tau)] = 0$$

$$m\frac{\partial^2 y}{\partial \tau^2} - 2q[y\cos(2\tau) - x\sin(2\tau)] = 0$$

以上两式有着对称的形式,为了将未知方程的数量减小至一个,我们将在复平面内求解.利用欧拉公式化简可以得到

$$\frac{\partial^2 z}{\partial \tau^2} + 2q\bar{z}e^{i2\tau} = 0$$

通过变量替换的方法,我们可以求解该偏微分方程.引入

$$z(\tau) = f(\tau)e^{i\tau}$$

消去 $e^{i\tau}$ 可以得到

$$\frac{d^2}{d\tau^2}f(\tau) + 2i\frac{d}{d\tau}f(\tau) - f(\tau) + 2q\overline{f(\tau)} = 0$$

我们可以得到该方程的解为

$$f(\tau) = Ae^{+\beta_+\tau} + Be^{-\beta_+\tau} + Ce^{+\beta_-\tau} + De^{-\beta_-\tau} \qquad (5.4.5)$$

其中

$$\beta_\pm = \sqrt{\pm|2q|-1} \qquad (5.4.6)$$

通过分析我们可以发现,若 $\beta_\pm$ 为实数,则当 $\tau \to \infty$,有 $f(\tau) \to \infty$,即该方程的解是发散的,从而不会是我们所求的稳定解,显然只有当 $\beta_\pm$ 是纯虚数时,粒子在马鞍面中才能被囚禁,即稳定的判定条件为

$$2q = \frac{2gh_0}{r_0^2\Omega^2} \leqslant 1 \qquad (5.4.7)$$

根据初值条件,我们可以得到四个线性无关的方程组

$$A+B+C+D=z_0$$
$$i\mu_+(A-B)+i\mu_-(C-D)=v_0-iz_0$$
$$-\mu_+^2(A-B)+\mu_-^2(C+D)=-2iv_0-z_0-2q\overline{z_0}$$
$$-\mu_+^3(A-B)-\mu_-^3(C-D)=-3v_0-2q\overline{z_0}+iz_0+2iq\overline{z_0}$$

这样,只要我们知道了 $z_0$、$v_0$ 和 $q$ 我们便可以求解上述的线性方程组,从而确定参数 $A$、$B$、$C$、$D$,得出囚禁粒子的运动轨迹.不同初始条件下的轨迹如图 5.4.2 所示.

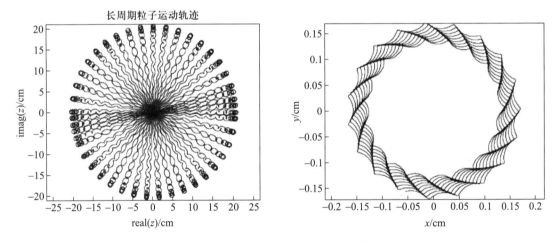

图 5.4.2 不同初始条件下的粒子运动轨迹

## 【实验仪器】

实验仪器由测试仪,旋转架,马鞍面(如图 5.4.1 所示)以及小球组成.

## 【实验内容及步骤】

1. 观察保罗机械阱俘获小球.
(1)将旋转台上的电机和传感器接口与测试仪对应连接起来.

（2）调节旋转台的水平度，并将马鞍面放置在旋转台上.

（3）开启电源，调节测试仪转速调节旋钮，改变马鞍面转速.当旋转台转速稳定后，将小球置于旋转马鞍中央，观察小球运动状态.

（4）调节转速调节旋钮，改变旋转台转动速度，使小球在马鞍面上稳定运动，观察一段时间，判断小球是否会脱离马鞍面.

（5）当小球稳定在马鞍面运动一段时间后，缓慢调节旋转台转速，观察在转速变化的过程中小球的运动轨迹有什么变化.

2. 探究保罗机械阱的稳定条件.

# 实验 5.5　超声探伤及超声特性综合实验

超声技术是声学领域中发展最迅速、应用最广泛的现代声学技术.其中超声检测已成为保证设备质量的重要手段，B超仪器已是人类健康的重要助手，工业超声提高了处理工业产品的能力，并能完成一般技术不能完成的工作.超声探伤作为一种无损探伤方式，是在不损坏工件或原材料工作状态的前提下，对被检验部件的表面和内部质量进行检查的测试手段.超声波在被测材料中传播时，材料的声学特性和内部组织的变化对超声波的传播产生一定的影响，通过对影响程度和状况的探测了解材料性能和结构变化.目前，超声检测方法在航空航天、石油化工、冶金、电力、机械制造、金属加工等领域得到广泛的应用.

## 【实验目的】

1. 理解超声波探头的指向性，掌握超声波探测原理和定位方法.
2. 测量探头的性能.
3. 测量纵波在铝试块中的声速、波长及频率.
4. 测量横波在铝试块中的声速、波长及频率.
5. 利用可变角探头观测超声波的反射、折射和波型转换（即横波、纵波、表面波之间的转换）.
6. 测量固体弹性常量的关系（杨氏模量和泊松系数）.
7. 探测较厚工件缺陷的位置及成像原理.

## 【实验原理】

1. 超声波特性

超声波按振动质元与波传播方向的关系可分为纵波和横波，此外还存在一种表面波的波型，它是沿着固体表面传播的具有纵波和横波双重性质的波，可以看成由平行于表面的纵波和垂直于表面的横波合成.按波阵面的形状可分为球面波和平面波.按发射超声波的类型可分为连续波和脉冲波.超声波在介质中传播时，其声强随着距离的增加而减弱.衰减的原因主要有两种，一种是声束本身的扩散,使单位面积中的能量下降;另一种是由于介质的吸收,将声能转化为热能,而使声能减少.

2. 超声波的探测

因为超声波探头用于产生压电效应的晶片并非位于探头的表面,不与被测物直接接触,而是存在一定距离,超声波经过这段距离需要额外的时间,这就导致超声波探头所探测的回波会存在一定的延迟.探头延迟可根据多次回波间的时间差求得.超声波探头发射的超声波并非呈现为平行波束的形式,而是呈一定的扩散角.扩散角是波的能量密度为峰值能量密度一半形成的圆锥体的宽度,扩散角越小,证明波传播的能量汇聚地越集中,传播性越强.测量超声波扩散角通常利用小孔三点反射法,即将偏离中心轴线后振幅减小一半的位置表示波束的边界.

3. 时差法测量声速与波长

将脉冲信号输入到超声发射器,使其发出脉冲超声波,对于收发一体的超声探头,理论上脉冲超声波经过 $t$ 时间后到达距离 $h$ 处的反射面再回到超声探头,则超声波的传播距离为 $2h$,据关系式 $v = 2h/t$,即可直接计算出声速 $v$.而探头所发射的超声波频率 $f$ 一般为固定值,根据关系式 $\lambda = v/f$ 可计算出超声波的波长 $\lambda$.在实际应用中,因为探头存在延迟,一般利用多个面的反射波或者多次回波间的差值来测量声速,这会使结果更为准确.

4. 超声波的反射、折射与波型转换

超声波在两种固体界面上发生折射和反射时,纵波可以折射和反射为横波,横波也可以折射或反射为纵波.超声波的这种现象称为波型转换,如图 5.5.1 所示.

超声波在界面上的反射、折射和波型转换满足如下定律.

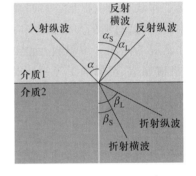

图 5.5.1　超声波的反射、折射和波型转换

反射:
$$\frac{\sin \alpha}{v} = \frac{\sin \alpha_L}{v_{1L}} = \frac{\sin \alpha_S}{v_{1S}} \qquad (5.5.1)$$

折射:
$$\frac{\sin \alpha}{v} = \frac{\sin \beta_L}{v_{2L}} = \frac{\sin \beta_S}{v_{2S}} \qquad (5.5.2)$$

其中,$\alpha_L$ 和 $\alpha_S$ 分别是纵波反射角和横波反射角;$\beta_L$ 和 $\beta_S$ 分别是纵波折射角和横波折射角;$v_{1L}$ 和 $v_{1S}$ 分别是第 1 种介质的纵波声速和横波声速;$v_{2L}$ 和 $v_{2S}$ 分别是第 2 种介质的纵波声速和横波声速.在斜探头或可变角探头中,有机玻璃的声速 $v$ 小于铝中横波声速 $v_S$,而横波声速 $v_S$ 又小于纵波声速 $v_L$.因此,根据以上定律,当 $\alpha$ 大于 $\alpha_1 \left( = \arcsin \dfrac{v}{v_L} \right)$ 时,铝介质中只有折射横波;而当 $\alpha$ 大于 $\alpha_2 \left( = \arcsin \dfrac{v}{v_S} \right)$ 时,铝介质中既无纵波折射,又无横波折射.我们把 $\alpha_1$ 称为有机玻璃入射到有机玻璃–铝界面上的第一临界角;$\alpha_2$ 称为第二临界角.

5. 超声速度与固体弹性常量的关系(杨氏模量和泊松系数)

在各向同性的固体材料中,根据应力满足的胡克定律,可以求得超声波传播的特征方程:
$$\nabla^2 \Phi = \frac{1}{v} \frac{\partial^2 \Phi}{\partial^2 t^2} \qquad (5.5.3)$$

其中 $\Phi$ 为势函数,$v$ 为超声波的传播速度.在固体介质内部,超声波可以按纵波和横波两种波形传播.无论是材料中的横波还是纵波,其速度都可以表示为 $v = d/t$,其中,$d$ 为声波传播距离,$t$ 为声波传播时间.对于同一种材料,其纵波波速和横波波速的大小一般不同,但是它们都由弹性介质的密度、杨氏模量和泊松比等弹性参量决定,利用测量超声波速度的方法可以测量材料有关的弹性常量.

固体在外力作用下,其长度沿力的方向发生变形.变形时的应力与应变之比定义为杨氏模量,一般用 $E$ 表示.固体在应力作用下,沿纵向有一正应变(伸长),沿横向有一个负应变(缩短),横向应变与纵向应变之比被定义为泊松系数,记做 $\sigma$,它也是表示材料弹性性质的一个物理量.

在各向同性固体介质中,各种波形的超声波的纵波声速:

$$v_{\mathrm{L}} = \sqrt{\frac{E(1-\sigma)}{\rho(1+\sigma)(1-2\sigma)}} \tag{5.5.4}$$

横波声速为

$$v_{\mathrm{S}} = \sqrt{\frac{E}{2\rho(1+\sigma)}} \tag{5.5.5}$$

其中 $E$ 为杨氏模量,$\sigma$ 为泊松系数,$\rho$ 为介质密度.

相应地,通过测量介质的纵波声速和横波声速,利用以上公式可以计算介质的弹性常量,计算公式如下.

杨氏模量:

$$E = \frac{\rho v_{\mathrm{S}}^2 (3T^2 - 4)}{T^2 - 1} \tag{5.5.6}$$

泊松系数:

$$\sigma = \frac{T^2 - 2}{2(T^2 - 1)} \tag{5.5.7}$$

其中,$T = \dfrac{v_{\mathrm{L}}}{v_{\mathrm{S}}}$,$v_{\mathrm{L}}$ 为介质中纵波声速,$v_{\mathrm{S}}$ 为介质中横波声速,$\rho$ 为介质的密度.

6. 超声波探伤

(1) 一次脉冲反射法

当工件中无缺陷时,示波器屏幕上只有始波 T 与一次底波 B.当工件中有小缺陷存在时,示波器屏幕上除始波和底波外还有缺陷波 F(此时的底波幅度可能会下降),缺陷波位于始波和底波之间,缺陷在工件中的深度与缺陷波在示波器屏幕上距始波的位置相对应.当工件的缺陷大于声束直径时,示波器屏幕上将只有始波与缺陷波.

(2) 多次脉冲反射法

超声波在具有平行表面的工件中传播,在无缺陷的情况下,将在示波器屏幕上出现高度逐次递减的多次底波,多次反射之间的间距是相等的.缺陷大致可以分为两类:一类是吸收性缺陷(如疏松等),声波穿过时不引起反射,但声能的衰减很大,声能在几次反射、甚至在一次反射后就消耗殆尽;另一类是非吸收性缺陷.若缺陷较小,在每次反射中缺陷波与底波同时存在,此时缺陷波的峰值小于底面反射脉冲波对应的峰值,缺陷深度可由公式 $d_i = d - vt_i/2$ 求出;若缺陷面积接近或大于声束横截面面积时,底面的一次反射脉冲波就很小或者声波只在表面与缺陷之间往复反射,屏幕上没有底面反射脉冲波,而只有缺陷的多次反射脉冲波,缺陷深度可由公式 $d_i = vt_i/2$ 求出.如果做二维缺陷深度的测试,则可以计算出缺陷的厚度.

实验中,若要使探头有效地向工件中发射超声波以及有效地接收到由工件返回来的超声波,必须使探头和工件探测面之间有良好的声耦合,良好的声耦合可以通过填充耦合介质来实现,以避免其间有空气层的存在,这是因为空气层的存在将使声能几乎完全被反射.

## 【实验仪器】

超声探伤及超声特性综合实验仪主机、数字示波器、配件箱.

## 【实验内容及步骤】

1. 测量探头的性能(延迟、扩散角、K值)

(1) 直探头的延迟

利用刀型试块前后面的厚度(25 mm)进行测量,根据两次回波时间计算出探头的延迟.

(2) 直探头的扩散角

a. 将直探头置于刀型试块的端面上,找到试块上小横孔($H_B = 15$ mm)所对应的回波,移动探头使回波幅度最大,并用刻度尺测量该点的位置 $x_0$ 及对应的回波幅度;

b. 向左移动探头使回波幅度减小至最大幅度的一半,测量该点的位置 $x_1$;

c. 向右移动探头使回波幅度减小至最大幅度的一半,测量该点的位置 $x_2$;

d. 计算直探头的扩散角为 $\theta = 2\arctan\dfrac{|x_1 - x_2|}{2H_B}$.

(3) 斜探头的延迟

利用刀型试块 $R_1$(50 mm)和 $R_2$(100 mm)两个圆弧面进行测量,根据两次回波时间计算出探头的延迟.

(4) 斜探头的扩散角

a. 将斜探头置于刀型试块的端面上,找到试块上小横孔($H_B = 15$ mm)所对应的回波,移动探头使回波幅度最大,并用刻度尺测量该点的位置 $x_0$ 及对应的回波幅度;

b. 向超声波发射方向一侧移动探头使回波幅度减小至最大幅度的一半,测量该点的位置 $x_1$;

c. 向超声波发射方向相反侧移动探头使回波幅度减小至最大幅度的一半,测量该点的位置 $x_2$;

d. 计算直探头的扩散角为 $\theta_{上} = \arctan\dfrac{|x_1 - x_0|}{H_B}$ 及 $\theta_{下} = \arctan\dfrac{|x_2 - x_0|}{H_B}$.

2. 测量纵波在铝试块中的声速、波长

利用直探头从刀型试块的上端面测量下端面的回波($h = 100$ mm),测量相连两次回波间的时间间隔 $t$,计算纵波声速 $v_L = 2h/t$.已知探头的频率 $f = 2.5$ MHz,计算纵波波长 $\lambda_L = v_L/f$.

3. 测量横波在铝试块中的声速、波长

利用斜探头测量刀型试块 $R_1$(50 mm)与 $R_2$(100 mm)两个回波间的时间间隔 $t$,此时 $h = 50$ mm,计算横波声速 $v_S = 2h/t$.已知探头的频率 $f = 2.5$ MHz,计算横波波长 $\lambda_S = v_S/f$.

4. 利用可变角探头观测超声波的反射、折射和波型转换

(1) 把可变角探头的入射角调整为0,使超声波入射在刀型试块两个圆弧 $R_1$ 和 $R_2$ 的下部

边缘,观察反射回波,测量 $t_1$ 和 $t_2$,确定其波型(纵波).横向移动探头,观察其位置如何变化;

(2)增大可变角探头的入射角,注意回波幅度的变化,当入射角达到某一值后,纵波的幅度会减小,在其后面又会出现两个回波,并且幅度不断增大,测量新出现的两个回波对应的时间差,确定其波型(横波),横向移动探头,观察其位置如何变化;

(3)可变角探头的入射角增加到某值时,纵波消失,只剩横波;

(4)可变角探头的入射角继续增加,横波幅度减弱并消失,在此过程中又会出现两个回波,测量其时间差,确定其波型(表面波).

5. 测量固体弹性常量的关系(杨氏模量和泊松系数)

利用先前实验所测到纵波声速 $v_L$ 与横波声速 $v_S$,结合实验原理中的公式计算铝试块的杨氏模量和泊松系数(铝试块的密度 $\rho = 2\,700 \ \mathrm{kg \cdot m^{-3}}$).

6. 探测较厚工件缺陷的位置及成像实验

利用直探头及斜探头从上下端面尝试测量砖型样品上不同小横孔的位置,并作图绘制出来.

# 实验 5.6 基于 pn 结的温度传感应用研究

pn 结作为最基本的核心半导体器件,得到了广泛的应用,构成了整个半导体产业的基础.在常见的电路中,pn 结可作为整流管、稳压管;在传感器方面,可以作为温度传感器、发光二极管、光敏二极管等.因此,研究和掌握 pn 结的特性具有非常重要的意义.

pn 结具有单向导电性,这是 pn 结最基本的特性.本实验通过测量正向电流和正向压降的关系,研究 pn 结的正向特性:由可调微电流源输出一个稳定的正向电流,测量不同温度下的 pn 结正向电压值,以此来分析 pn 结正向压降的温度特性.

## 【实验目的】

1. 测量同一温度下,正向电压随正向电流的变化关系,绘制伏安特性曲线.

2. 在同一恒定正向电流条件下,测绘 pn 结正向压降随温度的变化曲线,确定其灵敏度,估算被测 pn 结材料的禁带宽度.

3. 计算玻耳兹曼常量,估算反向饱和电流.

4. 用给定的 pn 结测量未知温度.

## 【实验原理】

1. pn 结的正向特性

理想情况下,pn 结的正向电流随正向压降按指数规律变化.其正向电流 $I_F$ 和正向压降 $V_F$ 存在如下近似关系式:

$$I_F = I_S \exp\left(\frac{qV_F}{kT}\right) \tag{5.6.1}$$

其中 $q$ 为电子电荷量;$k$ 为玻耳兹曼常量;$T$ 为热力学温度;$I_S$ 为反向饱和电流,它是一个和 pn 结材料的禁带宽度以及温度有关的系数,可以证明:

$$I_S = CT^r \exp\left(-\frac{qV_{g(0)}}{kT}\right) \tag{5.6.2}$$

其中 $C$ 是与结面积、掺质浓度等有关的常量,$r$ 也是常量($r$ 的数值取决于少数载流子迁移率对温度的关系,通常取 $r = 3.4$);$V_{g(0)}$ 为绝对零度时,pn 结材料的导带底和价带顶的电势差,对应的 $qV_{g(0)}$ 即为禁带宽度.

将式(5.6.2)代入式(5.6.1),两边取对数可得

$$V_F = V_{g(0)} - \left(\frac{k}{q}\ln\frac{C}{I_F}\right)T - \frac{kT}{q}\ln T^r = V_1 + V_{n1} \tag{5.6.3}$$

其中 $V_1 = V_{g(0)} - \left(\dfrac{k}{q}\ln\dfrac{C}{I_F}\right)T$,$V_{n1} = -\dfrac{kT}{q}\ln T^r$.

方程(5.6.3)就是 pn 结正向压降作为电流和温度函数的表达式,它是 pn 结温度传感器的基本方程.令 $I_F = $ 常量,则正向压降只随温度而变化,但是方程(5.6.3)还包含非线性项 $V_{n1}$.下面来分析一下 $V_{n1}$ 项所引起的非线性误差.

设温度由 $T_1$ 变为 $T$ 时,正向电压由 $V_{F1}$ 变为 $V_F$,由式(5.6.3)可得

$$V_F = V_{g(0)} - (V_{g(0)} - V_{F1})\frac{T}{T_1} - \frac{kT}{q}\ln\left(\frac{T}{T_1}\right)^r \tag{5.6.4}$$

按理想的线性温度响应,$V_F$ 应取如下形式

$$V_{理想} = V_{F1} + \frac{\partial V_{F1}}{\partial T}(T - T_1) \tag{5.6.5}$$

其中 $\dfrac{\partial V_{F1}}{\partial T}$ 等于温度为 $T_1$ 时的 $\dfrac{\partial V_F}{\partial T}$ 值.

由式(5.6.3)求导,并变换可得到

$$\frac{\partial V_{F1}}{\partial T} = -\frac{V_{g(0)} - V_{F1}}{T_1} - \frac{k}{q}r \tag{5.6.6}$$

因此

$$V_{理想} = V_{F1} + \left(-\frac{V_{g(0)} - V_{F1}}{T_1} - \frac{k}{q}r\right)(T - T_1)$$

$$= V_{g(0)} - (V_{g(0)} - V_{F1})\frac{T}{T_1} - \frac{k}{q}(T - T_1)r \tag{5.6.7}$$

由理想线性温度响应式(5.6.7)和实际响应式(5.6.4)相比较,可得实际响应对线性的理论偏差为

$$\Delta = V_{理想} - V_F = -\frac{k}{q}(T - T_1)r + \frac{kT}{q}\ln\left(\frac{T}{T_1}\right)^r \tag{5.6.8}$$

设 $T_1 = 300$ K,$T = 310$ K,取 $r = 3.4$,由式(5.6.8)可得 $\Delta = 0.048$ mV,而相应的 $V_F$ 的改变量为 20 mV 以上,相比之下误差 $\Delta$ 很小.不过当温度变化范围增大时,$V_F$ 温度响应的非线性误差将有所递增,这主要由于 $r$ 因子所致.

272

综上所述,在恒定小电流的条件下,pn 结的 $V_F$ 对 $T$ 的依赖关系取决于线性项 $V_1$,即正向压降几乎随温度升高而线性下降,这也就是 pn 结测温的理论依据.

2. pn 结温度传感器的灵敏度,测量禁带宽度

由前所述,我们可以得到一个测量 pn 结的结电压 $V_F$ 与热力学温度 $T$ 关系的近似关系式:

$$V_F = V_1 = V_{g(0)} - \left( \frac{k}{q} \ln \frac{C}{I_F} \right) T = V_{g(0)} + ST \tag{5.6.9}$$

式中 $S$ 为 pn 结温度传感器灵敏度,单位为 $mV \cdot K^{-1}$.

用实验的方法测出 $V_F$-$T$ 变化关系曲线,其斜率 $\Delta V_F / \Delta T$ 即为灵敏度 $S$.在求得 $S$ 后,根据式(5.6.9)可知

$$V_{g(0)} = V_F - ST \tag{5.6.10}$$

从而可求出温度为 0 K 时半导体材料的近似禁带宽度 $E_{g0} = qV_{g(0)}$.硅材料的 $E_{g0}$ 约为 1.21 eV.

必须指出,上述结论仅适用于杂质全部电离,本征激发可以忽略的温度区间(对于通常的硅二极管来说,温度范围约 $-50\ ℃ \sim 150\ ℃$).如果温度低于或高于上述范围,由于杂质电离因子减小或本征载流子迅速增加,$V_F$-$T$ 关系将产生新的非线性,这一现象说明 $V_F$-$T$ 的特性还随 pn 结的材料而异.对于宽带材料(如 GaAs,$E_{g0}$ 为 1.43 eV)的 pn 结,其高温端的线性区较宽;而材料杂质电离能小(如 Insb)的 pn 结,则低温端的线性范围宽.对于给定的 pn 结,即使在杂质导电和非本征激发温度范围内,其线性度亦随温度的高低而有所不同,这是由非线性项 $V_{n1}$ 引起的.由 $V_{n1}$ 对 $T$ 的二阶导数 $\dfrac{d^2 V}{dT^2} = \dfrac{1}{T}$ 可知,$\dfrac{dV_{n1}}{dT}$ 的变化与 $T$ 成反比,所以 $V_F$-$T$ 的线性度在高温端优于低温端,这是 pn 结温度传感器的普遍规律.此外,式(5.6.4)可知,减小 $I_F$,虽然可以改善线性度,但并不能从根本上解决问题,目前改善线性度和精度行之有效的方法大致有两种:

(1) 利用对管的两个 pn 结(将三极管的基极与集电极短路与发射极组成一个 pn 结),分别在不同电流 $I_{F1}$、$I_{F2}$ 下工作,由此获得两者之差 $(I_{F1}-I_{F2})$ 与温度成线性函数关系,即

$$V_{F1} - V_{F2} = \frac{kT}{q} \ln \frac{I_{F1}}{I_{F2}} \tag{5.6.11}$$

本实验所用的 pn 结是由三极管的 cb 极短路后构成的.尽管还有一定的误差,但与单个 pn 结相比其线性度与精度均有所提高.

(2) 采用电流函数发生器来消除非线性误差.由式(5.6.3)可知,非线性误差来自 $T'$ 项,利用函数发生器,$I_F$ 正比于热力学温度的 $r$ 次方,则 $V_F$-$T$ 的线性理论误差为 $\Delta = 0$.实验结果与理论值比较一致,其精度可达 0.01 ℃.

3. 求玻耳兹曼常量

由式(5.6.11)可知,在保持 $T$ 不变的情况下,只要分别在不同电流 $I_{F1}$、$I_{F2}$ 下测得相应的 $V_{F1}$、$V_{F2}$ 就可求得玻耳兹曼常量 $k$,即

$$k = \frac{q}{T} (V_{F1} - V_{F2}) \ln \frac{I_{F2}}{I_{F1}} \tag{5.6.12}$$

为了提高测量的精度,也可根据式(5.6.1)指数函数的曲线回归,求得 $k$ 值.方法是以公式 $I_F = A \exp(BV_F)$ 的正向电流 $I_F$ 和正向压降 $V_F$ 为变量,根据测得的数据,用 Excel 进行指数函数的曲线回归,求得 $A$、$B$ 值,再由 $A = I_S$ 求出反向饱和电流,$B = q/kT$ 求出玻耳兹曼常量 $k$.

**【实验仪器】**

温度传感器实验装置,pn 结正向特性综合实验仪(图 5.6.1 所示).

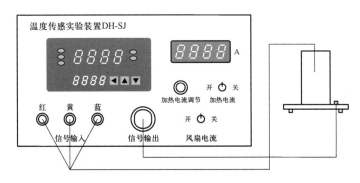

图 5.6.1　实验仪示意图

将 Pt 铂电阻传感器插入温度传感器实验装置的加热炉孔中,控温加热电流开关置"关"的位置,接上加热电源线和信号传输线,插上电源线,打开电源开关,预热几分钟,待温度传感器实验装置所示温度值稳定之后,此时显示值即为室温 $T_R$,可记录起始温度 $T_R$.加热电流开关置"开"的位置,根据需要的温度,转动加热电流调节电位器,选择合适的加热电流大小.将 pn 结温度传感器插入温度传感器实验装置的加热炉孔中.pn 结管上的有两组线共 4 个插头,将对应颜色的插头接入 pn 结实验仪上的相应颜色的插孔中.

**【实验内容及步骤】**

实验前,请参照仪器使用说明,将温度传感器实验装置上的加热电流开关置"关"的位置,将风扇电流开关置"关"的位置,接上加热电源线.插好 PT100 温度传感器和 pn 结温度传感器,两者连接均为直插式.pn 结引出线分别插入 pn 结正向特性综合试验仪上的 $+V$、$-V$ 和 $+I$、$-I$.注意插头的颜色和插孔的位置.

打开电源开关,温度传感器实验装置上将显示出室温 $T_R$,记录起始温度 $T_R$.

1. 测量同一温度下,正向电压随正向电流的变化关系,绘制伏安特性曲线.

先以室温为基准,测量整个伏安特性实验的数据.再设置一个合适的温度值,待温度稳定后,测得一组其他温度点的伏安特性曲线.

2. 在同一恒定正向电流条件下,测绘 pn 结正向压降随温度的变化曲线,确定其灵敏度,估算被测 pn 结材料的禁带宽度.

选择合适的正向电流 $I_F$,并保持不变.一般选小于 100 μA 的值,以减小自身热效应.将温度传感器实验装置上的加热电流开关置"开"的位置,根据目标温度,选择合适的加热电流,在实验时间允许的情况下,加热电流可以取得小一点,如 0.3~0.6 A 之间.这时加热炉内温度开始升高,开始记录对应的 $V_F$ 和 $T$.为了更准确地记数,可以根据 $V_F$ 的变化,记录 $T$ 的变化.

3. 计算玻耳兹曼常量.

4. 求被测 pn 结正向压降随温度变化的灵敏度 $S$.

5. 估算被测 pn 结材料的禁带宽度.

6. 探究实验:用给定的 pn 结测量未知温度.

# 实验 5.7　非良导体的导热系数测量

导热系数(热导率)是反映材料热性能的物理量,导热是三种热交换(导热、对流和辐射)的基本形式之一,是工程热物理、材料科学、固体物理及能源、环保等各个研究领域的课题之一.要认识导热的本质和特征,需了解粒子物理,而目前对导热机理的理解大多数来自固体物理的实验.材料的导热机理在很大程度上取决于它的微观结构,热量的传递依靠原子、分子围绕平衡位置的振动以及自由电子的迁移,在金属中电子流起支配作用,在绝缘体和大部分半导体中,则晶格振动起主导作用.因此,材料的导热系数不仅与构成材料的物质种类密切相关,而且与它的微观结构、温度、压力及杂质含量相联系.

## 【实验目的】

1. 了解热传导现象的物理过程.

2. 学习用稳态平板法测量材料的导热系数.

3. 掌握一种用热电转换方式进行温度测量的方法.

## 【实验原理】

为了测定材料的导热系数,首先从热导率的定义和它的物理意义入手.热传导定律指出:如果热量沿着 $z$ 方向传导,那么在 $z$ 轴上的任一位置 $z_0$ 处取一个垂直截面积 $dS$(如图 5.7.1 所示),以 $\dfrac{dT}{dz}$ 表示 $z$ 处的温度梯度,以 $\dfrac{dQ}{dt}$ 表示该处的传热速率(单位时间内通过截面积 $dS$ 的热量),那么传导定律可表示为

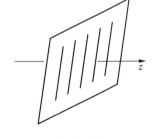

$$dQ = -\lambda \left( \frac{dT}{dz} \right)_{z_0} dS \cdot dt \qquad (5.7.1)$$

式中的负号表示热量从高温区向低温区传导(即热传导的方向与温度梯度的方向相反).式中比例系数 $\lambda$ 即为导热系数,可见热导率

图 5.7.1

的物理意义:在温度梯度为一个单位的情况下,单位时间内垂直通过单位面积截面的热量.

利用式(5.7.1)测量材料的导热系数 $\lambda$,需解决的关键问题有两个:一个是在材料内产生一个温度梯度 $\dfrac{dT}{dz}$,并确定其数值;另一个是测量材料内由高温区向低温区的传热速率 $\dfrac{dQ}{dt}$.

1. 温度梯度

为了在样品内产生一个温度的梯度分布,可以把样品加工成平板状,并把它夹在两块良导体——铜板之间(图5.7.2),使两块铜板分别保持恒定温度$T_1$和$T_2$,这样就可能在垂直于样品表面的方向上形成温度的梯度分布.样品厚度可做成$h \leqslant D$(样品直径).这样,由于样品侧面积比平板面积小得多,由侧面散去的热量可以忽略不计,可以认为热量沿垂直

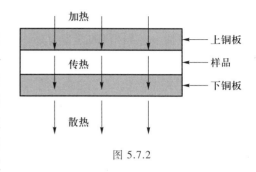

图 5.7.2

于样品平面的方向上传导,即只在此方向上有温度梯度.由于铜是热的良导体,在达到平衡时,可以认为同一铜板各处的温度相同,样品内同一平行平面上各处的温度也相同.这样只要测出样品的厚度$h$和两块铜板的温度$T_1$、$T_2$,就可以确定样品内的温度梯度$\dfrac{T_1-T_2}{h}$.当然这需要铜板与样品表面的紧密接触(无缝隙),否则中间的空气层将产生热阻,使得温度梯度测量不准确.

为了保证样品中温度场的分布具有良好的对称性,实验中把样品及两块铜板都加工成等大的圆形.

2. 传热速率

单位时间内通过一截面积的热量$\dfrac{\mathrm{d}Q}{\mathrm{d}t}$是一个无法直接测定的量,我们设法将这个量转化为较为容易测量的量.为了维持一个恒定的温度梯度分布,必须不断地给高温侧铜板加热,热量通过样品传到低温侧铜板,低温侧铜板则要将热量不断地向周围环境散出.当加热速率、传热速率与散热速率相等时,系统就达到一个动态平衡状态,称为稳态.此时低温侧铜板的散热速率就是样品内的传热速率.这样,只要测量低温侧铜板在稳态温度$T_2$下散热的速率,也就间接测量出了样品内的传热速率.但是,铜板的散热速率也不易测量,还需要进一步作参量转换,我们已经知道,铜板的散热速率与其冷却速率$\left(温度变化率\dfrac{\mathrm{d}T}{\mathrm{d}t}\right)$有关,其表达式为

$$\left.\dfrac{\mathrm{d}Q}{\mathrm{d}t}\right|_{T_2} = -mc \left.\dfrac{\mathrm{d}T}{\mathrm{d}t}\right|_{T_2} \qquad (5.7.2)$$

式中$m$为铜板的质量,$c$为铜板的比热容,负号表示热量向低温方向传递.因为质量$m$容易直接测量,$c$为常量,这样对铜板的散热速率的测量又转化为对低温侧铜板冷却速率的测量.测量铜板的冷却速率可以这样测量:在达到稳态后,移去样品,用加热铜板直接对下金属铜板加热,使其温度高于稳定温度$T_2$(大约高出10 ℃),再让其在环境中自然冷却,直到温度低于$T_2$,测出此阶段温度随时间的变化关系,描绘出$T$-$t$曲线,曲线在$T_2$处的斜率就是铜板在稳态温度$T_2$时的冷却速率$\dfrac{\mathrm{d}T}{\mathrm{d}t}$.

应该注意的是,这样得出的$\dfrac{\mathrm{d}T}{\mathrm{d}t}$是铜板全部表面暴露于空气中的冷却速率,其散热面积为$2\pi R_{\mathrm{P}}^2 + 2\pi R_{\mathrm{P}} h_{\mathrm{P}}$(其中$R_{\mathrm{P}}$和$h_{\mathrm{P}}$分别是下铜板的半径和厚度),然而在实验中稳态传热时,铜板的上表面(面积为$\pi R_{\mathrm{P}}^2$)是样品覆盖的,由于物体的散热速率与它们的面积成正比,因此稳态时,铜板散热速率的表达式应修正为

$$\frac{\mathrm{d}Q}{\mathrm{d}t} = -mc\frac{\mathrm{d}T}{\mathrm{d}t} \cdot \frac{\pi R_p^2 + 2\pi R_p h_p}{2\pi R_p^2 + 2\pi R_p h_p} \tag{5.7.3}$$

根据前面的分析,这就是样品的传热速率.

将上式代入热传导定律表达式,并考虑到 $\mathrm{d}S = \pi R^2$ 可以得到导热系数

$$\lambda = -mc \cdot \frac{R_p + 2h_p}{2R_p + 2h_p} \cdot \frac{1}{\pi R^2} \cdot \frac{h}{T_1 - T_2} \cdot \frac{\mathrm{d}T}{\mathrm{d}t}\bigg|_{T=T_2} \tag{5.7.4}$$

式中的 $R$ 为样品的半径,$h$ 为样品的高度,$m$ 为下铜板的质量,$c$ 为铜块的比热容,右式中的各项均为常量或直接易测量量.

## 【实验仪器】

导热系数测定仪(图 5.7.3 所示),测试样品(硅橡胶、胶木板),塞尺,PT100 温度传感器(2 根),测试连接线(3 根).

## 【实验内容及步骤】

1. 用自定量具测量样品、下铜板的几何尺寸和质量等必要的物理量,多次测量,然后取平均值.其中铜板的比热容 $c = 0.385\ \mathrm{kJ \cdot K^{-1} \cdot kg^{-1}}$.

2. 安装被测材料和下铜盘时,通过调节螺钉使上铜板、待测样品以及下铜板接触良好(配合塞尺进行调节).两路测温 PT100 在插入上下铜盘上的小孔时,要抹上些导热硅脂,并插到洞孔底部,使 PT100 测温端与铜盘接触良好.

稳态法测量时,一般采用自动控温,温度稳定约要 40 分钟,具体时间因被测材料和目标温度及环境温度的不同而不同.待上铜盘的温度稳定后,观察下铜盘的温度变化情况,每隔 30 秒记录上下铜板对应的温度,待下铜板的温度读数在 3 分钟内变化一个字以内,即可认为已达到稳定状态,记下此时的 $T_1$ 和 $T_2$ 值.

3. 记录稳态时 $T_1$、$T_2$ 值后,移去样品,通过上铜板继续对下铜板加热,当下铜板温度比 $T_2$ 高出 10 ℃ 左右时,向上移开上铜板加热盘(尽可能远离下铜板),让下铜板所有表面均暴露于空气中,使下铜板自然冷却.每隔 10~30 秒读一次下铜板的温度示值并记录,直至温度下降到 $T_2$ 以下一定值.作铜板的 $T$-$t$ 冷却速率曲线(**选取邻近 $T_2$ 的测量数据来求出冷却速率**).

4. 计算样品的导热系数 $\lambda$.

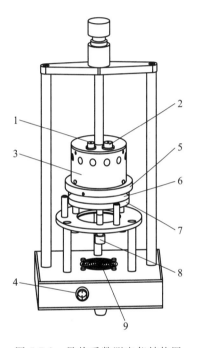

图 5.7.3　导热系数测定仪结构图
1—控温 PT100 传感器插座;2—加热电流插座(大四芯);3—防护罩;4—风扇电源插座(大两芯)和开关;5—加热盘(上铜板);6—待测样品;7—散热盘(下铜板);8—调节螺钉(通过调节螺钉使上铜板、待测样品和下铜板良好接触);9—风扇(实验完毕后,给系统散热)

# 实验 5.8　良导体的导热系数测量

上个实验研究了非良导体的导热系数测量,本实验则研究良导体的导热系数测量.在科学实验和工程设计中,所用材料的导热系数都需要用实验的方法精确测定.

## 【实验目的】

1. 了解稳定流动法测量铜的导热系数基本原理,掌握其实验要点.
2. 了解液位控制器的控制原理及流速调节.
3. 测量铜样品热传导平稳时的四个温度值,用稳定流动法测量铜的导热系数.

## 【实验原理】

设有一粗细均匀的金属圆柱体,其一端为高温端,另一端为低温端,测量时热量将从高温端流向低温端.高温端被加热一段时间之后,若圆柱体上各处的温度不变,而且向圆柱体侧面散失的热量可以忽略不计时,则在相等的时间内,通过圆柱体各横截面的热量应该相等,这种状态称为热量稳定流动状态.如图 5.8.1 所示,假设通过截面 $A_1B_1$ 的热量多于通过截面 $A_2B_2$ 的热量,则在两个截面之间的一段圆柱体上就有热量的积聚,温度就要升高,既然圆柱体上各处的温度不变,则说明通过各截面的热量必然相等.

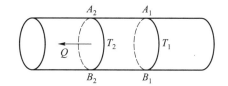

图 5.8.1　良导体导热系数测定的原理图

通过圆柱体各横截面的热量在热量稳定流动状态下,在 $t$ 时间内,沿圆柱体各截面流过的热量 $Q$ 按傅里叶热传导方程有

$$Q = \lambda S t \frac{T_1 - T_2}{l} \tag{5.8.1}$$

式中,$S$ 为圆柱体横截面积,$T_1$、$T_2$ 为横截面 $A_1B_1$、$A_2B_2$ 处的温度,$l$ 为两个截面间的距离,比例系数 $\lambda$ 即为被测材料的导热系数.

导热系数 $\lambda$ 表示物质单位长度内温度差为 1 ℃时,在单位时间内通过单位截面所传导的热量,单位为 $W \cdot m^{-1} \cdot K^{-1}$.由方程(5.8.1)可知,测定良导体导热系数的关键问题是维持热量稳定流动状态与测定 $t$ 时间内从圆柱体棒中所传过的热量 $Q$.实验中常使用稳定流动法,即使棒的一端保持稳定的高温,另一端用温度一定、流动速度一定的冷水来吸收棒中传导过来的热量.在热量稳定流动状态下,$t$ 时间内流出的冷却水质量为 $m$,其温度由流入时的 $T_4$ 升高到 $T_3$,则被水带走的热量

$$Q = mc(T_3 - T_4) \tag{5.8.2}$$

式中 $c$ 为水的比热容.

将式(5.8.1)以及 $S = \pi d^2 / 4$($d$ 为圆柱体直径)代入式(5.8.2)便可求出 $\lambda$,即

$$\lambda = \frac{4mlc(T_3 - T_4)}{\pi d^2 (T_1 - T_2) t} \qquad (5.8.3)$$

式中, $T_1$ 、$T_2$ 、$T_3$ 、$T_4$ 可用高精度的数字式的温度传感器测量.

为了实现热量稳定通过样品的目的,仪器采用三项措施:(1)实验时,保持通过圆柱体各处的热量恒定,防止从圆柱体侧面向外界散发热量,将整个圆柱体用保温棉缠绕并放在保温箱中;(2)高温端热源采用精密温控器稳定热端的温度,以利于缩短试样热流达到稳定所需的时间;(3)采用液位控制器使流入仪器的冷却水保持恒定的水压,使冷却水的流速稳定,从而较长时间保持待测样品热流恒定.这三项措施保证方程(5.8.1)的成立,使实验误差很小.

## 【实验仪器】

良导体导热系数测量实验仪(由实验仪主机箱及具有流速控制功能的水箱等组成).

## 【实验内容及步骤】

1. 根据液位控制器的原理连接流水管道,插上电源,开启电源开关.

2. 通过主机箱上温度控制的两个按键设置样品热端的加热温度,开始对样品一端进行加热.

3. 在最上方的水箱内盛入冷水,中间的水箱开始蓄水,当中间水箱的水开始从中心的管道下漏时,可认为中间水箱的水位基本恒定.然后调节流速控制器,使得单位时间内有适量的稳定流速的水流过样品的冷却端.

4. 观察样品上 $A$ 、$B$ 、$C$ 、$D$ 四点相应的温度值 $T_1$ 、$T_2$ 、$T_3$ 、$T_4$ 的变化,四个温度基本稳定后方可测量数据.

5. 样品待测的四个温度基本稳定,五分钟内温度值基本没有波动,记录这四个温度值,把干燥的三角型盛水器放在天平上称其质量.

6. 将盛水器搁置在下方盛水箱一角,盛接样品冷却端流出的热水,同时按下主机箱上的开始/停止键,测量样品冷却端在一定时间内流出的热水的质量,同时再记录样品上 $A$ 、$B$ 、$C$ 、$D$ 四点的温度值.

7. 将测量的数据填入数据表格,并进行数据处理.

8. 改变冷却水的流速或者样品热端的温度,进行多次实验,并验证实验结果.

## 实验 5.9  空气热机实验

热机是将热能转化为机械能的机器,斯特林于 1816 年发明了空气热机,它以空气作为工作介质,是最古老的热机之一.虽然现在已发展了内燃机、燃气轮机等新型热机,但空气热机结构简单,便于帮助理解热机原理与卡诺循环等热力学中的重要内容.

## 【实验目的】

1. 理解空气热机的工作原理及循环过程.
2. 测量不同冷热端温度时热机的热功转化值,验证卡诺定理.
3. 测量热机输出功率随负载及转速的变化关系,计算热机实际效率.

## 【实验原理】

空气热机的结构及工作原理可用图 5.9.1 说明.热机主机由高温区、低温区、工作活塞及汽缸、位移活塞及汽缸、飞轮、连杆、热源等部分组成.

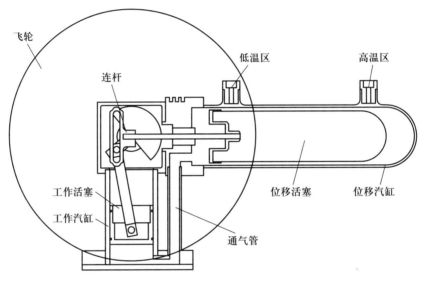

图 5.9.1　热机结构原理图

热机中部为飞轮与连杆机构,工作活塞与位移活塞通过连杆与飞轮连接.飞轮的下方为工作活塞与工作汽缸,飞轮的右方为位移活塞与位移汽缸,工作汽缸与位移汽缸之间用通气管连接.位移汽缸的右边是高温区,可用电热方式或酒精灯加热,位移汽缸左边有散热片,构成低温区.

工作活塞使汽缸内气体封闭,并在气体的推动下对外做功.位移活塞是非封闭的占位活塞,其作用是在循环过程中使气体在高温区与低温区间不断交换,气体可通过位移活塞与位移汽缸间的间隙流动.工作活塞与位移活塞的运动是不同步的,当某一活塞处于位置极值时,它本身的速度最小,而另一个活塞的速度最大.

当工作活塞处于最底端时,位移活塞迅速左移,使汽缸内气体向高温区流动,如图 5.9.2(a)所示;进入高温区的气体温度升高,使汽缸内压强增大并推动工作活塞向上运动,如图 5.9.2(b)所示,在此过程中热能转化为飞轮转动的机械能;工作活塞在最顶端时,位移活塞迅速右移,使汽缸内气体向低温区流动,如图 5.9.2(c)所示;进入低温区的气体温度降低,使汽缸内压强减小,同时工作活塞在飞轮惯性力的作用下向下运动,完成循环,如图 5.9.2(d)所示.在一次循环过程中气体对外所做净功等于 $p$-$V$ 图所围的面积,四个状态过程曲线如图 5.9.3 所示.

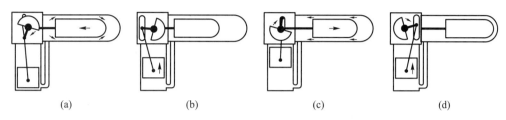

图 5.9.2　热机工作原理图

根据卡诺对热机效率的研究而得出了卡诺定理,对于循环过程可逆的理想热机,热功效率:

$$\eta = \frac{A}{Q_1} = \frac{Q_1 - Q_2}{Q_1} = \frac{T_1 - T_2}{T_1} = \frac{\Delta T}{T_1} \quad (5.9.1)$$

式中 $A$ 为每一循环中热机做的功,$Q_1$ 为热机每一循环从热源吸收的热量,$Q_2$ 为热机每一循环向冷源放出的热量,$T_1$ 为热源的热力学温度,$T_2$ 为冷源的热力学温度.

实际的热机都不可能是理想热机,由热力学第二定律可以证明,循环过程不可逆的实际热机,其效率不可能高于理想热机,此时热机效率:

$$\eta \leqslant \frac{\Delta T}{T_1}$$

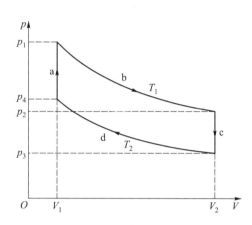

图 5.9.3　热机工作的四个状态过程

卡诺定理指出了提高热机效率的途径,就过程而言,应当使实际的不可逆机尽量接近可逆机,就温度而言,应尽量地提高冷热源的温度差.

热机每一循环从热源吸收的热量 $Q_1$ 正比于 $\Delta T / n$,$n$ 为热机转速,$\eta$ 正比于 $nA/\Delta T$.$n$、$A$、$T_1$ 及 $\Delta T$ 均可测量,测量不同冷热端温度时的 $nA/\Delta T$,观察它与 $\Delta T/T_1$ 的关系,可验证卡诺定理.

当热机带负载时,热机向负载输出的功率可由力矩计测量计算而得,且热机实际输出功率的大小随负载的变化而变化.在这种情况下,可测量计算出不同负载大小时的热机实际效率.

## 【实验仪器】

空气热机实验仪(含测试架、测试仪以及实验电源),双踪示波器或计算机.空气热机实验仪-测试架(电加热型)如图 5.9.4 所示.

光电门和霍耳传感器用于测量飞轮转速以及计算工作汽缸的体积,飞轮上的位置标记用于定位工作活塞的最低位置,飞轮上的角度转速标记用于测量飞轮转动的角度以及转速测量.由于汽缸的体积随工作活塞的位移而变化,而工作活塞的位移与飞轮的位置有对应关系,飞轮边缘均匀分布有 45 个角度标记,飞轮每旋转一周可触发光电门输出 90 个位置信号(光电门采用上下沿均触发模式),即飞轮每转 4° 即可输出一个触发信号,可用于计算汽缸体积.

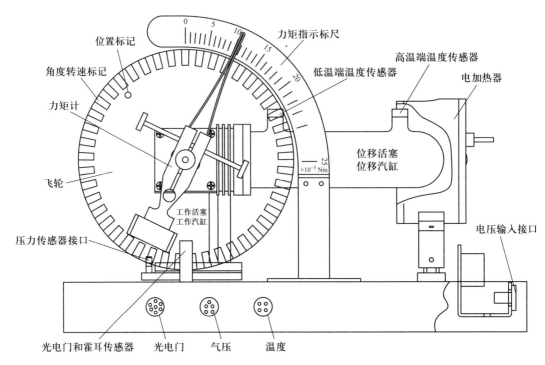

图 5.9.4　测试架图(电加热型)

压力传感器接口用于连接气压传感器模块,用于测量工作汽缸内的气体压强.

高温端温度传感器和低温端温度传感器分别用于测量高低温区的温度.

力矩计悬挂在飞轮轴上,调节螺钉用于调节力矩计与轮轴之间的摩擦力.力矩计示值 $M$ 可从力矩指示标尺读出,并进而算出摩擦力和热机克服摩擦力所做的功.经简单推导可得热机输出功率 $P = 2\pi nM$,式中 $n$ 为热机每秒的转速,即输出功率为单位时间内的角位移与力矩的乘积.

底座上的三个插座分别对应输出光电门测量的转速和飞轮位置信号、汽缸压强信号以及高低温端温度信号,实验时使用专用连接线与空气热机测试仪相连.

电压输入接口与电加热电源相连,为电加热器提供加热电压.

## 【实验内容及步骤】

1. 实验前,用手缓慢旋转飞轮,观察热机循环过程中各部件的工作状态,理解热机的工作原理,同时确保热机能够正常运转,不存在卡死或运动不畅等状态.

2. 参照实验仪器的线路连接说明以及仪器面板标示,将各部分仪器连接起来.

3. 热机空载实验:

取下力矩计,将实验加热电源电压调节到 35 V 左右,待加热电阻丝发红后,用手顺时针拨动飞轮,热机即可运转.一般冷热端温差在 100 ℃ 以上时,热机才易于启动.

调小加热电压至 23 V 左右,调节示波器,观察气压和体积信号波形,将示波器置 X-Y 李萨如图形显示模式,调节各通道电压幅度和上下左右旋钮,使 $p$-$V$ 图完整显示在示波器中心合适位置.待温度和转速相对稳定后,记录当前加热电压 $U$ 和电流值 $I$、热端温度 $T_1$、热端和冷端温差

282

$\Delta T$、热机转速 $n$ 以及从示波器估算的 $p$-$V$ 图面积.

逐步增大加热电压,待温度和转速相对稳定后,再次记录上述数据,重复测量 5 次以上.

4. 热机带载实验:

将加热电压调至 36 V,使输入功率最大,电机高速运行;用手轻触飞轮使热机停止运转,然后将力矩计装在飞轮轴上,拨动飞轮,使其继续运转.调节力矩计的摩擦力,待温度、转速以及力矩输出稳定后,记录相关参量.

保持输入功率不变,逐步增大输出力矩,重复上述测量 5 次以上.

# 实验 5.10　热辐射及红外成像

热辐射是 19 世纪发展起来的新学科,当时由于冶金、高温测量技术和天文学等领域的研究和发展,人们开始了对热辐射的研究.黑体热辐射实验是量子论得以建立的关键性实验之一.黑体热辐射在科学技术上的应用非常广泛,它是测高温、遥感、红外追踪等技术的物理基础.

## 【实验目的】

1. 研究辐射体温度、辐射面对物体辐射能量的影响.
2. 依据维恩位移定律,研究物体辐射能量与波长的关系.
3. 研究物体辐出度 $M(T)$ 和距离的关系.
4. 测量不同物体的防辐射能力.
5. 根据热辐射原理测量发热物体的形貌.

## 【实验原理】

1. 热辐射

热辐射是指物体内的分子、原子受到热激发而发射电磁辐射的现象.由于分子热运动是物体的基本属性,因此任何物体在任何温度下都会产生热辐射.对同一物体而言,物体的温度越高,热辐射越强烈.不同温度下,辐射能量集中的波长范围不同:在 6 000 ℃ 以下,物体的热辐射波长在红外和远红外波段,随着温度的升高,物体热辐射的能量逐渐增强,辐射波长趋向短波段.另外,不同物体在同一温度下所辐射的能量也是不同的,与其表面的状况(如颜色、粗糙度)有关.

为了定量描述热辐射的性质,引入描述热辐射的两个物理量.

(1)单色辐出度 $M_\lambda(T)$:温度为 $T$ 时,单位时间从物体表面单位面积上辐射出的波长介于 $\lambda$ 与 $\lambda + d\lambda$ 之间的辐射功率 $dM_\lambda(T)$ 与 $d\lambda$ 的比值,单位为 $\mathrm{W \cdot m^{-3}}$.单色辐出度与波长和温度有关,可表示为

$$M_\lambda(T) = \frac{dM_\lambda(T)}{d\lambda} \qquad (5.10.1)$$

(2)辐出度 $M(T)$:温度为 $T$ 时,单位时间从物体表面单位面积发射的包含各种波长在内的

电磁波能量总和,单位为 W·m⁻².它与单色辐射度的关系为

$$M(T) = \int_0^\infty M_\lambda(T)\,\mathrm{d}\lambda \tag{5.10.2}$$

值得指出的是,物体在向外辐射能量的同时,也在吸收外来的辐射能.不同的物体吸收电磁辐射的能力不同,深色物体的吸收本领比浅色物体的要大.

2.黑体辐射

(1)黑体模型

辐射到物体上的能量,一部分被物体吸收,另一部分被物体反射,反射能量的多少取决于物体的颜色、粗糙度等.如果某一物体能够完全吸收外来辐射能量,这样的物体被称为黑体.黑体是一个理想模型,它不等同于黑色物体,黑色物体也会有少量的反射.为了获得较理想的黑体,用不透明材料制作成一个空腔,内部用黑煤烟涂黑,表面开一个小孔,这就是一个较理想的黑体.如图5.10.1所示,外来辐射一旦进入小孔,几乎全部被吸收.

(2)黑体辐射规律

处于封闭容器内的物体在单位时间内辐射出的能量等于所吸收的能量时,系统达到热平衡状态.在热平衡条件下,对不同温度的黑体辐射进行实验,得到单色辐出度 $M_\lambda(T)$—$\lambda$ 的关系曲线如图5.10.2所示.

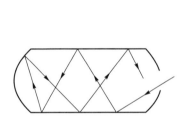

图5.10.1 黑体模型

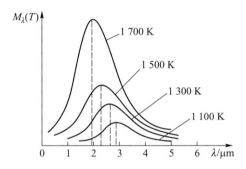

图5.10.2 不同温度下黑体辐射实验曲线

显然,曲线下的面积应是该温度下黑体的总辐出度,可用斯特藩-玻耳兹曼定律来描述,即

$$M(T) = \int_0^\infty M_\lambda(T)\,\mathrm{d}\lambda = \sigma T^4 \tag{5.10.3}$$

其中 $\sigma = 5.670 \times 10^{-8}$ W·m⁻²·K⁻⁴,称为斯特藩-玻耳兹曼常量.

另外,从图5.10.2还可以看到,曲线的峰值所对应的波长随温度的升高而减小.德国物理学家维恩由经典电磁学和热力学理论得到了能谱峰值对应的波长 $\lambda_m$ 与黑体温度 $T$ 的关系:峰值波长 $\lambda_m$ 与它的热力学温度 $T$ 成反比,称为维恩位移定律,即

$$\lambda_m T = b \tag{5.10.4}$$

式中 $b = 2.898 \times 10^{-3}$ m·K,$b$ 称为维恩常量.

【实验仪器】

测试仪,黑体辐射测试架,红外成像测试架,红外热辐射传感器,半自动扫描平台,光学导轨.

284

## 【实验内容及步骤】

自行设计实验步骤以完成实验目的.

# 实验 5.11　CCD 显微密立根油滴实验

## 【实验目的】

1. 学习用油滴实验测量电子电荷的原理和方法.
2. 验证电荷的不连续性.
3. 测量电子的电荷量.

## 【实验原理】

通过密立根油滴实验测量元电荷的基本设计思想是使带电油滴在两金属极板之间处于受力平衡状态.按运动方式分类,可分为平衡法和动态法,动态法分析如下.

首先分析重力场中一个足够小的油滴的运动,设此油滴半径为 $r$(亚微米量级),质量为 $m_1$,空气是黏性流体,故此运动油滴除重力和浮力外还受黏性阻力的作用.由斯托克斯定律知,黏性阻力与物体运动速度成正比.设油滴以速度 $v_f$ 匀速下落,则有

$$m_1 g - m_2 g = K v_f \tag{5.11.1}$$

此处 $m_2$ 为与油滴同体积的空气质量,$K$ 为比例系数,$g$ 为重力加速度.

若此油滴的电荷量为 $q$,并处在场强为 $E$ 的均匀电场中,设电场力方向与重力方向相反,如果油滴以速度 $v_r$ 匀速上升,则有

$$qE = (m_1 - m_2) g + K v_r \tag{5.11.2}$$

由式(5.11.1)和式(5.11.2)消去比例系数 $K$,可解出 $q$ 为

$$q = \frac{(m_1 - m_2) g}{E v_f} (v_f + v_r) \tag{5.11.3}$$

直接测量油滴质量 $m_1$ 是困难的,为此希望消去 $m_1$,而代之以容易测量的量.设钟表油与空气的密度分别为 $\rho_1$、$\rho_2$,于是半径为 $r$ 的油滴的视重为

$$m_1 g - m_2 g = \frac{4}{3} \pi r^3 (\rho_1 - \rho_2) g \tag{5.11.4}$$

由斯托克斯定律知,黏性流体(此处为空气)对球形运动物体的阻力与物体速度成正比,其比例系数 $K = 6 \pi \eta r$,此处的 $\eta$ 为空气黏度,$r$ 为物体半径.于是可将式(5.11.4)代入式(5.11.1),有

$$v_f = \frac{2gr^2}{9\eta}(\rho_1 - \rho_2) \tag{5.11.5}$$

因此

$$r = \left[\frac{9\eta v_f}{2g(\rho_1 - \rho_2)}\right]^{\frac{1}{2}} \tag{5.11.6}$$

以此代入式(5.11.3)并整理得到

$$q = 9\sqrt{2}\pi\left[\frac{\eta^3}{(\rho_1 - \rho_2)g}\right]^{\frac{1}{2}} \frac{1}{E}\left(1 + \frac{v_r}{v_f}\right)v_f^{\frac{3}{2}} \tag{5.11.7}$$

考虑到油滴的直径与空气分子的间隙相当,空气已不能看成连续介质,其空气黏度 $\eta$ 需修正为 $\eta'$,即

$$\eta' = \frac{\eta}{1 + \frac{b}{pr}} \tag{5.11.8}$$

其中 $p$ 为空气压强,$b$ 为修正常量,$b = 0.008\ 23\ \mathrm{N} \cdot \mathrm{m}^{-1}$,因此式(5.11.5)可修正为

$$v_f = \frac{2gr^2}{9\eta}(\rho_1 - \rho_2)\left(1 + \frac{b}{pr}\right) \tag{5.11.9}$$

由于半径 $r$ 在修正项中,当精度要求不是太高时,油滴半径由式(5.11.6)计算即可.

将式(5.11.6)代入式(5.11.8)中,并以式(5.11.8)代入式(5.11.7),得

$$q = 9\sqrt{2}\pi\left[\frac{\eta^3}{(\rho_1 - \rho_2)g}\right]^{\frac{1}{2}} \frac{1}{E}\left(1 + \frac{v_r}{v_f}\right)v_f^{\frac{3}{2}}\left[\frac{1}{1 + b/(pr)}\right]^{\frac{3}{2}} \tag{5.11.10}$$

实验中常固定油滴运动的距离 $s$,通过测量油滴在距离 $s$ 内所需的运动时间 $t$ 来求得其运动速度 $v$,电场强度为 $E = U/d$,$d$ 为平行平板间的距离,$U$ 为所加的电压,因此,式(5.11.10)可写成

$$q = 9\sqrt{2}\pi d\left[\frac{(\eta s)^3}{(\rho_1 - \rho_2)g}\right]^{\frac{1}{2}} \frac{1}{U}\left(\frac{1}{t_f} + \frac{1}{t_r}\right)\left(\frac{1}{t_f}\right)^{\frac{1}{2}}\left[\frac{1}{1 + b/(pr)}\right]^{\frac{3}{2}} \tag{5.11.11}$$

式中有些量和实验仪器以及条件有关,选定之后在实验过程中保持不变,如 $d$、$s$、$(\rho_1 - \rho_2)$ 及 $\eta$ 等,将这些量与常量一起用仪器常量 $C$ 代表,于是式(5.11.11)简化成

$$q = C\frac{1}{U}\left(\frac{1}{t_f} + \frac{1}{t_r}\right)\left(\frac{1}{t_f}\right)^{\frac{1}{2}}\left[\frac{1}{1 + b/(pr)}\right]^{\frac{3}{2}} \tag{5.11.12}$$

测量油滴所带电荷量 $q$ 的目的是找出电荷的最小单元 $e$.为此可以对不同的油滴分别测出其所带的电荷值 $q_i$,它们应近似为元电荷的整数倍,即油滴电荷量的最大公约数或油滴带电荷量之差的最大公约数即为元电荷 $e$,即

$$q_i = n_i e \quad (n_i\ 为整数) \tag{5.11.13}$$

## 【实验仪器】

实验仪,由主机、CCD 成像系统、油滴盒、监视器和喷雾器等部件组成.

主机包括可控高压电源、计时装置、A/D 采样、视频处理等单元模块.CCD 成像系统包括

CCD 传感器、光学成像部件等.油滴盒包括高压电极、照明装置、防风罩等部件.监视器是视频信号输出设备.

仪器部件示意如图 5.11.1 所示.油滴盒是一个关键部件,具体构成如图 5.11.2 所示.

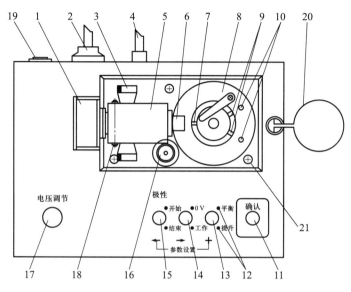

图 5.11.1 主机部件示意图

1—CCD 盒;2—电源插座;3—调焦旋钮;4—Q9 视频接口;5—光学系统;6—镜头;7—观察孔;8—上极板压簧;9—进光孔;10—光源;11—确认键;12—状态指示灯;13—平衡/提升切换键;14—0 V/工作切换键;15—计时开始/结束切换键;16—水准泡;17—电压调节旋钮;18—紧定螺钉;19—电源开关;20—油滴管收纳盒安放环;21—调平螺钉(3 颗)

仪器上、下极板之间通过胶木圆环支撑,三者之间的接触面经过机械精加工后可以将极板间的不平行度、间距误差控制在 0.01 mm 以下.结构基本上消除了极板间的势垒效应及边缘效应,较好地保证了油滴室处在匀强电场之中.

胶木圆环上开有两个进光孔和一个观察孔,光源通过进光孔给油滴室提供照明,而成像系统则通过观察孔捕捉油滴的像.油雾杯可以暂存油雾,使油雾不会过早地散逸.进油量开关可以控制落油量.防风罩可以避免外界空气流动对油滴的影响.

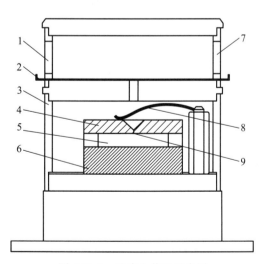

图 5.11.2 油滴盒装置示意图

1—喷雾口;2—进油量开关;3—防风罩;4—上极板;5—油滴室;6—下极板;7—油雾杯;8—上极板压簧;9—落油孔

## 【实验内容及步骤】

1. 调整实验仪主机的调平螺钉旋钮(俯视

287

时,顺时针平台降低,逆时针平台升高),直到水准泡正好处于中心(注:严禁旋动水准泡上的旋钮).极板平面是否水平决定了油滴在下落或上升过程中是否发生左右的漂移.

2. 喷雾器调整

将少量钟表油缓慢地倒入喷雾器的储油腔内,使钟表油淹没提油管下方.将喷雾器喷嘴向上竖起,用手挤压气囊,使得提油管内充满钟表油.

3. 仪器硬件接口连接

主机电源线接交流 220 V/50 Hz,监视器 Q9 视频线缆输入端接 VIDEO,另一端接主机视屏输出.

4. 实验仪联机使用

(1) 打开实验仪电源及监视器电源,监视器出现仪器名称及研制公司界面.

(2) 按主机上任意键:监视器出现参量设置界面,首先设置实验方法,然后根据该地的环境适当设置重力加速度、油密度、大气压强、油滴下落距离."←"表示左移键,"→"表示为右移键、"+"表示数据设置键.

(3) 按确认键后出现实验界面:计时开始/结束键设置为结束、0 V/工作键设置为 0 V、平衡/提升键设置为平衡.

5. CCD 成像系统调整

打开进油量开关,从喷雾口喷入油雾,此时监视器上应该出现大量运动油滴的像.若没有看到油滴的像,则需调整调焦旋钮或检查喷雾器是否有油雾喷出或者检查落油孔是否被堵塞.

6. 了解显示界面

显示界面上可显示极板电压,范围 0~1 999 V.计时时间显示范围:0~99.99 s.

电压保存提示将要作为结果保存的电压,每次完整的实验后显示,当保存实验结果后(即按下确认键)自动清零,显示范围同极板电压.

保存结果显示:显示每次保存的实验结果,共 5 次,显示格式与实验方法(平衡法和动态法)有关.按下确认键 2 s 以上,当前结果被清除(不能连续删).

下落距离显示设置的油滴下落距离.按住平衡、提升键 2 s 以上,此时距离设置栏被激活(动态法步骤 1 和步骤 2 之间不能更改),通过"+"键(即平衡、提升键)修改油滴下落距离,然后按确认键确认修改,距离标志相应变化.

距离标志显示当前设置的油滴下落距离,在相应的格线上做数字标记,显示范围:0.2~1.8 mm.垂直方向视场范围为 2 mm,分为 10 格,每格 0.2 mm.

实验方法显示当前的实验方法(平衡法或动态法),在参量设置界面设定.欲改变实验方法,只有重新启动仪器(关、开仪器电源).对于平衡法,实验方法栏仅显示"平衡法"字样;对于动态法,实验方法栏除了显示"动态法"以外,还显示即将开始的动态法步骤.如将要开始动态法第一步(油滴下落),实验方法栏显示"1 动态法".同样,做完动态法第一步骤,即将开始第二步骤时,实验方法栏显示"2 动态法".

7. 选择适当的油滴并练习控制油滴(以平衡法为例)

根据多次实验经验,当油滴的实际半径在 0.5~1 μm 时做实验最为适宜.若油滴过小,布朗运动影响明显,平衡电压不易调整,时间误差也会增加;若油滴过大,下落太快,时间相对误差增大,且油滴带多个电子的概率增加,带 1~5 个电子的油滴较合适.

设置平衡电压约 400 V,喷入油滴,调节调焦旋钮至显示清晰,带电荷量多的油滴迅速上升出视场,不带电的油滴下落出视场,约 10 s 后油滴减少.选择上升缓慢的油滴作为暂时的目标油滴,切换 0 V/工作键,这时极板间的电压为 0 V,选择下落速度为 0.2~0.5 格/s 的油滴作为最终的目标油滴,调节调焦旋钮使该油滴最小最亮.

8. 平衡电压的确认

目标油滴聚焦到最小最亮后,仔细调整平衡时的电压调节使油滴平衡在某一格线上,等待一段时间(大约两分钟),观察油滴是否飘离格线.若油滴始终向同一方向飘离,则需重新调整平衡电压;若其基本稳定在格线或只在格线上下做轻微的布朗运动,则可以认为油滴达到了力学平衡,这时的电压就是平衡电压.

9. 控制油滴的运动

将油滴平衡在屏幕顶端的第一条格线上,将工作状态按键切换至 0 V,绿色指示灯点亮,此时上、下极板同时接地,电场力为零,油滴在重力、浮力及空气阻力的作用下做下落运动,先经一段变速运动,然后变为匀速运动,但变速运动的时间非常短(小于 0.01 s,与计时器的精度相当),所以可以认为油滴是立即匀速下落的.当油滴下落到有 0 标记的格线时,立刻按下计时键,计时器开始记录油滴下落的时间;待油滴下落至有距离标志(1.6)的格线时,再次按下计时键,计时器停止计时,此时油滴停止下落.0 V/工作按键自动切换至工作,平衡/提升按键处于平衡,可以通过确认键将此次测量数据记录到屏幕上.将平衡/提升按键切换至提升,这时极板电压在原平衡电压的基础上增加约 200 V 的电压,油滴立即向上运动,待油滴提升到屏幕顶端时,切换至平衡,找平衡电压,进行下一次的测量(注意:如果此处的平衡电压发生了突变,则该油滴会得到或失去电子.这次测量不能作数,需要重新寻找油滴).每颗油滴共测量 5 次,系统会自动计算出这颗油滴的电荷量.

10. 正式测量

实验可选用平衡法(推荐)、动态法.我们以平衡法来进行测量.

开启电源,进入实验界面将工作状态按键切换至工作,红色指示灯点亮;将平衡/提升按键置于平衡.按上述步骤做实验并将数据(平衡电压 $U$ 及下落时间 $t$)记录到屏幕上.当 5 次测量完成后,按确认键,系统将计算 5 次测量的平均平衡电压 $\overline{U}$ 和平均匀速下落时间 $\overline{t}$,并根据这两个参量自动计算并显示出油滴的电荷量 $q$.重复实验,找到 5 颗油滴,并测量每颗油滴的电荷量 $q_i$.

## 【数据记录与处理】

用计算法或者作图法得到每次测量的元电荷,再求出 $n$ 次测量的 $\overline{e}$,与理论值比较,求百分误差及不确定度.

## 【注意事项】

1. 仪器使用环境:温度为(0~40 ℃)的静态空气中.
2. 注意调整进油量开关(见图 5.11.2 的部件②),应避免外界空气流动对油滴测量造成影响.

　　3. 实验前应对仪器油滴盒内部进行清洁, 防止异物堵塞落油孔.

**【预习思考题】**

本实验
附录文件

　　1. 对实验结果造成影响的主要因素有哪些?

　　2. 如何判断加油盒内平衡极板是否水平? 不水平对实验结果有何影响?

　　3. 为什么必须使油滴做匀速运动或静止? 实验中如何保证油滴在测量范围内做匀速运动?

# 实验 5.12　用电流场模拟静电场并测量

## 【实验目的】

　　1. 学习用模拟方法测绘具有相同数学形式的物理场.

　　2. 描绘出若干静电场的分布曲线及分析场量的分布特点.

　　3. 加深对各物理场概念的理解.

　　4. 初步学会用模拟法测量和研究二维静电场.

## 【实验原理】

　　恒定电流场(电流密度矢量 $j$)与静电场(电场强度矢量 $E$)是两种不同性质的场, 但它们在一定条件下具有相似的空间分布, 即两种场遵守的规律(高斯)在数学形式上一样, 在相同边界条件下, 具有相同的解析解, 因此, 我们可以用恒定电流场来模拟静电场.

　　为了达到 $U_{恒定}=U_{静电}$ 或 $E_{恒定}=E_{静电}$, 要保证电极形状一定, 电极电势不变, 空间介质均匀以及采用一定的数学修正. 下面通过具体实验来讨论这种等效性.

　　1. 同轴电缆及其静电场分布

　　如图 5.12.1(a)所示, 在真空中有一无限长、半径为 $r_A$ 的长圆柱形导体 A 和一内半径为 $r_B$ 的长圆筒形导体 B, 它们同轴放置, 分别带等量异号电荷. 由高斯定理知, 在垂直于轴线的任一载面 $S$ 内, 都有均匀分布的辐射状电场线, 这是一个与沿圆柱芯的 $z$ 轴无关的二维场. 在二维场中, 电场强度 $E$ 方向平行于 $x$-$y$ 平面, 其等势面为一簇同轴圆柱面.

　　由静电场中的高斯定理可知, 距轴线的距离为 $r$ 处[见图 5.12.1(b)]各点电场强度为 $E=\dfrac{\lambda}{2\pi\varepsilon_0 r}$, 式中 $\lambda$ 为柱面每单位长度的电荷量, 其电势为

$$U_r = U_A - \int_{r_A}^{r} \boldsymbol{E} \cdot \mathrm{d}\boldsymbol{r} = U_A - \frac{\lambda}{2\pi\varepsilon_0}\ln\frac{r}{r_A} \qquad (5.12.1)$$

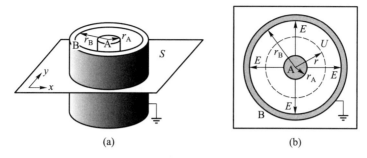

图 5.12.1 同轴电缆及其静电场分布

设 $r = r_B$ 时,$U_B = 0$,则有

$$\frac{\lambda}{2\pi\varepsilon_0} = \frac{U_A}{\ln(r_B/r_A)} \tag{5.12.2}$$

代入上式,得

$$U_r = U_A \frac{\ln(r_B/r)}{\ln(r_B/r_A)} \tag{5.12.3}$$

$$E_r = -\frac{\mathrm{d}U_r}{\mathrm{d}r} = \frac{U_A}{\ln(r_B/r_A)} \frac{1}{r} \tag{5.12.4}$$

2. 同型圆柱面电极间的电流分布

若上述圆柱形导体 A 与圆筒形导体 B 之间充满电导率为 $\sigma$ 的不良导体,A、B 与电流电源正负极相连接(见图 5.12.2),A、B 间将形成径向电流,建立恒定电流场 $E_r'$,则在均匀的导体中的电场强度 $E_r'$ 与原真空中的静电场 $E_r$ 的分布规律是相似的.

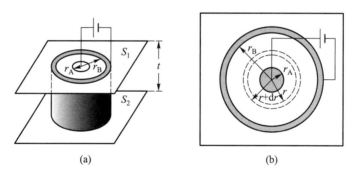

图 5.12.2 同轴电缆的模拟模型

取厚度为 $t$ 的圆轴形同轴不良导体片为研究对象,设材料电阻率为 $\rho(\rho = 1/\sigma)$,则任意半径 $r$ 到 $r+\mathrm{d}r$ 的圆周间的电阻是

$$\mathrm{d}R = \rho\frac{\mathrm{d}r}{s} = \rho\frac{\mathrm{d}r}{2\pi rt} = \frac{\rho}{2\pi t}\frac{\mathrm{d}r}{r} \tag{5.12.5}$$

则半径为 $r$ 到 $r_B$ 之间的圆柱片的电阻为

$$R_{rr_B} = \frac{\rho}{2\pi t}\int_r^{r_B}\frac{\mathrm{d}r}{r} = \frac{\rho}{2\pi t}\ln\frac{r_B}{r} \tag{5.12.6}$$

总电阻为(半径 $r_A$ 到 $r_B$ 之间圆柱片的电阻)

$$R_{r_A r_B} = \frac{\rho}{2\pi t} \ln \frac{r_B}{r_A} \tag{5.12.7}$$

设 $U_B = 0$,两圆柱面间所加电压为 $U_A$,则径向电流为

$$I = \frac{U_A}{R_{r_A r_B}} = \frac{2\pi t U_A}{\rho \ln(r_B/r_A)} \tag{5.12.8}$$

距轴线 $r$ 处的电势为

$$U_r' = I R_{r r_B} = U_A \frac{\ln(r_B/r)}{\ln(r_B/r_A)} \tag{5.12.9}$$

则 $E_r'$ 为

$$E_r' = -\frac{dU_r'}{dr} = \frac{U_A}{\ln(r_B/r_A)} \frac{1}{r} \tag{5.12.10}$$

由以上分析可见,$U_r$ 与 $U_r'$,$E_r$ 与 $E_r'$ 的分布函数完全相同.表 5.12.1 给出了几种典型静电场的模拟电极形状及相应的电场分布.

表 5.12.1　几种典型静电场的模拟电极形状及相应的电场分布

| 极型 | 模拟板型式 | 等势线、电场线理论图形 |
|---|---|---|
| 长平行导线(输电线) | 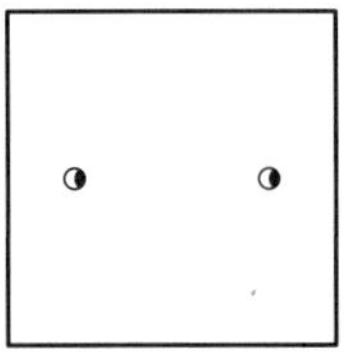 | 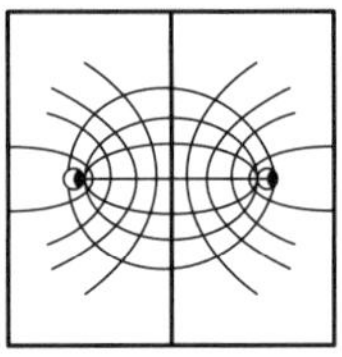 |
| 长同轴圆筒电极(同轴) | 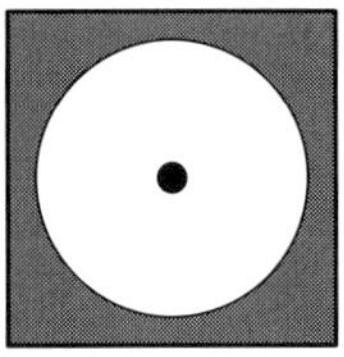 | 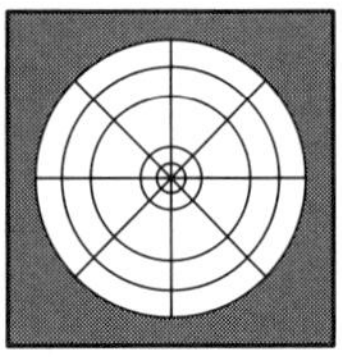 |
| 劈尖型电极 |  | 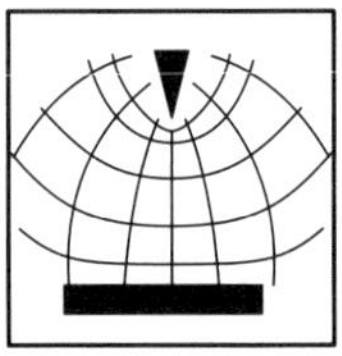 |
| 模拟聚焦电极 | 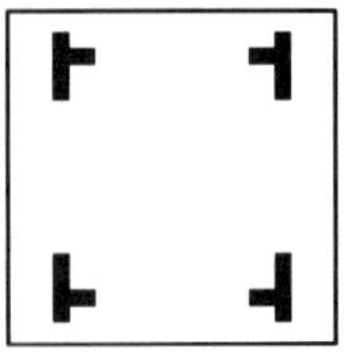 | 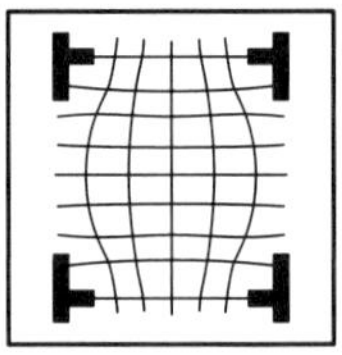 |

## 【实验仪器】

GVZ-4 型导电微晶静电场描绘仪.

描绘仪包括在箱体内上下固定的四种导电微晶电极板、探针和供电电源及测量端(如图 5.12.3 所示).同心圆采用极坐标,其他电极采用直角坐标,电极已直接制作在导电微晶上,并将电极引线接到外接线柱上,电极间制作有导电率远小于电极且各向均匀的导电介质.电源如图 5.12.3 所示,可以提供可调电源,仪器也提供校正和测量切换模式.

图 5.12.3  电源和测量端

## 【实验内容及步骤】

场强 $E$ 大小等于电势梯度,方向指向电势降落的方向.考虑到 $E$ 是矢量,而电势 $U$ 是标量,从实验测量来讲,测定电势比测定场强容易实现,所以可先测绘等势线,然后根据电场线与等势线正交的原理,画出电场线,随后可由等势线的间距确定电场线的疏密和指向,将抽象的电场形象地反映出来.

依据上述原理,将测量笔置于导电微晶电极上,启动电源开关,连接箱体和电源、探针(红黑线对应),先校正(在电极处,电势为 0,在电势最高处校正到 10 V),后测量.在测量时,考虑空间分布,将测量点在待测区域尽量均匀分布,等势线上的测量点尽可能分布合理(数目和位置均应以反映物理规律为原则,例如每条等势线上尽量获得 10 个以上测量点).在测量时,应尽量保证探针接触良好.

1. 描绘同轴电缆的静电场分布.
2. 描绘一个劈尖电极和一个条形电极形成的静电场分布.
3. 描绘模拟聚焦电极和长平行导线间的电场分布图.

## 【数据记录与处理】

1. 依据上述测量数据,选择合适的坐标,先绘制出等势线(应予以电势标注),随后依据物理原理绘制出电场线.
2. 分析实验结果.

1. 根据测绘所得等势线和电场线分布,分析哪些地方场强较强,哪些地方场强较弱.

2. 从实验结果能否说明电极的电导率远大于导电介质的电导率?如不满足这个条件会出现什么现象?

3. 在描绘同轴电缆的等势线簇时,如何正确确定圆形等势线簇的圆心,如何正确描绘圆形等势线?

4. 由导电微晶与记录纸的同步测量记录,能否模拟出点电荷激发的电场或同心球壳型带电体激发的电场?为什么?

5. 能否用恒定电流场模拟稳定的温度场?为什么?

# 实验 5.13　热敏电阻温度传感探索

## 【实验目的】

1. 了解温度传感器的基本原理.
2. 电流型集成温度传感器 AD590 的特性测量.
3. 应用 AD590 设计数字温度计.
4. 测量半导体热敏电阻阻值与温度的关系,求半导体热敏电阻的经验公式.

## 【实验原理】

1. 恒电流法测量热敏电阻特性

恒电流法测量热敏电阻电路如图 5.13.1 所示,$R$ 为已知数值的固定电阻,$R_t$ 为热电阻.$U_r$ 为 $R$ 上的电压,$U_{rt}$ 为 $R_t$ 上的电压.假设回路电流为 $I_0$,根据欧姆定律,$I_0 = U_r/R$,热敏电阻 $R_t$ 为

$$R_t = \frac{U_{rt}}{I_0} = \frac{RU_{rt}}{U_r} \tag{5.13.1}$$

2. 负温度系数热敏电阻(NTC 1K)温度传感器

热敏电阻是利用半导体电阻阻值随温度变化的特性来测量温度.按电阻阻值随温度升高而减小或增大,分为 NTC 型(负温度系数热敏电阻)、PTC 型(正温度系数热敏电阻)和 CTC(临界温度热敏电阻).NTC 型热敏电阻阻值与温度的关系为指数下降关系,但也可以找出热敏电阻某一较小的、线性较好范围加以应用(如 35~42 ℃).如需对温度进行较准确的测量,则需配置线性化电路进行校正.以上三种热敏电阻特性曲线如图 5.13.2 所示.

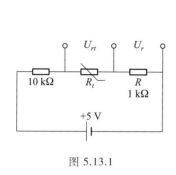

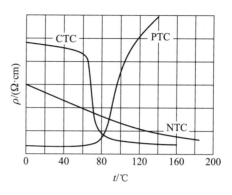

图 5.13.1

图 5.13.2　热敏电阻特性曲线

在一定的温度范围内(小于 150 ℃),NTC 型热敏电阻的电阻 $R_t$ 与温度 $T$ 之间有如下关系

$$R_t = R_0 e^{B\left(\frac{1}{T}-\frac{1}{T_0}\right)} \tag{5.13.2}$$

式中,$R_t$,$R_0$ 是温度为 $T$、$T_0$ 时的电阻值($T$ 为热力学温度,单位为 K);$B$ 是热敏电阻材料常量,一般情况下 $B$ 为 2 000~6 000 K.对一定的热敏电阻而言,$B$ 为常量,对式(5.13.2)两边取对数,则有

$$\ln R_t = B\left(\frac{1}{T}-\frac{1}{T_0}\right)+\ln R_0 \tag{5.13.3}$$

由式(5.13.3)可见,$\ln R_t$ 与 $1/T$ 成线性关系,作 $\ln R_t$—($1/T$)直线图,用直线拟合,由斜率即可求出常量 $B$.

3. AD590 集成电路温度传感器

AD590 集成电路温度传感器是由多个参量相同的三极管和电阻组成.当该器件的两端加有一定直流工作电压时(一般工作电压可在 4.5~20 V 范围内),它的输出电流与温度满足如下关系

$$I = Bt+A \tag{5.13.4}$$

式中,$I$ 为输出电流,单位 μA,$t$ 为温度,单位为摄氏度,$B$ 为斜率(一般 AD590 的 $B$ = 1 μA/℃ ),$A$ 为 0 ℃ 时的电流值,其值恰好与冰点的热力学温度 273 K 时的电流值相对应(对一般的 AD590,其 $A$ 值从 273~278 μA 略有差异).利用 AD590 集成电路温度传感器的上述特性,可以制成各种用途的温度计.采用非平衡电桥线路,可以制作一台数字式摄氏温度计,即 AD590 器件在 0 ℃ 时,数字电压显示值为"0",而当 AD590 器件处于 $t$ ℃ 时,数字电压表显示值为"$t$".

【实验仪器】

仪器主要由恒温控制温度传感器实验仪 DH－WD－D 实现,提供 PT100 温度传感器、AD590 温度传感器、NTC 热敏电阻以及连接导线等.其主要技术参量为

(1) 加热井控温范围:室温~100 ℃,分辨率 0.1 ℃;带过温保护和加热井散热功能.

(2) 可调稳压电源:1.5~12 V 连续可调.

(3) 四位半数字电压表,20 V 和 2 V 两挡切换,最小分辨率 0.1 mV.

(4) NTC 热敏电阻特性测量模块一个.

（5）AD590 特性测量模块一个、AD590 测温电桥模块一个.

温度控制器的使用方法:按 SET 键 0.5 s 进入温度设定界面,◀为设定位移的位数键(被选择的位对应闪烁),▲为设定数字递增键,▼为设定数字递减键,设定到需要的温度后再按一下 SET 键退出设定,此时在控温开关开启时,温度控制器将对加热井进行控温使达到设定温度值.

当需要对加热井进行降温时,将温度控制器温度值设定到室温以下并关闭控温开关,再开启加热井散热开关即可.

温度控制表的其他使用说明见附录文件.

## 【实验内容及步骤】

### 1. 实验内容 1

将控温传感器 PT100 探头插入加热井中,并将三芯插头与温控表下方的 PT100 插座对应相连,构成温度控制系统,实现加热井温度控制.将 NTC 温度传感器探头插入加热井中另一个孔内,把输出插头按颜色与处理单元对应的 NTC 插座连接起来.

按图 5.13.3 接线和电压表选择 mV 挡;电压 $V_i$ 调节到 5 V.从室温开始测量,然后每隔 5.0 ℃ 设定一次温控器,待温度稳定后(2 分钟内温度变化在 ±0.1 ℃ 以内),测量热敏电阻上对应电压 $U_{rt}$(钮子开关打向 $V_{o1}$)以及取样电阻 $R_2$(1 kΩ)上电压 $U_r$(钮子开关打向 $V_{o2}$),根据公式(5.13.1)求出 $R_t$ 与温度 $t$ 的关系.

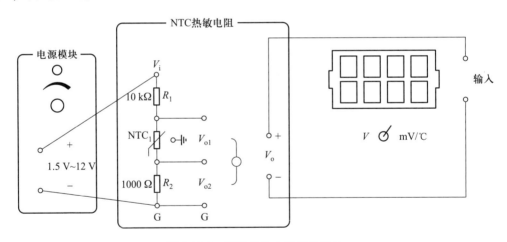

图 5.13.3 NTC 热敏电阻特性测量

### 2. 实验内容 2

（1）集成电路温度传感器 AD590 的特性测量(如图 5.13.4 所示)

① 将控温传感器 PT100 探头插入加热井中,并将三芯插头与温控表下方的 PT100 插座对应相连,构成温度控制系统,实现加热井温度控制.将 AD590 温度传感器探头插入加热井中另一个孔内,把输出插头按颜色(红黑)与处理单元对应的 AD590 插座连接起来,注意接线(AD590 的正负极不能接错,AD590 的工作电压一般为 +4 ~ +30 V,红色插脚为正极,黑色插脚为负极),调节电源模块,使输入电压 $V_i = 8$ V.

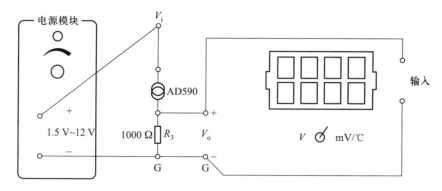

图 5.13.4　AD590 传感器温度特性测量

② 测量 AD590 集成电路温度传感器的电流 $I$ 与温度 $t$ 的关系,电流 $I = Vo/R_3$,取样电阻 $R_3$ 的阻值为 1 000 Ω,注意选择合适的输出挡位.

（2）制作量程为 0~50 ℃ 范围的数字温度计

① 按图 5.13.5 接线,图中 AD590 与电阻 $R_4$、$R_5$ 以及 $R_W$ 构成非平衡电桥,其中 $R_4 = R_5 = 1 000$ Ω,$R_W$ 为可调电位器.

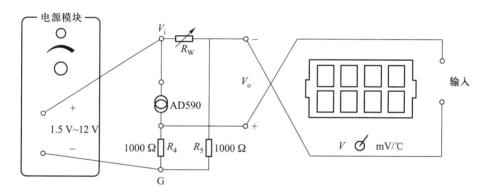

图 5.13.5　AD590 数字温度计测温实验

② 将电桥的供电电压 $V_i$ 设定到 8 V,将 AD590 探头放置在冰水混合物中,调节电位器 $R_w$,使电桥输出电压为 0 000.0 mV(对应 0 000.0 ℃),实现数字温度计零点校准.如果实验室没有冰水混合物,可以将加热井温度控制在稳定的 25 ℃,将 AD590 传感器置于加热井中使其稳定数分钟后,调节电位器 $R_w$,使电压表显示为 25.0 mV 即可.

## 【数据记录与处理】

1. 针对实验内容 1,作 $\ln R_t$-($1/t$) 直线图,用直线拟合法或者作图法,由斜率求出常量 $B$.

2. 针对实验内容 2,根据测量的数据,绘制 $I$-$t$ 曲线,把实验数据用最小二乘法法进行拟合,求斜率 $B$、截距 $A$ 和相关系数.利用设计的数字温度计测量加热井中的温度,并与温度控制表上显示的温度进行对比.用设计的数字温度计测量人体温度

本实验
附录文件

并制作对比表格.

3. 令图 5.13.4 中电源电压 $V_i$ 发生变化,如从 8 V 变为 10 V,观测并测量,AD590 传感器输出电流有无变化? 分析其原因.

# 实验 5.14　用双臂电桥测量低电阻

利用惠斯通电桥测量中等电阻时,忽略了导线电阻和接触电阻的影响,但在测量 1 Ω 以下的低电阻时,各引线的电阻和端点的接触电阻相对被测电阻来说不可忽略.为了解决这一问题,采用四端引线法组成双臂电桥(又称为开尔文电桥)是一种常用方法.

## 【实验目的】

1. 了解四端引线法的意义及双臂电桥的结构.
2. 学习使用双臂电桥测量低电阻.
3. 学习测量导体的电阻率.

## 【实验原理】

1. 四端引线法

在图 5.14.1 所示伏安法测量电路中,待测电阻 $R_x$ 两侧的接触电阻和导线电阻以等效电阻 $R_1$、$R_2$、$R_3$、$R_4$ 表示,通常电压表内阻较大,$R_1$ 和 $R_4$ 对测量的影响不大,而 $R_2$ 和 $R_3$ 与 $R_x$ 串联在一起,实际被测电阻为 $R_2+R_x+R_3$.若 $R_2$ 和 $R_3$ 数值与 $R_x$ 为同一数量级,或超过 $R_x$,则不能忽略.

图 5.14.2 中将待测低电阻 $R_x$ 两侧的接点分为两个电流接点 $C$-$C$ 和两个电压接点 $P$-$P$,$C$-$C$ 在 $P$-$P$ 的外侧.显然电压表此时测量的是 $P$-$P$ 之间的一段较小的电阻两端的电压,消除了 $R_2$ 和 $R_3$ 对 $R_x$ 测量的影响.该方法就是四端引线法,广泛应用于各种测量领域中,例如引入的低值标准电阻为了减小接触电阻和接线电阻而设有四个端钮,为了研究高温超导体在发生正常超导转变时的零电阻现象和迈斯纳效应,就采用四端引线法来测量超导样品电阻 $R$ 随温度 $T$ 的变化.

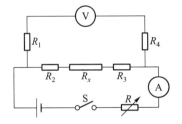
图 5.14.1　伏安法测量电阻线路

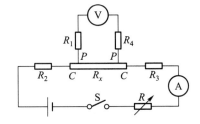
图 5.14.2　四端引线法测电阻

## 2. 双臂电桥测量低电阻

图 5.14.3 双臂电桥中 $R_1$、$R_2$、$R_3$、$R_4$ 为桥臂电阻.$R_N$ 为已知标准电阻,$R_x$ 为被测电阻.$R_N$ 和 $R_x$ 采用四端引线的接线法,电流接点 $C_1$、$C_2$ 位于外侧;电势接点 $P_1$、$P_2$ 位于内侧.测量时,调节各桥臂电阻值,使检流计指示逐步为零,则 $I_G = 0$,这时 $I_3 = I_4$,根据基尔霍夫定律可写出以下三个回路方程

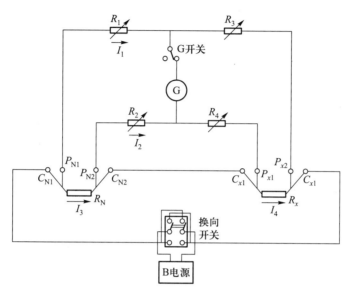

图 5.14.3　双臂电桥测低电阻

$$I_1 R_1 = I_3 R_N + I_2 R_2$$

$$I_1 R_3 = I_3 R_x + I_2 R_4$$

$$(I_3 - I_2) R_r = I_2 (R_2 + R_4)$$

式中 $R_r$ 为 $C_{N2}$ 和 $C_{x1}$ 之间的线电阻,联立得

$$R_x = \frac{R_3}{R_1} R_N + \frac{R_r R_2}{R_3 + R_2 + R_r} \left( \frac{R_3}{R_1} - \frac{R_4}{R_2} \right) \tag{5.14.1}$$

由此可见,此时 $R_x$ 的结果由等式右边的两项来决定,其中第一项与单臂电桥相同,第二项称为更正项.为了更方便地测量和计算,即使双臂电桥求 $R_x$ 的公式与单臂电桥相同,实验中可设法使更正项尽可能为零.在双臂电桥测量中,通常可采用同步调节法,令 $R_3/R_1 = R_4/R_2$,可使更正项接近零.在实际的使用中,通常使 $R_1 = R_2$,$R_3 = R_4$,且阻值大于 $100\ \Omega$.

在实际的双臂电桥中,很难做到 $R_3/R_1 = R_4/R_2$,因此 $R_x$ 和 $R_N$ 电流接点间的导线应使用较粗的、导电性良好的导线,以使 $R_r$ 值尽可能小,这样,即使 $R_3/R_1$ 与 $R_4/R_2$ 两项不严格相等,但由于 $R_r$ 值很小,更正项仍能趋近于零.

## 【实验仪器】

DH6105 型组装式双臂电桥包含检流计,被测电阻,换向开关,通断开关,导线,电源,螺旋测微器等.

1. 桥臂电阻 $R_1$、$R_2$、$R_3$、$R_4$,可选阻值 100 Ω、1 kΩ、10 kΩ,精度 0.02%.

2. 可变标准电阻 $R_N$ 有 $C_1$、$P_1$、$P_2$、$C_2$ 四个引出端(其中 $C_1$ 与 $P_1$ 相连,$C_2$ 与 $P_2$ 相连),由 (10×0.01+10×0.001) Ω 组成(图 5.14.4).其中 10×0.001 Ω 由一个 100 分度的划线盘实现,分辨率为 0.0001Ω,精度 5%,注意不要使用区间之外的电阻值.

3. 电源:随负载变化的最大电压 1.5 V、最大电流 1.5 A(指针式电流表指示).

4. 电流换向开关 DHK-1 具有正向接通、反向接通、断三挡功能(图 5.14.5);面板上脚 1 和脚 2 为输入,分别接 DH6105 电源输出的正负端,脚 3 和脚 4 为输出.当开关打向正接时,1 和 3 接通,2 和 4 接通,即脚 3 为正输出,脚 4 为负输出;当开关打向反接时,1 和 4 接通,2 和 3 接通,即脚 3 为负输出,脚 4 为正输出;当开关打向断时,3 和 4 端无电压输出.

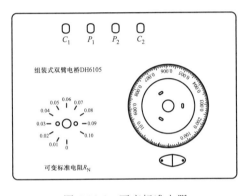

图 5.14.4 可变标准电阻

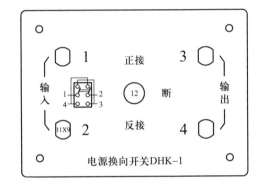

图 5.14.5 电源换向开关

5. 检流计开关(图 5.14.6):用于控制检流计的通和断,按下开关为通,开关弹起为断.

6. AZ19 检流计,用于指示电桥是否平衡,灵敏度可调.在测量 0.01~11 Ω 范围内,在规定的电压下,当被测量电阻变化允许一个极限误差时,指零仪的偏转大于等于一个分格,就能满足测量准确度的要求.检流计灵敏度不要过高,否则不易平衡,并导致测量电阻时间过长.

7. 被测电阻 DHSR(图 5.14.7),四端接法,配有不同的金属试材,并带有长度指示,可用于测量金属的电阻率.$C_1$、$P_1$、$P_2$、$C_2$ 接线柱内部分别与样品上 4 个固定螺钉相连,其中连接 $C_1$、$C_2$、$P_1$ 的螺钉固定不动,连接 $P_2$ 的固定螺钉可以在试材上滑动,样品的实测长度即为中间两个固定螺

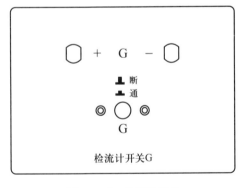

图 5.14.6 检流计开关

图 5.14.7 被测电阻 DHSR

钉 $P_1$ 和 $P_2$ 之间的距离.注意:在测试时,固定螺钉一定要锁紧,以减小接触电阻.

8. 总有效量程:0.000 1~11 Ω,典型的整数倍量程因素($R_3/R_1$)下有效量程如表 5.14.1 所示.

表 5.14.1  量程和量程因素的关系

| 量程因素 | 有效量程/Ω | 测量精度/(%) |
|---|---|---|
| X100 | 1~11 | 0.2 |
| X10 | 0.1~1.1 | 0.2 |
| X1 | 0.01~0.11 | 0.5 |
| X0.1 | 0.001~0.011 | 1 |
| X0.01 | 0.000 1~0.001 1 | 5 |

## 【实验内容及步骤】

1. 实验内容 1

(1)如图 5.14.3 所示接线.将可调标准电阻、被测电阻按四端连接法与 $R_1$、$R_2$、$R_3$、$R_4$ 连接,注意 $C_{N2}$、$C_{x1}$ 之间要用粗短连线.

(2)打开专用电源和检流计的电源开关,通电后,等待 5 min,调节指零仪指针使其指在零位.在测量未知电阻时,为保护指零仪指针不被打坏,指零仪的灵敏度调节旋钮应放在最低位置或非线性挡,使电桥初步平衡后再增加指零仪灵敏度.在改变指零仪灵敏度或环境等因素变化时,有时会引起指零仪指针偏离零位,在测量之前,随时都应调节指零仪指零.

(3)估计被测电阻值大小,选择适当 $R_1$、$R_2$、$R_3$、$R_4$ 的阻值,注意 $R_1=R_2$,$R_3=R_4$ 的条件.先按下检流计 G 开关按钮,再正向接通 DHK-1 开关,接通电桥的电源 B,调节步进盘和划线读数盘,使指零仪指针指在零位上,电桥平衡.注意:测量低阻时,工作电流较大,由于存在热效应,会引起被测电阻的变化,所以电源开关不应长时间接通,应该间歇使用.测量时记录 $R_1$、$R_2$、$R_3$、$R_4$ 和 $R_N$ 的阻值,平衡后有

$$R_{x1} = R_3/R_1 \times R_N \quad (步进盘读数+滑线盘读数)$$

(4)如需更高的测量精度,保持测量线路不变,再反向接通 DHK-1 开关,重新微调划线读数盘,使指零仪指针重新指在零位上,电桥平衡.这样做的目的是减小接触电势和热电势对测量的影响.记录 $R_1$、$R_2$、$R_3$、$R_4$ 和 $R_N$ 的阻值.再次计算被测电阻

$$R_{x2} = R_3/R_1 \times R_N \quad (步进盘读数+滑线盘读数)$$

最后被测电阻按下式计算

$$R_x = (R_{x1}+R_{x2})/2$$

(5)保持以上测量线路不变,调节 $R_2$ 或 $R_4$,使 $R_1 \neq R_2$ 或 $R_3 \neq R_4$,测量 $R_x$ 值,并与 $R_1=R_2$,$R_3=R_4$ 时的测量结果相比较.

2. 实验内容 2

(1)测量一段金属丝的电阻 $R_x$.

按图 5.14.3 连接好电路.调定 $R_1 = R_2$,$R_3 = R_4$,正向接通工作电源,按下检流计 G 按钮进行粗调,调节 $R_N$ 电阻,使检流计指示为零,双臂电桥调节平衡,记下 $R_1$、$R_2$、$R_3$、$R_4$ 和 $R_N$ 的阻值.

反向接通工作电源,重新调节电桥平衡,记下 $R_1$、$R_2$、$R_3$、$R_4$ 和 $R_N$ 的阻值.

记录金属丝的长度 $L$.

（2）用螺旋测微器测量金属丝的直径 $d$,在不同部位测量五次,求平均值,根据公式 $\rho = \pi d^2 R_x / 4L$,计算金属丝的电阻率.

（3）改变金属丝的长度,重复上述步骤,并比较两次测量结果.

## 【注意事项】

1. 在测量带有电感的直流电阻时,应先接通电源 B,再按下检流计 G 按钮,断开时,应先断开检流计 G 按钮,后断开电源 B,以免反冲电势损坏指零电路.

2. 在测量 0.1 Ω 以下阻值时,$C_1$、$P_1$、$C_2$、$P_2$ 接线柱与被测量电阻之间的连接导线电阻为 0.005~0.01 Ω,测量其他阻值时,联结导线电阻应小于 0.05 Ω.

3. 使用完毕后,应断开电源 B,松开检流计 G 按钮,关断交流电.如长期不用,应拔出电源线确保用电安全.

4. 仪器长期搁置不用,在接触处可能产生氧化,造成接触不良,使用前应该来回转动 $R_N$ 开关数次.

## 【习题】

1. 双臂电桥与惠斯通电桥有哪些异同?

2. 双臂电桥怎样消除附加电阻的影响?

3. 如果待测电阻的两个电压端引线电阻较大,对测量结果有无影响?

4. 如何提高测量金属丝电阻率的准确度?

# 实验 5.15　半导体 pn 结的物理特性及弱电流测量

## 【实验目的】

1. 在不同温度条件下,测量玻耳兹曼常量.

2. 学习用运算放大器组成的电流-电压变换器测量弱电流.

3. 测量 pn 结电压与温度的关系,求出该 pn 结温度传感器的灵敏度.

4. 计算在 0 K 温度时,半导体硅材料的近似禁带宽度.

## 【实验原理】

**1. pn 结的正向电流-电压关系**

由半导体物理学可知,pn 结的正向电流-电压关系满足

$$I = I_0 \left[ \exp(eU/kT) - 1 \right] \tag{5.15.1}$$

式中,$I$ 是通过 pn 结的正向电流,$I_0$ 是反向饱和电流,$T$ 是热力学温度,$e$ 是电子电荷量的绝对值,$U$ 为 pn 结正向压降.由于在常温(300 K)时,$kT/e \approx 0.026$ V,而 pn 结正向压降约为零点几伏,则 $\exp(eU/kT) \gg 1$,式(5.15.1)括号内的第二项完全可以忽略,于是有

$$I = I_0 \exp(eU/kT) \tag{5.15.2}$$

即当温度 $T$ 恒定时,pn 结正向电流随正向电压按指数规律变化.若测得 pn 结 $I$-$U$ 关系,则利用式(5.15.1)可以求出 $e/kT$ 值.在测得温度 $T$ 后,就可以得到 $e/k$ 常量,把电子电荷量绝对值作为已知值代入,即可求得玻耳兹曼常量 $k$.

在实际测量中,二极管的正向 $I$-$U$ 关系虽然能较好地满足指数关系,但求得的常量 $k$ 往往偏小.这是因为通过二极管电流一般包括三个部分:(1)扩散电流,它严格遵循式(5.15.2);(2)耗尽层复合电流,它正比于 $\exp(eU/2kT)$;(3)表面电流,它是由硅和二氧化硅界面中杂质引起的,其值正比于 $\exp(eU/mkT)$,一般 $m > 2$.因此,为了验证式(5.15.2)及求出准确的 $e/k$ 常量,不宜采用硅二极管,而采用硅三极管接成共基极线路,此时集电极与基极短接,集电极电流仅仅是扩散电流.复合电流主要在基极出现,测量集电极电流时,将不包括它.

本实验选取性能良好的硅三极管(TIP31 型),实验中它处于较小的正向偏置,这样表面电流影响也完全可以忽略,因此此时的集电极电流与结电压将满足式(5.15.2).实验线路如图 5.15.1 所示.

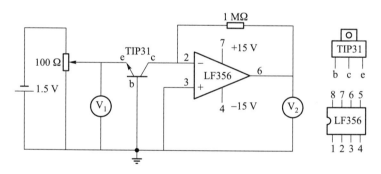

图 5.15.1 pn 结扩散电源与结电压关系测量线路图

**2. 弱电流测量**

以往的实验中,$10^{-6} \sim 10^{-11}$ A 弱电流一般采用光点反射式检流计测量,该仪器灵敏度较高,约 $10^{-9}$ A/分度,但有许多不足之处,如十分怕震、挂丝易断,使用时稍有不慎,光标易偏出满度,瞬间过载引起引丝疲劳变形产生不回零点及指示差变大,使用和维修也极不方便.近年来,集成电路与数字化显示技术越来越普及.高输入阻抗运算放大器性能优良,价格低廉,用它组成电流-电压变换器测量弱电流信号,具有输入阻抗低、电流灵敏度高、温漂小、线性好、设计制作简单、结

构牢靠等优点,因而被广泛应用于物理测量中.

LF356 是一个高输入阻抗集成运算放大器,用它组成电流-电压变换器(弱电流放大器),如图 5.15.2 所示.其中虚线框内电阻 $Z_r$ 为电流-电压变换器等效输入阻抗,运算放大器的输出电压 $U_0$ 为

$$U_0 = -K_0 U_i \qquad (5.15.3)$$

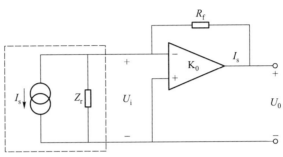

图 5.15.2　电流-电压变换器

式中,$U_i$ 为输入电压,$K_0$ 为运算放大器的开环电压增益,即图 5.15.3 中电阻 $R_f \to \infty$ 时的电压增益,$R_f$ 称为反馈电阻.因为理想运算放大器的输入阻抗 $Z_i \to \infty$,所以信号源输入电流只流经反馈网络构成的通路.因而有

$$I_s = (U_i - U_0)/R_r = U_i(1+K_0)/R_f \qquad (5.15.4)$$

由式(5.15.4)可得电流-电压变换器等效输入阻抗 $Z_r$ 为

$$Z_r = U_i/I_s = R_f/(1+K_0) \approx R_f/K_0 \qquad (5.15.5)$$

由式(5.15.3)和式(5.15.4)可得电流-电压变换器输入电流 $I_s$ 输出电压 $U_0$ 之间的关系式,即

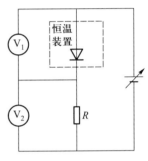

图 5.15.3　pn 结温度传感器
$U_{be}$-$T$ 关系测量实验电路

$$I_s = -\frac{U_0}{K_0}(1+K_0)/R_f = -U_0(1+1/K_0)/R_f = -U_0/R_f \qquad (5.15.6)$$

由式(5.15.6)可知,只要测得输出电压 $U_0$,并已知 $R_f$ 值,即可求得 $I_s$ 值.LF356 运放的开环增益 $K_0 = 2\times 10^5$,输入阻抗 $Z_i = 10^{12}$ Ω.若取 $R_f$ 为 1.00 MΩ,则由式(5.15.5)可得

$$Z_r = 1.00\times 10^6\ \Omega/(1+2\times 10^5) = 5\ \Omega \qquad (5.15.7)$$

若选用数字电压表的分辨率为 0.01 V,那么用上述电流-电压变换器能显示最小电流值为

$$I_{s,min} = 0.01\ \text{V}/(1\times 10^6\ \Omega) = 1\times 10^{-8}\ \text{A} \qquad (5.15.8)$$

由此说明,用集成运算放大器组成的电流-电压变换器测量弱电流,具有输入阻抗小、灵敏度高的优点.

3. pn 结的结电压 $U_{be}$ 与热力学温度 $T$ 的关系测量

当 pn 结通过恒定小电流(通常电流 $I = 1$ mA),由半导体理论可得 $U_{be}$ 与 $T$ 的近似关系为

$$U_{be} = ST + U_{g0} \qquad (5.15.9)$$

式中 $S$ 为 pn 结温度传感器灵敏度.由 $U_{g0}$ 可求出温度为 0 K 时半导体材料的近似禁带宽度 $E_{g0} = qU_{g0}$.硅材料的 $E_{g0}$ 约为 1.20 eV.

## 【实验仪器】

FD-PN-C 实验仪.实验仪包括:

1. 液晶测量显示模块,1.5 V 可调及 1~3 mA 可调直流电源,干井式铜质可调节恒温器,温控仪.

2. TIP31 型三极管(带三根引线)1 个,9013 三极管 1 个(带二根引线).

3. 干井铜质恒温器(含加热器)及小电风扇各 1 个.

4. LF356 运算放大器 1 块,连接线若干.

## 【实验内容及步骤】

1. $I$–$U_{be}$ 关系测定,并进行曲线拟合求经验公式,计算玻耳兹曼常量.

(1) 实验线路如图 5.15.1 所示.图中 $V_1$($U_{be}$ = $V_1$)和 $V_2$ 为液晶屏数显电压,TIP31 型为带散热板的功率三极管,调节电压的分压器为多圈电位器,为保持 pn 结与周围环境一致,把 TIP31 型三极管浸没在干井槽中,温度用 DS18B20 数字温度传感器进行测量.

(2) 在室温情况下,测量三极管发射极与基极之间电压 $V_1$ 和相应输出电压 $V_2$.在常温下,$V_1$ 的值从 0.3 V 调节至 0.42 V,每隔 0.01 V 测一点数据,测 10 多个数据点,至 $V_2$ 值达到饱和时($V_2$ 值变化较小或基本不变),结束测量.在开始记录数据和结束记录数据都要同时记录干井恒温器的温度 $T$,取温度平均值 $\overline{T}$.

(3) 改变干井恒温器温度,待 pn 结与恒温器温度一致时,重复测量 $V_1$ 和 $V_2$ 的关系数据,并与室温测得的结果进行比较.

(4) 曲线拟合求经验公式:以 $V_1$ 为自变量,$V_2$ 作因变量,运用最小二乘法,将实验数据代入指数函数 $V_2 = a\exp(bV_1)$,求出函数相应的 $a$ 和 $b$ 值.

(5) 计算 $e/k$ 常量,将电子电荷量的标准值作为标准差代入,求出玻耳兹曼常量并与公认值进行比较.

2. $U_{be}$–$T$ 关系测定,求 pn 结温度传感器的灵敏度 $S$,计算硅材料在 0 K 时的近似禁带宽度 $E_{g0}$ 值.

(1) 实验线路如图 5.15.3 所示.其中 $V_2$ 用于对电阻 $R$ 两端的电压进行采样,调节恒流源使 $V_2$ 示数为 1.000 V,即电流为 $I$ = 1 mA.

(2) 从室温开始每隔 5 ℃ ~10 ℃ 测一点 $U_{be}$ 值(即 $V_1$)与温度 $T$(K)关系,求得 $U_{be}$–$T$ 关系.

(3) 用最小二乘法对 $U_{be}$–$T$ 关系进行直线拟合,求出 pn 结测温灵敏度 $S$ 及近似求得温度为 0 K 时硅材料的禁带宽度 $E_{g0}$.

## 【习题】

1. 为什么需要测量多点数据?

2. 为什么要采用放大器进行测量?

# 实验 5.16   混沌原理及应用

## 【实验目的】

1. 了解混沌系统的原理.
2. 认识混沌的应用.

## 【实验原理】

1. 混沌原理

一般说来,非线性离散系统可以写成

$$x_{n+1} = G(x_n, \mu) \qquad (5.16.1)$$

这里 $x \in R_N$($N$ 维空间的矢量),$\mu$ 为系统的参量集合,$G$ 为非线性函数.构造离散系统的电路大致分两步进行:首先由方程(5.16.1)的 $G$ 函数建立对应的模拟电路.为了简便起见,假设 $G$ 函数是多项式的形式,且最高次幂是二阶的,这样只需用运放和乘法器以及电阻和电容器等器件就可以组成相应的模拟电路,然后再利用采样保持电路实现连续状态量的离散化.

虫口模型(Logistic 映象)是一种最典型的离散映象.它可以描述某些昆虫世代繁衍的规律,方程为

$$x_{n+1} = \mu x_n(1-x_n), \quad \mu \in [0,4], \quad x_n \in [0,1] \qquad (5.16.2)$$

其中 $x_n$ 是第 $n$ 年昆虫的数目.虫口模型简单,只有二次项,在时间上离散,状态上连续,是一个很好的研究混沌基本特性的模型.理论研究表明,随着 $\mu$ 值由小至大地变化,系统会出现倍周期分岔,并通过倍周期分岔通向混沌.

实现虫口模型的电路如图 5.16.1 所示,左虚线框内为使连续信号离散化的电路,它由两个采样保持器 S/H 组成,它们的工作状态分别受相位相反的脉冲电压的控制;右虚线框内是模拟

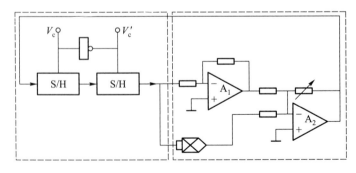

图 5.16.1   虫口模型电路

电路部分,由它实现方程(5.16.2)的右端函数形式,电路中的运放 $A_1$ 和 $A_2$ 分别构成反向器和反向加法器,乘法器 M 用来实现非线性平方项.

电路的物态方程为

$$u_{n+1} = \frac{R_W}{R} u_n \left( 1 - \frac{0.1R}{R_1} u_n \right) \tag{5.16.3}$$

作如下变换

$$x_n = \varepsilon u_n, \quad \varepsilon = \frac{0.1R}{R_1}, \quad \mu = \frac{R_W}{R} \tag{5.16.4}$$

实验中,固定 $R = 10$ k$\Omega$,$R_1 = 5$ k$\Omega$,标度变换因子 $\varepsilon = 0.2$,引入这个因子是为了保证实验的观测值在一个合适的范围.$R_W$ 为可调节电位器,调节它相当改变方程(5.16.2)中的参量 $\mu$.

实验结果表明:当 $R_W$ 的值从小到大变化,即 $\mu$ 由小到大变化时,可以通过示波器观察到这个电路出现了倍周期分岔现象以及混沌现象.

2. 蔡氏电路与混沌同步

1990 年,Pecora 和 Carroll 首次提出了混沌同步的概念,从此研究混沌系统的完全同步以及广义同步、相同步、部分同步等问题成为混沌领域中非常活跃的课题,利用混沌同步进行保密通信也成为混沌理论研究的一个大有希望的应用方向.

具体而言,两个或多个混沌动力学系统,如果除了自身随时间的演化外,还有相互单向或者双向耦合作用,并且当满足一定条件时,在耦合的影响下,系统的状态输出会逐渐趋于相近进而完全相等,称为混沌同步.本实验利用驱动—响应方法实现混沌同步.

混沌同步实验电路如图 5.16.2 所示.电路由三部分组成,第 Ⅰ 部分为驱动系统(蔡氏电路 1),第 Ⅱ 部分为响应系统(蔡氏电路 2),第 Ⅲ 部分为单向耦合电路,由运算放大器组成的隔离器和耦合电阻实现单向耦合和耦合强度的控制.当耦合电阻无穷大(即电路 1 和电路 2 断开)时,驱动和响应系统为独立的两个蔡氏电路,用示波器分别观察电容器 $C_1$ 和电容器 $C_2$ 上的电压信号组成的相图 $V_{C_1} - V_{C_2}$,调节电阻 $R$,使系统处于混沌态.调节耦合电阻,当混沌同步实现时,即 $V_{C_1^{(1)}} = V_{C_1^{(2)}}$,两者组成的相图为一条通过原点的倾斜度为 45° 的直线.影响这两个混沌系统同步的主要因素是两个混沌电路中元件的选择和耦合电阻的大小.在实验中,当两个系统的各元件参量基本相同时(相同标称值的元件也有 ±10% 的误差),同步态实现较容易.

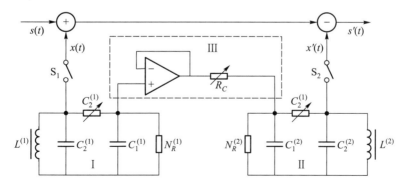

图 5.16.2 用蔡氏电路实现混沌同步和加密通信实验的参考图

3. 基于混沌同步的加密通信

由于混沌信号具有非周期性、类噪声、宽频带和长期不可预测等特点,所以适用于加密通信、扩频通信等领域.混沌掩盖是较早提出的一种混沌加密通信方式,又称混沌遮掩或混沌隐藏.其基本思想是在发送端利用混沌信号作为载体来隐藏信号或遮掩所要传送的信息,使得消息信号难以从混合信号中提取出来,从而实现加密通信.在接收端则利用与发送端同步的混沌信号解密,可恢复出发送端发送的信息.混沌信号和消息信号结合的主要方法有相乘、相加或加乘结合.

在混沌同步的基础上,接通图 5.16.2 中的开关 S$_1$、S$_2$,可以进行加密通信实验.

假设 $x(t)$ 是发送端产生的混沌信号,$s(t)$ 是要传送的消息信号,实验中消息信号由信号发生器输出,为方波或正弦信号.经过混沌掩盖后,传输信号为 $c(t)=x(t)+s(t)$.接收端产生的混沌信号为 $x'(t)$,当接收端和发送端同步时,有 $x'(t)=x(t)$,由 $c(t)-x'(t)=s(t)$,即可恢复出消息信号.实验中,信号的加法运算及减法运算通过运算放大器来实现.

需要指出的是,在实验中采用的是信号直接相加进行混沌掩盖,当消息信号幅度比较大,而混沌信号相对比较小时,消息信号不能被掩蔽在混沌信号中,传输信号中就能看出消息信号的波形,因此,实验中要求信号发生器输出的消息信号比较小.

## 【实验仪器】

ZKY-HD 混沌原理及应用实验仪,数字示波器,信号发生器,BNC 连接线.

实验仪的键控单元(如图 5.16.3 所示)包括三个部分,控制信号(低电平 0 V,高电平 5 V)分别处理手动按键产生的键控信号、电路自身产生的方波信号(周期约 40 ms)、外部输入的数字信号(频率小于 100 Hz),开关 1、2、3 对应选择这三路信号,按键通过高低信号选通单元 1(高电平)、2(不按蓝色键,低电平).

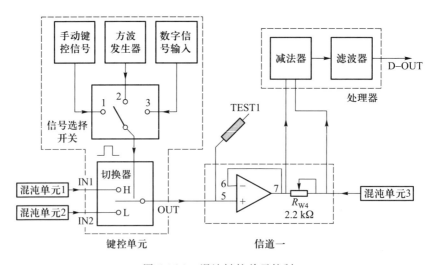

图 5.16.3　混沌键控单元控制

## 【实验内容及步骤】

### 1. 测量非线性电阻的伏安特性

测量原理如图 5.16.4 所示,在实验仪面板上插上跳线 J1、J2,并将可调电压源电位器旋钮逆时针旋转到头(电压表显示最大负值电压),在混沌单元 1 中插上非线性电阻 NR1.

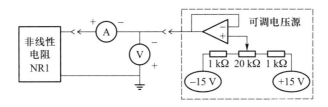

图 5.16.4　非线性电阻伏安特性测量原理

连接实验仪电源,接通开关,顺时针慢慢旋转可调电压源电位器旋钮,每隔 0.2 V 记录面板上电压表和电流表上的读数,直到旋钮顺时针旋转到头.

### 2. 调试和观察混沌波形

实验实验原理如图 5.16.5 所示.拔除 J1、J2(后续均不需要 J1、J2),在混沌单元 1 中插上电位器 $R_{W1}$、电感 $L_1$、电容器 $C_1$、电容器 $C_2$、电阻 $R_1$,并将 $R_{W1}$ 顺时针旋转到头.

用 BNC 线连接示波器的 CH1 和 CH2 端口到实验仪的 Q8 和 Q7,并接通开关.示波器置于 X-Y 模式,调节其电压挡位和位置挡,使图形处于屏幕的中央,并尽可能大,逆时针旋转 $R_{W1}$ 直到混沌波形变为一个点,然后慢慢顺时针旋转电位器 $R_{W1}$ 并观察,示波器上应该逐次出现单周期分岔、双周期分岔、四周期分岔、多周期分岔、单吸引子、双吸引子现象.如果不能出现,再次调节电压挡位和位置挡.

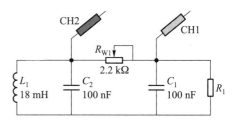

图 5.16.5　混沌波形发生实验原理框图

### 3. 混沌电路的同步实验

实验原理如图 5.16.6 所示.混沌单元 2 与单元 3 的电路参量基本一致,一般而言输出信号的相位不一致,如果能让它们的相位同步,将会发现它们的振荡周期非常相似.具体就是适当调整

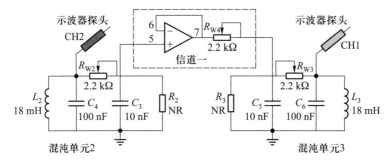

图 5.16.6　混沌同步原理框图

$R_{W2}$ 和 $R_{W3}$，将两个单元的振荡调到周期和幅度都基本一致.为了加强同步性,在两个混沌单元之间加入信道一模块.信道一模块由一个射随器和电位器 $R_{W4}$ 及一个信号观测口组成,调整 $R_{W4}$ 的阻值可以改变单元 2 对单元 3 的影响程度.

具体方法:将混沌单元 1、2 和 3 分别调节到混沌状态,即双吸引子状态,并将电位器调到保持双吸引子状态的中点.调试单元 2 时示波器接到 Q5、Q6 座处.调试单元 3 时示波器接到 Q3、Q4 座处.

随后插上信道一和键控单元,键控单元上的开关拨"1".连接 Q3 和 Q5 到示波器上的 CH1 和 CH2,调节电压挡位到 0.5 V.在 $R_{W4}$ 尽可能大的情况下,细心微调 $R_{W2}$ 和 $R_{W3}$ 直到示波器上显示过中点约 45°的细斜线,尽可能最细.将示波器的 CH1 和 CH2 分别接 Q3 和 Q6,也应显示双吸引子.

4. 混沌键控实验

接入 3 个已经出现混沌状态的混沌单元(调节单元 2 和 3 的状态时,信道一模块必须取下)、信号处理、键控单元,键控单元开关拨"1".

将 CH-1 与 Q6 连接,细调 $R_{W2}$(保证混沌状态)以挑选一个的峰-峰值(例如选择 9 V 左右),然后保证 $R_{W2}$ 不动.

将 CH-1 与 Q4 连接,细调 $R_{W3}$ 使输出波形峰-峰值(同上),然后保证 $R_{W3}$ 不动.

将信道一模块接入(本次实验暂未用到其他模块),旋钮 $R_{W4}$ 置中或更大,将 CH1 与信道一上的测试插座 TEST1 连接好.此时按住键控单元上的蓝色按键,示波器上将显示单元 1 的输出波形.松开蓝色按键,示波器上将显示单元 2 的输出波形.

按下蓝色按键,细调 $R_{W1}$,单元 1 在混沌状态的峰-峰值为 $V_{pp}$(例如 10 V 左右);然后松开按键,调整键控单元上的 $R_{W5}$ 使单元 2 的混沌状态峰-峰值也为 $V_{pp}$.然后将键控单元开关拨"2",此时示波器上出现单元 1 与单元 2 的交替波形,此波形的峰-峰值应看不出交替的痕迹,保持 $R_{W1}$ 和 $R_{W5}$ 不动.

将示波器时基切换到 X-Y,将拨动开关拨到"1",CH1 换接 Q3,CH2 接 Q5,示波器上将显示一条约 45°的过中心的斜线.

CH2 换接 Q7,按住键控单元上的蓝色按键,也将出现一条约 45°的过中心的斜线.若保证前面步骤调整过程中仔细且正确,可以发现此斜线粗细明显大于前述斜线.如果粗细对比不明显而导致后续结果很难得到,可以通过改变 $R_{W1}$ 与 $R_{W5}$,使混沌单元 1 和混沌单元 2 的 $V_{pp}$ 改变到一个新的值(需仍保证处于混沌状态).如果仍然难以得到所需的实验结果,此时单元 2 和 3 设定的峰-峰值过大或过小,根据情况重新设定.

将示波器时基切换到 Y-T,CH1 接 Q1,将开关拨"2",调整 $R_{W4}$,使低电平尽可能的低,高电平尽可能的高,示波器将显示解密波形.将开关拨"1",快速敲击按键,观测示波器波形随按键的变化.

将键控单元拨向"3".外接信号源输出信号的位置为"Q9",输入信号为幅值从 0 V 到 +5 V,频率小于 100 Hz 的方波.输出到示波器上的信号:当外输入为高电平时为高杂波电平,当外输入为低电平时波形幅度约为 0 V.

5. 混沌掩盖与解密实验

原理图如图 5.16.7 所示.接入单元 1、2、3,并将单元 2、3 调至同步状态.插上键控单元模块、信号处理模块、信道一模块,按照实验内容 3 的步骤将混沌单元 2 和 3 调节到混沌同步状态.

插上减法器模块、信道二模块、加法器模块,Q10 接信号发生器输出,激励信号为 100~200 Hz、50 mV 左右的正弦信号.

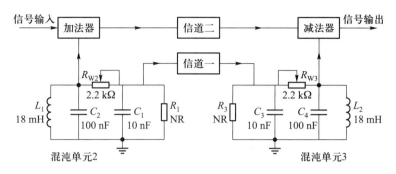

图 5.16.7　混沌掩盖与解密原理框图

将示波器 CH1 连接到 Q2 处,时基切换到 Y-T 并将电压挡旋转到 500 mV 位置、时间挡旋转到 10 ms 位置、耦合挡切换到交流位置.逆时针调节 $R_{W4}$,直到示波器上出现解密幅度为 0.7 V 左右并叠加有一定噪声的正弦信号.细心调节 $R_{W2}$ 和 $R_{W3}$,使噪声最小.

## 【数据记录与处理】

1. 实验内容 1 中,依据测量的数据对非线性电阻的伏安特性、等效电阻值进行分析.

2. 实验内容 2 中,观察并记录实验过程,在调试出双吸引子图形时,注意调节电位器的可变范围,思考何时双吸引子最为稳定,并易于观察清楚.

3. 实验内容 3 中,记录实验过程,分析信道一模块和监控单元的接入顺序和设置影响.

4. 实验内容 4 中,观察输出、输入信号周期之间的关系,以及输入波形改变时占空比的变化.测量信道一上面的"TEST1"的输出信号波形,该波形即键控加密波形,比较该波形与外部接入信号、解调输出信号,观察键控混沌加解密的效果并记录.

5. 实验内容 5 中,用示波器探头测量信道二测试口"TEST2"的输出波形,观察外输入信号被混沌信号掩盖的效果,并比较输入信号波形与解密后的波形的差别.

## 【预习思考题】

1. 在实验内容 3 中,为什么要将 $R_{W4}$ 尽可能调大呢? 如果 $R_{W4}$ 很小,或者为零,代表什么意思? 会出现什么现象?

2. 实验内容 3 中的细斜线的长度和细度分别表示什么?

本实验
附录文件

# 实验 5.17　螺线管磁场的测定

## 【实验目的】

1. 验证霍耳传感器的输出电势差与螺线管内磁感应强度成正比.

2. 测量集成线性霍耳传感器的灵敏度.

3. 测量螺线管内磁感应强度与位置之间的关系,求得螺线管内均匀磁场范围及边缘的磁感应强度.

4. 学习补偿原理在磁场测量中的应用.

## 【实验原理】

如图 5.17.1 所示,若电流 $I$ 流过厚度为 $d$ 的半导体薄片,且磁场 $B$ 垂直于该半导体,电子流方向因洛伦兹力作用而发生改变,在薄片两个横向面 a、b 之间产生电势差,这种现象称为霍耳效应.在与电流 $I$、磁场 $B$ 垂直方向上产生的电势差称为霍耳电势差,通常用 $U_H$ 表示.霍耳电势差的表达式为

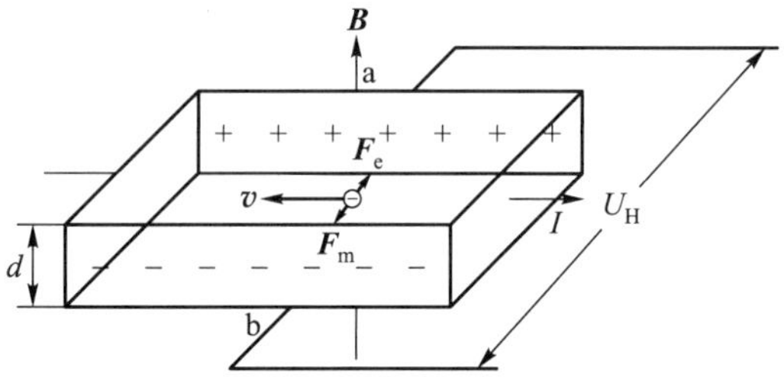

$$U_H = \left(\frac{R_H}{d}\right) IB = K_H IB \qquad (5.17.1)$$

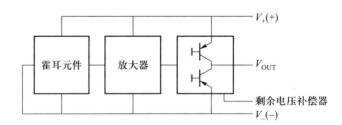

图 5.17.1　霍耳元件

其中 $R_H$ 是由半导体本身电子迁移率决定的物理常量,称为霍耳系数.$B$ 为磁感应强度,$I$ 为流过霍耳元件的电流,$K_H$ 称为霍耳元件灵敏度.

虽然从理论上讲霍耳元件在无磁场作用(即 $B=0$)时,$U_H=0$,但由于半导体材料结晶不均匀及各电极不对称等会引起附加电势差,该电势差 $U_0$ 称为剩余电压.

SS95A 型集成霍耳传感器(如图 5.17.2 所示)是一种高灵敏度集成霍耳传感器,它由霍耳元件、放大器和薄膜电阻剩余电压补偿组成.测量时输出信号大,并且剩余电压的影响已被消除.三根引线中"$V+$"和"$V-$"构成电流输入端,"$V_{OUT}$"和"$V-$"构成电压输出端.使用传感器时,必须使工作电流处在标准状态,具体而言,在磁感应强度为零(零磁场)条件下,调节"$V+$""$V-$"所接的电源电压,使输出电压为 2.500 V,则传感器就处在标准工作状态.

图 5.17.2　SS95A 型集成霍耳元件内部结构图

当螺线管内有磁场且集成霍耳传感器处在标准工作电流时,由式(5.17.1)可得

$$B = \frac{(U-2.500\ V)}{K} = \frac{U'}{K}$$

式中,$U$ 为集成霍耳传感器的输出电压,$K$ 为该传感器的灵敏度,$U'$ 是经用 2.500 V 外接电压补偿以后,用数字电压表测出的传感器输出值.

## 【实验仪器】

FD-ICH-Ⅱ新型螺线管磁场测定仪.

螺线管磁场测定仪由集成霍耳传感器探测棒、螺线管、直流稳压电源、数字电压表、数字电流表等组成,仪器连线如图 5.17.3 所示.

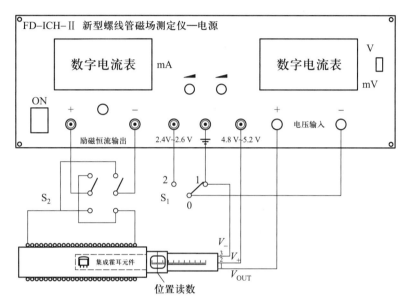

图 5.17.3　螺线管测量磁场仪器连接

实验中所用螺线管参量为:螺线管长度 $L = (260 \pm 1)\,\text{mm}$, $N = (3\,000 \pm 20)$ 匝,平均直径 $\overline{D} = (35 \pm 1)\,\text{mm}$.真空磁导率 $\mu_0 = 4\pi \times 10^{-7}\,\text{H} \cdot \text{m}^{-1}$.

电源供电电压为交流 220 V、50 Hz.新型电源插座内装 0.5 A 保险丝,可方便保险丝的更换.

实验电源分三个部分,面板左边为数字式直流稳流源,用精密多圈电位器调节输出电流的大小,调节精度 1 mA,电流大小由三位半数字电流表显示;面板右边为四位半电压表,黑色拨动开关切换量程 0~19.999 V 和 0~1999.9 mV.面板中间为直流稳压电源,对应输出接线柱上方是调节输出电压电位器(顺时针调节电压增加),电压提供两种模式,一个是 2.4~2.6 V,一个是 4.8~5.2 V.

集成霍耳元件的 $V_+$ 和 $V_-$ 不能接反,否则将损坏元件.

拆除接线前应先将螺线管工作电流调至零,再关闭电源,以防止电感电流突变引起高电压.一般仪器应预热 10 min 后测量数据.

## 【实验内容及步骤】

1. 连接仪器

(1) 实验接线如图 5.17.3 所示.左边数字直流稳流源的励磁恒流输出端接电流换向开关,然后接螺线管的线圈接线柱.右边稳压电源 $4.8 \sim 5.2$ V 的输出接线柱(红)接霍耳元件的 $V_+$(红色导线),⊥(黑)接线柱接霍耳元件的 $V_-$(黑色导线),霍耳元件的 $V_{OUT}$(黄色导线)接右边电压表电压输入的+(红)接线柱,电压表的-(黑)接线柱与直流稳压源的⊥(黑)接线相连.电压表切换到 V 挡.

（2）检查接线无误后接通电源,断开电流换向开关 $S_2$,集成霍耳传感器放在螺线管的中间位置($x = 16.0$ cm 处),调节直流电源 $4.8 \sim 5.2$ V 的输出旋钮,使右边数字电压表显示 2.500 V,这时集成霍耳元件便达到了标准化工作状态,即集成霍耳传感器的通过电流达到规定的数值,且剩余电压恰好达到补偿,$U_0 = 0$ V.

（3）仍断开开关 $S_2$,在保持 $V_+$ 和 $V_-$ 电压不变的情况下,把开关 $S_1$ 指向 2,调节 $2.4 \sim 2.6$ V 电源输出电压,使数字电压表指示值为 0(这时应将数字电压表量程拨动开关指向 mV 挡),也就是用一外接 2.500 V 的电势差与传感器输出 2.500 V 电势差进行补偿,这样就可直接用数字电压表读出集成霍耳传感器电势差的值 $U'$.

2. 测定霍耳传感器的灵敏度 $K$

（1）改变输入螺线管的直流电流 $I_m$,将传感器处于螺线管的中央位置(即 $x = 17.0$ cm),测量 $U' - I_m$ 关系,记录 10 组数据,$I_m$ 范围在 $0 \sim 500$ mA,可每隔 50 mA 测一次.

（2）用最小二乘法求出 $U' - I_m$ 直线的斜率 $K' = \Delta U' / \Delta I_m$ 和相关系数 $r$.

（3）对于无限长直螺线管磁场可利用公式:$B = \mu_0 n I_m$($\mu_0$ 真空磁导率,$n$ 为螺线管单位长度的匝数),求出集成霍耳传感器的灵敏度 $K = \Delta U' / \Delta B$.螺线管为有限长时用公式:$B = \mu_0 \dfrac{N I_m}{\sqrt{L^2 + \overline{D}^2}}$ 进行

计算,即 $K = \dfrac{\Delta U'}{\Delta B} = \dfrac{\sqrt{L^2 + \overline{D}^2}}{\mu_0 N} \dfrac{\Delta U'}{\Delta I_m} = \dfrac{\sqrt{L^2 + \overline{D}^2}}{\mu_0 N} K'$(单位:$\text{V} \cdot \text{T}^{-1}$,即伏每特斯拉)

3. 测量通电螺线管中的磁场分布

当螺线管通过恒定电流 $I_m$(例如 250 mA)时,测量 $U' - x$ 关系.$x$ 范围为 $0 \sim 30.0$ cm,两端的测量数据点应比中心位置的测量数据点密一些.

利用上面所得的传感器灵敏度 $K$ 计算 $B - x$ 关系,并作出 $B - x$ 分布图.

计算并在图上标出均匀区的磁感应强度 $\overline{B_0'}$ 及均匀区范围(包括位置与长度),假定磁场变化小于 1% 的范围为均匀区$\left(\text{即} \dfrac{|B_0 - B_0'|}{B_0} \times 100\% \leqslant 1\%\right)$.

在图上标出螺线管边界的位置坐标(即 $P$ 与 $P'$ 点,一般认为在边界点处的磁场是中心位置的一半,即 $B_P = B_{P'} = \dfrac{1}{2}\overline{B_0'}$).验证 $P$ 和 $P'$ 间距约 26.0 cm.

**注意:**

（1）测量 $U' - I_m$ 时,传感器位于螺线管的中央(即均匀磁场中).

（2）测量 $U' - x$ 时,螺线管通电电流 $I_m$ 应保持不变.

（3）检查 $I_m = 0$ 时,传感器输出电压是否为 2.500 V.

（4）用 mV 挡读 $U'$ 值,当 $I_m = 0$ 时,数字电压表指示应该为 0.

## 【预习思考题】

1. 什么是霍耳效应？霍耳传感器在科研中有何用途？

2. 如果螺线管在绕制中两边的单位匝数不相同或绕制不均匀,这时将出现什么情况？在绘制 $B-x$ 分布图时,如果出现上述情况,怎样求 $P$ 和 $P'$ 点？

## 【习题】

1. 设计一个实验,用 SS95A 型集成霍耳传感器测量地磁场的水平分量.

2. SS95A 型集成霍耳传感器为何工作电流必须标准化？如果该传感器工作电流增大些,对其灵敏度有无影响？

# 实验 5.18    电子束偏转和荷质比的测量

## 【实验目的】

1. 掌握电子在电场、磁场中的运动规律.
2. 利用电子在电磁场中的运动规律测量电子比荷.

## 【实验原理】

1. 电偏转原理

一种阴极射线管如图 5.18.1 所示.

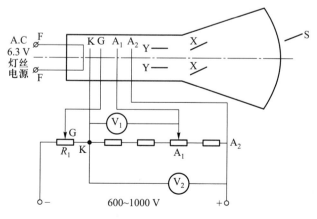

图 5.18.1    阴极射线管

阴极射线管由阴极 K、控制栅极 G、聚焦阳极 $A_1$、第二阳极 $A_2$、垂直偏转板 Y、水平偏转板 X、荧光屏等组成.电子从阴极发射出来(初速度设为0),经加速到达 $A_2$ 时速度为 $v$,由能量守恒关系有 $\frac{1}{2}mv^2 = eU_2$,所以

$$v = \sqrt{\frac{2eU_2}{m}} \tag{5.18.1}$$

两个 Y 偏转板上加上电压 $U_d$,距离为 $d$,则平行板间的电场强度 $E = U_d/d$,电场强度的方向与电子速度 $v$ 的方向相互垂直.

设电子的速度方向为 $z$(图 5.18.2 中向右),电场方向为 $y$ 轴(图 5.18.2 中竖直向上),平行板的长度为 $l$,电子通过 $l$ 所需的时间为 $t$,则有

$$t = \frac{l}{v_z} = \frac{l}{v} \tag{5.18.2}$$

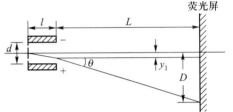

图 5.18.2　电子在 $y$ 方向的偏转

电子在平行板间受电场力的作用,电子在与电场平行的方向产生的加速度为 $a_y = -eE/m$.其中 $e$ 为电子的电荷量绝对值,$m$ 为电子的质量,负号表示 $a_y$ 方向与电场方向相反.当电子射出平行板时,在 $y$ 方向电子偏离 $z$ 轴的距离

$$y_1 = \frac{1}{2}a_y t^2 = -\frac{1}{2}\frac{eE}{m}t^2$$

将 $t = l/v$ 代入得

$$y_1 = -\frac{1}{2}\frac{eE}{m}\frac{l^2}{v^2}$$

再将 $v = \sqrt{2eU_2/m}$ 代入得

$$y_1 = -\frac{1}{4}\frac{U_d}{U_2}\frac{l^2}{d} \tag{5.18.3}$$

由图 5.18.2 可以看出,电子在荧光屏上偏转距离为 $D = y_1 + L\tan\theta$,又

$$\tan\theta = \frac{v_y}{v_z} = \frac{a_y t}{v} = -\frac{U_d l}{2U_2 d} \tag{5.18.4}$$

将式(5.18.3)、式(5.18.4)代入得

$$D = -\frac{1}{2}\frac{U_d l}{U_2 d}\left(\frac{l}{2} + L\right) \tag{5.18.5}$$

从式(5.18.5)可看出,偏转量 $D$ 随 $U_d$ 的增加而增加,与 $l/2+L$ 成正比,与 $U_2$ 和 $d$ 成反比.需要注意的是,以上均是理论计算,实际需要考虑装配偏差和电子的初速度等影响.

2. 磁偏转原理

电子通过 $A_2$ 后,若在垂直于 $z$ 轴的 $x$ 方向(图 5.18.2 中垂直于纸面向里)放置一个均匀磁场,那么以速度 $v$ 飞越的电子在 $y$ 方向上也将发生偏转.由于电子受洛伦兹力 $F = eBv$,大小不变,方向与速度方向垂直,因此电子在 $F$ 的作用下做匀速圆周运动($y$-$z$ 平面内),洛伦兹力提供向心力,有 $evB = mv^2/R$,所以 $R = mv/eB$.

316

电子离开磁场将沿切线方向飞出,直射荧光屏.

3. 电聚焦原理

聚焦阳极 $A_1$ 和第二阳极 $A_2$ 是由同轴的金属圆筒组成.由于各电极上的电势不同,在它们之间形成了弯曲的等势面,这样就使电子束的路径发生弯曲,类似光线通过透镜那样产生会聚和发散,这种电子组合称为电子透镜.改变电极间的电势分布,可以改变等势面的弯曲程度,从而达到电子透镜的聚焦.

4. 磁聚焦和电子比荷的测量原理

电子 $z$ 轴方向的运动速度用 $v_{//}$ 表示.当给其中一对偏转板加上交变电压时,电子将获得垂直于 $z$ 轴的分速度(用 $v_\perp$ 表示),此时荧光屏上便出现一条直线.随后给长直螺线管通一直流电流 $I$,此时螺线管内磁场感应强度用 $B$ 表示.运动电子在磁场中要受到洛伦兹力 $F = ev_\perp B$ 的作用,在此作用下做圆周运动,满足 $ev_\perp B = mv_\perp^2/R$,则

$$R = \frac{mv_\perp}{eB} \tag{5.18.6}$$

圆周运动的周期为

$$T = \frac{2\pi R}{v_\perp} = \frac{2\pi m}{eB} \tag{5.18.7}$$

显然在 $v_{//}$ 方向电子受力为零($B$ 方向此时为 $z$ 轴方向),电子在此方向继续向前做直线运动.综合起来电子的轨道是一条螺旋线,其螺距

$$h = v_{//} T = \frac{2\pi}{B} \sqrt{\frac{2mU_2}{e}} \tag{5.18.8}$$

有趣的是,我们从式(5.18.7)、式(5.18.8)两式可以看出,电子运动的周期和螺距均与 $v_\perp$ 无关.不难想象,电子在做螺线运动时,它们从同一点出发,尽管各个电子的 $v_\perp$ 各不相同,但经过一个周期以后,它们又会在距离出发点相距一个螺距的地方重新相遇,这就是磁聚焦的基本原理.由式(5.18.8)可得

$$\frac{e}{m} = \frac{8\pi^2 U_2}{h^2 B^2} \tag{5.18.9}$$

长直螺线管的磁感应强度 $B$ 由大学物理学知识可知

$$B = \frac{\mu_0 NI}{\sqrt{L^2 + D_0^2}} \tag{5.18.10}$$

将式(5.18.10)代入式(5.18.9),可得电子比荷为

$$\frac{e}{m} = \frac{8\pi^2 U_2 (L^2 + D_0^2)}{(\mu_0 NIh)^2} \tag{5.18.11}$$

## 【实验仪器】

DH4521 电子束测试仪.测试仪面板如图 5.18.3 右边所示.部分参量:螺丝管内的线圈匝数 $N = 535 \pm 1$(如果螺丝管上有标注,则以标注为准),螺线管的长度 $L = 0.235$ m,螺线管的直径 $D_0 =$

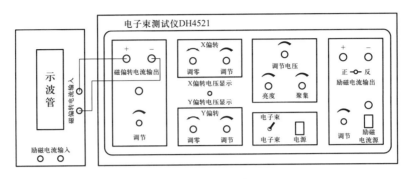

图 5.18.3　实验仪

0.092 m,螺距 = 0.135 m(Y 偏转板至荧光屏距离),真空中磁导率 $\mu_0 = 4\pi \times 10^{-7}$ H·m$^{-1}$.

实验前,用专用 10 芯电缆连接测试仪和示波管,连接磁偏转和励磁电流输入(注意极性和对应关系),开启电源,电子束-比荷选择开关在电子束,在磁偏转电流、电偏转电压、励磁电流均为 0 时,适当调节亮度,并调节聚焦使屏上光点聚成一细点.随后进行光点调零,通过调零 X、Y 偏转,使光点位于示波管的中心原点;在选择开关处于比荷时,调节亮度、聚焦,使得屏幕上出现与 $x$ 轴重合的亮线.

## 【实验内容及步骤】

1. 电偏转测量

(1) 选择开关置于电子束,调节阳极电压旋钮,选择 $U_2$.将电偏转置于 Y 偏转电压显示,改变 $U_d$ 测一组 $D$ 值.改变 $U_2$ 后再测 $D$-$U_d$ 变化.(其中 $U_2$:600~1 000 V)

(2) 求 Y 轴电偏转灵敏度 $D/U_d$,并说明为什么 $U_2$ 不同,$D/U_d$ 不同.

2. 磁偏转测量

按图 5.18.3 连接实验仪,选择开关置于电子束,在仪器准备好后,给定 $U_2$,将磁偏转电流输出与磁偏转电流输入相连,调节磁偏转电流调节旋钮测量一组 $D$ 值.改变磁偏转电流方向,再测一组 $D$-$I$ 值.改变 $U_2$,再测两组 $D$-$I$ 数据(其中 $U_2$:600~1 000 V).切换磁偏转电流方向,再次实验.求磁偏转灵敏度 $D/I$,并解释为什么 $U_2$ 不同,$D/I$ 不同.

3. 电聚焦测量

仪器准备好后,选择开关打向电子束位置,调节阳极电压 $U_2$ 为 600~1 000 V,对应调节聚焦旋钮(改变聚焦电压),使光点达到最佳的聚焦效果,测量出各对应的聚焦电压 $U_1$.求出 $U_2/U_1$,思考变化规律以及对实验的影响.

4. 磁聚焦和电子比荷测量

选择开关置于比荷方向,此时荧光屏上出现一条直线,阳极电压调到 700 V.

将励磁电流部分的调节旋钮逆时针调节到 0,并将励磁电流输出与励磁电流输入相连(螺线管).电流换向开关打向正向,调节输出调节旋钮,逐渐加大电流使荧光屏上的直线一边旋转一边缩短,直到第一次出现一个小光点,读取此时对应的电流值 $I_正$.然后将励磁电流调为 0,再将电流换向开关打向反向以改变螺线管中的磁场方向,重新从零开始增加电流使屏上的直线反方向旋转并缩短,直到第一次获得一个小光点,读取此时电流值 $I_反$.改变阳极电压为 800~1 000 V,多次测量.

## 【数据记录与处理】

1. 电偏转测量时,计算和分析不同阳极电压下 $x$、$y$ 轴电偏转灵敏度.
2. 电聚焦测量时,分析 $U_2/U_1$ 比值的变化和聚焦的关系.
3. 磁偏转测量时,计算和分析不同阳极电压下磁偏转灵敏度.
4. 电子比荷测量时,计算和分析电子比荷.

## 【注意事项】

1. 在实验过程中,光点不能太亮,以免烧坏荧光屏.
2. 改变阳极电压 $U_2$ 后,光点亮度会改变,这时应重新调节亮度,若调节亮度后加速电压有变化,再调到现定的电压值.
3. 励磁电流有 10 A 的保险丝,磁偏转电流输出和输入有 0.75 A 保险丝用于保护.

## 【习题】

1. 实验过程中如果看不到光点(例如 $y$ 轴电偏转时),该如何调节?
2. 如何提高测量精度?
3. 在磁偏转实验过程中,光点可能出现粗细变化甚至消失,为了完成实验,是进行亮度还是聚焦调节,此调节对实验有何影响,光点粗细变化的原因是什么?

# 实验 5.19　用示波器观测铁磁材料的磁化曲线和磁滞回线

铁磁材料分为硬磁和软磁两大类,其根本区别在于矫顽力 $H_c$ 的大小不同.硬磁材料的磁滞回线宽,剩磁和矫顽磁力大(达 120~20 000 A·m$^{-1}$),因而磁化后,其磁场可长久保持,适宜作永久磁铁.软磁材料的磁滞回线窄,矫顽力 $H_c$ 一般小于 120 A·m$^{-1}$,其磁导率和饱和磁感应强度大,容易磁化和去磁,故广泛用于电机、电器和仪表制造等.

本实验采用动态法测量磁滞回线.需要说明的是用动态法测量的磁滞回线与静态磁滞回线是不同的,动态测量时除了有磁滞损耗还有涡流损耗,因此动态磁滞回线的面积要比静态磁滞回线的面积大一些.另外涡流损耗还与交变磁场的频率有关,所以测量的电源频率不同,得到的 $B-H$ 曲线也不同.

## 【实验目的】

1. 掌握磁滞、磁滞回线和磁化曲线的概念,加深对铁磁材料的主要物理量矫顽力、剩磁和磁导率等的理解.

2. 学会用示波法测绘基本磁化曲线和磁滞回线.

3. 根据磁滞回线确定磁性材料的饱和磁感应强度 $B_s$、剩磁 $B_r$ 和矫顽力 $H_c$ 的数值.

4. 研究不同频率下动态磁滞回线的区别,并确定某一频率下的磁感应强度 $B_s$、剩磁 $B_r$ 和矫顽力 $H_c$ 的数值.

## 【实验原理】

1. 磁化曲线

如果在由电流产生的磁场中放入铁磁物质,则磁场将明显增强,此时铁磁物质中的磁感应强度比单纯由电流产生的磁感应强度增大百倍,甚至在千倍以上.铁磁物质内部的磁场强度 $H$ 与磁感应强度 $B$ 有如下的关系

$$B = \mu H$$

对于铁磁物质而言,磁导率 $\mu$ 并非常量,而是随 $H$ 的变化而改变的物理量,即 $\mu = f(H)$,为非线性函数,如图 5.19.1 所示.

铁磁材料未被磁化时的状态称为去磁状态,这时若加一个由小到大的磁场,则铁磁材料内部的磁场强度 $H$ 与磁感应强度 $B$ 也随之变大,其 $B-H$ 变化曲线如图 5.19.1 所示.但当 $H$ 增加到一定值($H_s$)后,$B$ 几乎不再随 $H$ 的增加而增加,说明磁化已达饱和,从未磁化到饱和磁化的这段磁化曲线称为材料的起始磁化曲线,如图 5.19.1 中的 $OS$ 段曲线所示.

2. 磁滞回线

当铁磁材料的磁化达到饱和之后,如果将外加磁场减小,则铁磁材料内部的 $B$ 和 $H$ 也随之减少,但其减少的过程并不沿着磁化时的 $OS$ 曲线退回.从图 5.19.2 可知当撤去外加磁场,$H = 0$ 时,磁感应强度仍然保持一定数值 $B(= B_r)$,该值称为剩磁(剩余磁感应强度).

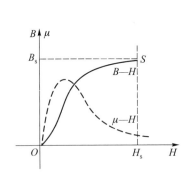

图 5.19.1　磁化曲线和 $\mu \sim H$ 曲线

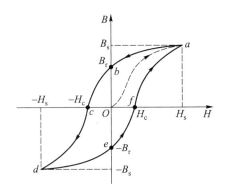

图 5.19.2　起始磁化曲线与磁滞回线

若要使被磁化的铁磁材料的磁感应强度 $B$ 减少到 0,必须加上一个反向磁场并逐步增大.当铁磁材料内部的反向磁场强度增加到 $H = H_c$ 时(图 5.19.2 上的 $c$ 点),磁感应强度 $B$ 才为 0,达到退磁.图 5.19.2 中的 $bc$ 段曲线为退磁曲线,$H_c$ 为矫顽力.如图 5.19.2 所示,当 $H$ 按 $0 \to H_s \to 0 \to$

$-H_c \rightarrow -H_s \rightarrow 0 \rightarrow H_c \rightarrow H_s$ 的顺序变化时,$B$ 相应沿 $0 \rightarrow B_s \rightarrow B_r \rightarrow 0 \rightarrow -B_s \rightarrow -B_r \rightarrow 0 \rightarrow B_s$ 顺序变化.图中的 $Oa$ 段曲线称起始磁化曲线,所形成的封闭曲线 $abcdefa$ 称为磁滞回线.$bc$ 段曲线称为退磁曲线.

当从初始状态 $H = 0$、$B = 0$ 开始周期性地改变磁场强度的幅值时,在磁场由弱到强单调增加的过程中,可以得到面积由大到小的一簇磁滞回线,如图 5.19.3 所示.其中最大面积的磁滞回线称为极限磁滞回线.

由于铁磁材料磁化过程的不可逆性及具有剩磁的特点,在测定磁化曲线和磁滞回线时,首先必须将铁磁材料预先退磁,以保证外加磁场 $H = 0$、$B = 0$;其次,磁化电流在实验过程中只允许单调增加或减少,不能时增时减.在理论上,要消除剩磁 $B_r$,只需通一反向磁化电流,使外加磁场正好等于铁磁材料的矫顽力即可.实际上,矫顽力的大小通常并不知道,因而无法确定退磁电流的大小.我们从磁滞回线得到启示,如果使铁磁材料磁化达到磁饱和,然后不断改变磁化电流的方向,与此同时逐渐减少磁化电流直到零,则该材料的磁化过程中就是一连串逐渐缩小而最终趋于原点的环状曲线,如图 5.19.4 所示.当 $H$ 减小到零时,$B$ 亦同时降为零,达到完全退磁.

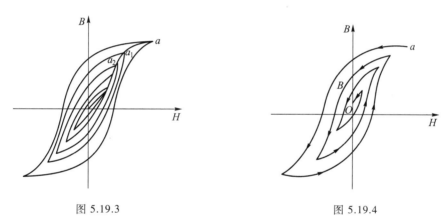

图 5.19.3                           图 5.19.4

实验表明,经过多次反复磁化后,$B$-$H$ 的量值关系形成一个稳定的闭合磁滞回线,该曲线可表示该材料的磁化性质.这种反复磁化的过程称为"磁锻炼".本实验使用交变电流,所以每个状态都经过充分的"磁锻炼",随时可获得磁滞回线.

我们把图 5.19.3 中原点 $O$ 和各个磁滞回线的顶点 $a_1$、$a_2$、$\cdots a$ 所连成的曲线,称为铁磁性材料的基本磁化曲线.不同的铁磁材料其基本磁化曲线是不相同的.为了使样品的磁特性可以重复出现,也就是指所测得的基本磁化曲线由原始状态 $(H = 0, B = 0)$ 开始,在测量前必须进行退磁,以消除样品中的剩余磁性.

在测量基本磁化曲线时,每个磁化状态都要经过充分的"磁锻炼".否则,得到的 $B$-$H$ 曲线即为起始磁化曲线,两者不可混淆.

3. 示波器显示 $B$-$H$ 曲线的原理线路

示波器测量 $B$-$H$ 曲线的实验线路如图 5.19.5 所示.

本实验研究的铁磁物质是一个环状式样(如图 5.19.6 所示).若在线圈 $N_1$ 中通过磁化电流 $I_1$,此电流在铁磁物质内产生磁场,根据安培环路定理磁场强度 $H$ 的大小为

$$H = \frac{N_1 I_1}{L} \tag{5.19.1}$$

其中 $L$ 为铁磁物质的平均磁路长度(在图 5.19.6 中用虚线表示).

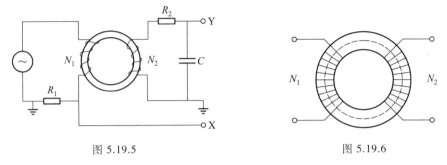

图 5.19.5                     图 5.19.6

由图 5.19.5 可知示波器 X 通道输入电压为

$$U_x = I_1 R_1 \tag{5.19.2}$$

由式(5.19.1)和式(5.19.2)得

$$U_x = \frac{L R_1}{N_1} H \tag{5.19.3}$$

为了测量磁感应强度 $B$,在次级线圈 $N_2$ 上串联一个电阻 $R_2$ 与电容器 $C$,同时 $R_2$ 与 $C$ 又构成一个积分电路.将电容器 $C$ 两端电压 $U_C$ 接至示波器 Y 通道,适当选择 $R_2$ 和 $C$,使 $R_2 \gg 1/\omega C$,则

$$I_2 = \frac{\mathscr{E}_2}{\left[ R_2^2 + (1/\omega c)^2 \right]^{\frac{1}{2}}} \approx \frac{\mathscr{E}_2}{R_2}$$

式中,$\omega$ 为电源信号的角频率,$\mathscr{E}_2$ 为次级线圈的感应电动势.

因交变磁场 $H$ 的样品产生交变的磁感应强度 $B$,则

$$\mathscr{E}_2 = N_2 \frac{\mathrm{d}Q}{\mathrm{d}t} = N_2 S \frac{\mathrm{d}B}{\mathrm{d}t}$$

式中 $S = \dfrac{(D_2 - D_1) h}{2}$ 为环式样铁磁物质的横截面积,其中磁环厚度为 $h$,则

$$U_y = U_C = \frac{Q}{C} = \frac{1}{C} \int I_2 \mathrm{d}t = \frac{1}{C R_2} \int \mathscr{E}_2 \mathrm{d}t = \frac{N_2 S}{C R_2} \int \mathrm{d}B = \frac{N_2 S}{C R_2} B$$

$$\tag{5.19.4}$$

上式表明接在示波器 Y 通道输入的 $U_y$ 正比于 $B$.

为了如实地描绘出磁滞回线,要求 $R_2 \gg \dfrac{1}{2\pi f C}$,但此时的 $U_C$ 振幅很小,不能直接绘出大小适合的磁滞回线.为此,需将 $U_C$ 经过示波器 Y 通道放大器增幅.这就要求在实验磁场的频率范围内,放大器的放大系数必须稳定,不会带来较大的相位畸变.事实上示波器难以完全达到这个要求,因此在实验时经常会出现如图 5.19.7 所示的畸

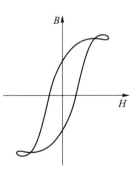

图 5.19.7 畸变曲线

变.观测时选择合适的 $R_1$ 和 $R_2$ 阻值,可避免这种畸变,得到最佳磁滞回线图形.

这样,在磁化电流变化的一个周期内,电子束的径迹可描出一条完整的磁滞回线.适当调节示波器 X 和 Y 轴增益,再由小到大调节信号发生器的输出电压,即能在屏上观察到由小到大扩展的磁滞回线图形.逐次记录其正顶点的坐标,并在坐标纸上把它连成光滑的曲线,就可得到样品的基本磁化曲线.

4. 示波器的定标

为了定量研究磁化曲线和磁滞回线,必须对示波器进行定标,即须确定示波器的 X 轴的每格代表多少 $H$ 值(A・m),Y 轴每格实际代表多少 $B$ 值(T).

设示波器 X 轴灵敏度为 $S_x$(V/格),Y 轴的灵敏度为 $S_y$(V/格),$x$、$y$ 分别为测量时记录的坐标值(单位:格.注意,指一大格,示波器一般有 8～10 大格).

由于本实验使用的 $R_1$、$R_2$ 和 $C$ 都是阻抗值已知的标准元件,误差很小,其中 $R_1$、$R_2$ 为无感交流电阻,$C$ 的介质损耗非常小. 因此,定量计算公式为

$$H = \frac{N_1 S_x}{L R_1} x \tag{5.19.5}$$

$$B = \frac{R_2 C S_y}{N_2 S} y \tag{5.19.6}$$

式中各量的单位:$R_1$、$R_2$ 为 Ω;$L$ 为 m;$S$ 为 m²;$C$ 为 F;$S_x$、$S_y$ 为 V/格;$x$、$y$ 为格(分正负向读数);$H$ 的单位为 A・m$^{-1}$;$B$ 的单位为 T.

## 【实验仪器】

DH4516C 型动态法磁滞回线实验仪.

实验使用的仪器如图 5.19.8 所示,由测试样品、功率信号源、可调标准电阻、标准电容器和接口电路等组成.测试样品有两种,一种磁滞损耗较大,另一种较小,其他参量相同;信号源的频率在 20～250 Hz 间可调;可调标准电阻 $R_1$ 的调节范围为 0.1～11 Ω;$R_2$ 的调节范围为 1～110 kΩ;标准电容器有 0.1 μF、1 μF、20 μF 三挡可选;接口电路包括 $U_x$、$U_y$ 接示波器的 X 和 Y 通道;$U_B$、$U_H$ 接 DH4516C 测试仪(本实验未使用).

## 【实验内容及步骤】

仪器中标有箭头的线表示接线的方向,样品的更换通过换接线来完成.实验前先逆时针调节信号源幅度到最小.接线过程中,由于信号源、电阻 $R_1$ 和电容器 $C$ 的一端已经与地相连,所以不能再与其他接线端相连接,否则会短路信号源、电阻或电容器,从而无法正确做实验.

1. 显示和观察 2 种样品在不同频率交流信号下的磁滞回线图形.

(1) 按图 5.19.5 所示的原理线路接线

调节示波器幅度旋钮到底,设置信号输出最小,工作方式为 X-Y 方式,X 输入采样电阻 $R_1$ 的电压,Y 输入测量积分电容器的电压,选择样品 1 进行实验.

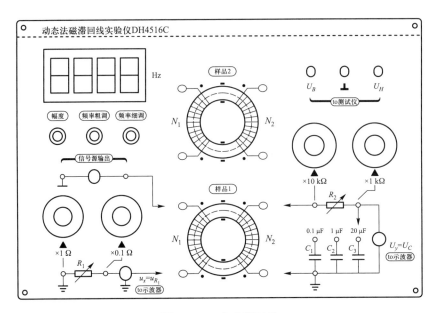

图 5.19.8　实验仪面板

（2）示波器光点调至显示屏中心,调节实验仪信号频率到 50.00 Hz.

（3）单调缓慢地增加磁化电流（信号源幅度）,使示波器显示的磁滞回线上的 $B$ 值增加缓慢,达到饱和.改变示波器上 X、Y 输入增益并固定在某一值,调节 $R_1$、$R_2$ 的大小,使示波器显示出典型美观的磁滞回线图形.

（4）单调减小磁化电流,即缓慢逆时针调节幅度调节旋钮,直到示波器显示为一点,该点位于显示屏的中心,如不在中间,可调节示波器的 X 和 Y 位置旋钮.

（5）单调增加磁化电流,即缓慢顺时针调节幅度调节旋钮,使示波器显示的磁滞回线上的 $B$ 值增加缓慢,达到饱和,改变示波器上 X、Y 输入增益和 $R_1$、$R_2$ 的值,示波器显示典型美观的磁滞回线图形.

（6）调节幅度旋钮到底,使信号输出最小,调节实验仪频率调节旋钮,频率显示窗分别显示 25.00 Hz、100.0 Hz、150.0 Hz,重复上述（3）~（5）的操作,比较磁滞回线形状的变化并分析.

（7）换实验样品 2,重复上述步骤（2）~（6）,观察 25.00 Hz、50.00 Hz、100.0 Hz、150.0 Hz 时的磁滞回线,并与样品 1 进行比较,有何异同.

2. 测磁化曲线和动态磁滞回线,用样品 1 进行实验

（1）在实验仪上接好实验线路,逆时针调节幅度调节旋钮到底,使信号输出最小.将示波器光点调至显示屏中心,调节实验仪信号频率到 50.00 Hz.

（2）退磁

① 单调缓慢地增加磁化电流,使示波器显示的磁滞回线上的 $B$ 值缓慢增加并达到饱和.改变示波器上 X、Y 输入增益和 $R_1$、$R_2$ 的值,示波器显示典型美观的磁滞回线图形.此后,保持示波器上 X、Y 输入增益和 $R_1$、$R_2$ 值固定不变,以便进行 $H$、$B$ 的标定.

② 单调缓慢地减小磁化电流,直到示波器显示为一点,该点位于显示屏的中心,如不在中间,可调节示波器的 X 和 Y 位置旋钮.实验中可用示波器 X、Y 输入的接地开关检查示波器的中

心是否对准屏幕 $x$、$y$ 坐标的交点.

（3）磁化曲线

单调缓慢地增加磁化电流（$x$ 方向格数），记录磁滞回线顶点 $y$ 方向格数.此后,保持示波器上 X、Y 输入增益和 $R_1$、$R_2$ 值固定不变,以便进行 $H$、$B$ 的标定.

（4）动态磁滞回线

记录示波器显示的磁滞回线在 $x$ 坐标为 5.0～-5.0 格时相对应的 $y$ 坐标,在 $y$ 坐标为 4.0～-4.0 格时相对应的 $x$ 坐标.

显然 $y$ 最大值对应饱和磁感应强度 $B_s$；$x=0$ 时,$y$ 读数对应剩磁 $B_r$；$y=0$ 时,$x$ 读数对应矫顽力 $H_c$.

## 【数据记录与处理】

1. 两种铁芯实验样品和实验装置参量为 $L=0.130$ m,$S=1.24\times10^{-4}$ m$^2$,$N_1=100$,$N_2=100$.$R_1$、$R_2$ 值根据仪器面板上的选择值计算.$C=1.0\times10^{-6}$ F.其中,$L$ 为铁芯实验样品平均磁路长度；$S$ 为铁芯实验样品横截面积；$N_1$ 为磁化线圈匝数；$N_2$ 为副线圈匝数；$R_1$ 为磁化电流采样电阻；$R_2$ 为积分电阻；$C$ 为积分电容.

2. 绘制 $B-H$ 磁化曲线并进行分析.

3. 换一种实验样品进行上述实验并进行分析.

4. 改变磁化信号的频率,进行上述实验并进行分析.

## 【预习思考题】

1. 如何选择适当的 $X$、$Y$ 增益.

2. 如何保证测得曲线的完整性.

# 实验 5.20　风力发电综合实验

风能是一种可再生的清洁能源,蕴量巨大.全球可利用的风能为 $2\times10^6$ 万千瓦,比地球上可开发利用的水能总量要大 10 倍.随着全球经济的发展,能源的需求日益增加,风力发电越来越受到世界各国的青睐.本实验综合学习风力发电的原理及相关知识.

## 【实验目的】

1. 了解风力发电的基本原理和发电方式.

2. 掌握风速、螺旋桨转速（也是发电机转速）、发电机感应电动势之间的关系测量.

3. 熟悉测量扭曲型可变浆距 3 叶螺旋桨风轮叶尖速比 $\lambda$ 与功率系数 $C_P$ 关系.

4. 了解切入风速到额定风速区间的功率调节.

## 【实验原理】

### 1. 风速与风能

风是风力发电的源动力,风况资料是风力发电场设计的第一要素.设计规程规定一般应收集有关气象站风速风向 30 年的系列资料,发电场场址实测资料 1 年以上.在现有技术及成本条件下,在年平均风速 6 m·s$^{-1}$ 以上的场址建风力发电站,可以获得良好的经济效应.风力发电机组的额定风速,也要参考年平均风速设计,因此要先期测量发电场的风速.

测量风速有多种方式,目前用得较多的是旋转式风速计及热线(片)式风速计.

旋转式风速计是利用风杯或螺旋桨的转速与风速成线性关系的特性,测量风杯或螺旋桨转速,再将其转换成风速显示.旋转式风速计的最佳测量范围是 5~40 m·s$^{-1}$.

热线(片)式风速计有一根被电流加热的金属丝(片),流动的空气使它散热,利用散热速率和风速之间的关系,即可制成热线(片)风速.在小风速(5 m·s$^{-1}$ 以下)时,热线(片)式风速计精度高于旋转式风速计.

风是空气运动的表现,空气运动的能量可做如下计算.

设风速为 $v$,单位时间通过垂直于气流方向,面积为 $S$ 的横截面的气流动能为

$$E_{k0} = \frac{1}{2} \Delta m v^2 = \frac{1}{2} \rho S v^3 \tag{5.20.1}$$

式中 $\rho$ 为空气密度.由式(5.20.1)可知,空气的动能与风速的立方成正比.

空气密度根据海拔高度和温度的不同,会有一定的变化.由气体物态方程,密度 $\rho$ 与气压 $p$、热力学温度 $T$ 的关系为

$$\rho = \frac{Mp}{RT} \approx 3.49 \times 10^{-3} \frac{p}{T} \tag{5.20.2}$$

式中,$M$ 是气体的摩尔质量,$R = 8.31$ J·mol$^{-1}$·K$^{-1}$ 为摩尔气体常量.气压 $p$ 会随海拔高度 $h$ 变化,温度为 0 ℃时,反映气压随高度变化的恒温气压公式为

$$p = p_0 e^{-\frac{Mg}{RT}h} \approx p_0 \left(1 - \frac{Mg}{RT}h\right) = 1.013 \times 10^5 (1 - 1.25 \times 10^{-4} h) \tag{5.20.3}$$

式中 $g$ 为重力加速度,式(5.20.3)在 $h$ 小于 2 km 时比较准确.将式(5.20.3)代入式(5.20.2)得

$$\rho = 3.53 \times 10^2 \frac{1 - 1.25 \times 10^{-4} h}{T} \tag{5.20.4}$$

上式表明海拔高度和温度是影响空气密度的主要因素,它是一种近似计算公式.实际上,即使在同一地点、同一温度,气压与湿度的变化也会影响空气密度值.式(5.20.4)中 $h$ 的单位为 m,在标准大气压下($T = 273$ K,$h = 0$),空气密度值为 1.293 kg·m$^{-3}$.

将式(5.20.4)代入式(5.20.1)得

$$E_{k0} = 1.76 \times 10^2 \left(\frac{1 - 1.25 \times 10^{-4} h}{T}\right) S v^3 \tag{5.20.5}$$

### 2. 发电方式与发电机选择

风力发电有离网运行与并网运行两种发电方式.

离网运行是风力发电机与用户组成独立的供电网络.由于风电的不稳定性,为解决无风时的供电,必须配有储能装置,或能与其他电源切换、互补.中小型风电机组大多采用离网运行方式.

并网运行是将风电输送到大电网中,由电网统一调配,输送给用户.此时风电机组输出的电能必须与电网电能同频率、同相位,并满足电网安全运行的诸多要求.大型风电机组大都采用并网运行方式.

发电机由静止的定子和可以旋转的转子两大部分组成,定子和转子一般由铁芯和绕组组成,铁芯的功能是靠铁磁材料提供磁场的通路,以约束磁场的分布,绕组是由表面绝缘的铜线缠绕的金属线圈.

发电机原理可用图 5.20.1 说明.转子励磁线圈通电产生磁场,风轮带动转子转动,定子绕组切割磁感应线,感应出电动势,感应电动势的大小与导体与磁场的相对运动速度有关.

风力发电机都是 3 相电机,图 5.20.1 中定子绕组只画了 1 相中的 1 组,对应于一对磁极,若电机中每相定子绕组由空间均匀分布的 $n$ 组串联的铁芯和绕组组成,则会形成 $n$ 对磁极.

本实验发电机为永磁同步直驱发电机.

永磁发电机的转子采用永磁材料制造,省去了转子励磁绕组和相应的励磁电路,无需励磁电源,转子结构比较简单,效率高,是今后电机发展的主流机型之一.永磁发电机通常由风轮直

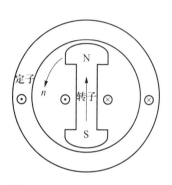

图 5.20.1　发电机原理示意图

接驱动发电,没有齿轮箱等中间部件,提高了机组的可靠性,减少了传动损耗,提高了发电效率,在低风速环境下运行效率比其他发电机更高.

大型风机风轮的转速最高为每分钟几十转,采用直驱方式,发出的交流电频率远低于电网交流电频率.为满足并网要求,永磁风力发电机组采用交流-直流-交流的全功率变流模式,即先将风电机组发出的交流电整流成直流,再变频为与电网同频同相的交流电输入电网.全功率变流模式的缺点是对换流器的容量要求大,成本高;优点是风轮的转速可以根据风力优化,最大限度的利用风能,能提供性能稳定,符合电网要求的高品质电能.

3. 风能的利用

风机能利用多少风能?什么条件下能最大限度地利用风能?这是风机设计的首要问题.

风力发电机的第一个气动理论是由德国的贝茨(Betz)于 1919 年建立的.贝茨假定风轮是理想的,气流通过风轮时没有阻力,气流经过整个风轮扫掠面时是均匀的,并且气流通过风轮前后的速度为轴向方向.

以 $v_1$ 表示风机上游风速,$v_0$ 表示流过风机叶片截面 $S$ 时的风速,$v_2$ 表示流过风扇叶片截面后的下游风速.

根据冲量定理,流过风机叶片截面 $S$,质量为 $\Delta m$ 的空气,在风机上产生的作用力为

$$F = \frac{\Delta m(v_1 - v_2)}{\Delta t} = \frac{\rho S v_0 \Delta t(v_1 - v_2)}{\Delta t} = \rho S v_0(v_1 - v_2) \qquad (5.20.6)$$

风轮吸收的功率为

$$P_A = F v_0 = \rho S v_0^2(v_1 - v_2) \qquad (5.20.7)$$

此功率是由空气动能转化而来,从风机上游至下游,空气动能的变化量为

$$\Delta E = \frac{1}{2}\rho Sv_0(v_1^2 - v_2^2) \tag{5.20.8}$$

令式(5.20.7)、式(5.20.8)两式相等,得到

$$v_0 = \frac{1}{2}(v_1 + v_2) \tag{5.20.9}$$

将式(5.20.9)代入式(5.20.7),可得到功率随上下游风速的变化关系式

$$P_A = \frac{1}{4}\rho S(v_1 + v_2)(v_1^2 - v_2^2) \tag{5.20.10}$$

当上游风力 $v_1$ 不变时,令 $dP_A/dv_2 = 0$,可知当 $v_2 = v_1/3$ 时,式(5.20.10)取得极大值,且

$$P_{A\max} = \frac{8}{27}\rho Sv_1^3 \tag{5.20.11}$$

将上式除以气流通过风机截面时空气的动能,可以得到风力机的最大理论效率(贝茨极限)

$$\eta_{\max} = \frac{P_{A\max}}{\frac{1}{2}\rho Sv_1^3} = \frac{16}{27} \approx 0.593 \tag{5.20.12}$$

风力发电机的实际风能利用系数(功率系数) $C_P$ 定义为风力发电机实际输出功率与流过风轮截面 $S$ 的风能之比. $C_P$ 随风力机的叶片型式及工作状态而变,并且总是小于贝茨极限,风力发电机工作时, $C_P$ 一般在 0.4 左右.

风力发电机实际的输出功率为

$$P_O = \frac{1}{2}C_P\rho Sv_1^3 \tag{5.20.13}$$

在风力电机组的设计过程中,通常将风轮转速与风速的关系合并为一个变量叶尖速比,定义为风轮叶片尖端线速度与风速之比,即

$$\lambda = \frac{\omega R}{v_1} = \frac{2\pi nR}{60v_1} \tag{5.20.14}$$

上式中 $\omega$ 为风轮角速度, $n$ 为叶片转速(单位:r/m), $R$ 为风轮最大旋转半径(叶尖半径).

理论分析与实验表明,叶尖速比 $\lambda$ 是风机的重要参数,其取值将直接影响风机的功率系数 $C_P$.图 5.20.2 表示某风轮叶尖速比与功率系数 $C_P$ 的关系,由图可见在一定的叶尖速比下,风轮获得最高的风能利用率.另外还有下面 4 点要补充:

(1)对于同一风轮,在额定风速内的任何风速,叶尖速比与功率系数的关系都是一致的.

(2)不同翼型或叶片数的风轮, $C_P$ 曲线的形状不一样, $C_P$ 最大值与最大值对应的 $\lambda$ 值也不一样.

(3)叶尖速比在风力发电机组的设计与功率控制过程中都是重要参数.

(4)目前大型风机都采用 3 叶片设计.增多叶片会增加风轮质量,增加成本. $C_P$ 最大值取决

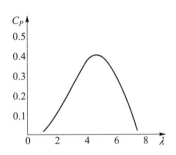

图 5.20.2 风轮叶尖速比 $\lambda$ 与
功率系数 $C_P$ 关系

于风轮叶片翼型设计,与叶片数量关系不大.

4. 风电机组的功率调节方式

任何地方的自然风力都是随时变动的,风力的变化范围大,无法控制,风电机组的设计必须适应风能的特点.

风电机组设计时都有切入风速、额定风速、切出风速几个参量.切入风速是风电机组的开机风速.高于此风速,风电机组能克服传动系统和发电机的效率损失,产生有效输出.切出风速是风电机组的停机风速.高于此风速,风电机组为保证安全而停机.额定风速是风电机组的基本设计参量.额定风速与额定功率对应,在此风速下,风电机组达到最大输出功率.

额定风速对风电机组的平均输出功率有决定性的作用.额定风速偏低,风电机组会损失掉高于额定风速时的很多风能.额定风速过高,额定功率大,相应的设备投资会增加,若实际风速大部分时间都达不到此风速,会造成资金的浪费,而且额定风速高,设备大以后,切入风速会相应提高,会损失低风速风能.风电机组输出功率与风速的基本关系如图 5.20.3 所示.

额定风速要根据风电场风速统计规律优化设计.商业风电机组,额定风速在 $10 \sim 18 \ \mathrm{m \cdot s^{-1}}$,切入风速在 $3 \sim 4 \ \mathrm{m \cdot s^{-1}}$,切出风速在 $20 \sim 30 \ \mathrm{m \cdot s^{-1}}$.

桨距角 $\beta$ 定义为螺旋桨的桨叶上某一指定剖面处(通常在相对半径 0.7 处),风叶横截面前后缘连线与风轮旋转平面之间的夹角,如图 5.20.4 所示.对于叶片形状确定的桨叶,桨距角 $\beta$ 有一最佳值,它使功率系数 $C_P$ 达到最大.

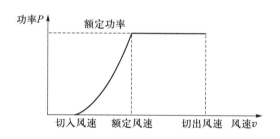

图 5.20.3 风电机组输出功率与风速的关系

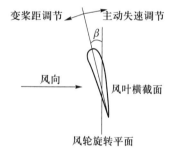

图 5.20.4 超过额定风速后的功率调节方式

风速在切入风速与额定风速之间时,一般使桨距角 $\beta$ 保持在最佳值,风力改变时调节发电机负载,改变发电机的阻力矩,使风机输出转矩 $M$ 改变(风机输出功率 $P = \omega M$),控制风轮转速,使风力发电机工作在最佳叶尖速比状态,最大限度地利用风能.

风速在额定风速与切出风速之间时,要使输出功率保持在额定功率,使电器部分不因输出过载而损坏.

5. 风电的储存与切换互补

离网运行的风电机组必须解决风电的储存问题.大中型风电机组可以采用抽水蓄能的方式,小型风电机组可以采用电解水氢能储存、蓄电池储能等多种方式储能.

本实验
附录文件

详见本实验附录文件.

【实验内容及步骤】

详见本实验附录文件.

# 实验 5.21    太阳能电池性能研究综合实验

随着全球经济的发展,能源的需求日益增加,21 世纪初的世界能源储量调查显示,全球的不可再生能源除煤炭可维持 200 余年,其他维持不足百年;另一方面,大量使用煤炭、石油等能源,全球变暖等生态问题日趋严重.因此,能源短缺和地球生态环境污染已经成为人类面临的最大问题.推广使用太阳能、水能、风能、生物质能等可再生清洁能源是今后的必然趋势.

光—电直接转换方式是利用光生伏特效应而将太阳光能直接转化为电能,光—电转换的基本装置就是太阳能电池.

根据所用材料的不同,太阳能电池可分为硅太阳能电池、化合物太阳能电池、聚合物太阳能电池、有机太阳能电池等.其中硅太阳能电池是目前发展最成熟的,在应用中居主导地位.硅太阳能电池分为单晶硅、多晶硅、非晶硅 3 种太阳能电池.

本实验研究多晶硅太阳能电池的特性.

## 【实验目的】

1. 熟悉太阳能电池的工作原理.
2. 掌握太阳能电池的暗伏安特性测量.
3. 掌握太阳能电池的输出特性测量.

## 【实验原理】

1. 太阳能电池板结构

以硅太阳能电池为例,硅太阳电池以硅半导体材料制成的大面积 pn 结经串联、并联构成,如图 5.21.1 所示,在 n 型材料层面上制作金属栅线为面接触电极,背面也制作金属膜作为接触电极,这样就形成了太阳能电池板.为了减少光的反射损失,一般在表面覆盖一层减反射膜.

2. 光伏效应

太阳能电池的基本结构就是一个大面积的平面 pn 结,太阳能电池利用半导体 pn 结受光照射时的光伏效应发电.

如图 5.21.2 所示,p 型半导体中有相当数量的空穴,几乎没有自由电子,n 型半导体中有相当数量的自由电子,几乎没有空穴.当两种半导体结合在一起形成 pn 结时,n 区的电子(带负电)向 p 区扩散,p 区的空穴(带正电)向 n 区扩散,在 pn 结附近形成空间电荷区与势垒电场.势垒电场会使载流子向扩散的反方向做漂移运动,最终扩散与漂移达到平衡,使流过 pn 结的净电流为零.在空间电荷区内,p 区的空穴被来自 n 区的电子复合,n 区的电子被来自 p 区的空穴复合,使该区内几乎没有能导电的载流子,又称为结区或耗尽区.

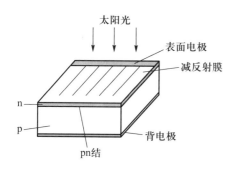

图 5.21.1　太阳能电池板结构示意图

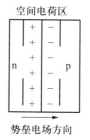

图 5.21.2　半导体 pn 结示意图

当光电池受光照射时,部分电子被激发而产生电子—空穴对,在结区激发的电子和空穴分别被势垒电场推向 n 区和 p 区,使 n 区有过量的电子而带负电,p 区有过量的空穴而带正电,pn 结两端形成电压,这就是光伏效应,若将 pn 结两端接入外电路,就可向负载输出电能.

在一定的光照条件下,改变太阳能电池负载电阻的大小,测量其输出电压与输出电流,由 $P=IU$ 得到输出功率,从而掌握其输出功率伏安特性如图 5.21.3 所示.

3. 太阳能电池的特性参量

在没有光照时,可将太阳能电池视为一个二极管,其正向偏压 $U$ 与通过的电流 $I$ 的关系为

$$I=I_S(\mathrm{e}^{\frac{qU}{kT}}-1) \tag{5.21.1}$$

$I_S$ 是二极管的反向饱和电流,$k$ 是玻耳兹曼常量,$q$ 为电子的电荷量,$T$ 为热力学温度.

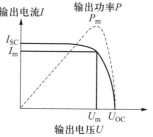

图 5.21.3　太阳能电池的
输出特性

当光照射到太阳能电池板时,太阳能电池吸收光的能量,并将所吸收的光子的能量转化为电能.当太阳能电池短路时,我们可以得到短路电流为 $I_{SC}$,当太阳能电池开路时,我们可以得到开路电压为 $U_{OC}$.

当太阳能电池接上负载 $R$ 时,所得到的负载 $I$-$U$ 特性曲线如图 5.21.3 所示,负载 $R$ 可从零至无穷大,当负载为 $R_m$ 时,太阳能电池的输出功率最大,它对应的最大功率为 $P_m$ 为

$$P_m=I_m\times U_m \tag{5.21.2}$$

上式中的 $I_m$ 和 $U_m$ 分别为最佳工作电流和最佳工作电压,将最大输出功率 $P_m$ 与 $U_{OC}$ 与 $I_{SC}$ 的乘积之比定义为填充因子 FF:

$$\text{FF} = \frac{P_{\text{m}}}{U_{\text{oc}}I_{\text{sc}}} = \frac{U_{\text{m}}I_{\text{m}}}{U_{\text{oc}}I_{\text{sc}}} \tag{5.21.3}$$

FF 为太阳能电池的重要特性参量,其大小取决于入射光强、材料禁带宽度、理想系数、串联电阻和并联电阻等,FF 越大则输出功率越高.

太阳能电池的转换效率 $\eta$ 定义为太阳能电池的最大输出功率 $P_{\text{m}}$ 与照射到太阳能电池的总辐射能 $P_{\text{in}}$ 之比,即

$$\eta = \frac{P_{\text{m}}}{P_{\text{in}}} \times 100\% \tag{5.21.4}$$

式中 $P_{\text{in}}$ 为单位面积的入射光强 $J$ 和太阳能电池有效面积的乘积,$J$ 由光功率计探头测定.

## 【实验仪器】

详见本实验附录文件.

## 【实验内容及步骤】

打开测试仪电源,预热几分钟.

1. 测量太阳能电池无光照时的伏安特性(直流偏压从 0~2 V).

(1) $R_{\text{r}}$ 表示电源自带内阻(不要连接工具箱上的电阻 $R$),测量一片太阳能电池作 $I$-$U$ 曲线.

(2) 连接测量电路如图 5.21.4 所示(注:太阳能电池板接线时,应用手扶住太阳能电池盒).

接线方法:$\mathscr{E}+ \to A+ \to A- \to V+ \to V- \to \mathscr{E}-$,电池$+ \to V+$,电池$- \to V-$.严格照图连接,Ⓐ、Ⓥ 表不可换位(否则电流表显负号).

(3) 盖上暗室盖,如图搭好电路,电流取 2 mA 挡,进行测量,记录实验数据于表 5.21.1.(有时要取 20 mA 挡,否则显负).利用测得的正向偏压时的 $I$-$U$ 关系数据,画出 $I$-$U$ 曲线.

表 5.21.1

| $U/$V | 0.05 | 0.15 | 0.20 | 0.30 | …… | 1.95 | 2.00 |
|---|---|---|---|---|---|---|---|
| $I/$mA | | | | | | | |

2. 在不加偏压时,用白炽灯光照射,测量太阳能电池特性(4 片串联负载特性更明显).连接测量电路如图 5.21.5 所示.注意:此时光源到太阳能电池的距离不能太近,可选择为 35 cm 以上.

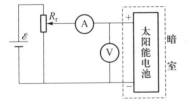

图 5.21.4　无光照测试

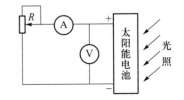

图 5.21.5　有光照测试

（1）将 4 片太阳能电池尾首相接,光源到太阳能电池的距离选择为 35 cm,固紧锁紧螺钉（注:太阳能电池板接线时,应用手扶住太阳能电池盒）.将光功率探头与入射光强显示连线连好.

（2）电路图连接,将 $\mathscr{E}$+改作 $R$+,$\mathscr{E}$-改作 $R$-,$R$+接 A-,A+接 V+,V-接 $R$-,电池 1+→V+,电池 4-→V-即可.

注意:实验内容 1 中 A+接 $\mathscr{E}$+,实验内容 2 中 A+接 V+.

（3）打开光源数分钟,测量电池在不同负载电阻下,$I$ 对 $U$ 的变化关系,记录于表 5.21.2,画出 $I$-$U$ 曲线图.记录太阳能电池的输出电压 $U$ 和电流 $I$,并计算输出功率 $P=UI$,填于表中.找出最大功率点,对应的电阻值即为最佳匹配负载 $R_m$.（参考数据:$J=1.1$ mW·cm$^{-2}$,最佳匹配负载 $R$ 约 5 000 $\Omega$,$R<5$ 000 $\Omega$,电流取 20 mA 挡,$R>5$ 000 $\Omega$,电流取 2 mA 挡）

表 5.21.2　太阳能电池输出特性实验　　　　　　　　光强 $J=$ _____

| 输出电压 $U$/V | 多晶硅 | | |
|---|---|---|---|
| | 负载电阻 $R$/$\Omega$ | 输出电流 $I$/A | 输出功率 $P$/mW |
| | 1 000 | | |
| | 2 000 | | |
| | …… | | |
| | 9 000 | | |

3. 测量短路电流 $I_{sc}$ 和开路电压 $U_{oc}$ 及入射光强 $J$.

（1）测量短路电流 $I_{sc}$（$R$ 调至 0）、开路电压 $U_{oc}$（将 A+、A-拔出即可）并记录入射光强 $J$.

（2）求太阳能电池的最大输出功率、最佳工作电压和最佳工作电流.

（3）计算填充因子:$\text{FF}=\dfrac{P_m}{U_{oc}I_{sc}}$,填写表 5.21.3.

表 5.21.3　太阳能电池的填充因子

| 光照强度 | 多晶硅 |
|---|---|
| 开路电压 $U_{oc}$/V | |
| 短路电流 $I_{sc}$/mA | |
| $I_{sc}U_{oc}$/mW | |
| $P_m$/mW | |
| 填充因子 FF | |

（4）计算转换效率:$\eta=\dfrac{P_m}{P_{in}}\times100\%$,填写表 5.21.4.

表 5.21.4　太阳能电池的转换效率表

| 光照强度 | 多晶硅 |
|---|---|
| 输出最大光功率 $P_m/mW$ | |
| 入射光功率 $P_{in}/mW$ | |
| 转换效率 $\eta = \dfrac{P_m}{P_{in}} \times 100\%$ | |

　　光功率 $P_{in}$ 为单位面积的入射光强 $J$×太阳能电池有效面积($4S$),本实验仪所用太阳能电池单片有效面积 $S$ 为 2 060 mm$^2$.

　　4. 选做实验.

　　(1) 电池的串联和并联.

　　选用两片电池,分别串联、并联,重复实验 2 和 3,比较其特性.注意输出最大光功率与转换效率.

　　(2) 短路电流 $I_{sc}$ 和开路电压 $U_{oc}$ 与入射光强 $J$ 的关系.

## 【注意事项】

本实验
附录文件

详见本实验附录文件.

## 【预习思考题】

太阳能电池串联和并联对 $I_{sc}$、$U_{oc}$、FF、$\eta$ 等会有些什么影响?

# 实验 5.22　基于表面等离激元共振测量液体折射率

　　表面等离极化激元(Surface Plasmon Polaritons, SPPs)是存在于金属与电介质界面的一种局域电磁波模式,自 1998 年 Ebbesen 等人发现金属纳米孔阵列的透射增强效应后,对 SPPs 的基础和应用研究,特别是在纳米光学领域的研究再次成为研究热点,并逐渐形成一门学科——Plasmonics.由于表面等离激元共振(Surface Plasmon Resonance, SPR)的激发条件对金属表面电介质折射率的变化非常敏感,因此 SPR 已成为一种高精度测量气体、液体折射率的方法.目前有基于光强型和相位型两种探测方法,本实验是基于光强型 SPR 原理测量液体折射率.

## 【实验目的】

　　1. 了解 SPPs 和 SPR 的原理,掌握 SPPs 的光学激发方法和 SPR 共振的宏观表现.

　　2. 了解全反射时的倏逝波概念,掌握光强型 SPR 测量液体折射率的方法.

　　3. 进一步熟悉和了解分光计的调节和使用.

## 【实验原理】

SPPs 是在两种电容率符号相反的介质(如光波段的金属与电介质,其电容率分别小于和大于零)分界面上的电荷密度波动而产生沿界面传播的一种横磁波(Transverse Magnetic mode,TM模式,如图 5.22.1 所示,SPPs 沿 z 方向传播,其磁场分量 H 平行于 y 轴).SPPs 局限于界面,在界面法向上的振幅呈指数衰减,有突破光传播衍射极限的能力,被誉为最有希望的纳米集成光波导的信息载体.

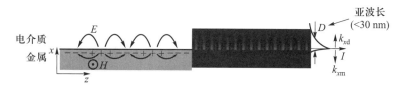

图 5.22.1 SPPs 振荡和传播示意图

在半无限空间结构模型中,SPPs 的色散方程为

$$k_{SPP} = \frac{\omega}{c}\sqrt{\frac{\varepsilon_m\varepsilon_d}{\varepsilon_m+\varepsilon_d}} = k_0\sqrt{\frac{\varepsilon_m\varepsilon_d}{\varepsilon_m+\varepsilon_d}} \tag{5.22.1}$$

式中 $k_{SPP}$ 是 SPPs 的传播波矢(沿 z 方向),c 为真空中光速,$\omega$ 和 $k_0$ 分别为入射光的角频率和在真空中传播的波矢,$\varepsilon_m$ 和 $\varepsilon_d$ 分别为金属和电介质的电容率.由于 $Re(\varepsilon_m) < 0$, $\varepsilon_d > 0$,且 $|Re(\varepsilon_m)| > \varepsilon_d$,由式(5.22.1)可知同一频率光波激发的 SPP 的 $k_{SPP}$ 大于其在 $\varepsilon_d$ 的介质中波矢($\sqrt{\varepsilon_d}k_0$),因此一般情况下利用光波不能直接激发无限大光滑金属表面上的 SPPs.目前激发 SPPs 的方式可采用棱镜耦合、光栅耦合或近场激发等方法.

当入射光波与 SPPs 之间满足能量与动量匹配条件(即两者的频率和波矢均相等),入射光波的能量将会大量地耦合到 SPPs,并激发表面电子的集体振荡,该现象称为表面等离激元共振(SPR).由于 SPR 激发条件对金属表面电介质折射率的变化非常敏感,因此 SPR 已成为一种高精度测量气体、液体折射率的方法.目前有基于光强型和相位型两种探测技术,已经广泛应用于化学和生物方面的测量.

基于光强探测型的 SPR 测量折射率基本原理如下.

如图 5.22.2 所示,一束 P 偏振光(磁场 **H** 垂直于入射面 xz 平面)通过棱镜圆心入射到约 50 nm 厚的银薄膜表面,当入射角为

$$\theta = \sin^{-1}\left(\sqrt{\frac{Re(\varepsilon_m)n_d^2}{Re(\varepsilon_m)+n_d^2}}\Big/n_g\right) \tag{5.22.2}$$

式中,$Re(\varepsilon_m)$ 是银膜电容率实部,$n_g$ 是棱镜的折射率,$n_d$ 是介质 1 的折射率,且 $n_g > n_d$ 时,满足 SPR 共振条件,入射光将激发并有大量能量转移给金属与介质 1(无限厚)界面的 SPPs,反射光强急剧下降,反射光强随入射角变化的曲线如图 5.22.2 中插图所示,可见当光波以共振角入射时反射光强达极小值(该插图为理论计算的理想效果,实际对比度没这么大).实验中通过测量反射光强随入射角变化的曲线,可在共振角附近获得一个明显凹陷,由此可确定 SPR 共振角.同时

由理论计算可知,共振角随介质 1 的折射率在一定范围内成线性变化(如图 5.22.3 所示).因此,通过测量 SPR 的反射率曲线确定共振角,便可求出介质 1 的折射率变化,利用该方法测量折射率的精度可达 $10^{-7}$ RIU(Refractive Index Unit)量级.

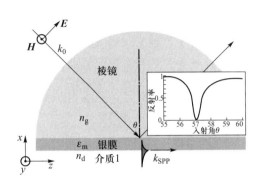

图 5.22.2　Kreschmann 法棱镜激发 SPPs 示意图
(插图为反射光强随入射角变化的曲线)

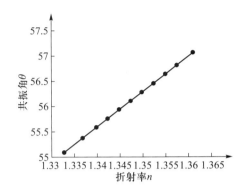

图 5.22.3　共振角随介质 1 折射率变化曲线
(本曲线以不同浓度的水和酒精混合液为例)

## 【实验仪器】

分光计,半导体激光器($\lambda = 635$ nm,图 5.22.4 中部件 1),敏感部件(半圆柱棱镜折射率 $n_g = 1.5$,镀金属膜,槽深 8 mm,直径 $D = 30$ mm,图 5.22.4 中部件 3),偏振器(图 5.22.4 中部件 2),微调座(直径 $D = 87$ mm,图 5.22.4 中部件 4),顶尖中心(偏差:0.02),光电探头(图 5.22.4 中部件 5),数字式功率计(图 5.22.4 中部件 6),待测液体.测量原理图如图 5.22.5 所示.

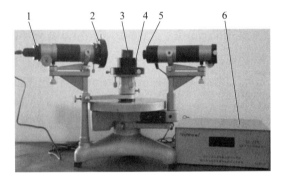

图 5.22.4　基于分光计的实验装置图

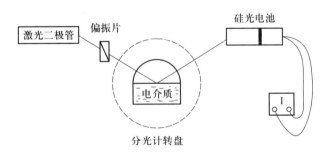

图 5.22.5　基于分光计的 SPR 传感器原理图

## 【实验内容及步骤】

1. 调整分光计

调整分光计的平行光管部件、望远镜部件,使其分别与载物台中心轴垂直.

2. 安装实验部件和连接线路

(1) 调整完毕分光计后,连接线路,激光光源接光输出,光电探头接光输入,插上电源线.

(2) 撤下平行光管的狭缝装置,将激光光源装入到平行光管内,拧紧固定螺丝;同时拧去分光计的两个物镜,在望远镜的原物镜处装上光电探头(如图5.22.4所示),在平行光管原物镜处装上"十字"准心,并调节激光器,使激光照在准心上,并将偏振器套在平行光管上,零刻度朝上,并把偏振器指针转到90°(保证入射光为P偏振光),打开电源开关,观察功率计读数调整激光光源,当数值处于900附近(总之,在可显示的范围内,数值越大也好)时固定光源.

3. 调整传感器中心

将微调座放到载物台上,固定好微调座后,在微调座中心放上准星(见图5.22.6准星示意图),首先开始粗调,调节载物台锁紧螺钉使激光光斑至图5.22.6所示Ⅰ处,转动游标盘一圈,观察激光光斑是否一直射在Ⅰ上,如果不是,则说明激光光线和准星不在一个平面上,分以下两种情况调节:

(1) 当转动游标盘一圈,激光光斑始终处于准星某一侧,则说明激光光线有偏移,微调平行光管光轴水平调节螺钉,使激光光斑射在Ⅰ上.

(2) 当转动游标盘一圈,激光光斑处于准星不同侧,则说明准星不处于分光计中心位置,采用渐近法(与调节分光计中十字光斑方法相同),调节微调座的两颗微调螺钉,使激光光斑射在Ⅰ上.

粗调完毕,开始细调,将载物台往下调,使激光光斑射在Ⅱ上,再转动游标盘一圈,观察激光光斑是否一直射在Ⅱ上,如果不是,则说明激光光线和准星仍不在一个平面上,调节方法与粗调一致.调节完毕,继续往下调节载物台,使激光光斑射在Ⅲ上,转动游标盘一圈,观察顶尖Ⅲ处光斑是否一直处于最亮状态,如果不是,继续调节,调节方法同粗调、细调.

(3) 当激光光斑一直过准星时,中心调节完毕.移去准星,放入敏感部件,为接下来读数方便,将游标盘与刻度盘调整至图5.22.7所示位置,调整敏感部件使光90°入射,拧紧游标盘制动螺钉,转动刻度盘使刻度盘0°对准游标盘0°.拧紧望远镜与刻度盘固定螺钉,松开游标盘制动螺钉,从此刻开始刻度盘始终保持不动.转动游标盘90°观察光是否垂直入射敏感部件,继续转动游标盘180°观察光是否仍90°入射敏感部件,如果是,则说明敏感部件已调整完毕.

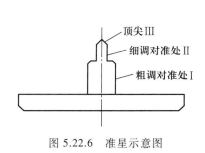

图 5.22.6 准星示意图

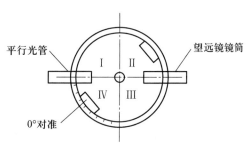

图 5.22.7 0°对准处示意图

4. 测量读数

（1）测量电介质为空气时的共振角（对应入射角在 39°～45°之间）.

以上步骤已经将光路调好，先取下敏感部件，让激光直接照在光电探头上，并使反射光沿光路返回，观察入射光斑在探测器上的位置，在后面的操作中，也要让光斑照在探测器上的同一位置.

改变入射角的方法：第一步，再次放上敏感部件，将敏感部件的金属面平行于入射的激光束，即此时入射角为 90°；第二步，调整望远镜镜筒（前端为光电探头），使激光束能照射到光电探头，并固定望远镜（刻度盘与望远镜固定在一起）；第三步，如图 5.22.7 所示，如要使入射角从 90°改变为 $m$°，则先将游标盘逆时针转动（$90-m$）°，并固定，将望远镜松开，逆时针转动（$180-2m$）°，再固定，也就是说，游标盘转动 $p$°，望远镜要同向转动（$2p$）°.

开始测量时，将入射角调至大于半圆柱棱镜的全反射角，再增大入射角开始测量.每次增加入射角 0.5°，记录功率计读数.以此类推，获得反射光强与入射角变化的数据，并绘制拟合曲线，获得共振角（发射光强最小处对应的入射角即为共振角，应大于圆柱玻璃棱镜的全反射角，但小于 50°）.

（2）测量电介质为待测液体时的共振角（对应入射角在 65°～80°之间）.

5. 数据处理

根据空气的共振角，利用公式（5.22.2）计算金属电容率实部 $\mathrm{Re}(\varepsilon_\mathrm{m})$（该值应小于 0），并利用待测液体共振角，计算待测液体折射率.

【预习思考题】

1. 为什么光直接照在光滑的金属表面不能激发表面等离激元共振，而需要用棱镜耦合、光栅耦合或近场激发等方式激发表面等离激元？

2. 棱镜耦合方式激发表面等离激元的金属（银）膜的厚度为多大时耦合效率较高？

# 实验 5.23　利用双光栅 Lau 效应测量折射率

1948 年，法国人 E.Lau 用白光扩展源照明两块相隔一定距离的全同光栅，在无穷远处观察到有彩色条纹的干涉现象，称为双光栅 Lau 效应.若用单色扩展光源照明上述的两块光栅，则可观察到周期性干涉条纹.利用双光栅 Lau 效应可用于测定透明物体折射率、透镜焦距、光波长、温度等物理量.本实验利用双光栅 Lau 效应测定平板玻璃砖的折射率.

【实验目的】

1. 了解双光栅 Lau 效应的原理.

2. 学会双光栅 Lau 效应实验装置的调节方法.

3. 学会利用双光栅 Lau 效应测定平板玻璃砖的折射率.

## 【实验原理】

如图 5.23.1 所示,利用单色扩展光源照明两块完全相同且相距为

$$z_0 = \frac{kd^2}{2\lambda} \tag{5.23.1}$$

的光栅(暂不考虑放置在中间玻璃砖),式中 $k=1,2,\cdots,\lambda$ 为波长,$d$ 为光栅常量,在无穷远处(或望远镜的物镜焦平面)可观察到清晰的周期性干涉条纹.

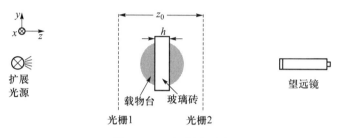

图 5.23.1  实验原理图

若在两光栅间平行于光栅平面放置透明平板介质(厚度为 $h$,折射率为 $n$),只要两光栅间的光程仍满足式(5.23.1),仍然可观察到周期性干涉条纹.当绕着与光栅刻线平行的 $x$ 轴转动平板介质,可在无穷远的接收屏(或望远镜的物镜焦平面)上观察到干涉条纹的平行移动现象.干涉条纹的平移现象可作以下解释.

假设转动平板介质的角度为 $i$,则以入射角为 $i$ 入射时出射光线与垂直入射的出射光线发生的横向位移 $W$ 与入射角 $i$ 的关系为

$$W = h\sin i \left[ 1 - \sqrt{\frac{1 - \sin^2 i}{n^2 - \sin^2 i}} \right] \tag{5.23.2}$$

相当于把光栅 1 沿 $y$ 方向平移了 $W$ 的距离.根据光栅成像原理的 Lau 效应解释,认为无穷远处接收屏(或望远镜物镜焦平面)上的干涉条纹是光栅 1 的像,光栅 2 的作用如同透镜,当然这种作用完全不是几何光学所描述的.这时条纹分布为

$$I'(x', y') = I'\left( \frac{f}{z_0}x, \frac{f}{z_0}y \right) = I\left( \frac{f}{z_0}x, \frac{f}{z_0}(y+W) \right) \tag{5.23.3}$$

式中 $I$ 为平移前某处光强,$I'$ 为平移后某处光强,$x$、$y$ 为光栅 1 平面的坐标,$x'$、$y'$ 为望远镜物镜焦平面上坐标,$f$ 为望远镜物镜焦距.若观察屏上某参考点移动整数倍个条纹(条纹间距为 $p$),设移动 $m$ 个条纹,则有 $mp = fW/z_0$,得

$$W = mpz_0/f = md \tag{5.23.4}$$

由式(5.23.2)、式(5.23.4)两式得

$$md = h\sin i \left[ 1 - \sqrt{\frac{1 - \sin^2 i}{n^2 - \sin^2 i}} \right] \tag{5.23.5}$$

由式(5.23.5)可知,观察屏上的条纹移动数 $m$ 与平板介质的角度转动 $i$ 及介质折射率 $n$ 有固定关系.

利用上述干涉条纹平移现象可测量介质的折射率.将厚度和折射率分别为 $h_1$、$n_1$ 的光学平板玻璃砖 1 以玻璃面与光栅面平行放置于两光栅间.旋转玻璃砖,观察屏上条纹平移 $m$ 条,测量此时玻璃砖所转的角度 $i_1$,则

$$md = h_1 \sin i_1 \left[ 1 - \sqrt{\frac{1-\sin^2 i_1}{n_1^2 - \sin^2 i_1}} \right] \tag{5.23.6}$$

取下玻璃砖 1,换上厚度为 $h_2$、折射率为 $n_2$ 的光学平板玻璃砖 2(玻璃面与光栅面平行放置于两光栅间),旋转玻璃砖 2,同样观察干涉条纹平移 $m$ 个条纹,并记下相应转动角度 $i_2$,则

$$md = h_2 \sin i_2 \left[ 1 - \sqrt{\frac{1-\sin^2 i_2}{n_2^2 - \sin^2 i_2}} \right] \tag{5.23.7}$$

由式(5.23.6)、式(5.23.7)两式可得

$$n_2 = \sin i_2 \sqrt{\frac{h_2^2 \cos^2 i_2}{(h_2 \sin i_2 - \varphi h_1 \sin i_1)^2} + 1} \tag{5.23.8}$$

式中 $\varphi = 1 - \cos i_1 / \sqrt{n_1^2 - \sin^2 i_1}$.已知 $h_1$、$n_1$、$h_2$、$i_1$、$i_2$,则可求出玻璃砖 2 的折射率 $n_2$.


## 【实验仪器】

分光计,光栅两片(光栅常量相同,20 条/mm),光栅夹持架两个,已知折射率玻璃砖(较厚,$n = 1.516\,3$),待测玻璃砖(较薄),游标卡尺,钠光灯.


## 【实验内容及步骤】

1. 实验的实际光路图如图 5.23.2 所示,首先在未放置光栅和样品时按照分光计的要求调节分光计系统,使其处于可测量状态.

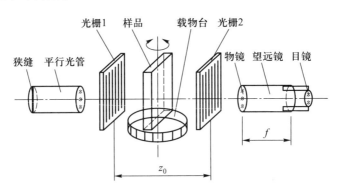

图 5.23.2　Lau 效应实验图

2. 放置光栅 1,通过调节光栅夹持架上的螺丝使光栅 1 平面垂直于分光计的平行光管,并转动夹持架使光栅刻线平行于狭缝.当扩展光源的平行光垂直入射到第一个光栅(光栅刻线与平行光管狭缝平行),在望远镜视场中可见几条衍射像.逐渐加宽平行光管的狭缝,视场中的亮线逐渐

展宽,成为几个亮带,如图 5.23.3 所示.

3. 再放置光栅 2,要求达到与光栅 1 相同的条件,调整两个光栅的间距,当两光栅间距为 $[d^2/(2\lambda)]$ 的整数倍时,在视场中第一个光栅的亮带内都会出现干涉条纹,如图 5.23.4 所示.

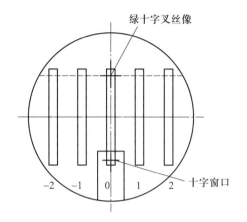

图 5.23.3　狭缝对光栅 1 的衍射像

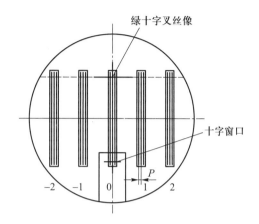

图 5.23.4　望远镜视场内看到的 Lau 效应

4. 在载物台上放置玻璃砖 1,要求玻璃砖平行于光栅平面,并可观察到清晰的干涉条纹.

5. 旋转载物台,同时计数条纹的平移数目,平移 15 条后停止,求出载物台旋转的角度,即为 $i_1$,重复测量至少 5 次,画表格记录数据.

6. 取下玻璃砖 1,以同样的方式放置待测玻璃砖 2,并重复第 4、5 步,测出 $i_2$,重复测量至少 5 次.

7. 利用游标卡尺分别测量两玻璃砖的厚度,并计算玻璃砖 2 的折射率.

## 【注意事项】

1. 本实验光栅为定制光栅,实验时一定小心轻放,注意不要用手接触光栅表面,更不要摔在台面或地面上.

2. 实验时玻璃砖的初始位置必须与两光栅平面平行,然后开始旋转,并测量相对旋转角度.

3. 实验中观察到的干涉条纹比较密,因此要反复多次测量,直到 $i_1$、$i_2$ 的测量值达到稳定.

# 实验 5.24　莫尔效应及其应用

几百年前,法国人莫尔发现一种现象:当两层被称作莫尔丝绸的绸子叠在一起时将产生复杂的水波状的图案,如薄绸间的相对挪动,图案也随之晃动,这种图案当时称为莫尔条纹.一般说,任何具有一定排列规律的几何图案的重合,均能形成按新规律分布的莫尔条纹图案.

1874 年,瑞利首次将莫尔图案作为一种计测手段,即根据条纹的结构形状来评价光栅尺各线纹间的间隔均匀性,从而开拓了莫尔计量学.随着时间的推移,莫尔条纹测量技术现已经广泛应用于多种计量和测控中.在位移测量、数字控制、运动比较、应变分析、振动测量以及诸如特形零件、生物体形貌、服装及艺术造型等方面的三维计测中展示了莫尔效应的广阔前景,例如广泛使用于精密程控设备中的光栅传感器,可实现优于 1 μm 的线位移和优于 1″(1/3 600 度)的角位移的测量和控制.

## 【实验目的】

1. 理解莫尔现象的产生机理.
2. 了解光栅传感器的结构.
3. 观察直线光栅、径向圆光栅、切向圆光栅的莫尔条纹并验证其特性.
4. 用直线光栅测量线位移.
5. 用圆光栅测量角位移.

## 【实验原理】

两块光栅以很小的交角相向叠合时,在相干或非相干光的照明下,在叠合面上将出现明暗相间的条纹,称为莫尔条纹.莫尔条纹现象是光栅传感器的理论基础,它可以用粗光栅或细光栅形成.栅距远大于波长的光栅叫作粗光栅,栅距接近波长的光栅叫作细光栅.

1. 直线光栅莫尔条纹

两块光栅常量相同的光栅,其刻画面相向叠合并且使两者栅线有很小的交角 $\theta$,则由于挡光效应(光栅常量 $d > 20$ μm)或光的衍射作用(光栅常量 $d < 10$ μm),在与光栅刻线大致垂直的方向上形成明暗相间的条纹,如图 5.24.1 所示.

若主光栅与副光栅之间的夹角为 $\theta$,光栅常量为 $d$,由图 5.24.1 的几何关系可得出相邻莫尔条纹之间的距离 $B$ 为

$$B = \frac{d}{2\sin(\theta/2)} \approx \frac{d}{\theta} \qquad (5.24.1)$$

式中 $\theta$ 的单位为弧度.由上式可知,当改变光栅夹角 $\theta$,莫尔条纹宽度 $B$ 也将随之改变.

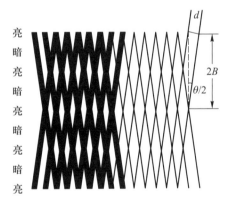

图 5.24.1　直线光栅莫尔条纹

当两光栅的光栅常量不相等时,莫尔条纹方程及莫尔条纹间隔的表达式推导见本实验附录文件.

直线光栅的莫尔条纹有如下主要特性.

(1)同步性

在保持两光栅交角一定的情况下,使一个光栅固定,另一个光栅沿栅线的垂直方向运动,每移动一个栅距 $d$,莫尔条纹移动一个条纹间距 $B$,若光栅反向运动,则莫尔条纹的移动方向也相反.

(2)位移放大作用

当两光栅交角 $\theta$ 很小时,相当于把栅距 $d$ 放大了 $1/\theta$ 倍,莫尔条纹可以将很小的光栅位移

同步放大为莫尔条纹的位移.例如当 $\theta = 0.06° = \pi / 3\,000$ 时,莫尔条纹宽度比光栅栅距大近千倍.当光栅移动微米量级时,莫尔条纹移动毫米量级.这样就将不便检测的微小位移转换成用光电器件易于测量的莫尔条纹移动.测得莫尔条纹移动的个数 $q$ 就可以得到光栅的位移 $\Delta L$ 为 $\Delta L = qd$.

（3）误差减小作用

光电器件获取的莫尔条纹是两光栅重合区域所有光栅线综合作用的结果.即使光栅在刻画过程中有误差,莫尔条纹对刻画误差有平均作用,从而在很大程度上消除栅距的局部误差的影响,这是光栅传感器精度高的重要原因.

2. 径向圆光栅莫尔条纹

径向圆光栅是指大量在空间均匀分布且指向圆心的刻线形成的光栅,相邻刻线之间的夹角 $\alpha$ 称为栅距角.图 5.24.2（a）是径向圆光栅,图 5.24.2（b）是两块栅距角相同（即 $\alpha_1 = \alpha_2 = \alpha$）,圆心相距 $2S$ 的径向圆光栅相向叠合产生的莫尔条纹.

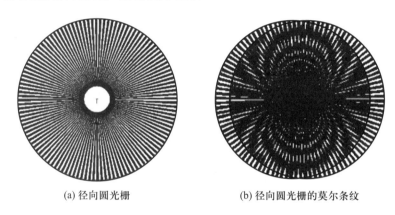

(a) 径向圆光栅        (b) 径向圆光栅的莫尔条纹

图 5.24.2　径向圆光栅及径向圆光栅莫尔条纹

若两光栅的刻画中心相距为 $2S$,在以两光栅中心连线为 $x$ 轴,两光栅中心连线的中点为原点的直角坐标系中,莫尔条纹满足如下方程:

$$x^2 + \left( y - \frac{S}{\tan k\alpha} \right)^2 = \left( \frac{S\sqrt{\tan^2 k\alpha + 1}}{\tan k\alpha} \right)^2 \quad （k \text{ 为正有理数}） \tag{5.24.2}$$

径向圆光栅莫尔条纹方程的推导见本实验附录文件.

径向圆光栅的莫尔条纹有如下特点.

（1）当其中一块光栅转动时,圆族将向外扩张或向内收缩.每转动 1 个栅距角,莫尔条纹移动一个条纹宽度.用光电器件测得莫尔条纹移动的个数 $q$ 就可以得到光栅的角位移 $\Delta\theta = q\alpha$.用径向圆光栅测量角位移具有误差减小作用.

（2）莫尔条纹是由上下 2 组不同半径、不同圆心的圆族组成.上半圆族的圆心位置为 $(0, S/\tan k\alpha)$,下半圆族的圆心位置为 $(0, -S/\tan k\alpha)$.条纹的曲率半径为 $S\sqrt{\tan^2 k\alpha + 1}/\tan k\alpha$.

（3）$k$ 越大,莫尔条纹半径越小,条纹间距也越小,因此靠近传感器中心的莫尔条纹不易分辨,半径最小值为 $S$.

（4）两光栅的中心坐标 $(S, 0)$ 和 $(-S, 0)$ 恒满足圆方程,所有的圆均通过两光栅的中心.

3. 切向圆光栅莫尔条纹

切向圆光栅是由空间分布均匀且都与一个半径很小的圆相切的众多刻线构成的圆光栅.当如图 5.24.3(a)所示的两块切向圆光栅相向叠合时,两块光栅的切线方向相反.图 5.24.3(b)是两块小圆半径相同、栅距角相同的切向圆光栅相向叠合产生的莫尔条纹.

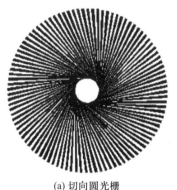

(a) 切向圆光栅          (b) 切向圆光栅的莫尔条纹

图 5.24.3 切向圆光栅与切向圆光栅莫尔条纹

两块小圆半径均为 $r$,栅距角均为 $\alpha$ 的切向光栅相向同心叠合,其莫尔条纹满足的方程为

$$x^2+y^2=\left(\frac{2r}{k\alpha}\right)^2 \quad (k \text{ 为正整数}) \tag{5.24.3}$$

切向圆光栅莫尔条纹方程的推导见本实验附录文件.切向圆光栅的莫尔条纹有如下特点.

(1) 当其中一块光栅转动时,圆族将向外扩张或向内收缩.每转动 1 个栅距角,莫尔条纹移动一个条纹宽度.用光电器件测得莫尔条纹移动的个数 $q$ 就可以得到光栅的角位移 $\Delta\theta=q\alpha$,用切向圆光栅测量角位移具有误差减小作用.

(2) 莫尔条纹是一组同心圆环,圆环半径为 $R=2r/k\alpha$,相邻圆环的间隔为 $\Delta R=2r/k^2\alpha$.

(3) $k$ 越大,莫尔条纹半径越小,条纹间距也越小,因此靠近传感器中心的莫尔条纹不易分辨.

## 【实验仪器】

莫尔效应光栅传感实验仪(仪器介绍详见本实验附录文件).

## 【实验内容及步骤】

1. 实验前的准备工作
(1) 打开仪器后面的电源开关,主光栅板的背光灯点亮.
(2) 安装副光栅滑座,使副光栅滑座上的卡片插入读数装置滑块上的卡槽中.
2. 观察直线光栅的莫尔条纹特性,并利用直线光栅测量线位移
(1) 安装好直线副光栅,使其零刻度线与角度读数盘零刻度大致对齐,摇动手轮,使直线主

副光栅位置对齐.

（2）转动副光栅座,改变主副光栅之间的夹角$\theta$,观察莫尔条纹宽度的变化.

（3）转动手轮移动副光栅,观察莫尔条纹的移动方向.反向移动副光栅,观察莫尔条纹移动方向的变化,验证莫尔条纹的同步性及位移放大作用.

（4）安装摄像头,连接好视频接头.此时,若监视器关闭,则需按一下监视器旁边的监视器开关按钮,若一切正常,监视器上将显示主光栅的放大图像.按仪器介绍中的方法调整好摄像头.

（5）使主光栅和副光栅成一定夹角$\theta$,使监视器上出现约3条莫尔条纹图案.

（6）转动手轮,使副光栅滑座移动到主光栅基座最右端,然后反向转动手轮使副光栅沿轨道运动,莫尔条纹随之移动.每移动5个莫尔条纹,记录副光栅的位置于表5.24.1中.注意:为防止回程差对实验的影响,记录副光栅位置时,百分手轮须朝同一方向进行旋转.计算$q$为5,10,15…时对应的位移$\Delta L_q$,填入表5.24.1中.

表5.24.1　用直线光栅测量线位移

| 条纹移动数 $q$ | 0 | 5 | 10 | 15 | … | 40 | 45 |
|---|---|---|---|---|---|---|---|
| 副光栅位置读数 $L_q$/mm | | | | | | | |
| 位移 $\Delta L_q = \|L_q - L_0\|$ | | | | | | | |

（7）以$q$为横坐标,位移$\Delta L_q$为纵坐标作图.若它们为线性关系,且直线斜率为$d$,即验证了关系式$\Delta L_q = qd$,说明可以由条纹移动数测量线位移.

（8）已知光栅常量值为$d = 0.500$ mm,将由直线斜率求出的光栅常量$d$与之比较,求相对误差.

3. 观察径向圆光栅的莫尔条纹特性,并利用径向圆光栅莫尔条纹测量角位移

（1）由于监视器显示的是莫尔条纹局部放大图,为便于观察莫尔条纹全貌,先取下摄像头.

（2）安装好径向副光栅,调节两光栅中心距,使之出现莫尔条纹,观察莫尔条纹图案的对称性.摇动手轮改变两光栅中心距,观察圆半径的变化.

（3）转动副光栅,观察莫尔条纹的移动方向.反向转动副光栅,观察莫尔条纹移动方向的变化.

（4）将看到的莫尔条纹特性与实验原理中阐述的特性比较,加深理解.

（5）安装摄像头,调节摄像头的位置,让摄像头监视主副光栅接近边缘的地方,直到监视器上出现清晰的莫尔条纹.

（6）沿同一方向转动副光栅,每移动5个莫尔条纹记录副光栅的角位置于表5.24.2中.计算$q$为5,10,15…时对应的角位移$\Delta\theta_q$,填入表5.24.2中.

表5.24.2　用径向圆光栅测量角位移

| 条纹移动数 $q$ | 0 | 5 | 10 | 15 | … | 40 | 45 |
|---|---|---|---|---|---|---|---|
| 副光栅角位置读数 $\theta_q$/(°) | | | | | | | |
| 角位移 $\Delta\theta_q (= \theta_q - \theta_0)$/(°) | | | | | | | |

（7）以 $q$ 为横坐标，角位移 $\Delta\theta_q$ 为纵坐标作图.若它们为线性关系，且直线斜率为 $\alpha$，即验证了关系式 $\Delta\theta=q\alpha$，说明可以由条纹移动数测量角位移.

（8）已知栅距角的准确值为 $\alpha=1.0°$，将由直线斜率求出的栅距角值 $\alpha$ 与之比较，求相对误差.

4. 观察切向圆光栅的莫尔条纹特性，并利用切向圆光栅莫尔条纹测量角位移

（1）观察主、副光栅的切向是否相反.

（2）由于监视器显示的是莫尔条纹局部放大图，为便于观察莫尔条纹全貌，先取下摄像头.

（3）安装好切向副光栅，转动手轮使主副切向光栅基本同心，观察莫尔条纹图案的特性.

（4）转动副光栅，观察莫尔条纹的移动方向.反向转动副光栅，观察莫尔条纹移动方向的变化.

（5）将看到的莫尔条纹特性与实验原理中阐述的特性比较，加深理解.

（6）安装摄像头，调节摄像头的位置，让摄像头监视主副光栅接近边缘的地方，直到监视器上出现清晰的莫尔条纹.

（7）沿同一方向转动副光栅，每移动 5 个莫尔条纹记录副光栅的角位置于表 5.24.3 中.计算 $q$ 为 5，10，15…时对应的角位移 $\Delta\theta_q$，填入表 5.24.3 中.

表 5.24.3 用切向圆光栅测量角位移

| 条纹移动数 $q$ | 0 | 5 | 10 | 15 | ... | 40 | 45 |
|---|---|---|---|---|---|---|---|
| 副光栅角位置读数 $\theta_q/(°)$ | | | | | | | |
| 角位移 $\Delta\theta_q(=\theta_q-\theta_0)/(°)$ | | | | | | | |

（8）以 $q$ 为横坐标，角位移 $\Delta\theta_q$ 为纵坐标作图.若它们为线性关系，且直线斜率为 $\alpha$，即验证了关系式 $\Delta\theta=q\alpha$，说明可以由条纹移动数测量角位移.

（9）已知栅距角的准确值为 $\alpha=1.0°$，将由直线斜率求出的栅距角值 $\alpha$ 与之比较，求相对误差.


## 【注意事项】

1. 使用前应首先详细阅读说明书.

2. 为保证使用安全，三芯电源线须可靠接地.

3. 仪器应在清洁干净的场所使用，避免阳光直接暴晒和剧烈颠震.

本实验
附录文件

4. 切勿用手触摸光栅表面.如果光栅被弄脏，建议用清水加少量的洗洁精清洗然后晾干.

5. 测量时应注意回程差.

6. 测量时应尽量避免光栅的垂直上方有其他直射光源.

7. 光栅片是玻璃材质，易碎，勿以硬物击之，同时避免摔碎.

# 实验 5.25　氢原子光谱研究

原子光谱的观测,是了解原子内部结构,认识原子内部电子的运动的重要手段之一,为量子理论的建立提供了坚实的实验基础.1885 年,瑞士数学老师巴耳末(J. J. Balmer)根据人们的观测数据,总结出了氢光谱线的经验公式.1913 年,玻尔(N. Bohr)得知巴耳末公式后的一个月就寄出了氢原子理论的第一篇文章,他说"我一看到巴耳末公式,整个问题对我来说就清楚了."1925 年,海森伯(W. Heisenberg)提出的量子力学理论,更是建筑在原子光谱的测量基础之上的.电子内禀运动——自旋的提出来自于对原子光谱的精密测量.

常用的光谱有吸收光谱、发射光谱和散射光谱,涉及的波长从 X 射线、紫外线、可见光、红外线到微波和射频波段.目前光谱分析已经成为研究物质微观结构的重要途径之一,它广泛应用于化学分析、医药、生物、地质、冶金、考古等部门.

本实验利用光学多通道分析器测定氢原子在可见光波段的发射光谱,进一步了解光谱与微观结构(能级)间的联系和光谱测量的基本方法.

## 【实验目的】

1. 测定氢原子巴耳末系发射光谱的波长和氢原子的里德伯常量.
2. 了解氢原子能级与光谱的关系,画出氢原子能级图.
3. 了解光学多通道分析器的原理,并学会使用其测量光谱.

## 【实验原理】

图 5.25.1 是氢原子的能级图.根据玻尔理论,氢原子的能级公式为

$$E(n) = -\frac{\mu e^4}{8\varepsilon_0^2 h^2} \cdot \frac{1}{n^2} \quad (n = 1, 2, 3, \cdots) \tag{5.25.1}$$

式中 $\mu = m_e/(1+m_e/m_H)$ 称为约化质量,$m_e$ 为电子质量,$m_H$ 为原子核质量,氢原子的 $m_H/m_e$ 等于 1 836.15,$\varepsilon_0$ 为真空电容率,$h$ 为普朗克常量,$e$ 为元电荷.

电子从高能级跃迁到低能级时,发射的光子能量 $h\nu$ 为两能级间的能量差

$$h\nu = E(m) - E(n) \quad (m > n) \tag{5.25.2}$$

如以波数 $k = 1/\lambda$ 表示,则上式为

$$k = \frac{E(m) - E(n)}{hc} = T(n) - T(m) = R_H \left( \frac{1}{n^2} - \frac{1}{m^2} \right) \tag{5.25.3}$$

式中 $R_H$ 称为氢原子的里德伯常量,单位是 $m^{-1}$,$T(n)$ 称为光谱项,它与能级 $E(n)$ 是对应的.从 $R_H$ 可得氢原子各能级的能量

$$E(n) = -R_H hc \frac{1}{n^2} \tag{5.25.4}$$

式中 $c$ 为真空中光速.

从图 5.25.1 可知,从 $m \geqslant 3$ 至 $n = 2$ 的跃迁,光子波长位于可见光区,其光谱符合规律

$$k = R_H \left( \frac{1}{2^2} - \frac{1}{m^2} \right), \quad m = 3, 4, 5, \cdots \tag{5.25.5}$$

这就是 1885 年巴耳末发现并总结的经验规律,称为巴耳末系.氢原子的莱曼系位于紫外区,其他线系均位于红外区.

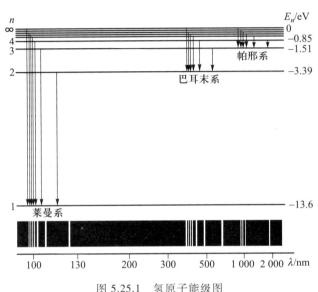

图 5.25.1 氢原子能级图

## 【实验仪器】

光学多通道分析器(Optical Multichannel Analyzer,OMA),汞灯,氢灯.

OMA 是利用现代电子技术接收和处理某一波长范围($\lambda_1 \rightarrow \lambda_2$)内光谱信息的光学多通道检测系统,其基本框图如图 5.25.2 所示.入射光被多通道仪色散后在其出射窗口形成 $\lambda_1 \rightarrow \lambda_2$ 的谱带.位于出射窗口处的多通道光电探测器(电荷耦合器件,Charge-Coupled Device,简称 CCD,详见本实验附录文件)将谱带的强度分布转变为电荷强弱的分布,由信号处理系统扫描、读出、经 A/D 变换后存储并显示在计算机上.

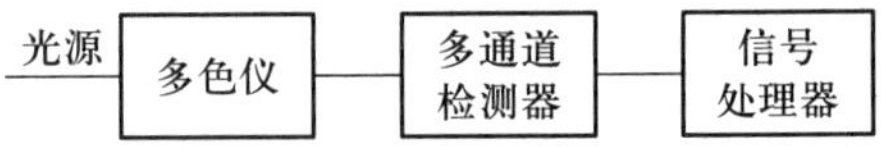

图 5.25.2　OMA 框图

多通道仪及光源部分的光路见图 5.25.3.光源 S 经透镜 L 成像于多通道仪的入射狭缝 $S_1$(或用光源直接照明 $S_1$),入射光经平面反射镜 $M_1$ 转向 90°,经球面镜 $M_2$ 反射后成为平行光射向光栅 G.衍射光经球面镜 $M_3$ 和平面镜 $M_4$ 成像于观察屏 P.由于各波长光的衍射角不同,在 P 处形成以某一波长 $\lambda_0$ 为中心的一条光谱带,在 P 上可直观地观察到光谱特征.转动光栅 G 可改变中心波长,整条谱带也随之移动.转开平面镜 $M_4$ 可使 $M_3$ 直接成像于光电探测器 CCD 上,它测量的谱段与观察屏 P 上看到的完全一致.

OMA 的优点在于所有的 $N$ 个像元同时曝光,可同时取得某波长范围内的光谱,比一般的单

通道光谱系统检测同一段光谱的总时间快 $N$ 倍,且在摄取一段光谱的过程中不需要光谱仪进行机械扫描,不存在由于机械系统引起的波长不重复的误差,减少了光源强度不稳定引起的谱线相对强度误差,还可测量光谱变化的动态过程.

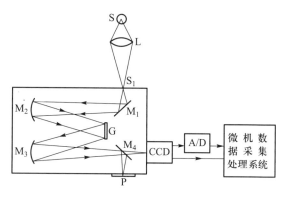

图 5.25.3　OMA 内部光路

本实验所用 OMA 仪器采用的是具有 2 048 个像元的 CCD 一维线阵,每个像元称为一道,本实验的系统是 2 048 道的 OMA.CCD 的光谱响应范围为 200~1 000 nm,响应峰值在 550 nm,动态范围大于 $2^{10}$.每个像元的尺寸为 14 μm×14 μm,像元中心距为 14 μm,像敏区总长为 28.672 mm.多通道仪中 $M_2$、$M_3$ 的焦距为 302 mm,光栅常量为 1.667 μm,在可见光区的线色散 $\Delta\lambda/\Delta l$(光谱面上单位宽度对应的波长范围)约为 5.55 nm/mm,由此可知 CCD 一次测量的光谱范围约为(5.55×28.67 =)159 nm.光谱分辨率即两个像元之间波长相差约 0.077 nm.

每次采样(曝光)后,每个像元内的电荷在时钟脉冲的控制下顺序输出,经放大、模数(A/D)转换,将电荷量即光强顺序存入采集系统(微机)的寄存器,经微机处理后,在显示器上就可看到我们熟悉的光谱图.移动光谱图上的光标,屏上即显示出光标所处的道数和相对光强值.

实验时可通过屏幕提示来操作采集系统,一般操作界面主介绍详看本实验附录文件.

## 【实验内容及步骤】

由于 $H_\alpha$ 线的波长为 656.28 nm, $H_\delta$ 线为 410.17 nm,波长间隔达 246 nm,超过本实验的 OMA 仪器 CCD 一帧 159 nm 的范围.因此要分两次定标和测量.第一次测量 $H_\beta$、$H_\gamma$ 和 $H_\delta$ 三条线,第二次单独测量 $H_\alpha$ 线.第一次测量时用汞灯的 546.07 nm(绿光)、435.84 nm(蓝光)、404.66 nm(紫光)等谱线作为标准谱线来定标;第二次用汞灯的 546.07 nm、576.96 nm(黄光)、579.07 nm(黄光)来定标.具体步骤如下.

1. 打开仪器控制电源,并将多通道仪器后面板上的开关拨动至接收,再打开计算机中的软件.

2. 将多通道仪的中心波长调至 470 nm,入射狭缝 $S_1$ 的宽度为 0.1 mm(狭缝宽度根据光源的强度,在后续的步骤中可根据实际情况进行相应的调节).

3. 用汞灯作光源照明入射狭缝处,将仪器后面板上的开关拨动至观察,并打开黑色盖子,这时可在多通道仪的观察屏 P 上观察到清晰、明亮的汞灯光谱线.

4. 拨动开关至接收,同时盖上黑色盖子,使光谱照到 CCD 上,按软件中的实时按钮,即可采集到光谱(注意,实时采集时不要按手动后退或手动前进按钮).调节入射狭缝 $S_1$ 的宽度以及光源的位置,使谱线变锐,选择适当的曝光时间以获得清晰、尖锐的光谱图.由于谱线强度不同,对不同的谱线可选用不同的曝光时间(注意:CCD 接收的光强最大值为 4 000 左右,若某些谱线的光强过大,则会出现饱和溢出的情况,此时,所看到的谱线就不尖锐而是变得非常宽,因此需要调整光源的位置).

5. 用汞灯的 546.07 nm(绿光)、435.84 nm(蓝光)、404.66 nm(紫光)等几条标准谱线定标,即把横坐标由 CCD 像元数(0-2048)转化为波长(横坐标波长单位为 nm).

6. 改用氢灯,拨动开关至观察,并打开黑色盖子,使谱线成像在观察屏 P 上,调节氢灯的位置,使谱线强度为最强.

7. 拨动开关至接收,同时盖上黑色盖子,测量 $H_\beta$、$H_\gamma$ 和 $H_\delta$ 的波长.由于谱线强度不同,对不同的谱线可选用不同的曝光时间.

8. 将多通道仪的中心波长调至 600 nm,用汞灯[546.07 nm、576.96 nm(黄光)、579.07 nm(黄光)]再次定标后,测出 $H_\alpha$ 线的波长.

**【数据记录与处理】**

1. 填写数据表 5.25.1

表 5.25.1

|  | $H_\alpha$ | $H_\beta$ | $H_\gamma$ | $H_\delta$ |
|---|---|---|---|---|
| $m$ |  |  |  |  |
| $\lambda/\text{nm}$ |  |  |  |  |
| $k/\text{m}^{-1}$ |  |  |  |  |
| $-1/m^2$ |  |  |  |  |

本实验
附录文件

2. 根据式(5.25.3)用线性拟合求出 $R_H$.

3. 根据式(5.25.4)画出 $n=1,2,3,\cdots,6$ 及 $n$ 为 $\infty$ 的能级图.单位用 eV,小数后取 2 位,并标出 $H_\alpha$、$H_\beta$、$H_\gamma$ 和 $H_\delta$ 各线是对应哪两个能级的跃迁.

# 实验 5.26 光纤音频信号传输特性研究实验

自 20 世纪 70 年代初适合通信用的石英光导纤维(光纤)问世以来,光纤技术已取得惊人的发展,并成为现代科学技术领域的重要组成部分.光纤传递具有光能损失小、数值孔径大、分辨率高、可弯曲、结构简单、使用方便等优点.因此了解光纤理论和光纤技术的基本知识十分必要.研究光纤传递光、信息和图像的学科称为纤维光学.通过本实验的学习,了解光纤的基本结构和光在其中传播规律的基础.

**【实验目的】**

1. 学习光纤音频信号传输系统的基本结构及各部件选配原则.

2. 熟悉光纤传输系统中电光/光电转换器件的基本性能.

3. 训练如何在光纤音频传输系统中获得较好传输质量的信号.

## 【实验原理】

随着网络时代的到来,人们对数据通信的带宽、速度的要求越来越高,光纤通信具有频带宽、速度高、不受电磁干扰等一系列优点,正在得到不断发展和应用.通过使用光纤音频信号传输实验仪,可熟悉了解光纤的信号传输基本原理,同时可以了解光纤传输系统的基本结构及各部件选配原则,并初步认识光发送器件(发光二极管 LED 或半导体激光器 LD)的电光特性及使用方法,光检测器件(光电二极管)的光电特性及使用方法,基本的信号调制与解调方法,完成光纤通信原理基本实验.

光纤传输系统如图 5.26.1 所示,一般由三部分组成:光信号发送端、光纤、光信号接收端.光信号发送端的功能是将待传输的电信号经电光转换器件转换为光信号.目前,发送端电光转换器件一般采用 LED 或 LD.LED 的输出光功率较小,信号调制速率相对低,但价格便宜,其输出光功率与驱动电流在一定范围内基本成线性关系,比较适合于短距离、低速、模拟信号的传输;LD 输出功率大,信号调制速率高,但价格较高,适宜于远距离、高速、数字信号的传输.光纤的功能是将发送端光信号以尽可能小的衰减和失真传送到光信号接收端.目前,光纤一般采用在近红外波段,如 0.84 μm、1.31 μm、1.55 μm 等,有良好透过率的多模或单模石英光纤.光信号接收端的功能是将光信号经光电转换器件还原为相应的电信号,光电转换器件一般采用半导体光电二极管或雪崩光电二极管.组成光纤传输系统光源的发光波长必须与传输光纤呈现低损耗窗口的波段、光电检测器件的峰值响应波段匹配.本实验发送端电光转换器件采用中心波长为 0.84 μm 的高亮度近红外 LED,传输光纤采用多模石英光纤,接收端光电转换器件采用峰值响应波长为 0.8~0.9 μm 的硅光电二极管.下面对各部分作进一步介绍.

1. 光纤结构与光纤传输的工作原理

光纤是传输光波的玻璃纤维(也有塑料纤维).目前,用于光通信的光纤一般采用石英光纤,它由折射率($n_2$)较大的纤芯和折射率($n_1$)较小的包层组成,如图 5.26.2 所示.纤芯位于光纤的中心部位,纤芯折射率比包层折射率约大 1%,光在纤芯与包层的界面上发生全发射而被限制在纤芯内传播.因此,光被闭锁在光纤内,只能沿光纤传输.对于不同的应用,有许多不同类型的光纤.光纤的纤芯直径一般从几微米到几百微米,按照光传输模式可分为多模光纤和单模光纤,按照光纤折射率的分布方式不同可以分为阶跃型和渐变型两种.

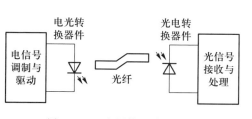

图 5.26.1　光纤信号传输系统

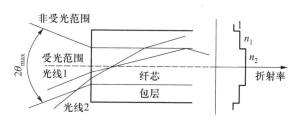

图 5.26.2　光纤传输工作原理

2. 光信号发送端工作原理

系统采用的 LED 的驱动和调制电路如图 5.26.3(a)所示,信号调制采用光强度调制方式,发送光强度调节电位器用以调节流过 LED 的静态驱动电流,从而改变 LED 的发光功率,所设定的静态驱动电流调节范围为 0~20 mA,对应仪器面板发送光强驱动显示值 0~2 000 单位.

当驱动电流较小时,LED 的发射光功率与驱动电流基本上成线性关系.音频信号经电容器、电阻网络及运放跟随隔离后耦合到另一运放的负输入端,与 LED 的静态驱动电流相叠加使 LED 发送随音频信号变化的光信号,如图 5.26.3(b)所示,并经光纤耦合器将这一光信号耦合到传输光纤.可传输信号频率的低端由电容器、电阻网络决定,系统低频响应不大于 20 Hz.

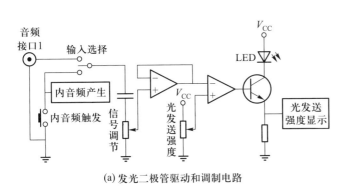

(a) 发光二极管驱动和调制电路      (b) 发光二极管的正弦信号调制原理

图 5.26.3

3. 光信号接收端的工作原理

光信号接收端的工作原理如图 5.26.4 所示,传输光纤把从发送端发出的光信号通过光纤耦合器将光信号耦合到光电转换器件(光电二极管),光电二极管把光信号转变为与之成正比的电流信号.光电二极管使用时应反向偏压,经运放的电流电压转换把光电流信号转换成与之成正比的电压信号,电压信号中包含的音频信号经电容电阻耦合到音频功率放大器驱动喇叭发声.光电二极管的频率响应一般较高,系统的高频响应主要取决于运放等的响应频率.

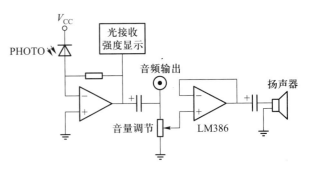

图 5.26.4 光信号接收端的工作原理

【实验器材】

光纤音频信号传输实验仪(如图 5.26.5 所示),数字示波器.

【实验内容及步骤】

1. 光纤传输系统静态电光/光电传输特性测定

352

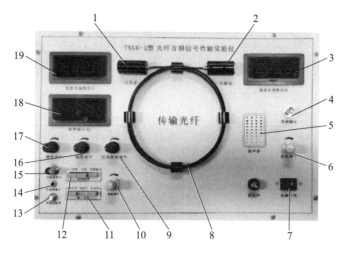

图 5.26.5　仪器面板图

1—光纤发射端:内部有光电发射管;2—光纤接收端:内部有光电接收管;3—接收光强度指示:显示静态光接收强度,面板显示 0~2 000 单位对应于静态电压 0~20 mV;4—音频输出:用于连接示波器观察输出音频信号及各种输出波形;5—扬声器:用于发出声音;6—音量调节:用于调节扬声器的音量;7—电源开关:用于控制仪器的开关;8—光纤:实验中传输信号的光纤;9—发光强度调节:用于调节 LED 驱动电流大小;10—音频调节:用于调节信号的发射幅度;11—输入选择:实验选择工作方式,如外信号、内音乐、内信号;12—波形选择:用于信号的工作方式,如正弦波、方波、三角波;13—内音频触发:按下按钮,启动内置语音信号发生器;14—外音频输入:用于连接外加的音频信号如播放器或信号源;15—示波器接口:用于观测调制到 LED 上的各种信号波形;16—幅度调节:用于改变信号源的幅度;17—频率调节:用于改变信号源的频率;18—频率指示:用于信号源频率显示,范围为 500~8 500 Hz;19—发送光强度指示:显示 LED 驱动电流范围为 0~20 mA,对应发送光强度显示为 0~2 000 单位

（1）实验前将仪器面板上的电位器逆时针旋转到最小.

（2）打开仪器面板上电源开关,面板上三个数显表头分别为发送光强度指示（19）、接收光强度指示（3）及频率指示（18）.调节发送光强度调节电位器,每隔 200 单位（相当于改变发光管驱动电流 2 mA）.分别记录发送光驱动强度数据与接收光强度数据于表 5.26.1.

表 5.26.1

| 发送光强度 | 200 单位 | 400 单位 | 600 单位 | 800 单位 | 1 000 单位 | 1 200 单位 | 1 400 单位 | 1 600 单位 | 1 800 单位 |
|---|---|---|---|---|---|---|---|---|---|
| 接收光强度 | | | | | | | | | |

（3）绘制静态电光/光电传输特性曲线.

2. 光纤传输系统频响的测定（正弦信号）

（1）调节面板上发送强度调节使发送光强度指示为 1 000 单位（相当于改变发光管驱动电流 10 mA）.

（2）将输入选择开关（11）打到内信号,再将波形选择开关（12）打到正弦波.发射端单元示波器接口（15）与示波器 CH1 相连.接收端单元音频输出（4）与示波器 CH2 相连.

（3）调节信号源幅度调节旋钮（16）使信号源幅度最大,再调节音频调节旋钮为最大.观测示波器上的波形.调节信号源频率（17）为 500 Hz.

（4）保持输入信号的幅度不变，调节面板上频率调节旋钮（17）来改变频率，记录信号频率变化时光纤接收输出信号幅度的变化于表 5.26.2（频率过高时，信号源幅度会变小，实验幅度记录时，调制信号源幅度和接收幅度的相对值即可）．注：若要做较好的频响特性实验，可另配信号源．

表 5.26.2

| 信号源频率/Hz | 500 | 1 000 | 1 500 | 2 000 | … | 7 000 | 7 500 | 8 000 | 8 500 |
|---|---|---|---|---|---|---|---|---|---|
| 信号源幅度/V | | | | | | | | | |
| 接收幅度/mV | | | | | | | | | |
| 接收幅度/信号源幅度 | | | | | | | | | |

（5）绘制光纤传输系统的幅频特性曲线．

3. LED 偏置电流与无失真最大信号调制幅度关系测定（正弦信号）

（1）调节面板上发光强度调节使发光强度指示为零．

（2）将输入选择开关打到内信号，再将波形选择开关打到正弦波．发射端单元示波器接口与示波器 CH1 相连，接收端单元音频输出与示波器 CH2 相连．

（3）调节信号源幅度调节旋钮使信号源幅度的峰-峰值为 1 V，再调节音频调节旋钮为最大．调节信号源为 1 000 Hz，观测示波器上的波形（此时看到接收到的波形失真）．

（4）调节发光强度调节旋钮使波形出现不失真，此时记下发光强度指示．然后，再调节信号源幅度调节旋钮，使信号源幅度的峰-峰值为 2 V，调节发光强度调节旋钮使波形出现不失真，此时记下发光强度指示，以此类推．记录数据于表 5.26.3．

表 5.26.3

| 信号源幅度/V | 1 | 2 | 3 | 4 | 5 | 6 | 7 |
|---|---|---|---|---|---|---|---|
| LED 偏置电流 | | | | | | | |

（5）绘制调制信号幅度与无失真波形 LED 偏置电流关系曲线．

4. 多种波形光纤传输实验

参照实验内容 2 和 3，测量三角波和方波的**光纤传输系统频响特性和 LED 偏置电流与无失真最大信号调制幅度关系**．（注：在数字光纤传输系统中往往采用方波来传输数字信号）

5. 音频信号光纤传输实验

（1）调节面板上发光强度调节使发送光强度指示为 1 000 单位（相当于改变发光管驱动电流 10 mA）．

（2）将输入选择开关打到内音乐．发射端单元示波器接口与示波器 CH1 相连，接收端单元音频输出与示波器 CH2 相连．

（3）按下内音频触发按钮，微调音量调节收听在接收端发出的音乐声，同时通过示波器观察分析语音信号波形变化情况．

（4）（选做）将输入选择开关打到外信号，在外音频输入端口接入收音机或播放器（实验者自备）．收听在接收端发出的音乐声，同时通过示波器观察分析语音信号波形变化情况．

## 【注意事项】

1. 光纤出厂前已经固定在骨架上,实验时务必小心,不要随意弯曲,以免光纤折断,更不要将光纤全部从骨架上取下来.
2. 实验开始前以及实验结束时,应把面板电位器逆时针旋转至最小.
3. 实验中,光纤与发射器以及光纤与接收器接头插拔时应该注意不要用力过猛,以免损坏.
4. 实验信号源设计范围有限,如需要较好的实验可外接信号源.

## 【预习思考题】

1. 本实验中的 LED 偏置电流是如何影响信号传输质量?
2. 本实验中光传输系统的哪几个环节引起光信号的衰减?
3. 光传输系统中如何合理选择光源与探测器?

# 实验 5.27　光纤陀螺特性研究及应用综合实验

陀螺是惯性技术的关键器件之一,主要用于角速度的测量.早期的陀螺是机电式的,如挠性陀螺、液浮陀螺、静电陀螺等,但有体积大、结构复杂、成本高的缺点.1913 年,萨尼亚克(Sagnac)效应的发现,以及随后激光和光纤的发明及相关技术的飞速进步,为光学陀螺奠定了技术基础.光纤陀螺与传统的机电式陀螺相比,具有体积小、重量轻、成本低、无可动部件、耐恶劣工作环境、电磁兼容性好等优点,可覆盖陆地、航空、航天等所有陀螺仪的应用领域.

## 【实验目的】

1. 了解萨格纳克效应.
2. 了解光纤陀螺的工作原理.
3. 学会光纤陀螺仪的特性测量及参量计算.

## 【实验原理】

1. 光纤陀螺原理——萨格纳克效应

萨格纳克效应是法国科学家萨格纳克于 1913 年首先提出的,它构成了现代光学陀螺——激光陀螺和光纤陀螺的理论基础.在一个闭合的光学环路中,从任意一点出发的沿相反方向传播的两束光波,绕行一周后回到初始传播点,若闭合光路相对于惯性空间发生转动,则两束光波的相位将发生变化,这称为萨格纳克效应.通常采用环形干涉仪来测量萨格纳克效应,图 5.27.1 为世界上第一个环形干涉仪结构,它被认为是最早的光纤陀螺样机.

从激光器发出的平行光,通过分束器分成两束光,经透镜聚焦在光纤环的两个入射端面上,在光纤环中分别沿顺时针和逆时针方向传播一周,再次经过透镜和分束器投向屏幕,可以在屏幕上观察到一个干涉图样.当整个系统在光纤环的轴向有旋转,设圆环形陀螺仪沿逆时针方向以角速度 $\omega$ 转动,其环路切向线速率为 $\omega R$,由狭义相对论速度变换公式可知,沿逆时针和顺时针方向传播的光相对实验室参考系的线速率分别为

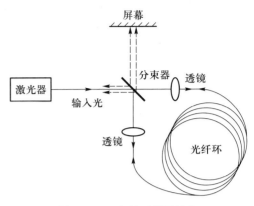

图 5.27.1　光纤环形干涉仪

$$v_{\mathrm{ccw}} = \frac{c/n_1 + \omega R}{1 + c\omega R/(n_1 c^2)} = \frac{c^2 + n_1 \omega R c}{n_1 c + \omega R} \quad (5.27.1)$$

$$v_{\mathrm{cw}} = \frac{c/n_1 - \omega R}{1 - c\omega R/(n_1 c^2)} = \frac{c^2 - n_1 \omega R c}{n_1 c - \omega R} \quad (5.27.2)$$

式中,$n_1$ 为光传播所通过的介质的折射率,$R$ 为光纤环的半径,$c$ 为真空中的光速.设沿逆时针和顺时针方向传播的光绕行 $N$ 周回到出发点所需的时间为 $t_{\mathrm{ccw}}$ 和 $t_{\mathrm{cw}}$,它们分别由以下方程决定

$$v_{\mathrm{ccw}} t_{\mathrm{ccw}} = N 2\pi R + \omega R t_{\mathrm{ccw}} \quad (5.27.3)$$

$$v_{\mathrm{cw}} t_{\mathrm{cw}} = N 2\pi R - \omega R t_{\mathrm{cw}} \quad (5.27.4)$$

则得

$$t_{\mathrm{ccw}} = \frac{N 2\pi R}{v_{\mathrm{ccw}} - \omega R} = \frac{N 2\pi R (n_1 c + \omega R)}{c^2 - (\omega R)^2} \quad (5.27.5)$$

$$t_{\mathrm{cw}} = \frac{N 2\pi R}{v_{\mathrm{cw}} + \omega R} = \frac{N 2\pi R (n_1 c - \omega R)}{c^2 - (\omega R)^2} \quad (5.27.6)$$

沿逆时针和顺时针方向传播的这两束光的相位差为

$$\varphi_{\mathrm{S}} = \frac{2\pi c}{\lambda_0}(t_{\mathrm{ccw}} - t_{\mathrm{cw}}) = \frac{2\pi c}{\lambda_0} \frac{N 4\pi R^2 \omega}{c^2 - (\omega R)^2} \quad (5.27.7)$$

因 $\omega R \ll c$,则近似得

$$\varphi_{\mathrm{S}} = \frac{4\pi R L \omega}{\lambda_0 c} \quad (5.27.8)$$

其中 $L = 2\pi R N$ 为光纤长度,$\lambda_0$ 为光波长.

由于萨格纳克效应,屏幕上的干涉光强发生了变化,可以表示为

$$I_{\mathrm{D}} = I_0 (1 + \cos \varphi_{\mathrm{S}}) \quad (5.27.9)$$

式中:$I_{\mathrm{D}}$ 是入射光的光强;$\varphi_{\mathrm{S}}$ 是旋转引起的相位变化,也称为萨格纳克相移.光纤环形干涉仪的优势是可以采用多匝光路来增强萨格纳克相移.这种基于光纤环形干涉仪测量旋转角速度的装置称为干涉式光纤陀螺.本实验中所提到的光纤陀螺,均指这种干涉型光纤陀螺.

2. 开环光纤陀螺的基本组成

目前开环光纤陀螺基本结构如图 5.27.2 所示,它由光路和电路两部分组成,其中光路部分包括光源、光纤耦合器、Y 波导相位调制器、光纤环和光电探测器.从光源发出的光,经光纤耦合器、Y 波导相位调制器分为两束,在光纤环中分别沿顺时针和逆时针方向传播,然后在 Y 波导相

位调制器上再次会合发生干涉,干涉光经光纤耦合器后到达光电探测器,转换为电信号,随后经电路部分的锁定放大解调得到陀螺输出(具体介绍详见本实验附录文件).

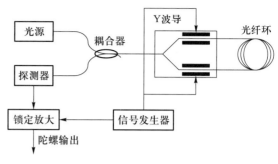

图 5.27.2  开环光纤陀螺的基本结构

3. 光纤陀螺的相位调制原理(具体介绍详见本实验附录文件)

4. 闭环光纤陀螺的基本原理(具体介绍详见本实验附录文件)

5. 光纤陀螺的参量计算

评价光纤陀螺性能的参量有标度因数非线性、零偏、零偏稳定性等,通过本实验重点加深对光纤陀螺标度因数、标度因数非线性、零偏和零偏稳定性这四个参量的理解(具体介绍详见本实验附录文件).

【实验仪器】

光纤陀螺实验仪,示波器,信号源,计算机,实验软件.

【实验内容及步骤】

1. 光纤陀螺结构原理展示

通过光纤陀螺的透明玻璃罩直接观察光纤陀螺的基本结构.

2. 光源特性测试

如遇到信号输出不正常的情况,可以使用光功率计测试陀螺光源输出的光功率,通过耦合器的分光比可以计算得到光源输出的光功率值,并可以判断光源是否正常工作.

3. 光纤环特征频率与 Y 波导相位调制器半波电压测试

(1)连接光纤陀螺和电气控制盒之间的电缆,并将电气控制盒操作面板的探测器输出连接示波器,调制信号输入连接信号源.

(2)打开电气控制盒的 220 V AC 供电开关,观察电气控制盒和光纤陀螺的电源指示灯是否正常,正常工作时电源指示灯均为绿色.

(3)将电气控制盒操作面板的调制信号选择开关设置为外部调制.

(4)同时打开信号源和示波器,设置信号源的初始输出波形为锯齿波,电压幅度为 2 V,频率为 1 kHz,对称度为 0%(或 100%),按照设置参量输出锯齿波波形,可以在示波器上观察到一个直流偏置信号上面叠加了一个方波脉冲信号.

(5)缓慢调节信号源,增大输出锯齿波电压,同时可以在示波器上观察到方波脉冲信号的偏置电平在变化,当方波脉冲信号的偏置电平与锯齿波相位调制引起的直流偏置的电平相等时,在方波脉冲信号的上升和下降沿处观察到两个很窄的负脉冲信号.此时,这两个负脉冲信号的周期倒数的一半即为光纤环的特征频率,此时锯齿波电压的一半即为相位调制器的半波电压.

(6)在测试得到光纤环特征频率的基础上,可以根据下式粗略估算光纤环的长度 $L$

$$L = \frac{c}{2nf_0}$$

式中 $c$ 为光速, $n(=1.48)$ 为光纤的折射率, $f_0$ 为光纤环的特征频率.

4. 不同调制信号下探测器的输出测试(选做)

(1) 设定信号源的输出方波频率为光纤环的特征频率, 方波电压为相位调制器半波电压的一半, 然后从示波器观察探测器的输出, 并手动轻微旋转陀螺, 观察探测器输出信号的变化, 与方波调制原理进行对比.

(2) 改变信号源输出波形为正弦波, 然后缓慢调节正弦波的频率和幅度, 从示波器观察探测器输出信号, 并手动轻微旋转陀螺, 观察探测器输出信号的变化, 与正弦波调制原理进行对比.

(3) 改变信号源输出波形为锯齿波, 重复步骤(2), 观察探测器输出信号的变化.

5. 方波调制时闭环探测器的输出测试

(1) 将电气控制盒操作面板的调制信号选择开关切换为内部调制.

(2) 从示波器观察探测器的输出, 并手动轻微旋转陀螺, 观察探测器输出信号的变化, 与闭环检测原理进行对比.

6. 光纤环法平面测量

(1) 关闭电气控制盒的 220 V AC 供电开关, 断开光纤陀螺与电气控制盒之间的静态测试电缆, 以及电气控制盒与信号源和示波器之间的电缆, 同时连接电气控制盒与计算机之间的串口通信电缆.

(2) 将电气控制盒操作面板的调制信号选择开关设置为内部调制.

(3) 重新打开电气控制盒的 220 V AC 供电开关, 确定设备供电正常.

(4) 打开计算机内的数据采集软件进行数据采集.

(5) 通过转台上垂直方向的角度调制装置调节光纤陀螺光纤线圈与转台平面的角度变化, 同时在软件中选择角速度使陀螺仪转动, 记录不同倾斜角度时陀螺的输出值 $F$(不同倾斜角度, 陀螺仪的转动角速度保持一致).

(6) 通过记录数据观察陀螺输出与倾斜角度的关系, 当陀螺输出值最大时对应的光纤环平面即为光纤环的法平面.

7. 转台角速率测量及光纤陀螺参量计算

(1) 在选定的法平面基础上, 设置转台 12 个不同的旋转角速度 $\omega(°/s)$, 启动数据采集软件, 每个角速度采集陀螺输出数据 60 s, 记录数字量输出平均值 $F_j$, 共记录 12 组数据, 观察不同角速度下陀螺的输出, 记录不同的旋转角速度与陀螺输出的对应关系如表 5.27.1 所示.

表 5.27.1　旋转角速度与陀螺输出对应关系

| $j$ | 1 | 2 | 3 | 4 | 5 | 6 | 7 | 8 | 9 | 10 | 11 | 12 |
|---|---|---|---|---|---|---|---|---|---|---|---|---|
| $\omega/(°/s)$ | | | | | | | | | | | | |
| $F_j$ | | | | | | | | | | | | |
| $\hat{F}_j$ | | | | | | | | | | | | |
| $\alpha_j/\text{ppm}$ | | | | | | | | | | | | |

358

（2）计算得到陀螺的标度因数 $K$ 和标度因数非线性 $K_n$.

（3）将计算得到的陀螺标度因数输入数据采集软件的标度因数输入框,然后在转台静止条件下采集 600 s,将数据保存为文本文件,用 Matlab 计算得到陀螺的零偏 $B_0$ 与零漂值 $B_s$,并与软件显示零偏与零漂值进行对比.

本实验
附录文件

# 实验 5.28  液晶光学双稳与混沌效应综合实验

光学双稳态概念最早(1969 年)是在可饱和吸收介质的系统中提出的,并于 1976 年首次在钠蒸气介质中观察到.光学双稳态引起人们极大关注的主要原因是光学双稳器件有可能应用在高速光通信、光学图像处理、光存储、光学限幅器以及光学逻辑元件等方面,尤其是用半导体材料制成的光学双稳器件,具有尺寸小、功率低、开关时间短的优点,有可能发展成为未来光计算机的逻辑元件.

混沌是一种普遍的自然现象.20 世纪 60 年代,人们开始认识到某些具有确定性的非线性系统,在一定参数范围内能给出无明显周期性或对称性的输出,这种表面上混乱的状态就是混沌.混沌现象揭示了确定性和随机性之间存在着由此及彼的桥梁,有助于将物理学中的确定论和概率论两套描述体系联系起来,这在科学观念上有着深远的意义.目前,对混沌问题的研究已经成为物理学科的一个重要的前沿课题.光学双稳系统在适当的条件下能够表现出丰富而有趣的混沌运动现象.20 世纪 70 年代末发展起来的光电混合型光学双稳系统,其数学模型清晰,实验装置简单.液晶充当双稳态工作物质,具有工作电压低、受光面积大、易制作、易控制和易实现器件集成化等优点.

本实验研究液晶的光学双稳和混沌现象.

## 【实验目的】

1. 了解液晶的工作机理和工作条件,观察液晶盒对偏振光的影响.

2. 测量液晶的扭曲角,测量液晶响应的时间及速度.

3. 了解液晶的结构,利用衍射法测量液晶的晶格周期.

4. 掌握光学双稳和混沌的基本原理,以及液晶光电混合光学双稳系统的工作原理,学会通过观察实验现象来分析光学双稳和混沌运动的一般规律,研究液晶的光学双稳和混沌运动.

## 【实验原理】

1. 液晶

液晶是一种既具有液体的流动性又具有类似于晶体的各向异性的特殊物质,它是在 1888 年由奥地利植物学家首先发现的.在我们的日常生活中,适当浓度的肥皂水溶液就是一种液晶.目前人们发现的液晶材料已近十万种之多,有使用价值的也有四五千种.随着液晶在平板显示器等领域的应用和不断发展,以及市场的巨大需求,人们对它的研究也进入了一个空前的状态.

大多数液晶材料都是由有机化合物构成的.这些有机化合物分子多为细长的棒状结构,长度为 nm 量级,粗细为 0.1 nm 量级,并按一定规律排列.根据排列方式的不同,液晶一般被分为三大类:

（1）近晶相液晶,结构大致如图 5.28.1（a）所示,这种液晶的结构特点是:分子分层排列,每一层内的分子长轴相互平衡,且垂直或倾斜于层面.

（2）向列相液晶,结构如图 5.28.1（b）所示,这种液晶的结构特点是:分子的位置比较杂乱,不再分层排列,但各分子的长轴方向仍大致相同,光学性质上有点像单轴晶体.

（3）胆甾相液晶,结构大致如图 5.28.1（c）所示,这种液晶的结构特点是:分子也是分层排列,每一层内的分子长轴方向基本相同,并平行于分层面,但相邻的两个层中分子长轴的方向逐渐转过一个角度,总体来看分子长轴方向呈现一种螺旋结构.

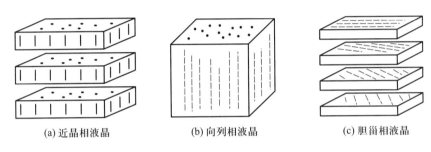

(a) 近晶相液晶　　　　　(b) 向列相液晶　　　　　(c) 胆甾相液晶

图 5.28.1　三种类型的液晶结构

以上的液晶特点大多是在自然条件下的状态特征,当我们对这些液晶施加外界影响时,他们的状态将会发生改变,从而表现出不同的物理光学特性.本实验希望通过一些基本的观察和研究,对液晶材料的光学性质及物理结构有一个基本了解,并利用现有的物理知识进入初步的分析和解释.

2. 液晶的旋光效应及电光特性

下面我们以最常用的向列相液晶为例,分析了解它在外界人为作用下的一些特性和特点.

液晶通常被封装在液晶盒中使用,液晶盒是由两个透明的玻璃片组成的,中间间隔为 $10 \sim 100\ \mu m$.在玻璃片内表面镀有透明的氧化铟锡透明导电薄膜作为电极,液晶从两玻璃片之间注入.电极薄膜经过机械摩擦、镀膜、刻蚀等适当的方法,就可以控制紧靠基片的液晶分子,可以使液晶分子平行玻璃表面排列(沿面排列),或者垂直玻璃表面排列(垂面排列),或者成一定的倾斜角.

如使液晶分子平行于基片并按摩擦方向排列,再使上下两个基片的取向成一定角度,则两个基片间的液晶分子就会形成许多层,如图 5.28.2（a）所示的情况(两基片取向成 90°).每一层内的分子取向基本一致,且平行于层面.相邻层分子的取向逐渐转动一个角度,从而形成一种被称为扭曲向列的排列方式.这种排列方式和天然胆甾相液晶的主要区别是:扭曲向列的扭曲角是人为可控的,且螺距与两个基片的间距和扭曲角有关,而天然胆甾相液晶的螺距一般不足 1 um,不能人为控制.

扭曲向列排列的液晶对入射光有一个重要的作用,它会使入射的线偏振光的偏振方向顺着分子的扭曲方向旋转,类似于物质的旋光效应.在一般条件下旋转的角度(即扭曲角)等于两基片

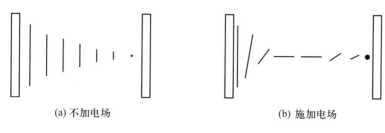

(a) 不加电场        (b) 施加电场

图 5.28.2

之间的取向夹角.

由于液晶分子的结构特性,其极化率和电导率等都具有各向异性的特点,当大量液晶分子有规律地排列时,其总体的电学和光学特性,如电容率、折射率也将呈现出各向异性的特点.如果我们对液晶物质施加电场,就可能改变分子排列的规律,从而使液晶材料的光学特性发生改变,1961 年有人发现了这种现象,这就是液晶的电光效应.

当我们在液晶盒的两个电极之间加上一个适当的电压时,我们来看一下液晶分子会发生什么变化.根据液晶分子的结构特点,我们假定液晶分子没有固定的电极,但可被外电场极化形成一种感生电极矩.这个感生电极矩有一个自己的方向,当这个方向与外电场的方向不同时,外电场就会使液晶分子发生转动,直到各种互相作用力达到平衡.液晶分子在外电场作用下的变化,也将引起液晶盒中液晶分子的总体排列规律发生变化.当外电场足够强时,两电极之间的液晶分子将会变成如图 5.28.2(b) 所示的排列形式.这时,液晶分子对偏振光的旋光作用将会减弱或消失.通过检偏器,我们可以清晰地观察到偏振态的变化.大多数液晶器件都是这样的工作原理.

以上的分析只是对液晶盒在"开关"两种极端状态下的情况作了一些初步的分析,而对于这两个状态之间的中间状态,我们还没有一个清晰的认识,其实在这个中间状态,液晶盒也有着极其丰富多彩的光学现象.在实验中我们将会一一观察和分析.

液晶对变化的外界电场的响应速度是液晶产品的一个十分重要的参量.一般来说,液晶的响应速度是比较低的.我们用上升时间 $\tau_r$(透过率由 10% 升到 90% 所需时间)和下降时间 $\tau_d$(透过率由 90% 降到 10% 所需时间)来衡量液晶对外界驱动信号的响应速度.如图 5.28.3 所示,对液晶施加周期性方波信号,观察液晶的透过率随时间的变化曲线.

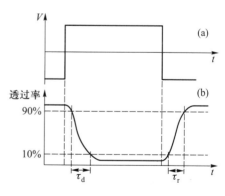

图 5.28.3  响应速度

### 3. 液晶电控双折射效应

液晶具有细长的分子结构,这种结构致使液晶在分子的轴向和垂直于轴的方向上具有不同的物理性质,显示出光学各向异性.对液晶施加电场使液晶的排列方向发生变化,由于液晶分子的排列方向发生变化,按照一定的偏振方向入射的光,将在液晶中发生双折射,这就是电控双折射效应.

如图 5.28.4 所示,液晶盒位于两个正交的偏振片 P、A 之间,$B_1$、$B_2$ 分别是液晶盒的前后玻璃基片,这里使用的是正性向列相液晶,液晶分子在 $B_1$、$B_2$ 上沿面排列,分子轴在起偏器 P 上的投影与 P 的透光轴成 45°夹角.若不施加电场,如图 5.28.4(a) 所示,假设有一束光自左方射入,由起偏器 P 产生的线偏振光在液晶分子层中传播后,有一部分光通过检偏器 A.若在液晶盒上施加电场,由于电场对液晶分子的取向作用,使得大多数分子的长轴趋于电场方向排列,如图 5.28.4 (b)所示,使整个液晶盒变得像一个光轴(即分子轴)倾斜于表面的晶片那样,对入射光产生双折射作用.入射线偏振光经过液晶盒后将变成椭圆偏振光,从而有一部分光能够通过检偏器.若使电场强度在一定范围内变化,则由于光轴的倾斜程度随之改变,造成折射率也随之变化,因而可以改变透射光的强度,即对输出光强进行调制.但是,当电场强度进一步增大时,透明的液晶盒又会变成不透明,这是因为伴随着电场强度的提高产生了动态散射效应.

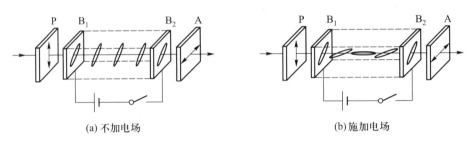

(a) 不加电场    (b) 施加电场

图 5.28.4　电控双折射效应

输出光强与入射光强关系:

$$\frac{I_o}{I_i} = \frac{1}{2}(1-\cos\delta) = \frac{1}{2}\left[1-\cos\left(\frac{\pi V}{V_\pi}\right)\right] \tag{5.28.1}$$

输出光强达最大值对应的调制电压为半波电压 $V_\pi$.

4. 光学双稳态

光学双稳态是指在通过某一光学系统时其光强发生非线性变化的一种现象,即对一个入射光强 $I_i$,存在两个不同的透射光强 $I_o$,并表现出滞后回线形式的特征,如图 5.28.5(a)所示.利用电控双折射效应引起透过率的非线性变化可以实现电光调制器.

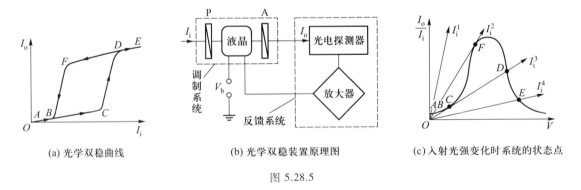

(a) 光学双稳曲线    (b) 光学双稳装置原理图    (c) 入射光强变化时系统的状态点

图 5.28.5

液晶光电混合型双稳装置由电光调制系统与输出反馈系统两部分组成.图 5.28.5(b)为原理图.$I_i$ 为输入光强,$I_o$ 为输出光强.为使透射光最大,分子轴在起偏器 P 上的投影与 P 的透光轴成 45°角.P、A 和液晶构成正交光路.液晶上加一直流偏压 $V_b$,以便使液晶处在适当的工作状态.$I_o$ 经光电探测器实现光电变换,得到的电信号经放大器放大后加到液晶上,从而构成了光电混合反馈回路,控制输出关系,促成 $I_i$-$I_o$ 之间的双稳关系.$I_i$ 和 $I_o$ 应满足如下关系:

$$\frac{I_o}{I_i} = \frac{1}{2}\left\{1 - \cos\left[\pi\left(V + V_b + V_s\right)/V_\pi\right]\right\} \tag{5.28.2}$$

$$\frac{I_o}{I_i} = \frac{V}{kI_i} \tag{5.28.3}$$

式中,$V_s$ 为附加电压(液晶剩余应力引起),$k$ 为包括光探测器和放大器在内的光电转换系数.分别作出方程(5.28.2)的调制曲线和方程(5.28.3)的反馈曲线,它们的交点即为两方程的共同解.由图 5.28.5(c)可见,当入射光强由小到大变化时,工作点在 $C$、$D$ 点透过率产生由低到高的突变;若减小入射光强,工作点在 $F$、$B$ 点产生由大到小的突变.因此,系统的 $I_i-I_o$ 关系成为如图 5.28.5(a)所示的滞后回线.双稳态要求整个装置必须工作在方程组具有双解的范围,图 5.28.5(a)中 $B$、$C$、$D$、$F$ 所包围的区域即为临界范围.在 $V_b$、$V_s$、$V_\pi$ 等反馈参量均固定的情况下,临界范围则是确定的.

5. 混沌态

混沌是指在确定性的动力学系统中的无规则行为或内在随机性.混沌不是噪声,是对初始条件极其敏感的非周期性的有序运动.对相空间的一定区域进行长时间观察会发现系统运动轨迹的各态遍历性.

一个系统可以导致混沌运动出现的基本思想是实现这样的数学反馈回路:系统的输出能够不断地反馈到它自身作为新的输入.这种回路无论简单还是复杂,都可以出现稳定的行为和混乱的行为.它们的差别仅在于系统的某一参数值不同.这个参数只要有极小的变化,就会造成回路系统的行为从有序状态平滑地转化为表面上看来似乎是杂乱无章的状态,即逐步地演化为混沌.

液晶光电混合光学双稳系统可用如下的延时耦合方程来描述:

$$I_o(t) = \frac{1}{2}I_i\left\{1 - \cos\frac{\pi\left[V(t) + V_b + V_s\right]}{V_\pi}\right\} \tag{5.28.4}$$

$$\tau\frac{dV(t)}{dt} + V(t) = kI_o(t - t_R) \tag{5.28.5}$$

式中考虑了时间变量的反馈电压,$t_R$ 表示系统的延迟时间,$\tau$ 是反馈系统的弛豫时间.在双稳态的讨论中事实上只考虑了系统的定态,而没有考虑其动态效应.

实验中,当输出光强 $I_o$ 加上一定的时间延迟 $t_R$ 后再正反馈到液晶上,可以观察到混沌现象.

## 【实验仪器】

实验系统控制主机,半导体激光器($\lambda \sim 650$ nm),偏振片(3 个),液晶盒,光电探测器(硅光电池 2 个和光电二极管 1 个),功率计(2 个),分束镜,步进电机(带偏振片),示波器等.详见本实验附录文件.

## 【实验内容及步骤】

具体步骤详见本实验附录文件.

1. 液晶扭曲角的测量.

2. 测量对比度.

3. 测量上升时间 $\tau_r$ 与下降时间 $\tau_d$.

本实验
附录文件

4. 通过测量衍射角推算出特定条件下,液晶的结构尺寸.

5. 观察测量衍射斑的偏振状态.

6. 调制曲线,测量半波电压 $V_\pi$.

7. 观察双稳态.

8. 观察混沌态.

# 实验 5.29 用光拍频法测量光速

光波是电磁波,光速是最重要的物理常量之一.光速的准确测量有重要的物理意义,也有重要的实用价值.基本物理量长度的单位就是通过光速定义的.

实验中,我们需要的是物理概念清楚、成本不高而且学生能够在实验桌上直观、方便地完成测量的那种方法.光速 $c=s/\Delta t$, $s$ 是光传播的距离, $\Delta t$ 是光传播距离 $s$ 所需的时间.例如 $c=f\lambda$ 中, $\lambda$ 相当上式的 $s$,可以方便地测得,但光频 $f$ 大约 $10^{14}$ Hz,实验室没有能够测量如此高频率的频率计,同样,传播 $\lambda$ 距离所需的时间 $\Delta t=1/f$ 也没有比较方便的测量方法.如果使 $f$ 变得很低,例如 30 MHz,那么波长约为 10 m,这种测量对我们来说是十分方便的.这种使光频"变低"的方法就是所谓光拍频法.

本实验利用激光束通过声光移频器,获得具有较小频差的两束光,它们叠加则得到光拍;利用分束镜将这束光拍分成两路,测量这两路光拍到达同一空间位置的光程差(当相位差为 $2\pi$ 时光程差等于光拍的波长)和光拍的频率从而测得光速.

## 【实验目的】

1. 了解光拍原理和实现方法,并进一步加深对声光效应的了解.

2. 掌握光拍频法测量光速的原理和实验方法.

3. 通过测量光拍的波长和频率来确定光速.

## 【实验原理】

1. 光拍的形成及其特征

根据振动叠加原理,频差较小、速度相同的两列同向传播的简谐波叠加即形成拍.若有振幅同为 $E_0$,角频率分别为 $\omega_1$ 和 $\omega_2$(频差 $\Delta\omega=\omega_1-\omega_2$ 较小)的两光束:

$$E_1=E_0\cos(\omega_1 t-k_1 x+\varphi_1) \tag{5.29.1}$$

$$E_2=E_0\cos(\omega_2 t-k_2 x+\varphi_2) \tag{5.29.2}$$

式中, $k_1=2\pi/\lambda_1$、 $k_2=2\pi/\lambda_2$ 为波数, $\varphi_1$ 和 $\varphi_2$ 为初相位.若这两列光波的偏振方向相同,则叠加后

的总场为

$$E = E_1 + E_2 = 2E_0 \cos\left[\frac{\omega_1 - \omega_2}{2}\left(t - \frac{x}{c}\right) + \frac{\varphi_1 - \varphi_2}{2}\right]$$

$$\times \cos\left[\frac{\omega_1 + \omega_2}{2}\left(t - \frac{x}{c}\right) + \frac{\varphi_1 + \varphi_2}{2}\right] \tag{5.29.3}$$

上式是沿 $x$ 轴方向的前进波,其角频率为 $\dfrac{\omega_1 + \omega_2}{2}$,振幅为 $2E_0 \cos\left[\dfrac{\Delta\omega}{2}\left(t - \dfrac{x}{c}\right) + \dfrac{\varphi_1 - \varphi_2}{2}\right]$,如图

5.29.1(a)所示.因为振幅以频率为 $\Delta f = \Delta\omega/4\pi$ 周期性地变化,所以 $E$ 被称为拍频波,$\Delta f$ 称为拍频,$\Lambda = \Delta\lambda = c/\Delta f$ 称为拍频波的波长.

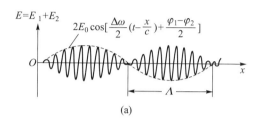

### 2. 光拍信号的检测

用光电检测器(如光电倍增管等)接收光拍频波,可把光拍信号变为电信号.因为光检测器光敏面上光照反应所产生的光电流与光强(即电场强度的平方)成正比,即

$$i_0 = gE^2 \tag{5.29.4}$$

$g$ 为接收器的光电转换常量.

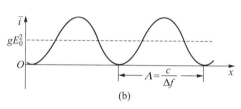

图 5.29.1 拍频波场在某一时刻 $t$ 的空间分布

光波的频率 $f_0 > 10^{14}$ Hz,而光电接收管的光敏面响应频率一般 $\leqslant 10^9$ Hz.因此检测器所产生的光电流都只能是在响应时间 $\tau$($1/f_0 < \tau < 1/\Delta f$)内的平均值,即

$$\overline{i_0} = \frac{1}{\tau}\int_\tau i_0 \mathrm{d}t = \frac{1}{\tau}\int_\tau i_0 \mathrm{d}t = gE^2 \left\{1 + \cos\left[\Delta\omega\left(t - \frac{x}{c}\right) + \Delta\varphi\right]\right\} \tag{5.29.5}$$

结果中的高频项为零,只留下常量项和缓变项,缓变项即是光拍频波信号,$\Delta\omega$ 是与拍频 $\Delta f$ 相应的角频率,$\Delta\varphi = \varphi_1 - \varphi_2$ 为初相位.

可见光检测器输出的光电流包含有直流和光拍信号两种成分.滤去直流成分,检测器输出频率为拍频 $\Delta f$、初相位 $\Delta\varphi$、相位与空间位置有关的光拍信号,如图 5.29.1(b)所示.

### 3. 光拍的获得

为产生光拍频波,要求相叠加的两光波具有一定的频差.这可通过声波与光波相互作用发生声光效应来实现.介质中的超声波能使介质内部产生应变引起介质折射率的周期性变化,这使介质成为一个相位光栅.当入射光通过该介质时发生衍射,其衍射光的频率与声频有关.这就是所谓的声光效应(可参阅实验 4.10 超声光栅).本实验用超声波在声光介质与 He–Ne 激光束产生声光效应来获得具有一定频差的两束光波.具体方法有两种:

一种是行波法.如图 5.29.2(a)所示,在声光介质与声源(压电换能器)相对的端面敷以吸声材料,防止声反射,以保证只有声行波通过介质.当激光束通过相当于相位光栅的介质时,激光束产生对称多级衍射和频移,第 $L$ 级衍射光的角频率为 $\omega_L = \omega_0 + n\omega$,其中 $\omega_0$ 是入射光的角频率,$\omega$ 为超声波的角频率,$n = 0, \pm 1, \pm 2, \dots$ 为衍射级.利用适当的光路使 0 级与 +1 级衍射光汇合起来,沿同一条路径传播,即可产生频差为 $\omega$ 的光拍频波.

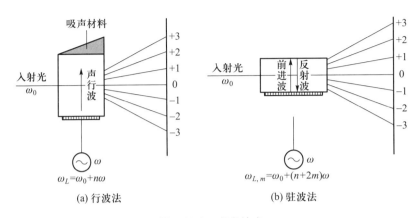

$$\omega_L = \omega_0 + n\omega$$

(a) 行波法

$$\omega_{L,m} = \omega_0 + (n+2m)\omega$$

(b) 驻波法

图 5.29.2　声光效应

另一种是驻波法,如图 5.29.2(b)所示,在声光介质与声源相对的端面敷以声反射材料,以增强声反射.沿超声波的传播方向,当介质的厚度恰为超声波半波长的整数倍时,前进波与反射波在介质中形成驻波超声场,这样的介质也是一个超声相位光栅.激光束通过时也要发生衍射,且衍射效率比行波法要高.第 $L$ 级衍射光的角频率为 $\omega_{L,m} = \omega_0 + (n+2m)\omega$.若超声波功率信号源的频率为 $f = \omega/2\pi$,则第 $L$ 级衍射光的频率为 $f_{L,m} = f_0 + (n+2m)F$.式中 $n$、$m = 0$,$\pm 1, \pm 2, \cdots$,可见,除不同衍射级的光波产生频移外,在同一级衍射光内也有不同频率的光波.因此,用同一级衍射光可获得不同的拍频波.例如,选取第 1 级(或 0 级),由 $m = 0$ 和 $m = -1$ 的两种频率成分叠加,可得到拍频为 $2f$ 的拍频波.

本实验采用驻波法.驻波法衍射效率高,并且不需要特殊的光路使两级衍射光沿同向传播,在同一级衍射光中即可获得拍频波.

4. 光速 $c$ 的测量

本实验装置可分离出两束光拍信号,在示波器上对两束光拍信号的相位进行比较,测出两光拍信号的光程差及相应光拍信号的频率,从而间接测出光速值.

假设两束光的光程差为 $\Delta L$,对应的光拍信号的相位差为 $\Delta\varphi'$,当二光拍信号的相位差为 $2\pi$ 时,即光程差为光拍波的波长 $\Delta\lambda$ 时,示波器荧光屏上的二光束的波形就会完全重合.由公式 $c = \Delta\lambda \cdot \Delta f = \Delta L \cdot 2f$ 便可测得光速值 $c$.式中 $\Delta L$ 为光程差,$f$ 为功率信号发生器的振荡频率.

【实验仪器】

本实验所用仪器有 CG-IV 型光速测定仪(仪器介绍查看本实验附录文件)、示波器和数字频率计各一台.

【实验内容及步骤】

1. 调节光速测定仪的底脚螺丝,使仪器处于水平状态.

2. 正确连接线路,使示波器处于外触发工作状态,接通激光电源,调节电流至 5 mA,接通 15 V 直流稳压电源,预热 15 分钟后,使它们处于稳定的工作状态.

3. 使激光束水平通过通光孔与声光介质中的驻声场充分地相互作用(已调好不用再调),调节高频信号源的输出频率(15 MHz左右),使产生二级以上的最强衍射光斑.

4. 光阑高度与光路反射镜中心等高,使0级衍射光通过光阑入射到相邻反射镜的中心(如已调好不用再调).

5. 用斩光器挡住远程光,调节全反射镜和半反镜,使近程光沿光电二极管前透镜的光轴入射到光电二极管的光敏面上,打开光电接收盒上的窗口可观察激光是否进入光敏面.这时,示波器上应有与近程光束相应的经分频的光拍波形出现.

6. 用斩光器挡住近程光,调节半反镜、全反镜和正交反射镜组,经半反射镜与近程光同路入射到光电二极管的光敏面上.这时,示波器屏上应有与远程光束相应的经分频的光拍波形出现,5、6两步应反复调节,直到满足要求为止.

7. 在光电接收盒上有两个旋钮,调节这两个旋钮可以改变光电二极管的方位,使示波器屏上显示的两个波形振幅最大且相等,如果他们的振幅不等,再调节光电二极管前的透镜,改变入射到光敏面上的光强大小,使近程光束和远程光束的幅值相等.

8. 缓慢移动导轨上装有正交反射镜的滑块10(详见本实验附录文件),改变远程光束的光程,使示波器中两束光的正弦波形完全重合(相位差为 $2\pi$).此时,两束光的光程差等于拍频波长 $\Delta\lambda$.

9. 测出拍频波长 $\Delta\lambda$,并从数字频率计读出高频信号发生器的输出频率 $f$,代入公式求得光速 $c$.反复进行多次测量,并记录测量数据,求出平均值及标准偏差.

## 【注意事项】

1. 声光频移器引线及冷却铜块不得拆卸.

2. 切勿用手或其他污物接触光学表面.

3. 切勿带电触摸激光管电极等高压部位.

## 【预习思考题】

1. 什么是光拍频波?

2. 斩光器的作用是什么?

3. 为什么采用光拍频法测光速?

4. 获得光拍频波的两种方法是什么? 本实验采取哪一种?

5. 使示波器上出现两个正旋拍频信号的振幅相等,应如何操作?

6. 写出光速的计算公式,并说出各量的物理意义.

7. 分析本实验的主要误差来源,并讨论提高测量精确度的方法.

本实验
附录文件

# 第六章　设计性实验

## 实验 6.1　力学设计性综合实验

### 【实验目的】

1. 探究三种碰撞过程中动能和势能的转化、能量守恒、碰撞时的能量损失.
2. 用惯性秤测定物体质量.
3. 研究影响单摆周期的各种因素.
4. 研究复摆特性及利用复摆测量转动惯量及平行轴定理.

### 【实验原理】

　　本实验通过对不同材质球的碰撞打靶实验,探究保守场、动能和势能相互转化及转化效率、机械能守恒.由于球材质不同、硬度不同,动能和势能转化效率就不同,即球-球碰撞时有部分能量损失,可以计算球-球碰撞能量转化效率.

　　惯性质量和引力质量是由两个不同的物理定律——牛顿第二定律和万有引力定律引入的两个物理概念,前者表示物体惯性大小的量度,后者则表示物体引力大小的量度.但现已精确证明,任一物体的引力质量和它的惯性质量成正比,两种质量若以同一物体作为单位质量,则任何物体的两种质量值是相同的,因此,我们可以用同一个物理量"质量"来表示惯性质量和引力质量.

　　由牛顿第二定律和万有引力定律,原则上讲,可以有两种测定质量的方法:一是通过待测物体和选作质量标准的物体达到力矩平衡的杠杆原理求得,用天平称量质量就是根据该原理;另一种是由测定待测物体和标准物体在相同的外力作用下的加速度而求得,惯性秤测定质量就是根据后者.但惯性秤不是直接比较物体的加速度,而是用振动法比较反映物体加速度的振动周期,去确定物体的质量.

### 【实验内容】

　　请自行设计实验方案.

# 实验 6.2　气垫导轨上运动的研究

## 【实验目的】

1. 研究导轨上物体的运动特性及所受阻力.
2. 验证动量守恒.
3. 验证机械能守恒.
4. 根据实验数据分析实验误差,并对气垫导轨上运动滑块所受阻力进行分析.

## 【实验原理】

如果一个力学系统所受的合外力为零,则该系统的总动量保持不变,这就是动量守恒定律.在某一特定方向上也可应用动量守恒定律,若一个力学系统在某个方向上受力为零,则该力学系统在该方向的动量分量守恒.

本实验用两个滑块在水平的气垫导轨上进行对心碰撞来验证动量守恒定律.当两个滑块在光滑的水平导轨上进行对心碰撞时,由于气流的阻力在碰撞的一瞬间相对于碰撞系统的内力可以忽略不计,而水平方向受到的干扰也可以忽略不计,故通过对滑块系统碰前和碰后的动量的测定,可以验证水平方向的动量守恒.忽略其他阻力作用,验证在仅有保守力的作用下,机械能(重力势能、弹性势能、动能)守恒.

## 【实验内容】

本实验要求学生综合所学的动量守恒与机械能守恒定律,自行设计实验方案,研究气垫导轨上的滑块的运动特性,并利用气垫导轨研究动量守恒与机械能守恒定律.

# 实验 6.3　多普勒效应设计性综合实验

当波源和接收器之间有相对运动时,接收器接收到的波的频率与波源发出的频率不同的现象称为多普勒效应.多普勒效应在科学研究、工程技术、交通管理、医疗诊断等各方面都有十分广泛的应用.例如:原子、分子和离子由于热运动使其发射和吸收的光谱线变宽,称为多普勒增宽.在天体物理和受控热核聚变实验装置中,光谱线的多普勒增宽已成为一种分析恒星大气及等离子体物理状态的重要测量手段.基于多普勒效应原理的雷达系统已广泛应用于导弹、卫星、车辆等运动目标速度的监测.在医学上利用超声波的多普勒效应来检查人体内脏的活动情况,如血液的流速等.电磁波(光波)与声波(超声波)的多普勒效应原理是一致的.本实验研究超声波的多普勒效应,利用多普勒效应将超声探头作为运动传感器,研究物体的运动状态.

## 【实验目的】

1. 测量超声接收器运动速度与接收频率之间的关系,验证多普勒效应,并由 $f$-$v$ 关系直线的斜率求声速.

2. 利用多普勒效应测量物体运动过程中多个时间点的速度,查看 $v$-$t$ 关系曲线,或调阅有关测量数据,即可得出物体在运动过程中的速度变化情况,可研究:

（1）自由落体运动,并由 $v$-$t$ 关系直线的斜率求重力加速度.

（2）简谐振动,可测量简谐振动的周期等参量,并与理论值比较.

（3）匀加速直线运动,测量力、质量与加速度之间的关系,验证牛顿第二定律.

（4）其他变速直线运动.

## 【实验原理】

1. 超声波的多普勒效应

根据声波的多普勒效应公式,当声源与接收器之间有相对运动时,接收器接收到的频率 $f$ 为

$$f = f_0 \frac{u + v_1 \cos \alpha_1}{u - v_2 \cos \alpha_2} \tag{6.3.1}$$

式中 $f_0$ 为声源发射频率,$u$ 为声速,$v_1$ 为接收器的运动速率,$\alpha_1$ 为声源与接收器连线和接收器运动方向之间的夹角,$v_2$ 为声源运动速率,$\alpha_2$ 为声源与接收器连线和声源运动方向之间的夹角(如图 6.3.1 所示).

若声源保持不动,运动物体上的接收器沿声源与接收器连线方向以速度 $v$ 运动,则从式(6.3.1)可得接收器接收到的频率应为

图 6.3.1 超声的多普勒效应示意图

$$f = f_0 \left( 1 + \frac{v}{u} \right) \tag{6.3.2}$$

当接收器向着声源运动时,$v$ 取正,反之取负.

若 $f_0$ 保持不变,以光电门测量物体的运动速度,并由仪器对接收器接收到的频率自动计数,根据式(6.3.2),作 $f$-$v$ 关系图可直观验证多普勒效应,且由实验点作直线,其斜率应为 $k = f_0/u$,由此可计算出声速 $u = f_0/k$.

由式(6.3.2)可解出

$$v = u \left( \frac{f}{f_0} - 1 \right) \tag{6.3.3}$$

若已知声速 $u$ 及声源频率 $f_0$,通过设置使仪器以某种时间间隔对接收器接收到的频率 $f$ 采样计数,由微处理器按式(6.3.3)计算出接收器的运动速度,由显示屏显示 $v$-$t$ 关系图,或调阅有关测量数据,即可得出物体在运动过程中的速度变化情况,进而对物体运动状况及规律进行研究.

## 2. 超声波的红外调制与接收

在早期实验仪器中,接收器接收的超声信号由导线接入实验仪进行处理.由于超声接收器安装在运动物体上,导线的存在对运动状态有一定影响,导线的折断也给使用带来麻烦.在新仪器中,接收到的超声信号采用了无线的红外调制—发射—接收方式,即用超声接收器信号对红外波进行调制后发射,固定在运动导轨一端的红外接收端接收红外信号后,再将超声信号解调出来.由于红外发射/接收的过程中信号的传输是光速,远远大于声速,它引起的多普勒效应可忽略不计.采用此技术将实验中运动部分的导线去掉,使得测量更准确,操作更方便.信号的调制—发射—接收—解调,在信号的无线传输过程中是一种常用的技术.

## 【实验仪器】

多普勒效应综合实验仪由实验仪,超声发射/接收器,红外发射/接收器,导轨,运动小车,支架,光电门,电磁铁,弹簧,滑轮,砝码及电机控制器等组成.实验仪内置微处理器,带有液晶显示屏.

## 【实验内容】

请自行设计实验研究.

# 实验 6.4 热学设计性综合实验

## 【实验目的】

1. 研究不同温度传感器的特性.
2. 确定气体物态方程及摩尔气体常量.

## 【实验原理】

温度是处于固体、液体、气体、等离子体等状态的物质中的微观原子、分子的无规则热运动的宏观表现.温度不仅是被最广泛测量的物理量,也是探测其他多种物理量、化学量和生物量的基础.温度传感器在现代社会中无处不在,它关系到人们的身体健康、设备的正常运转等.

用于测量和控制温度的传感器可分为接触式和非接触式两大类.

接触式温度传感器需要通过与被测物体直接接触或由传热的介质将被测物体的热能传导给温敏元件.被测量的物体与温敏元件之间需要达到热平衡,即具有相同的温度.

非接触式温度计是建立在被测物体的红外线辐射的基础上的,使用时温敏元件和被测物体不需要直接接触,被测物体的热能通过电磁辐射传递给温敏元件.

本实验利用温控台制造不同的环境温度,研究不同类型(接触式或非接触式)的温度传感器的特性.

当一定质量的气体处于热平衡状态时,表征该气体状态的一组参量——压强 $p$、体积 $V$ 和温度 $T$——各有一定值.如果没有外界的影响,这些参量将维持不变,当气体与外界交换能量时,气体将从一个状态不断地变化到另一个状态.实验事实表明,表征平衡状态的三个参量之间存在着一定的关系,满足该关系的方程称为气体的物态方程.

## 【实验内容】

请自行设计实验研究.

# 实验 6.5　分立电子元件伏安特性的测量

分立电子元器件的电流随外加电压的变化而变化的关系曲线称为该元件的伏安特性曲线.有了电子元器件的特性,我们就可以充分利用并进行发明创造.例如二极管如果以集成电路工艺制作,就变成集成电路的一部分.集成电路是由杰克·基尔比[基于锗(Ge)的集成电路]和罗伯特·诺伊斯[基于硅(Si)的集成电路]分别发明的,当今半导体工业中基于硅的集成电路占主要地位.

## 【实验目的】

1. 熟悉一些常见的电学仪器的性能、使用方法及操作规则.
2. 测量电阻、二极管、稳压二极管、钨丝灯等的伏安特性.
3. 认识和思考安全、准确测量的条件.

## 【实验原理】

以下仅简单介绍线性电阻和二极管的原理,其他的元件原理参见相关教科书.

1. 线性电阻

一般金属导体的电阻是线性电阻,它与外加电压的大小和方向无关,其伏安特性是一条直线(见图 6.5.1).从图上看出,直线通过一、三象限.它表明,当调换电阻两端电压的极性时,电流也换向,而电阻始终为一定值,等于直线斜率的倒数.

2. 二极管

常用的晶体二极管具有非线性电阻,其值不仅与外加

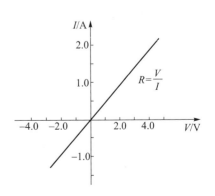

图 6.5.1　线性电阻的伏安特性曲线

电压的大小有关,而且还与方向有关.在纯净的半导体中适当地掺入极微量的杂质,则半导体的导电能力就会有上百万倍的增加.如果掺杂后半导体中会产生许多带负电的电子,这种半导体称为电子型半导体(也叫 n 型半导体);另一种空穴型半导体(也叫 p 型半导体)中则在掺杂后会产生许多缺少电子的空穴.晶体二极管是由 n 型半导体和 p 型半导体结合形成的 pn 结所构成的,它有正负两个电极,正极由 p 型半导体引出,负极由 n 型半导体引出,如图 6.5.2(a)所示.pn 结具有单向导电的特性,常用图 6.5.2(b)所示的符号表示.

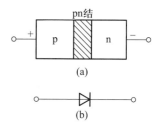

图 6.5.2　晶体二极管的
pn 结和表示符号

如图 6.5.3(a)所示,两个独立的 p、n 区域开始贴紧时,由于 p 区中空穴的浓度比 n 区大,空穴便由 p 区向 n 区扩散;同样,由于 n 区的电子浓度比 p 区大,电子便由 n 区向 p 区扩散.随着扩散的进行,p 区空穴减少,出现了一层带负电的区域(以⊖表示);n 区电子减少,出现一层带正电的区域(以⊕表示),结果在 p 型与 n 型半导体界面的两侧附近,形成带正、负电的薄层区,称为 pn 结.这个带电薄层内的正、负电荷之间产生电场,其方向恰好与载流子(电子、空穴)扩散运动的方向相反,载流子的扩散受到该电场的阻力作用,所以这个带电薄层又称为阻挡层.当扩散作用与内电场作用相等时,p 区的空穴和 n 区的电子不再减少,阻挡层也不再增厚,达到动态平衡,这时二极管中没有电流.当 pn 结两端加上正向电压(p 区接正,n 区接负)时,如图 6.5.3(b)所示,外电场与内电场方向相反,因而削弱了内电场,使阻挡层变薄.这样,载流子就能顺利地通过 pn 结,形成比较大的电流.所以,pn 结在正向导电时电阻很小.当 pn 结加上反向电压(p 区接负,n 区接正)时,如图 6.5.3(c)所示,外加电场与内电场方向相同,因而加强了内电场的作用,使阻挡层变厚.此况下,只有极少数载流子能够通过 pn 结,形成很小的反向电流,所以 pn 结的反向电阻很大.

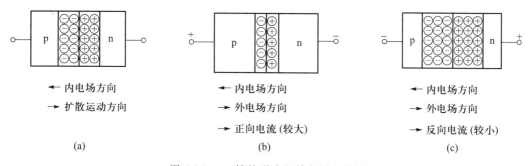

图 6.5.3　pn 结的形成和单向导电特性

晶体二极管的正、反向特性曲线如图 6.5.4 所示,表明其电流和电压不是线性关系,各点的电阻都不相同.

3. 伏安测量方法

图 6.5.5 和图 6.5.6 所示的电路都可以用来测量元件的伏安特性,对线性元件和非线性元件均可用.前者为电流表外接测量,后者为电流表内接测量.因为实际的电流表和电压表都具有一定的内阻,所以在采用上述电路测量时,必然带来附加测量误差.

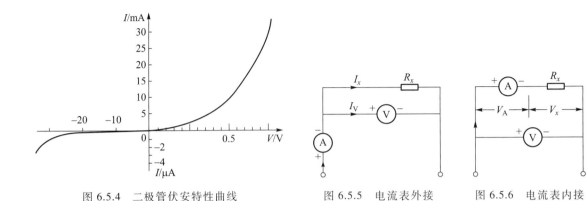

图 6.5.4　二极管伏安特性曲线　　　　图 6.5.5　电流表外接　　　图 6.5.6　电流表内接

电流表外接误差分析：

$$I = I_x + I_V = \frac{V}{R_x} + \frac{V}{R_V} = V \frac{R_x + R_V}{R_x R_V} \tag{6.5.1}$$

$$R_{测} = \frac{V}{I} = \frac{R_x R_V}{R_x + R_V} < R_x \tag{6.5.2}$$

其中 $R_V$ 为电压表的内阻，本测量方法的相对误差为

$$\frac{\Delta R_x}{R_x} = \frac{|R_{测} - R_x|}{R_x} = \frac{R_x - \dfrac{R_x R_V}{R_x + R_V}}{R_x} \tag{6.5.3}$$

只有当 $R_V \gg R_x$ 时，才能得到较准确的测量结果.

电流表内接误差分析：

$$V = V_x + V_A = I(R_x + R_A) \tag{6.5.4}$$

$$R_x = \frac{V}{I} - R_A = R_{测} - R_A < R_{测} \tag{6.5.5}$$

其中 $R_A$ 为电流表的内阻，本测量方法的相对误差为

$$\frac{\Delta R_x}{R_x} = \frac{|R_{测} - R_x|}{R_x} = \frac{R_A}{R_x} \tag{6.5.6}$$

只有当 $R_x \gg R_A$ 时，才能得到较准确的测量结果.

实际测量时，电流表内阻不可能为零，电压表内阻也不可能为无限大，因而无论用哪种接法，测量电阻时都会产生接入电阻，这种误差属于系统误差.如果已知各电表的内阻值，则可以通过对测量结果的修正消除系统误差.

## 【实验仪器】

本实验通过集成化的 DH6102 型伏安特性实验仪实现.该实验仪集成了电流表、电压表、5 种被测元件、直流稳压可调电源和可变电阻器，面板如图 6.5.7 所示，实验的电子线路连接方式需要和分立设备一样设计.实验过程中，需要注意量程、正负极、负载能力、可调范围等.

图 6.5.7　集成测量仪器面板

## 【实验内容与步骤】

1. 阅读仪器手册,知晓测量对象和仪器的物理参量.
2. 设计并绘制测量电路图,例如二极管的测量电路如图 6.5.8、图 6.5.9 所示.

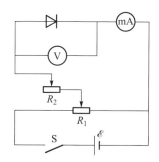

图 6.5.8　二极管的正向伏安特性测试电路

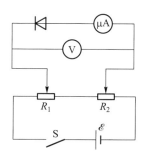

图 6.5.9　二极管的反向伏安特性测试电路

　　3. 分析安全测量(例如不超量程、不超元器件的额定电压等)和准确测量(内接法还是外接法、测量电路的元件参量例如电阻的确定等)的要素.
　　4. 优化并确定测量电路.
　　5. 按所设计的测量电路连线.
　　6. 测量(注意采样点数目、步长、范围等,以能够准确反映所测量的物理指标为原则)并记录数据.

## 【数据记录与处理】

1. 按照实验内容,自行设计表格并记录数据.
2. 根据测量得到的数据作出伏安特性图(需要标注物理量和单位).
3. 求多个测量点 $R_x$ 的测量值,计算不确定度,对实验结果进行分析.

1. 电压表和电流表的位数以及量程的选择(例如集成仪器断开电表时需要拔掉电表连接线端插头,其 4 位"0"同时闪烁表示超量程使用等)及其对测量的影响.

2. 测量晶体二极管伏安特性时,加在晶体管上的正向激励信号不得超过允许的最大反向电压、正向最大电流(正常测量时应不超过该值的 70%),反向电流不超过 200 mA.

3. 具体金属膜电阻器有安全电压设置,例如本实验仪器中的金属膜电阻器有 20 V 的安全电压.

【预习思考题】

1. 为什么测二极管正向特性时用电流表外接电路,而测反向特性时用电流表内接电路?

2. 试分析能够安全、准确测量稳压二极管的限流电路设计.

3. 试从钨丝灯泡的伏安特性曲线解释为什么灯泡在开灯的时候容易烧坏?

【习题】

1. 在测量器件伏安特性时,你采样数据点的原则是什么?

2. 为了更准确地研究器件的伏安特性或者其他相关电气特性,你有哪些建议?

# 实验 6.6　黑盒子探究

【实验目的】

利用提供的实验器材,设计电路,依据不同类型元件的特性,判别出指定元件的接线柱编号,并测量电路时间常量和元件参量.

【实验仪器】

示波器 1 台,信号发生器 1 台,电阻箱 1 个,待测黑盒子 1 个(含 5 对接线柱),连接导线若干.

已知:黑盒子有五对接线柱,每对接线柱之间的元件可能为:①电阻;②二极管(正向导通电压约为 0.7 V);③电容器;④电阻与电容器的串联;⑤没有任何元件.其中,上述电阻值在 1~10 kΩ 范围,上述电容值在 0.1~1 μF 范围.

## 【实验内容及步骤】

1. 用提供的实验仪器,从五对接线柱中判别出各自对应的元件;画出电路图,写出实验步骤,记录测量数据(或画出测量波形),给出判别依据和结果.

2. 把电阻箱设为 500 Ω 或者其他值,与上一步骤判别出的孤立电容器元件相串联,组成 $RC$ 电路,观察充电或放电过程的波形曲线,粗测 $RC$ 电路的时间常量;画出电路图,写出实验步骤,列出计算公式,记录测量数据,测出待测的量.

3. 对于上一步骤中指定的 $RC$ 电路,测量充电或放电过程的波形曲线中的多个点的坐标,利用数据拟合的方法,精确测量 $RC$ 电路的时间常量,计算出电容的值;记录测量数据,给出数据拟合的步骤,得到相应的结果.

## 【注意事项】

1. 使用示波器光标进行测量.
2. 注意打开信号源的通道开关,确保信号输出正常.
3. 示波器应与信号源共地(示波器的黑线与信号源的黑线等电势).

## 【预习思考题】

1. 注意分辨元件时实验现象的排他性.
2. 电路中为了有足够的区分度,选择激励信号和元件参量的原则是什么?

本实验附录
文件

# 实验 6.7  光学材料折射率的测定

折射率是光学材料的重要参量之一,在科研和生产实际中常需要测量它.测量折射率的方法可分为两类:一类是应用折射定律及反射、全反射定律,通过准确测量角度来求折射率的几何光学方法,比如最小偏向角法、掠入射法、全反射法和位移法等;另一类是利用光通过介质(或由介质反射)后,透射光的相位变化(或反射光的偏振态变化)与折射率密切相关的原理来测定折射率的物理光学方法,比如布儒斯特角法、干涉法、椭偏法等.

本实验要求综合已学过的光学知识和基本实验操作,查阅有关资料,拟定实验方案,完成对各种待测样品的折射率测定,从而对光学材料折射率的测量,在原理和方法上有更全面的认识.

## 【实验目的】

1. 了解并熟悉光学材料折射率的测定方法.
2. 学会利用多种方法测量三棱镜的折射率,并测量其色散曲线.

3. 熟悉和了解利用多种方法测量玻璃砖的折射率.

4. 熟悉液体折射率的测量方法.

5. 进一步熟悉和掌握光学中常用仪器的使用方法.

## 【实验原理】

1. 掠入射法

掠入射法测介质折射率的原理如图 6.7.1 所示.将待测介质(如玻璃)磨制成三棱镜,用单色漫射光(在钠光灯前加一块毛玻璃)照射该棱镜的折射面 $AB$,到达 $AB$ 面上任意点 $E$ 的诸光线 $a$、$b$、$c$ 将经过两次折射,从折射面 $AC$ 射出.其中光线 $a$ 以 $90°$ 角掠入射到 $AB$ 面上,其折射角 $i_c$ 应为临界角.光线 $a$ 经棱镜后以 $\varphi$ 角射出.从图 6.7.1 可以看出,除光线 $a$ 外,其他光线在 $AB$ 界面上的入射角皆小于 $90°$,经棱镜出射后其出射角均大于 $\varphi$ 角而偏折于 $a$ 的一侧形成亮场,$a$ 的另一侧因无光线,是暗场.因此,用望远镜可以观察到视场是半明半暗的,中间有明显的明暗分界线.该分界线与出射角为 $\varphi$ 的光线 $a$ 相对应.可以证明,棱镜的折射率 $n$ 与棱镜顶角 $A$ 和以 $90°$ 掠入射的光线 $a$ 的出射角 $\varphi$ 有如下关系:

$$n = \sqrt{1 + \left(\frac{\cos A + \sin \varphi}{\sin A}\right)^2} \qquad (6.7.1)$$

用分光计分别测出棱镜顶角 $A$ 和明暗分界线对应的出射角 $\varphi$,利用式(6.7.1)即可求出棱镜的折射率 $n$.

2. 最小偏向角法

如图 6.7.2 所示,$\triangle ABC$ 是三棱镜的主截面,波长为 $\lambda$ 的光线以入射角 $i_1$ 投射到棱镜的 $AB$ 面上,经 $AB$ 和 $AC$ 两个面折射后以 $i_1'$ 角从 $AC$ 面出射,出射光线与入射光线的夹角 $\delta$ 称为偏向角.$\delta$ 的大小随入射角 $i_1$ 而改变.在入射光线和出射光线处于光路对称的情况下,即 $i_1 = i_1'$ 时,偏向角有极小值,记为 $\delta_{\min}$.可以证明,棱镜玻璃的折射率 $n$ 由下式给出:

$$n = \frac{\sin[(A + \delta_{\min})/2]}{\sin(A/2)} \qquad (6.7.2)$$

式中,$A$ 是棱镜顶角,$\delta_{\min}$ 称为最小偏向角.该方法称为最小偏向角法.

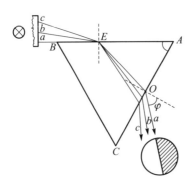

图 6.7.1 掠入射法

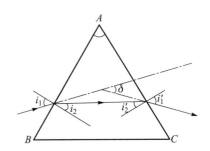

图 6.7.2 最小偏向角法

若入射光为非单色光,则经棱镜折射后,不同波长的光将产生不同的偏向而被分散开来,这就是色散现象.因此,最小偏向角 $\delta_{min}$ 与入射光的波长有关,折射率也随波长而变化.折射率 $n$ 与波长 $\lambda$ 之间的关系曲线称为色散曲线.实验时,只要测出 $A$ 和 $\delta_{min}(\lambda)$,由式(6.7.2)计算相应的折射率 $n(\lambda)$ 值,就可作出该棱镜材料的色散曲线.

3. 全反射法

全反射法测介质折射率的原理如图 6.7.3 所示.将待测介质加工成厚度为 $b$ 的平行平板,并将其一面打磨成毛面,或涂以牙膏等漫散射薄层,另一面为光面.让 He-Ne 激光束经一透镜($f \approx$ 5 cm),在其焦点上形成一细光束.平板样品被照面(毛面 $E$)上的 $O$ 点,处于透镜的焦点上.$O$ 点可视为点光源,它发出的光在样品另一面(光面 $F$)上发生反射、透射和全反射.当光线与反射面法线夹角小于临界角 $i_c$ 时,大部分光将透出平板($F$ 界面上入射点 $A'B'$ 之间各点的入射角 $i<i_c$);夹角等于或大于临界角(入射点 $A'$、$B'$ 处入射角 $i=i_c$)时,全部光将能反射而折回样品.因此,在界面 $E$ 上的 $AB$ 范围以内,由于反射回来的光很弱而形成暗斑.但在 $A$、$B$ 处,由于对应的 $A'B'$ 处反射光强发生突变而形成清晰的明暗分界线,于是在样品的毛面上就形成一个内部暗外部亮的圆.根据全反射原理,不难求出亮暗分界圆的直径 $d$ 与样品折射率 $n$ 的关系为

$$n = \frac{1}{\sin\left[\arctan\left(\dfrac{d}{4b}\right)\right]} \tag{6.7.3}$$

式中,$b$ 为样品厚度.只要测出分界圆直径 $d$,就可根据式(6.7.3)计算出样品对激光的折射率.

4. 位移法

如图 6.7.4 所示,加工成厚度为 $d$ 的平面平行板的待测介质,让激光细光束 $O$ 以入射角 $i$ 入射到平板的上表面 $A$.$O'$ 是 $O$ 光线经上表面 $A$ 的反射光线.$O''$ 是 $O$ 光线经上表面 $A$ 折射,由下表面 $B$ 反射,再经 $A$ 表面折射后的出射光线.光线 $O'$、$O''$ 彼此平行,两者的垂直距离为 $a$,可以证明,介质折射率 $n$ 可由下式求得

$$n = \sin i \sqrt{1 + \frac{4d^2}{a^2}\cos^2 i} \tag{6.7.4}$$

该方法称为位移法,只要设法测出两反射光间的垂直距离 $a$、样品厚度 $d$ 及入射角 $i$,即可求得样品的折射率.

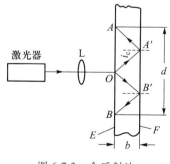

图 6.7.3 全反射法

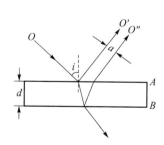

图 6.7.4 位移法

**5. 利用阿贝折射仪测定液体折射率**

阿贝折射仪是根据全反射原理设计的,有透射光(掠入射)与反射光(全反射)两种使用方法,若待测物为透明液体,一般用透射光法来测量其折射率 $n_x$.

阿贝折射仪中的阿贝棱镜组由两个直角棱镜(折射率为 $n$)组成,一个是进光棱镜,它的弦面是磨砂的,其作用是形成均匀的扩展面光源.另一个是折射棱镜.待测液体($n_x < n$)夹在两棱镜的弦面之间,形成薄膜.如图 6.7.5 所示,光先射入光棱镜,由其磨砂弦面 $A'B'$ 产生的漫射光穿过液层进入折射棱镜(图中 $ABC$).因此,到达液体和折射棱镜的接触面($AB$ 面)上任意一点 $E$ 的诸光线(如光线 1、2、3 等)具有各种不同的入射角,最大的入射角是 $90°$,这种方向的入射称为掠入射.对不同方向入射光中的某条光线,设它以入射角 $i$ 射向 $AB$ 面,经棱镜两次折射后,从 $AC$ 面以 $\varphi'$ 角出射,若 $n_x < n$,则由折射定律得:$n_x \sin i = n \sin \alpha$,$n \sin \beta = \sin \varphi'$,其中 $\alpha$ 为 $AB$ 面上的折射角,$\beta$ 为 $AC$ 面上的入射角.由图 6.7.5 得棱镜顶角 $A$ 与 $\alpha$ 角及 $\beta$ 角的关系为 $A = \alpha + \beta$,从以上三式消去 $\alpha$ 和 $\beta$ 得

$$n_x \sin i = \sin A \sqrt{n^2 - \sin^2 \varphi'} - \cos A \sin \varphi'$$

从图 6.7.5 可以看出,对于光线 1,有 $i \to 90°$,$\sin i \to 1$,$\varphi' \to \varphi$,$\sin \varphi' \to \sin \varphi$,则上式变为

$$n_x = \sin A \sqrt{n^2 - \sin^2 \varphi} - \cos A \sin \varphi \tag{6.7.5}$$

因此,若折射棱镜的折射率 $n$、棱镜顶角 $A$ 已知,只要测出出射角 $\varphi$ 即可求出待测液体的折射率 $n_x$.

若 $A = \alpha - \beta$,这时出射光线与顶角 $A$ 在 $AC$ 面法线的同侧,式(6.7.5)变为

$$n_x = \sin A \sqrt{n^2 - \sin^2 \varphi} + \cos A \sin \varphi \tag{6.7.6}$$

由图 6.7.5 可知,除光线 1 外,光线 2、3 等在 $AB$ 面上的入射角皆小于 $90°$.因此当扩展光源的光线从各个方向射向 $AB$ 面时,凡入射角小于 $90°$ 的光线,经棱镜折射后的出射角必大于 $\varphi$ 角而偏折于光线 $1'$ 的左侧形成亮视场.而光线 $1'$ 的另一侧因无光线而形成暗场.显然,明暗视场的分界线就是掠入射光束 1 的出射方向(光线 $1'$).

阿贝折射仪直接标出了与 $\varphi$ 角对应的折射率值,测量时只要使明暗分界线与望远镜叉丝交点对准,就可从读数装置上直接读出 $n_x$ 值.

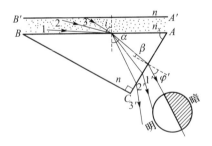

图 6.7.5 阿贝折射仪测定液体折射率

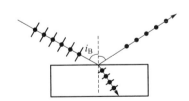

图 6.7.6 布儒斯特角法

**6. 偏振法——布儒斯特角法**

当自然光由空气入射到各向同性介质(如玻璃)的表面时,反射光和折射光一般为部分偏振光.改变入射角,可以改变反射光的偏振程度.设介质的折射率为 $n$,当入射角为

$$i=i_{\mathrm{B}}=\arctan n \qquad (6.7.7)$$

时,反射光为线偏振光,其振动面垂直于入射面,而透射光为部分偏振光,如图6.7.6所示,其中黑点"·"表示振动面垂直于入射面的线偏振光,短线"-"表示振动面平行于入射面的线偏振光.式(6.7.7)称为布儒斯特定律,$i_{\mathrm{B}}$为布儒斯特角(实验步骤可参考实验4.11光的偏振实验).

7. 等厚干涉法

这里介绍一种用迈克耳孙干涉仪测介质薄膜折射率的方法.

先将迈克耳孙干涉仪调出白光干涉条纹,此时$M_1$镜(位置可调反射镜)的位置读数为$d_1$.将待测样品插入$M_2$镜(位置不可调反射镜)与补偿板$G_2$之间(或插入在$M_1$与分光片$G_1$之间),再次调出白光干涉条纹,这时$M_1$镜位置读数为$d_2$.因为$M_1$镜移动引起光程的变化应补偿由于插入样品而引起的光程变化,设样品的折射率为$n$,其厚度为$l$,故有$2|d_2-d_1|=2(n-1)l$,即

$$n=\frac{|d_2-d_1|}{l}+1 \qquad (6.7.8)$$

实验中应设法确定白光零级条纹在视场中的位置,使第二次白光零级条纹也处于该位置,且两次调出白光干涉鼓轮转动的方向必须一致,否则螺距差会使测量有很大误差.

注意:若观察第一次白光干涉时,$M_1$镜是往刻度变大的方向移动,那么待测样品放置在哪个臂上?若$M_1$镜是往刻度变小的方向移动时观察到了第一次白光干涉,则待测样品该放置在哪个臂上?

## 【实验仪器】

分光计(含双面反射镜),迈克耳孙干涉仪,阿贝折射仪(图6.7.7所示),可加热恒温循环水箱,钠光灯,高压汞灯,He-Ne激光器,白光源,待测三棱镜,毛玻璃,夹持架,待测液体(石蜡、甘油),光源聚焦透镜,玻璃砖(其中一面为毛面),玻璃砖(全光滑表面),玻璃砖(一面涂黑),平台(可以分光计的载物台为平台),电介质薄片,游标卡尺,螺旋测微器.

阿贝折射仪(图6.7.7所示)是测量物质折射率的专用仪器,它能快速而准确地测出透明、半透明液体或固体材料的折射率(测量范围一般为1.300~1.700),它还可以与恒温、测温装置连用,测定折射率随温度的变化关系.

阿贝折射仪的光学系统由望远系统和读数系统组成,如图6.7.8所示.

望远系统:光线经反射镜1反射进入进光棱镜2及折射棱镜3,待测液体放在2与3之间,经阿米西色散棱镜组4以抵消由于折射棱镜与待测物质所产生的色散,通过物镜5将明暗分界线(明暗分界线的形成见实验原理)成像于分划板6上,再经目镜7、8放大后为观察者所见.

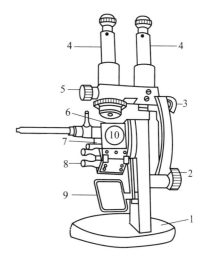

图6.7.7　阿贝折射仪结构图

1—基座;2—刻度盘手轮;3—读数照明反射镜;4—望远镜;5—阿米西色散棱镜调节手轮;6—棱镜组紧锁扳手;7—阿贝棱镜组;8—恒温器接头;9—反光镜;10—全反射镜照明窗口

读数系统:光线由小反射镜14经毛玻璃13照明刻度盘12,经转向棱镜11及物镜10将刻度(有两行刻度,一行是折射率,另一行是百分浓度,是测量糖溶液浓度专用的)成像于分划板9上,经目镜7′、8′放大成像于观察者眼中.

阿贝折射仪在使用之前,需用标准玻璃块或标准液体校正仪器读数.校正方法如下:将一已知 $n_D$ 的标准玻璃块(仪器附件,$n_D$ 的数值标在玻璃块上)的抛光面上加一滴接触液(溴代萘),贴在折射棱镜的弦面 $AB$ 上,让标准玻璃块的另一抛光面接收入射光线,当读数目镜内的读数与标准玻璃块的 $n_D$ 的值相等时,观察望远镜内明暗分界线是否在十字叉丝中间,若有偏差则用方孔调节扳手转动示值调节螺钉,使明暗分界线调整至中央(见图 6.7.9),这时仪器读数就校正好了.

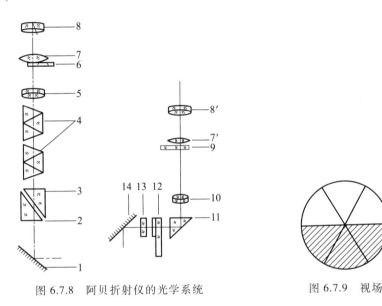

图 6.7.8　阿贝折射仪的光学系统　　　　　图 6.7.9　视场

## 【实验内容与步骤】

1. 利用掠入射法测量三棱镜折射率.
2. 利用最小偏向角法测量三棱镜在多个波长下的折射率(见表 6.7.1),并绘制色散曲线.
3. 利用全反射法测量玻璃砖的折射率.
4. 利用位移法测量玻璃砖的折射率.
5. 用阿贝折射仪测量石蜡、甘油等液体的折射率温度变化曲线.
6. 利用布儒斯特角法测量玻璃砖的折射率.
7. 利用干涉法测量电介质薄片的折射率.

## 【数据记录及处理】

最小偏向角法测量三棱镜色散曲线用表 6.7.1 记录数据,其他方法的数据表格自行设计.

382

表 6.7.1 最小偏向角法测三棱镜色散曲线　　　　　　　顶角 $A =$ _____

| 汞谱线波长/nm | 测量序号 | 出射光方位读数 | | 入射光方位读数 | | $\delta_{\min}\left(=\dfrac{1}{2}(\mid\theta_1-\theta_1'\mid+\mid\theta_2-\theta_2'\mid)\right)$ | $\overline{\delta}_{\min}$ | $n$ |
|---|---|---|---|---|---|---|---|---|
| | | $\theta_1$ | $\theta_2$ | $\theta_1'$ | $\theta_2'$ | | | |
| 435.8(蓝) | 1 | | | | | | | |
| | 2 | | | | | | | |
| | 3 | | | | | | | |
| 491.6(青) | 1 | | | | | | | |
| | 2 | | | | | | | |
| | 3 | | | | | | | |
| 546.1(绿) | 1 | | | | | | | |
| | 2 | | | | | | | |
| | 3 | | | | | | | |
| 577.0(黄) | 1 | | | | | | | |
| | 2 | | | | | | | |
| | 3 | | | | | | | |
| 579.1(黄) | 1 | | | | | | | |
| | 2 | | | | | | | |
| | 3 | | | | | | | |
| 623.5(橙红) | 1 | | | | | | | |
| | 2 | | | | | | | |
| | 3 | | | | | | | |

# 实验 6.8　空气折射率的测定

　　一般情况下,很少考虑到空气的折射率,实际上在标准状态下空气对可见光的折射率约为 1.000 293,它随气压、气温和空气成分变化,尤其湿度对于折射率的影响比较大.基于双缝干涉原理制成的瑞利(Rayleigh)干涉仪,可以精确测定气体的折射率或其折射率随某些参量(如压力、温度、密度等)的变化.本实验应用两种干涉的方法来测定空气的折射率.

## 【实验目的】

1. 掌握用干涉条纹计数测量空气折射率的原理和方法.
2. 学会用分立元件搭建使用迈克耳孙干涉仪,进一步掌握分振幅法产生双光束干涉的原

理,调出并观察非定域干涉圆条纹,并用该结构测量空气折射率;

3. 学会用分立元件搭建夫琅禾费双缝干涉装置,进一步掌握分波前法产生双光束干涉的原理,调出并观察非定域干涉条纹,并测定空气折射率

4. 测定在标准状态下的折射率 $n_0$.

## 【实验原理】

### 1. 基于迈克耳孙干涉仪法

如图 6.8.1 所示,由激光器(已含小孔光阑 A 和扩束镜 BE)发出的光束经分束镜 BS 分成两束,各经平面反射镜 $M_1$、$M_2$ 反射后又经 BS 重新会合于屏 S 处,则在 S 处可见到非定域干涉同心圆环条纹(调节方法参考实验 4.5 的实验内容 2),在一个光臂中插入一长度为 $l$ 的气室(AC),重新调出非定域干涉条纹.

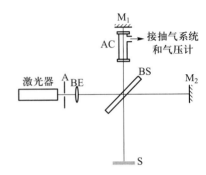

图 6.8.1　基于迈克耳孙干涉仪法

气室的气压变化 $\Delta p$,从而使气体折射率改变 $\Delta n$(此时光经气室的光程变化 $2l\Delta n$),引起干涉圆环"缩进"或"冒出" $N$ 个,则有 $2l|\Delta n| = N\lambda$,得

$$|\Delta n| = \frac{N\lambda}{2l} \tag{6.8.1}$$

当温度一定,且气压不大时,气体折射率的变化量 $\Delta n$ 与气压的变化量 $\Delta p$ 成正比(证明见本实验附录),即

$$\frac{n-1}{p} = \left|\frac{\Delta n}{\Delta p}\right| = 常量$$

因此,

$$n = 1 + \left|\frac{\Delta n}{\Delta p}\right| p \tag{6.8.2}$$

将式(6.8.1)代入上式可得

$$n = 1 + \frac{N\lambda}{2l} \frac{p}{|\Delta p|} \tag{6.8.3}$$

实验中,若气压改变量为 $\Delta p$(可用气压表测量),测定条纹变化数目 $N$,利用式(6.8.3)即可求出气压为 $p$ 时的空气折射率 $n$.

### 2. 夫琅禾费双缝干涉法

实验光路如图 6.8.2 所示,激光器 S 发出的光经平行光管转化为一定口径的平行光束,平行光束照射双缝 A,被 A 分割成两束平行相干光束.这两束相干光在透镜 $O_1$ 的焦平面上形成一系列干涉条纹.因焦平面处的干涉条纹非常密,可利用显微物镜 $O_2$(图中未画出)将条纹放大,投影到 CCD 上,再利用液晶显示器观察条纹.

如果在双缝后的两光路中放入长度为 $l'$ 的两气室,其中一个气室与大气相通,另一个气室接抽气系统,并使该气室的气压变化 $\Delta p$,从而使气体折射率改变 $\Delta n$,因而产生光程差 $l'\Delta n$,使干涉

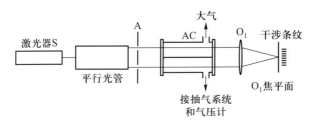

图 6.8.2 夫琅禾费双缝干涉法

条纹相对原来位置移动.若移动的干涉条纹数目为 $N$,则有 $l'\Delta n = N\lambda$,代入式(6.8.2)得

$$n = 1 + \frac{N\lambda}{l'} \frac{p}{|\Delta p|}$$ (6.8.4)

只要测出温度不变的情况下,压强变化 $\Delta p$ 时所移动的条纹数 $N$,即可求出温度为 $T$、压强为 $p$ 的气体对波长为 $\lambda$ 的光的折射率 $n$.

## 【实验仪器】

半导体激光器(波长约 658 nm),He-Ne 激光器(波长约 632.8 nm),改装的迈克耳孙干涉仪,单管气室,双管气室,打气皮囊,气压表,平行光管,双缝(缝宽 1 mm,两缝中心间距 5 mm),凸透镜,显微物镜,磁性表座,光学平台,CCD(连接液晶显示器)等.

## 【实验内容及步骤】

1. 基于迈克耳孙干涉仪法

(1) 调节可移动反射镜 $M_1$ 的位置,使可调光臂的长度略大于固定光臂的长度.

(2) 以半导体激光器照明,观察 $M_1$ 中反射的激光光点,调节 $M_1$ 和 $M_2$ 上的粗调螺丝,使像点重合(实际可看到很多光点,使两组光点中最亮的 2 个重合),在调节手轮前放置光屏,观察是否有同心圆环干涉条纹,如果没有同心圆环,则继续调节粗调螺丝以及 $M_2$ 上的微调螺丝,直至出现同心圆环干涉条纹.

(3) 将单管气室置于干涉仪导轨上,并再次调出同心圆状干涉条纹.测量时,先给气室充气,气压值大于 0.06 MPa,读出数字仪表的数值 $p_2$,打开气室阀门,慢慢放气,但移动若干个条纹(30个)时,再次读出数字仪表的数值 $p_1$,重复测量 6 次数据,求 $\Delta p$ 平均值,$p$ 取实验时的大气压,计算空气折射率.

2. 夫琅禾费双缝干涉法

(1) 开启激光器,调节激光器的倾角螺丝,使激光平行于实验台面.

(2) 放置平行光管,与激光器共轴,并出射一束孔径几乎不变的平行光束.

(3) 放置双狭缝 A,获得等间距的两束平行光束.

(4) 放置双管气室 AC,并保证仍有两束平行光束出射.

(5) 放置聚焦透镜 $O_1$ 以及显微物镜 $O_2$,能在白屏上观察到平行的干涉条纹.

（6）用 CCD 接收干涉条，在液晶显示屏上观察条纹.

（7）测量条纹的移动个数 $N$（可取 10）及相应的气压变化 $\Delta p$，重复测量 6 次数据，计算空气折射率.

## 【注意事项】

1. 实验时不要碰光学元件的光学面，并应防止摔坏气室和气压表.打气时不要超过气压表量程，超过量程会使表内游丝超过弹性限度，损坏气压表.

2. 不要用眼睛直视激光，防止眼睛受伤！

## 【预习思考题】

1. 调节实验装置使用显微镜可观察到夫琅禾费双缝干涉条纹.要调节哪些元件，怎样调节才能使干涉条纹可见度高且可分辨开？

2. 如果干涉条纹太密不能分辨时，该采取哪些措施来补救？

## 【附录】

### 气体折射率与压强的关系

设某气体的密度为 $\rho$，折射率为 $n$，根据 Lorentz-Lorenz（洛伦兹-洛伦茨）公式有

$$\frac{1}{\rho}\frac{n^2-1}{n^2+2}=\frac{1}{\rho}\frac{(n-1)(n+1)}{n^2+2}=c \tag{6.8.5}$$

因气体的折射率 $n$ 近似地等于 1，故上式可写为

$$n-1=c'\rho \tag{6.8.6}$$

式中，$c$、$c'$ 均为常量，与气体的性质有关，而与气体的状态无关.

当气体的密度改变 $\Delta\rho$ 时，折射率相对应改变 $\Delta n$，有

$$c'=\frac{\Delta n}{\Delta\rho}$$

代入式（6.8.6）得

$$n-1=\frac{\Delta n}{\Delta\rho}\rho \tag{6.8.7}$$

气体的密度 $\rho$ 与其压强 $p$、体积 $V$、温度 $T$ 的关系遵从气体物态方程

$$pV=\frac{m}{M}RT \tag{6.8.8}$$

式中，$m$ 为气体质量，$M$ 为气体的摩尔质量，$R$ 为摩尔气体常量，故

$$\rho=\frac{m}{V}=\frac{Mp}{RT} \tag{6.8.9}$$

实验时，把气体装到干涉仪的气室（体积为 $V$）中，保持温度 $T$ 不变，用抽气机抽去一部分气

体,使气室的密度由 $\rho$ 变为 $\rho-\Delta\rho$,相应的压强由 $p$ 变为 $p-\Delta p$,则

$$\frac{\rho}{\Delta\rho}=\frac{p}{\Delta p} \tag{6.8.10}$$

代入式(6.8.7),得

$$n-1=\frac{\Delta n}{\Delta p}p \tag{6.8.11}$$

# 实验 6.9　利用双光栅 Lau 效应测量凸透镜焦距和光波波长

用扩展单色光源照射两块相距一定距离的相同光栅,可观察到周期性干涉条纹,称为双光栅 Lau 效应.双光栅 Lau 效应可用于测定透明物体折射率、透镜焦距、光波波长、温度等物理量.在双棱镜测光波波长的实验中,对波长微观量的测量转化为几个宏观量的测量,本实验也是通过几个宏观量的测量来求波长.此外,本实验还利用该效应测量凸透镜的焦距.

## 【实验目的】

1. 进一步熟悉双光栅 Lau 效应原理.
2. 用双光栅 Lau 效应测量凸透镜焦距.
3. 用双光栅 Lau 效应测量光波波长.

## 【实验原理】

1. 测量凸透镜焦距

实验光路如图 6.9.1 所示.最初,法国人 E.Lau 观察到双光栅干涉现象两光栅(光栅常量为 $d$)间的距离满足 $d^2/(2\lambda)$ 的整数倍.实际上,双光栅 Lau 效应的条件可以推广为更为普遍的形式:

$$z_0=\frac{\alpha d^2}{\beta\lambda} \tag{6.9.1}$$

式中 $\lambda$ 为波长,$d$ 为光栅常量,$\alpha$ 和 $\beta$ 是两个互质的整数.利用透镜则可在透镜(焦距为 $f$)焦平面上观察到清晰的干涉条纹,条纹强度分布为

$$I_f(y,\omega)=\begin{cases}\exp(\mathrm{i}\phi)\dfrac{i_\omega}{f^2}\dfrac{1}{\lambda z_0}\displaystyle\sum_{n=-\infty}^{+\infty}A_n^2(-1)^n\exp\left[\dfrac{-\mathrm{i}2\pi ny}{fd/(\beta z_0)}\right], & \alpha\beta\text{ 为奇数}\\[4mm]\exp(\mathrm{i}\phi)\dfrac{i_\omega}{f^2}\dfrac{1}{\lambda z_0}\displaystyle\sum_{n=-\infty}^{+\infty}A_n^2\exp\left[\dfrac{-\mathrm{i}2\pi ny}{fd/(\beta z_0)}\right], & \alpha\beta\text{ 为偶数}\end{cases} \tag{6.9.2}$$

式中

$$A_n=\frac{1}{d}\int_{-\frac{d}{2}}^{\frac{d}{2}}t(y_1)\exp\left(-\frac{\mathrm{i}2\pi ny_1}{d/\beta}\right)\mathrm{d}y_1 \tag{6.9.3}$$

其中 $t$ 为光栅透过率函数,其函数为

$$t=\begin{cases}1, & y_1\in\left[md-\dfrac{a}{2},md+\dfrac{a}{2}\right]\\[2mm]0, & y_1\in\left(md-\dfrac{d}{2},md-\dfrac{a}{2}\right)\cup\left(md+\dfrac{a}{2},md+\dfrac{d}{2}\right)\end{cases}\qquad(6.9.4)$$

式中 $m$ 为整数, $a$ 为光栅透光部分的宽度.

焦平面上干涉条纹的周期为

$$p=\frac{fd}{\beta z_0}=\frac{\lambda f}{\alpha d}\qquad(6.9.5)$$

通过测微目镜直接测量焦平面上干涉条纹间距 $p$, 便可计算出焦距

$$f=\frac{\beta z_0 p}{d}\qquad(6.9.6)$$

当 $\alpha$、$\beta$ 取 1 时, 双光栅 Lau 效应条纹间距最大, 易于测量.

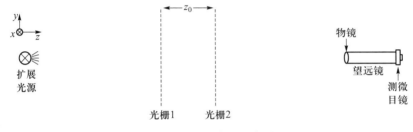

图 6.9.1 实验装置示意图

## 2. 测量光波波长

双光栅 Lau 效应条纹亮纹的宽度为

$$w=\frac{2af}{z_0}=\frac{2\beta fa\lambda}{\alpha d^2}\qquad(6.9.7)$$

亮纹宽度与条纹周期比值为

$$\frac{w}{p}=\frac{2\beta a}{d}\qquad(6.9.8)$$

由式 (6.9.8) 可见 $\beta$ 值越小, 亮纹越细锐.

综合式 (6.9.1)、式 (6.9.5)、式 (6.9.7)、式 (6.9.8), 我们发现可利用两光栅的间距或条纹的周期来计算入射光波长, 但必须在实验中确定 $\alpha$、$\beta$ 值. 由式 (6.9.5) 可以看出 $\alpha$ 越小, 则屏上的条纹周期越大, 越便于测量; 同时, 由式 (6.9.1) 可知, $\beta$ 越小, 则光栅的间距会越大, 则测量 $z_0$ 值的误差相对会小. 因此, 可认为 $\alpha=\beta=1$ 是测量波长的最佳条件. 在测量的众多的数据中筛选出符合 $\alpha=\beta=1$ 数据, 其步骤如下:

(1) 任意调节两光栅的间距, 当观察到清晰的条纹后测量条纹周期 $p$ 和光栅距离 $z_0$, 利用式 (6.9.5) 计算 $\beta$ 值, 那些可得出 $\beta\sim1$ 的 $(p,z_0)$ 的数据视为有效数据;

(2) 在有效数据里面根据 $p$ 与 $\alpha$ 成反比的关系, 确定这些因 $\alpha$ 值不同而产生各种 $p$ 的最大值, 并视为这些值是满足 $\alpha=1$ 这个条件, 并利用式 (6.9.1) 或式 (6.9.5) 计算 $\lambda$;

(3) 根据计算出的 $\lambda$, 若其在可见光波长范围内, 则可认为有效, 不在范围内, 则删除.

**【实验仪器】**

钠光灯(波长取 $\lambda = 589.3$ nm),白光源,干涉滤光片(透光中心波长待测),定制光栅(周期 $d = 500$ μm,占空比 $1 : 10$,即 $a = 50$ μm)两片,望远镜(其物镜为待测凸透镜),测微目镜,光具座,光具架若干,光栅夹持架若干等.

**【实验内容及步骤】**

1. 焦距测量

(1) 以钠光灯为光源,在光具座上放置元件,调整光栅 1、光栅 2 的高度和间距,同时移动测微目镜与望远镜物镜间的距离,直至在视野中可以观察到等宽度、等强度亮纹的较清晰的干涉条纹.

(2) 反复进行调节,使两光栅面平行,并至成像高度锐利且清晰.

(3) 将光栅 1 固定,通过望远镜观察干涉条纹,同时调整光栅 2 位置,直至成最锐利且清晰的等强度条纹时记录光栅 1 和光栅 2 的位置,并测量干涉条纹的间距,反复操作 10 次,记录结果于表格,并计算焦距值.

(4) 利用钢尺,粗略地测量透镜焦距,若步骤(3)中所计算的焦距值与直接测量的焦距值相近(在 1 cm 范围内),则步骤(3)中所测值为实际焦距值,若差别过大,则步骤(3)中所测值有误,需重新调整后再测量.

2. 波长测量

(1) 利用焦距测量的光路,将光源换成白光源和干涉滤光片,将光栅 1 固定,调整光栅 2 的位置,通过望远镜观察双光栅 Lau 效应条纹,直至成最锐利且清晰的等强度条纹时记录光栅 1 和光栅 2 的位置.反复操作多次,记录结果于表格.

(2) 从众多的 $(p, z_0)$ 的数据中挑出符合 $\alpha = \beta = 1$ 数据.

(3) 在符合 $\alpha = \beta = 1$ 两光栅间距值 $z_0$ 附近反复测量,求出滤光片的透光中心波长.

# 实验 6.10 单色仪的使用及钕玻璃吸收曲线的测定

光通过物质后,其强度是有所减弱的,一部分光被物质吸收,另一部分光则被散射.这些现象的产生是光与物质相互作用的结果.吸收有一般吸收和选择吸收.连续光谱的光,先通过有选择性吸收的物质,再通过分光仪,表现出某些波段的光或某些波长的光被吸收.因此,在通过物质以后的光谱中出现的黑色谱带,就成为了吸收光谱.使用吸收光谱的测量方法,特别是在红外线谱区域,可以得到处在未激励的基态的原子和分子的有关信息;依据测得的吸收光谱图可以对被测物质进行定性和定量分析,确定其中所含某种杂质的含量,还可以确定其分子结构.在石油化工、医药卫生和环境保护等领域,红外波段吸收光谱的测量有着广泛的应用.本实验通过对钕玻璃吸收光谱曲线的测量,熟悉单色仪、光学多道分析器等光谱仪器的性能和使用方法,并了解吸收光谱的测量原理和学习吸收光谱的一种测量方法.

## 【实验目的】

1. 了解单色仪的工作原理.
2. 掌握单色仪的定标方法,学会正确使用单色仪.
3. 用单色仪测定薄膜样品的透射率曲线和吸收曲线.

## 【实验原理】

1. 单色仪定标

单色仪(仪器结构详见附录文件)的鼓轮刻度与光波长的对应曲线,称为单色仪的定标曲线(又称色散曲线).单色仪出厂时,一般都附有定标曲线的数据,但是经过长期使用或重新装调后,其数据会发生变化,这就需要重新定标,对原数据进行校准,并作出校准好的定标曲线.

定标曲线的制作是借助于已知线光谱光源来进行的.通常采用汞灯、氦灯、氢灯、钠灯以及用铜、锌、铁作电极的弧光灯光源等.本实验选用汞灯和氦灯作为已知线光谱的光源,在可见光区域(400.0~760.0 nm)进行定标,用读数显微镜观察出射谱线.在可见光波段,汞灯和氦灯的主要谱线的波长,他们之间的相对间距和强度如图 6.10.1 所示.

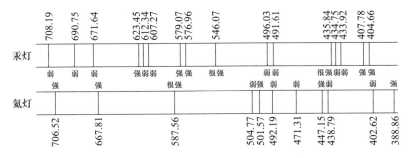

图 6.10.1　上图为汞灯谱线,下图为氦灯谱线(单位为 nm)

注:①光的各种颜色之间没有断然的分界线,它是随波长逐渐变化的,图中所标只具有相对意义;

②相对光强是对同种颜色的谱线相比较而言的,供识别谱线时参考.

2. $(\Delta\lambda/\Delta S_2)-\lambda$ 曲线

单色仪的基本参量是单色度(即单色光的光谱宽度)和出射光的强度.这两个量是相互制约的,出射光的单色性越好,光强越弱.单色仪出射的光不是绝对单色的,总有一定的波长间隔 $\Delta\lambda$.对某一单色仪来说,出射光的波长间隔 $\Delta\lambda$ 主要由 $S_1$(入射狭缝)和 $S_2$(出射狭缝)的缝宽来决定.由于棱镜的色散曲线不是线性的,即棱镜的线色散 $\Delta\lambda/\Delta S_2$(表示在出射狭缝 $S_2$ 为 1 mm 的距离内包含若干 nm 的波长)与波长有关.因此在测量谱线强度时,必须知道 $(\Delta\lambda/\Delta S_2)-\lambda$ 曲线,从而在不同的波长下,正确选取出射狭缝 $S_2$ 的宽度,以便在该宽度下出射的单色光既不影响测量精度,又能有一定的光强输出,以利于探测器的接收.

3. 透射率曲线的测量

一束波长为 $\lambda$ 的单色光垂直入射到一透明物体上,设入射光强为 $I_0(\lambda)$,透射光强为 $I(\lambda)$,不考虑样品表面散射,则物体的透射率定义为

$$T(\lambda) = \frac{I(\lambda)}{I_0(\lambda)} \tag{6.10.1}$$

物体的透射率 $T(\lambda)$ 是波长 $\lambda$ 的函数.若需测定某物体的 $T(\lambda)$-$\lambda$ 曲线(即光谱透射率曲线),通常以白炽灯为光源,将被测样品插入单色仪的入射狭缝 $S_1$ 前的光路中,出射单色光由光电池接收,并用数字检流计测定光电流值(光电流与光强成正比关系,可反映光强的大小).

待测样品未插入光路时,由出射狭缝 $S_2$ 射出的单色光所产生的光电流 $i_0(\lambda)$ 与入射光强 $I_0(\lambda)$、单色仪的光谱透射率 $T_0(\lambda)$ 和光电池的光谱灵敏度 $S(\lambda)$ 成正比,即

$$i_0(\lambda) = \sigma I_0(\lambda) T_0(\lambda) S(\lambda) \tag{6.10.2}$$

式中,$\sigma$ 为常量.若将一光谱透射率为 $T(\lambda)$ 的待测样品插入光路中,不考虑样品表面的反射等因数,则相应的光电流 $i(\lambda)$ 可表示为

$$i(\lambda) = \sigma I(\lambda) T_0(\lambda) S(\lambda) = \sigma I_0(\lambda) T(\lambda) T_0(\lambda) S(\lambda) \tag{6.10.3}$$

由式(6.10.2)和式(6.10.3)得

$$T(\lambda) = \frac{I(\lambda)}{I_0(\lambda)} = \frac{i(\lambda)}{i_0(\lambda)} \tag{6.10.4}$$

转动单色仪读数鼓轮,测量不同波长下的 $i(\lambda)$ 和 $i_0(\lambda)$ 的值,即可作出 $T(\lambda)$-$\lambda$ 曲线.

4. 物质吸收光谱的测量

(1)布盖吸收定律

通过吸收物质层的光通量 $\varphi(d,\lambda)$ 和入射到它上面的光通量 $\varphi_0'(\lambda)$ 的关系可以由布盖-朗伯-比尔组合定律(Bouguer-Lambert-Beer combination law,简称布盖吸收定律)描述:

$$\varphi(d,\lambda) = \varphi_0'(\lambda) \exp[-k(\lambda)cd] \tag{6.10.5}$$

式中,$k(\lambda)$ 为吸收物质的吸收系数,$c$ 为吸收物质的浓度(如果它溶于溶液中或与其他物质混合液中),$d$ 为吸收层的厚度(假定这薄层是平面平行的,而光辐射垂直于薄层入射),$\varphi_0'(\lambda)$ 为入射到吸收物质层上面的波长为 $\lambda$ 的光通量.因为液态物质是装在带有透明窗的吸收池中的,所以必须考虑窗表面的反射损失.而对固体试样,则需考虑试样表面的反射损失.反射损失可以通过引入吸收池的透射系数 $\tau_0(\lambda)$($<1$)来计算,则

$$\varphi_0'(\lambda) = \tau_0(\lambda) \varphi_0(\lambda) \tag{6.10.6}$$

式中,$\varphi_0(\lambda)$ 为入射到装有物质的吸收池上的光通量.

对于窗口材料相同的吸收池,可以得到

$$\tau_0(\lambda) = (1-R_1)^2 (1-R_2)^2 \tag{6.10.7}$$

式中,$R_1$、$R_2$ 分别为窗和吸收物质界面上的强度反射率.在固体试样情况下,有

$$\tau_0(\lambda) = (1-R_1)^2 \tag{6.10.8}$$

式中,$R_1 = (n-1)^2/(n+1)^2$,$n$ 为固体试样的折射率.

在布盖吸收定律式(6.10.5)中,通过物质的辐射通量与波长的关系 $\varphi(d,\lambda)$ 不仅决定于吸收系数 $k(\lambda)$,而且决定于 $\varphi_0'(\lambda)$ 与 $\lambda$[见式(6.10.6)].这就是说,物质的吸收带呈现在光源辐射光谱和反射损失光谱的背景上.

为了消除被记录的吸收光谱 $\varphi(d,\lambda)$ 与光源光谱的关系,引入四个只表示吸收物质特性的量.

① 透射率 $T$,决定于关系式

$$T(\lambda) = \frac{\varphi(d,\lambda)}{\varphi_0'(d,\lambda)} = \exp\left[-k(\lambda)cd\right] \qquad (6.10.9)$$

它在 $0<T<1$ 范围内变化,并且通常用百分数表示($0\%<T<100\%$),关系式常称为透射光谱[图6.10.2(a)].

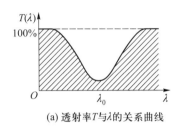
(a) 透射率 $T$ 与 $\lambda$ 的关系曲线

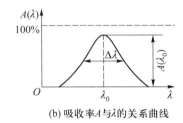
(b) 吸收率 $A$ 与 $\lambda$ 的关系曲线

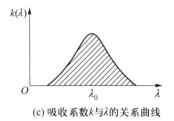
(c) 吸收系数 $k$ 与 $\lambda$ 的关系曲线

图 6.10.2　吸收光谱的表示方法

② 吸收率 $A$,决定于被吸收的能量与入射到吸收物质上的能量之比

$$A(\lambda) = \frac{\varphi_0'(\lambda) - \varphi(d,\lambda)}{\varphi_0'(\lambda)} = 1 - T(\lambda) \qquad (6.10.10)$$

$A(\lambda)$ 值在 $0\%<A(\lambda)<100\%$ 范围内变化[图6.10.2(b)].

③ 吸收物质的光密度 $D(\lambda)$,决定于关系式

$$D(\lambda) = \ln\frac{\varphi_0'(\lambda)}{\varphi(d,\lambda)} = \ln\left[\frac{1}{T(\lambda)}\right] = k(\lambda)cd \qquad (6.10.11)$$

光密度 $D(\lambda)$ 与 $k(\lambda)$、$c$ 及 $d$ 成线性关系.$D(\lambda)$ 值在 $0<D(\lambda)<\infty$ 范围内变化.

④ 吸收系数 $k(\lambda)$ 决定于关系式

$$k(\lambda) = \frac{D(\lambda)}{cd} = \frac{1}{cd}\ln\left[\frac{1}{T(\lambda)}\right] \qquad (6.10.12)$$

$k(\lambda)$ 值在 $0<k(\lambda)<\infty$ 范围内变化[图6.10.2(c)].

$T(\lambda)$、$A(\lambda)$ 和 $D(\lambda)$ 与吸收原子或分子的浓度 $c$ 以及吸收层的厚度 $d$ 有关,$k(\lambda)$ 仅表示吸收物质的性质,即它的光谱特性.

(2) 吸收光谱的光电测量方法

测量吸收光谱有光电方法和照相方法两种,后者应用较少,下面结合实验要求,仅讨论测量吸收光谱的光电方法.

在测量吸收光谱时,通常直接确定透射率 $T(\lambda)$,通过它可以求得其他光谱特性,即 $A(\lambda)$、$D(\lambda)$ 和 $k(\lambda)$.

测量 $T(\lambda)$ 的方法有两种:

第一种方法是利用单色仪逐点测量(参考原理部分3中的透射曲线的测量).此时测得的信号为 $i_T(\lambda)$(有样品)和 $i_0(\lambda)$(无样品),则在考虑样品表面的反射有

$$T(\lambda) = \frac{\varphi(d,\lambda)}{\varphi_0'(d,\lambda)} = \frac{\varphi(d,\lambda)}{\tau_0(\lambda)\varphi_0(d,\lambda)} = \frac{i_T(\lambda)}{\tau_0(\lambda)i_0(\lambda)} \qquad (6.10.13)$$

对于折射率为 $n$ 的样品有

$$\tau_0(\lambda) = (1 - R_1)^2 = \left[ 1 - \left( \frac{n-1}{n+1} \right)^2 \right]^2 \qquad (6.10.14)$$

第二种测量透射率的方法是以恒速扫描整个被研究的光谱区域,连续记录信号 $V(\lambda')$(有样品)和 $V_0(\lambda')$(无样品),得到的曲线的纵坐标之比 $V(t,\lambda)/V_0(t,\lambda) = \tau_0(\lambda)T(\lambda)$ 即为被测的量(图 6.10.3).必须指出,这种方法对测量仪器和记录两条曲线的时间内的稳定性提出了很高的要求.此外,在两种记录图上所有各点波长应精确相同.为了减少上述困难,并使吸收光谱记录过程自动化,实验上已广泛采用双光束或双通道分光光度计.

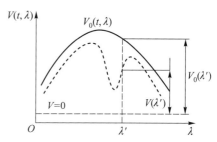

图 6.10.3 根据分开的曲线确定 $T(\lambda)$(点划线为零线)

## 【实验仪器】

反射式棱镜单色仪,汞灯,氦灯及电源(霓虹灯变压器 12 kV/220 V、调压变压器),溴钨灯(12 V/50 W)及低压电源变压器,读数显微镜,硒光电池,数字检流计,会聚透镜,待测滤光片(或介质膜片),照明小灯,钕玻璃,光具架,光具座,光学多道分析器(参考实验 5.25)等.

反射式棱镜单色仪及光点检流计等的工作原理见本实验附录文件.

## 【实验内容及步骤】

1. 自行设计实验方法,测量钕玻璃片的折射率,并用游标卡尺测出钕玻璃片的厚度 $d$.
2. 绘制所用单色仪的定标曲线($N$-$\lambda$ 曲线).具体步骤可参考附录文件内容.
3. 制作($\Delta\lambda/\Delta S_2$)-$\lambda$ 曲线(选做).具体步骤参考附录文件内容.
4. 测定钕玻璃的透射率 $T(\lambda)$.具体步骤可参考附录文件内容.
5. 由 $T(\lambda)$ 值计算 $A(\lambda)$,作出钕玻璃的吸收光谱曲线[$A(\lambda)$-$\lambda$ 曲线].
6. 用光学多道分析器测定钕玻璃的吸收光谱(选做).

## 【注意事项】

1. 可调入射狭缝和出射狭缝是单色仪的重要部件,若操作不当,极容易损坏.调节时,动作要慢,切不可突然用力扭过零刻度.
2. 数字检流计工作时,不要超量程;不测量时,应保持在短路状态.
3. 光电池不能见强光,不用时要将它扣在桌子上.
4. 氦灯用 5 000 V 霓虹灯变压器供电,使用时应注意安全(该霓虹灯变压器规格为 12 kV/

220 V,使用输出 5 000 V,其输入端需接调压变压器后再接 220 V 市电,变压器电压调节时不得超过 100 V).

## 【习题】

1. 正确使用单色仪应该做到哪几点?

2. 为什么要对单色仪重新进行定标? 作定标曲线时,应选用多大的坐标纸作图才能反映所测量数据的精度?

3. 从单色仪出射的光是真正的单色光吗? 在出射狭缝的宽度不变时,出射的红光和紫光所包含的波长范围是否相同?

本实验附录
文件

4. 测量滤光片的光谱透射率时,应该怎样选取测量点? 如何测定某待测样品的吸收曲线?

5. 光电探测器输出光电流的大小与哪些因素有关? 在什么条件下光电流之比等于照射光强之比?

6. 为什么 $T(\lambda)$、$A(\lambda)$、$D(\lambda)$ 和 $k(\lambda)$ 均能表示吸收物质的特性?

7. 用单色仪测 $T(\lambda)$ 时,为什么要求逐点同时测出某一波长 $\lambda'$ 的 $i_T(\lambda')$ 和 $i_0(\lambda')$,而不是先将 $i_T(\lambda')$ 测完后再测 $i_0(\lambda')$?

# 实验 6.11 数字全息及实时光学再现实验

全息干涉测量是一种非常有用的无损检测技术,然而,用传统全息干板记录全息图时必须做显影等湿处理,在实际应用中有许多不便.1967 年,由古德曼(Goodman)等人便开始用 CCD 摄像机记录干涉图.1971 年,黄(Huang)在介绍计算机在光波场分析中的进展时,首次提出数字全息的概念.进入 21 世纪后,数字全息已经成为一个十分活跃的研究领域.

## 【实验目的】

1. 理解数字记录、光学记录、数字再现、光学实时再现.

2. 理解数字全息实验原理,搭建干涉光路并数字采集全息图,通过软件再现物信息,实现光学记录、数字再现.

3. 理解实时传统全息实验原理,了解它与传统全息之间的异同,通过空间光调制器加载全息图,完成光学再现.

4. 理解计算模拟全息原理,实现数字记录、数字再现.

5. 理解可视数字全息原理,在空间光调制器上加载计算模拟全息图,利用再现光路恢复物信息,实现数字记录、光学再现.

6. 探究数字全息在加密方面的应用.

## 【实验原理】

全息技术是基于光的干涉原理,将物体发射光波的波前以干涉的形式记录光波的相位和振幅信息,利用光的衍射理论再现所记录物光波的波前,从而获得物体振幅和相位信息,此类技术在光学检测和成像方面有着广泛的应用.传统光学全息实验是通过银盐、重铬盐材料或光致聚合物等记录全息图,拍摄过程对环境要求较高,冲洗过程繁琐,重复性差.

本实验在传统全息术的基础上,补充了数字全息、计算模拟全息和光学实时再现等全息技术.数字全息技术的基本原理是用高分辨率摄像机代替干板或者光致聚合物记录全息图,然后由计算机模拟光场对全息图进行数字再现.计算模拟全息是利用计算机模拟物光和参考光通过计算获得模拟全息图,通过计算机模拟光场实现数字再现.光学再现是将模拟全息图或数字全息图加载到空间光调制器,同时用参考光照射,在空间光调制器后面即可用白屏或 CCD 接收再现图像.

本实验涉及较多的知识,在有限的篇幅内难以简单的描述各种原理,可阅读本实验附录文件,了解一下本实验所涉及的原理.

## 【实验仪器】

激光器及组件,可调衰减片,平行光管,可调光阑,分束镜(合束镜),反射镜,凸透镜,采集 CCD(接计算机),再现 CCD(接显示屏),空间光调制器,计算机,待测物,白板,夹具,磁性表座,支杆支架等.

## 【实验内容与步骤】

1. 数字全息(光学记录、数字再现)

数字全息分为两个过程,第一个过程是通过光路获得全息图光路,第二个过程是通过计算全息软件实现数字再现物体.

2. 实时传统全息(光学记录、光学再现)

实时传统全息虽然是通过光路记录全息图和通过光路再现物信息,但是整个实验系统已经彻底放弃了干板这种记录介质,实验中利用高分辨 CMOS 摄像机和空间光调制器实时采集,实时再现,方便简单.实时传统全息也同样是分为两个过程,一是搭建干涉光路,用 CMOS 摄像机采集全息图;二是将全息图加载到空间光调制器上,让再现光入射,在空间光调制器后方放置 CCD 或 CMOS 采集再现图像.

3. 计算机模拟全息(数字记录,数字再现)

计算模拟全息分为两个过程,第一个过程是通过计算机计算出一幅图片的全息图,第二个过程仍然是通过计算机将全息图重建,重建之后就能得到初始的图片.

4. 可视数字全息(数字记录,光学再现)

可视数字全息分为两个过程,一是将一副图片通过计算软件得到其全息图,二是将得到的全息图加载到空间光调制器上,在光路中将物信息再现出来.

5. 数字全息在信息加密中的应用(多平面菲涅耳全息数字模拟)

本实验
附录文件

在研究数字全息技术中,波长和记录距离都可作为密钥应用到信息加密中,本实验根据数字全息特点选择两个待测物体使其携带不同物信息,将不同待测物放到同一光路,单纯改变记录距离获得复合信息的菲涅耳全息图,当数字再现时选择对应的记录距离便可将不同的物信息再现出来.

实验的具体步骤可参考本实验的附录文件.

# 实验 6.12   阿贝−波特空间滤波

阿贝所提出的显微物镜成像原理以及随后的阿贝−波特实验在傅里叶光学早期发展历史上具有重要地位.这些实验简单漂亮,对相干成像的机理、对频谱的分析和综合的原理作出了深刻的解释.同时,这种简单模板作滤波的方法,直到今天在图像处理中仍然有广泛的应用价值.阿贝−波特实验形象直观地观察频谱,并通过频谱的滤波解释了不同位置的频谱信息对成像的贡献不同,是信息光学中比较经典的实验.

## 【实验目的】

1. 理解阿贝成像原理,完成阿贝−波特实验的光路搭建.
2. 完成频谱选择,观察不同频谱对成像的影响,实验低频、高频和方向滤波.

## 【实验原理】

1. 空间频谱

任何一个物理真实的物平面上的空间分布函数 $g(x,y)$ 可以表示成无穷多个基元函数 $\exp[i2\pi(f_x x + f_y y)]$ 的线性叠加,即

$$g(x,y) = \int_{-\infty}^{+\infty}\int_{-\infty}^{+\infty} G(f_x,f_y)\exp[i2\pi(f_x x + f_y y)]\,df_x df_y \qquad (6.12.1)$$

式中,$f_x$、$f_y$ 是基元函数的参量,称为该基元函数的空间频率,$G(f_x,f_y)$ 是该基元函数的权重,称为 $g(x,y)$ 的空间频谱.数学上 $G(f_x,f_y)$ 可通过 $g(x,y)$ 的傅里叶变换得到,即

$$G(f_x,f_y) = \int_{-\infty}^{+\infty}\int_{-\infty}^{+\infty} g(x,y)\exp[-i2\pi(f_x x + f_y y)]\,dx dy \qquad (6.12.2)$$

式(6.12.1)实质上是式(6.12.2)的傅里叶逆变换.物理上可利用凸透镜实现物平面分布函数 $g(x,y)$ 与其空间频谱的变换.具体做法是把振幅透过率为 $g(x,y)$ 的图像作为物放在凸透镜的前焦面上,用波长为 $\lambda$ 的单色平面波照射该物.平行光波经物的衍射成为许多不同方向的平行光束,每一束平行光用空间频率 $(f_x,f_y)$ 和权重 $G(f_x,f_y)$ 表征,衍射角越大,$(f_x,f_y)$ 也越大.空间频率

为$(f_x, f_y)$的平行光经凸透镜后会聚在后焦面的某一点$(x_1, y_1)$,形成一个复振幅分布,它就是$g(x, y)$的空间频谱$G(f_x, f_y)$,而且$f_x = x_1/\lambda F$,$f_y = y_1/\lambda F$,其中$F$为透镜的焦距.

### 2. 阿贝成像原理和空间滤波

阿贝成像理论认为,物体通过透镜成像过程是物体发出的光波经透镜,在其后焦面上产生夫琅禾费衍射的光场分布,即得到第一次衍射的像(物的傅里叶频谱);然后该衍射像作为新的波源,由它发出的次波在像面上干涉而构成物体的像,称为第二次衍射成像,如图 6.12.1 所示.

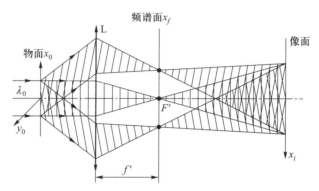

图 6.12.1　阿贝成像理论示意图

进一步解释,物函数可以看作由许多不同空间频率的单频(基元)信息组成,夫琅禾费衍射将不同空间频率信息按不同方向的衍射平面波输出,通过透镜后的不同方向的衍射平面波分别会聚到焦平面上不同的位置,即形成物函数的傅里叶变换的频谱,频谱面上的光场分布与物函数(物的结构)密切相关.不难证明,夫琅禾费衍射过程就是傅里叶变换过程,而光学成像透镜即能完成傅里叶变换运算,称傅里叶变换透镜.

阿贝成像理论由阿贝-波特实验得到证明:物面采用正交光栅(网格状物),用平行单色光照射,在频谱面放置不同滤波器改变物的频谱结构,则在像面上可得到物的不同的像.实验结果表明,像直接依赖频谱,只要改变频谱的组分,便能改变像.这一实验过程即为光学信息处理的过程,如图 6.12.2 所示.

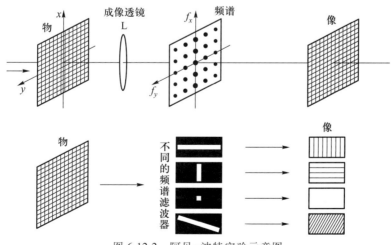

图 6.12.2　阿贝-波特实验示意图

如果对物或频谱不进行任何调制（改变），物和像是一致的，若对物函数或频谱函数进行调制处理，由图 6.12.2 所示的在频谱面采用不同的频谱滤波器，即改变了频谱则会使输出的像发生改变而得到不同的输出像，实现光学信息处理的目的.

典型的光学信息处理系统为如图 6.12.3 所示的 4$f$ 傅里叶变换系统：光源 S 经透镜 L（如果是激光一般需要先扩束再准直才能获得平行光）产生平行光照射物面（输入面），经傅里叶透镜 L$_1$ 变换，在其后焦面 F 处产生物函数的傅里叶频谱，再通过透镜 L$_2$ 的傅里叶逆变换，在输出面上将得到所成的像（像函数）.

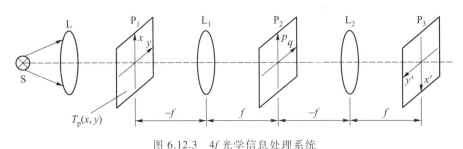

图 6.12.3 4$f$ 光学信息处理系统

## 【实验仪器】

半导体激光器，扩束透镜（$f = -10$ mm）×1，准直透镜（$f = 80$ mm）×1，变换透镜（$f = 100$ mm）×1，变换透镜（$f = 200$ mm）×2，可调光阑，"光"字光栅，夹具×3，白板×1，空间频谱方向滤波器，空间频谱选通滤波器，数字相机，计算机.

## 【实验内容及步骤】

### 1. 光路搭建

（1）参照图 6.12.4 搭建光路，自左向右依次为激光器组件（波长 650 nm，功率 10 mW）、扩束透镜（$f = -10$ mm）、准直透镜（$f = 80$ mm）、光阑（可不用）、目标物（"光"字光栅）、变换透镜 1（$f = 200$ mm）、空间频谱滤波器、变换透镜 2（$f = 100$ mm，若实验空间允许，则选用 $f = 200$ mm）.具体调整过程如下.

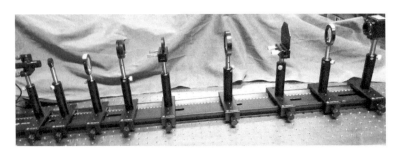

图 6.12.4 阿贝成像原理及空间滤波原理实物图

（2）安装激光器,以白屏刻线为参考,并调整白屏刻线到适当高度,将光阑安装在激光器近处,调整激光器的高低,让激光与刻线中心同高,将白屏移到远处,调整激光让激光通过并再次与白屏刻线中心同高,反复按此法调整和俯仰,使激光在近处和远处均能打在参考高度位置,视为激光器调整完成.这样可认为激光与台面平行.

（3）安装扩束透镜,上下调整支杆使扩束光斑中心与参考中心(白屏的中心位置)重合,然后固定.

（4）安装准直透镜,准直透镜距扩束透镜大概 70 mm(共焦调整)即可获得平行光,上下调整支杆使平行光束与参考中心重合,然后固定.

（5）安装"光"字光栅,上下调整支杆使光斑正入射"光"字,然后固定."光"字光栅位置尽可能靠近准直透镜.

（6）安装变换透镜 1,上下调整支杆使入射"光"字从变换透镜中心通过,变换透镜 1 距离"光"字约 200 mm,此时在变换透镜 1 后的焦面上可以看到"光"字光栅的晶格频谱.

（7）安装变换透镜 2,上下调整支杆使入射光中心通过透镜中心,透镜放置在频谱点后约 100 mm 位置,即频谱点位于透镜的前焦面上.

（8）安装相机,调整相机位置,在透镜 2 的后面上可以看到"光"字光栅的像.调用计算机中的"MindVision 演示程序",调整相机采集时间,调整激光器强度和曝光时间,以及微调相机前后位置即可获取清晰像.

（9）安装空间频谱滤波器,沿导轨前后移动滤波器,选择变换透镜的频谱面即可实现滤波.

2. 结果观察及记录

（1）"光"字光栅频谱

实验中使用的"光"字是用空间频率为 12 L/mm 的正交光栅调制的,在变换透镜的频谱面上即可观察到频谱点,根据目标物分析频谱.

（2）观察方向滤波实际效果

① 选择滤波器中的"缝",在频谱面水平放置,使包括 0 级在内的一排点通过,我们可以观察到"光"的像中间充满竖向条纹;

② 将"缝"旋转 90°竖直放置,使包括 0 级在内的一排点通过,我们可以观察到"光"的像中间充满横向条纹;

③ 将"缝"调整 45°,使包括 0 级在内的一排倾斜点通过,我们可以观察到斜条纹像.

（3）观察低通滤波和高通滤波的实际效果

① 将滤波器中的"孔"放置在频谱面,只让 0 级点通过,我们可以观察到"光"的像中间没有条纹;

② 将滤波器中的"孔"放置在频谱面,调整"孔"位置,可以选择通过某些高频信号,我们可以看到中心较暗,边缘较为突出.

## 实验 6.13　空间调制伪彩色编码

人眼对灰度的识别能力不高,只有 15~20 个层次,但是人眼对色度的识别能力却很高,可以分辨数十种乃至上百种色彩.若能将图像的灰度分布转化为彩色分布,势必大大提高人们分辨图像的能力,这项技术称之为光学图像的假彩色编码.假彩色编码方法有若干种,按其性质可分为等空间频率假彩色编码(对图像的不同的空间频率赋予不同的颜色,从而使图像按空间频率的不同显示不同的色彩,用以突出图像的结构差异)和等密度假彩色编码(对图像的不同灰度赋予不同的颜色,用来突出图像的灰度差异)两类;按其处理方法则可分为相干光处理和白光处理两类.黑白图片的假彩色化已在遥感、生物医学和气象等领域的图像处理中得到了广泛的应用.

获取不同取向调制物体,传统方法一般采用全息方法,拍摄光栅并调制不同方向的目标物,处理光过程较为复杂,一般均需要显影定影漂白处理.空间光调制器的出现极大地方便了调制目标物的产生.空间光调制器是一类能将信息加载于一维或两维的光学数据场上,以便有效地利用光的固有速度、并行性和互连能力的器件.这类器件可在随时间变化的电驱动信号或其他信号的控制下,改变空间上光分布的振幅、强度、相位、偏振态,或者把非相干光转化成相干光.

本实验是信息光学实验中的基础性实验,包含 $\theta$ 调制假彩色编码,以及利用空间光调制器的假彩色编码实验等内容.

## 【实验目的】

1. 掌握 $\theta$ 调制假彩色编码的原理,巩固和加深对光栅衍射基本理论的理解,获得假彩色编码图像.

2. 了解空间光调制器工作原理,完成光路设计及数字编码过程,完成滤波,获得假彩色编码图像.

## 【实验原理】

1. 调制空间假彩色编码实验( $\theta$ 调制空间伪彩色编码)

对于一幅图像的不同区域分别用取向不同(方位角 $\theta$ 不同)的光栅预先进行调制,经多次曝光和显影、定影等处理后制成透明胶片,并将其放入光学信息处理 4f 系统中的输入面,用白光照射,则在其频谱面上,不同方位的频谱均呈彩虹颜色.如果在频谱面上开一些小孔,则在不同的方位角上,小孔可选取不同颜色的谱,最后在信息处理系统的输出面上便得到所需的彩色图像.由于这种编码方法是利用不同方位的光栅对图像不同空间部位进行调制来实现的,故称为 $\theta$ 调制空间假彩色编码.

采用 4f 系统成像光路,如图 6.13.1 所示.图中输入面 $P_1$ 在变换透镜的前焦面上,在频谱面后方放置变换透镜 $L_2$ ,变换透镜 $L_2$ 的后焦面即可以看到输出面的像,频谱位置位于变换透镜 $L_1$ 的后焦面 $P_2$ 位置,通过对频谱的处理,即可以看到彩色像.

$\theta$ 调制所用的物是一个空间频率为 100 L/mm 的正弦光栅,把它剪裁拼接成一定图案,如图 6.13.2(a) 中的图案.中间建筑用条纹竖直的光栅制作,天空用条纹左倾 45°的光栅制作,地面用条纹右倾 45°的光栅制作.因此在频谱面上得到的是三个取向不同的正弦光栅的衍射斑,如图 6.13.2 (b)所示.

白光　输入面P₁　变换透镜L₁　频谱面P₂　变换透镜L₂　输出面P₃

图 6.13.1　θ 调制空间假彩色编码 4f 成像光路示意图

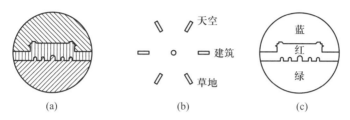

(a)　　　　　　　　(b)　　　　　　　　(c)

图 6.13.2　被调制物示意图(注:实物光栅取向与图示可能不一致)

由于用白光照射和光栅的衍射作用,除 0 级保持为白色外,正负 1 级衍射斑展开均为彩色带,蓝色靠近中心、红色在外.在 0 级斑点位置、条纹竖直光栅的正负 1 级衍射带的红色部分、条纹左倾光栅正负 1 级衍射带的蓝色部分以及条纹右倾光栅正负 1 级衍射带的绿色部分分别打孔进行空间滤波.在像平面上将得到蓝色天空下、绿色草地上的红建筑物图案,如图 6.13.2(c)所示.

2. 数字编码及颜色滤波实验

空间光调制器一般按照光的读出方式可以分为反射式和透射式;而按照输入控制信号的方式又可分为光寻址(OA-SLM)和电寻址(EA-SLM);按照调制方式分为振幅调制、相位调制和混合调制.最常见的空间光调制器是液晶空间光调制器,应用光-光直接转换,效率高、能耗低、速度快、质量好,可广泛应用到光计算、模式识别、信息处理、显示等领域,具有广阔的应用前景.目前主流的液晶显示器组成比较复杂,主要由荧光管、导光板、偏光板、滤光板、玻璃基板、配向膜、液晶材料、薄膜式晶体管等构成.作为空间光调制器来使用时,通常只保留液晶材料和偏振片,其工作原理可参考液晶电光效应实验.

实验目标物可以通过实验软件完成调制,然后将调制好的图像加载到空间光调制器上(空间光调制器的显示灰度显示),如图 6.13.3(a)所示,将其放入光学信息处理系统中的输入面,用复色光照射,则在其频谱面上,不同方位的频谱均呈不同颜色.如果在频谱面上可选取不同颜色的谱,最后在信息处理系统的输出面上便得到所需的彩色图像,如图 6.13.3(b)所示.

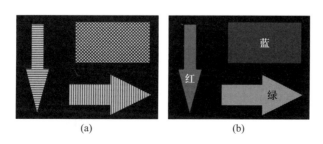

(a)　　　　　　　　(b)

图 6.13.3　被调制物示意图

## 【实验仪器】

LED 白光源,准直透镜($f = 80$ mm)×1,变换透镜($f = 100$ mm)×1,变换透镜($f = 200$ mm)×2,可调光阑,建筑物光栅,夹具×3,白板×1,$\theta$ 调制滤波器,空间光调制器,数字相机,计算机.

## 【实验内容及步骤】

1. $\theta$ 调制假彩色编码实验
（1）光路搭建（以 4$f$ 光路为例）
① 根据图 6.13.4 布置光路,自左向右依次为光源（白光 LED）、准直透镜（$\Phi = 40$ mm,$f = 80$ mm）、调制物（三个方向被调制的建筑物光栅）、变换透镜 1（$\Phi = 50$ mm,$f = 200$ mm）、$\theta$ 调制滤波器、变换透镜 2（$\Phi = 50$ mm,$f = 200$ mm）和白屏.

图 6.13.4  $\theta$ 调制空间假彩色编码实际光路

② 安装 LED 及准直透镜,将 LED 调整合适高度,并将 LED 出光口正对前方（后续光路偏移可以需要微调）,然后将其固定在导轨上.

③ 将准直镜靠近 LED 出光口,调整准直镜高度,让准直镜中心基本与 LED 的出光位置同高,然后调整准直镜到 LED 出光位置约 80 mm,此时可以在导轨另外一端的白屏上看到约 40 mm 大小的光斑,基本准直光路.

④ 安装建筑物光栅,上下调整支杆使光斑正入射,然后将其固定.

⑤ 安装变换透镜 1,上下调整支杆使入射光尽可能从变换透镜中心通过,调整变换透镜 1 距离建筑物光栅距离约 200 mm,然后将其固定.

⑥ 安装变换透镜 2,上下调整支杆使入射光尽可能重变换透镜中心通过,调整变换透镜 2 距离变换透镜 1 约 400 mm 位置,并固定.

⑦ 前后移动白屏,当白屏在变换透镜 2 后焦面位置处可以看到建筑物的像,此时没有滤波可以看到建筑物的边缘.

⑧ 安装滤波器,沿导轨前后移动滤波器,选择变换透镜的频谱面即可实现滤波.

（2）使用已 $\theta$ 调制滤波器,根据预想的各部分图案所需要的颜色,调整滤波器上的三组光,在建筑物对应的一组谱点中,让这组频谱的红色通过,在草地对应的一组谱点中让绿色通过,天空对应的频谱中让蓝色通过,在输出平面上可观看经编码得到的假彩色像.

2. 数字编码及颜色滤波实验

（1）光路搭建

① 光路分为两个部分，一部分是自左向右，一部分是自右向左；如图 6.13.5 所示，第一部分自左向右依次为白光 LED、准直透镜（$\Phi = 40$ mm，$f = 80$ mm）、可调光阑、空间光调制器；第二部分为自右向左依次为空间光调制器、变换透镜 1（$\Phi = 50$ mm，$f = 200$ mm）、滤波器、变换透镜 2（$\Phi = 40$ mm，$f = 100$ mm）和数字相机.

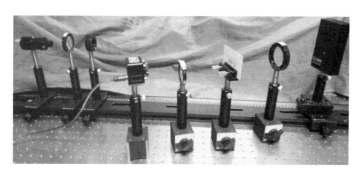

图 6.13.5　数字编码成像实物图

② 基于已调好的准直平行白光，在准直透镜后安装光阑，为减小球差，调整光阑约 13 mm，光斑大小覆盖整个空间光调制器的整个靶面.

③ 安装空间调制器，调制空间光调制器高度，并适当调整反射角度，让空间光调制器的反射光与入射光有一定夹角.

④ 安装变换透镜 1，在距离空间光调制器约 200 mm 处放置透镜，并调整透镜让反射光入射透镜中心并与透镜表面垂直.

⑤ 安装变换透镜 2，在距离变换透镜 300 mm 左右放置变换透镜 2（变换透镜需要放置在频谱后），调整透镜位置，保证光入射透镜中心并与透镜垂直.

⑥ 安装相机，调整相机位置，在变换透镜 2 后约 100 mm 处可以接收像（具体像的情况可以在计算机上观察）.

⑦ 安装滤波器，由于空间光调制器自身有"栅格"结构，所以频谱位置除了有加载图片信号的频谱分布，还有空间光调制器的频谱，因此滤波过程不但要将空间光调制器的频谱滤掉，还需要进一步选择每个方向的颜色，完成颜色滤波.

（2）图像观测

① 点击运行"彩色编码实验软件"，如图 6.13.6 所示，点击读取图片，选择需要加载的图片，默认红色为横直光栅，绿色为竖直光栅，蓝色为斜直光栅.

② 在"光栅半周期"填 2，点击编码，右边显示编码图片；点击输出图像到 SLM，在计算机扩展模式下，这个调制图像即可加载到空间光调制器上.

③ 运行"MindVision 演示程序"，点击开始采集，将调整相机曝光时间直至可以观察到图样.

④ 在频谱位置安装滤波器，获得滤波调制效果.

⑤ 选择其他方向的调制光栅，获得不同的滤波调制效果.

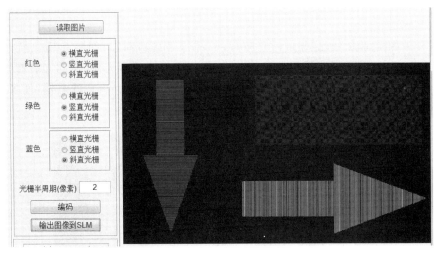

图 6.13.6　彩色编码实验软件

# 实验 6.14　光纤位移和压力传感特性研究

　　光纤是 20 世纪 70 年代的重要发明之一,它与激光器、半导体探测器一起构成了新的光学技术,创造了光电子学的新天地.光纤的出现产生了光纤通信技术,而光纤传感技术是伴随着光通信技术的发展而逐步形成的.在实际的光传输过程中,光纤易受外界环境因素影响,如温度、压力等外界条件的变化将引起光纤光波参量如光强、相位、频率、偏振、波长等的变化.因而,人们发现如果能测出光波参量的变化,就可以知道导致光波参量变化的各种物理量的大小,于是产生了光纤传感技术.

　　光纤传感器可以探测很多物理量,已实现的光纤传感器物理量测量达 70 余种.然而,无论是探测哪种物理量,其工作原理无非都是用被测量的变化调制传输光波的某一参量,使其随之变化,然后对已调制的光信号进行检测,从而得到被测量.因此,光调制技术是光纤传感器的核心技术.本实验研究光纤的位移和压力传感特性.

## 【实验目的】

1. 了解光纤传感实验仪的基本结构、原理和使用方法.
2. 熟悉半导体激光光源的 $P$-$I$ 特性,掌握其测量方法.
3. 定性了解光纤纤端光场(横向、纵向)分布,掌握其测量方法及计算方法.
4. 了解反射式位移传感器的原理,掌握其调制特性曲线的测量方法.
5. 了解光纤弯曲损耗的机理及特性,学习利用微弯损耗测量位移/压力的方法.

## 【实验原理】

### 1. 半导体激光二极管(Laser Diode,简称 LD)

LD 一般采用电注入等方法实现载流子反转分布,并利用与 pn 结平面相垂直的一对相互平行的自然解理面构成平面腔.在结型半导体激光器的作用区内,开始时导带中的电子自发地跃迁到价带和空穴复合,产生相位、方向并不相同的光子.大部分光子一旦产生便穿出 pn 结区,但也有一部分光子在 pn 结区平面内穿行,并行进相当长的距离,因而它们能激发产生出许多相同的光子.这些光子在平行的镜面间不断地来回反射,每反射一次便得到进一步的放大.这样重复发展,就使得受激辐射趋于占压倒的优势,即在垂直于反射面的方向上形成激光输出.

对于 LD 来说,当正向注入电流较低时,增益小于零,此时半导体激光器只能发射荧光;随着电流的增大,注入的非平衡载流子增多,增益大于零,但尚未克服损耗,在腔内无法建立起一定模式的振荡,这种情况称为超辐射;当注入电流增大到某一数值时,增益大于损耗,半导体激光器输出激光,此时的注入电流值定义为阈值电流 $I_{\text{th}}$.

### 2. 强度调制光纤传感器

强度调制光纤传感器的基本原理是待测物理量引起光纤中的传输光的光强变化,通过检测光强的变化实现对待测量的测量,其原理如图 6.14.1 所示.

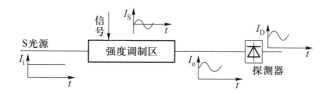

图 6.14.1　强度调制光纤传感器的基本原理示意图

### 3. 透射式强度调制

对于多模光纤来说,光纤端出射光场的场强分布由下式给出

$$\varphi(r,z) = \frac{I_0 \exp\{-[r/\rho(z)]^2\}}{\pi \rho^2(z)} \tag{6.14.1}$$

式中 $\rho(z) = \sigma a_0 [1+\xi (z/a_0)^{\frac{3}{2}} \tan \theta_c]$,$I_0$ 为由光源耦合入发射光纤中的光强;$\varphi(r,z)$ 为纤端光场中位置 $(r,z)$ 处的光通量密度;$\sigma$ 为一表征光纤折射率分布的相关参量,对于阶跃折射率光纤,$\sigma=1$;$r$ 为偏离光纤轴线的距离;$z$ 为离发射光纤端面的距离;$a_0$ 为光纤芯半径;$\xi$ 为与光源种类、光纤数值孔径及光源与光纤耦合情况有关的综合调制参量;$\theta_c$ 为光纤的最大出射角.

如果将同种光纤置于发射光纤出射光场中作为探测接收器时,所接收到的光强可表示为

$$I(r,z) = \int_S \varphi(r,z)\, dS = \frac{\int_S I_0 \exp\{-[r/\rho(z)]^2\}}{\pi \rho^2(z)} dS \tag{6.14.2}$$

式中 $S$ 为接收光面,即纤芯端面.

在光纤端出射光场的远场区,为简便计算,可用接收光纤端面中心点处的光强作为整个纤芯

面上的平均光强,在这种近似下,得到在接收光纤终端所探测到的光强公式为

$$I(r,z) = \frac{SI_0 \exp\{-[r/\rho(z)]^2\}}{[\pi\rho^2(z)]}$$  (6.14.3)

透射式强度调制光纤传感原理如图 6.14.2 所示,调制处的光纤端面为平面,其光场分布为一立体光锥,各点的光通量由式(6.14.1)来描述,通常发射光纤不动,而接收光纤可以做纵(横)向位移,这样,接收光纤的输出光强被其位移调制.当 $z$ 固定时,得到的是横向位移传感特性函数,其分布如图 6.14.3 所示;当 $r$ 取定时(如 $r=0$),则可得到纵向位移传感特性函数,其分布如图 6.14.4 所示.

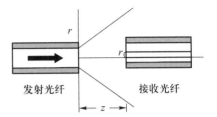

图 6.14.2　透射式强度调制光纤传感示意图

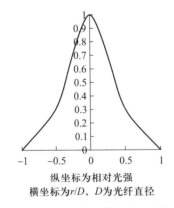

图 6.14.3　功率随横向位移变化

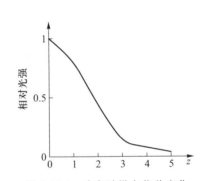

图 6.14.4　功率随纵向位移变化

本实验采用发射光纤不动,接收光纤移动的办法,实现光纤被横向位移和纵向位移调制.

4. 反射式传感原理

使用光纤传感实验系统,可以组成反射式光纤传感器,对微小位移量进行测量.反射式光纤传感器的原理如图 6.14.5(a)所示,反射式光纤传感器的光纤头 A 由两根光纤组成,一根用于发射光,一根用于接收反射回来的光,R 是反射材料.

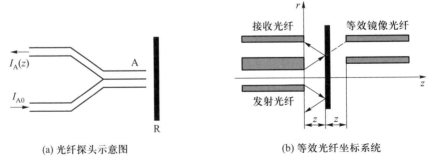

(a) 光纤探头示意图　　　　　(b) 等效光纤坐标系统

图 6.14.5　反射式光纤传感原理图

将同种光纤置于发射光纤出射光场中作为探测接收器时,考虑材料的反射因素,并做简单计算,可用接收光纤端面中心点处的光强来作为整个纤芯面上的平均光强,在这种近似下,得到在接收光纤终端所探测到的光强公式为

$$I_R(d,z) = \frac{RSI_0 \exp\{-[d/\rho(2z)]^2\}}{\pi \rho^2(2z)}$$

(6.14.4)

式中 $R$ 为镜面的反射率, $d$ 为发射光纤轴心到接收光纤轴心的距离.

由发射光纤发出的光照射到反射材料上,通过检测反射光的强度变化,就能测出反射体的位移.系统可工作在两个区域中,前沿工作区和后沿工作区(见反射式调制特性曲线,图 6.14.6 所示).当在后沿区域中工作时,可以获得较宽的动态范围.

5. 压力传感原理

微弯型光纤传感器的原理结构如图 6.14.7(a)所示.当光纤发生弯曲时,由于其全反射条件被破坏,纤芯中传播的某些模式光束进入包层,造成光纤中的能量损耗.

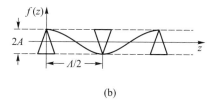

图 6.14.6 反射式调制特性曲线

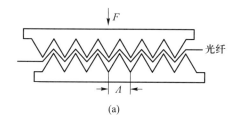

(a)

(b)

图 6.14.7

为了扩大这种效应,把光纤夹持在一个周期为 $\Lambda$ 的梳妆结构中.当梳妆结构(变形器)受力时,光纤的弯曲情况将发生变化,于是纤芯中跑到包层中的光能(即损耗)也将发生变化,近似地将把光纤看成是正弦微弯,其弯曲函数为

$$f(z) = \begin{cases} A\sin(\omega z) & (0 \leqslant z \leqslant L) \\ 0 & (z<0, z>L) \end{cases}$$

(6.14.5)

式中, $L$ 是光纤产生微弯的区域, $A$ 为其弯曲幅度, $\omega$ 为空间频率,设光纤微弯变形函数的微弯周期为 $\Lambda$ ,则有 $\Lambda = 2\pi/\omega$ .光纤由于弯曲产生的光能损耗系数为

$$\alpha = \frac{A^2 L}{4}\left\{\frac{\sin[(\omega-\omega_c)L/2]}{(\omega-\omega_c)L/2} + \frac{\sin[(\omega+\omega_c)L/2]}{(\omega+\omega_c)L/2}\right\}$$

(6.14.6)

式中 $\omega_c$ 称为谐振频率,

$$\omega_c = 2\pi/\Lambda_c = \beta - \beta' = \Delta\beta$$

(6.14.7)

$\Lambda_c$ 为谐振波长, $\beta$ 和 $\beta'$ 为纤芯中两个模式的传播常量,当 $\omega = \omega_c$ 时,这两个模式的光功率耦合特别紧,因而损耗也增大.如果我们选择相邻的两个模式,对光纤折射率为平方律分布的多模光纤可得

$$\Delta\beta = \sqrt{2\delta}/r$$

(6.14.8)

$r$ 为光纤半径, $\delta$ 为纤芯与包层之间的相对折射率差.由式(6.14.7)、式(6.14.8)可得

$$\Lambda_c = 2\pi r / \sqrt{2\delta} \qquad\qquad (6.14.9)$$

对于通信光纤,$r = 25\,\mu m$,$\delta \leqslant 0.01$,$\Lambda_c \approx 1.1$ mm.式(6.14.6)表明损耗系数 $\alpha$ 与弯曲幅度的平方成正比,与微弯区的长度成正比.通常,我们让光纤通过周期为 $\Lambda$ 的结构来产生微弯,按式(6.14.9)得到的 $\Lambda_c$ 一般太小,实用上可取奇数倍,即 3、5、7 等,同样可得到较高的灵敏度.

## 【实验仪器】

半导体激光光源(LD,波长为 650 nm,功率为 2.5 mW),光电探测器(PIN),功率计,传输式多模光纤(橘红色外皮,2 条),Y 型反射式多模光纤(橘红色外皮,1 条),裸纤(白色外皮,1 条),透射位移传感测试元件 1 套,反射位移传感测试元件 1 套,压力传感测试元件 1 套.

## 【实验内容及步骤】

1. LD 光源的 $P$(功率)-$I$(电流)特性测试

(1) 如图 6.14.8 所示,$P$-$I$ 测试光路包含三个部分,左边是光源,右边是功率计,中间是多模光纤(橘红色外皮,纤芯直径 62.5 $\mu$m,透射式光纤,短头接光源,长头接功率计,不要接反).

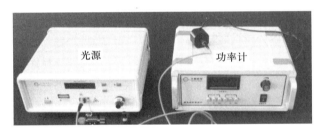

图 6.14.8 $P$-$I$ 测试示意图

(2) 打开电源开关,并按下 active,光源工作,如果显示屏电流不为 0(一般最小为 0 或者 1 mA),需要将电位器逆时针调到最小.

(3) 打开功率计开关,初始选择 20 $\mu$W 测量,在没有打开光源或者光源电流最小时调零.

(4) 逐渐旋转光纤光源的电流调整旋钮,每隔 1 mA 记录下功率计的数值.同时,随着光功率的增大,要随时改变光功率计的量程(注意如果最大值电流约为 80 mA,建议测试之后减小 2~3 mA,避免长时间最大负荷工作).

(5) 通过数据绘制 $P$-$I$ 曲线,确定阈值电流 $I_{th}$.

2. 透射式传感特性测量

(1) 如图 6.14.9 所示,测试光路包含三

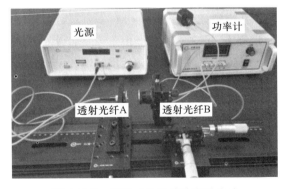

图 6.14.9 透射式光纤传感实验光路

个部分:光源、功率计和透射传感测试主体.在导轨上固定透射光纤(两个多模透射光纤纤芯直径 62.5 μm,橘红色外皮),连接时注意两光纤的短头分别接光源和功率计,长头接固定架子.

(2)打开电源开关,并按下 active,光源工作,需要将电位器顺时针旋转到较大位置(比最大电流略小 2 mA).

(3)打开功率计开关,初始选择 20 μW 测量,在没有打开光源或者光源电流最小时调零(功率计随光强的变化要及时更换量程).

(4)逐渐靠近光纤 A 和光纤 B,调节光纤 B 的位置(四维调整架的二维平移调整),使其与光纤 A 高度一致并紧密靠近,此时功率计上可看到示数变化,调整 A、B 的相对位置,使光强值达最大.

(5)调整精密平移台的横向和纵向丝杆以及四维镜架的上下和俯仰旋钮,同时观察功率计的示数变化,待功率计示数最大时记下平移台的横向和纵向读数,即初始位置.

(6)完成横向位移传感实验数据表格(可考虑每隔 0.01 mm),绘制变化曲线.

(7)完成纵向位移传感实验数据表格(可考虑每隔 0.05 mm),绘制变化曲线.

3. 反射式传感特性测量

(1)如图 6.14.10 所示,测试光路包含三个部分:光源、功率计和反射传感测试主体.在导轨上固定反射光纤(多模反射光纤,纤芯直径 62.5 μm,橘红色外皮)和反射镜(直径 25.4 mm),连接时注意反射光纤头不要触碰反射镜或其他物体,以免损坏.两光纤的头分别接光源和功率计,反射头固定夹持架上.

(2)打开功率计开关,初始选择 20 μW 测量,在没有打开光源或者光源电流最小时调零(功率计随光强的变化要及时更换量程).

(3)逐渐将 Y 型光纤出射端和反射镜靠近(光纤输出端不要与反射镜接触),靠近过程中会出现功率最大值,在此状态下,调整 Y 型光纤的姿态(四维调整架的二维俯仰旋钮)和反射镜的反射角度使功率计示数最大,然后移动平移台继续靠近反射镜,直至示数最小(此时已经非常靠近反射镜,但不要接触).

(4)找到功率最小但没有接触的位置即为零位置,然后逐渐远离反射镜,完成反射位移传感实验数据表格(可考虑每隔 0.05 mm),绘制变化曲线.

4. 压力传感特性测量

(1)如图 6.14.11 所示,测试光路包含三个部分:光源,功率计和微弯传感测试主体.在导轨上固定微弯光纤(光纤纤芯直径 9 μm,白色外皮).两光纤的头分别接光源和功率计,光纤中间部

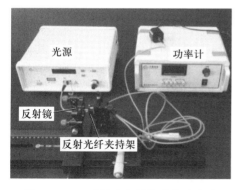

图 6.14.10 反射式光纤传感实验光路

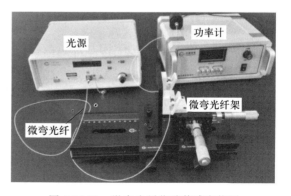

图 6.14.11 微弯光纤位移传感实物图

分固定在架子上,固定好之后光纤可以活动.

（2）打开功率计开关,初始选择 20 μW 测量,在没有打开光源或者光源电流最小时调零(功率计随光强的变化要及时更换量程).

（3）光源与功率计用微弯光纤连接起来,将微弯光纤夹持在变形器上,逐渐靠近两个变形器(注意:不要将光纤夹断了),同时观察功率计示数,待功率计示数开始变小时固定变形器.记下此时纵向丝杆的读数.

（4）完成微弯光纤位移传感实验数据表格(可考虑每隔 0.05 mm),绘制变化曲线.

# 实验 6.15    光纤温度传感特性研究

华裔物理学家高锟于 1966 年首次提出用玻璃纤维作为光波导用于通信的理论,光纤作为光纤通信的介质也应运而生.光纤是用玻璃预制棒拉丝而成的纤维,与其他材料相比具有许多独特的性能,如质地柔软,有良好的传光性能;频带宽,能同时传输大量信息;电绝缘性能好;不受电磁干扰等."光纤之父"高锟因"有关光在纤维中的传输以用于光学通信方面"做出突破性成就,获得 2009 年诺贝尔物理学奖.

光纤本身是一个敏感元件,即光在光纤中传输时,光的特性如振幅、相位、偏振态等将随检测对象发生变化而相应变化.光从光纤出射时,光的特性得到调制,通过对调制光的检测,便能感知外界的信息,从而构成各种光纤传感器,这是光纤在光纤通信领域以外的应用.本实验自行搭建光纤干涉装置,并研究光纤的温度传感特性.

## 【实验目的】

1. 进一步熟悉双光束干涉原理,并自行设计搭建一个光纤干涉仪.
2. 熟悉干涉条纹形状及影响可见度的因素.
3. 了解相位调制测温的基本原理,采用自组光纤干涉仪研究温度变化与干涉条纹移动数目的关系.

## 【实验原理】

光在光纤内部传输过程中,受到外界因素(如温度、压力、磁场等)的作用,会引起其振幅(光强)、相位、偏振态等变化.因此,只要测出这些参量随外界因素的变化关系,就可以将光纤作为传感元件来探测温度、压力、磁场等物理量的变化,这就是光纤传感器的基本工作原理.光纤传感器可分成光强调制、相位调制、偏振态调制及波长调制四种形式,本实验涉及的是相位调制型光纤温度传感器.

外界温度能引起光纤中传播光波的相位变化,而目前使用的光探测器只能探测光强,因此需采用光纤干涉仪来检测相位变化,才能实现对外界温度的检测.

通常用于干涉计量的干涉仪主要有四种,它们是迈克耳孙干涉仪、马赫-曾德尔(Mach-

Zehnder,M-Z)干涉仪、萨尼亚克(Sagnac)干涉仪和法布里-珀罗(Fabry-Pérot,F-P)干涉仪.由于光纤的稳定性,利用单模光纤作干涉仪的光路,已制造出千米量级光路长度的光纤干涉仪.上述四种干涉仪均可构成全光纤干涉仪,其中 M-Z 干涉仪和 F-P 干涉仪已用于相位调制型光纤温度传感器中.

以 M-Z 干涉仪为例介绍光纤温度传感器的原理.图 6.15.1 是用光纤构成的 M-Z 干涉仪测温装置.LD 耦合到一根光纤中,由分束器分成两束,在两根同等长度的光纤中传输,分别经过光纤准直镜后变成平行光束,经由合束镜,相交在白屏上,形成明暗相间的干涉条纹.令一根光纤为参考臂,置于恒温器中,一般认为,它在测温过程中光程始终保持不变;另一光纤为信号臂,置于待测温度场中(温控台),在温度作用下,信号臂光纤的长度 $L$ 和折射率 $n$ 均随之发生变化.于是两输出光波的光程差(相位差)也发生相应变化,因而使干涉条纹发生移动.观测条纹移动的数目,便可确定温度的变化.

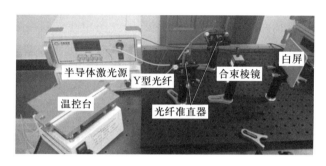

图 6.15.1

令通过信号臂光纤的光波相位为

$$\varphi = \frac{2\pi}{\lambda} nL \qquad (6.15.1)$$

由温度变化引起的相位变化则可写成

$$\Delta\varphi = \frac{2\pi}{\lambda}(L\Delta n + n\Delta L) \qquad (6.15.2)$$

改写上式可得

$$\frac{\Delta\varphi}{L\Delta T} = \frac{2\pi}{\lambda}\left(\frac{\Delta n}{\Delta T} + \frac{n\Delta L}{L\Delta T}\right) \qquad (6.15.3)$$

式中没有计入光纤直径变化对相位变化的影响,因为直径变化引起的相位变化与长度变化引起的相位变化相比很小,可以忽略不计.

采用半导体激光时,$\lambda$ 为 650 nm,对于石英玻璃光纤,$n = 1.456$,$\Delta n/\Delta T = 1.0\times10^{-5}\,℃^{-1}$,其线膨胀系数 $\Delta L/L\Delta T = 5\times10^{-7}\,℃^{-1}$,将这些数值代入式(6.15.3)可得

$$\frac{\Delta\varphi}{L\Delta T} = 107\,\frac{\text{rad}}{℃\cdot\text{m}}$$

换算成干涉条纹,则意味着:在一米长的光纤上,温度变化 1 ℃时有 17 个干涉条纹移动.通过条纹计数就能得出温度变化值.

【实验仪器】

半导体激光源(LD),温控台,Y 型光纤分束器(黄色外皮、单模),光纤准直镜(2 个),合束棱镜,白屏,CCD,显示器.

【实验内容及步骤】

按照图 6.15.1 搭建光纤温度传感装置.

1. 安装准直镜,将分束器的两路光纤,分别安装到光纤准直镜上,观察经过输出镜的光斑是否准直,如果光斑发散角度差异较大,可以松开镜头上的顶丝,轻轻旋转镜头,边旋转边观察,直至两束激光输出发散角相差不大.

2. 安装合束棱镜,在棱镜两侧安装两个光纤准直镜(两束激光对棱镜一束反射一束透射),首先调整被反射准直镜的位置让反射光束与透射光束在合束棱镜上重合(即两束光的位置重合),再调整合束棱镜的反射方向让两束光在远处重合,如在 1 m 左右的距离内都基本重合.

3. 安装温控台,在分束光纤的其中一路安装温控台并将光纤固定.

4. 使用 CCD 相机观察条纹,如图 6.15.2 所示,根据合束镜的俯仰调整条纹粗细.

5. 将温控台的温度调整到 70°,待温度上升到 70°时,调整目标温度为 50°,此时每隔 1° 记录条纹移动的个数 $N$.测量温度场中光纤的长度 $L$,算出 $\dfrac{\Delta\varphi}{L\Delta T}$ 的值,并与理论值进行比较,分析结果的误差来源.

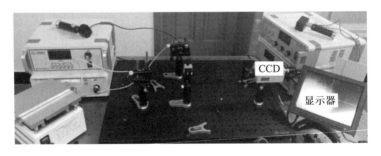

图 6.15.2

【预习思考题】

用光纤干涉仪测温的原理是什么? 怎样才能保证测温过程中干涉条纹始终朝一个方向移动?

# 实验 6.16　光纤电流/电压传感特性研究

光纤传感器按传感原理可分为功能型和非功能型.功能型光纤传感器是利用光纤本身的特性把光纤作为敏感元件,因此也称为传感型光纤传感器或全光纤传感器.非功能型光纤传感器是利用其他敏感元件感受被测量的变化,光纤仅作为传输介质,传输来自较远或难以接近的场所的光信号,因此也称为传光型传感器或混合型传感器.本综合实验即为后者.

传统的电磁式互感器因为其固有的一些缺点,如带宽窄、易燃易爆、次级开路高压等,制约了电力工业的发展,开发出新型的光电式电流互感器已经成为国内外电力工业的研究热点.随着光电子学的发展,国内外很多大学和科研机构开始投入精力研究光电式电流互感器,发展到现在,已经取得了很大进步.与光纤电流传感器类似,光纤电压传感器作为电力系统中的重要设备,对电力系统的稳定运行和精确计量具有重要意义.它为电力系统提供用于计量、控制和继电保护所必需的信息.

## 【实验目的】

1. 了解光纤电流/电压传感的基本原理.
2. 掌握光纤电流传感的测试方法,记录并分析相关数据.
3. 掌握光纤电压传感的测试方法,记录并分析相关数据.

## 【实验原理】

1. 光纤电流传感

光纤电流传感是根据法拉第磁光效应,在被测电流产生的磁场作用下,晶体光学介质中沿磁场方向传播的线偏振光的偏振方向将发生变化,偏振角的变化,从而引起光纤中光功率的变化,这是光纤电流传感器的理论基础.光纤电流传感器的原理如图 6.16.1 所示.

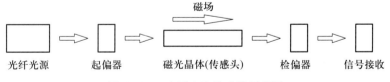

图 6.16.1　光纤电流传感器原理图

当一束线偏振光通过放置在磁场中的法拉第磁光材料后,若磁场方向与光的传播方向平行,则出射线偏振光的偏振平面将产生旋转,即电流信号产生的磁场信号对偏振光波的偏振面进行调制,此时

$$\theta = VHL \qquad (6.16.1)$$

式中,$\theta$ 为偏振面的偏转角;$L$ 为光通过介质的路径长度;$H$ 为磁场强度;$V$ 为磁光材料的特性常

量——韦尔代(Verdet)常量,它与介质的性质、工作波长和温度有关.

光源发出的光经起偏器后变成线偏振光,线偏振光经过电流产生的磁场中的磁光材料后偏振方向受到磁场调制,经过检偏器后进行强度探测和信号处理.

根据马吕斯定律,若不考虑衰减,起偏器的出射光强与检偏器的出射光强之间有如下关系

$$I = I_0 \cos^2 \theta' \tag{6.16.2}$$

$\theta'$ 是导线中无电流流过($I_i = 0$)时的起偏器与检偏器的透光轴相交的角度.

由于 $\theta'$ 不能直接精确检测出,而是通过光强的变化来反映的,在根据上式进行 $\theta'-I$ 转换时,为了得到最大的转换灵敏度和最佳线性度,要考虑起偏器与检偏器的透光轴相交的角度 $\theta'$ 的位置.光强对角度的变化率,即转换灵敏度为

$$\frac{\mathrm{d}I}{\mathrm{d}\theta'} = -2I_0 \sin \theta' \cos \theta' = -I_0 \sin 2\theta' \tag{6.16.3}$$

求得最大灵敏度位于 $\theta' = (2k+1)\pi/4$($k$ 为整数)的那些点,同时可以看出,由于在该处曲线斜率的变化率为零($\mathrm{d}^2 I/\mathrm{d}\theta'^2 = 0$),因此这些点也是线性度最好的点.如果将交角 $\theta'$ 固定在 45°,当有电流流过产生的磁场使偏振方向偏转 $\theta$ 角时,有

$$I = I_0 \cos^2(45° + \theta) = \frac{1}{2} I_0 (1 - \sin 2\theta) \tag{6.16.4}$$

实验中,电流传感电源箱可以给磁光线圈提供电流并显示示数,这样只需通过监视通过检偏器的出射光功率即可获取功率与电流的一一对应关系.

2. 光纤电压传感

(1) 晶体的电光效应

某些晶体(或液体)在外加电场作用下,其折射率随外加电场的变化而变化,这种现象称为电光效应.电光效应可分为两种,若折射率与电场 $E$ 成线性变化,称为线性电光效应,或称泡克耳斯(Pockels)效应;若折射率与电场 $E$ 的平方成比例变化,称为二次电光效应,或称克尔(Kerr)效应.

(2) 泡克耳斯效应型光纤电压传感器

泡克耳斯效应型光纤电压传感器是利用材料的泡克耳斯效应来实现对高电压进行测量的.它一般有两种:一种是外加电场平行于光的传播方向,称为纵向泡克耳斯效应;另一种是外加电场垂直于光的传播方向,称为横向泡克耳斯效应.外加电场会引起晶体折射率的改变,这反映在折射率椭球上,必然会导致椭球变形,即会使椭球方程系数发生变化,并且椭球的主轴也可能不再是原来的,即椭球可能发生旋转,加电场后的椭球主轴称为感应主轴.显然,感应主轴的方向和长度与所加的电场及晶体的电光系数有关.

(3) LiNbO₃ 晶体的横向泡克耳斯效应

LiNbO₃ 是负单轴晶体,对于波长为 632.8 nm 的光,$n_e = 2.207$,$n_o = 2.286$.未加电场时,在主轴坐标中,折射率椭球方程

$$\frac{1}{n_o^2} x^2 + \frac{1}{n_o^2} y^2 + \frac{1}{n_e^2} z^2 = 1 \tag{6.16.5}$$

外加电场后,它的折射率椭球方程变为

$$\left(\frac{1}{n_o^2}-r_{22}E_y+r_{13}E_z\right)x^2+\left(\frac{1}{n_o^2}+r_{22}E_y+r_{13}E_z\right)y^2+\left(\frac{1}{n_e^2}+r_{33}E_z\right)z^2$$
$$+2r_{51}E_yyz+2r_{51}E_xzx-2r_{22}E_xxy=1 \tag{6.16.6}$$

式中 $r_{ij}$ 为非线性电光系数,对于 $LiNbO_3$ 晶体,以 $10^{-12}m/V$ 为单位,则 $r_{13}=8.6,r_{33}=30.8,r_{51}=r_{42}=$ 28,$r_{22}=3.4$.可见,在不同方向上加电场可得到不同形状、大小、取向的折射率椭球.一般地, $LiNbO_3$ 晶体工作在 $x$(或 $y$)方向加电场的横向运转方式,即电场方向平行于 $x$ 轴(或 $y$ 轴),通光 方向为 $z$ 轴方向,如图 6.16.2 所示.

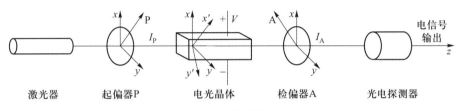

图 6.16.2    实验光路示意图

若在 $x$ 方向加电场,即 $E_x\neq0$,$E_y=E_z=0$,则式(6.16.6)变为

$$\frac{1}{n_o^2}(x^2+y^2)+\frac{1}{n_e^2}z^2+2r_{51}E_xzx-2r_{22}E_xxy=1 \tag{6.16.7}$$

为了找出感应主轴的方向和长度,必须进行坐标变换,即将式(6.16.7)所代表的椭球变换到 主轴坐标系中,变换到主轴坐标系后,椭球方程的交叉项系数必等于 0,经过这样的处理后得到: 感应主轴 $z$ 不变,$x'$、$y'$ 与原 $x$、$y$ 轴旋转了 $45°$,感应主轴折射率分别为

$$\begin{cases} n_{x'}=\left(\dfrac{1}{n_o^2}-r_{22}E_x\right)^{-1/2}\approx n_o\left(1+\dfrac{1}{2}n_o^2r_{22}E_x\right) \\[2mm] n_{y'}=\left(\dfrac{1}{n_o^2}+r_{22}E_x\right)^{-1/2}\approx n_o\left(1-\dfrac{1}{2}n_o^2r_{22}E_x\right) \\[2mm] n_{z'}=n_e \end{cases} \tag{6.16.8}$$

这表明在 $x'$ 方向的感应主轴折射率 $n_{x'}$ 比原来的主折射率 $n_o$ 增大了,而 $y'$ 方向的感应主轴折射率 $n_{y'}$ 比原来的主折射率 $n_o$ 减小了,其差值 $\Delta n=n_{x'}-n_{y'}=n_o^3r_{22}E_x$.

设 $z$ 轴方向射到晶体上的光是 $x$(或 $y$)轴方向振动的线偏振光,在未加电压时,晶体对各个 方向振动沿 $z$ 轴传输的光的折射率都相同(为 $n_o$),因而光通过晶体后不改变偏振态,但在 $x$ 轴方 向加电压后,由于折射率椭球变了形,感应主轴方向 $x'$ 和 $y'$ 方向转了 $45°$,且感应主折射率变为 $n_{x'}$ 和 $n_{y'}$,它们是两个不相等的数,所以 $x$ 方向(或 $y$ 方向)振动的光进入晶体就要分解为 $x'$ 和 $y'$ 方向振动的两个偏振分量,射出晶体时两者就有相位差.

当 $x'$ 和 $y'$ 方向上两个振动分量经过长为 $L$ 的晶体时,两个分量间存在的相位差为

$$\delta=\frac{2\pi}{\lambda}L\Delta n=\frac{2\pi}{\lambda}n_o^3r_{22}\frac{l}{d}V \tag{6.16.9}$$

式中,$d$ 为 $x$(加电场)方向上的晶体厚度,$V$ 为所加的电压.两个偏振分量的相位差 $\delta$ 是由晶体的 电光效应引起的,故称为晶体的电光延迟.在晶体尺寸一定的情况下,它与所加电压成线性关系.

如图 6.16.2 所示,若入射到 $x$(加电场)方向的晶体上的沿 $x$ 方向偏振的线偏振光的强度为 $I_0$,$z$ 方向通过的 $LiNbO_3$ 晶体,不考虑反射、吸收等因素,则从检偏器出来的光强可表示为

$$I = I_0 \sin^2(\delta/2) \tag{6.16.10}$$

另外,$\delta$ 可由式(6.16.9)确定,可改写为

$$\delta = \pi V/V_\pi \tag{6.16.11}$$

其中 $V_\pi = \dfrac{\lambda d}{2n_o^3 r_{22} L}$,对于 $LiNbO_3$ 晶体,$n_o = 2.286$,$r_{22} = 3.4 \times 10^{-12}$ m/V.当使用波长 $\lambda = 632.8$ nm 的 He-Ne 激光时,若 $d/l = 1/10$,则半波电压 $V_\pi = 874$ V.可见,从检偏器出来的光强随所加电压而变,这就实现了电光强度调制的目的.因此,一个电光晶体配以起偏器和检偏器,就能组成一个简单的电光强度调制.光纤电压传感器利用光纤的传输功能,结合电光效应,研究接收器的光强随电光晶体两端的电压变化.

## 【实验仪器】

半导体激光器(波长为 650 nm,功率为 2 mW),单模光纤(黄色外皮),光纤激光准直镜,偏振片,磁光晶体,电光晶体,可调电流源,可调电压源,偏振分光棱镜(透射光为水平偏振光,反射光为垂直偏振光),光电探测器,功率计.

## 【实验内容及步骤】

1. 光纤电流传感特性测量

(1)按照图 6.16.3 安装实验光路,自左向右为光源(波长 650 nm,功率 2 mW)、光纤激光准直镜、偏振片、磁光晶体、偏振分光棱镜、光电探头,所用光纤为单模光纤(黄色外皮).本实验通过偏振分光棱镜的光直接照在光电探头上,省略了再经物镜聚焦耦合光纤的步骤.

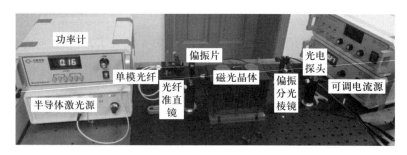

图 6.16.3　光纤电流传感实物装置图

(2)利用偏振分光棱镜的特点,找出偏振片的偏振方向,并记录下此时偏振片的刻度,并再转 45°,使起偏器和检偏器的偏振方向为 45°,此时灵敏度最高.

(3)因半导体激光器的输出光是线偏振光或部分偏振光,需调整光纤准直镜(可旋转),使透过偏振片的光强达最大.

(4)安装磁光晶体,调整线圈固定孔位和光纤准直镜高度,使激光能完全通过磁光晶体.

（5）安装分光棱镜，只需调整器件高低使激光从器件中心通过即可．

（6）打开光纤电流电源开关，逐渐旋转电流调节旋钮，同时观察功率计示数变化，可以每隔0.05 A记录一个功率计示数，并绘制变化曲线．（注：由于电阻线圈在通电过程有一定的发热量，所以在数据记录完成后马上将电流调到较低水平，如小于0.3 A）

2．光纤电压传感特性测量

（1）按照图6.16.4安装实验光路，自左向右为半导体激光器、光纤激光准直镜、偏振片、电光晶体、偏振分光棱镜、功率计，所用光纤为单模光纤（黄色外皮）．

图6.16.4　光纤电压传感实物装置图

（2）首先调整光纤准直镜使出射激光光斑沿中心传播．

（3）利用偏振分光棱镜的特点，找出偏振片的偏振方向，记录此时偏振片的刻度，并使偏振片的偏振方向垂直台面安装偏振片，同时安装分光棱镜．

（4）因半导体激光器输出光是线偏振光或部分偏振光，需调整光纤准直镜（可旋转），使透过偏振片的光强达最大．

（5）安装电光晶体，调整晶体位置，使出射激光能完全通过电光晶体．

（6）按照光路分别安装偏振片和分光棱镜，只需调整器件高低使激光从器件中心通过即可．

（7）打开光纤电压传感器电源（电光电源）开关，逐渐旋转电压调节旋钮，同时观察功率计示数变化，可以每隔50 V记录一个功率计示数，绘制变化曲线．（注：由于电光电源前面板功能旋钮较多，使用时我们只需调整高压调节旋钮即可，其他功能旋钮将在电光调制实验使用，此实验不建议调节．）

（8）将功率计探头移到偏振分光棱镜的反射光路，调整电压旋钮，记录功率随电压的变化数据，绘制变化曲线，分析变化曲线与透射曲线的异同．

# 附　　录

参考文献

## 常用物理常量表

| 物理量 | 符号 | 数值 | 单位 | 相对标准不确定度 |
|---|---|---|---|---|
| 真空中的光速 | $c$ | 299 792 458 | $m \cdot s^{-1}$ | 精确 |
| 普朗克常量 | $h$ | $6.626\ 070\ 15 \times 10^{-34}$ | $J \cdot s$ | 精确 |
| 约化普朗克常量 | $h/2\pi$ | $1.054\ 571\ 817 \cdots \times 10^{-34}$ | $J \cdot s$ | 精确 |
| 元电荷 | $e$ | $1.602\ 176\ 634 \times 10^{-19}$ | $C$ | 精确 |
| 阿伏伽德罗常量 | $N_A$ | $6.022\ 140\ 76 \times 10^{23}$ | $mol^{-1}$ | 精确 |
| 摩尔气体常量 | $R$ | $8.314\ 462\ 618 \cdots$ | $J \cdot mol^{-1} \cdot K^{-1}$ | 精确 |
| 玻耳兹曼常量 | $k$ | $1.380\ 649 \times 10^{-23}$ | $J \cdot K^{-1}$ | 精确 |
| 理想气体的摩尔体积（标准状态下） | $V_m$ | $22.413\ 969\ 54 \cdots \times 10^{-3}$ | $m^3 \cdot mol^{-1}$ | 精确 |
| 斯特藩-玻耳兹曼常量 | $\sigma$ | $5.670\ 374\ 419 \cdots \times 10^{-8}$ | $W \cdot m^{-2} \cdot K^{-4}$ | 精确 |
| 维恩位移律常量 | $b$ | $2.897\ 771\ 955 \times 10^{-3}$ | $m \cdot K$ | 精确 |
| 引力常量 | $G$ | $6.674\ 30(15) \times 10^{-11}$ | $m^3 \cdot kg^{-1} \cdot s^{-2}$ | $2.2 \times 10^{-5}$ |
| 真空磁导率 | $\mu_0$ | $1.256\ 637\ 062\ 12(19) \times 10^{-6}$ | $N \cdot A^{-2}$ | $1.5 \times 10^{-10}$ |
| 真空电容率 | $\varepsilon_0$ | $8.854\ 187\ 812\ 8(13) \times 10^{-12}$ | $F \cdot m^{-1}$ | $1.5 \times 10^{-10}$ |
| 电子质量 | $m_e$ | $9.109\ 383\ 701\ 5(28) \times 10^{-31}$ | $kg$ | $3.0 \times 10^{-10}$ |
| 电子荷质比 | $-e/m_e$ | $-1.758\ 820\ 010\ 76(53) \times 10^{11}$ | $C \cdot kg^{-1}$ | $3.0 \times 10^{-10}$ |
| 质子质量 | $m_p$ | $1.672\ 621\ 923\ 69(51) \times 10^{-27}$ | $kg$ | $3.1 \times 10^{-10}$ |
| 中子质量 | $m_n$ | $1.674\ 927\ 498\ 04(95) \times 10^{-27}$ | $kg$ | $5.7 \times 10^{-10}$ |
| 里德伯常量 | $R_\infty$ | $1.097\ 373\ 156\ 816\ 0(21) \times 10^7$ | $m^{-1}$ | $1.9 \times 10^{-12}$ |
| 精细结构常数 | $\alpha$ | $7.297\ 352\ 569\ 3(11) \times 10^{-3}$ | | $1.5 \times 10^{-10}$ |
| 精细结构常数的倒数 | $\alpha^{-1}$ | $137.035\ 999\ 084(21)$ | | $1.5 \times 10^{-10}$ |
| 玻尔磁子 | $\mu_B$ | $9.274\ 010\ 078\ 3(28) \times 10^{-24}$ | $J \cdot T^{-1}$ | $3.0 \times 10^{-10}$ |
| 核磁子 | $\mu_N$ | $5.050\ 783\ 746\ 1(15) \times 10^{-27}$ | $J \cdot T^{-1}$ | $3.1 \times 10^{-10}$ |
| 玻尔半径 | $a_0$ | $5.291\ 772\ 109\ 03(80) \times 10^{-11}$ | $m$ | $1.5 \times 10^{-10}$ |
| 康普顿波长 | $\lambda_C$ | $2.426\ 310\ 238\ 67(73) \times 10^{-12}$ | $m$ | $3.0 \times 10^{-10}$ |
| 原子质量常量 | $m_u$ | $1.660\ 539\ 066\ 60(50) \times 10^{-27}$ | $kg$ | $3.0 \times 10^{-10}$ |

注:表中数据为国际科学理事会（ISC）国际数据委员会（CODATA）2018 年的国际推荐值.

读者意见反馈

为收集对教材的意见建议,进一步完善教材编写并做好服务工作,读者可将对本教材的意见建议通过如下渠道反馈至我社。

咨询电话　400-810-0598

反馈邮箱　hepsci@pub.hep.cn

通信地址　北京市朝阳区惠新东街 4 号富盛大厦 1 座

　　　　　高等教育出版社理科事业部

邮政编码　100029